AF346316

FLORE GÉNÉRALE

DE

BELGIQUE.

IMPRIMERIE DE G. STAPLEAUX.

FLORE GÉNÉRALE

DE

BELGIQUE,

CONTENANT

LA DESCRIPTION DE TOUTES LES PLANTES QUI CROISSENT DANS CE PAYS,

PAR

C. Mathieu,

MEMBRE DE PLUSIEURS SOCIÉTÉS SAVANTES.

———

OUVRAGE PUBLIÉ SOUS LE PATRONAGE DE

SA MAJESTÉ LE ROI DES BELGES.

———

TOME I.

PHANÉROGAMIE.

———

BRUXELLES, LEIPZIG, GAND.

C. MUQUARDT.

———

1855

INTRODUCTION.

La Flore de la Belgique que je publie aujourd'hui est un ouvrage entièrement nouveau et qui manque presque complétement à la science; tout ce qui a été publié jusqu'à ce jour sur cette matière laisse tant à désirer, qu'on peut le regarder comme nul.

J'entends par Belgique, non pas précisément la Belgique telle que les traités viennent de la faire, mais j'y comprends les parties cédées du Luxembourg et du Limbourg qui en ont été détachées, et j'y joins le Brabant septentrional. Ces parties de territoire sont absolument belges par leurs productions, et doivent entrer dans un ouvrage qui décrit ces productions, d'autant plus que ces contrées ont absolument le même aspect géologique que les provinces belges qui les avoisinent.

En laissant de côté nos anciens auteurs dont les travaux, quelque mérite qu'ils aient, ne peuvent plus aujourd'hui servir que comme renseignements précieux, nous arrivons à nos deux plus anciennes Flores générales, celle du nord de la France par Roucel, et la Botanographie belgique par Lestiboudois. Ces deux Flores sont tout à fait imparfaites, d'autant plus que leurs auteurs semblent n'avoir jamais connu nos provinces les plus riches en espèces rares et précieuses, c'est-à-dire celles de Liége, de Namur et de Luxembourg. Le *Compendium Floræ belgicæ* de Courtois offre le défaut opposé, c'est-à-dire que les provinces méridionales et occidentales lui étaient pour ainsi dire inconnues.

Le catalogue des plantes de la Belgique (*Florula belgica*) par M. Dumortier est fautif sous bien des rapports. Ce catalogue a été fait, sans vérification aucune, d'après les indications les plus incertaines, quand elles n'étaient pas fausses. Par conséquent il renferme une foule d'erreurs, et fait don gratuitement à la Belgique de plantes qui ne se trouvent que dans les parties les plus méridionales de l'Europe.

Quant à la Flore belge que vient de publier M. le docteur Hannon, elle offre absolument les mêmes défauts que le catalogue de M. Dumortier, dont elle n'est en quelque façon qu'une paraphrase; en outre, les descriptions que donne l'auteur sont tellement incomplètes, qu'elles peuvent être regardées comme à peu près nulles. De plus, cet ouvrage néglige complétement la synonymie, et ne fait mention d'aucunes variétés.

Nous devons aussi citer le supplément à la Botanographie belgique de Lestiboudois, par M. Desmazières. Cet auteur, en nous faisant connaître plusieurs espèces nouvelles pour notre flore, a donné aussi quelques indications bien hasardées, mais il n'avait pas toujours été en position de vérifier par lui-même les espèces indiquées; sans cela, botaniste instruit et exact, il aurait évité de le faire.

Nous avons quelques flores locales, mais une seule mérite véritablement ce nom : c'est celle des environs de Spa, par Lejeune, ouvrage fait avec soin, et qui a demandé de bien grandes recherches à son auteur. Si on considère l'état de la botanique en Belgique, à l'époque où cette flore a été publiée, on l'admirera encore davantage. On doit aussi citer les travaux de M. Tinant sur la flore du Luxembourg, comme étant supérieurs à tout ce que nous avons. Il est fâcheux que la botanique belge n'ait pas trouvé dans nos autres provinces d'aussi dignes interprètes. La flore du Hainaut par Hocquart, et celle des environs de Bruxelles par Kickx, laissent beaucoup à désirer. Ces deux flores ont été faites dans un temps où on ne mettait pas toujours toute l'exactitude nécessaire à ces sortes d'ouvrages. Nous avons encore une flore du Hainaut par M. Mignot, mais elle est aussi une copie de la Florula belgica de M. Dumortier et en a tous les défauts.

Quarante années d'herborisation dans toutes nos provinces, dont j'ai exploré avec soin les parties les plus reculées, m'ont mis en position de vérifier par moi-même et sur place les espèces annoncées comme existantes dans telle ou telle localité, d'en rejeter plusieurs et au contraire d'en admettre quelques autres, non comprises dans les catalogues qui ont précédé mon travail. De plus, ayant fait de nombreuses herborisations dans un grand nombre de contrées de l'Europe, depuis Hambourg jusqu'aux confins les plus méridionaux de cette partie du monde, j'ai pu juger, par comparaison, les végétaux du Nord et ceux du Midi, et connaître les espèces qui sont spécialement, ou boréales, ou australes. J'ai pu aussi constater des espèces qui, existant à une certaine latitude, disparaissent entièrement à telle autre, au delà de laquelle elles ne peuvent plus exister qu'accidentellement ou temporairement par une cause plus ou moins fortuite. Ainsi le Momordica Elaterium (L.), plante appartenant au midi de l'Europe, a existé pendant plus de vingt ans à Heuvy près de Namur, où plusieurs botanistes l'ont observé. Aujourd'hui il a entièrement disparu. Voici l'explication de ce phénomène : lors de la destruction des anciennes fortifications de Namur, une personne acheta un terrain sur le glacis, et y planta un jardin où elle cultiva beaucoup de plantes curieuses. De ce nombre furent le Momordica Elaterium et l'Atropa physaloïdes, cette dernière plante originaire du Pérou. Après la destruction de ce jardin en 1815, ces deux plantes continuèrent de se reproduire annuellement, et cela jusqu'en 1837. Depuis lors le Momordica n'a plus été retrouvé; — j'ai encore rencontré quelques pieds de l'atropa en 1850. Cette dernière plante semble, au reste, se naturaliser en Belgique. Je crois que si on avait pu faire des observations analogues pour bien des plantes essentiellement méridionales, ou exotiques à l'Europe, observées en Belgique, on les aurait citées comme temporaires ou accidentelles dans notre pays, et non pas comme faisant partie de notre flore. C'est ainsi que le Xanthium Strumarium (L.) est apporté aux environs de Verviers avec les laines d'Espagne, et qu'il en disparaîtra nécessairement, si quelque jour, par une cause quelconque, les laines d'Espagne n'arrivaient plus à Verviers.

Je n'admettrai, comme faisant partie de la Flore belge, que les espèces qui sont essentiellement belges et que j'aurai vérifiées par moi-même avec le soin que ces recherches exigent, ou seulement que sur les indications d'hommes exacts et consciencieux, tels que MM. Tinant, Lejeune, etc., etc. J'indiquerai les espèces douteuses, et je citerai celles qui peuvent se trouver accidentellement; je le ferai sous la responsabilité des botanistes qui les ont indiquées.

Je n'ai du reste négligé aucune source de lumière, j'ai tout vu et tout vérifié, et je dois le dire, j'ai quelquefois trouvé plus d'exactitude dans nos vieux auteurs que dans tel ou tel de nos auteurs modernes. J'ai pu me tromper comme tout autre, mais je l'ai fait de bonne foi, et j'inviterai mes confrères en science à m'indiquer franchement les erreurs que j'ai involontairement commises.

Je donne les descriptions les plus courtes et les plus claires possibles, en ayant soin cependant de ne négliger aucun caractère essentiel. Je décris également toutes les variétés, et je comprends dans ce nombre plusieurs de celles qui avaient été placées au rang d'espèces par quelques botanistes. J'indiquerai avec soin la synonymie, chose devenue si essentielle aujourd'hui, par la manie qu'on a souvent de créer de nouveaux noms, et qui cependant est si souvent négligée. Je tâcherai de me rendre clair, précis, et d'être utile à l'élève aussi bien qu'au maître.

Les localités seront indiquées avec exactitude. Quand je n'en signalerai pas, c'est que la plante décrite se retrouve dans toutes nos provinces. Dans le cas contraire, je ferai connaître les localités où croissent les plantes rares, en sorte que chaque province aura sa Flore spéciale.

Je crois parfaitement inutile de faire précéder ma Flore d'un abrégé des éléments de botanique et d'un dictionnaire des termes employés dans cette science. Les personnes qui se livrent aux herborisations sont, ou des élèves qui ont toujours des ouvrages qui leur apprennent les connaissances élémentaires, ou des botanistes qui n'en ont plus besoin. C'est donc grossir un volume sans aucune utilité. Ce qu'il faut dans un ouvrage du genre de celui que je publie, c'est simplement un catalogue des espèces avec des descriptions claires, précises, exactes et concises. C'est là tout ce que je veux et tout ce qui convient aux personnes qui étudient et qui n'ont pas de temps à perdre.

Je donnerai simultanément la phanérogamie et la cryptogamie. Cette dernière partie de notre Flore, si riche et si intéressante, n'a jamais été publiée en corps d'ouvrage. Nous avons des publications partielles qui n'ont pas encore été réunies ; je citerai les travaux de mademoiselle Libert pour le Luxembourg, la Flore Cryptogamique des environs de Louvain, par M. Kickx, l'herbier si intéressant des cryptogames belges, par MM. Westendorp et Wallais, ainsi que les centuries publiées par MM. Desmazières et Kickx. M. Bellinck, professeur au collége de la Paix à Namur, vient aussi de publier le catalogue des cryptogames des environs de cette ville. Ces travaux sont très-importants, et nous font déjà connaître combien notre pays est riche dans ce genre de plantes; mais ils sont encore loin de former un ensemble sur notre cryptogamie générale. C'est sur cet ensemble que mes vues se sont portées. Mes herborisations nombreuses dans la Campine, les Ardennes, le Luxembourg, sur les bords de la Meuse et de ses affluents, m'ont présenté une foule de cryptogames non signalées jusqu'à ce jour en Belgique, et je double à peu près le nombre des espèces observées.

Plus on étudiera la cryptogamie, une des plus intéressantes des sciences naturelles, plus elle gagnera en importance. Déjà les cryptogames offrent plusieurs espèces utiles dans les arts et dans la médecine; déjà on commence à soupçonner l'influence des espèces parasites sur d'autres plantes par rapport aux épizooties des bestiaux, observation très-importante, qui est dans ce moment l'objet des recherches de plusieurs personnes compétentes : on connaît également les effets produits sur la pomme de terre et le raisin par des productions végétales appartenant aussi à la cryptogamie.

Enfin, je ferai mon possible pour rendre mon travail complet, et si je réussis, j'en remercierai Dieu qui m'aura donné assez de vie et assez de temps pour en venir à bout.

FLORE GÉNÉRALE

DE LA BELGIQUE,

CONTENANT

LA DESCRIPTION DE TOUTES LES PLANTES QUI CROISSENT DANS
CE PAYS.

PLANTES VASCULAIRES OU COTYLÉDONÉES.

Phanérogames.

Plantes à contexture celluleuse, munies de vaisseaux
lymphatiques, de stromates et de véritables feuilles; fleurs
le plus souvent distinctes, munies d'organes sexuels mâles
et femelles; embryon pourvu de cotylédons.

CLASSE I.

PLANTES DICOTYLÉDONÉES OU EXOCÈNES.

Tige herbacée ou ligneuse, composée de deux parties,
une intérieure composée de fibres et de vaisseaux qui forment un cylindre creux, contenant la moelle, l'autre extérieure qui est l'écorce; feuilles pourvues de nervures s'ana-
stomosant en rameaux, entières ou divisées, rarement nulles
ou réduites à des écailles; fleurs distinctes, constituées le
plus souvent par un calice et une corolle, quelquefois
n'ayant que le calice, très-rarement manquant de ces deux

parties, dont les divisions sont souvent quinaires; embryon à deux cotylédons opposés, plus rarement verticaux.

SOUS-CLASSE I.

THALAMIFLORES OU DIALYPÉTALES HYPOGYNES.

Calice polysépale; pétales et étamines non unis au calice, insérés sur le réceptacle, ou sur un disque libre ou soudé avec la base de l'ovaire qui est libre.

———

F^lle I. — RENONCULACÉES. Juss. 231. DC. Syst. 1, p. 127.

Végétaux herbacés ou sous-frutescents; fleurs régulières ou irrégulières, à préfloraison presque toujours imbriquée; calice caduc à 5-15 sépales libres; corolles à 5-15 pétales hypogynes, libres, caducs, plus ou moins réguliers, quelquefois nuls; étamines hypogynes en nombre indéterminé; anthères rapprochées; ovaire libre; stigmate entier; carpelles, tantôt pseudospermes, tantôt en baie, tantôt capsulaires ou folliculaires, monospermes ou polyspermes; graines tantôt solitaires, droites ou pendantes, tantôt plus ou moins nombreuses et disposées en série près des bords du carpelle; embryon petit, droit; périsperme épais, corné.

TR. I. — CLÉMATIDÉES. DC. Syst., p. 131.

Corolle nulle, carpelles monospermes, indéhiscents, en nombre indéfini, préfloraison valvaire; anthères linéaires, extrorses; feuilles opposées; racines vivaces.

1. CLÉMATIS. DC. Syst. 1, p. 131.

4 à 8 sépales colorés; pétales nuls ou plus courts que les sépales; caryopses nombreuses, terminées par un appendice plumeux; racines vivaces.

Clématis.

1. C. VITALBA (L. Sp. 766). Tige grimpante, ligneuse; feuilles
pinnatifides, à segments ovales, lancéolés, dentés, à base subcordée; pédoncules plus courts que les feuilles; sépales tomenteux extérieurement; fleurs blanches. Juillet, août,
septembre. Dans les haies et les buissons.

2. C. FLAMMULA (L. Sp. 766). Tige grimpante; feuilles pinnatifides, à segments glabres, entiers, trilobés, ovales, oblongs,
aigus; fleurs blanches. Juillet, août, septembre. J'ai trouvé
cette plante dans les buissons, derrière la citadelle de Namur,
mais je crois qu'elle n'y existe plus.

3. C. ERECTA (All. ped. 1078). Clematis recta (L. Sp. 767.)
Tige droite, herbacée; feuilles pinnatifides, à segments pétio-
lés, ovales, entiers; fleurs blanches. Juillet. Trouvé à Habay
(Luxembourg) par M. Tinant.

Je soupçonne que ces deux dernières plantes, étant fréquemment cultivées, ne se trouvent que temporairement en Belgique, et qu'elles ne font pas réellement partie de la flore de ce
pays. J'en dirai autant du Clematis viticella (L) que M. Dumortier dit avoir été trouvé à Maseyck (Limbourg). Toutes mes
recherches ont été infructueuses pour l'y découvrir. J'ai trouvé
les deux premières plantes dans les départements méridionaux
de la France, et la troisième près de Cintra (Portugal).

TR. II. — ANÉMONÉES. DC. Syst. 1, p. 168.

Estivation du calice et de la corolle imbriquée, carpelles
monospermes, indéhiscents, se terminant souvent par une queue
mucronée; feuilles radicales ou alternes.

2. THALICTRUM. L. Gen. 697.

Calice de 4 à 5 folioles caduques; corolle nulle; caryopses terminés par une pointe non plumeuse; plantes
herbacées à fleurs jaunâtres.

4. T. AQUILEGIIFOLIUM (L. Sp. 777). Tige dressée, arrondie, de
60 centimètres environ; feuilles décomposées, à sections

Thalictrum.

ovales, stipulées ainsi que les folioles; fleurs jaunâtres en co-
rymbe paniculé; fruit triangulaire, pendant. ♃ Juillet, août.
Dans les bois montueux du Luxembourg, Slenaken (Limbourg).
On m'assure l'avoir trouvé à Boussu (Hainaut).

5. T. NIGRICANS (Jacq. Aust. 5. 1. 421.) Th. Heterophyllum.
Lej. fl. Spa. Tige rameuse, sillonnée; racine fibreuse; feuilles
radicales, cunéiformes, trifides, les caulinaires linéaires;
fleurs jaunâtres, en panicule dressée, subcorymbifère. ♃
Juillet, août. Dans les prairies humides des provinces de
Liége et du Luxembourg.

6. T. FLAVUM (L. Sp. 770). Tige de 50 à 70 centimètres, droite,
rameuse, sillonnée; racine fibreuse; feuilles à segments cunéiformes, trifides, aigus; fleurs jaunes, en panicule. ♃ Dans
les prairies humides, le long des rivières. Tout l'été.

7. T. MINUS (L. Sp. 767). Tige de 30 à 40 centimètres, glauque,
rameuse, glabre, formant comme des zigzags, surtout dans la
variété; feuilles tripinnatifides, à folioles arrondies, trifides,
glabres; fleurs d'un blanc jaunâtre, en panicule très-étalée,
penchées sur leur pédicelle. ♃ Juillet, août. Au bord des rivières. Remick (Luxembourg), Ivoir (Namur).
        VAR. β. DUNENSE (N.) Th. Dunense Dumr. Fl. Bel. 126.
        Feuilles pubescentes, glanduleuses; folioles dentées,
        cendrées en dessous. Dans les dunes.
Je n'ai jamais rencontré le Thalictrum lucidum (L. Sp. 770)
en Belgique.

3. ANÉMONE. DC. Syst. 1, p. 188.

Involucre à trois feuilles, distant de la fleur; calice pétaloïde, de 5 à 15 sépales; caryopse surmontée d'une arête
simple ou plumeuse; feuilles radicales, pétiolées, découpées ou lobées.

8. A. PULSATILLA (L. Sp. 759). Feuilles radicales, pinnatiséquées,
à segments décomposés, linéaires; pétioles et pédoncules laineux; fleur grande, violette, à 6 sépales, pendante avant

Anémone.

son développement; graine terminée par une longue arête
velue. ♃ Avril et mai. Bois sablonneux du Luxembourg.

9. A. NEMOROSA (L. Sp. 762). Hampe légèrement velue, à feuilles
à 3 segments trifides, incisés-dentés, lancéolés, aigus; feuilles
de l'involucre pédonculées, pareilles aux autres; fleur unique,
d'un blanc plus ou moins rosé, à 6 sépales glabres, elliptiques; style glabre. ♃ Avril, mai. Dans les bois.

10. A. RANUNCULOÏDES (L. Sp. 762). Feuilles radicales, longuement pétiolées, à 5 ou 7 lobes digités, incisés-dentés; hampe
glabre, de 15 à 20 centimètres; involucre à feuilles presque
sessiles, subtrifides; fleur terminale jaune, à 5 ou 6 sépales
elliptiques. ♃ Avril, mai. Dans les terrains calcaires et ombragés de la vallée de la Meuse.

11. A. SYLVESTRIS (L. Sp. 761). Feuilles radicales, à pédoncule
velu, à 3 ou 5 folioles trifides, incisées, dentées, pubescentes;
hampe velue de 50 centimètres environ; involucre de 3 à 5
feuilles pétiolées; fleur terminale unique, grande, blanche, à
5 sépales; carpelles velus, tomenteux, en capitule oblong,
blanchâtre. ♃ Mai, juin. Dans les bois montueux des provinces
de Liége et du Luxembourg.

4. HEPATICA. Dill. Giesse. p. 108. t. 5.

Involucre à 3 folioles persistantes, caliciforme; calice à
6 ou 9 folioles pétaloïdes; caryopses pointus; plusieurs
hampes uniflores radicales.

12. H. TRILOBA (DC. fl. fr. 4. p. 885). Anemone hepatica (L.
Sp. 758.) Feuilles cordiformes, trilobées, à lobes entiers;
hampes velues; fleurs bleues, quelquefois roses. ♃ Mars,
avril. Poleur, Limbourg (Liége).

5. ADONIS. Dill. Giess. 109. t. 4.

Calice à 5 sépales; pétales 6 à 15, à onglet nu; graines
nues, placées sur un réceptacle qui s'allonge en épi; tiges
herbacées, à feuilles finement découpées.

13. A. AUTUMNALIS (L. Sp. 771). Tige rameuse, d'environ 30 centimètres; calice glabre; pétales 6 à 8, à peine plus grands que le calice; carpelles subréticulés, agrégés en capitule ovale, couronnés d'un style très-court; fleurs rouges. ① Juillet, août. Dans les moissons des provinces de Liége et du Hainaut. Rare.

14. A. ÆSTIVALIS (L. Sp. 772). Tige de 50 centimètres environ, presque simple; calice hispide à la base; pétales planes, oblongs, obtus, le double plus longs que le calice; carpelles réticulés en épi allongé, à insertion aussi longue que le plus grand diamètre du fruit, à bord supérieur présentant une dent éloignée du bec; bec incolore; fleurs rouges pâles. ① Juin, juillet. Dans les moissons maigres des Ardennes, Rumillies (Hainaut.)

15. A. FLAVA (Vill. cat. str. 247). Tige presque simple; calice glabre; pétales planes, oblongs, le double plus longs que le calice; carpelles presque lisses, réunis en capitules oblongs; fleurs jaunes. ① Juillet, août. Dans les moissons du Luxembourg, à Remick, Montjoie, etc.

16. A. VERNALIS (L. Sp. 771). Tige droite, rameuse, de 15 à 25 centimètres; feuilles radicales abortives et se réduisant en écailles embrassantes; feuilles caulinaires, sessiles; fleurs terminales, grandes, jaunes, de 12 à 20 pétales oblongs, denticulés; carpelles velus. ♃ Mai, juin. Dans le Hainaut, dit-on; je ne l'ai jamais rencontré. Je soupçonne fort que cette plante doit être exclue de la Flore Belge.

TR. III. — RENONCULÉES. DC. Syst. p. 228.

Estivation du calice et de la corolle imbriquée; pétales munis en dedans d'une écaille à la base; carpelles monospermes secs, indéhiscents.

6. MYOSURUS. Dill. Giess. p. 106. t. 4.

Calice à 5 folioles colorées, caduques; 5 pétales courts, tubuleux; 5 à 20 étamines; fruits nombreux, disposés en épi cylindrique sur un réceptacle très-allongé.

Myosurus.

\ 17. M. minimus (L. Sp. 407). Scapes de 5 à 10 centimètres plus
longs que les feuilles qui sont linéaires, épaisses, glabres;
carpelles tétragones comprimés. ① Mai, juin. Dans les champs
argileux. Sittard (Limbourg), Morlanwez (Hainaut.)

7. Ranunculus. C. Bauh. pin. 180.

Calice caduc, à 5 folioles; corolle à 5 pétales munis
d'un onglet à la base interne; graines nombreuses, comprimées, indéhiscentes, terminées par une petite pointe et
disposées en un capitule globuleux ou cylindrique.

Section I. — *Pétales blancs, à onglet jaune, à fossette necturi-
fère; péricarpes rugueux, striés transversalement* (Batra-
chium DC. Syst. p. 1. 235).

18. R. hederaceus (L. Sp. 781). Tiges nombreuses, de 15 à
30 centimètres, rampantes, molles, transparentes; feuilles réniformes, de 3 à 5 lobes arrondis; fleurs très-petites, solitaires, blanches; pétales oblongs, à peine plus longs que le
calice; graines striées transversalement. ⚃ D'avril en septembre. Dans les endroits inondés.

19. R. tripartitus (DC. fl. fr. 5, p. 637). Tiges longues de 15
à 25 centimètres, délicates, glabres; feuilles inférieures capillaires, multifides, divergentes; feuilles supérieures arrondies,
divisées en trois lobes profonds, cunéiformes, trifides au
sommet; fleurs très-petites; blanches; graines à stries irrégulières. ⚃ Mai, juin. Dans les endroits inondés de la Campine. Rare.

\ 20. R. aquatilis (L Sp. 781). Tiges flottantes quand la plante
est dans l'eau, et dressée quand elle se trouve dehors; feuilles
submergées, capillaires, multifides, les flottantes arrondies,
divisées en trois lobes cunéiformes à sommet denté; fleurs
solitaires à pétales ovalaires plus grands que le calice. ⚃ Tout
l'été, partout dans les eaux.

Var. *α.* heterophyllus (DC.). Feuilles supérieures à

trois lobes cunéiformes, les inférieures à divisions capillaires.

VAR. *β*. CAPILLACEUS (DC.). Ranunculus capillaceus Th. fl. p. Feuilles pétiolées, découpées en laciniures filiformes.

VAR. *λ*. CÆSPISITOSUS (DC.). Ran. cespitosus Th. fl. p. Tiges dressées, très-rameuses; feuilles à divisions capillaires, divergentes, courtes, incisées.

VAR. *♂*. PEUCEDANIFOLIUS (DC.). Ran. peucedanifolius Th. fl. p. 1. Ran. fluviatilis Willd. Tiges longues, flottantes; feuilles bipinnées à folioles capillaires, allongées.

SECTION II. — *Carpelles lisses, comprimés, en épi; racines grumeuses* (Ranunculastrum DC. prod. 1, p. 27).

21. C. CHÆROPHYLLOS (L. Sp. 780). Tige velue, droite; feuilles radicales, pétiolées, velues, trifides, à divisions étroites, un peu obtuses; les caulinaires au nombre d'une ou de deux, à divisions allongées; fleur terminale, souvent unique, quelquefois au nombre de deux, à pédoncule velu, sillonné; calice étalé, souvent réfléchi; carpelles disposés en un capitule oblong. ♃ Mai, juin. Dans les lieux secs des Flandres.

SECTION III. — *Carpelles lisses en capitule ovale, arrondis; racines fibreuses* (Hecatonia DC. L. C.).

a. FLEURS BLANCHES.

22. R. PLATANIFOLIUS. (L. Mant. 79). Ran. aconitifolius (Var. *♂* DC. prod. 1, p. 51.) Tige velue, rameuse, multiflore; feuilles palmées, légèrement velues, les radicales à 5-7 lobes, aigus, dentés; bractées entières, linéaires, lancéolées ou subulées; calices comprimés, glabres; fleurs blanches formant une espèce de panicule. ♃ Mai, juin. Dans les bois montueux du Luxembourg, Malmedy, Eupen, Rhenastein.

Ranunculus.

b. FLEURS JAUNES, FEUILLES ENTIÈRES.

23. R. GRAMINEUS. (L. Sp. 786). Racines bulbeuses; tige dressée de 20 à 50 centimètres environ, glabre, branchue; feuilles linéaires, lancéolées, entières, marquées de nervures; fleurs terminales, grandes; carpelles irrégulièrement ridés. ♃ Mai, juin. Sur les collines sèches du Hainaut, Villereille-le-Sec (Hocquart) où je ne l'ai pas trouvé.

24. R. LINGUA (L. Sp. 773). Tige de 50 à 70 centimètres, grosse, velue, striée, un peu branchue; feuilles longues, lancéolées, sessiles, demi-amplexicaules; fleurs terminales, grandes; calice velu. ♃ Juin, juillet et août. Dans les fossés pleins d'eau, Mons, la Campine.

25. R. FLAMMULA (L. Sp. 772). Tige couchée, radicante, glabre de 50 centimètres environ; feuilles radicales pétiolées, oblongues, ovales, les supérieures linéaires, lancéolées; fleurs terminales en panicule peu fournie; calice glabre. ♃ Tout l'été. Commun dans les endroits humides.

> VAR. REPTANS (Smith.) Tige rampante avec quelques nœuds émettant des radicules, à feuilles linéaires, entières. Trouvée en Campine. Très-rare.

c. FLEURS JAUNES A FEUILLES DÉCOUPÉES.

26. R. AURICOMUS (L. Sp. 775). Tige de 15 à 20 centimètres, branchue, dressée; feuilles glabres, réniformes, divisées en trois lobes crénelés; les caulinaires digitées à lobes linéaires, entiers, un peu dentés; calice pubescent, plus court que les pétales, réfracté. ♃ Avril, mai. Dans les bois couverts.

27. R. SCELERATUS (L. Sp. 776). Tige de 30 à 50 centimètres, grosse, dressée, rameuse, glabre, rayée; feuilles glabres, les radicales pétiolées à trois lobes trilobés, légèrement incisés, à sommet à trois divisions oblongues, linéaires, entières; les supérieures à divisions linéaires, entières, pinnatifides; fleurs nombreuses en panicule foliacée; calice glabre; corolle petite; ovaire s'accroissant et formant un capitule oblong, nu, peu conique. ♃ Tout l'été. Dans les fossés et les marais.

Ranunculus.

28. R. ACRIS (L. Sp. 779). Tige de 30 à 60 centimètres, fistuleuse, dressée, sous-pubescente, multiflore; feuilles légèrement pubescentes, à cinq lobes principaux, trifides, incisés, dentés; les supérieures sessiles, à cinq ou six divisions linéaires, entières; fleurs en panicule; calice pubescent; réceptacle glabre; capitule globuleux; carpelles marqués de points nombreux; graines striées au milieu. ♃ Tout l'été. Commune partout.

> VAR. β. SYLVATICUS (DC.). Ran. sylvaticus Th. fl. p. Ran. lanuginosus DC. Fl. fr. 4, p. 899, non L. Pétioles et feuilles pubescents en dessous, glabres en dessus.
>
> VAR. γ. MULTIFIDUS (DC.). Ran. polyanthemos Lob. Lobes des feuilles à lanières multifides.
>
> VAR ♂. FLORE PLENO, à fleurs doubles, le bouton d'or.

29. R. POLYANTHEMOS (L. Sp. 779). Tige droite, multiflore, velue; feuilles palmées, à trois ou à cinq lobes linéaires, à incisions multifides; fleurs en panicule, à pédoncules sillonnés; calice hérissé; style très-court. ♃ L'été dans les bois montueux. Verviers, Aubel (Liége).

30. R. NEMOROSUS (DC. Syst. 1, p. 284). Tige droite, velue, ainsi que les pétioles; feuilles radicales, divisées jusqu'au milieu en trois ou cinq lobes cunéiformes, trifides, à lobules dentés au sommet; pédoncules sillonnés; réceptacle hérissé. ♃ Dans les bois montueux. Aux environs de Limbourg. Lej.

> VAR. PAUCIFLORUS (DC.). Tiges portant 1-3 fleurs. R. Villosus St-Am. bouq.

31. R. LANUGINOSUS. (L. Sp. 779). Tige de 30 à 45 centimètres, droite, multiflore, couverte de poils réfléchis, ainsi que les pétioles; feuilles grandes à trois divisions lobées, crénelées, dentées, soyeuses, surtout en dessous, les supérieures à divisions étroites; fleurs terminales; calice velu, ouvert; graines glabres, lisses, à pointe recourbée en crochet. ♃ Tout l'été. Bois montueux des provinces de Liége et de Namur.

32. R. REPENS (L. Sp. 779). Racines fibreuses; tiges couchées,

radicantes, un peu poilues ; feuilles à 3 divisions, les radicales pinnatiséquées à segment moyen pétiolé, les supérieures à divisions lancéolées, linéaires ; fleurs terminales, à pédoncules sillonnés ; calice étalé, pourvu de poils jaunâtres. ♃ Tout l'été. Partout dans les champs.

> VAR. *α*. RAN. LUCIDUS Poir. Plante glabre dans toutes ses parties.

> VAR. *β*. RAN. POLYANTHEMOS. Th. fl. P. (non. L.). Plante très-velue. Trouvée à Geronsart, près Namur.

\ 53. R. BULBOSUS (L. Sp. 778). Racine tubéreuse ; tige d'environ 50 centimètres, dressée, légèrement velue, rameuse ; feuilles à divisions trifides, celle du milieu pétiolée, trilobées, incisées, dentées ; fleurs terminales à pédoncules sillonnés, velus ; calice réfléchi à l'épanouissement des fleurs. ♃ Été. Dans les prairies, les jardins.

SECTION IV. — *Carpelles tuberculeux et épineux* (Echinella DC. prod. 1. p. 41).

54. R. PHILONOTIS (Retz. obs. 6. p. 51). R. pallidior (Vill. Dauph. 3. p. 751). Ran. hirsutus Aït. Racines fibreuses, fasciculées ; tige et feuilles comme dans l'espèce précédente ; calice à divisions réfléchies ; fleurs jaunes ; graines comprimées, tuberculeuses, bordées, terminées par une pointe courte et recourbée. ① Tout l'été. Dans les endroits cultivés, Flawinnes (Namur). Laeken (Brabant.)

> VAR. *α*. INTERMEDIUS (DC.). Ran. intermedius Poir. Feuilles presque glabres.

> VAR. *β*. PARVULUS (DC.). Ran. parvulus L. Mant. 79. Tige petite, uniflore.

ϟ 55. R. ARVENSIS (L. Sp. 780). Tige de 18 à 50 centimètres, dressée, rameuse, velue ; feuilles glabres, à 3 divisions, presque pinnatifides, les caulinaires à lobes linéaires ; fleurs jaunes, nombreuses ; calice ouvert, velu, égal aux pétales ; carpelles chargés de pointes épineuses. ① Tout l'été. Dans les moissons.

Ranunculus.

56. R. PARVIFLORUS (L. Sp. 780). Tiges couchées; feuilles velues, arrondies, à 3 lobes incisés, grossièrement dentés; pédoncules opposés aux feuilles; fleurs jaunes, très-petites; calice réfléchi; ovaire aussi grand que les pétales; graines aplaties, tuberculeuses et épineuses. ① Mai, juin. Dans les lieux ombragés humides. Flobecq (Hainaut), Waulsort (Namur.)

57. R. NODIFLORUS (L. Sp. 775). Tiges dressées de 8 à 15 centimètres, rameuses, glabres; feuilles radicales pétiolées, ovales, oblongues, marquées de 3 nervures, les supérieures lancéolées; fleurs sessiles, opposées aux feuilles, petites; carpelles tuberculeux, granuleux. ① Juin, juillet. Dans les endroits humides des Flandres. Jamais je n'ai pu y rencontrer cette plante.

8. FICARIA. Dill. nov. gen. p. 108. t. 5.

Calice à 3 folioles caduques; 9 pétales munis d'une écaille à leur base interne; carpelles comprimés, obtus, lisses.

58. F. RANUNCULOÏDES (Moench. Meth. 515). Ranunculus Ficaria (L. Sp. 774). Racine grumeuse; tiges feuillées de 7 à 10 centimètres; feuilles pétiolées, cordiformes, obtuses, crénelées, anguleuses; fleurs jaunes, solitaires. ♃ Avril, mai. Dans les endroits couverts.

T. IV. — HELLÉBORÉES. DC. prod. 1. p. 44.

Carpelles 5 à 10, rarement solitaires; préfloraison imbriquée; pétales tantôt nuls, tantôt irréguliers, nectarifères; calice pétaloïde; carpelles capsulaires déhiscents en dedans, polyspermes.

9. CALTHA. Pers. Ench. 2. 107.

Calice coloré à 5 sépales pétaloïdes, suborbiculaires; corolle nulle; 5 à 10 capsules comprimées uniloculaires, polyspermes.

Caltha.

\ 39. C. palustris (L. Sp. 784). Tiges ascendantes, courtes, à fibres épaisses, glabres; feuilles glabres, sous-orbiculaires, réniformes, crénelées à la base; les supérieures sessiles, crénelées partout; fleurs jaunes, grandes, terminales. ♃ Tout l'été. Dans les lieux humides, inondés.

10. Trollius. L. Gen. n° 700.

Calice coloré de 5 à 15 sépales pétaloïdes, caducs; pétales 5 à 20 ligulés, nectarifères; capsules sessiles, subcylindriques, polyspermes.

40. T. europæus (L. Sp. 782). Tige de 30 à 40 centimètres, dressée, simple, subuniflore; feuilles palmées, incisées, dentées, pétiolées; fleurs jaunes composées de 15 sépales formant un globe, et de 5 à 10 pétales de la longueur des étamines. ♃ Mai, juin. Dans les prairies montueuses de la province de Liége.

11. Eranthis. Salisb. trans. lin. 8. p. 303.

Involucre foliacé, profondément incisé, situé sous la fleur; fleur sessile, à 5 à 8 sépales colorés, pétaloïdes, oblongs, caducs; 5 à 8 pétales tubulés, très-courts; capsules pédicellées; semences globuleuses disposées en une seule série.

41. E. hyemalis (Salisb. L. c.). Helleborus hyemalis (L. Sp. 783). Kœllea hyemalis Mer. Tige de 8 à 15 centimètres; 1 feuille naissant à côté de la hampe, subpeltée, à 7 lobes cunéiformes, profonds, incisés au sommet, glabres; fleur solitaire, jaune, à 6 à 8 sépales oblongs. ♃ Février, mars. Dans les bois couverts, humides. Faulx-les-Tombes (Namur).

12. Helleborus. Adans. Fam. 458.

Calice persistant à 5 folioles grandes, arrondies, obtuses, souvent verdâtres; 8 à 10 pétales plus courts que le calice; 50 à 60 étamines; 30 à 40 ovaires; stigmate orbiculaire;

Helleborus.

capsules coriaces; graines elliptiques, disposées sur deux séries.

42. H. NIGER (L. Sp. 783). Feuilles radicales pédatiséquées, très-glabres; hampe sans feuilles, munie supérieurement de brac-tées ovales, entières; 1 à 3 fleurs grandes à sépales rosés. ♃ Février, mars. Dans les bois montueux du Luxembourg. Dans la forêt de Soignie suivant Kickx, mais je l'y ai cherché inutilement.

43. H. VIRIDIS (L. Sp. 784). Tige portant 2 à 3 fleurs, nue jus-qu'aux rameaux; feuilles radicales pédatiséquées, très-glabres, les caulinaires sessiles, palmatiséquées; pédoncules souvent bifides; sépales arrondis, ovales, verdâtres. ♃ Mars, avril. Dans les bois montueux. Vedrin (Namur), Helden (Limbourg), Chimay (Hainaut), Malmedy, Theux (Liége).

44. H. FOETIDUS (L. Sp. 784). Tige multiflore, feuillée inférieure-ment, munie supérieurement de bractées ovales, entières; feuilles très-glabres, pédatiséquées, à segments oblongs, li-néaires; fleurs verdâtres, bordées supérieurement d'un noir rougeâtre. ♃ Mars, avril, mai. Dans les terrains calcaires des bords de la Meuse.

13. ISOPYRUM. L. Gen. 701.

Involucre nul; calice à 5 sépales pétaloïdes, caducs, ré-guliers; corolle à 5 pétales égaux, tubulés, bilabiés, à lèvre extérieure bifide; 15 à 20 étamines; 2 à 20 ovaires; cap-sules sessiles, uniloculaires, oblongues, comprimées, mem-braneuses.

45. I. FUMAROÏDES (L. Sp. 783). Souche à rhizomes grêles, fili-formes; feuilles palmatiséquées à 3 segments triséqués; sépales aigus; fleurs petites, jaunes; 10 à 20 capsules. ① Juillet, août. Dans les Flandres.

Malgré toutes mes recherches, je n'ai jamais pu trouver cette plante en Belgique; mais si on considère qu'elle n'est indiquée ni dans les flores françaises, ni dans les flores allemandes, et que son vrai pays est la Sibérie, on se demande comment elle aurait pu se trouver dans les Flandres, sauf par une cause accidentelle et momentanée. Je crois qu'il y a eu erreur.

14. NIGELLA. Tourn. Ins. 248. t. 154.

Calice à 5 sépales colorés, caducs; 5 à 10 pétales bilabiés, plus courts que le calice; 5 à 10 capsules polyspermes; graines noires, réticulées.

46. N. ARVENSIS (L. Sp. 755). Tige de 25 à 50 centimètres, simple, un peu glauque, ainsi que toute la plante; feuilles alternes, multifides, à divisions capillaires; involucre nul; fleurs terminales, d'un bleu pâle, veinées de blanc, à pétales entiers; 5 à 6 capsules soudées dans leur moitié inférieure, oblongues et terminées par une longue pointe tordue. ① Tout l'été. Dans les champs du Luxembourg et du Hainaut.

47. N. SATIVA (L. Sp. 755). Tige presque simple, droite, pubescente, de 20 à 25 centimètres; feuilles alternes, légèrement velues, pétiolées, bipinnées, à divisions linéaires; fleurs bleuâtres, sans involucre; capsules mutiques, ovales, polyspermes, réunies jusqu'au sommet. ① Tout l'été. Dans les champs du Luxembourg et du Hainaut.

15. AQUILEGIA. L. Gen. 275.

Calice pétaloïde à 5 folioles colorées; corolle à 5 pétales, irréguliers, en forme de cornets tronqués obliquement; 5 ovaires entourés de 10 écailles; capsules terminées en arête.

48. AQ. VULGARIS (L. Sp. 752). L'ancolie. Tige de 50 à 65 centimètres, dressée, rameuse, pubescente; feuilles trichotomes à folioles trilobées, cunéiformes, arrondies au sommet, un peu glauques en dessous; les terminales sessiles, entières ou à trois

divisions; fleurs bleues ou rougeâtres, grandes, à sépales dressés, pubescents en dehors; éperons courbés en crochet; cinq capsules légèrement pubescentes, oblongues. ♃ Mai, juin, juillet. Dans les terrains montueux, calcaires, des provinces de Liége, de Namur, de Luxembourg et du Hainaut.

16. Delphinium. Tourn. inst. 426, t. 241.

Calice pétaloïde à 5 folioles caduques dont la supérieure se prolonge en éperon à la base; 4 pétales, quelquefois soudés entre eux, dont les deux supérieurs se prolongent à la base en un appendice contenu dans l'éperon.

49. D. consolida (L. Sp. 748). Tige de 50 à 40 centimètres, dressée, rameuse, étalée au sommet, légèrement pubescente; feuilles sessiles, multifides à divisions linéaires, pubescentes; pédicelles plus longs que les bractées; fleurs bleues à éperon long, un peu redressé; capsules glabres. ♃ Juin, juillet. Dans les moissons.

50. D. ajacis (L. Sp. 748). Tige dressée de 50 à 40 centimètres, presque simple, légèrement pubescente; feuilles à folioles étroites, nombreuses et longues; fleurs bleues en épi lâche avec l'éperon court; capsules pubescentes. ♃ Juin, juillet. Cultivé dans les jardins, mais se sème souvent en dehors.

17. Aconitum. Tourn. inst., t. 239.

Calice pétaloïde à 5 folioles colorées, irrégulières, caduques ou marcescentes, la supérieure formant un capuchon, les deux latérales suborbiculaires, les inférieures oblongues; corolle de 2 à 5 pétales se prolongeant à la base en un appendice contenu dans l'éperon; 1 à 5 capsules.

51. A. lycoctonum (L. Sp. 750). Tige de 60 centimètres environ, dressée, velue; feuilles pétiolées, palmées, pubescentes, à trois

Aconitum.

ou cinq lobes trifides; fleurs en épi, d'un jaune blanchâtre;
capuchon conico-cylindrique; ovaires glabriuscules. ♃ Juin,
juillet, août. Dans les bois montueux, calcaires, du Luxembourg et de la province de Liége.

52. A. INTERMEDIUM (DC. Syst. 1, p. 373). Fleurs bleues en panicule peu serrée; capuchon convexe, subconique; éperon court,
horizontal; filets des étamines velus, rarement glabres; trois à
cinq ovaires glabres. ♃ Juillet, août. Sur les bords de la Vesdre, à Pepinster (Liége), Lej. Etale (Luxembourg), Tin.

53. A. NAPELLUS (L. Sp. 751). Souche épaisse; tige dressée,
forte, de 50 à 75 centimètres; feuilles palmées à cinq ou sept
segments cunéiformes, bi-tripartis, à lobes oblongs, incisés, les
inférieures longuement pétiolées; fleurs bleues en épi terminal ou en panicule un peu serrée; sac du capuchon subconique;
éperon court, épais, incliné; follicules glabres, oblongues.
♃ Juillet, août. Cette plante a été trouvée dans l'Eiffel; je ne la
crois qu'accidentelle dans les autres localités de la Belgique.

T. V. — PÆONIÉES (DC. prod. 1, p. 64.)

Carpelles 2-5 ou solitaires, polyspermes, déhiscents ou bacciformes, indéhiscents; préfloraison imbriquée; 4 à 5, rarement
10 pétales; anthères intorses.

18. ACTÆA. L. Sp., éd. 2, p. 64.

Calice à 4 folioles caduques, 4 pétales, ovaire unique.

54. A. SPICATA (L. Sp. 722). Tige de 50 à 60 centimètres, dressée, rameuse, glabre; feuilles glabres longuement pétiolées,
trichotomes, à folioles ovales, larges, lobées, dentées, incisées;
fleurs blanches, petites, en grappes terminales peu fournies;
sépales ovales, concaves; pétales de la longueur des étamines,
spathulés et à onglet; baies noires, ovoïdes. ♃ Juin, juillet.
Bois montueux. Montjoie (Luxembourg); Slenaken (Limbourg)

F^{lle} II. — Berbéridées. DC. Syst. 2, p. 1.

3 à 6 sépales caducs , oblongs ou ovales, souvent colorés ; pétales opposés aux sépales et en nombre égal ; étamines égales en nombre aux pétales ; anthères s'ouvrant de
la base au sommet par une petite valve ; ovaire simple ;
fruit à une loge polysperme ; graines attachées à un placenta latéral ; périsperme charnu. Arbrisseaux ou herbes
vivaces, à feuilles alternes, souvent dentées en scie.

1. Berberis. L. Gen. 442.

Calice à 6 folioles ; corolle à 6 pétales munis intérieurement de 2 glandes ; stigmate sessile, persistant ; baies à 2 ou
3 graines.

55. **B. vulgaris** (L. Sp. 472). L'Épine-vinette. Arbrisseau de 1 à
2 mètres, à bois jaunâtre, écorce bise, cendrée, chargée d'é-
pines ternées à la base des rameaux ; feuilles réunies par trois
ou quatre, ovales renversées, cilioso-dentées, plus vertes en
dessous ; fleurs jaunes en grappes pendantes ; baies ovoïdes,
rouges, acides. ♃ Mai, juin. Dans les buissons des terrains
calcaires.

2. Epimedium. L. Gen. 148.

Calice caduc à 4 folioles ; 4 pétales munis d'une écaille
à leur base interne ; ovaire à style latéral ; capsule siliqueuse à une loge à 2 valves.

56. **E. alpinum** (L. Sp. 171). Racine rampante ; tige de 20 à
30 centimètres, rameuse ; feuilles à trois folioles pédicellées,
cordées obliquement, bordées de cils rougeâtres ; fleurs purpurines à couronne jaune, en panicule. ♃ Mai, juin. Grune-
wald (Luxembourg), Fouron-le-Comte (Liége).

F^lle III. — Nymphéacées. DC. Pr. 1. p. 113.

Calice à 4-6 sépales colorés, persistants; pétales nombreux, disposés sur plusieurs rangs, oblongs, planes; étamines nombreuses, à filaments aplatis, les plus extérieurs presque semblables aux pétales; ovaire multiloculaire, surmonté de stigmates en nombre égal aux loges, et formant un plateau orbiculaire; fruit sec, globuleux, polysperme; graines lisses à périsperme farineux. Herbes aquatiques.

1. Nymphæa. L. Sp. 725.

Les caractères sont ceux de la famille.

57. N. alba (L. Sp. 729). Souche grosse écailleuse, longue; pétioles spongieux, glabres; feuilles épaisses, presque circulaires, fendues à la base; calice à 4 folioles; corolle à pétales nombreux, disposés sur plusieurs rangs, les extérieurs plus grands; capsule globuleuse, marquée de cicatrices; fleurs blanches. ⚇ Tout l'été. Dans les rivières et les eaux stagnantes.

> Var. minor. Fleurs à pétales plus petits; toute la plante est moitié plus petite que dans l'espèce.

58. N. lutea (L. Sp. 729). Souche presque semblable à celle de l'espèce précédente; feuilles en cœur allongé, ovales; calice à 5 folioles; pétales sur un seul rang, plus courts que le calice, nectarifères sur le dos; fleurs jaunes; capsule charnue, pyriforme; stigmate entier. ⚇ Tout l'été. Dans les canaux, les marais et les étangs.

F^lle IV. — Papavéracées. DC. Syst. 2. p. 67.

Calice à 2 sépales foliacées, caduques, concaves et enserrant souvent la fleur avant la floraison; corolle à 4 pétales réguliers; étamines ordinairement nombreuses; ovaire simple, supère; stigmate sessile; capsule ovale ou allongée, polysperme; périsperme charnu. Plantes herbacées donnant un suc blanc ou jaune, âcre et narcotique.

1. PAPAVER. Tourn. inst. t. 119.

Calice caduc à deux folioles; corolle à 4 pétales; capsule cloisonnée, à une loge polysperme, s'ouvrant sous le stigmate qui est sessile, persistant et rayonné.

§ 1. — *Capsules hérissées.*

59. P. HYBRIDUM (L. Sp. 725). Tige de 30 à 60 centimètres, dressée, rameuse, peu velue; feuilles velues, 2 à 3 fois pinnatifides, à segments linéaires terminés par un poil; *fleurs rouges à pétales oblongs, subovales, longuement pédonculés;* capsules hérissées de poils recourbés. ① Juin, juillet, août. Dans les champs. Rare.

60. P. ARGEMONE (L. Sp. 725). Tige de 30 à 40 centimètres, feuillée, multiflore, peu velue ainsi que toute la plante; feuilles 2 ou 3 fois pinnatifides, à segments linéaires terminés par un poil; fleurs rouges longuement pédonculées, petites, tachées de noir à la base; capsule oblongue, claviforme, à 6 valves. ④ Tout l'été. Dans les champs.

§ 2. — *Capsules glabres.*

61. P. DUBIUM (L. Sp. 726). Tige haute de 40 à 60 centimètres, rameuse, velue ainsi que toute la plante; feuilles 2 fois pinnatifides à segments aigus; pédoncules longs munis de poils couchés; calice velu; capsule allongée en massue, glabre. ④ Mai, juin. Dans les champs.

62. P. RHŒAS (L. Sp. 726). Tige de 40 à 70 centimètres, rameuse, hispide; feuilles pinnatifides, à pétioles hispides, à folioles linéaires, étroites, longues, laciniées, dentées, terminées par un poil; pédoncules et sépales couverts de poils roides, étalés;

fleurs rouges, longuement pédonculées, à pétales souvent tachés de noir à la base ; capsule obovale, subglobuleuse. ④ Tout
l'été. Dans les moissons.

63. P. somniferum (L. Sp. 726). Tige de 60 centimètres à un mètre, glabre, glauque, ainsi que toute la plante ; feuilles ovales,
amplexicaules, oblongues, dentées, incisées ; fleurs d'un rouge
violacé pâle ; pétales caducs, souvent marqués d'une tache
noire à la base ; capsule droite, globuleuse, non perforée.
④ Tout l'été. Cultivé dans les jardins, souvent subspontané
dans les lieux cultivés.

2. Chelidonium. DC. Syst. 2. p. 98.

Calice caduc à 2 folioles ; corolle à 4 pétales ; stigmate
petit à 2 lobes ; capsule siliqueuse, comprimée, linéaire, à
2 valves, à une loge polysperme.

64. C. majus (L. Sp. 723). Souche épaisse ; tige dressée, faible,
rameuse ; feuilles molles, glabres, à segments ovales, lobés,
incisés, glauques en dessous ; fleurs jaunes axillaires ou terminales, disposées en ombelle de 4 à 5 rayons ; pétales elliptiques, entiers ; capsule linéaire, lisse. ④ Tout l'été. Le long
des murs, des haies et sur les décombres.

> Var. B. Quercifolium (Th. fl. Par. 261.) A feuilles et
> pétales laciniés. C. Laciniatum. Mill.

On doit exclure de la Flore Belge l'Hypecoum procumbens (L.
Sp. 181) que je n'ai jamais pu rencontrer dans aucune localité
des Flandres, et que personne, à ma connaissance, n'y a jamais
trouvé. Il en est de même du Glaucium flavum (Crantz austr.
2. p. 141).

F^{lle} V. — Fumariacées. DC. Syst. 2. p. 105.

Calice à 2 sépales petites, membraneuses, caduques ;
corolle à 4 pétales inégaux, prolongés en éperon à la base ;

6 étamines réunies en 2 faisceaux ; 6 anthères ; ovaire supère ; style filiforme ; capsule monosperme indéhiscente ou
silique bivalve, polysperme, déhiscente ; périsperme charnu.
Herbes à feuilles composées, alternes.

1. CORYDALIS. DC. fl. fr. 4. p. 636.

Calice très-petit à 2 folioles ; corolle à 4 pétales irréguliers dont un seul se prolonge en éperon ; siliques, bivalves comprimées, polyspermes.

§ 1. — *Racine tubéreuse ; tige simple ; feuilles alternes* (capnites
DC. pr. 1. p. 126).

65. C. TUBEROSA (DC. fl. fr. 4. p. 637). Fumaria cava Retz.
Fumaria bulbosa Var. *α*. L. Sp. 933. Racine creuse ; tige simple sans écaille, de 15 à 20 centimètres ; deux feuilles caulinaires à sections biternées, à segments cunéiformes, incisés,
multifides ; bractées ovales, entières ; fleurs purpurines, terminales ; pédicules plus courts que les fruits. ♃ Avril, mai. Dans
les endroits couverts et aux bords des bois.

66. C. FABACEA (Pers. Ench. 2. p. 269). Coryd. intermedia Mer.
Fl. Par. p. 324. Fum. bulbosa Var. *β* L. fl. succ. n. 831.
Racine solide, arrondie ; tige de 10 à 15 centimètres, portant
une écaille inférieurement ; 3 à 4 feuilles pétiolées, alternes,
biternées, à segments oblongs, obtusiuscules ; bractées ovales,
aiguës, plus longues que les pédicelles ; fleurs purpurines terminales, à éperon droit, non renflé. ♃ Avril, mai. Dans les
endroits couverts des provinces de Namur et de Liége.

67. C. BULBOSA (DC. fl. fr. 4, p. 637). C. Digitata Pers. Syn. 2.
p. 269. C. solida Smith. Fumaria bulbosa, var. *γ* L. Sp. 985.
Racine solide, arrondie ; tige de 15 à 25 centimètres, glabre,
pourvue inférieurement d'une écaille ; 3 à 4 feuilles pétiolées,
caulinaires, alternes, biternées, à segments oblongs, subtrifides, lobés, obtus ; bractées incisées au sommet ; fleurs pur-

Corydalis.

purines en épi lâche. ♃ Avril, mai. Dans les endroits couverts. C'est l'espèce la plus commune des trois.

SECTION II. — *Racine fibreuse; tige rameuse; feuilles alternes.*

68. C. LUTEA (DC. fl. fr. 4, p. 658). Fumaria lutea L. mant. 258. Corydalis capnoïdes, var. lutea Pers. Ench. 2, p. 270. Souche cespiteuse; tige diffuse, glabre, un peu glauque, ainsi que toute la plante; feuilles bipinnées à folioles subovales, cunéiformes, trifides; fleurs jaunes peu nombreuses en épi; bractées linéaires. ♃ Printemps et été. Sur les vieux murs.

2. FUMARIA. DC. Syst. 2, p. 121.

Calice très-petit à deux folioles colorées; corolle à quatre pétales inégaux, irréguliers, dont un seul est gibbeux à sa base ou se prolonge en éperon; capsule indéhiscente, monosperme, sphérique. Herbes annuelles.

69. F. CAPREOLATA (L. Sp. 785). Tige souvent très-longue, grêle, rameuse, diffuse, s'accrochant par les pétioles; feuilles bi ou triternées à folioles larges, ovales, cunéiformes, glauques, surtout en dessous; fleurs d'un blanc jaunâtre, noirâtre au sommet, peu nombreuses, disposées en épi. ♃ Juin, juillet et août. Dans les haies et buissons. Laeken, Tervueren (Brabant).

70. F. OFFICINALIS (L. Sp. 984). La fumeterre. Tige de 30 à 40 centimètres, rameuse, diffuse, glabre; feuilles tripinnées, à folioles linéaires; fleurs purpurines en épis longs, lâches, terminaux; pédicelles fructifères droits, le double plus long que les bractées; fruit plus large que long, tronqué, légèrement émarginé au sommet. ④ Tout l'été. Dans les champs.

71. F. VAILLANTII (Lois. Not. 102.) Tige dressée de 20 à 30 centimètres; feuilles décomposées, à folioles linéaires, planes; pédicelles fructifères, plus longues que les bractées; silicules globuleuses à peine mucronées. ④ Juin, juillet. Dans les champs des provinces de Liége et de Luxembourg. Rare.

72. F. PARVIFLORA (Lois. Dict. 2, p. 567). Tige diffuse, presque couchée, glabre; feuilles décomposées à folioles linéaires,

canaliculées; pédicelles fructifères droits, plus longs que les bractées; fleurs d'un blanc verdâtre, noires au sommet; silicules globuleuses, un peu mucronulées. ① Juin, juillet. Dans les champs du Luxembourg.

F. VI. — CRUCIFÈRES. Juss. Gen. 237.

Calice à 4 sépales disposés en croix, rarement persistants, à préfloraison imbriquée, rarement valvaire, les deux extérieurs ou latéraux opposés aux valves du fruit, souvent plus larges que les intérieurs et légèrement bossus à la base; corolle à 4 pétales hypogynes, alternes avec les sépales, souvent égaux entre eux et caducs, rétrécis en onglet, à limbe entier, émarginé ou bifide et rarement nuls par avortement; étamines hypogynes, inégales, dont deux plus courtes, placées devant les sépales latéraux, sont quelquefois avortées; les quatre extérieurs plus grandes, égales entre elles, opposées par paire aux sépales intérieurs et correspondantes aux pétales; réceptacle muni de deux ou trois glandes placées en dedans ou en dehors des étamines; ovaire libre, à deux carpelles avec les placentas pariétaux; style tantôt nul ou presque nul, tantôt allongé; stigmate entier ou bilobé; fruit allongé (silique) ou court (silicule), déhiscent, biloculaire, monosperme ou polysperme, rarement uniloculaire sans valve, plus souvent biloculaire à deux valves, avec les loges divisées longitudinalement par une cloison; valves planes, concaves ou carénées; graines dépourvues de périsperme, attachées à la suture, rarement solitaires par avortement, huileuses; embryon de forme variée, plus ou moins enroulé en spirale. Herbes ou sous-arbrisseaux à feuilles presque toujours alternes, à rameaux opposés ou terminaux, souvent sans bractées.

Section I. — *Cotylédons plans accumbants. Radicule latérale à la commissure* (pleurorhizées (O=). DC. Syst. 2, p. 146).

Tribu I. — Arabidées ou pleurorhizées siliquosées.

Silique allongée, déhiscente, à deux valves; cloison linéaire; style court; valvules planes, concaves ou subcarénées, à loge polysperme; cotylédons plans, parallèles à la commissure (O=).

1. CHEIRANTHUS. Brown, kew., éd. 2, v. 4. 118.

Calice à 4 folioles dont les deux extérieures sont bossues; silique comprimée, allongée; stigmate à deux lobes courbés en dehors; valves convexes avec une nervure longitudinale, saillante; graines unisériées, ovales, comprimées.

73. C. CHIERI (L. Sp. 924). Tige de 30 à 50 centimètres, rameuse, herbacée, anguleuse, glabre; feuilles lancéolées, entières, pointues, denticulées; fleurs jaunes, grandes, odorantes; siliques linéaires. ♃ Mai. Sur les murs et les rochers.

2. NASTURTIUM. DC. Syst. 2, p. 187.

Calice à 4 sépales; corolle à 4 pétales entiers; stigmate subbilobé; silique cylindrique, linéaire, arrondie, quelquefois courte; valves concaves sans nervure; graines petites, comprimées, disposées sur 2-4 séries irrégulières.

74. N. OFFICINALE (Brown. h. kew. 4, p. 110). Sisymbrium nasturtium (L. Sp. 916). Cresson de fontaine. Tiges couchées, rampantes ou nageantes, puis redressées, glabres; feuilles pinnatiséquées à segments ovales, arrondis, cordiformes; fleurs blanches en corymbe; siliques courtes, un peu arquées, à peine égales au pédoncule. ♃ Tout l'été. Dans les fontaines et les marais.

Nasturtium.

75. **N. sylvestre** (Brown. l. c.). Sisymbrium sylvestre. (L. Sp. 918). Tige diffuse, rameuse, un peu étalée à la base, glabre; feuilles pinnées à segments lancéolés, incisés, dentés; fleurs jaunes en corymbe; silique presque droite, courte, linéaire. ♃ L'été. Dans les endroits humides près des ruisseaux, des rivières.

76. **N. palustre** (DC. Syst. 2, p. 191). Sisymbrium palustre. DC. fl. fr. 4, p. 662. Sisymbrium hybridum Th. fl. par. 330. Tige de 15 à 25 centimètres, rameuse, dressée, glabre; feuilles pinnatilobées à oreillettes amplexicaules, à lobes confluents, dentés, glabres; pétales égaux au calice; fleurs jaunes; siliques courtes, renflées et courbes. ♃ Tout l'été. Dans les endroits inondés l'hiver.

77. **N. amphybium** (Br. l. c.). Sisymbrium amphybium (L. Sp. 917). Myagrum aquaticum Berg. Tige dressée, glabre de 30 à 60 centimètres; feuilles oblongues lancéolées, pinnatifides, dentées, embrassantes à la base; fleurs jaunes en grappes, à pétales plus grands que le calice; silicules ovoïdes, gonflées, un peu courbées, terminées par le style persistant. ♃ Mai, juin. Aux bords des eaux.

> Var. *α*. **Indivisum** (DC.) Toutes les feuilles presque entières et dentées en scie.
>
> Var. *β*. **Variifolium** (DC.) Sisymbrium aulepsW ahl. Feuilles les unes dentées, les autres pectinées, pinnatifides et d'autres enfin capillaires multifides.

3. Barbarea. Br. H. Kew. ed. 2. v. 4. p. 109.

Calice droit, à base presque égale; pétales unguiculés à limbe entier; silique tétragone, linéaire; valves concaves carénées; graines disposées sur une série.

78. **B. vulgaris** (Br. l. c.). Erysimum barbarea (L. Sp. 922). Tige dressée, de 30 à 40 centimètres, striée, glabre; feuilles

glabres, les inférieures lyrées-lobées, à lobe terminal grand, arrondi, les supérieures subovales, dentées; fleurs jaunes en grappes allongées; siliques grêles, glabres, un peu courbes, écartées de la tige, terminées par un style long. ⚄ Mai, juin. Aux bords des ruisseaux et des fossés humides.

> VAR. *α*. ARCUATA (DC.). B. arcuata Rehb. Rameaux étalés, siliques arquées, étalées; fleurs plus grandes que dans l'espèce.

4. TURRITIS. Dill. nov. Gen. giess. t. 6. p. 120.

Calice lâche; pétales unguiculés à limbe oblong, entier; silique linéaire, allongée, comprimée; valve plane ayant une nervure longitudinale, saillante; graines très-nombreuses disposées sur 2 séries.

\ 79. T. GLABRA (L. Sp. 950). Arabis perfoliata (Lam. Dict. 1. p. 219). Tige de 40 à 60 centimètres, dressée, glauque, simple; feuilles radicales dentées, velues, lancéolées, les caulinaires amplexicaules, entières, glabres, auriculées; fleurs blanches en grappe spiciforme; siliques très-serrées contre la tige. ⚁ Mai, juin. Dans les endroits secs et sablonneux.

5. ARABIS. L. Gen. n. 818.

Calice dressé; pétales unguiculés à limbe étalé, entier; siliques pédonculées, linéaires, comprimées, couronnées par le stigmate presque sessile; valves planiuscules, nervées ou veinées; graines comprimées, marginées, disposées sur une série.

80. A. AURICULATA (Lam. Dict. 1. p. 219). Tige rameuse pubescente; feuilles subdentées, rudes, les inférieures ovales, atténuées en pétiole, celles de la tige obtusément cordatoauriculées; fleurs blanches; pédicelles à peine plus longs que

Arabis.

le calice; siliques glabres. ④ Sur les rochers de la province de Liége.

81. A. SAGITTATA (DC. Syst. 2. p. 221). A. hirsuta Scop. Carn. n° 835. Turritis hirsuta Ger. Gall. prov. 367. Tige simple, dressée de 50 centimètres, couverte de poils rameux-hispides; feuilles velues-hispides, les radicales ovales ou oblongues-atténuées en pétiole, les caulinaires lancéolées, sessiles, dentées, obtuses, avec 2 oreillettes à la base; pédicelle de la longueur du calice; fleurs blanches en grappe spiciforme; siliques dressées et serrées contre la tige. ② Mai, juin, juillet. Dans les endroits pierreux et sur les coteaux arides.

82. A. TURRITA (L. Sp. 930). Tige de 30 à 50 centimètres, dressée, simple, velue; feuilles radicales lancéolées, pétiolées, dentées, sinuées, les caulinaires sessiles, spathulées-amplexicaules, auriculées, denticulées, pubescentes; fleurs blanches, terminales en grappe spiciforme; siliques très-longues, presque sessiles, dressées, serrées contre la tige. ② Mai, juin. Dans le champs. Jalhay, Fouron-le-Comte (Liége); Slenaken (Limbourg).

83. A. THALIANA (L. Sp. 929). Sisymbrium thalianum Gay. Tige de 12 à 15 centimètres, rameuse, velue dans le bas; feuilles velues, subdentées, les radicales pétiolées, ovales-oblongues, atténuées en un très-court pétiole; pédicelle beaucoup plus long que le calice; fleurs blanches en grappes paniculées; siliques un peu plus longues que les pédicelles, écartées de la tige. ④ Avril, mai. Commune dans les endroits sablonneux.

84. A. ARENOSA (Scop. carn. ed. 2. n° 857. t. 40). Tige de 20 à 35 centimètres, dressée, rameuse, pubescente, ainsi que les feuilles dont les radicales sont lyrées-pinnatifides, les caulinaires incisées-dentées; fleurs rosées formant une espèce de panicule terminale; pédicelles et siliques étalés. ④ Mai, juin. Sur les rochers des provinces de Namur et de Liége.

6. CARDAMINE. DC. Syst. 2. p. 245.

Calice à base égale; pétales unguiculés, à limbe entier,

quelquefois avortés; siliques sessiles, linéaires, comprimées, à valves planes, sans nervure, s'ouvrant quelquefois
avec élasticité de la base au sommet; style court; graines
ovales disposées sur une série, comprimées à funicules
très-menus; fleurs blanches.

85. C. AMARA (L. Sp. 915). Tige de 25 à 35 centimètres, dressée,
glabre, radicante à la base; feuilles pinnées, glabres, les radicales à folioles grandes, obovales, anguleuses, dentées ou crénelées, les caulinaires dentées-anguleuses, plus étroites; fleurs
terminales; stigmate filiforme; silique linéaire. ♃ Avril, Mai.
Dans les ruisseaux et les étangs; le Cardamine umbrosa
(Lej. fl. Spa) n'est qu'une variété de cette espèce.

86. C. PRATENSIS (L. Sp. 915). Tige dressée, glabre, de 30 à
40 centimètres; feuilles pinnées, les radicales à segments
arrondis, anguleux, le terminal plus grand, les caulinaires à
segments linéaires-lancéolés, entiers; fleurs d'un blanc violacé,
terminales; stigmate en tête; siliques linéaires. ♃ Avril, mai.
Dans les prairies humides.

87. C. HIRSUTA (L. Sp. 915). Tige dressée, velue, de 12 à 20 centimètres; feuilles velues, pinnées, les radicales à folioles arrondies, pétiolées, les supérieures à folioles oblongues, presque
sessiles; fleurs terminales, petites, quelquefois à 4 étamines,
à pétales oblongs; siliques linéaires, dressées, glabres. ① Avril,
mai. Dans les endroits humides.

88. C. SYLVATICA (Link, in Hoffm. blatt. 1. p. 50). Tige de 20 à
50 centimètres, dressée, anguleuse, velue, filiforme, rameuse;
feuilles pinnées à segments irréguliers sinués-dentés, mucronées, les radicales hérissées; fleurs petites à pétales oblongs;
siliques écartées, d'une largeur égale à celle du style, glabres;
rachis hérissé. ① Plante d'un vert sombre. Ham-sur-Heure,
Charleroy (Hainaut), Floreffe (Namur).

89. C. PARVIFLORA (L. Sp. 914). Cette plante se rapproche de
l'hirsuta et pourrait bien n'en être qu'une variété; elle est
plus mince et glabre; les feuilles sont pinnées, sans stipules,

à segments sessiles, oblongs, linéaires, entiers; pétales oblongs,
linéaires; pédicelles un peu étalés; siliques droites. ① Dans
les bois humides. Assez rare.

90. C. IMPATIENS (L. Sp. 914). Tige dressée, branchue, glabre, de
25 à 35 centimètres; feuilles pinnées, glabres, à segments
ovales-oblongs, un peu dentés, les radicales à folioles pinna-
fides ou trilobées, les supérieures à folioles allongées presque
entières, avec un appendice embrassant la tige à la base du
pétiole; fleurs terminales, très-petites, souvent apétales;
siliques linéaires, très-étroites. ① Mai, juin. Dans les bois
humides et ombragés.

7. DENTARIA. Tourn. inst., t. 4.

Calice dressé à base égale; pétales unguiculés à limbe
obovale ou obcordé; silique sessile, lancéolée, comprimée,
atténuée au sommet; valve plane, sans nervure, plus étroite
que la cloison, se roulant souvent avec élasticité de la base
au sommet; graines ovales, immarginées, disposées sur une
seule série; rhizome horizontal, écailleux, à écailles épaisses
et charnues.

91. D. BULBIFERA (L. Sp. 912). Tige dressée, de 35 centimètres,
glabre, nue inférieurement, simple; feuilles caulinaires, entières, alternes, pinnées, les supérieures entières, les unes et
les autres portent des bulbilles à leur aisselle; fleurs blanches-
purpurines, terminales, grandes, peu nombreuses. ♃ Dans les
bois montueux des provinces de Liége et de Luxembourg.

T. II. — ALYSSINÉES OU PLEURORHIZÉES A SILIQUES LARGES
DC. Syst. 2, p. 280.

Silicule bi, rarement uni-loculaire, bivalve, ovale ou oblongue, comprimée ou enflée; valves planes ou concaves, non carénées; cloison ovale ou oblongue, plus grande que le diamètre du
fruit; semences ovales ou comprimées; cotylédons plans accumbants (O =).

8. Lunaria. L. Sp. 809.

Calice fermé, à 4 folioles, dont deux opposées, gibbeuses;
pétales unguiculés à limbe obovale; étamines libres; silicule pédicellée, elliptique ou oblongue, bordée par le placenta, plane, biloculaire; cloison membraneuse persistante; valves planes sans nervure; style filiforme; graines
marginées.

92. L. REDIVIVA (L. Sp. 911). Tige de 50 à 70 centimètres, dressée, rameuse; feuilles cordiformes, dentées, pétiolées, grandes,
un peu velues, les inférieures opposées, les supérieures alternes; fleurs d'un rose pâle en panicules portées sur de longs
pédoncules; silicules ovales-lancéolées, atténuées aux extrémités. ♃ Mai, juin, juillet. Dans les bois montueux. Mont-
Saint-Aubert (Hainaut), Sanson (Namur), Verviers (Liége).

93. L. BIENNIS (Mœnch. Meth. 126). L. annua L. Sp. 911. Tige
de 40 à 60 centimètres, dressée, rameuse, poilue; feuilles
pétiolées, cordiformes, les supérieures atténuées, ovales et
dentées; fleurs violacées; silicule diaphane, elliptique, obtuse.
♂ Mai, juin, juillet. J'ai trouvé cette plante dans plusieurs
localités, mais je la regarde comme sortie des jardins.

9. Berteroa. DC. Syst. 2, p. 286.

Calice dressé à base égale; pétales unguiculés à limbe
bilobé; étamines libres, dont deux plus petites, dentées
en dedans à la base; silicule biloculaire, elliptique; valves
planes, membraneuses; cloison elliptique; style persistant;
semences ovales, aplaties, submarginées.

94. B. INCANA (DC. L. C.). Alyssum incanum (L. Sp. 978).
Plante dressée, blanchâtre; tige de 25 à 40 centimètres; feuilles
lancéolées, entières, les inférieures obovales, spatulées; fleurs
blanches en panicule; silicules pubescentes, subventrues.
① Tout l'été. Dans les lieux sablonneux des provinces du Brabant, de Liége et de Luxembourg.

10. Alyssum. DC. Gen. 2, p. 301.

Calice égal; pétales unguiculés à limbe presque entier; filets des étamines, au moins des latérales, dentés; silicule comprimée, orbiculaire ou ovale, surmontée du style persistant, menu; valves planes ou convexes au centre; loges 1-2 spermes; cloison très-mince; semences ovales, comprimées.

95. A. CAMPESTRE (L. Sp. 909). Tige herbacée, diffuse, de 20 à 30 centimètres; feuilles lancéolées, sublinéaires, velues; calice caduc; silicules orbiculaires, hérissées de tubercules, non échancrées, six fois plus longues que le style; fleurs jaunes pâles. ♃ Juin, juillet. Dans les champs sablonneux des provinces de Liége et de Luxembourg.

96. AL. CALYCINUM (L. Sp. 908). Tige dressée, diffuse, de 15 à 30 centimètres, pubescente, blanchâtre, ainsi que toute la plante; feuilles linéaires, lancéolées; calice persistant; silicule orbiculaire, subémarginée, pubescente, quatre fois plus longue que le style; fleurs d'un jaune pâle. ④ Mai, juin et juillet. Dans les endroits sablonneux et pierreux. Province de Liége, Dinant (Namur), Blaton (Hainaut).

97. A. MONTANUM (L. Sp. 907). Tige couchée, presque ligneuse, diffuse, pubescente, de 15 à 25 centimètres; feuilles blanchâtres, les inférieures obovales, les supérieures oblongues, obtuses; fleurs jaunes, assez grandes; silicule orbiculaire, bombée, tuberculeuse; style très-long. ♃ Dans les lieux secs et montagneux. Dinant (Namur), Hobrez, Verviers (Liége), et dans les Flandres.

L'Alyssum murale (W et K) doit être supprimé de notre flore.

11. Draba. L. Gen.

Calice à base égale, presque dressée; étamines dépourvues d'appendices; silicule oblongue, entière, comprimée parallèlement à la cloison, surmontée du stigmate persistant, subsessile; valves planes ou très-peu convexes;

Draba.

cloison large ; loges polyspermes ; graines comprimées, disposées sur plusieurs séries.

98. D. **muralis** (L. Sp. ed. 1. p. 645). Tige simple, feuillée, ve-
lue, de 15 à 25 centimètres ; feuilles ovales dentées, subcordées, amplexicaules, un peu velues, les radicales atténuées en un court pétiole, les caulinaires sessiles, embrassantes ; fleurs blanches, petites, un peu divariquées ; calice dressé ; pétales entiers ; siliques elliptiques, oblongues, glabres, à 12-16 se-mences. ① Avril, mai. Dans les lieux secs, sur les murs. Bin-che (Hainaut). La Plante (Namur).

99. D. **verna** (L. Sp. 895). Erophila verna DC. Syst. 2 p., p. 356. Tige nue, rameuse, glabre, de 5 à 10 centimètres ; feuilles radicales, étalées en rosette, ovales-cunéiformes, ses-siles, dentées au sommet, velues ; fleurs blanches, petites, pédonculées ; calice lâche ; pétales bipartis ; silicule glabre, plane, ovale-allongée. ① Mars, avril. Partout dans les champs.

12. Cochlearia. Tourn. inst. t. 101.

Calice étalé, à base égale, à sépales concaves ; pétales à limbe obovale, obtus ; étamines sans appendices ; silicule globuleuse, ovale ou oblongue ; cloison mince ; valves ven-trues, un peu épaisses ; loges polyspermes ; style très-court ; graines immarginées ; fleurs blanches.

100. C. **armoracia** (L. Sp. 904). Tige s'élevant jusqu'à un mètre, glabre, rameuse ; feuilles radicales, très-grandes, oblongues, crénelées, pétiolées, les caulinaires allongées-lancéolées, densi-pinnatifides, les supérieures, sessiles, linéaires ; fleurs blan-ches en longues grappes paniculées étalées ; silicules à valve non carénée, petites, globuleuses, glabres. ♃ Juin, juillet. Dans les lieux cultivés.

101. C. **officinalis** (L. Sp. 903). Tige de 25 à 30 centimètres, faible ; feuilles radicales suborbiculaires, cordiformes, pétio-lées, les caulinaires ovales, dentées, anguleuses, amplexi-caules ; fleurs blanches en grappe terminale ; silicules ovales,

globuleuses, à valve carénée, de moitié plus courtes que le pédicule. ♃ Mai, juin. Dans les dunes et à Habay dans le Luxembourg.

Tribu III. — THLASPIDÉES OU PLEURORHIZÉES A CLOISONS ÉTROITES. DC. prod. 1, p. 175.

Silicule biloculaire, bivalve; cloison très-étroite, linéaire; valves carénées ou naviculaires; graines ovales comprimées, souvent marginées.

15. THLASPI. Dill. giess. p. 123. t. 6.

Calice à base égale; pétales égaux, entiers; étamines sans appendices; silicules déprimées, profondément échancrées au sommet; cloison ovale-oblongue; style filiforme ou très-court; valves naviculaires à carène ailée, membraneuse; quatre et rarement deux loges polyspermes; graines ovales, immarginées; fleurs blanches.

102. T. ARVENSE (L. Sp. 901). Tige de 30 à 35 centimètres, dressée, rameuse, glabre; feuilles sessiles, embrassantes, oblongues, dentées-sinuées; fleurs blanches en corymbe; silicules obovales-orbiculaires, presque planes, bordées jusqu'à la base d'une aile membraneuse très-large; graines fortement striées, à stries arquées. ① Tout l'été. Dans les lieux cultivés.

103. T. PERFOLIATUM (L. Sp. 901). Tige dressée, rameuse, glabre, de 8 à 15 centimètres; feuilles glauques, glabres, les radicales ovales, pétiolées, les caulinaires sessiles, amplexicaules, cordées; fleurs blanches en corymbe; pétales égaux au calice; silicules un peu renflées, bordées d'une aile membraneuse qui disparaît à la base; graines lisses. ① Avril, mai. Dans les lieux pierreux. Dinant, Champion (Namur), Thuin (Hainaut), provinces de Liége et de Luxembourg.

104. T. ALPESTRE (L. Sp. 903). T. præcox. Lej. fl. Sp. 2.

p. 55. Tige dressée de 20 à 30 centimètres; feuilles presque
entières, les radicales ovales, pétiolées, les caulinaires oblongues, amplexicaules; pétales presque égaux au calice; silicules obcordées à 8 ou 12 graines; style filiforme. ♃ Mai, juin.
Dans les lieux pierreux des Ardennes.

105. **T. montanum** (L. Sp. 902). Tige très-basse, rameuse dès la
base; feuilles un peu charnues, entières, les radicales obovales
pétiolées, les caulinaires oblongues, sagittées, amplexicaules;
fleurs blanches à pétales plus grands que le calice; silicules
obcordées, 4 spermes; style filiforme, égal en longueur à la
moitié de la silicule. ♃ Collines près de Marche (Luxembourg).

106. **T. alliaceum** (L. Sp. 901). Feuilles oblongues, obtuses,
subdentées, les inférieures pétiolées, les supérieures auriculées, aiguës, sagittées-amplexicaules; siliques subovales, ventrues, étroitement bordées; stigmate subsessile; graines ponctuées. Dans les champs. Maestricht, Hoogcrutz (Limbourg).

14. Hutchinsia. Brown. Kew v. 4. p. 82.

Calice droit, égal; pétales égaux, entiers; étamines sans
appendices; silicule oblongue, elliptique, aiguë au sommet
ou tronquée, déprimée, entière; valves naviculaires, sans
ailes; cloison oblongue; loges à 2 ou à 4 et rarement à 6
graines très-petites, un peu comprimées.

107. **H. petræa** (Brown. l. c.). Lepidium petræum L. Sp. 899.
Tige dressée, rameuse, pubescente de 6 à 10 centimètres;
feuilles profondément pinnatifides, glabres, à folioles ovales-
lancéolées; pétales à peine plus longs que le calice; fleurs
blanches; silicules oblongues, obtuses, 4 spermes, en grappes
lâches aussi longues que le restant de la tige; stigmate sessile.
① Avril, mai. Dans les Flandres. Cette plante est douteuse en
Belgique.

108. **H. procumbens** (Desv. journ. 3, p. 168). Lepidium procumbens L. Sp. 898. Tiges dressées, nues, de 12 à 20 centimètres; les latérales, couchées; feuilles sinuées-pinnatifides

Hutchinsia.

jusqu'à leur milieu; fleurs blanches; siliques obtuses, 8 à
12 graines. ④ Avril, mai, juin. Dans les dunes.

15. TEESDALIA. Brown. Kew. ed. 2. v. 4. p. 83.

Calice caduc à sépales un peu unis à la base; pétales entiers; étamines à filets munis d'appendices basilaires, membraneux; silicule déprimée, ovale, échancrée au sommet;
valves naviculaires subailées, carénées; cloison oblongue,
étroite; style nul; loges bispermes; graines lenticulaires,
comprimées.

109. T. IBERIS (DC. Syst. 2, p. 392). Iberis nudicaulis L. Sp. 907.
Guepinia iberis, fl. fr. 5, p. 596. Teesdalia nudicaulis, R. Br.
Tige de 12 à 18 centimètres, étalée dès la souche, presque
nue; feuilles radicales disposées en rosette, lyrées, pinnatifides, à lobes obtus, entiers, les caulinaires (1-3) petites, entières ou subdentées; pétales inégaux, les extérieurs plus grands;
fleurs blanches; silicules en grappes, concaves sur l'une des
deux faces. ① Avril, mai, juin. Dans les endroits sablonneux.

16. IBERIS L. Gen. n° 804.

Pétales inégaux, les 2 extérieurs plus grands; étamines
sans appendices; silicules très-déprimées, obovales, échancrées au sommet; valves naviculaires, à carène étroitement
ailée; cloison étroite, linéaire; loge monosperme; graines
ovales, pendantes; style persistant.

110. IB. AMARA (L. Sp. 906). Tige rameuse, dressée, glabre, de
18 à 30 centimètres; feuilles lancéolées, aiguës, offrant de
chaque côté 2 à 5 dents obtuses; fleurs blanches en corymbe; silique plane, orbiculaire. ① Juin, juillet, août.
Dans les moissons et les lieux incultes. Provinces de Hainaut et
de Liége.

Iberis.

111. I. UMBELLATA (L. Sp. 906). Tige dressée, rameuse du haut, de 50 à 40 centimètres, glabre; feuilles lancéolées, acuminées, les inférieures dentées, les supérieures entières; fleurs d'un rose lilas ou violacées, quelquefois blanches, en ombelle; siliques très-aigument bilobées. ④ Tout l'été. Cette plante se rencontre quelquefois dans les lieux cultivés, mais elle sort presque toujours des jardins. On peut en dire autant de la suivante.

112. I. PINNATA (Gouan. hort. monsp. 319). Plante glabre; tige droite, de 20 à 30 centimètres; feuilles profondément pinnatifides, à lobes éloignés, linéaires, aigus; les radicales à lobes arrondis; pétioles épais; fleurs blanches en corymbe. ④ Juin, juillet.

17. BISCUTELLA. L. Gen. 808.

Calice à quatre sépales ovales, lancéolés, caducs et gibbeux à la base; pétales égaux, entiers; étamines sans appendices; silicule biloculaire, surmontée du style qui est persistant et très-long; loges très-comprimées, planes, orbiculaires, peu ou point marginées, attachées latéralement à un axe, dont elles se séparent de la base au sommet à la maturité. Elles contiennent une seule graine comprimée.

113. B. VERNA (Nob.). B. varia Dum. fl. belg. 118. B. lævigata Lej. fl. Spa. Tige rameuse, dressée, velue, de 50 centimètres environ; feuilles subradicales, velues, tomenteuses, oblongues, grossement dentées, quelquefois linéaires, entières; fleurs jaunes en panicule; silicules glabres, à loges divergentes. ♃ Avril, mai. Sur les rochers. Dans quelques localités des Ardennes et à Freyr (Namur).

114. B. AURICULATA (L. Sp. 911). Tige de 50 centimètres environ, dressée, ramifiée vers le sommet; feuilles oblongues, entières, dentées, subpinnatifides; fleurs jaunes en grappes subcorymbifères qui s'allongent après la fleuraison, dépourvues de bractées, portées sur des pédicelles filiformes. ♁ Juillet, août.

On trouve cette plante dans le Hainaut, d'après M. Desmazières, mais jamais je ne l'ai trouvée en Belgique.

Tribu IV. — CAKILÉES OU PLEURORHIZÉES LOMENTACÉES.
DC. Syst. 2. p. 427.

Silique ou silicule se rompant transversalement en articles 1-2 loculaires, 1-2 spermes; graines immarginées; cotylédons plans accombants.

18. CAKILE. Tourn. Inst. t. 483.

Calice à double gibbosité à la base; pétales à limbe sub-ovale; étamines sans appendices; silicule biarticulée; article supérieur ensiforme ou ovale; graines solitaires dans les loges, les supérieures dressées, les inférieures pendantes; plantes charnues.

115. C. MARITIMA (Scop. carn. n° 844). Tige rameuse, rampante, feuilles pinnatifides, à lobes étroits, distants; siliques à article supérieur ensiforme; fleurs purpurines. ② Juillet, août. Dans les dunes.

SECTION II. — *Notorhizées* (OII).

Cotylédons plans, incombants; radicule dorsale reposant sur le dos de l'un d'eux; semences ovales, non marginées.

Tribu V. — SISYMBRIÉES OU NOTORHIZÉES SILIQUEUSES.
DC. Syst. 2. p. 438.

Siliques biloculaires, bivalves, déhiscentes, à valves concaves et carénées; cotylédons opposés à la cloison.

19. MALCOMIA. Brown. Kew. 11. v. 4. p. 121.

Calice fermé; pétales à limbe obovale ou légèrement émarginé; étamines sans appendices; silique linéaire, allongée, subcylindrique, terminée par le stigmate simple, très-aigu.

116. M. MARITIMA (Brown. l. c.). Cheiranthus maritimus (L. Sp. 924). Hesperis maritima, fl. fr. 4. p. 654. Tige dressée, rameuse; feuilles elliptiques, obtuses, entières, atténuées à la base, pubescentes, blanchâtres; pédicelles plus courts que le calice; siliques pubescentes, à sommet longuement acuminé; fleurs purpurines. ④ Tout l'été. Dans les dunes.

20. HESPERIS. L. Gen. n. 817.

Calice fermé; pétales presque entiers; étamines sans appendices; silique linéaire, allongée, cylindrique; stigmate à deux lobes lamelleux, dressés-connivents; semences unisériées, oblongues, subtriquétrées.

117. H. MATRONALIS (Lam. Dict. 3. p. 321). Tige de 40 à 50 centimètres, dressée; feuilles ovales-lancéolées, denticulées, atténuées en pétiole; pédicelle de la longueur du calice; pétales obovales; siliques glabres, non épaissies au bord; fleurs d'un blanc-violet. ♃ Dans les bois montueux. Hervé (Liége), Boussu (Hainaut), Wépion (Namur), Autel-Haut (Luxembourg).

On cultive plusieurs variétés de cette plante dans les jardins.

21. SISYMBRIUM. DC. Syst. 2. p. 458.

Calice à quatre folioles égales; pétales entiers; étamines sans appendices; silique sessile, cylindrique ou un peu tétragone; valves concaves; style presque nul; cloison membraneuse; deux stigmates distincts ou réunis en capitule; semences unisériales, oblongues.

118. S. OFFICINALE (Scop. carn. nᵒ 824). Erysimum officinale (L. Sp. 922). Tige de 30 à 45 centimètres, dressée, rameuse, pubescente, ainsi que toute la plante; feuilles roncinées, les

supérieures hastées; fleurs jaunes, très-petites, en épis grêles; siliques subulées, étroitement appliquées sur la tige. ④ Tout l'été. Bord des chemins, dans les lieux incultes.

119. S. STRICTISSIMUM (L. Sp. 922). Tige dressée, rameuse, de 30 à 50 centimètres; feuilles lancéolées, pétiolées, dentées, pubescentes; siliques droites, linéaires, serrées; fleurs jaunes. ♃ Juillet, août. Dans les endroits montueux. Clermont (Liége), Mheer (Limbourg).

120. S. OBTUSANGULUM (Schleich. in fl. fr. 4. p. 671). Sinapis hispanica Lam. fl. fr. 3. p. 645. S. jacobeæfolium Burg. phyt. Erucastrum obtusangulum Roth. Tige de 30 centimètres, rameuse, dressée, couverte de poils courts, ainsi que les feuilles; celles-ci pinnées, à lobes ovales-oblongs, obtus, sinués-dentés, à angles arrondis; fleurs jaunes en grappes; calice coloré; siliques longues, glabres, légèrement tétragones. ② Juillet, août. Dans les endroits sablonneux, stériles. Dison (Liége).

Cette plante est pour plusieurs auteurs la même que le brassica erucastrum L.

121. S. ACUTANGULUM (DC. fl. fr. 4. p. 670). Tige dressée de 30 à 40 centimètres, glabre ainsi que les feuilles; feuilles radicales, roncinées, les caulinaires pinnatifides; siliques scabres; calice étalé; fleurs jaunes. ④ Dans les endroits pierreux des provinces de Namur et de Liége. Je n'ai pas encore pu l'y rencontrer.

122. S. AUSTRIACUM (Jacq. aust. 3. t. 262), S. multisiliquosum Hoffm. Tige droite, glabre ainsi que les feuilles et les siliques; feuilles pétiolées, les inférieures roncinées, les caulinaires incisées, pinnatifides, à lobes sinués, aigus; calice étalé; siliques linéaires, courbées. ② Dans les endroits pierreux. Charleroi (Hainaut), où je ne l'ai jamais trouvée, et d'où M. Lejeune dit l'avoir reçue.

Je crois que le S. multisiliquosum Hoffm. n'est tout au plus qu'une variété de l'austriacum.

123. S. IRIO (L. Sp. 921). Tige rameuse, diffuse, glabre, de 30 à 40 centimètres; feuilles glabres, roncinées, à découpures étroites, aiguës, à pinnule terminale, grande, pointue; fleurs jaunes en grappes; siliques dressées, glabres, linéaires, éta-

lées. ⚲ Mai, juin, juillet. Sur les rochers des provinces de Liége et de Namur.

124. S. COLUMNÆ (Jacq. aust. t. 528). Tige de 30 à 50 centimètres, dressée, rameuse, pubescente, un peu blanchâtre ; feuilles roncinées, pubescentes, à lobes dentés, entiers, aigus; sépales dressés, appliqués sur les pétales; fleurs jaunes, terminales en grappes ; siliques très-longues, flexueuses, à pédicelles courts et renflés. ④ L'été. Dans les lieux montueux, secs et pierreux. Franchimont (Liége). Lejeune.

\125. S. SOPHIA (L. Sp. 922.) Tige de 40 à 60 centimètres, rameuse, pubescente, ainsi que les feuilles; celles-ci bi ou tripinnées, à découpures petites, déliées, incisées ; pédicelles 4 fois plus longs que le calice; fleurs petites, jaunes, terminales, à pétales plus courts que le calice, disposées en grappes; siliques grêles, glabres, longues. ④ Tout l'été. Sur les bords des chemins, les décombres.

126. S. SUPINUM (L. Sp. 907). Braya supina Koch. Tige de 30 à 40 centimètres, couchée, velue, à poils rétrorses ; feuilles pinnatifides, à lobes dentés, anguleux, le terminal plus grand ; fleurs blanchâtres en grappes; pédicelles axillaires, très-courts, solitaires ; siliques assez longues, rudes, velues. ④ Juin, juillet. Dans les endroits sablonneux, près des rivages. Provinces de Liége, de Namur et du Luxembourg; on le trouve aussi dans les dunes.

22. ALLIARIA. Adans. Fam. 2. p. 418.

Calice lâche, caduc, à sépales égaux; pétales à limbe obovale; étamines sans appendices; quatre glandes entre les étamines et le pistil; siliques subtétragones; style très-court; semences subcylindriques.

\ 127. A. OFFICINALIS (Andrz. in DC. Syst. 2. p. 488). Erysimum alliaria (L. Sp. 922). Hesperis alliaria (Fl. fr. 4. p. 651). Sisymbrium alliaria Scop. Tige de 30 à 50 centimètres, dres-

sée, simple ; feuilles cordiformes, larges et courtes, à dents
sinuées, irrégulières, portées sur des pétioles un peu velus ;
fleurs blanches en corymbe ; siliques sept à huit fois plus
longues que le pédicelle ; graines striées longitudinalement.
② Au bord des chemins, dans les haies et les buissons.

Toute la plante exhale une odeur alliacée lorsqu'on la froisse.

23. Erysimum. DC. Syst. 2. p. 490.

Calice fermé ; pétales entiers ; étamines sans appendices ; silique tétragone, sessile ; valves carénées par la
nervure dorsale ; stigmate entier ou bilobé, à lobes obtus ;
graines ovales ou oblongues, unisériées.

128. E. murale (Desf. cat. 159). Cheiranthus erysimoïdes (L. Sp.
925). Tige de 25 à 35 centimètres, dressée, un peu rameuse,
couverte de poils courts ; feuilles lancéolées, sessiles, entières
ou un peu denticulées ; fleurs jaunes, grandes, en corymbe ;
siliques tomenteuses à leur côté interne, quatre ou cinq fois
plus longues que les pédicules. ♃ Printemps. Dans les endroits
pierreux. Verviers (Liége), Montignies-sur-Roc (Hainaut).

129. E. cheiranthoïdes (L. Sp. 925). Tige de 40 à 60 centimètres, dressée, simple, anguleuse ; feuilles lancéolées, subdenticulées, un peu rudes ; fleurs jaunes ; pétales à onglet
égalant ou dépassant à peine le calice ; siliques dressées, écartées, deux fois plus longues que les pédicelles ; stigmate petit,
subsessile. ① Été et automne. Dans les endroits humides.

130. E. hieracifolium (L. Sp. 925). E. strictum Gærtn. Tige de
30 à 40 centimètres, dressée, peu rameuse, glabre, blanchâtre, carrée ; feuilles presque linéaires, sessiles, dentées, pubescentes, rudes ; fleurs grandes, jaunes ; siliques dressées, un
peu tuberculeuses, un peu serrées contre la tige ; style court ;
stigmate bilobé. ② Mai, juin. Dans les endroits montueux et
pierreux. Herve, Verviers (Liége), Domeldange (Luxembourg).

131. E. altissimum (Lej. fl. Spa. 2. p. 70). Cheirima altissima

Erysimum.

Link. Tige très-élevée, rameuse; feuilles linéaires-lancéolées, canaliculées, très-entières; fleurs d'un jaune pâle, à limbe obcordé; silique tétragone, terminée par un stigmate bilobé. ⚁ Mai, juin, juillet. Dans les endroits montueux. Verviers (Liége), Bettembourg (Luxembourg).

132. E. PERFOLIATUM (Crantz aust. 27). E. orientale R. Brown. Brassica orientalis (L. Sp. 951). Brassica perfoliata (Fl. fr. 4. p. 696). Tige de 25 à 55 centimètres, dressée; feuilles glauques, les radicales obovales, les caulinaires cordées-amplexicaules; fleurs blanches; siliques tétragones, énervées aux côtes. ♃ Dans les champs du Luxembourg.

Tribu VI. — CAMELINÉES OU NOTORHIZÉES A LARGES CLOISONS. DC. Syst. 2. p. 512.

Silicule biloculaire ou uniloculaire par avortement, bivalve; valves plus ou moins concaves, souvent déhiscentes; cloison elliptique, du plus grand diamètre du fruit; graines ovales, émarginées; cotylédons plans, incombants.

24. CAMELINA. Crantz. fl. austr. 1. p. 17.

Calice droit, sans gibbosité; pétales entiers; silicule obovale ou globuleuse; style filiforme, persistant; valves ventrues; loges polyspermes; semences oblongues, à peine comprimées.

133. C. SATIVA (Crantz. austr. 10). La cameline. Myagrum sativum (L. Sp. 894). Alyssum utriculatum Lapeyr. Tige de 40 à 60 centimètres, dressée, un peu rameuse du haut; feuilles sessiles, les inférieures oblongues, atténuées à la base, les supérieures lancéolées, sagittées; fleurs blanches en panicules; silicules obovoïdes, lisses, entourées d'un léger rebord et terminées par le style formant une pointe très-marquée. ☉ Juin, juillet.

Cette plante est cultivée pour extraire l'huile de ses graines.

Var. *α*. pilosa (DC.). Feuilles entières, velues. C. sylvestris Wallr. Sched. 547.

Var. *β*. glabrata (DC.). Feuilles entières, presque glabres; graines doubles en grosseur. C'est l'espèce cultivée; l'autre est celle qui croît sauvage.

134. C. dentata (Pers. Ench. 2. p.191).Myagrum dentatum (Willd. Sp. 3. p. 408). Tige de 25 à 35 centimètres, dressée, presque simple; feuilles sinuées, dentées ou subpinnatifides, ciliées sur les bords, surtout les supérieures; fleurs jaunes, terminales et en grappes latérales; silicules subglobuleuses, pyriformes, à quatre côtes. ④ Mai, juin, juillet. Dans les champs, surtout dans le Hainaut et dans le Luxembourg.

25. Neslia. Desv. Journ. 3. p. 162.

Calice étalé à quatre folioles; pétales entiers; étamines sans appendice; silicule coriace, indéhiscente, subglobuleuse, comprimée parallèlement à la cloison; valves concaves; deux loges monospermes; style persistant, filiforme; graines horizontales, ovoïdes, pendantes.

135. N. paniculata (Desv. Journ. bot. 3. p. 162). Myagrum paniculatum (L. Sp. 894). Bunias paniculata (Fl. fr. 4. p. 471). Tige de 30 à 40 centimètres, dressée, rameuse, velue; feuilles velues, les radicales oblongues, atténuées en pétioles, les caulinaires lancéolées-aiguës, sagittées, à oreillettes étroites, aiguës; fleurs jaunes en panicule; silicules glabres, ovoïdes-globuleuses. ④ Dans les moissons des provinces de Liége et du Luxembourg.

Tribu VII.— Lépidinées ou notorhizées a cloisons étroites. DC. Syst. 2. p. 521.

Silicule à cloison très-étroite; valves carénées ou très-concaves; loges légèrement concaves, monospermes; graines émarginées; cotylédons plans incombants.

26. SENEBIERA. DC. Syst. 2. p. 521.

Calice étalé à quatre divisions; étamines sans appendices, au nombre de quatre ou de deux par avortement; silicule didyme, subcomprimée, aptère, biloculaire, indéhiscente; stigmate sessile; valves soudées, subglobuleuses, rugueuses; loges monospermes; graines suspendues, subglobuleuses.

136. S. PINNATIFIDA (DC. Mém. Soc. h. n. P. t. 9. p. 144). Lepidum didymum (L. Mant. 92). Tiges couchées, rameuses; feuilles pinnatifides, à lobes oblongs, dentés; silicules comprimées, didymes, réticulées; fleurs blanches, petites; pédicelles plus longs que les fleurs. ① Juillet, août. Dans les endroits pierreux et les dunes. Très-rare.

137. S. CORONOPUS (Poir. Dict. 7. p. 76). Cochlearia coronopus (L. Sp. 904). Coronopus vulgaris (Fl. fr. 4. p. 704). Tige faible, couchée, rameuse, pilifère; feuilles pinnatifides, glabres, à lobes entiers, dentés; fleurs blanches très-petites; pédicelles plus courts que les fleurs; silicule comprimée, didyme, réticulée. ② Tout l'été. Dans les lieux pierreux et humides.

27. CAPSELLA. DC. Syst. 2. p. 383.

Calice à 4 divisions égales; pétales entiers; stigmate sessile; silicule triangulaire, obcordée, comprimée, terminée par un style court, tronquée au sommet; cloison étroite; loges 8-10 spermes; valves carénées, comprimées sur le dos, non ailées.

138. C. BURSA PASTORIS (DC. l. c.). Thlaspi bursa pastoris (L. Sp. 903). Tige de 25 à 40 centimètres, dressée, un peu rameuse, velue; feuilles radicales roncinées, velues ou ciliées sur les bords, étalées en rosettes, les caulinaires dentées,

incisées; fleurs blanches, petites; silicule triangulaire en
cœur renversé. ⨀ Tout l'été. Commun dans les lieux cultivés.

28. LEPIDIUM. Brown. Kew. ed. 2. v. 4. p. 85.

Calice à 4 divisions égales; pétales entiers; étamines
sans appendices; silicule ovale déprimée, déhiscente;
valves carénées; cloison membraneuse très-étroite; loges
monospermes; graines suspendues, comprimées ou subtrigones.

139. L. DRABA (L. Sp. ed. 1. p. 645). Cochlearia draba (L. Sp.
ed. 2. p. 904). Tige de 25 à 35 centimètres, dressée, simple, pubescente; feuilles amplexicaules, lancéolées, dentées, subhastées; fleurs blanches; silicules cordées, un peu
inégales, à sommet entier, surmonté du style. ⨀ Dans les
champs arides des terrains calcaires. Provinces de Limbourg,
de Liége et du Luxembourg.

140. L. SATIVUM (L. Sp. 899). Tige de 25 à 35 centimètres,
dressée, peu rameuse, glauque, ainsi que toute la plante;
feuilles inférieures bipinnatifides, à segments linéaires, écartés, les supérieures presque simples, entières; fleurs blanches en grappes terminales; silicules orbiculaires, ailées,
émarginées. ⨀ Tout l'été. Cultivé dans les jardins.

141. L. CAMPESTRE (Brown. Kew. 4. p. 465). Thlaspi campestre (L. Sp 902). Tige de 25 à 35 centimètres, dressée,
pubescente; feuilles radicales roncinées, blanchâtres, les caulinaires sagittées, dentées, amplexicaules; fleurs blanches
presque en ombelle; silicules ovales, bombées, creusées en
cuiller d'un côté, émarginées, échancrées au sommet. ⨀ Tout
l'été. Dans les champs cultivés.

142. L. RUDERALE (L. Sp. 900). Tiges de 15 à 25 centimètres,
dressées, rameuses, glabres; feuilles glabres, les radicales
pinnatilobées, les caulinaires linéaires, entières; fleurs
blanches, petites, souvent à pétales et à deux étamines; sili-

cules ovales-arrondies, émarginées. ① Juin, juillet, août. Lieux pierreux du grand-duché de Luxembourg, dans les vallées des dunes.

143. L. LATIFOLIUM (L. Sp. 899). Tige de 60 à 90 centimètres, dressée, glabre, rameuse; feuilles ovales-lancéolées, grandes, dentées, les supérieures atténuées en un court pétiole; fleurs blanches en panicule foliacée; silicules ovales-arrondies, planes, pubescentes. 2| Tout l'été. Dans les endroits pierreux, proches des rivages. Dans les îles de la Meuse entre Liége et Maestricht.

144. L. IBERIS (L. Sp. 900). Lep. graminifolium (L. Sp. 900). Tige de 50 à 70 centimètres, rameuse, diffuse, glabre; feuilles linéaires, glabres, sessiles, entières, les inférieures légèrement dentées; fleurs blanches, petites, en grappes, n'ayant souvent que deux étamines par avortement; silicules ovales, à sommet aigu. 2| Tout l'été. Le long des chemins. Chenal de Nieuport, aux environs d'Aix-la-Chapelle et de Cologne.

Tribu VIII. — ISATIDÉES. NOTORHIZÉES NUCAMENTEUSES.
DC. Syst. 2. p. 563.

Silicules à valves indistinctes ou indéhiscentes, carénées; à une loge monosperme; semences ovales-oblongues, immarginées; cotylédons plans, oblongs, incombants.

29. ISATIS. L. Gen. n. 834.

Calice étalé à 4 folioles; pétales entiers; stigmate sessile; silicule ovale-oblongue, uniloculaire, déprimée-plane; valves carénées, à peine déhiscentes, subulées sur le dos; semences suspendues.

145. I. TINCTORIA (L. Sp. 956). Tige de 6 à 10 décimètres, dressée, rameuse, glabre. Feuilles lancéolées, sagittées à la base, les inférieures oblongues, atténuées en pétioles; fleurs

jaunes en grappes paniculées; silicules pendantes, oblongues, atténuées à la base; pédicelles allongés, filiformes. ② Mai, juin. Lieux arides, pierreux. Cette plante a été cultivée pour ses propriétés tinctoriales, on la rencontre dans le Luxembourg, à Stavelot et à Malmédy.

> VAR. *β*. HIRSUTA (DC.). I. hirsuta Vill. dauph. 3. p. 308. I alpina Thuil. fl. par. 345. Non all. feuilles inférieures velues; siliques plus allongées.

30. MYAGRUM. Journ. inst. t. 99.

Calice un peu dressé, à 4 folioles; pétales oblongs; silicule indéhiscente, comprimée, obcordée, dilatée au sommet, à une loge monosperme à la base et deux loges vides dans sa partie supérieure; semences oblongues, pendantes.

146. M. PERFOLIATUM (L. Sp. 893). Cakile perfoliata Fl. fr. 4. p. 47. Tige de 30 à 40 centimètres, dressée, glabre; feuilles sessiles, cordiformes, sagittées à la base, lancéolées, obtuses, glauques; fleurs jaunes en grappes longues, spiciformes; silicules subcordées, surmontées d'une pointe. ④ Juillet, août. Dans les moissons. Provinces de Liége et du Hainaut.

SECTION III. — *Orthoplocées* (O≫) DC. Syst. 2. p. 438.

Cotylédons incombants, condupliqués ou plissés le long de la nervure moyenne et contenant la radicule dorsale dans un sinus; graines immarginées, souvent globuleuses.

Tribu IX. — BRASSICÉES OU ORTHOPLOCÉES SILIQUEUSES. DC. Syst. 2. p. 581.

Silique à valves déhiscentes longitudinalement; cloison linéaire.

31. BRASSICA. DC. Syst. 2. p. 582.

Calice dressé à 4 folioles adhérentes et bosselées à la base; pétales obovales; siliques linéaires, subcylindriques, à deux loges polyspermes, terminées par une languette formée par le prolongement de la cloison; graines unisériées, subglobuleuses.

§ I. — *Brassicaria*. DC. Syst. 2. p. 582.

Siliques à valves déhiscentes longitudinalement; cloison linéaire.

147. B. OLERACEA (L. Sp. 952). Le chou. Racine caulescente, charnue, arrondie; tige rameuse, glabre, glauque; feuilles radicales grandes, glauques, larges, sinueuses, charnues; les supérieures sessiles, embrassantes, entières; fleurs grandes, blanches ou jaunes, en grappes; siliques assez courtes, dressées, écartées, un peu gibbeuses. ② Cultivé. On connaît les variétés que la culture a produites de cette plante.

148. B. RAPA (L. Sp. 951). Chou-rave. Tige rameuse, dressée, un peu hispide du bas; feuilles inférieures et radicales ciliées, hérissées de poils roides, les supérieures profondément cordiformes, amplexicaules; fleurs jaunes en grappes; siliques à pédoncule hispide, longues, comprimées. ① ② Cultivée.

149. B. NAPUS (L. Sp. 951). Racine fusiforme; tige dressée, glabre, glauque, ainsi que toute la plante; feuilles radicales lyrées, dentées, pétiolées; les supérieures sessiles, entières, embrassantes, subcordiformes-lancéolées; fleurs jaunes en grappes. Siliques à pédoncule glabre, un peu comprimées. ② Cultivé.

 VAR. *α*. OLEIFERA (DC.). Racine menue. Colza ou navette d'hiver.

 VAR. *β*. ESCULENTA (DC.). Racine avec le col épais; le navet.

Brassica.

150. B. PRÆCOX (Waldst et Kit. in DC. Syst. 2. p. 593). Tige dressée, rameuse; feuilles glabres, glaucescentes, couvertes d'une poussière bleuâtre, les radicales et les inférieures lyrées, les supérieures cordées-lancéolées, amplexicaules, crénelées; fleurs jaunes; siliques droites. ① Cultivé. Navette ou colza d'été.

§ 2. — *Erucastrum*. DC. Syst. 2. p. 598.

Silique sessile, rostre conique, avec 1 à 2 graines à la base.

151. B. CHEIRANTHIFLORA (DC. Syst. 2. p. 601). Raphanus cheiranthiflorus Willd. hort. berol. t. 19. Racine blanchâtre, ligneuse; tige de 5 à 6 décimètres, dressée, rameuse, couverte de poils blancs épars, glabre du haut; feuilles radicales pétiolées, lyrées-pinnatifides, subhispides, les caulinaires à lobes entiers, aigus; fleurs jaunes; siliques un peu courbées, à rostre acuminé, long. ④ Dans les endroits sablonneux. Esch (Luxembourg).

VAR. *β*. MINOR (DC.). Feuilles incisées-pinnées.

32. SINAPIS. L. gen. 821.

Calice à 4 folioles libres; silique linéaire ou oblongue, subcylindrique, à deux loges polyspermes; valves convexes à 3-5 nervures longitudinales; graines unisériées, globuleuses.

152. S. NIGRA (L. Sp. 933). Moutarde noire. Tige dressée, rameuse de 30 à 50 centimètres; feuilles radicales lobées, pinnatifides, dentées, rudes, les supérieures linéaires-lancéolées, presque entières; fleurs jaunes, petites; siliques serrées contre la tige, anguleuses, glabres, un peu gonflées, terminées par un bec gros, anguleux. Juin, juillet. Dans les terrains cultivés.

VAR. *α*. TORULOSA (Pers. Ench. 2. p. 207). Feuilles inférieures à lobes hastés, les supérieures ovales ; siliques bosselées.

VAR. *β*. TURGIDA (Pers. l. c.). Feuilles lobées, auriculées à la base, à dents calleuses ; siliques gonflées, veinées, à rostre conique, strié.

VAR. *γ*. VILLOSA (Mer. fl. P. 265). Feuilles inférieures ovales, dentées, subsinuées, glabres, les supérieures lancéolées ; siliques velues.

153. S. ARVENSIS (L. Sp. 935). Tige de 30 à 50 centimètres, dressée, rameuse, velue, ainsi que les feuilles ; feuilles inférieures ovales, sublyrées, anguleuses-dentées, les supérieures inégalement sinuées, dentées ; fleurs jaunes en grappes ; siliques presque sessiles, glabres, subanguleuses, composées de petits renflements et terminées par un bec élargi, ventru à la base et fort long. ④ Dans les champs.

154. S. ALBA (L. Sp. 933). La Moutarde blanche. Tige dressée, rameuse de 30 à 50 centimètres ; feuilles lyrées, pinnatifides, dentées, scabres ; fleurs jaunes assez grandes ; siliques velues, gibbeuses, courtes, redressées, terminées par un bec court, pubescent, aigu ; graines jaunâtres. ④ Dans les moissons.

155. S. INCANA (L. Sp. 934). Myagrum hispanicum L. Sp. 893. Tige dressée, rameuse de 30 à 40 centimètres, scabre inférieurement ; feuilles lyrées, rudes ; siliques glabres, serrées contre la tige, composées de légers renflements. ② Juin, juillet, août. Sur les rochers à Verviers (Liége).

53. MORICANDIA. DC. Syst. 2. p. 626.

Calice fermé à 4 divisions ; pétales entiers ; étamines sans appendices ; siliques comprimées, tétragones, allongées ; style comprimé, conique ; graines bisériées, petites, ovales.

156. M. ARVENSIS (DC. Syst. 2. p. 626). Brassica arvensis. L. mant. 95. Tige de 25 à 35 centimètres, dressée, glauque et glabre, ainsi que toute la plante ; feuilles amplexicaules, spa-

tulées, cordées au sommet, très-entières; fleurs pourprées; siliques subtétragones. ② Juin, juillet. Dans les moissons. Je ne l'ai jamais rencontrée en Belgique.

34. Diplotaxis. DC. Syst. 2. p. 628.

Calice lâche à 4 divisions égales; pétales entiers; silique comprimée, linéaire, à valves légèrement convexes, uninerviées, surmontée du style conique, court, contenant 1 à 2 graines ou vide; graines bisériées, ou unisériées par avortement, ovales ou oblongues, comprimées. Dans nos espèces la silique est droite, pédicellée ou sessile.

157. D. tenuifolia (DC. l. c.). Sisymbrium tenuifolium (L. Sp. 917). Tige de 50 à 80 centimètres, dressée, rameuse, glabre, ainsi que toute la plante; feuilles pinnatifides, les inférieures à lobes un peu étroits, élargis et confluents dans les supérieures; fleurs jaunes, grandes, à pétales subitement contractés en onglet; siliques longues, droites, subpédicellées; style filiforme, court, sans graine. ♃ Tout l'été. Sur les décombres et les vieux murs. Cette plante est âcre au goût et porte le nom vulgaire de Roquette.

158. D. muralis (DC. l. c.). Sisymbrium murale (L. Sp. 918). Tige de 20 à 35 centimètres, ascendante, presque nue, légèrement velue; feuilles radicales longues, dentées, anguleuses, glabres, lancéolées; fleurs jaunes terminales, peu nombreuses; calice hérissé de poils roides; siliques longues, subpédicellées. ② L'été. Dans les lieux arides et sur les vieux murs. Provinces de Liége et du Luxembourg.

159. D. viminea (DC. l. c.). Sisymbrium vimineum (L. Sp. 919). Plante glabre, tige de 5 à 15 centimètres, ascendante, presque simple; feuilles radicales lyrées, à lobes obtus, étalée en rosette; fleurs jaunes, terminales, à pétales dépassant à peine le calice et atténués insensiblement en onglet; siliques peu al-

longées, droites, sessiles. ① Dans les endroits cultivés. Très-
rare.

Tribu X. — ZILLÉES OU ORTHOPLOCÉES NUCAMENTEUSES.
DC. Syst. 2. p. 646.

Silicule indéhiscente, subglobuleuse; valves indistinctes; graines globuleuses, solitaires.

35. CALEPINA. Adans. fam. p. 423.

Calice à 4 folioles; pétales obovales, les extérieurs un
peu plus grands; silicule coriace, uniloculaire, monosperme; semences pendantes.

160. C. CORVINI (Desv. Journ. 3. p. 158). Bunias cochlearioïdes
fl. fr. 4. 721. Crambe corvini All. ped. n° 937. Myagrum bur-
sifolium Th. fl. par. 319. Tige de 15 à 30 centimètres, étalée,
rameuse; feuilles glabres, les radicales lyrées-roncinées, les
caulinaires sessiles, presque lancéolées, sagittées à la base,
dentées, anguleuses; fleurs blanches, pédonculées, disposées
en longues grappes; silicules glabres, ridées, terminées par
une grosse pointe mousse, uniloculaire, monosperme. ① Mai,
juin. Dans les champs. Maestricht (Limbourg). Se trouve aussi
dans le Luxembourg. Rare partout.

Tribu XI. — RAPHANÉES OU ORTHOPLOCÉES LOMENTACÉES.
DC. Syst. 2. p. 649.

Silique ou silicule s'ouvrant transversalement par article; semences globuleuses.

36. RAPHANUS. L. gen. n° 1098.

Calice droit à 4 divisions; pétales à limbe obovale ou
obcordé; silique indéhiscente, acuminée, oblongue, renflée,

Raphanus.

spongieuse, marquée extérieurement de 6 à 8 nervures, surmontée d'un style conique, partagée transversalement en plusieurs articles monospermes ; graines unisériées, globuleuses, pendantes.

161. R. RAPHANISTRUM (L. Sp. 953). Raphanistrum arvense Mer. fl. par. Tige de 30 à 40 centimètres, dressée, rameuse ; feuilles lyrées, à lobes écartés, inégaux, arrondis, denticulés ; fleurs d'un blanc jaunâtre, veinées de violet, grandes ; siliques linéaires, oblongues, moniliformes, partagée en 3 à 8 articles monospermes. ① Tout l'été. Dans les moissons.

162. R. SATIVUS (L. Sp. 955). La rave, le radis ; racine tubéreuse ; tige dressée, rameuse, glabre ; feuilles pinnatifides à lobes arrondis, le terminal plus grand ; fleurs violettes, grandes ; silique oblongue-lancéolée, renflée, presque vésiculeuse, terminée par un bec court. ① Mai, juin. Cultivée.

 A. RADICULA. Racine plus ou moins charnue, blanche, rose ou rouge.
  α. ROTUNDA (DC.). Racine subglobuleuse.
  β. OBLONGA (DC.). Racine oblongue charnue.
  γ. OLEIFERA (DC.). Racine mince, peu charnue.
 B. NIGER. Raphanus niger Mer. fl. fr. Racine charnue, serrée, grosse, noire, oblongue ou arrondie, à saveur très-âcre.

SECTION IV. — *Spirolobées* (O ‖ ‖). DC. Syst. 2. p. 670.

Cotylédons incombants, linéaires, contournés en spirale ; graines subglobuleuses.

Tribu XII. — BUNIADÉES OU SPIROLOBÉES NUCAMENTEUSES. DC. Syst. 2. p. 670.

Silicules nucamenteuses, indéhiscentes, bi ou quadriloculaires, loges monospermes

37. Bunias. DC. Syst. 2. p. 670.

Calice égal à la base, pétales onguiculés, à limbe obcordé ; silicule à loges 1-2 spermes, souvent divisée transversalement en 2 loges secondaires par une fausse cloison.

163. B. orientalis (L. Sp. 956). Lælia orientalis Pers. Myagrum taraxacifolium Lam. Dict. 1. p. 570. Tige droite de 50 à 90 centimètres, dressée, rameuse ; feuilles inférieures roncinées-lyrées, les supérieures rhomboïdes-subhastées, lancéolées ; fleurs jaunes ; silicules biloculaires, ovoïdes-aiguës, bispermes, un peu verruqueuses, dépourvues d'angles saillants. ♃ Dans les fentes des rochers et les endroits herbeux. Dison, Limbourg (Liége), Salzinnes (Namur).

Section V. — *Diplécolobées* (O ‖ ‖ ‖). DC. Syst. 2. p. 670.

Cotylédons incombants, linéaires, doublement contournés en cercle ; semences déprimées.

Tribu XIII. — Subulariées. DC. Syst. 2. p. 697.

Silicule ovale ; cloison elliptique ; valves convexes ; loges polyspermes.

38. Subularia. L. gen. n° 799.

Calice presque dressé ; pétales ovales ; silique uniloculaire, 4 sperme.

164. S. aquatica (L. Sp. 896). Plante très-petite (3 à 6 centimètres) ; tige flexueuse, pauciflore ; feuilles linéaires-subulées ; fleurs petites et blanches. ☉ Dans les endroits inondés. Swalmen, Lanaken (Limbourg).

F^lle VII. — Cistinées. Dun. in DC. prod. 1. p. 263.

Calice à 5 sépales persistants souvent inégaux, 2 extérieurs plus petits qui tombent presque toujours, 3 intérieurs étalés après la fleuraison et redressés contre le fruit; corolle à 5 pétales hypogynes, caducs; étamines en nombre indéfini, à filaments libres; anthères ovales, biloculaires; 1 style filiforme; stigmate simple; capsule polysperme; périsperme farineux. Plantes frutescentes ou herbacées, à feuilles simples, penninerves, entières ou subdentées.

1. Helianthemum. Tourn. Inst. 128.

Calice à 5 sépales dont 2 extérieurs plus petits; stigmate simple; capsule ovoïde à 3 valves tapissées intérieurement d'une membrane très-mince; loge polysperme; graines attachées sur le milieu des valves.

165. H. GUTTATUM (Mill. Dict. n. 18). Cistus guttatus (L. Sp. 741). Tiges de 25 à 30 centimètres, un peu hérissées, herbacées; feuilles sessiles, opposées, oblongues-linéaires, velues, les supérieures alternes, toutes marquées de 3 ou 5 nervures; rameaux lâches, sans bractées, pauciflores; fleurs jaunes, marquées d'un point violet foncé à l'onglet des pétales. ② Juillet, août. Dans les endroits sablonneux et arides des Flandres.

166. H. FUMANA (Mill. Dict. n. 6). Tige de 12 à 15 centimètres, rameuse, tortueuse, un peu diffuse, glabre; feuilles sans stipules, alternes, linéaires, velues, un peu rudes sur les bords; 2 à 3 fleurs terminales jaunes; style trois fois plus long que l'ovaire. ♃ Mai, juin. Dans les lieux arides des Flandres.

167. H. VULGARE (Gærtn. Fruct. 1. p. 571). Cistus helianthemum (L. Sp. 744). Tige suffrutescente, diffuse, rameuse, couchée, velue; feuilles courtement pétiolées, à bords roulés, ovales-

Helianthemum.

oblongues, d'un blanc cendré en dessous, vertes en dessus, velues, un peu ciliées, les inférieures plus arrondies, toutes munies de stipules plus longues que les pétioles; fleurs jaunes en grappes courtes; style au moins deux fois aussi long que l'ovaire. ♃ Tout l'été. Sur les collines calcaires des provinces de Liége, de Namur, et du Luxembourg.

> VAR. *β.* SERPYLLIFOLIUM. H. serpyllifolium Mill. Cette variété est plus basse et plus touffue que l'espèce, ses feuilles sont trois fois plus petites, et ses stipules linéaires. Sur les pelouses sèches entre Sougnez et Louveigné (Liége).

Je crois que le Cistus linearis de la Flore de Spa n'est aussi qu'une variété de l'espèce que je viens de décrire.

168. H. OBSCURUM (Pers. Ench. 2. p. 79). Cistus hirsutus Th. fl. par. 266. Tige sous-frutescente, couchée, rameuse, étalée, de 25 à 55 centimètres; feuilles inférieures petites, arrondies, les supérieures plus grandes, ovales-elliptiques, glauques en dessous, un peu pubescentes; stipules ciliées, velues, plus longues que les pétioles; rameaux allongés; fleurs jaunes en longues grappes; calice hérissé. ♃ L'été. Dans les lieux secs et sablonneux des provinces de Liége et de Luxembourg.

169. H. PILOSUM (Pers. Ench. 2. p. 79). Tiges rameuses, grêles, à rameaux dressés, de 15 à 25 centimètres; feuilles linéaires, roulées, velues, blanches en dessous; stipules linéaires; fleurs blanches terminales; calice pubescent. ♃ Mai, juin. Sur les rochers des provinces de Liége et de Namur.

170. H. PULVERULENTUM (DC. Fl. fr. 4. p. 823). Tige très-rameuse, couchée-étalée, rabougrie, velue, couverte, ainsi que toute la plante, d'une poussière crétacée; feuilles linéaires, roulées, velues, blanchâtres; stipules subulées plus longues que le pétiole; fleurs blanches terminales; calice pubescent blanchâtre. ♃ Avril, mai, juin. Sur les rochers qui bordent la Meuse et la Moselle.

Quant à l'Helianthemum umbellatum (Mill. Dict. p. 5), je suis porté à croire qu'on doit le biffer de notre Flore; je ne

connais personne qui l'ait trouvé dans les Flandres où il avait
été indiqué.

F^{lle} VIII. — VIOLARIÉES. DC. Fl. fr. 4. p. 801.

Calice à 5 divisions persistantes ; calice à 5 pétales
alternes avec les divisions du calice, hypogynes, inégaux,
dont un souvent prolongé en éperon ; 5 étamines à authères
soudées ; 1 ovaire libre ; 1 style ; capsule uniloculaire, polysperme, à 3 valves ; albumen charnu ; embryon droit.
Toutes les espèces de la Belgique sont herbacées.

1. VIOLA. Journ. inst. 419.

Calice à 5 divisions réfléchies à la base ; corolle à
5 pétales irréguliers dont le supérieur, plus grand, est
prolongé en éperon à la base ; 5 étamines à anthères con-
tiguës, dont deux portent un appendice nectarifère qui est
logé dans l'éperon ; capsule à 3 valves, à une loge polysperme.

§ I. — *Stigmate aigu, courbé* (Viola Tourn.).

171. V. PALUSTRIS (L. Sp. 1324). Plante acaule, à racine articulée, écailleuse ; feuilles toutes radicales, réniformes-cor-
dées, glabres ; stipules largement ovales, acuminées ; sépales
ovales, obtus ; fleurs d'un bleu cendré, inodores ; capsule
oblongue, trigone. ⁂ Avril, mai. Dans les marais moussus,
surtout dans la Campine, le Brabant septentrional et le
Luxembourg.

172. V. HIRTA (L. Sp. 1324). Plante acaule, non stolonifère,
velue ; feuilles cordiformes-ovales, crénelées, assez longuement pétiolées ; sépales ovales-obtus, ciliés sur les bords ;

Viola.

fleurs bleues; capsule subglobuleuse, velue. ♃ Avril, mai.
Dans les bois couverts et les buissons.

173. V. ODORATA (L. Sp. 1324). La violette. Plante acaule, stolonifère; feuilles arrondies, cordiformes, crénelées, glabres ou
légèrement pubescentes; fleurs bleues, quelquefois blanches,
odorantes; sépales ovales, obtus; éperon très-obtus; capsule
subglobuleuse, velue. ♃ Mars, avril. Dans les buissons et les
endroits couverts.

174. V. CANINA (L. Sp. 1324). Plante caulescente à tige dressée,
cylindrique, florifère, glabre; feuilles cordiformes, pétiolées,
crénelées; stipules acuminées, longues, un peu lacérées; sépales subulés; pédoncules glabres; fleurs bleues, inodores;
capsule ovale-oblongue, trigone, glabre. ♃ Avril, mai, juin.
Dans les bois et les buissons.

> VAR. *β*. SYLVESTRIS. Viola sylvestris. Lam. Dans cette
> variété les tiges florifères croissent au-dessous de la
> rosette centrale.

175. V. MONTANA (L. Sp. 1325). Tige simple, dressée, de 12 à
20 centimètres; feuilles oblongues, cordiformes, ovales-lancéolées, aiguës, pétiolées; stipules oblongues, dentées et incisées;
fleurs d'un bleu pâle, à éperon droit, conique, tronqué; valves
arquées, subaiguës. ♃ Mai, juin. Dans les bois montueux.
Theux (Liége), Bois-de-Villers (Namur), Wiltz (Luxembourg).

176. V. MIRABILIS (L. Sp. 1526). Racine presque ligneuse; tiges
de 15 à 25 centimètres, droites, glabres, triangulaires, velues
ainsi que les pétioles; feuilles glabres, cordées-réniformes,
acuminées, les supérieures alternes, subsessiles; fleurs radicales ou axillaires, d'un bleu pâle, à éperon long, cylindrique,
obtus; divisions du calice inégales, dont 3 plus grandes sont
oblongues, acuminées. ♃ Avril, mai, juin. Dans les bois humides au-dessus de Perle (Luxembourg). M. Tinant.

§ II. — *Stigmate en godet* (Melanium DC.).

177. V. TRICOLOR (L. Sp. 1826). Racine un peu fusiforme; tige

Viola.

glabre, rameuse, diffuse; feuilles inférieures ovales, crénelées, glabres, dégénérant en pétioles, les supérieures linéaires dentées, sessiles; stipules roncinées, pinnatifides, à lobes du milieu crénclé; fleurs blanchâtres, mêlées de violet ou de jaune; pétales brièvement onguiculés, incombants et à éperon épais, obtus, recourbé. ⊕ Le printemps et l'été. Dans les champs cultivés, dans les jardins.

> Var. *α*. HORTENSIS (DC.). Pétales veloutés beaucoup plus grands que le calice. C'est la variété cultivée, la pensée.

> Var. *β*. ARVENSIS (DC.). V. arvensis Murr. p. 73. Pétales jaunâtres à peine plus grands que le calice, avec les deux pétales latéraux ciliés. Dans les champs.

> Var. *γ*. SABULOSA (DC.). Tige plus diffuse, feuilles ovales-allongées, divisions du calice étroites, lancéolées, à peine plus courtes que la corolle. Dans les sables des dunes.

> Var. *♂*. NANA (DC.). Presque glabrc, tiges très-courtes; feuilles ovales; pétales plus grands que le calice. Dans les champs sablonneux du Brabant septentrional.

178. V. ROTHOMAGENSIS (Desf. cat. 153). Hispide, à racine subfusiforme; tige rameuse, diffuse; feuilles ovales, pétiolées, crénelées; stipules pinnatifides, lyrées, à lobe terminal très-grand; fleurs d'un blcu pâle, à éperon tubulé, obtus, plus court que les sépales. ♃ Dans les prairies sablonneuses. Ardennes.

179. V. LUTEA (Smith. fl. br. 1. p. 248). V. sudetica var. *α*. DC. pr. 1. 302. Racine fibreuse, diffuse; tige presque simple, assez courte, chargée de feuilles serrées qui sont ovales-oblongues, crénelées, ciliées; stipules palmées, incisées; fleurs jaunes à corolle une fois plus grande que le calice et à éperon de moitié plus court que les pétales postérieurs et que l'antérieur; pétales latéraux très-courts. ♃ Dans les terrains calaminaires de la province de Liége. Lcs Viola calaminaria et ramosior, Lej. fl. Spa, sont à peine des variétés de cette espèce.

F^lle IX. — RÉSÉDACÉES. DC. Théor. 214.

Calice de 4 à 6 sépales persistants; 4 à 6 pétales alternes avec les sépales, hypogynes, inégaux, souvent découpés; 10 à 24 étamines hypogynes, à filaments souvent plus ou moins réunis à la base; ovaire chargé de 3 à 5 styles; capsule uniloculaire, polysperme, à trois valves s'ouvrant au sommet; graines nombreuses, attachées à des placentas latéraux, disposées sur deux séries; périsperme charnu.

1. RÉSÉDA. Neck. Élém. n° 991.

Les caractères sont ceux de la famille; feuilles alternes.

180. R. PHYTEUMA (L. Sp. 645). Tige de 30 à 35 centimètres, anguleuse, glabre; feuilles obtuses ou mucronulées, les inférieures très-entières, atténuées en pétiole; les caulinaires parfois bilobées; fleurs blanches en épi terminal; calice à 6 folioles qui s'allongent beaucoup après la floraison. ⨁ Dans les champs sablonneux des Flandres.

181. R. LUTEA (L. Sp. 645). Tige de 30 à 50 centimètres, dressée, presque simple, glabre; feuilles pinnatifides ondulées, à folioles linéaires, entières, les supérieures trifides; fleurs d'un jaune pâle en épi terminal; calice à 6 dents étroites ne s'allongeant pas après la floraison; capsule un peu triangulaire, bossue, tronquée, oblongue. ♃ Juin, juillet, août. Dans les endroits arides.

182. R. LUTEOLA (L. Sp. 643). Tige de 60 à 90 centimètres, dressée, ferme, glabre; feuilles simples, lancéolées-linéaires, entières; fleurs d'un jaune verdâtre en épi très-long; calice à 4 divisions très-courtes, appliquées sur les pétales; capsule courte, comme lobée. ② Juin, juillet, août. Bords des chemins et lieux arides.

Cette plante est cultivée sous le nom de Gaude pour son principe colorant qui est jaune.

F^lle X. — DROSÉRACÉES. DC. Théor. 214.

Calice à 5 sépales imbriqués, persistants; 5 pétales distincts, hypogynes, alternes avec les sépales; étamines libres, tantôt alternes avec les pétales et en nombre égal, tantôt en nombre double, triple ou quadruple; 1 ovaire; 3 à 5 styles distincts ou réunis à la base; capsule 1 à 3 loculaire; 3 à 5 valves plus ou moins infléchies au bord, déhiscentes au sommet; graines nues ou enveloppées d'une arille mince, folliculaire; périsperme charnu; embryon droit.

1. DROSERA. L. Gen. 391.

Calice persistant à 5 divisions; 5 pétales; 5 étamines; 3 à 5 styles libres, bifides; graines nombreuses insérées sur la paroi interne des valves; fleurs en grappes unilatérales, roulées en crosse avant la floraison; feuilles à face supérieure et bords chargés de poils glanduleux, rouges.

183. D. ROTUNDIFOLIA (L. Sp. 402). Scape s'élevant au milieu des feuilles, simple, de 8 à 12 centimètres; feuilles à limbe orbiculaire, brusquement rétrécies en pétiole; graines fusiformes, très-allongées, à testa très-lâche. ♃ Juin, juillet, août. Dans les endroits marécageux, surtout en Campine.

184. D. LONGIFOLIA (L. Sp. 403). D. intermedia Duv. et Hayn. pl. Eur. Hampe de 5 à 6 centimètres, redressée, rameuse; feuilles à limbe ovale, allongé, se rétrécissant insensiblement en pétiole; graines oblongues à testa lâche. ♃ Dans les endroits marécageux, surtout en Campine, souvent mêlé avec l'espèce précédente.

185. D. ANGLICA (Huds. ang. 135). Hampe droite, le double plus longue que les feuilles; feuilles linéaires-lancéolées atténuées en pétiole; stigmate en massue; graines arillées. ♃ Juillet, août. Dans les endroits marécageux. Swalmen (Limbourg).

2. PARNASSIA. Tourn. Inst. t. 127.

Calice à 5 sépales persistants; 5 pétales munis d'une écaille glanduleuse à la base; 5 étamines; 4 stigmates sessiles; capsule à 4 valves, uniloculaire.

186. P. PALUSTRIS (L. Sp. 391). Tiges de 15 à 25 centimètres, simples, dressées, munies d'une feuille engainante, sessile; feuilles radicales pétiolées, cordiformes, entières; fleur blanche, solitaire, terminale, à pétales arrondis. ♃ Tout l'été. Dans les marécages, provinces de Limbourg, Liége et Luxembourg.

F^lle XI. — POLYGALÉES. Juss. Ann. mus. 14, p. 386.

Calice à 5 folioles persistantes dont deux intérieures plus grandes, souvent pétaloïdes; corolle irrégulière de 3 à 5 pétales hypogynes; 8 étamines dont les filets sont réunis en deux faisceaux; ovaire libre; style courbé; stigmate bilobé ou infundibuliforme; capsule à 2 loges monospermes; périsperme charnu, rarement nul; plantes herbacées ou sous-frutescentes, à feuilles simples, souvent alternes.

1. POLYGALA. Tourn. Inst. t. 79.

Calice à 5 folioles persistantes, 2 postérieures en forme d'aile; 3 à 5 pétales réunis au tube formé par les étamines, l'inférieur en carène, l'ensemble de la corolle formant deux lèvres, la supérieure à 2 lobes, l'inférieure concave, bifide; capsule elliptique, obovale, obcordée, comprimée; graines pubescentes.

187. P. VULGARIS (L. Sp. 986). Le polygala. Tiges de 20 à 30 cen-

timètres, étalées, inclinées, glabres; feuilles linéaires-lancéolées, un peu obtuses, les inférieures éparses, ordinairement plus courtes que les supérieures; fleurs bleuâtres, rougeâtres ou blanches, en grappes terminales, unilatérales; les
deux sépales intérieurs, obtus, ovales, un peu plus longs que
la capsule, plus courts que la corolle, réticulés; graines velues. ♃ Tout l'été. Sur les pelouses, dans les bois et dans les
bruyères.

> VAR. *α*. VERA (DC.). Tiges un peu dressées; feuilles in-
> férieures, ovales, obtuses, les supérieures linéaires-
> aiguës.
> VAR. *β*. ELATA (DC.). P. comosa Schk. handb., t. 194.
> Tiges dressées; feuilles ovales-oblongues.
> VAR. *γ*. OXYPTERA (DC.). P. oxyptera Reich. fl. germ.
> f. 351. n° 2400. Tige diffuse de 5 à 10 centimè-
> tres; feuilles supérieures ovales-lancéolées; sépales
> intérieurs du calice moitié moins larges que dans les
> autres variétés. Glin (Hainaut).

Le polygala vulgaris est une plante qui varie beaucoup, et
dont on a voulu multiplier les espèces à l'infini.

188. P. AUSTRIACA (Crantz. austr. t. 2. f. 4). Plante très-amère,
à tiges de 5 à 10 centimètres, celles du milieu droites, les
latérales couchées; feuilles entières, les inférieures obovales
faisant la rosette, les supérieures linéaires-lancéolées; fleurs
petites, blanchâtres ou bleuâtres; sépales intérieurs cunéato-
elliptiques, à peine aussi grands que la fleur. ♃ Juin, juillet.
Dans les prairies tourbeuses. Provinces de Limbourg et de
Liége.

> VAR. *β*. ULIGINOSA. P. uliginosa Reich. fl. germ. t. 2.
> p. 350. n° 2394. Tiges plus simples; feuilles radi-
> cales plus larges; fruits plus allongés.

189. P. AMARA (Jacq. austr. t. 412). Tiges de 10 à 15 centimètres, diffuses, rameuses; feuilles glabres, entières, les inférieures en rosette, obovales, très-obtuses, les caulinaires
linéaires-lancéolées; sépales intérieurs elliptiques, égaux à la

corolle; capsule suborbiculaire. ♃ Juin, juillet. Sur les coteaux calcaires du Luxembourg.

> Var. *β*. amarella. P. amarella Crantz. Plus grand dans toutes ses parties; feuilles plus aiguës et fleurs plus grandes, un peu bleuâtres.

190. P. chamæbuxus (L. Sp. 989). Tiges sous-frutescentes, à rameaux couchés; feuilles ovales-oblongues, mucronées, persistantes; rameaux à une ou deux fleurs jaunâtres; calice beaucoup plus court que la corolle; capsule arrondie, nue. ♃ Juillet, août. Dans les endroits montueux de la province de Luxembourg.

———

Fᶫˡᵉ XII. — Caryophyllées. Juss. Gen. 299.

Fleurs hermaphrodites régulières; calice à 4, plus souvent à 5 sépales, tantôt libres, tantôt soudés en un tube à 4-5 dents, à préfleuraison imbriquée; 5 et rarement 4 pétales hypogynes, insérés sur un disque qui entoure la base de l'ovaire, libres, caducs ou marcescents, alternes avec les sépales, onguiculés, à préfleuraison imbriquée ou imbriquée-contournée, rarement nuls, par avortement; étamines en nombre égal ou double à celui des pétales, insérées sur le disque, libres entre elles, les intérieures plus courtes, à filets souvent soudés à la base avec les pétales; ovaire inséré sur le disque, simple; 2-5 carpelles uniloculaires, surmontés des styles au nombre de 2-5, filiformes, à face interne stigmatifère; ovules insérés sur un placenta central; fruit capsulaire, polysperme, rarement oligosperme, uniloculaire, ou à 2-5 loges incomplètes, s'ouvrant par des valves en nombre égal ou double à celui des styles, rarement bacciforme, indéhiscent; graines réniformes, ovoïdes ou lenticulaires; albumen farineux, souvent central ; embryon annulaire ou semi-annulaire, plus rarement droit, central ; radicule rapprochée du hile. Plantes herbacées ou sous-frutescentes à la base, à feuilles opposées, entières.

Tribu I. — SILÉNÉES. DC. prod. 1. p. 351.

Sépales soudés en tube cylindrique, à 4 ou 5 dents au sommet.

1. GYPSOPHILA. L. Gen. n. 768.

Calice campanulé à 5 lobes membraneux sur les bords; 5 pétales non onguiculés; 10 étamines; 2 styles; capsule uniloculaire.

191. G. MURALIS (L. Sp. 583). Tige de 10 à 15 centimètres, diffuse, rameuse, à rameaux presque filiformes; feuilles linéaires, très-fines, glabres; fleurs purpurines, solitaires, portées sur de longs pédoncules capillaires, à pétales crénelés. ① Tout l'été. Dans les champs sablonneux de la Campine. Laeken (Brabant), Havinnes (Hainaut).

192. G. SAXIFRAGA (L. Sp. 584). Tiges de 25 à 55 centimètres, nombreuses, dressées, rigides, subpubescentes, légèrement renflées aux articulations; feuilles linéaires, rigides; fleurs d'un rouge pâle, solitaires, terminales, paniculées, à pétales brièvement onguiculés; calice muni à la base de quatre bractées ovales, pointues, scarieuses sur les bords, disposées en croix. ♃ Juin, juillet, août. Lieux sablonneux du Limbourg et du Hainaut.

2. DIANTHUS. L. Gen. n. 770.

Calice tubulé, à 5 dents, avec 2 ou 4 écailles imbri-

quées, opposées à la base; 5 pétales longuement onguiculés; 10 étamines; 2 styles; capsule uniloculaire; graines
comprimées, concaves d'un côté, convexes de l'autre, peltées; embryon à peine courbé.

§ I. — *Fleurs en tête ou en corymbe, sessiles ou pédonculées*
(Armeriastrum Ser. in DC. prod. 1. p. 355).

193. D. PROLIFER (L. Sp. 587). Tige de 25 à 35 centimètres, redressée, un peu noueuse, glabre; feuilles finement denticulées, glabres, étroites, pointues; fleurs rougeâtres, petites,
réunies en tête, à style plumeux; bractées et écailles calicinales, larges, scarieuses, obtuses, oblongues, dépassant le
calice. ♃ Juin, juillet, août. Sur les collines pierreuses.
Var. β. DIMINUTUS (L.) Tige uniflore.

194. D. ARMERIA (L. Sp. 586). Tige de 35 à 50 centimètres, dressée, rameuse, glabre; feuilles linéaires-lancéolées, pubescentes, un peu obtuses; fleurs rougeâtres, réunies par 3 à
5, avec des bractées plus longues qu'elles, lancéolées, acuminées; écailles du calice velues, lancéolées-subulées, égales
au tube. ♃ Juillet, août. Dans les endroits secs et au bord des
bois.

195. D. CARTHUSIANORUM (L. Sp. 586). Tige de 35 à 45 centimètres,
simple, dressée, striée, glabre; feuilles linéaires, entières,
pointues, formant des gaines assez larges, à 3 nervures; fleurs
purpurines, quelquefois blanches, agrégées au nombre de 3 à
5, avec 2 bractées, lancéolées, très-aiguës; écailles du calice
ovales, aristées, plus courtes que le tube. ♃ Juin, juillet, août.
Dans les endroits incultes et stériles.

§ II.- -*Fleurs paniculées ou solitaires* (Caryophyllum Ser. in DC.
prod. l. c.)

196. D. CARYOPHYLLUS (L. Sp. 587). Tige de 35 à 60 centimètres,
faible, noueuse, branchue, glabre, glauque; feuilles planes,

Dianthus.

linéaires-lancéolées, glauques, scarieuses à la base; fleurs rougeâtres, solitaires, axillaires, terminales; bractées courtes, ovales, pointues; pétales denticulés, très-grands, imberbes; écailles du calice au nombre de quatre, larges, ovales, très-courtes, submucronées. ♃ Août, septembre. Sur les murs de quelques vieux châteaux, dans les Ardennes, provenant probablement des jardins.

197. D. COLLINUS (W. et K. hung. 1. t. 38). D. asper Var. β. Ser. in DC. prod. 1. f. 357. Tige de 30 à 40 centimètres, droite, rameuse, scabre, ainsi que les feuilles; celles-ci linéaires-lancéolées, aiguës; fleurs rougeâtres, paniculées, nombreuses, à pétales aigument dentés; écailles du calice ovales-lancéolées, plus courtes que le tube. ♃ Juillet, août.

Cette plante a été trouvée, d'après M. Lejeune, à Hest en Condroz (Liége).

198. D. DELTOÏDES (L. Sp. 588). Tiges de 25 à 35 centimètres, rampantes, rameuses, pubescentes dans le haut; feuilles inférieures oblongues, obtuses, les supérieures étroites, aiguës; fleurs rougeâtres, paniculées, solitaires; 2 écailles calicinales, ovales-lancéolées, plus courtes que le calice; pétales dentés. ♃ Été. Sur les pelouses sèches. Assez rare.

VAR. β. GLAUCUS (Ser.). D. glaucus (L. Sp. 588). Fleurs blanches; 4 écailles calicinales; tige et feuilles glauques. Enghien (Hainaut).

199. D. CÆSIUS (Smith. act. soc. linn. 2. p. 302). Tiges de 25 à 35 centimètres, droites, gazonneuses, presque uniflores; feuilles linéaires, subobtuses, rudes sur les bords; fleurs rouges, à pétales crénelés, pubescents; écailles du calice aiguës, courtes, les extérieures lancéolées, les intérieures subarrondies. ♃ Juin, juillet. Sur les rochers. Comblain-le-Pont (Liége), Dinant (Namur), Bouillon (Luxembourg).

200. D. GLACIALIS (Jacq. Coll. 2. p. 84). Tiges de 20 à 30 centimètres, subuniflores, dressées, gazonneuses; feuilles linéaires, aiguës, denticulées; fleurs rougeâtres, à pétales denticulés, pubescents; écailles calicinales, allongées, égalant le tube ou le

Dianthus.

dépassant. ♃ Juillet, août. Trouvée par mademoiselle Libert dans l'Eiffel (Luxembourg).

201. D. ARRECTUS (Dum. Fl. bel. f. 106). Tiges pauciflores, serrées; feuilles droites, à bords rudes; fleurs rougeâtres, à pétales barbus; dents du calice obtuses, ciliées; écailles calicinales ovales, cuspidées, quatre fois plus courtes que le tube. ♃ Mai, juin. Sur les murs dans les Ardennes.

Cette espèce me semble une variété intermédiaire entre les deux précédentes.

202. D. SUPERBUS (L. Sp. 589). Tiges paniculées, multiflores, dressées; feuilles linéaires, pointues; fleurs rougeâtres, sub-fastigiées, à pétales en lanières multifides au delà de la partie moyenne; écailles calicinales courtes, ovales, mucronées. ♃ Tout l'été. Dans les prairies et les clairières humides des bois du Condroz (Liége). Plante très-douteuse en Belgique.

203. D. PLUMARIUS (L. Sp. 589). Tiges de 20 à 50 centimètres, ascendantes, pauciflores, gazonnantes, glauques, ainsi que toute la plante; feuilles linéaires, rudes sur les bords; fleurs rougeâtres ou blanchâtres, à pétales laciniés, multifides, hé-rissés au-dessus de l'onglet; écailles du calice subovales, brièvement mucronulées, n'atteignant pas le tiers du tube. ♃ Juin, juillet, août. Sur les murs, où il provient presque tou-jours de la culture.

3. SAPONARIA. L. Gen. n° 769.

Calice tubuleux, à 5 dents, dépourvu d'écailles; pétales onguiculés, à onglets égalant le calice et à limbe bifide; 10 étamines; 2 styles; capsule uniloculaire.

204. S. VACCARIA (L. Sp. 568). Tige de 30 à 50 centimètres, dressée, glabre; feuilles sessiles, embrassantes, lancéolées, aiguës; fleurs rosées en panicule terminale; calice pyramidal à cinq angles, glabre; capsule courte, ovoïde, dressée, s'ouvrant dans sa moitié supérieure par quatre valves; bractées membra-

Saponaria

neuses, aiguës. Dans les moissons du Hainaut et du voisinage de la Moselle.

205. S. OFFICINALIS (L. Sp. 584). Racine longue, noueuse, traçante; tiges de 40 à 80 centimètres, dressées, glabres, dures, purpurines, garnies à chaque articulation de feuilles opposées, ovales-lancéolées, glabres, sessiles, marquées de trois nervures, aiguës; fleurs rosées en panicule terminale serrée; calice cylindrique, velu ou glabre ; capsules s'ouvrant au sommet par quatre dents réfléchies en dehors. ♃ Tout l'été. Au bord des chemins et des fossés.

4. CUCUBALUS. Gærtn. Fruct. 2. p. 233.

Calice nu, campanulé, à 5 dents; 5 pétales onguiculés, à limbe bifide; 10 étamines ; 3 styles; fruit bacciforme, indéhiscent; capsule charnue, uniloculaire.

206. C. BACCIFERUS (L. Sp. 591). Tige très-longue, diffuse, branchue, presque volubile, pubescente; feuilles ovales, entières, aiguës, atténuées en un court pétiole; fleurs d'un blanc verdâtre, peu nombreuses, étalées, à pétales distants, bifides, étroits; calice campanulé; fruits globuleux, noirs, luisants. ♃ Juin, juillet, août. Dans les endroits ombragés, les haies.

5. SILENE. L. Gen. n° 772.

Calice tubuleux, nu, à 5 dents, quelquefois ventru ; 5 pétales onguiculés, à onglet aussi long que le calice et souvent munis d'écailles à leur gorge; 10 étamines ; 3 styles; capsules triloculaires, à 6 dents déhiscentes au sommet.

207. S. INFLATA (Smith. Fl. br. 467). Cucubalus Behen L. Sp. 591. Tige rameuse de 40 à 60 centimètres, glabre, glauque, ainsi que toute la plante; feuilles sessiles, lancéolées, un peu char-

nues, glabres, aiguës, les radicales spatulées; fleurs blanches en panicule axillaire, penchées, à pétales bifides, nus; calice glabre, renflé, vésiculeux, veiné. 4 Tout l'été. Dans les champs, les bois et les buissons.

> VAR. *α*. VULGARIS (Otth.). Glabre, dressé, à feuilles lancéolées. Dans les champs, les buissons, etc.

> VAR. *β*. MARITIMA (DC.). Couché, velu-pubescent; feuilles ovales lancéolées. Dans les dunes avoisinant la Hollande.

> VAR. *γ*. ANGUSTIFOLIA (DC.). Silene angustifolia Ten. Fl. neap. t. 37. Cucubalus alpinus Lam. Enc. Glaucescent, glabre, feuilles linéaires, lancéolées; calice plus étroit et plus long. Sur les rochers, à Freyr (Namur), et dans les Ardennes.

208. S. OTITES (Pers. Ench. 1. p. 497). Tige de 30 à 50 centimètres, dressée, simple, un peu pubescente, visqueuse; feuilles ovales-renversées, pubescentes, très-entières, les inférieures nombreuses, spatulées, un peu charnues, les supérieures lancéolées; fleurs petites, d'un blanc verdâtre, dioïques, disposées en panicule, à pétales linéaires, entiers, dépourvus d'écailles; calice velu. 4 Juillet, août. Dans les dunes. Rare.

209. S. CONICA (L. Sp. 598). Tige de 15 à 25 centimètres, rameuse, velue, ainsi que toute la plante; feuilles linéaires, étroites, entières, molles; fleurs d'un rouge pâle, à pétales bifides, paniculées; calice glabre, conique, à 30 stries et à dents longues, subulées. ⊕ Dans les champs sablonneux. Ruremonde (Limbourg), Clausen, Domeldange (Luxembourg), et dans les dunes.

210. S. CONOÏDEA (L. Sp. 598). Tiges pubescentes; feuilles lancéolées-linéaires, presque glabres; fleurs solitaires, paniculées, d'un rouge pâle, à pétales entiers; capsules doubles en longueur de celles de l'espèce précédente, rétrécies au sommet. ⊕ Juin, juillet. Dans les champs sablonneux des Flandres et du Luxembourg.

211. S. ANGLICA (L. Sp. 594). Plante velue à tige rameuse, de 20 à

Silene.

30 centimètres; feuilles lancéolées-aiguës; fleurs rougeâtres, droites, solitaires, latérales, à pétales très-entiers; calice ventru, cylindrique, avec 10 stries, à dents très-longues, aiguës. ① Juin, juillet, août. Dans les champs sablonneux, Franchimont (Liége).

212. S. GALLICA (L. Sp. 595). Plante velue, à tige de 20 à 30 centimètres, dressée, rameuse; feuilles inférieures spatulées, les supérieures lancéolées-obtuses; fleurs blanches avec quelques points rouges, en fausses grappes terminales, à pétales entiers, obovales; calice cylindrique, ventru, à 10 stries et à dents courtes, aiguës. ① Juin, juillet, août. Dans les moissons à Verviers et à Chaudfontaine (Liége).

213. S. QUINQUEVULNERA (L. Sp. 795). Tiges de 25 à 35 centimètres, velues, dressées, rameuses; feuilles pubescentes, les inférieures spatulées, les supérieures lancéolées; fleurs en épi distique, à pétales très-entiers, arrondis, marqués chacun d'une tache rouge-sang; calice hérissé, cylindrique, ventru, à 10 stries. ② Juin, juillet. J'ai trouvé cette plante dans différentes localités, mais toujours sortie des jardins.

214. S. NUTANS (L. Sp. 596). Pubescent; tige de 30 à 50 centimètres, dressée, courbée du haut, très-feuillée du bas; feuilles radicales spatulées; les supérieures lancéolées, linéaires; fleurs jaune pâle, en panicule penchée, à pétales profondément bifides; calice tubuleux-subclaviforme. ♃ Juin, juillet. Sur les lisières des bois.

215. S. ARMERIA (L. Sp. 601). Glabre, glauque, visqueux; tige de 25 à 35 centimètres, grêle, dichotome; feuilles ovales-lancéolées, entières; fleurs rouges ou blanches en panicule corymbiforme, à pétales obcordés; calice tubuleux-claviforme, à dents triangulaires, courtes. ① Juin, juillet, août. Dans les endroits cultivés. Je crois cette plante toujours sortie des jardins.

216. S. NOCTIFLORA (L. Sp. 599). Visqueux, pubescent; tige dressée, rameuse; feuilles grandes, les inférieures spatulées, les supérieures lancéolées; fleurs rougeâtres, grandes, paniculées, terminales, à pétales bifides, denticulés; calice

Silene.

oblong, subclaviforme, à dents très-longues, tubulées. ☉ L'été. Dans les champs sablonneux. Domeldange, Beggen, Bettendorff (Luxembourg). Cette plante est aussi indiquée dans la province de Liége, mais je ne l'y ai pas trouvée.

217. S. PARADOXA (L. Sp. 1678). Tige de 50 à 70 centimètres, droite, cylindrique, rameuse, pubescente dans le bas; feuilles un peu rudes, pubescentes, entières, les radicales lancéolées, spatulées; les supérieures opposées, sessiles, linéaires, aiguës; fleurs blanches ou rougeâtres, penchées, ordinairement au nombre de trois sur chaque pédoncule, disposées en panicule terminale; limbe des pétales divisé en 2 lobes profonds; calice long, cylindrique, en massue. ♃ Mai, juin. Sur les rochers aux bords de la Semois, près Bouillon (Luxembourg).

6. Lychnis. Fl. fr. 4. p. 761.

Calice tubuleux, nu, à 5 dents; 5 pétales onguiculés, à onglets aussi longs que le tube et quelquefois munis d'écailles au-dessus de l'onglet; 10 étamines; 5 styles; capsule 1 ou 5 loculaire.

§ I. — *Capsule à cinq loges polyspermes.*

218. L. VISCARIA (L. Sp. 625). Tige de 50 à 50 centimètres, subgéniculée, visqueuse au-dessous des articulations; feuilles longues, linéaires, glabres, entières; pédoncules opposés, portant 2 à 4 fleurs rouges, placés le long de la moitié supérieure de la tige; pétales à limbe entier, munis d'écailles au-dessus de l'onglet. ♃ Mai, juin, juillet. Sur les rochers des provinces de Namur et du Luxembourg.

§ II. — *Capsule uniloculaire, polysperme.*

219. L. SYLVESTRIS (Hope. Cent. exs. 5. nº 55). Melanthium sylvestre Rœhling. Agrostema sylvestris Mer. Fl. par. 2. 209.

Tiges de 40 à 60 centimètres, velues, ainsi que toute la plante, dressées, rameuses; feuilles ovales ou lancéolées, entières, pointues; fleurs rougeâtres, en panicule dichotome, sub-dioïques, à pétales semi-bifides avec les lobes étroits et divergents; capsule ovoïde à dents roulées en dehors quand elle est desséchée. 2| Tout l'été. Dans les bois humides et ombragés.

220. L. DIOÏCA (L. Spec. 626). L. dioïca. Var. B. DC. Fl. fr. 4. p. 762. Melanthium dioïcum Rœhling. Tige de 40 à 60 centimètres, velue, ainsi que toute la plante, dressée, branchue; feuilles ovales, entières, marquées de 5 nervures; fleurs blanches en panicule dichotome, peu nombreuses, dioïques, à pétales semi-bifides, à lobes larges et rapprochés; capsule ovoïde, à dents dressées. 2| Tout l'été. Dans les champs.

221. L. FLOS-CUCULI (L. Spec. 625). Tige de 40 à 60 centimètres, simple, ascendante, glabriuscule; feuilles lancéolées-linéaires, glabres, entières; fleurs rouges, quelquefois blanches, en panicule terminale peu serrée, à pétales profondément divisés en 4 lanières inégales, munis d'écailles au-dessus de l'onglet; calice campanulé à 10 raies; capsule ovoïde, sessile. 2| Tout l'été. Dans les prairies.

222. L. CORONARIA (Lam. Dict. 3. p. 643). Tige de 30 à 40 centimètres, droite, dichotome, tomenteuse, ainsi que toute la plante; feuilles larges, lancéolées; pédoncules allongés, uniflores; fleurs rouges, rarement blanches, à pétales échancrés, dentelés; calice ovoïde, à côtes saillantes; capsule sessile. ② Tout l'été. Cette plante sort souvent des jardins. J'en ai trouvé un champ de grains rempli, près de Ruremonde (Limbourg).

223. L. GITHAGO (Lam. Dict. 3. p. 643). Agrostema githago L. Spec. 624. Tige de 60 à 90 centimètres, simple, dressée, velue, ainsi que toute la plante; feuilles linéaires, longues, entières; fleurs rougeâtres, solitaires, longuement pédiculées; pétales à limbe tronqué, dépourvus d'écailles; calice cylindrique-campanulé, coriace, à divisions linéaires

très-longues, dépassant les pétales; capsule sessile, ovoïde.
④ Tout l'été. Dans les moissons.

Tribu II. — ALSINÉES. DC. Fl. fr. 4. p. 766.

Calice à 4 ou 5 sépales libres, ou à peine soudés à la base;
pétales à onglet court, rarement nuls par avortement.

7. SAGINA. L. Gen. n° 236.

Calice à 4 ou 5 divisions; corolle à 4 ou 5 pétales,
quelquefois apétale; 4 à 5 étamines; 4 à 5 styles; capsule
uniloculaire, polysperme, à 4 ou 5 valves.

224. S. PROCUMBENS (L. Sp. 185). Glabre; tige rameuse de 4 à
6 centimètres, à rameaux étalés, rampants; feuilles linéaires,
mucronées, les inférieures disposées en rosette; pédoncules
fructifères ascendants; fleurs blanches, à pétales obtus, une
ou deux fois plus courts que le calice; divisions du calice
arrondies; capsule à 4 valves. ④ Presque toute l'année. Dans
les endroits humides.

225. S. SAXATILIS (Lej. Fl. Spa. rev. f. 227). Tige glabre, un peu
ligneuse du bas, diffuse, très-rameuse, un peu dressée; feuilles
subulées, glabres, subarquées, subfasciculées; fleurs axillaires,
apétales, terminales. ④ L'été. Dans les lieux secs et pierreux
du Luxembourg. Je regarde cette plante comme une simple
variété de la précédente.

226. S. APETALA (L. Mant. p. 759). Hispide, pubescent, à rameaux
un peu dressés, dichotomes; feuilles linéaires, mucronées,
ciliées, surtout à la base; pédicules fructifères ascendants;
fleurs à pétales 3 ou 4 fois plus courts que le calice qui est à
4 sépales; divisions du calice lancéolées, un peu obtuses;
capsules à 4 valves. ① Mai, juin, juillet. Dans les champs
sablonneux.

227. S. ERECTA (L. Sp. 185). Tiges droites, glabres, subuniflores,
de 4 à 6 centimètres; feuilles linéaires, aiguës, un peu roides;

fleurs blanches portées sur des pédoncules serrés ; sépales lancéolés, membraneux sur les bords, aigus, plus grands que les pétales ; capsule ovoïde à 8 dents. ④ Avril, mai. Sur les pelouses sèches. Limbourg, Liége, Hainaut, Luxembourg.

8. ELATINE. L. Gen. n° 685.

Calice à 3 ou 4 divisions ; 3 ou 4 pétales sans onglets ; étamines en nombre égal ou double de celui des pétales ; 3 ou 4 styles capités au sommet ; capsule à 4 valves, quadriloculaire, polysperme ; graines cylindracées, striées, réticulées.

228. E. HYDROPIPER (L. Sp. 527). Tiges de 5 à 10 centimètres, déliées, rameuses, diffuses, couchées du bas et poussant des racines par les nœuds, ensuite redressées ; feuilles opposées inférieurement, alternes supérieurement, glabres, entières, ovales-courtes ; fleurs blanches, axillaires, alternes, à pédoncules plus courts que les feuilles, à 8 étamines et à 4 pétales ; calice à 4 lobes égaux, orbiculaires. ④ Juillet, août. Sur le bord des marécages.

229. E. HEXANDRA (DC. Ic. pl. rar. p. 14. t. 45. f. 1). Cette plante est un peu plus petite que la précédente et en diffère peu ; ses feuilles sont opposées, allongées, ovales-lancéolées ; les fleurs roses sont plus petites, alternes, pédicellées, à 6 étamines et à 3 pétales. ④ Été. Dans les marais tourbeux des Flandres et du Limbourg.

230. E. ALSINASTRUM (L. Sp. 527). Tiges épaisses, anguleuses, articulées, de 20 à 35 centimètres ; feuilles verticillées, les inférieures linéaires-lancéolées, au nombre de 8 à 12 par verticilles, les supérieures ovales, au nombre de 3 ou 4 seulement ; fleurs blanches, sessiles, verticillées, à divisions plus courtes que le calice ; 8 étamines ; graines sillonnées, rugueuses transversalement, un peu courbées. ♃ En été. Dans les fossés aquatiques des Flandres et du Limbourg.

Cette plante a assez de ressemblance avec l'Hippuris vulgaris.

231. E. syphosperma (Dum. Fl. belg. f. 111). Feuilles opposées;
fleurs alternes, subsessiles, quadripartites; graines recourbées
en hameçon. ① Dans les fossés aquatiques.

232. E. majuscula (Dum. l. c.). Feuilles opposées; fleurs alternes, pédonculées, quadripartites; semences presque droites.
① Dans les fossés.

9. Holosteum. L. Gen. n° 136.

Calice à 5 sépales; 5 pétales dentés; 5 étamines ou seu-
lement 3 ou 4 par avortement; 3 styles; capsule uniloculaire, polysperme, à 6 dents ou valves.

233. H. umbellatum (L. Sp. 130). Tige de 12 à 20 centimètres,
dressée, un peu visqueuse, légèrement rameuse du bas; feuilles
radicales elliptiques, glauques, glabres, les caulinaires plus
grandes, ovales; fleurs blanches terminales, en ombelle simple,
à pédoncules inégaux, uniflores, réfléchis après la fleuraison.
① Mars, avril. Dans les endroits stériles, sur les murs.

10. Spergula. L. Gen. n° 798.

Calice à 5 divisions; 5 pétales entiers; 5 à 10 étamines;
5 styles; 1 capsule uniloculaire, polysperme, à 5 valves.

§ I. — *Feuilles verticillées stipulées.*

234. S. arvensis (L. Sp. 630). Tiges longues de 20 à 30 centimètres, rameuses, étalées, inclinées, velues; feuilles verticillées par 8 ou 10, subulées, velues, recourbées, stipulées;
fleurs blanches, à 10 étamines, en panicule terminale, irrégulière, réfléchies après la fleuraison; graines entourées d'un
rebord très-étroit. ① Tout l'été. Dans les champs.

Var. β. sativa. Tige noueuse, renflée aux articula-

tions; calice velu, graines verruqueuses; plante visqueuse.

235. S. MAXIMA (Weihe). Ce n'est sans doute qu'une variété de
l'espèce précédente; la tige est plus haute (4 à 5 décimètres),
les feuilles sont linéaires, presque aussi longues que les entre-
nœuds; fleurs blanches, longuement pédicellées, réfléchies
après la fleuraison; graines anguleuses, chagrinées, légèrement
bordées, 4 fois plus grosses que dans l'espèce précédente.
① En été. Dans les champs. Autel-bas et Kakelschener (Luxembourg).

236. S. PENTANDRA (L. Sp. 630). Cette espèce se rapproche de la
spargoute des champs, elle en diffère par ses verticilles formés
de feuilles moins nombreuses et plus courtes, presque glabres,
par ses fleurs qui ont 5 étamines et ses graines qui sont plates,
noires et entourées d'une membrane scarieuse, circulaire. ①
Tout l'été. Dans les champs sablonneux.

§ II. — *Feuilles opposées sans stipules.*

237. S. NODOSA (L. Sp. 630). Tiges de 6 à 15 centimètres, simples,
étalées à la base, presque glabres, ainsi que toute la plante;
feuilles opposées, subulées, les inférieures plus longues, les
caulinaires courtes, fasciculées et formant comme des nœuds;
fleurs blanches, peu nombreuses (2 à 3), à pédoncules courts,
dressés, et à pétales plus grands que le calice. ♃ Juillet, août.
Dans les tourbières et les terrains marécageux.

     VAR. β. BREVIFOLIA (Pers. Ench. 1. p. 522). Tige très-
       simples à nœuds rapprochés.

     VAR. γ. MARITIMA (Pers. Ench. 1. p. 522). Feuilles un
       peu charnues, étalées et courbées. Dans les sables
       des dunes.

238. S. SAGINOÏDES (L. Sp. 631). Tige de 3 à 5 centimètres, couchée; feuilles glabres, subulées, mutiques; fleurs blanchâtres, ordinairement à 5 étamines; pétales très-obtus, à peine
égaux aux divisions du calice; graines subréniformes, ponc-

tuées. ☉ L'été. Dans les marais sablonneux, Erbiseul, Lens
(Hainaut).

239. S. SUBULATA (Swart. act. Holm. 1789). S. saginoïdes Th.
Fl. par. 228. Tiges très-courtes (5 à 4 centimètres), nombreuses, dressées, rameuses, un peu pubescentes ; feuilles opposées, subulées, cylindracées, ciliées, terminées par une pointe
souvent crochue; fleurs blanches, portées par des pédoncules
sétacés, axillaires, uniflores, un peu velus. ♃ Août, septembre. Aux bords des étangs sablonneux. Flandres, Hainaut.

11. STELLARIA. L. Gen. n° 773.

Calice à 5 divisions; 5 pétales bifides ; 10 étamines, ou
seulement 3 à 8 par avortement; 3 styles; capsule uniloculaire, polysperme, à 6 valves.

240. S. NEMORUM (L. Sp. 603). Tige de 25 à 35 centimètres,
grêle, ascendante du bas, pubescente; feuilles inférieures
cordiformes, pointues, les supérieures ovales, sessiles ; fleurs
blanches en panicule dichotome, à pétales le double plus longs
que le calice. ♃ De mai en septembre, dans les bois.

Cette plante varie beaucoup, sa tige s'allonge quelquefois au
point de devenir comme grimpante et d'avoir jusqu'à 60 à 90
centimètres.

241. S. MEDIA (Smith. engl. Bot. 475). Alsine media L. Sp. 389.
Tiges de 18 à 35 centimètres, étalées, redressées, glabres,
rameuses, avec une ligne longitudinale de poils sur l'une de
leur face; feuilles opposées, ovales, entières, les inférieures
se rétrécissant en pétioles, les supérieures sessiles; fleurs
blanches, solitaires, à pétales à peine aussi grands que le calice; capsule à 6 valves; graines rugueuses et pointillées. ☉
Toute l'année et partout.

> VAR. β. NEGLECTA (Weih. in Litt.). Pétales aussi longs
> que le calice, graines à dos mucroné et plus petites
> que dans l'espèce.

Stellaria.

Var. γ. pallida (Dum. Fl. belg. p. 109). Tiges filiformes, couchées, fleurs apétales, pédoncules fructifères droits. Dans les endroits sablonneux.

\ 242. S. holostea (L. Sp. 603). Tiges de 30 à 50 centimètres,
faibles, un peu dressées; feuilles longues, lancéolées, acuminées, ciliées-denticulées sur les bords, les supérieures plus
larges et plus courtes; fleurs blanches en panicule terminale,
portées sur des pédoncules pubescents, filiformes, rameux, allongés; pétales grands, bifides jusqu'au milieu, doubles en
longueur des divisions du calice qui sont lancéolées, aiguës.
♃ Tout l'été. Dans les haies et les buissons.

\ 243. S. graminea (L. Sp. 604). Tiges de 20 à 40 centimètres, faibles, diffuses; feuilles linéaires, lisses sur les bords; fleurs
blanches en panicule divariquée, à pédoncule très-allongé;
pétales de la longueur du calice. ♃ Tout l'été. Dans les haies
et les buissons.

244. S. glauca (With. Bot. arr. 1. p. 420). Tige de 25 à 35 centimètres dressée, glauque, ainsi que toute la plante; feuilles
linéaires-lancéolées, lisses sur les bords, les florales scarieuses;
fleurs blanches, à pétales le double plus longs que le calice.
♃ Dans les fossés humides et herbeux.

245. S. crassifolia (Ehrh. Beitr. 3. p. 60). Tige de 15 à 25 centimètres; feuilles ovales-lancéolées, glabres, très-entières, un
peu épaisses; pédoncules axillaires, solitaires; fleurs blanches,
à pétales plus longs que le calice. ♃ Juin, juillet. Dans les fossés humides. Limbourg, Liége.

\ 246. S. aquatica (Poll. Pal. 422). Larbrea aquatica (St. Hil.
Mem. mus. 2. p. 287). St. uliginosa Curt. Lond. t. 28. S.
hypericifolia Gmel. Syst. 218. Tiges de 15 à 30 centimètres,
débiles, couchées, arrondies, dichotomes; feuilles lancéolées,
entières, les supérieures sessiles; fleurs blanches, en petites
panicules terminales et latérales, portées sur de longs pédoncules coudés à la maturité des fruits; divisions du calice trinerviées, plus longues que les pétales. ♃ Juin, juillet, août.
Sur les bords des marécages.

12. ARENARIA. L. Gen. n° 774.

Calice à 5 sépales; 5 pétales entiers; 10 étamines ou en nombre moindre par avortement; 3 styles; capsule uniloculaire, polysperme, à 3 ou 6 valves.

§ I. — *Capsule à 3 valves, feuilles linéaires, munies de stipules scarieuses à la base.* (Spergularia Pers. — Lepigonium Wahl.)

247. A. SEGETALIS (Lam. Fl. fr. 5. p. 43). Alsine segetalis L. Sp. 390. Glabre; tige de 6 à 10 centimètres, dressée, rameuse; feuilles subulées, stipulées, un peu tournées du même côté; pédoncules courbés après la fleuraison; fleurs blanches; calice à sépales scarieux, à nervure dorsale verte; graines subpyriformes, rugueuses. ⊕ Dans les moissons des terrains sablonneux. Brabant, Hainaut, Luxembourg.

248. A. RUBRA (L. Sp. 606). Tiges de 15 à 25 centimètres, couchées, rameuses, velues; feuilles charnues, linéaires, presque planes, plus courtes que les entre-nœuds, munies à la base de stipules membraneuses, courtes; fleurs d'un rose purpurin, en panicule peu fournie et feuillée; sépales herbacés, scarieux seulement sur les bords; pédoncules s'écartant après la fleuraison. ⊕ Tout l'été. Sur les décombres et dans les endroits sablonneux.

> VAR. α. CAMPESTRIS (L. Sp. 606). Toute la plante est velue.

> VAR. β. MARINA (L. Sp. 606). Un peu glabre. Dans les dunes.

> VAR. γ. VISCIDA (Wahl.). Tiges courtes, ramassées; calice velu, visqueux.

249. A. MEDIA (L. Sp. 606). A. marginata DC. Cette espèce se rapproche beaucoup de la précédente; elle en diffère par ses feuilles cylindriques de la longueur des entre-nœuds, par ses fleurs qui sont de moitié plus petites et enfin par ses graines qui sont aplaties et entourées d'un rebord membraneux. En été.

Arenaria.

Dans les endroits sablonneux. Dans les dunes, la Campine et le Luxembourg.

§ II. — *Feuilles sans stipules* (Arenarium. Ser. in DC. pr. 1. p. 401).

† 1. FEUILLES SUBULÉES LINÉAIRES.

250. A. TRIFLORA (L. Mant. 240). A. grandiflora var. β. DC. prod. t. 1. 404. A. juniperina et laricifolia Th. Fl. par. 218, 219. Tige courte, ferme, velue, dichotome, de 5 à 8 centimètres ; feuilles sétacées, planes, étalées, subulées, glabres au bas de la tige, velues au sommet ; fleurs blanches à pédoncules souvent triflores, à pétales obtus, plus grands que les divisions du calice, qui sont courtes, velues et aiguës. ♃ Juin, juillet. Dans les endroits sablonneux des Flandres ??

251. A. VERNA (L. Mant. 72). Tiges de 6 à 12 centimètres, dressées, rameuses, allongées, subpaniculées ; feuilles subulées, un peu obtuses, munies de nervures ; fleurs blanches à pétales obtus ; sépales striés, acuminés, membraneux sur les bords, un peu plus grands que les pétales. ♃ De mai en août. Dans les terrains schisteux et calaminaires des Ardennes.

    VAR. β. CESPITOSA (Ser.). Tige très-feuillée, pédoncules un peu glabres. C'est cette variété qui se rencontre le plus souvent en Belgique.

252. A. TENUIFOLIA (L. Sp. 607). Tige de 6 à 15 centimètres, dressée, très-rameuse, dichotome ; feuilles sétacées, glabres ; fleurs blanches en panicule ; sépales subulés, striés, beaucoup plus longs que les pétales ; capsule à 3 valves, à peine supérieure au calice. ① Tout l'été. Dans les endroits arides.

    VAR. β. HYBRIDA (DC.). A. hybrida Vill. dauph. A. pentandra Duf. Ann. gen. 7. p. 292. Tige plus élevée, divariquée, avec quelques poils courts sur les rameaux et les calices.

    VAR. γ. VISCIDULA (DC.). A. viscidula Th. A. viscosa

Arenaria.

Pers. Tige dressée, rameuse du haut, hispide, un peu visqueuse, ainsi que les calices.

253. A. SETACEA (Th. Fl. par. p. 220). A. saxatile L. Sp. 607. A. heteromalla Pers. Syn. 1. p. 504. Tige de 10 à 16 centimètres, couchée à sa base, un peu pubescente, très-rameuse; feuilles sétacées, fasciculées, un peu ciliées à la base; fleurs blanches en panicule pauciflore, un peu dense; pédicelles glabres avec de petites bractées à leurs bifurcations; calice glabre, à divisions largement membraneuses, blanchâtres, plus courtes que les pétales. ♃ Juin, juillet, août. Sur les coteaux sablonneux et arides des Flandres. Je n'ai jamais pu l'y rencontrer. Je doute que cette plante soit belge.

† 2. FEUILLES LANCÉOLÉES, OVALES, ARRONDIES.

254. A. SERPYLLIFOLIA (L. Sp. 606). Tige de 5 à 10 centimètres, couchée, très-rameuse, redressée au sommet, pubescente; feuilles ovales, aiguës, sessiles, ciliées; fleurs blanches terminales, paniculées; divisions du calice lancéolées, aiguës, avec trois nervures, le double plus grandes que les pétales; capsule ovale à 6 valves; graines réniformes, rugueuses. ④ Toute l'année et partout.

255. A. CILIATA (L. Sp. 608). Tiges couchées, gazonneuses, rameuses, filiformes, grêles, pubescentes; feuilles atténuées à la base, ciliées sur les bords, les inférieures obtuses, les supérieures aiguës, épaisses; fleurs blanches, terminales, presque solitaires; capsules ovoïdes à 6 valves, presque égales aux calices. ♃ Dans les lieux sablonneux. Casteau (Hainaut). M. Desmazières.

256. A. TRINERVIA (L. Sp. 605). Tige longue de 15 à 25 centimètres, grêle, rameuse, dichotome, en partie couchée, légèrement pubescente; feuilles ovales, aiguës, pétiolées, ciliées, marquées de 3 à 5 nervures; fleurs blanches en panicule; pédoncules très-longs, uniflores; divisions du calice lancéolées-aiguës, membraneuses sur les bords, beaucoup plus longues que les

pétales; capsules ovales à 6 divisions profondes. ① Juin, juillet, août. Dans les bois couverts et ombragés.

13. Cerastium. L. Gen. n° 797.

Calice à 5 divisions; 5 pétales bifides; 10 étamines, ou 5 par avortement; 5 styles; capsule uniloculaire, cylindrique ou globuleuse, s'ouvrant au sommet par 10 dents.

1. — Pétales égaux ou plus courts que le calice.

257. C. vulgatum (L. Sp. 627). Velu; tiges de 15 à 25 centimètres, dressées, étalées à la base; feuilles ovales, obtuses, hérissées; fleurs blanches en panicule dichotome subombellifère, plus longues que les pédoncules; calice très-velu, à divisions dépassant les pétales; capsule oblongue, atténuée, le double du calice en longueur. ① ② Tout l'été. Dans les champs.

    Var. β. glomeratum (DC.). C. ovale Pers. Feuilles très-obtuses, fleurs ombellifères glomérées.

    Var. γ. murale (Desp.). Tiges rameuses du pied, plus courtes.

258. C. viscosum (L. Sp. 627). Velu, visqueux; tige de 6 à 12 centimètres, dressée; feuilles lancéolées, oblongues, obtuses, entières; fleurs blanches portées sur des pédicules plus courts qu'elles, en panicule dichotome, ombellée; pédoncules et pétales égaux aux sépales. ① Avril, mai. Dans les terrains sablonneux.

    Var. α. triviale (L.). C. triviale Link. Sépales obtus à poils dépassant leur sommet.

    Var. β. varians (Nob.). C. varians Coss. et Germ. Sépales obtus à sommet non dépassé par les poils.

259. C. glutinosum (Fries Nov. sp. 51). C. viscosum β. L. Fl. suec. 158. C. obscurum Chanb. Cette espèce peut être considérée comme une variété de la précédente; elle est velue, très-visqueuse; la tige est rameuse, dressée; les feuilles sont ovales,

Cerastium.

spatulées à la base, embrassantes, obtuses; fleurs blanches, plus courtes que les pédoncules, à pétales à peine plus longs que le calice. ① Mai, juin. Dans les lieux sablonneux.

260. **C. PELLUCIDUM** (Ser. in DC. Prod. 1. p. 416). Tiges de 10 à 20 centimètres, velues, visqueuses, rameuses à la base; feuilles sessiles, velues, ovales-arrondies, entières, les inférieures rétrécies en pétiole; fleurs blanches, petites, disposées en panicule étalée, un peu ombellifère; pédoncules plus longs que les calices qui sont plus courts que les pétales; bractées scarieuses, membraneuses, transparentes. ② Dans les lieux secs et sablonneux du Luxembourg.

261. **C. DEMIDECANDRUM** (L. Sp. 607). Velu, visqueux; tige de 5 à 10 centimètres, dressée, étalée; feuilles ovales-lancéolées, épaisses; fleurs blanches à 5 étamines en panicule dichotome, subombellée; pédoncules plus longs que les fleurs; pétales de la longueur du calice qui est scarieux, ainsi que les bractées; capsules le double plus longues que les calices. ① Mars, avril, mai. Dans les endroits sablonneux des provinces de Namur, de Liége et du Hainaut.

262. **C. BRACHYPETALUM** (Desp. in Pers. Ench. 1. p. 520). Tige dressée de 8 à 20 centimètres, très-velue, dichotome; feuilles ovales-lancéolées, velues; fleurs blanches, longuement pédonculées, paniculées; calice très-velu, à divisions de la longueur des pétales. ① Mai, juin. Dans les terrains sablonneux des provinces de Liége et de Luxembourg.

2. — Pétales plus grands que le calice.

263. **C. AQUATICUM** (L. Sp. 609). Larbrea aquatica DC. Tige de 30 à 50 centimètres, faible, couchée, pubescente, un peu visqueuse du haut; feuilles cordées-ovales, aiguës, sessiles; fleurs blanches, solitaires, en panicule dichotome, lâche, à pétales profondément bifides et un peu plus longs que le calice; capsule globuleuse, à cinq dents bifides. ♃ Juin, juillet. Dans les endroits humides et aux bords des eaux.

Dans les haies et les buissons, cette plante s'élève quelque-

Cerastium.

fois jusqu'à un mètre; elle forme alors la variété appelée scandens par Lejeune dans la Flore de Spa.

264. C. TOMENTOSUM (L. Sp. 629. var. β). Plante blanchâtre et tomenteuse, à tiges de 15 à 25 centimètres, rampantes, diffuses; feuilles linéaires-lancéolées; pédoncules dressés, dichotomes; fleurs blanches, à pétales larges, le double plus grands que les divisions du calice; capsule subcylindrique, égale au calice. ♃ Mai, juin. Sur les murs et les rochers; elle sort presque toujours des jardins.

265. C. ARVENSE (L. Sp. 628). Tiges de 10 à 20 centimètres, étalées à la base, redressées, pubescentes; feuilles linéaires-lancéolées, subpubescentes, un peu obtuses; fleurs blanches au nombre de 3 à 5, en panicule dichotome et à pédoncules pubescents; pétales doubles du calice; capsule oblongue-cylindrique, le double plus grande que le calice. ♃ Été. Sur les bords des chemins et les talus des fossés.

F^{lle} XIII. — LINÉES. DC. Th. éd. 1. p. 217.

Calice de 3 à 5 sépales à peine adhérents à la base, hypogynes; 8 ou 10 étamines dont la moitié est stérile, réunies à la base; ovaire subglobuleux, libre; 4 à 5 styles; capsule globuleuse, à 8-10 valves repliées, à loges monospermes; périsperme souvent nul; toutes les espèces de la Belgique sont herbacées, à feuilles entières, sans stipules.

1. LINUM. DC. Pr. 1. p. 425.

Calice à 5 pétales; 5 sépales entiers; 10 étamines dont 5 stériles; 5 styles; capsules à 10 loges monospermes, univalves.

266. L. USITATISSIMUM (L. Sp. 397). Le lin. Tige de 40 à 90 cen-

timètres, glabre, dressée, un peu rameuse; feuilles lancéolées-linéaires; fleurs bleues, en panicule corymbiforme, à pétales crénelés, triples en longueur du calice; sépales ovales, aigus, membraneux sur les bords; graines luisantes, très-lisses. ☉ Mai, juin, juillet. Cultivé.

267. **L. TENUIFOLIUM** (L. Sp. 398). Tiges de 20 à 30 centimètres, rameuses à la base, dressées, glabres; feuilles linéaires, sétacées, éparses, roulées et hispides sur les bords; fleurs grandes, rosées, à pétales trois fois plus grands que le calice; sépales linéaires, ciliés, glanduleux. ♃ Juin, juillet, août. Montagnes arides du Luxembourg.

268. **L. CATHARTICUM** (L. Sp. 401). Tige de 12 à 20 centimètres, grêle, glabre, dressée; feuilles opposées sur la tige, alternes sur les rameaux, obovales-lancéolées; fleurs blanches, à pétales ovales, pointus. ☉ Mai, juin, juillet. Dans les prés secs.

Le linum montanum Schleich et le linum maritimum (L. Sp. 400) doivent être rayés de notre Flore : le premier est une plante alpine, et le second ne se trouve que dans le midi de l'Europe.

2. RADIOLA. Gm. Syst. 1. p. 289.

Calice à 4 sépales trifides; 4 pétales; 8 étamines dont 4 stériles; 4 styles; capsules à 8 loges.

269. **R. LINOÏDES** (Gm. l. c.). R. millegrana Smith. Fl. brit. 1. p. 202. Linum radiola L. Sp. 402. Tige de 2 à 4 centimètres, grêle, filiforme, rameuse, dichotome; feuilles opposées, ovales, sessiles; fleurs blanches, nombreuses, très-petites, à pétales égalant environ le calice. ☉ Juillet, août, septembre. Dans les endroits sablonneux, humides, surtout dans la Campine.

F^lle XIV. — **MALVACÉES**. Juss. Gen. 271.

Calice ordinairement double; l'intérieur monophylle, à
3-5 divisions, l'extérieur polyphylle ou monophylle, à
3-9 divisions; 3 à 5 pétales hypogynes, libres ou soudés à
la base; étamines nombreuses, à filets soudés en une espèce
de colonne; ovaire libre; 1 ou plusieurs styles; plusieurs
stigmates; fruits composés de capsules réunies en forme
d'anneau; albumen nul; plantes herbacées ou ligneuses, à
feuilles alternes, accompagnées de stipules.

1. **MALVA**. L. Gen. 841.

Calice double, l'extérieur à 3 folioles, l'intérieur à 5 divisions; bractéoles oblongues, sétacées; capsules nombreuses,
monospermes, indéhiscentes.

270. M. ALCEA (L. Sp. 971). Tige de 1 à 2 mètres, dressée, velue,
à poils rayonnants, souvent rameux; feuilles inférieures anguleuses, les supérieures à cinq lobes profonds, écartés, incisés,
dentés; calice hispide, velu, à folioles oblongues, ovales; fleurs
d'un blanc rosé, solitaires à l'aisselle des feuilles; capsules glabres. ♃ L'été et l'automne dans les bois. Provinces de Liége, de
Namur, du Hainaut et du Luxembourg.

> VAR. β. BISMALVA (Nob.) M. bismalva Bernh. ined. in
> h. Erf. Feuilles subquinquélobées, à base arrondie,
> les supérieures à 3 lobes aigus, dentés; folioles du
> calice ovales, aiguës.

271. M. MOSCHATA (L. Sp. 971). Tige de 40 à 60 centimètres,
simple, presque glabre, à poils rayonnants, simples; feuilles
radicales, réniformes, incisées, les caulinaires à cinq divisions,
allant jusqu'au pétiole, pinnées, multifides, à segments linéaires;
calice scabre, velu, à folioles linéaires; fleurs roses, solitaires
à l'aisselle des feuilles; capsules velues, hérissées. ♃ L'été.
Dans les terrains calcaires et montagneux des provinces de Liége,

de Namur et du Luxembourg. Cette plante répand une odeur de musc quand on la froisse.

> VAR. *β*. LACINIATA (Desrouss.). Feuilles inférieures multifides, à laciniures linéaires.

272. **M.** SYLVESTRIS (L. Sp. 969). La mauve. Tige de 50 à 70 centimètres, dressée, rameuse, velue, rude ; feuilles à 5-6 lobes arrondis, un peu aigus supérieurement, crénelés, glabres ; pédoncules et pétioles velus ; fleurs purpurines en fascicules axillaires, à corolle triple du calice ; capsules glabres, chagrinées. ② De mai en septembre. Dans les champs.

273. **M.** ROTUNDIFOLIA (L. Sp. 969). Tige de 30 à 40 centimètres, couchées, rameuses, glabres ; feuilles longuement pétiolées, cordées-orbiculaires, à 5 lobes très-obtus, doublement dentés, crénelés, pubescents ; fleurs purpurines pâles, en fascicules axillaires, petites, à corolle double du calice ; capsules pubescentes, lisses, non réticulées. ① L'été et l'automne. Dans les lieux incultes.

> VAR. *β*. PUSILLA (Smith). M. parviflora Huds. Angl. 307. Pétales à peine plus grands que le calice.

274. **M.** CRISPA (L. Sp. 970). Tige de 60 à 90 centimètres, droite, sillonnée, rameuse ; feuilles anguleuses, dentées, crépues, onduleuses, glabres ; fleurs d'un blanc rosé, petites, en fascicules axillaires, courtement pédonculées. ① L'été.

Cette plante, originaire du Levant, se rencontre quelquefois sortie des jardins où on la cultive fréquemment.

2. ALTHÆA. Cav. Diss. p. 91.

Calice double, l'extérieur à 6-9 folioles, l'intérieur à 5 divisions ; corolle à 5 pétales ; étamines nombreuses formant un tube ; styles et stigmates nombreux ; carpelle capsulaire, monosperme, disposé en rond.

275. **A.** OFFICINALIS (L. Sp. 966). La guimauve. Tige de 6 à 12 décimètres, dressée, presque simple, couverte, ainsi que

toute la plante, d'un duvet court, soyeux, blanchâtre; feuilles cordées, ovales, anguleuses, sublobées, crénelées, épaisses, molles; fleurs blanches, presque sessiles, axillaires, grandes, formant par leur réunion une espèce d'épi très-allongé; carpelles tomenteux. ♃ Août, septembre. Dans les endroits humides. Horn, Brée (Limbourg). Souvent cultivée.

276. A. HIRSUTA (L. Sp. 965). Tige de 25 à 35 centimètres, dressée, quelquefois couchée, rameuse, hispide, velue, ainsi que toute la plante; feuilles inférieures réniformes, à 5 lobes arrondis, les supérieures à 3 lobes profonds, dentés, subpinnatifides, hispides en dessous, glabres en dessus; fleurs d'un blanc rosé, en panicule terminale, à pédicelle uniflore, plus long que les feuilles; carpelles glabres, fortement réticulés. ① Dans les endroits arides et pierreux du Grand-Duché.

L'althæa cannabina (L. Sp. 966) n'a jamais, suivant moi, fait partie de notre Flore : on ne peut l'y avoir inscrite que sur une fausse indication; cette plante est trop méridionale.

F^lle XV. — TILIACÉES. Juss. Gen. p. 290.

Calice à 5 divisions; corolle à 4-5 pétales, alternes avec les sépales, entiers; étamines hypogynes, nombreuses, libres; ovaire simple, surmonté d'un style et d'un ou plusieurs stigmates; capsules à plusieurs loges polyspermes; albumen charnu; embryon dressé; cotylédons planes, foliacés; plantes presque toujours ligneuses, à feuilles alternes, simples, bistipulées.

1. TILIA. L. Gen. 660.

Calice à 5 sépales caducs; corolle à 5 pétales; étamines en nombre indéfini, libres ou polyadelphes, plus longues que la corolle; ovaire globuleux, velu, monostyle, à 5 loges dispermes; fruit coriace, uniloculaire par avortement. Arbres à feuilles entières, bistipulées.

Tilia.

277. T. MICROPHYLLA (Vent. Diss. p. 4. t. 1. f. 1). T. parvifolia Hoffm. T. sylvestris Desf. cat. 176. Feuilles petites, cordi-formes, subarrondies, acuminées, dentées en scie, glabres, portant des paquets laineux roux au sommet des pétioles et aux angles des veines inférieures; fleurs jaunâtres en corymbe dont le pédicule est enfermé à moitié dans une grande bractée foliacée. ♃ Juin, juillet. Dans les bois.

> VAR. β. INTERMEDIA (Hayn. et Sv. Bot. t. 40). Pétioles le double plus longs que les feuilles.

278. T. MACROPHYLLA (Mer. Fl. par. ed. 3. 451). Cette espèce diffère de la précédente par ses feuilles cordiformes-oblongues, glabres en dessous, doublement dentées, un peu laciniées et par ses pétioles dépourvus de paquets laineux au sommet. ♃ Juin, juillet. Cultivée dans les jardins.

279. T. PLATYPHYLLA (Scop. Carn. 641). T. mollis Spach. Feuilles pubescentes en dessous, plus grandes que dans l'espèce précédente, cordiformes-ovalaires, dentées, acuminées, à sommet du pétiole et veines velus-ciliés. ♃ Juin, juillet. Dans les bois. C'est l'espèce la plus souvent cultivée.

280. T. RUBRA (DC. Prod. 1. 513). T. grandifolia Pers. Syn. 11. Pousses d'un rouge prononcé vers la fin de mars; feuilles grandes, sublobées, à base oblique, pubescentes en dessous, veines et pétioles pubescents, ciliés, rougeâtres. ♃ Juin, juillet.

Cette espèce est souvent cultivée dans les jardins et les promenades.

F^lle XVI. — HYPÉRICINÉES. DC. Fl. fr. 4. p. 860.

Calice à 4 ou 5 divisions, persistantes, souvent inégales; corolle à 4 ou 5 pétales hypogynes; étamines nombreuses, souvent indéfinies, polyadelphes à la base, rarement libres ou monadelphes; filaments longs; ovaire unique, libre;

3-5 styles; fruit polysperme, rarement charnu, multivalve et multiloculaire; graines nombreuses insérées sur le bord des valves ou sur un placenta central; périsperme nul; plantes herbacées ou frutescentes, munies de glandes, à feuilles opposées, très-rarement alternes, souvent munies de vésicules transparentes.

1. ANDROSÆMUM. All. Ped. 1440.

Calice à 5 divisions; corolle à 5 pétales; étamines réunies en 5 faisceaux; 3 styles; fruit en baie, à 1 loge et 3 placentas.

281. A. OFFICINALE (All. l. c.). Hypericum androsæmum (L. Sp. 1102). Tiges de 25 à 35 centimètres, dressées ou ascendantes, rameuses, ligneuses, à entre-nœuds présentant deux lignes saillantes; feuilles ovales-obtuses, glabres, glaucescentes sur la face inférieure; fleurs jaunes, terminales, pédonculées; calice un peu inégal, non glanduleux. ♃ Juin, juillet. Dans les bois montueux, ombragés. Je ne l'ai pas encore rencontré en Belgique.

2. HYPERICUM. L. Gen. 902.

Calice à 5 divisions plus ou moins réunies et inégales; 5 pétales; étamines réunies en 3 faisceaux; 3 à 5 styles; capsules membraneuses, à 3 loges polyspermes, avec un placenta central.

§ 1.— *Sépales dépourvus de cils glanduleux.*

282. H. TETRAPTERUM (Fries. nov. Flor. 236). H. quadrangulum Auct. non L. Tiges de 30 à 40 centimètres, dressées, offrant 4 lignes saillantes; feuilles ovales, marquées de 7 à 8 nervures, glaucescentes en dessous, glabres avec quelques points

Hypericum.

transparents, bordées de points noirs ; fleurs jaunes, en panicule terminale, à pétales presque linéaires ; sépales lancéolés,
aigus. ♃ Juin, juillet, août. Dans les prairies humides des
bois.

283. H. DUBIUM (Leers Flor. fr. 4. p. 862). Tige de 25 à 55 centimètres, dressée, quadrangulaire ; feuilles ovales, arrondies,
ayant à peine quelques points transparents ; calice très-peu
ponctué, à sépales obtus ; fleurs jaunes en corymbe terminal,
à corolle ponctuée de noir, et à pétales courts et obtus.
♃ Juin, juillet, août. Dans les bois, les haies et les buissons.

284. H. HUMIFUSUM (L. Sp. 1103). Tiges de 15 à 20 centimètres, couchées, rameuses, glabres ; feuilles oblongues, obtuses,
à points pellucides très-petits et ponctuées de noir sur les
bords ; fleurs jaunes, axillaires, pédonculées, solitaires ou en
panicule terminale, foliacée ; sépales lancéolés-linéaires, obtus ou mucronulés, plus longs que la corolle. ♃ Tout l'été.
Dans les champs et dans les bois.

> VAR. β. LIOTTARDI (DC.). H. Liottardi Vill. Dauph.
> t. 44. Tige faible, redressée, feuilles presque li-
> néaires ; fleurs quelquefois à 4 divisions égalant le
> calice. Saint-Vith (Luxembourg).

285. H. PERFORATUM (L. Sp. 1105). Tige de 30 à 50 centimètres,
dressée, rameuse, glabre et ponctuée de noir, ainsi que toute
la plante, à entre-nœuds offrant 2 lignes peu saillantes ;
feuilles ovales-elliptiques, obtuses, munies de beaucoup de
points pellucides ; fleurs jaunes en panicule terminale, très-
multiflore, à pétales lancéolés, à points pellucides ; sépales
lancéolés, aigus. ♃ Tout l'été. Dans les bois, les buissons et
les endroits incultes.

§ 2. — *Sépales à bords ciliés glanduleux.*

286. H. HIRSUTUM (L. Sp. 1105). Tige de 40 à 60 centimètres,
dressée, presque simple, velue ; feuilles ovales-obtuses, velues
surtout en dessous et munies de points pellucides ; fleurs jau-

Hypericum.

nes, disposées en longs panicules rameux; styles divergents; sépales linéaires, un peu aigus. ⚄ Tout l'été. Dans les bois.

287. H. PULCHRUM (L. Sp. 1106). Tige de 30 à 60 centimètres, dressée, glabre; feuilles sessiles, amplexicaules, cordiformes, obtuses, munies de points pellucides; fleurs jaunes, terminales, étagées, munies de bractées, à corolle glanduleuse; sépales ovales, obtus. ⚄ Tout l'été. Dans les bois.

288. H. MONTANUM (L. Sp. 1105). Tige de 40 à 60 centimètres, dressée, simple, glabre; feuilles sessiles ovales, obtuses, à points pellucides très-petits, bordées de points noirs, à 5 ou 7 nervures; fleurs jaunes en panicule terminale, serrée; sépales lancéolés-linéaires, aigus. ⚄ L'été. Dans les bois montueux.

289. H. ELODES (L. Sp. 1106). Elodes palustris Spach. Tiges de 10 à 20 centimètres, couchées, radicantes, velues; feuilles arrondies, sessiles, ovales, velues; fleurs jaunes en panicule lâche, pauciflore, terminale; calice à divisions dentées-glanduleuses, linéaires-aiguës. ⚄ Tout l'été. Dans les marécages, surtout dans la Campine.

F^lle XVII. — ACÉRINÉES. DC. Prod. 1. p. 593.

Calice à 4-9 divisions; corolle à 4-9 pétales insérés autour d'un disque hypogyne, quelquefois nuls; 5 à 12 étamines, le plus souvent 8, hypogynes; ovaire libre, biloculé; 1 style; 2 stigmates; fruit formé de 2 capsules divergentes, comprimées, munies d'ailes membraneuses; périsperme nul. Arbres à feuilles opposées pour nos espèces, simples.

1. ACER. Mœnch. Meth. 334.

Calice à 5 folioles; 5 pétales; 7-9 étamines; 2 stigmates pointus; fleurs polygames.

290. A. PSEUDO-PLATANUS (L. Sp. 1496). Arbre de 20 à 30 mè-

Acer.

tres ; feuilles cordées, glabres, blanchâtres-glauques en dessous, à 5 lobes acuminés, inégalement dentés, à pétiole canaliculé ; fleurs verdâtres, en panicules racémiformes, allongées ;
fruit globuleux, glabre, à ailes subdivergentes. ♃ Dans les bois
et cultivé dans les jardins.

291. A. CAMPESTRE (L. Sp. 1497). Arbre de 3 à 5 mètres, à
écorce ridée, gercée ; feuilles cordiformes, à 5 lobes grossement dentés ; rameaux dressés ; fleurs verdâtres, en grappes
paniculées ; fruits pubescents, à ailes très-divariquées. ♃ Avril,
mai. Dans les haies et les bois.

       VAR. *α. HEBECARPUM* (DC.). Fruits velus, pubescents.
       VAR. *β. COLLINUM* (DC.). Fruits glabres ; feuilles à lobes
         obtus ; fleurs petites.

292. A. PLATANOÏDES (L. Sp. 1496). Arbre de 10 à 15 mètres ;
feuilles glabres, cordiformes, d'un jaune verdâtre, à 5 lobes
peu profonds, à dents anguleuses, écartées, acuminées ; fleurs
peu nombreuses, jaunes, en corymbes redressés, portées sur
des pédoncules glabres ; fruits planes, glabres, à ailes non dilatées au sommet, divariquées. ♃ Avril, mai. Dans les bois,
cultivé dans les jardins.

———

Fᴵᴵᵉ XVIII. — HIPPOCASTANÉES. DC. Prod. 1. p. 597.

Calice campanulé à 5 lobes ; corolle irrégulière, hypogyne, à 5 pétales ou à 4 par avortement ; 7 à 8 étamines
libres, inégales, insérées sur un disque hypogyne ; 1 style
aigu ; ovaire supère ; capsules à 3 loges dont une ou deux
avortent assez souvent et contenant ordinairement chacune deux graines ; graines grosses, subglobuleuses ; albumen nul. Arbres à feuilles opposées, palmées.

1. ÆSCULUS. L. Gen. nᵒ 462.

Calice campanulé ; 4 à 5 pétales irréguliers, à limbe

Æsculus.

ovale; étamines courbes à filet un peu hispide; capsule hérissée.

293. Æ. HIPPOCASTANUM (L. Sp. 488). Arbre de 15 à 25 mètres; feuilles digitées à 5 ou 7 folioles ovales renversées, à dents irrégulières; fleurs d'un blanc mêlé de rougeâtre, en grappe redressée, conique, à 5 pétales, à 7 étamines, portées sur des pédoncules pubescents; capsule épineuse. ♄ Avril, mai. Cultivé dans les parcs et les promenades. Cet arbre est originaire de l'Inde boréale et porte le nom de marronnier d'Inde.

Fⁱˡˡᵉ XIX. — AMPÉLIDÉES. H. B. et Kunth. nov. Gen. 5. p. 223.

Calice petit, court, denté ou entier; 4 à 5 pétales alternes avec les dents du calice, hypogynes, élargis à la base; 4 à 5 étamines opposées aux pétales, insérées sur un disque hypogyne; ovaire libre; 1 style très-court ou presque nul; baie globuleuse uni ou multiloculaire, à une ou plusieurs graines osseuses; périsperme nul. Végétaux frutescents, sarmenteux; feuilles à base stipulée, les inférieures opposées, les supérieures alternes, opposées aux pédoncules, qui deviennent souvent des vrilles.

1. VITIS. L. Gen. n° 284.

Calice à 5 dents; corolle à 5 pétales adhérents au sommet, s'ouvrant par la base; 5 étamines; style nul; ovaire à 1-2 loges; baie uniloculaire à 3-5 graines. Loges et graines souvent abortives.

294. V. VINIFERA (L. Sp. 293). Tige irrégulièrement sarmenteuse, noueuse, à écorce se détachant en longs filaments; feuilles pubescentes, quelquefois cotonneuses, lobées, incisées, dentées,

Vitis.

quelquefois glabres; baies noires, rougeâtres ou blanchâtres.
♃ Juin, juillet. La vigne, originaire de l'Asie, est cultivée dans
tous nos jardins.

VAR. *β*. LACINIOSA (L.). Feuilles à 5 segments multifides.

2. AMPELOPSIS. Mich. Fl. Am. bor. 1. p. 159.

Calice à 5 dents; corolle à 5 pétales libres au sommet,
étalés, réfléchis; baie à 2 loges contenant 1-4 graines chacune.

295. A. QUINQUEFOLIA (Mich. Flor. Am. bor. p. 160). Hedera
quinquefolia L. Sp. 292. Cissus hederacea Willd. Arbrisseau
à tige volubile, radicante; feuilles pétiolées, digitées, glabres,
à 5 folioles ovales, lancéolées, grossement dentées dans leur
moitié supérieure; fleurs d'un blanc sale, en corymbe dichotome, presque sessiles; baies noires. ♃ Mai, juin. Cette plante
est originaire de l'Amérique septentrionale, elle est cultivée
fréquemment et se rencontre quelquefois sur de vieux murs.
Porte d'Havré à Mons, Bouvigne (Namur).

F^lle XX. — GÉRANIÉES. DC. Fl. fr. 4. p. 858.

Calice persistant à 5 sépales plus ou moins inégaux;
corolle à 5 pétales hypogynes, alternes avec les sépales;
10 étamines à filets très-rarement libres, ordinairement soudés à la base, quelquefois stériles; ovaire libre; 1 style;
5 stigmates; fruit quelquefois simple, à 5 loges, quelquefois
formé de cinq coques prolongées en arête; graines solitaires; albumen nul. Herbes ou sous-arbrisseaux à tiges
noueuses et à feuilles munies de stipules membraneuses.

1. GERANIUM. DC. Fl. fr. 4. p. 844.

5 sépales égaux; corolle régulière à 5 pétales; 10 éta-

Geranium.

mines fertiles, dont 5 plus grandes ayant chacune une glande nectarifère à la base; 5 capsules monospermes, surmontées d'arêtes glabres à leur face interne, se déroulant avec élasticité de la base au sommet à la maturité.

§ 1. — *Vivaces, pédoncules uniflores.*

296. G. SANGUINEUM (L. Sp. 958). Tige de 25 à 40 centimètres, dressée, diffuse-rameuse, hispide, noueuse; feuilles opposées, arrondies, à 5-7 lobes profonds, trifides, entiers, pubescents, avec des pétioles velus; pédoncules axillaires, à deux bractées, beaucoup plus longs que les pétioles; fleurs rougeâtres, grandes, à pétales échancrés. ♃ Mai, juin, juillet. Dans les bois secs. Froid-Chapelle (Hainaut), Wépion (Namur), Clausen, Dickrick (Luxembourg).

Var. *ε*. PROSTRATUM. Tige couchée, noueuse aux articulations; fleurs veinées de rose.

§ 2. — *Vivaces, pédoncules biflores.*

297. G. PHÆUM (L. Sp. 953). Tige de 40 à 60 centimètres, dressée, rameuse; feuilles velues, palmées, à 5 lobes incisés-dentés, les supérieures sessiles; pédoncules opposés aux feuilles; fleurs d'un rouge brun livide avec une tache blanche à la base, à pétales entiers, ondulés; étamines à filaments velus à la base; calice aristé. ♃ Mai, juin, juillet. Dans les prés montueux aux environs de Verviers (Liége). Lej. fl. Spa. Je suis porté à croire que cette plante est sortie des jardins.

298. G. SYLVATICUM (L. Sp. 954). Tige de 30 à 45 centimètres, dressée, glabre inférieurement, velue supérieurement; feuilles un peu peltées, à 7 lobes oblongs, incisés-dentés; pédoncules subcorymbifères; fleurs pourprées, veinées de couleur sanguine, à pétales légèrement échancrés; filets des étamines subulés, ciliés dans leur milieu. ♃ Juin, juillet. Dans les prai-

Geranium.

ries et les bois montueux. Vieil-Salm (Luxembourg), Mons
(Hainaut).

> Var. *β*. BATRACHIOÏDES (Cav.). Fleurs plus grandes, à
> pétales entiers.

299. G. PRATENSE (L. Sp. 954). Tige de 40 à 60 centimètres,
dressée, glabre, anguleuse, tomenteuse; feuilles à 5-7 lobes
linéaires-oblongs, incisés-dentés; pédoncules subcorymbifères,
retractés à la maturité; fleurs grandes, d'un bleu lilas, à pétales
entiers; filets des étamines glabres, dilatés à la base. ♃ Juin,
juillet. Prairies humides et montagneuses des provinces de
Liége et de Luxembourg, surtout dans cette dernière.

500. G. PALUSTRE (L. Amœn. 4. p. 525). Tiges de 50 à 45 centimètres, couchées, velues; feuilles à 5-7 lobes incisés-dentés;
pédoncules très-longs, velus; pédicelles déclinés; fleurs bleuâtres, à pétales entiers; étamines subulées, glabres. ♃ Juin,
juillet. Dans les prairies marécageuses. Monjoie. Lej. Fl. Spa.

301. G. PYRENAÏCUM (L. Mant. 97). Tige de 25 à 55 centimètres,
redressée, velue, rameuse; feuilles inférieures à 5 lobes,
les supérieures trilobées; lobes oblongs, obtus, trifides; fleurs
violettes ou blanchâtres, à pétales émarginés, bifides, plus
grands que le calice; coques lisses. ♃ Mai, juin, juillet. Dison
(Liége), Vaulx (Hainaut).

§ 5. — *Annuels, pédoncules biflores.*

502. G. MOLLE (L. Sp. 955). Tige de 20 à 55 centimètres,
redressée, rameuse, velue; feuilles réniformes, molles, tomenteuses, à 7-9 lobes trifides; fleurs rouges ou blanchâtres, à
pétales bifides, dépassant à peine le calice; carpelles glabres,
rugueux; graines lisses. ① De mai en septembre. Dans les
champs et le long des chemins.

503. G. PUSILLUM (L. Sp. 957). Tiges de 7 à 15 centimètres, un
peu couchées, étalées, pubescentes; feuilles subréniformes,
à 5-7 divisions, velues, à lobes trifides, linéaires, subdentés,
obtus; fleurs rougeâtres, à pétales échancrés, égalant à peine

le calice; carpelles pubescents, non rugueux. ① Tout l'été. Dans les terrains arides, pierreux.

504. G. ROTUNDIFOLIUM (L. Sp. 957). Tiges de 15 à 30 centimètres, couchées, rameuses; feuilles radicales réniformes, à 7 lobes, les caulinaires subarrondies, tronquées à la base, à 5 lobes trifides; fleurs rouges, petites, à pétales entiers, de la longueur du calice; carpelles hérissés; graines réticulées. ① Tout l'été. Dans les endroits pierreux.

505. G. COLUMBINUM (L. Sp. 956). Tiges de 25 à 35 centimètres, couchées, très-rameuses; feuilles divisées jusqu'au pétiole en 5 lobes multifides, linéaires; pédoncules plus longs que les feuilles; fleurs purpurines, à pétales émarginés, de la longueur du calice; carpelles glabres, lisses; graines réticulées. ① Mai, juin, juillet. Dans les champs et les endroits incultes.

506. G. DISSECTUM (L. Sp. 950). Tiges de 20 à 30 centimètres, redressées, velues; feuilles longuement pétiolées, divisées jusqu'au pétiole en 5 parties, à lobes trifides, linéaires; fleurs purpurines, petites, à pétales émarginés, égalant le calice; carpelles velus; graines réticulées. ① Tout l'été. Dans les champs, les haies et les buissons.

507. G. LUCIDUM (L. Sp. 954). Tige de 20 à 30 centimètres, dressée, rameuse, glabre, rougeâtre; feuilles arrondies à 5-7 lobes peu profonds, trifides, obtus, luisantes en dessus; fleurs rouges, à pétales entiers; calice pyramidal, à divisions chagrinées transversalement, aristées, glabres; carpelles ridés; graines lisses. ① Mai, juin. Dans les endroits pierreux. Wepion, Dinant (Namur), Chimai (Hainaut), Verviers (Liége).

508. G. ROBERTIANUM (L. Sp. 955). Tige de 25 à 45 centimètres, dressée, rameuse, rougeâtre, velue; feuilles divisées en 3 ou 5 folioles, à lobes trifides-pinnatifides, ovales, obtus, presque glabres; fleurs purpurines, à pétales entiers; calice très-velu, aristé, ongulé, le double plus petit que les pétales; capsules glabres, réticulées-rugueuses; graines lisses. ① Tout l'été. Dans les endroits pierreux, les haies et les buissons.

Geranium.

Var. β. purpureum (Vill.). Plante plus petite que l'espèce, feuilles plus découpées, pétales à peine plus grands que le calice.

2. Erodium. DC. Fl. fr. 4. p. 838.

Calice à 5 sépales égaux; 5 pétales réguliers ou irréguliers; 10 étamines monadelphes à la base, dont 5 stériles; 5 glandes à la base des étamines stériles; 1 style à 5 stigmates; 5 capsules réunies, surmontées d'arêtes velues sur la face interne, formant 1 bec très-long.

309. E. cicutarium (Lem. in DC. Fl. fr. 4. p. 840). Tiges couchées, rameuses, velues; feuilles pinnatifides, obtuses, sessiles, à divisions pinnées, dentées, poilues; pédoncules axillaires, velus, multiflores; corolle purpurine, à pétales entiers, dont 3 plus grands, marqués de lignes noirâtres à la base. ④ Tout l'été. Commun dans les champs.

> Var. α. præcox (Cav.). Acaule; feuilles étalées, à segments subincisés; pétales plus grands que le calice.
>
> Var. β. pimpinellæfolium (Cav.). Caulescent, puis redressé; feuilles longuement pétiolées, à segments incisés-aigus; pétales à peu près égaux au calice. Dans les prairies.
>
> Var. γ. chærophyllum (Cav.). Tiges couchées, rameuses, pubescentes; feuilles à segments pinnatifides, étroits. Dans les endroits pierreux, secs.
>
> Var. δ. pilosum (Th. Fl. par. p. 347). Tiges couchées, poilues, ainsi que toute la plante; fleurs d'un pourpre foncé. Dans les endroits sablonneux.

310. E. moschatum (W. Sp. 3. p. 631). Tiges couchées; feuilles pinnatiséquées, à segments pétiolulés, ovales, inégalement dentés-incisés; pédoncules multiflores, pubescents-glanduleux; fleurs purpurines; étamines fertiles à filets dilatés, bidentés

à la base. Cette plante a une odeur de musc bien prononcée.
① De mai en septembre. Au bord des champs, des chemins,
au pied des murs. Bay, Andennes (Namur), Laroche (Luxembourg).

F^lle XXI. — BALSAMINÉES. A. Rich. Dict. class. 2. p. 173.

Calice à 2 sépales courts, caducs; corolle à 4 pétales
hypogynes disposés en croix, dont le supérieur forme une
voûte, l'inférieur est prolongé en éperon à la base, et les 2
latéraux ont 2 lobes ou 2 appendices; 5 étamines hypogynes,
à anthères conniventes; ovaire libre; style nul; 5 stigmates distincts, ou réunis; capsule à 5 loges, à 5 valves,
se roulant avec élasticité; graines nombreuses, attachées à
un placenta central; albumen nul. Plantes herbacées, ten-
dres, à feuilles à nervures pinnées, sans stipules.

1. IMPATIENS. Riv. Irr. tetr. ic.

5 anthères; 5 stigmates réunis; capsule glabre à 5 valves élastiques, à placenta central pentagone, à une loge
polysperme; graines pendantes.

311. I. NOLI-TANGERE (L. Sp. 1328). Tige de 30 à 50 centimètres,
dressée, rameuse, glabre, un peu renflée aux articulations;
feuilles ovales, pétiolées, grossement dentées; pédoncules portant 3 ou 4 fleurs jaunâtres, plus courts que les feuilles, étalés, axillaires, solitaires. ① Juillet, août. Dans les bois humides, ombragés. Provinces de Namur, de Liége, du Limbourg
et du Luxembourg.

F^{lle} XXII. — OXALIDÉES. DC. Prod. 1. p. 689.

Calice à 5 sépales égaux, persistants; corolle à 5 pétales hypogynes, égaux, adhérents par leur onglet; 10 étamines souvent monadelphes à la base de leurs filets; 1 ovaire libre; 5 styles; capsules élastiques, à 5 angles, à 5 loges, à 5 ou 10 valves; graines munies d'une arille; périsperme cartilagineux. Herbes à feuilles alternes, rarement opposées.

1. OXALIS. L. Gen. n° 582.

Calice à 5 sépales, libres ou réunis à la base; 5 pétales; 10 étamines à filets brièvement monadelphes à la base; capsule pentagone, oblongue ou cylindrique.

312. O. STRICTA (L. Sp. 624). Tige droite, stolonifère, un peu rameuse du haut; feuilles à 3 folioles sessiles, cordiformes; pédoncules en ombelle, à rayons redressés et serrés contre la tige, portant 2 ou 6 fleurs jaunes, à pétales entiers; graines striées transversalement. ⚤ De mai en septembre dans les endroits cultivés.

313. c. CORNICULATA (L. Sp. 624). Tige de 10 à 20 centimètres, couchée, rameuse, radicante, pubescente, ainsi que toute la plante; feuilles stipulées, pétiolées, à 3 folioles en cœur renversé, très-échancrées; fleurs jaunes en ombelle, à pétales échancrés; pédoncules plus courts que les pétioles; pédicelles fructifères réfractés; siliques grêles, prismatiques. ⚤ L'été, dans les champs.

314. O. ACETOSELLA (L. Sp. 620). Plante acaule; souche rampante, à petits tubercules agglomérés; pédoncule radical un peu velu, uniflore; feuilles à 3 folioles en cœur renversé, portées sur des pétioles plus longs que les pédoncules; fleurs blanches marquées de veines purpurines, à pétales ovales, obtus. ♃ Avril, mai, dans les bois montueux, humides.

Oxalis.

315. O. PARVIFLORA (Lej. fl. Spa. 2. p. 307). Cette espèce pourrait bien être une variété de la précédente, elle est plus velue, les pétioles sont longs et hérissés, les fleurs blanchâtres, très-petites, à 5 étamines, à filets très-courts. ♃ Avril, mai, trouvée à Stavelot (Liége).

SOUS-CLASSE II.

CALYCIFLORES OU DIALYPÉTALES PÉRIGYNES.

Calice gamosépale, à sépales plus ou moins unis à la base; torus ou disque du calice plus ou moins soudé en dedans à la base; pétales et étamines attachés sur le calice; pétales libres ou soudés; ovaire libre ou attaché au calice.

F^lle XXIII. — CÉLASTRINÉES. R. Brown. Gen. rem. p. 22.

Calice à 4-6 divisions soudées à la base et non adhérentes à l'ovaire; pétales en nombre égal aux divisions du calice, rarement nuls et alternes avec elles; étamines aussi en nombre égal et alternes avec les pétales; ovaire libre à 2-3-4 loges, monospermes ou polyspermes; style unique ou nul; fruit variable, albumen nul ou charnu. Sous-arbrisseaux ou arbres à feuilles souvent stipulées, alternes ou opposées.

1. EVONYMUS. Tourn. Inst. t. 388.

Calice à 4-6 divisions planes, muni d'un disque en bouclier à la base; 4 à 6 pétales étalés, insérés sur le disque; 4 à 6 étamines portées chacune sur une glande proéminente sur le disque; 1 style; capsule à 3-5 loges, à 3-5 angles; graines revêtues d'une enveloppe pulpeuse, colorée, au nombre de 1 à 4 dans les loges.

Evonymus.

316. **E. europæus** (L. Sp. 286). Le fusain. Arbrisseau glabre de 2 à 3 mètres; feuilles brièvement pétiolées, lancéolées-ovales, finement dentées en scie, munies de 10 à 12 nervures; pédoncules portant 3 à 4 fleurs verdâtres, à pétales oblongs, un peu aigus; capsules rouges à 3-4, rarement 5 lobes obtus. ♂ Mai, juin. Dans les haies et les bois.

VAR. *β*. latifolius (Tin.). Feuilles plus larges et moins dentées. La Fresne (Luxembourg).

2. Ilex. L. Gen. n° 172.

Calice à 4 ou 5 dents persistantes; corolle à 4 ou 5 pétales soudés à la base; 4 à 5 étamines hypogynes; ovaire-sessile, quadriloculaire; 4 à 5 stigmates presque sessiles; baie arrondie à 4 ou 5 noyaux monospermes.

317. **I. aquifolium** (L. Sp. 181). Le houx. Arbrisseau à écorce lisse de 2 à 3 mètres; feuilles pétiolées, alternes, persistantes, glabres, épaisses, coriaces, luisantes, à dents épineuses; pédoncules axillaires, courts, multiflores; fleurs blanchâtres en ombelle; graines enveloppées dans une baie rouge. ♂ Mai, juin. Dans les bois montueux.

F^{lle} XXIV. — Rhamnées. R. Brown. Gen. rem. p. 22.

Calice adhérent à l'ovaire, à 4 ou 5 divisions; corolle à 4-5 pétales alternes avec les divisions du calice; 4 à 5 étamines opposées aux pétales; ovaire entièrement ou à moitié adhérent; 1 style; 2 à 4 stigmates; fruit capsulaire ou bacciforme à plusieurs loges monospermes; albumen nul ou charnu. Plantes ligneuses à feuilles simples, alternes, rarement opposées, souvent stipulées.

1. RHAMNUS. Lam. Dict. 4. 461.

Calice à 4 ou 5 divisions, persistant sous le fruit et y adhérant; pétales nuls ou au nombre de 4 ou 5; 4 à 5 étamines placées au-devant des pétales; style 2-4-fide; baie à 2-4 loges, à 2-4 graines, munies d'un ombilic cartilagineux à leur base; fleurs souvent unisexuelles.

318. R. CATHARTICUS (L. Sp. 280). Le nerprun. Arbrisseau épineux de 3 à 4 mètres; feuilles ovales, glabres, pétiolées, régulièrement dentées, à 5 ou 6 nervures; fleurs verdâtres petites, pédonculées, fasciculées, souvent dioïques; style 2-3-fide; baie noire, globuleuse, à 4 loges monospermes. ♄ Mai, juin. Dans les haies et les bois.

319. R. FRANGULA (L. Sp. 280). Arbrisseau non épineux, de 2 à 3 mètres; feuilles ovales, glabres, pétiolées, très-entières, à 10 ou 12 nervures; fleurs verdâtres, axillaires, pédonculées, presque toutes hermaphrodites; calice glabre; baie rouge devenant noire, à 2-4 loges monospermes. ♄ Mai, juin. Dans les endroits humides des bois et des rochers.

Flle XXV. — LÉGUMINEUSES. Juss. Gen. 345.

Calice constant à 5, très-rarement à 4 sépales, plus ou moins soudés en tube à la base, non adhérent à l'ovaire, à limbe souvent bilabié en 4 ou 5 parties, persistant, marcescent ou caduc, à préfloraison imbriquée ou valvaire; corolle à 5 pétales, ou en nombre moindre par avortement, irréguliers, papilionacés, insérés à la base du calice au moyen du disque, libres ou soudés en une corolle gamopétale, quelquefois adhérente aux étamines par la base; pétale supérieur plié longitudinalement pendant la préfloraison et embrassant les pétales latéraux qui sont appliqués sur les inférieurs ; ceux-ci rapprochés et semblant un seul pétale, adhérents entre eux au sommet, plus rarement entièrement soudés ; 10 étamines insérées avec les pétales à la base du calice, à filets soudés en un tube entier ou fendu, ou l'étamine supérieure est libre ; ovaire libre, sessile ou stipité, monocapsulaire ; 1 style filiforme ; stigmate terminal ou sublatéral. Fruit ou légume bivalve, membraneux, coriace, déhiscent ou indéhiscent, uniloculaire, polysperme ou oligosperme, rarement monosperme, s'ouvrant longitudinalement, rarement divisé en deux fausses loges par l'inflexion de la nervure dorsale et présentant quelquefois des épaississements celluleux entre les graines, ou partagé par des étranglements en articles transversaux, monospermes. Graines attachées à la suture supérieure, à funicule souvent dilaté au niveau du hile. Embryon quelquefois droit, plus souvent courbé, à cotylédons épais. Radicule rapprochée du hile, ordinairement courbée, répondant à la commissure des cotylédons. Plantes herbacées ou ligneuses, à feuilles souvent alternes, bistipulées, pétiolées, simples ou diversement composées.

Tribu I. — LOTÉES. DC. Prod. 2. p. 115.

Étamines ou monadelphes ou didelphes (9 et 1) ; légume à 1 loge, très-rarement à 2 loges par l'inflexion de la nervure dorsale, quelquefois contournées en spirale ; cotylédons planiuscules, devenant aériens et foliacés après la germination.

SECTION I. — *Génistées*. DC. l. c.

Légume uniloculaire ; étamines très-souvent monadelphes ; feuilles simples ou trifoliées, rarement pinnées. Plantes très-souvent ligneuses.

1. ULEX. L. Gen. n° 881.

Calice coloré, divisé jusqu'à la base en 2 lèvres, la supérieure bidentée, l'inférieure tridentée; corolle à étendard oblong-émarginé, égalant les ailes et la carène, dépassant à peine le calice; étamines monadelphes; style à peine ascendant; stigmate terminal; légume ovale, oblong, à peine plus long que le calice, oligosperme. Arbrisseau très-rameux.

320. U. EUROPÆUS (L. Sp. 1045. Var. α). Arbrisseau très-épineux, dressé, d'un à deux mètres; feuilles lancéolées-linéaires, persistantes, pubescentes, ainsi que les rameaux; épines rameuses, dures, vertes, velues; bractées ovales, lâches; fleurs jaunes, axillaires, pédonculées, ayant 2 écailles très-petites à la base du pédoncule; calice pubescent; légume velu. ♃ Fleurit presque toute l'année. Dans les endroits sablonneux et stériles.

321. U. NANUS (Smith. Fl. brit. 757). Ul. europæus Var. β. L. Sp. 1045. Arbrisseau de moitié moins grand que le précédent, à rameaux étalés, couchés; feuilles d'un vert plus clair, lancéolées-linéaires, presque glabres, ainsi que les rameaux; fleurs jaunes, à calice peu velu, et à dents lancéolées, distantes. ♃ Le printemps et l'été. Dans les bruyères des Flandres.

2. GENISTA. Lam. Dict. 2. p. 616.

Calice bilobé, la lèvre supérieure bipartite et l'inférieure tridentée; corolle à étendard oblong, ovale, à carène ne contenant pas entièrement les organes sexuels; étamines monadelphes; style presque droit; légume comprimé, uniloculaire, polysperme.

322. G. ANGLICA (L. Sp. 999). Tige de 20 à 35 centimètres,

Genista.

diffuse, presque dressée, très-épineuse, glabre, ainsi que toute la plante; feuilles ovales-lancéolées, sessiles, aiguës; épines simples; rameaux florifères inermes; fleurs jaunes, axillaires, solitaires, à carène et étendard de la longueur des ailes; légume ovale-cylindrique, polysperme. ♃ Printemps et été. Dans les bruyères et les lieux arides.

523. G. GERMANICA (L. Sp. 995). Tige de 20 à 40 centimètres, chargée d'épines simples ou rameuses, verruqueuses, à rameaux florifères inermes; feuilles lancéolées, velues, sessiles, entières; fleurs jaunes disposées en grappes terminales, nues; corolle à carène velue aussi longue que les ailes et que l'étendard; légume ovale, hérissé, à 2-4 graines. ♃ Dans les bruyères. Theux (Liége), Étale (Luxembourg), Herten (Limbourg).

524. G. TINCTORIA (L. Sp. 998). Tiges de 30 à 45 centimètres, ligneuses, un peu dressées, cylindriques, à rameaux striés, dressés; feuilles lancéolées, linéaires, sessiles, entières, presque glabres; fleurs jaunes en épis rameux, terminaux; légume comprimé, glabre, aigu. ♃ Juin, juillet, août. Sur les coteaux incultes, argileux, calcaires.

525. G. SAGITTALIS (L. Sp. 998). Tiges de 15 à 25 centimètres, couchées, rameuses, glabres; rameaux munis de 2 à 4 ailes foliacées, herbacés, ascendants; feuilles ovales-lancéolées, velues, sessiles, obtuses; fleurs jaunes en épis ovales, terminaux, dépourvus de feuilles; corolle glabre, à carène munie d'une ligne velue au dos; légume velu à 4 graines. ♃ Mai, juin, juillet. Sur les collines sèches et dans les bruyères.

526. G. PILOSA (L. Sp. 999). Tiges de 25 à 40 centimètres, rameuses, ligneuses, couchées, striées, à rameaux tuberculés; feuilles lancéolées-ovales, oblongues, sessiles, entières, soyeuses en dessous; fleurs jaunes, axillaires, brièvement pédicellées, à corolle soyeuse; légume pubescent, polysperme. ♃ Mai, juin, juillet. Dans les bruyères.

527. G. PROSTRATA (Lam. Dict. 2; p. 618). Spartium decumbens Dur. G. Halleri. Reyn. Sous-arbrisseau à tiges de 30 à 40 cen-

timètres, rameuses, diffuses; feuilles sessiles, ovales-oblongues, obtuses, un peu velues en dessous; fleurs jaunes, assez
grandes, réunies par 2 ou 3 aux aisselles des feuilles; calice
velu; corolle glabre; légumes oblongs, comprimés, noirâtres,
velus, contenant 3 à 4 graines. ♃ Sur les collines arides, le
long des bois du Luxembourg (Tinant).

3. Cytisus. DC. Fl. fr. 4. p. 501.

Calice bilabié, lèvre supérieure souvent entière, l'inférieure presque tridentée; étendard ovale, grand; carène
très-obtuse, renfermant les organes sexuels; étamines monadelphes; légume plane, comprimé, polysperme, dépourvu
de glandes.

328. C. laburnum (L. Sp. 1041). Arbre de 5 à 7 mètres, à écorce
lisse, et à rameaux glabres, blanchâtres; feuilles pétiolées, à
trois folioles ovales, lancéolées, pubescentes en dessous; fleurs
jaunes, en grappes longues, pendantes, nombreuses; calice
court, à lèvres très-écartées, à pubescence soyeuse, ainsi que
le légume. ♄ Mai, juin. Dans les jardins et les bosquets.

329. C. scoparius (Link. Enum. 2. p. 241). Genista scoparia Fl.
fr. 497. Spartium scoparium L. Sp. 996. Le genèt. Arbrisseau
de 1 à 1 ¹/₂ mètre, à rameaux anguleux, glabres, verdâtres,
luisants; feuilles petites à trois folioles pétiolées, ovales, pubescentes, les supérieures simples; fleurs jaunes, axillaires,
pédicellées, solitaires, formant presque un épi terminal; légume comprimé, velu, hérissé sur les bords. ♄ Avril, mai, juin.
Dans les bruyères et les endroits stériles.

330. C. supinus (Jacq. Austr. 1. t. 20). Sous-arbrisseau à souche oblique, tortueuse, à tiges couchées, rameuses; les jeunes
rameaux un peu velus, les adultes glabres; feuilles à folioles
obovales, mucronulées, longuement ciliées; fleurs jaunes au
nombre de 2 ou 4, axillaires, réunies en tête au sommet des
rameaux; calice et légumes velus hérissés. ♄ Mai, juin, juillet.

Dans les endroits pierreux et arides. Decandolle dit que cet arbrisseau se trouve en Belgique, je ne l'y ai pas encore rencontré.

4. ONONIS. L. Gen. n° 863

Calice herbacé, campanulé, à 5 divisions linéaires; corolle à étendard grand, strié, dépassant les ailes; étamines monadelphes; style ascendant dans sa moitié supérieure; stigmate terminal, subcapité; légume renflé, court, ovale, oligosperme.

§ 1. — *Fleurs jaunes.*

531. O. NATRIX (L. Sp. 1008). Tige de 25 à 40 centimètres, dressée, rameuse, visqueuse, ainsi que toute la plante: feuilles ternées, à folioles lancéolées, distantes, denticulées au sommet; stipules ovales-acuminées; fleurs longuement pédonculées, formant de longues grappes foliacées, à corolle plus grande que le calice et à pédoncules uniflores, aristés; légume plus long que le calice, velu, pendant. ♃ Juillet, août. Sur les coteaux arides des Flandres et du Hainaut.

532. O. COLUMNÆ (All. ped. 1. t. 20. f. 5). O. minutissima. Jacq. Austr. t. 240. Tige de 15 à 30 centimètres, dressée, rameuse à la base, légèrement pubescente; feuilles à 3 folioles obovales-oblongues, obtuses, striées, légèrement pnbescentes; stipules allongées, linéaires, dentées; fleurs axillaires, sessiles, formant des épis terminaux foliacés, à corolle plus courte que le calice; calice grand, scarieux, à divisions aiguës, sétiformes; légume presque globuleux, pubescent. ♃ Juin, juillet.

Sur les coteaux sablonneux des Flandres, où jusqu'à ce jour, je n'ai encore pu le rencontrer et où je doute fort qu'il existe.

§ 2. — *Fleurs purpurines.*

533. O. ALTISSIMA (Lam. Dict. 1. p. 506). O. hircina Jacq. Hort.

Ononis

vind. t. 93. O. arvensis Wallr. Tige de 40 à 60 centimètres, dressée, inerme, velue, visqueuse dans le haut; feuilles trifoliées, à folioles oblongues-lancéolées, aiguës, dentées; fleurs axillaires, géminées, formant des espèces d'épis foliacés; calice velu, de la longueur du légume qui est presque globuleux. ♃ Juin, juillet. Le long des chemins. Verviers (Liége), Maestricht (Limbourg).

554. O. PROCURRENS (Wallr. Sch. crit. p. 381). O. arvensis Lam. Dict. 1. p. 505. O. spinosa var. auct. Tiges velues, longues de 40 à 70 centimètres, radicantes du bas, traçantes, diffuses, à rameaux florifères ascendants; feuilles trifoliées, à folioles ovales-subarrondies, denticulées, poilues-glanduleuses; fleurs grandes, striées, axillaires, solitaires ou géminées; légume velu, dépassé par les divisions du calice. ♃ Tout l'été commun dans les champs et les endroits incultes.

VAR. β. REPENS (DC.). O. repens L. ? Rameaux à feuilles très-velues, à folioles très-obtuses.

555. O. SPINOSA (Wallr. Sch. crit. p. 379). O. campestris Koch. O. spinosa var. β. L. Sp. 1006. Tige de 30 à 60 centimètres, presque dressée, ligneuse, très-épineuse, avec une ou deux séries de poils; feuilles trifoliées, à folioles oblongues, cunéiformes à la base, denticulées au sommet, très-peu pubescentes; fleurs solitaires, quelquefois blanches, striées; légume plus court que les divisions du calice. ♂ Juin, juillet, août. Sur les bords des chemins.

VAR. β. ANGUSTIFOLIA (Wallr.). O. antiquorum Lej. fl. Spa. 2. p. 97. Feuilles étroites.

5. ANTHYLLIS. L. Gen. n° 864.

Calice tubuleux, renflé, persistant, à 5 dents, subbilabié, à lèvre supérieure bidentée, l'inférieure trifide; étamines monadelphes; légume comprimé, suborbiculaire, monosperme ou disperme, renfermé dans le tube du calice.

556. A. VULNERARIA (L. Sp. 1012). Tige de 25 à 35 centimètres,

presque couchée, rameuse, un peu pubescente; feuilles ailées, à 7-9 folioles ovales-allongées, entières, inégales, les terminales plus grandes; fleurs jaunes glomérulées, formant deux têtes terminales ou latérales, sessiles, chaque tête séparée par une bractée digitée; calice velu. ♃ Tout l'été. Dans les endroits arides.

SECTION II. — *Trifoliées.* DC. Prod. 2. p. 171.

Légume uniloculaire; étamines diadelphes; tiges herbacées, rarement frutescentes; feuilles à 3 ou 5 folioles, rarement pinnées, impaires.

6. MEDICAGO. L. Gen. n° 1214.

Calice subcylindrique, à 5 divisions; corolle caduque à étendard dépassant les ailes et la carène; carène obtuse plus ou moins échancrée; étamines diadelphes; légume ordinairement plus long que le calice, réniforme ou falciforme ou contourné en spirale, polysperme.

§ 1. — *Légumes non épineux, réniformes, ou falciformes ou en spirales.*

\ 337. M. LUPULINA (L. Sp. 1077). Melilotus lupulina Desv. Tiges de 15 à 25 centimètres, couchées; folioles ovales-cunéiformes, denticulées au sommet, glabres; stipules élargies et denticulées à la base, lancéolées, aiguës; fleurs jaunes en petits épis axillaires, ovoïdes, pédonculés; légumes réniformes, monospermes, réticulés, un peu velus. ☉ Tout l'été. Dans les endroits cultivés.

Le Medicago Wildenowii (Mer. Fl. par. f. 341) n'est qu'une variété de la plante ci-dessus, venue dans les endroits secs et sablonneux; cependant M. Merat le dit vivace.

\ 338. M. FALCATA (L. Sp. 1096). Tiges de 30 à 50 centimètres, couchées dans le bas, redressées supérieurement, glabres;

folioles cunéiformes, étroites, allongées, pubescentes, dentées
au sommet; stipules lancéolées, entières, aiguës; fleurs d'un
jaune mêlé de violacé ou brunâtres, en grappes axillaires,
portées sur des pédoncules rameux plus longs que les stipules; légumes arqués, falciformes, ou formant un spire complet.
♃ De juin en septembre. Dans les prés secs et les buissons.

\ 339. M. SATIVA (L. Sp. 1096). La luzerne. Tiges de 35 à 70 centimètres, dressées, presque simples; folioles oblongues, ovales,
dentées, mucronées; stipules lancéolées, aiguës, subdentées;
fleurs violettes, portées sur des pédoncules rameux plus courts
que les bractées; légume polysperme finement réticulé, faisant 2 ou 3 tours de spirale. ♃ Tout l'été. Cultivé.

340. M. ORBICULARIS (All. ped. nº 1150). Tiges de 25 à 35 centimètres, étalées, rameuses; folioles obcordées, dentées au
sommet; stipules pinnatifides, à laciniures très-étroites, divergentes; pédoncules axillaires portant une ou deux fleurs
jaunes; légume en hélice déprimé en forme de disque. ① Juin,
juillet, août. Dans les campagnes et sur les coteaux arides.
Très-rare.

§ 2. — *Légumes épineux sur leur bord extérieur.*

341. M. APICULATA (Willd. Spec. 3. p. 1414). Tiges de 30 à
50 centimètres, faibles, rameuses, diffuses, glabres; folioles
obovales, cunéiformes, à peine denticulées au sommet, submucronées; stipules laciniées, à divisions sétacées; pédoncules courts, axillaires, à 6 ou 8 fleurs jaunes; légume glabre, à 3 ou 4 tours de spirale, garni de très-courtes épines
subulées, divergentes. ① Mai, juin, juillet. Dans les moissons
des provinces de Liége, Namur et Hainaut.

342. M. DENTICULATA (Willd. Sp. 3. p. 1414). Tiges de 25 à
40 centimètres, couchées, rameuses; folioles ovales-obcordées,
denticulées; stipules denticulées, à divisions sétacées; fleurs
jaunes portées sur des pédoncules axillaires; légumes planes,
faisant 2 tours de spirale, glabres, réticulés, épineux. ① Mai,

Medicago

juin, juillet. Dans les moissons des provinces de Liége et de Namur.

343. M. MINIMA (Lam. Dict. 3. p. 636). Tiges de 15 à 30 centimètres, couchées, rameuses, un peu velues, blanchâtres; folioles velues, obovales ou obcordées, entières, tridentées au sommet; stipules entières, lancéolées, aiguës; pédoncules axillaires portant 2 à 5 fleurs jaunes; légume à épines subulées, se bifurquant à la base, les branches internes formant ensemble une ligne très-saillante. ④ Tout l'été. Dans les champs des provinces de Liége, du Hainaut et du Luxembourg. Assez rare.

344. M. MACULATA (Willd. Sp. 3. p. 1412). Tiges de 25 à 55 centimètres, couchées, étalées; folioles obcordées, ovalaires, échancrées au sommet, marquées souvent d'une tache noire; stipules ovales-lancéolées, courtement dentées: pédoncules axillaires, pauciflores; fleurs jaunes; légume glabre, formant 4 à 5 tours de spirale, comprimé, garni d'épines crochues, se bifurquant à la base et dont les branches internes forment deux lignes distinctes peu saillantes. ④ Mai, juin, juillet. Dans les prairies humides. Très-rare

345. M. GERARDI (Lam. Dict. 3. p. 634). Tiges de 10 à 20 centimètres, couchées, rameuses, velues, blanchâtres, ainsi que toute la plante; folioles cunéiformes, arrondies, courtes, denticulées au sommet; stipules lancéolées, sétacées-dentées; pédoncules axillaires, courts, portant 1-2 fleurs jaunes; légume tomenteux, gros, à 4 ou 5 tours de spirale, muni d'épines espacées, droites et souvent recourbées au sommet. ④ Mai, juin, juillet. Sur les coteaux calcaires de la province de Liége.

346. M. MURICATA (All. Ped. n° 1158). Tiges de 25 à 40 centimètres, couchées, rameuses, diffuses; folioles obovales, cunéiformes, denticulées au sommet, mucronées; stipules laciniées, à laciniures bi ou trifides; pédoncules axillaires portant 1 à 5 fleurs jaunes; légume formant 4 à 5 tours de spirale, strié, glabre, muni d'épines roides, coniques, arquées. ④ Tout l'été. Dans les champs des provinces de Liége et de Namur.

7. TRIGONELLA. L. Gen. n° 1213.

Calice campanulé à 5 divisions, carène très-petite; étendard et ailes un peu étalés; étamines diadelphes; légume oblong, comprimé ou cylindrique, acuminé, polysperme.

347. T. CÆRULEA (Ser. Mss.). Melilotus cærulea Lam. Dict. 4. p. 62. Tige de 30 à 50 centimètres, ascendante, presque simple; folioles ovales, denticulées; stipules lancéolées, dentées à la base; pédoncules longs, axillaires; fleurs en capitules serrés, à dents du calice linéaires plus longues que le tube et à pétales blancs veinés de bleu; légume ovale à 6-8 graines. ⊕ Juillet, août. Dans les endroits cultivés. Cette plante se rencontre quelquefois spontanée dans le Hainaut et le Brabant, mais sans aucun doute elle ne s'y trouve qu'accidentellement et sort des jardins où elle est assez souvent cultivée.

348. T. FOENUM GRÆCUM (L. Sp. 1402). Tige de 50 centimètres environ, dressée, simple; feuilles glabres, pétiolées, à 3 folioles ovales-obtuses, cunéiformes, un peu dentées au sommet; stipules lancéolées, entières, courbées en faux; fleurs jaunâtres, sessiles, axillaires ou géminées; calice velu, à dents subulées; légume allongé, un peu falciforme, pointu. ⊕ Été. Entre Remich et Stadbredinus, aux bords de la Moselle (Tinant).

8. MELILOTUS. Tourn. Inst. 406. t. 229.

Calice tubuleux à 5 dents; corolle caduque, à étendard égalant ou dépassant les ailes; carène simple, obtuse, adhérente aux ailes en dessous de l'onglet; étamines diadelphes; légume plus long que le calice, coriace, droit, contenant 1-4 graines, indéhiscent; feuilles à 3 folioles.

349. M. OFFICINALIS (Willd. Enum. 790). Tige de 30 à 45 centimètres, droite, rameuse, étalée; folioles lancéolées-oblongues, obtuses, dentées; fleurs en grappes spiciformes effilées, jaunes,

Melilotus.

à étendard brun et aux ailes égalant la carène; légume disperme, réticulé, couvert de poils apprimés, atténué au sommet. ② De juin à septembre. Dans les prairies, aux bords des fossés.

350. M. ALTISSIMA (Th. Fl. par. 378). Cette espèce n'est sans doute qu'une variété de la précédente, elle est beaucoup plus élevée, les folioles supérieures sont plus longues, ovales-étroites, déchiquetées, denticulées; les gousses deviennent noires en mûrissant. ② De juin en septembre. Dans les endroits humides.

351. M. ARVENSIS (Wallr. Sched. Crit. p. 391). Tige ascendante, rameuse à la base; folioles obovales, dentées irrégulièrement; fleurs jaunes en épis effilés, aux ailes égalant l'étendard et dépassant la carène; légume à 1 ou 2 graines, ovale, aigu, rugueux transversalement, glabre, obtus-mucroné. ① De juin en septembre. Dans les champs.

352. M. LEUCANTHA (Koch. ex. DC. Fl. fr. 5. p. 554). M. vulgaris Willd. En. 790. Tige de 60 à 90 centimètres, dressée, rameuse; feuilles ovales-oblongues, crénelées, mucronulées; stipules sétacées; fleurs petites, blanches, en épis effilés, à étendard plus long que les ailes et que la carène; dents du calice inégales, de la longueur du tube. Légume nonosperme, glabre, ovale, réticulé, verdâtre, atténué au sommet. ① De juin en septembre. Dans les endroits secs, aux bords des chemins, principalement dans les provinces de Liége et de Luxembourg.

9. TRIFOLIUM. Tourn. Inst. 404. t. 228.

Calice tubuleux, persistant, à 5 divisions; corolle souvent gamopétale, marcescente, persistante, à carène plus courte que les ailes et que l'étendard; légume petit, à peu près égal au calice, ovale, à 1 ou 2 graines, ou oblong à 2 ou 4 graines dépassant le calice. Feuilles palmées à 5 folioles.

Trifolium.

§ 1. — *Lagopus. Ser.*

Fleurs en épi oblong, sans bractées à la base ; calice non enflé, après la floraison, velu.

353. T. ANGUSTIFOLIUM (L. Sp. 1083). Tige de 25 à 40 centimètres, dressée, pubescente ; folioles linéaires, lancéolées, très-aiguës, ciliées ; stipules très-longues, étroites, subulées au sommet ; fleurs purpurines en épi long, conique, solitaire, terminal ; calice à côtes, très-velu, à dents inégales dont une double des autres, épineuses au sommet. ④ Juin, juillet. Dans les bois. Provinces de Liége et de Luxembourg.

354. T. RUBENS (L. Sp. 1081). Tiges de 25 à 35 centimètres, glabres, dressées, simples ; folioles oblongues, obtuses, très-glabres, à dentelures rougeâtres ; stipules longues de 2 à 3 centimètres, larges du bas, lancéolées au sommet. Fleurs pourpres en épi subcylindrique, terminal, quelquefois subgéminé ; calice strié, glabre, à dents inégales, dont une est triple des autres et plus longue que la corolle. ② Juin, juillet. Sur les collines des provinces de Liége et de Luxembourg.

355. T. INCARNATUM (L. Sp. 1033). Tiges de 25 à 35 centimètres, dressées, très-pubescentes ; feuilles subarrondies-obcordées, crénelées, velues ; stipules larges, très-courtes, sphacélées et obtuses au sommet ; fleurs rouges en épis terminaux, oblongs, solitaires, longuement pédonculés ; calice très-velu, à divisions plus courtes que la corolle. ② Mai, juin, juillet. Cultivé comme fourrage.

356. T. ARVENSE (L. Sp. 1085). Tiges de 15 à 25 centimètres, dressées, très-rameuses, velues ; folioles spatulées, linéaires, à sommet subtridenté ; stipules étroites, membraneuses, longuement subulées, velues ; fleurs d'un blanc rosé en épis soyeux, oblongs-subcylindriques ; calice très-velu, blanchâtre, à divisions sétacées, subulées, à peu près égales à la corolle. ④ L'été. Dans les champs arides.

VAR. α. GRACILE (DC). T. gracile Th. Fl. par. 383.

Trifolium.

Tige plus petite, plus glabre, ainsi que les feuilles ;
dents du calice à sommet velu et violacé.

§ 2. — *Phleastrum*. Ser.

Fleurs capitées, à capitule ovale-conique ; calice non enflé après
la floraison.

557. T. STRIATUM (L. Sp. 1083). Tiges rameuses, pubescentes, de
10 à 20 centimètres ; folioles ovales-oblongues, denticulées au
sommet, pubescentes ; stipules larges, membraneuses, brièvement apiculées au sommet ; fleurs purpurines-pâles, en capitules oblongs, sessiles, foliacés à la base ; calice globuleux,
velu, strié, à divisions linéaires-subulées, plus courtes que la
corolle. ② L'été. Dans les prés secs des provinces du Limbourg, de Liége et du Luxembourg.

558. T. SCABRUM (L. Sp. 1084). Tiges de 10 à 20 centimètres,
couchées, velues, rameuses, étalées ; folioles obovales, pubescentes, denticulées ; stipules petites, submembraneuses ; fleurs
d'un blanc rosé, en capitules ovoïdes, foliacés à la base ; calice
velu, hispide, à dents courtes, lancéolées, inégales, mucronées, piquantes, persistantes, plus longues que la corolle, se
recourbant après la floraison. ① De mai en septembre. Dans
les prés secs de la Flandre et de la Campine.

§ 3. — *Eutriphyllum*. Ser. l. c.

Fleurs en capitules ovales accompagnés souvent de bractées ;
calice non enflé après la floraison, velu.

559. T. OCHROLEUCUM (L. Syst. nat. 3. p. 255). Tige de 25 à 35
centimètres, un peu courbée, rameuse, grêle, pubescente,
ainsi que toute la plante ; feuilles écartées, à folioles ovales-
elliptiques, obtuses, ciliées, les supérieures plus étroites ;
stipules entières, ciliées, sétacées, étroites, terminées par une
longue pointe, plus courtes que les pétioles ; fleurs d'un jaune

pâle, en capitules terminaux, ovales-oblongs, subsessiles ; calice glabre, marqué de côtes, à divisions linéaires-sétacées, dont une plus longue. ♃ Juin, juillet. Dans les lieux herbeux des bois des provinces de Liége et de Luxembourg.

560. T. ALPESTRE (L. Sp. 1082). Tiges de 10 à 15 centimètres, dressées, simples, un peu velues ; folioles oblongues-lancéolées, entières, ciliées, velues sur les bords ; stipules étroites, subsessiles, terminées en pointe étroite ; fleurs purpurines en capitules ovales, terminaux, subgéminés ; calice strié, velu, à dents inégales, dont une plus longue est aussi grande que la corolle. ♃ Dans les bois montagneux et sur les rochers. Pulvermuhl (Luxembourg).

561. T. MEDIUM (L. Fl. suec. p. 558). T. flexuosum Jacq. Austr. 1. 586. Tiges de 20 à 50 centimètres, dressées, flexueuses, rameuses, un peu pubescentes ; folioles ovales-oblongues, lancéolées, subpubescentes, ciliées, les inférieures plus courtes ; stipules entières, étroites, velues, terminées par une pointe sétacée ; fleurs roses-purpurines en capitules subglobuleux, foliacés à la base, subpédiculés ; calice à tube presque glabre, strié, à divisions filiformes, ciliées, presque égales, plus courtes que la corolle. ♃ De mai en septembre. Dans les bois montueux.

562. T. PRATENSE (L. Sp. 1082). Le trèfle cultivé. Tiges de 30 à 45 centimètres, fistuleuses, ascendantes, sillonnées, rameuses ; folioles ovales, obtuses, entières, marquées de taches noires ; stipules triangulaires, entières, glabres, étroites, subulées-foliacées, à longues dents ; fleurs d'un rouge rosé, en capitules subglobuleux, subsessiles, foliacés à la base ; calice velu à divisions ciliées, roides, inégales, beaucoup plus courtes que la corolle. ♃ Mai, juin, juillet. Dans les champs.

563. T. MICROPHYLLUM (Desv. J. Bot. 2. p. 516). Tiges de 20 à 50 centimètres, ascendantes, flexueuses, rameuses ; folioles petites, ovales, obtuses, denticulées, velues-ciliées sur les bords ; stipules élargies, terminées par une pointe sétacée, courte ; fleurs purpurines en capitules ovales, obtus, sessiles,

un peu foliacés à la base; calice velu, à divisions presque égales, plus courtes que la corolle, qui est monopétale. ♃ Juin, juillet. Dans les lieux secs et montueux des provinces de Liége, Luxembourg et Namur. Cette plante n'est bien certainement qu'une variété de la précédente.

Le trifolium heterophyllum (Lej. fl. Spa) n'est aussi qu'une variété du pratense, dont les feuilles sont plus petites.

§ 4. — *Trifoliastrum*. Ser.

Fleurs en capitules globuleux, souvent penchés après la floraison; calice non enflé.

564. T. REPENS (L. Sp. 1080). Tiges de 20 à 30 centimètres, rampantes, pleines, glabres, diffuses, rameuses à la base, subradicantes; folioles obovales, subarrondies, denticulées; stipules engainantes, déchirées, scarieuses, mucronulées; fleurs rougeâtres ou blanches en capitules axillaires, longuement pédonculés, à pédicelles penchés après la floraison; calice à dents inégales, élargies, courtes; légume à 4 graines. ♃ Tout l'été. Commun partout.

565. T. HYBRIDUM (Savi. Fl. pis. 2. p. 90). T. hybridum L.? Tiges de 20 à 50 centimètres, pleines, ascendantes, glabres; folioles obcordées-cunéiformes, denticulées; stipules larges, submembraneuses, étroites, aiguës; fleurs d'un blanc rosé, en capitules subombellifères, pédicellées, à pédicelles penchés après la floraison; calice à divisions inégales plus courtes que la corolle; légumes tétraspermes. ♃ Juin, juillet. Dans les bois des provinces de Namur et de Liége.

566. T. ELEGANS (Savi. Fl. pis. 161. t. 1. f. 2). Tige de 25 à 35 centimètres. ascendante, pleine; folioles marbrées, obovales, denticulées; stipules foliacées, longuement et étroitement acuminées; fleurs variées de blanc et de rose, en capitules globuleux, axillaires, courtement pédicellées; calice à dents subulées; légume disperme. ♃ Juin, juillet, août. Sur les pelouses. Hoogcrutz (Limbourg). Obignies (Hainaut).

Trifolium.

367. T. MONTANUM (L. Sp. 1087). T. album Crantz. Tiges de 20 à 40 centimètres, dressées, un peu rameuses, pubescentes, ainsi que toute la plante; folioles lancéolées-oblongues, obtuses, denticulées; stipules lancéolées, entières, terminées par une pointe très-aiguë; fleurs blanchâtres en capitules subglobuleux, axillaires, dont les uns se réfléchissent et d'autres se redressent; calice plus ou moins pubescent, à divisions égales plus courtes que la corolle. ♃ Mai, juin, juillet. Dans les prés montueux. Thuin (Hainaut), Aubel (Liége), et dans le Luxembourg.

§ 5. — *Vesicastrum*. Ser.

Fleurs en capitule serré; lèvre supérieure du calice se dilatant après la floraison.

368. T. SUBTERRANEUM (L. Sp. 1080). Tiges de 7 à 15 centimètres, couchées, éparses, velues, ainsi que toute la plante; folioles obcordées, denticulées; stipules lancéolées, larges, aiguës; fleurs d'un jaune pâle en capitules pauciflores, subglobuleux, qui s'enterrent après la floraison; fleurs supérieures stériles se réfractant pour entourer le capitule fructifère; calice à 5 dents sétacées, hérissées de poils mous; légume monosperme. ⊙ Mai, juin, juillet. Dans les champs humides et sablonneux. Je ne l'ai pas encore rencontré en Belgique, et je doute fort qu'il y existe réellement.

369. T. FRAGIFERUM (L. Sp. 1086). Tiges de 15 à 25 centimètres, couchées, rampantes; folioles glabres, ovales, denticulées, légèrement échancrées, à pétiole très-velu; stipules étroites, linéaires, allongées; fleurs sessiles, d'un blanc rosé, en capitules ovales-globuleux, longuement pédonculés; calice à partie dorsale développée, vésiculeuse après la floraison. ♃ Tout l'été. Sur les pelouses sèches et aux bords des chemins.

Trifolium

§ 6. — *Chronosemium*. Ser.

Fleurs en capitules ovales, pédonculés ; pétales scarieux, jaunes, se noircissant, persistants et penchés après la floraison.

370. **T. AGRARIUM** (L. Sp. 1087). Tiges de 25 à 40 centimètres, ascendantes, rameuses ; feuilles brièvement pétiolées, à folioles oblongues-ovales, sessiles, denticulées ; stipules foliacées, étroites, acuminées, plus longues que les pétioles ; fleurs jaunes en capitules ovoïdes, longuement pédicellés, à étendard obcordé ; calice court, campanulé, à divisions inégales, glabres, allongées, la supérieure plus courte ; légume monosperme. ① Juin, juillet, août. Dans les champs montueux calcaires des provinces de Liéges, de Namur et du Hainaut.

371. **T. SPADICEUM** (L. Sp. 1087). Tiges de 20 à 35 centimètres, droites, presque simples, grêles ; feuilles pétiolées, à folioles oblongues-ovales, sessiles, denticulées, la moyenne brièvement pétiolée ; stipules lancéolées, entières, aiguës ; fleurs jaunes devenant brunes à la fin de la floraison, en capitules ovoïdes, longuement pédonculés, à étendard obcordé et à carène plus courte que les ailes ; calice à divisions inégales, les extérieures longues, velues, et les 2 intérieures plus petites et glabres ; légume ovoïde comprimé, monosperme. ① Dans les prés montueux. Stavelot (Liége).

372. **T. PROCUMBENS** (L. Sp. 1088). Tiges de 25 à 35 centimètres, rampantes, rameuses ; feuilles brièvement pétiolées, à folioles obovales, obcordées, denticulées, la terminale courtement pétiolée ; stipules ovales, ciliées, le double plus courtes que les pétioles ; fleurs jaunes, devenant brunâtres après la floraison, en capitules axillaires, ovales, à étendard strié et dépassant les ailes ; divisions du calice inégales ; légume monosperme. ① Tout l'été. Dans les champs.

373. **T. CAMPESTRE** (Schrad. in Sturm. Fl. germ. fasc. 16). Tiges de 20 à 50 centimètres, dressées, dures, rameuses dès la base avec quelques poils épars ; feuilles pétiolées, obovales-obcor-

Trifolium.

dées, à foliole moyenne pétiolée; stipules ovales, entières, aiguës, ciliées; fleurs jaunes en capitules arrondis, à étendard réfléchi à la maturité, à pétales striés et à carène moitié plus courte que les ailes; calice à divisions inégales. ① Juin, juillet, août. Dans les champs. Cette espèce me semble n'être qu'une variété de la précédente.

574. T. FILIFORME (L. Sp. 1088). Tiges de 25 à 35 centimètres, grêles, pubescentes, diffuses; folioles obovales, obcordées, subdenticulées, la terminale courtement pétiolée; stipules larges, aiguës, de la longueur du pétiole; fleurs d'un jaune pâle, portées sur de longs pédoncules filiformes, en capitules arrondis, peu serrés; étendard plié en carène, dépassant à peine les ailes; divisions du calice inégales, les deux supérieures très-courtes; légume 1-2-sperme. ① Tout l'été. Commun dans les champs.

10. LOTUS. Ser. in Dec. Prod. 2. p. 209.

Calice tubuleux à 5 divisions; corolle ayant son étendard de la même longueur que les ailes; carène prolongée en un bec ascendant; étamines diadelphes; légume droit, linéaire, cylindrique ou comprimé, polysperme; style droit; stigmate subulé.

575. L. CORNICULATUS (L. Sp. 1092). Tiges de 25 à 35 centimètres et atteignant quelquefois jusqu'à 90 centimètres dans certaines variétés, couchées, redressées; feuilles entières, ovales, cunéiformes, submucronées, velues; stipules ovales, entières; bractées lancéolées-linéaires; fleurs jaunes, devenant verdâtres, portées sur des pédoncules très-longs, en capitules déprimés de 6-10 fleurs; calice velu, à divisions aiguës; légumes étalés, droits, sans membrane, aristés. ♃ Tout l'été. Sur les pelouses et dans les prairies.

VAR. α. ARVENSIS (Ser.). Presque glabre, tiges presque rampantes, folioles ovales, fleurs jaunes.

Var. *β*. major (Ser.). L. major Scop. Tiges dressées plus ou moins velues, fistuleuses. Dans les bois humides.

Var. *γ*. villosus (Ser.). L. villosus Th. Fl. par. L. altissimus Desv. Obs. p. 167. Feuilles velues ; tiges dressées, velues , hautes de 50 à 75 centimètres. Dans les fossés humides.

Var. *γ*. tenuifolius (Poll. Pal. n. 711). L. tenuis Kit. Plante presque glabre ; tiges filiformes, couchées ; folioles lancéolées, étroites. Dans les endroits arides.

11. Tetragonolobus. Scop. Carn. 2. p. 87.

Calice tubuleux à 5 divisions ; corolle ayant les ailes plus courtes que l'étendard, carène en éperon ; style flexueux ; stigmate infundibuliforme, subbilabié, canaliculé ; légume droit, présentant 4 ailes longitudinales foliacées, polysperme.

576. T. siliquosus (Roth. Germ. 1. p. 525). Lotus siliquosus L. Sp. 1089. Tiges de 20 à 50 centimètres, velues, couchées à la base ; folioles obovales-cunéiformes, velues en dessous ; stipules ovales, aiguës ; bractées obovales, linéaires, plus courtes que les calices ; fleurs jaune pâle, solitaires, longuement pédonculées ; légume droit, glabre, tétragone, à ailes étroites. ♃ Juin, juillet, août. Dans les prairies humides des Flandres. Très-rare.

Section III. — *Galégées.* DC. Prod. 2. p. 245.

Légume uniloculaire ; étamines diadelphes, rarement monadelphes ; tiges herbacées ou frutescentes ; feuilles pinnées.

12. Galega. Tourn. Inst. t. 222.

Calice à 5 dents subulées, un peu inégales ; corolle à

étendard obovale, oblong, à carène obtuse; étamines monadelphes, dont une est soudée jusqu'au milieu; style filiforme, glabre; légume linéaire, gonflé à chaque graine.

577. G. OFFICINALIS (L. Sp. 1063). Tige de 40 à 60 centimètres,
glabre, dressée; feuilles ailées, impaires, à 13-19 folioles,
oblongues-lancéolées, mucronées; stipules sagittées; fleurs
blanches en épis axillaires plus longs que les feuilles; légume
toruleux à 5-6 graines. ♃ L'été. Dans les prairies argileuses
de la province de Liége et à Melle (Hainaut). Il est assez à présumer que cette plante est sortie des jardins.

13. ROBINIA. DC. Prod. 2. p. 261.

Calice campanulé à 5 dents lancéolées, dont 2 supérieures plus courtes, rapprochées; corolle à étendard très-
ample; carène obtuse; étamines diadelphes; légume comprimé, oblong, polysperme, muni d'une bordure au côté
interne.

578. R. PSEUDO-ACACIA (L. Sp. 1043). Arbre de 15 à 20 mètres,
à rameaux munis d'épines stipulaires, géminées; feuilles à
11-15 folioles ovales, entières, blanchâtres en dessous; fleurs
blanches en grappes pendantes, à pédicelles uniflores; légume
glabre. ♄ Juin. Cultivé dans les jardins et les promenades.

14. COLUTEA. R. Brown. H. Kew. v. 4. p. 325.

Calice à 5 divisions; corolle à étendard dépassant un peu
les ailes; carène obtuse; étamines diadelphes (9-1); légume
polysperme, renflé, vésiculeux.

579. C. ARBORESCENS (L. Sp. 1045). Arbrisseau de deux mètres
environ; feuilles pinnées, 9-11 folioles ovales, arrondies, un
peu échancrées au sommet, d'un vert blanchâtre en dessous;

fleurs jaunes en grappes axillaires, pauciflores; calice et pédoncules velus; légume fermé. ♂ Juin, juillet. Cultivé dans les jardins. Spontané sur la montagne Saint-Pierre à Maestricht.

SECTION IV. — *Astragalées*. DC. Prod. 2. p. 273.

Légume divisé en 2 loges longitudinales presque complètes par l'inflexion de la nervure dorsale; étamines diadelphes (9-1). Tiges herbacées ou sous-frutescentes; feuilles pinnées.

15. ASTRAGALUS. DC. Astr. n. v. p 22-79.

Calice à 5 dents; corolle à étendard dépassant les ailes, à carène obtuse; étamines diadelphes; légume biloculaire ou semibiloculaire; suture inférieure réfléchie en dedans; feuilles imparipinnées.

580. A. GLYCYPHYLLOS (L. Sp. 1067). Tiges de 60 centimètres à 1 mètre, glabres, couchées; folioles (5-6 paires) ovales-oblongues, glabres; stipules ovales-lancéolées, mucronées et acuminées; fleurs d'un jaune verdâtre, en épis axillaires, plus courts que les feuilles; légumes presque triangulaires, allongés, glabres, un peu arqués, subulés au sommet. ♃ Juin, juillet. Coteaux montueux des provinces de Limbourg, Liége et Luxembourg.

581. A. CICER (L. Sp. 1067). Tiges diffuses, rampantes, subpubescentes; stipules lancéolées-linéaires, soudées en une seule pièce opposée à la feuille; folioles (10 à 15 paires) elliptiques-oblongues, mucronées; fleurs d'un blanc jaunâtre, en épis courts en tête, portées sur des pédoncules plus courts que les feuilles; légumes velus, renflés, mucronés. ♃ Août, septembre. Dans les prés montueux des Ardennes.

Tribu II. — HÉDYSARÉES. DC. Prod. 2. p. 507.

Corolle papilionacée; étamines rarement libres, diadelphes.

quelquefois monadelphes; légumes divisés transversalement en articles monospermes, qui se séparent souvent à la maturité. Cotylédons se convertissant en feuilles aériennes après la germination; feuilles imparipinnées.

SECTION I. — *Coronillées*. DC. Prod. 1. p. 308.

Fleurs en ombelle, légume cylindrique ou comprimé.

16. CORONILLA. Neck. Elem. n° 1319.

Calice campanulé, court, à 5 dents, les 2 supérieures presque soudées; onglets des pétales souvent plus longs que le calice; carène aiguë; étamines diadelphes (9-1); légume linéaire, droit ou arqué, subcylindrique, à articles oblongs, renflés; fleurs réfléchies en ombelles multiflores; graines ovales ou cylindriques.

582. C. MINIMA (L. Sp. 1048). Tiges de 10 à 25 centimètres, couchées, diffuses, glabres, un peu frutescentes; feuilles ailées, à 5-9 folioles ovales, obtuses; stipules soudées ensemble, opposées aux feuilles, larges, échancrées; fleurs jaunes, pédonculées, en ombelles de 7 à 8 fleurs. ♃ Juin, juillet, août. Sur les pelouses sèches des Ardennes.

583. C. VARIA (L. Sp. 1048). Tiges de 40 à 60 centimètres, herbacées, diffuses, glabres, couchées; feuilles pinnées, à 9-13 folioles, oblongues-cunéiformes obtuses, mucronulées, les supérieures rapprochées de la tige; stipules linéaires, aiguës; fleurs variées de rose et de blanc, pédonculées, en ombelles. ♃ Juin, juillet. Dans les prés secs et aux bords des chemins. Provinces de Liége, Luxembourg et Namur.

17. ORNITHOPUS. Desv. Journ. 3. p. 121.

Calice tubuleux, à 5 dents presque égales, muni de bractées; carène comprimée, obtuse; étamines diadelphes

Ornithopus.

(9 1). Légumes comprimés, à articles nombreux, monospermes, indéhiscents, comprimés.

\ 584. O. perpusillus (L. Sp. 1049). Tiges de 15 à 25 centimètres, couchées, étalées, diffuses, pubescentes; feuilles ailées avec impaire, composées de 15 à 25 folioles ovales, arrondies, pubescentes, subsessiles, submucronulées; fleurs blanches, mêlées de jaune et de rose, agglomérées, portées sur des pédoncules axillaires; légumes pubescents, articulés, striés, presque droits. ♃ De mai en juillet. Dans les lieux sablonneux.

18. Hippocrepis. L. Gen. 885.

Calice campanulé à 5 dents aiguës, presque égales : carène atténuée en bec; étamines diadelphes (9-1); style filiforme, aigu; légume linéaire, sinué, composé d'articles semi-lunaires comprimés.

\ 585. H. comosa (L. Sp. 1050). Tiges de 15 à 25 centimètres, couchées, étalées, glabres; feuilles ailées, à 7-11 folioles ovales-allongées, mucronulées; stipules entières, subherbacées; fleurs jaunes en ombelles pauciflores, portées sur des pédoncules plus longs que les feuilles; légume un peu arqué, à articles chargés de rugosités glanduleuses. ♃ Mai, juin, juillet. Sur les collines et les rochers calcaires de la vallée de la Meuse.

Section II. — *Euhédysarées.* DC. Prod. 2. p. 513.

Fleurs en épi, légumes comprimés.

19. Onobrychis. Tourn. t. 211.

Calice à 5 divisions subulées, presque égales; corolle à carène presque tronquée obliquement, à ailes courtes; étamines diadelphes (9-1); légume sessile, composé d'un seul article comprimé, monosperme, indéhiscent, garni d'aspérités, à bord supérieur épais, droit, et à bord inférieur convexe plus mince.

586. O. sativa (Lam. Fl. fr. 2. p. 652). Hedysarum onobrychis (L. Sp. 1059). Le sainfoin. Tiges de 30 à 50 centimètres, pubescentes, dressées, rameuses; feuilles à 17-19 folioles lancéolées, oblongues, mucronées; stipules scarieuses, sétacées au sommet; fleurs purpurines en épis allongés, plus courtes que le calice, à carène plus courte que l'étendard et les ailes; légume réticulé, inégal, denté-épineux. ♃ Tout l'été. Dans les terrains calcaires, souvent cultivé comme fourrage.

Tribu III. —Viciées. Brown. Diss. p. 321.

Corolle papilionacée; étamines diadelphes (9-1); légume monoloculaire; cotylédons épais, farineux, restant souterrains après la germination; feuilles paripinnées, à pétioles communs (rachis), prolongés par une vrille ou une arête.

20. Cicer. Tourn. Inst. 389. t. 210.

Calice à 5 divisions égales à la corolle, les 2 ou 4 supérieures penchées sur la corolle, acuminées; légume court, gonflé, uniloculaire, disperme; graines gibbeuses.

587. C. arietinum (L. Sp. 1040). Tige de 30 à 40 centimètres, flexueuses, velues; feuilles pinnées avec ou sans impaire, à folioles ovales, pubescentes, dentées; stipules lancéolées, subdenticulées; calice à peine gibbeux, à laciniures de la longueur des ailes. ⚇ Mai, juin. J'en ai rencontré par-ci par-là quelques pieds provenant sans doute d'anciennes cultures.

21. Faba. Tourn. Inst. t. 222.

Ce genre a les mêmes caractères que le genre vicia, mais le légume est oblong, polysperme, à valves un peu char-

Faba,

nues, présentant des épaississements celluleux transversaux ; graines grosses, oblongues-tronquées, comprimées, à hile terminal.

588. F. vulgaris (Moench. Meth. 150) La fève de marais. Vicia faba (L. Sp. 1039). Tige de 60 à 90 centimètres, dressée, grosse, glabre ; feuille paripinnée, à rachis aristé, à 2-5 paires de folioles entières, ovales, épaisses, mucronées ; stipules semi-sagittées, ovales ; 2-5 fleurs axillaires, d'un blanc mêlé de noir, brièvement pédiculées ; toute la plante est plus ou moins glauque. ① Juin, juillet, août. Cultivée comme aliment.

> Var. β. minor (L.). F. equina Bauh. Vicia equina Reich. Cette variété est plus petite que l'espèce ; les stipules sont incisées-dentées, les gousses arrondies et les graines beaucoup plus petites. Cultivée.

22. Vicia. Tourn. Inst. n° 221.

Calice tubuleux à 5 divisions, ou à 5 dents dont deux supérieures plus courtes ; style filiforme, anguleux, presque droit sur l'ovaire. Légume allongé, uniloculaire, polysperme ; graines globuleuses, anguleuses ou lenticulaires, à hile oblong ou linéaire.

§ 1. — *Fleurs à pédoncules très-longs.*

589. V. pisiformis (L. Sp. 1054). Tiges grimpantes de 50 à 90 centimètres, très-glabres ainsi que toute la plante ; feuilles à 8 folioles ovales-cordées, obtuses, réticulées-veinées, les inférieures sessiles ; stipules demi-sagittées dentées, petites ; pédoncules multiflores de la longueur des feuilles ; fleurs pourprées-blanchâtres. Légumes oblongs, comprimés ; graines globuleuses. ♃ Juin, juillet, août. Dans les bois des Ardennes. Dudelange (Luxembourg).

590. V. dumetorum (L. Sp. 1035). Tiges de 50 à 70 centimètres, un peu ailées, grimpantes ; feuilles à folioles peu nombreuses.

ovales, glabres, mucronulées; stipules semi-sagittées, dentées; pédoncules de la longueur des feuilles, portant 5 à 6 fleurs; celles-ci pourpres-violettes en grappe; légumes oblongs, comprimés; graines subarrondies. ♃ Juin, juillet, août. Croix-Rouvroy, Marimont (Hainaut).

591. V. sylvatica (L. Sp. 1055). Tiges droites, anguleuses, sillonnées, très-rameuses; folioles nombreuses, elliptiques-oblongues, mucronulées; stipules demi-sagittées, réniformes, sétacées, dentées; fleurs blanchâtres, veinées de pourpre, portées sur des pédoncules multiflores, plus longs que les feuilles; légume oblong-linéaire, comprimé, courbé au sommet. ♃ Juin, juillet. Dans les bois montueux des provinces de Namur et du Hainaut. ??

Je crois qu'il y a eu erreur pour cette plante et qu'elle ne fait pas partie de notre flore, elle est trop méridionale, et malgré mes nombreuses recherches, je n'ai jamais pu la découvrir dans les localités indiquées.

592. V. cracca (L. Sp. 1095). Tiges de 60 centimètres à un mètre, grimpantes, pubescentes, rameuses; feuilles à rachis terminé par une vrille presque simple, à folioles nombreuses, ovales-lancéolées, pubescentes, acuminées; stipules étroites, entières, demi-sagittées; pédoncules multiflores, un peu plus longs que les feuilles; fleurs d'un rouge bleuâtre, disposées en grappes allongées; dents inférieures du calice plus courtes que le tube; légume oblong, coriace, comprimé, glabre; semences globuleuses. ♃ Tout l'été. Dans les haies et les buissons.

593. V. tenuifolia (Roth. Germ. 2. C. 1832). Cette espèce se rapproche beaucoup de la précédente, elle en diffère par ses feuilles à folioles linéaires et couvertes d'un duvet argenté; les pédoncules portent 12 à 15 fleurs et sont beaucoup plus longs que les feuilles; les dents inférieures du calice sont de la longueur du tube. ♃ Juin, juillet. Dans les haies et les moissons. Rare.

594. V. villosa (Roth. Germ. 2. C. 184). Toute la plante est molle et velue; folioles ovales-lancéolées, linéaires, obtuses; stipules

Vicia.

demi-sagittées, dentées à la base; pédoncules plus longs que les feuilles; fleurs bleuâtres, en grappes peu serrées. ♃ Juin, juillet. Dans les champs incultes du Brabant septentrional.

395. V. ONOBRYCHIOÏDES (L. Sp. 1036). Tiges striées anguleuses, très-rameuses; folioles nombreuses, linéaires, mucronulées; cirrhe presque simple; stipules demi-sagittées, linéaires, dentées; pédoncules multiflores, le double plus longs que les feuilles, à fleurs distantes; dents du calice lancéolées, de la longueur du tube. ① Juin, juillet. Sur les rochers des bords de la Sure. Il n'est pas certain que cette espèce soit celle de Linné.

§ 2. — *Fleurs presque sessiles.*

396. V. SATIVA (L. Sp. 1037). Tiges de 35 à 50 centimètres, dressées, rameuses, velues; feuilles à vrille rameuse, avec 10-12 folioles larges, presque en cœur renversé, mucronées, pubescentes; stipules semi-sagittées, dentées; 1-2 fleurs sessiles, axillaires, grandes, purpurines, quelquefois blanches ou jaunâtres. Légume brunâtre, linéaire, légèrement velu. ①-② Tout l'été. Dans les moissons.

>VAR. β. SEGETALIS (Ser.). Feuilles oblongues, tronquées, acuminées, velues; légume pubescent. V. segetalis Thr. Fl. par. éd. 2. p. 367.

>VAR. ν. ALTISSIMA (Nob.). Tige de plus d'un mètre; folioles presque linéaires, mucronulées, 5 ou 4 fleurs dont une sessile et les autres pédiculées, à pédicelles inégaux. Boitsfort près Bruxelles.

397. V. ANGUSTIFOLIA (Roth. germ. 310). Tiges de 20 à 50 centimètres, courbées, rameuses, anguleuses, pubescentes; feuilles vrillées, à folioles linéaires, longues, mucronulées; stipules semi-sagittées; fleurs d'un bleu rougeâtre, sessiles, presque toujours solitaires. ① Tout l'été. Dans les haies et les taillis.

398. V. LATHYROÏDES (L. Sp. 1038). Ervum soloniense (L. Sp.

Vicia.

1040). Tiges de 10 à 20 centimètres, dressées, rameuses, ve-lues, ainsi que toute la plante; feuilles ailées, terminées par une vrille simple, 2 à 3 paires de folioles mucronulées, les inférieures obcordées, les supérieures ovales-oblongues; sti-pules semi-sagittées, entières ou bidentées; fleurs petites, ses-siles, solitaires; légume oblong, glabre; graines globuleuses, verruqueuses, ponctuées. ① Avril, mai. Dans les endroits secs des Ardennes, du Hainaut et du Brabant. Très-rare.

399. V. LUTEA (L. Sp. 1057). Plante velue, à tiges de 50 à 50 centimètres, rameuses; feuilles terminées par une vrille courte et rameuse, à 4-5 paires de folioles subpétiolées, alter-nes, ovales-allongées, obtuses, mucronées; stipules très-cour-tes, tachées, linéaires, dentées à la base; fleurs grandes, jaunes, solitaires, subsessiles; dents du calice inégales, diver-gentes, plus courtes que le tube; étendard de la corolle gla-bre; légume hérissé de poils renflés à la base, comprimé; semences subglobuleuses. ① Juin, juillet, août. Aux bords de champs sablonneux des provinces de Liége et du Hainaut.

400. V. HYBRIDA (L. Sp. 1037). Tiges de 25 à 40 centimètres, rameuses, velues, ainsi que toute la plante; feuilles terminées par une vrille rameuse, à 7 ou 8 paires de folioles émarginées au sommet, ovales-lancéolées, acuminées; stipules semi-sagit-tées, subdentées; fleurs jaunes, solitaires, subsessiles, un peu penchées, à étendard de la corolle velu; dents du calice iné-gales, velues-ciliées, étroites, presque égales au tube; légume lancéolé, oblong, comprimé, velu. ① Juin, juillet. Dans les prés secs. Provinces de Liége et des Flandres.

401. V. SEPIUM (L. Sp. 1058). Tiges de 40 à 60 centimètres, grimpantes, subrameuses, pubescentes; feuilles terminées par une vrille presque simple, à 4 ou 8 paires de folioles ovales, allongées et atténuées vers le sommet, mucronées, velues; sti-pules demi-sagittées, les inférieures dentées; fleurs rougeâtres, disposées en grappes courtes, de 2 à 5 fleurs subpédonculées; dents du calice inégales, plus courtes que le tube; légume lancéolé-oblong, incliné, subcilié; graines à hile occupant

Vicia,

les deux tiers de leur circonférence. ♃ Tout l'été. Dans les buissons.

VAR. β. OCHROLEUCA (Bast.). Fleurs jaunâtres.

402. V. PEREGRINA (L. Sp. 1038). Tiges couchées, anguleuses, velues; feuilles terminées par une vrille, à 6-12 folioles linéaires, émarginées au sommet, mucronées; stipules semi-sagittées, linéaires, entières; fleurs purpurines, solitaires, pédonculées; légume comprimé, réticulé, lancéolé, incliné, glabre, contenant 4-6 graines. ☉ Mai, juin. Cherq (Hainaut). Cette plante est douteuse en Belgique. Je ne l'ai pas trouvée dans l'endroit indiqué.

25. ERVUM. L. Gen. n° 874.

Calice à 5 dents linéaires, presque égales à la corolle; stigmate glabre; légume à 2-4 graines.

403. E. LENS (L. Sp. 1039). La lentille. Tige de 20 à 50 centimètres, dressée, rameuse, pubescente; feuilles ailées, les inférieures non vrillées, à 4 ou 5 paires de folioles ovales-allongées, pubescentes, les supérieures à vrille simple, obtuses, lancéolées; stipules lancéolées, ciliées; pédoncules portant 2-5 fleurs blanchâtres, aussi longs que les feuilles; légume plane, glabre, orbiculaire, à 2 graines aplaties, lenticulaires. ☉ Juin, juillet. Cette plante potagère est peu cultivée en Belgique.

404. E. HIRSUTUM (L. Sp. 1039). Tiges de 50 à 60 centimètres, grimpantes, glabres; feuilles ailées, à pétiole se terminant par des vrilles très-rameuses, à 12-18 folioles linéaires, obtuses, mucronulées; stipules linéaires, étroites, tantôt à lanières, tantôt simples, surtout celles du haut; pédoncules plus courts que les feuilles, portant 5-6 fleurs blanches veinées de rouge; légume oblong, comprimé, pubescent; graines globuleuses, subcomprimées, glabres. ☉ Juin, juillet. Dans les champs et les buissons.

Ervum.

405. E. ERVILIA (L. Sp. 1040). Tiges de 20 à 30 centimètres, faibles, rameuses; feuilles sans vrilles, à 20-24 folioles oblongues, mucronulées; stipules semi-sagittées, profondément incisées; pédoncules portant 2 fleurs d'un blanc violacé; légume fortement toruleux, glabre, à 3-4 graines subglobuleuses. ① Juillet, août. Dans les moissons en Ardennes.

406. E. TETRASPERMUM (L. Sp. 1032). Vicia tetrasperma Mœnch. Meth. 148. Tiges de 30 à 50 centimètres, un peu grimpantes, rameuses; feuilles terminées par une vrille simple, à 4-5 paires de folioles oblongues, linéaires, mucronulées; stipules lancéolées, semi-sagittées; pédoncules filiformes, à peu près égaux aux feuilles, portant 1-2 fleurs d'un bleu pourpré; légume oblong, comprimé, glabre, subtorulé, contenant ordinairement 4 graines subglobuleuses. ① Tout l'été. Dans les moissons.

> VAR. β. GRACILE (Ser.). E. gracile DC. Monsp. 190. Vicia gracilis Lois. Gall. t. 12. Feuilles très-étroites, pédoncules très-longs, très-souvent uniflores.

24. PISUM. Tourn. Inst. 394. t. 215.

Calice à laciniures foliacées, les deux supérieures plus courtes; étendard très-ample, réfléchi; style comprimé, caréné, velu sur le haut; légume oblong, comprimé, non ailé; plusieurs graines globuleuses, à hile subarrondi; stipules grandes.

407. P. SATIVUM (L. Sp. 1026). Le pois ordinaire. Tiges de 50 centimètres à 1 mètre et plus, grimpantes; feuilles terminées par des vrilles rameuses, à 2 ou 3 paires de folioles ovales, grandes, entières, ondulées sur les bords; stipules ovales-subcordiformes, crénelées à la base; pédoncules axillaires bi ou multiflores; fleurs blanches; légume charnu. ① Mai, juin. Cultivé, ainsi que ses nombreuses variétés, comme aliment.

408. P. ARVENSE (L. Sp. 1027). Il ressemble au précédent, mais

Pisum.

ses feuilles sont moins grandes, quelquefois dentées mucronulées, les pédoncules souvent uniflores, courts; l'étendard de la
corolle est d'un rouge violacé. ☉ Mai, juin. Dans les moissons.

409. P. MARITIMUM (L. Sp. 1027). Tiges anguleuses; folioles
ovales ou arrondies, souvent alternes, un peu pubescentes, à
pétioles un peu planes au sommet; stipules ovales, semi-sagittées; pédoncules multiflores, plus courts que les feuilles;
légume oblong, petit, contenant des graines petites, rapprochées, nombreuses, arrondies. ☉ Dans les dunes. Fort rare.

25. LATHYRUS. L. Gen. n. 1186.

Calice campanulé à 5 divisions, les deux supérieures
plus courtes; étamines diadelphes; style plan, dilaté
au sommet; étendard plus grand que les ailes et la carène; légume oblong, polysperme, bivalve, uniloculaire;
graines globuleuses ou anguleuses, à hile oblong ou linéaire.

SECTION I. — *Vivaces, à pédoncules multiflores.*

\ 410. L. SYLVESTRIS (L. Sp. 1055). Tiges d'un mètre et plus, grimpantes, ailées, très-glabres, ainsi que toute la plante; feuilles
à une paire de folioles lancéolées, linéaires, très-longues,
coriaces; stipules semi-sagittées, entières; vrilles ailées, très-
rameuses; pédoncules portant 4 à 6 fleurs rosées, aussi longs
que les feuilles; légume incliné, glabre, comprimé; graines
subarrondies, ponctuées, verruqueuses. ♃ Juin, juillet, août.
Dans les bois et les buissons.

\ 411. L. PRATENSIS (L. Sp. 1033). Tiges de 50 à 50 centimètres,
un peu dressées, tétragones, glabres; feuilles à vrilles presque
simples, à une paire de folioles ovales-elliptiques, très-aiguës,
munies de 5 nervures; stipules sagittées, ovales, plus courtes
que les feuilles; pédoncules plus longs que les feuilles, portant 4 à 8 fleurs jaunes; calice velu; légume glabre, oblong,

Lathyrus.

comprimé; graines globuleuses, très-lisses. ♃ Juin, juillet, août. Dans les prairies humides.

\ 412. L. TUBEROSUS (L. Sp. 1035). Racine tuberculeuse; tiges de 30 à 50 centimètres, débiles, tétragones, grimpantes, rameuses; feuilles à vrilles presque simples, à une paire de folioles ovales, obtuses, acuminées; stipules demi-sagittées, étroites, aiguës, aussi longues que les pétioles; pédoncules beaucoup plus longs que les feuilles, portant 4-5 fleurs roses; légume comprimé, glabre; graines arrondies, lisses. ♃ Juin, juillet, août. Aux bords des champs et des bois.

413. L. PALUSTRIS (L. Sp. 1034). Tiges de 40 à 60 centimètres, redressées, ailées, glabres, ainsi que toute la plante; feuilles terminées par une vrille presque simple, à 2-4 paires de folioles, les inférieures ovales, les supérieures lancéolées, entières; stipules semi-sagittées, petites, aiguës; pédoncules à peine plus longs que les feuilles, portant 4 à 6 fleurs bleuâtres; légume glabre, oblong, un peu bordé sur le dos. ♃ Juin, juillet, août. Dans les prairies humides des Flandres et du Hainaut.

SECTION II. — *Annuels, pédoncules portant 1-3 fleurs.*

414. L. APHACA (L. Sp. 1029). Tiges de 25 à 35 centimètres, dressées, glabres, presque filiformes; pétioles cylindriques, filiformes, aphylles, terminés en vrille; stipules grandes, foliacées, opposées, sagittées-cordiformes, munies de deux petites dents latérales; pédoncules uniflores; fleurs jaunes; bractées très-petites et très-étroites; dents du calice le double plus longues que la corolle; légume comprimé, polysperme. ① Tout l'été dans les moissons.

415. L. NISSOLIA (L. Sp. 1029). Tiges de 30 à 40 centimètres, dressées, faibles, glabres; pétioles dilatés, linéaires, graminés, à 3-5 nervures, aphylles; stipules petites, subulées, souvent nulles; pédoncules très-longs, portant 1-2 fleurs purpurines dépourvues de bractées; légume glabre, étroit, à

Lathyrus

nervures réfléchies. ① Mai, juin, juillet. Dans les moissons. Alost (Flandre occidentale), Tournai (Hainaut), Berchem (Brabant), Wermeldange (Luxembourg).

416. **L. ANGULATUS** (L. Sp. 1051). Tiges de 30 à 45 centimètres, un peu dressées, faibles, tétragones; pétioles portant deux folioles linéaires, longues, glabres et se terminant par une vrille trifide; stipules semi-sagittées, linéaires, aiguës; pédoncule aristé, très-long, capillaire, portant une seule fleur purpurine-bleuâtre; dents du calice aiguës, de la longueur du tube; légume linéaire, comprimé. ① De mai en septembre. Dans les moissons. Swalmen (Limbourg), Laeken (Brabant), Habay-la-Vieille (Luxembourg).

417. **L. SATIVUS** (L. Sp. 1030). Tiges de 30 à 45 centimètres, diffuses, ailées, glabres, ainsi que toute la plante; pétiole portant 2 à 4 folioles lancéolées-linéaires, pointues, marquées de nervures, et terminé par une vrille trifide; stipules semi-sagittées-ovales, ciliées, à peine de la longueur du pétiole; pédoncules plus longs que les pétioles, pourvus de bractées au sommet et portant une seule fleur violette ou blanche; légume ovale, court, large, à bord supérieur courbé, offrant 2 ailes membraneuses; graines lisses, anguleuses. ① Juin, juillet, août. Il est quelquefois cultivé comme aliment et il est spontané dans les champs avoisinant la Moselle.

418. **L. HIRSUTUS** (L. Sp. 1032). Tiges de 35 à 50 centimètres, ailées, pubescentes; pétiole ailé à la base, portant 2 folioles lancéolées, entières, pointues, un peu pubescentes et terminé par une vrille; stipules semi-sagittées, linéaires, de la grandeur des pétioles; pédoncules aussi longs que le pétiole, portant 1-3 fleurs blanches-purpurines; calice velu; légume oblong, linéaire, comprimé, couvert de poils renflés à la base. ① Tout l'été. Dans les moissons. Provinces de Liége, Luxembourg et Hainaut.

26. Orobus. Tourn. Inst. t. 214.

Calice campanulé à 5 divisions, les deux supérieures plus courtes; corolle papilionacée; étamines diadelphes; style grêle, linéaire, velu au sommet; légume cylindracé-oblong, à 2 valves, polysperme; graines à hile linéaire.

419. O. vernus (L. Sp. 1028). Tiges de 20 à 50 centimètres, dressées, anguleuses; feuilles ailées à 6-8 folioles, ovales, lancéolées, acuminées; stipules semi-sagittées, très-amples, entières; pédoncules axillaires, plus courts que les feuilles, portant 6-8 fleurs d'un bleu rougeâtre en grappes pendantes; légume un peu comprimé, glabre, à graines petites et nombreuses. ♃ Avril, mai. Dans les bois. Provinces de Liége et de Luxembourg. Assez rare en Belgique.

420. O. niger (L. Sp. 1028). Tiges de 25 à 55 centimètres, dressées, rameuses, anguleuses, flexueuses; feuilles ailées, glabres, un peu glauques, à 5-6 paires de folioles entières, elliptiques, mucronulées; stipules linéaires-lancéolées, aiguës; pédoncules plus longs que les feuilles, portant 2-4 fleurs bleues ou purpurines; légume comprimé, glabre, aigu; graines grosses, globuleuses. ♃ Juin, juillet. Dans les bois montueux des Ardennes et du Luxembourg.

421. O. tuberosus (L. Sp. 1028). Tiges de 25 à 55 centimètres, ascendantes, simples, un peu nues du bas, glabres, ainsi que toute la plante; feuilles finement ponctuées, à 2-4 paires de folioles elliptiques, mucronulées; stipules semi-sagittées, lancéolées; pédoncules à peu près de la longueur des feuilles, portant 3-4 fleurs violacées, disposées en grappes; calice violet; légume comprimé, glabre; graines globuleuses. ♃ Au printemps. Dans les bois.

Tribu IV. — Phaséolées. Brown. Dissert. p. 133.

Corolle papilionacée; étamines monadelphes et souvent diadelphes; légume polysperme, déhiscent, à valves offrant avant la maturité des épaississements celluleux, transversaux entre les graines ; radicule couchée sur la commissure des lobes ; cotylédons épais, charnus, devenant aériens après la germination.

27. PHASEOLUS. L. Gen. n° 866.

Calice campanulé, bilabié, à lèvre supérieure bidentée, l'inférieure à 3 divisions ; corolle papilionacée, à étendard réfléchi ; carène tournée en spirale avec les étamines diadelphes et le style et adhérente aux ailes au-dessus de l'onglet ; légume comprimé ou cylindrique, uniloculaire, polysperme.

422. P. VULGARIS (Savi. Mem. 2. p. 14). Le haricot. Tige volubile, presque glabre ; feuilles à 3 folioles ovales, obliques, pubescentes, terminées par une pointe ; fleurs blanches en grappes, à pédicelles géminés ; bractées ouvertes, plus petites que le calice ; légume pendant, glabre, longuement mucroné. ⓛ Juin, juillet. Cultivé comme aliment.

423. P. COCCINÆUS (Lam. Dict. 5. p. 70). P. multiflorus Willd. P. vulgaris Var. β. L. Sp. 1016. Tige volubile ; feuilles comme dans l'espèce précédente ; grappes de fleurs rouges, quelquefois blanches, nombreuses, aussi longues que les feuilles ; bractées appliquées contre le calice ; légume gros, subpubescent, arqué. Graines rouges. ⓛ Juin, juillet. Cultivé pour ornement, il est aussi alimentaire.

424. P. COMPRESSUS (DC. Prod. 2. p. 592). Tige subvolubile, presque glabre ; feuilles à 3 folioles ovales, acuminées ; fleurs blanches en grappes plus courtes que les feuilles ; pédicules géminés ; légume comprimé, mucroné ; semences aplaties. ⓛ Juin, juillet. Cultivé.

> VAR. α. HUMILIS (DC.). P. nanus Fl. fr. 4. p. 559. Tige petite, droite, non volubile ; graines plus petites.
>
> VAR. β. MAJOR (DC.). Tige allongée ; légumes un peu tortus.

425. **P.** TUMIDUS (Savi. Mem. 3. p. 19). Peu élevé, subvolubile, presque glabre; folioles ovales, acuminées; fleurs blanches en grappes plus courtes que les feuilles; légume presque droit, mucroné; graines blanches subsphériques. ① Juin, juillet. Je l'ai trouvé cultivé dans plusieurs localités.

426. **P.** SPHÆRICUS (Savi. Mem. 3. p. 20). Tige allongée, volubile, presque glabre; feuilles ovales, acuminées; grappes de fleurs plus courtes que les feuilles; légume presque droit, mucroné; graines sphériques différemment colorées. ① Juin, juillet. Cultivé, surtout dans la Campine.

—————

Fⁿᵉ XXVI. — Rosacées. Juss. Gen. 334.

Fleurs hermaphrodites, régulières; calice persistant, non soudé avec l'ovaire, à 5 sépales, rarement à 4, soudés à la base, à préfloraison valvaire; pétales en nombre égal aux divisions du calice et alternes avec elles, libres, caducs, insérés sur le calice; étamines ordinairement en nombre indéfini, insérées sur le calice avec les pétales, au niveau de la base de ses divisions; ovaire libre formé de carpelles distincts; styles latéraux, en nombre égal à celui des carpelles, rarement terminaux, presque toujours libres; fruit composé de carpelles distincts, quelquefois au nombre de 1-2 et plus souvent en nombre indéfini; carpelles secs ou drupacés, monospermes, indéhiscents; graines suspendues ou dressées, privées de périsperme; embryon droit; cotylédons foliacés ou charnus. Herbes ou arbrisseaux à feuilles alternes, bistipulées à la base.

Tribu I. — Amygdalées. Juss. Gen. 340.

Carpelle souvent solitaire par avortement, rarement deux ou en plus grand nombre; style filiforme; stigmate capité; fruit charnu, à sarcocarpe, ordinairement succulent, marqué d'un sillon, à noyau solitaire, monosperme par avortement, rarement disperme; graines suspendues, dépourvues de périsperme; 2 cotylédons épais; calice non adhérent à l'ovaire, quinquifide, portant 5 pétales et 20 à 30 étamines libres presque égales. Arbres ou arbrisseaux à feuilles dentelées, à pétioles glanduleux et à stipules libres.

1. Amygdalus. Tourn. Inst. t. 402.

Drupe pubescent, velouté, à noix rugueuse, oblongue ou ovoïde, marquées de sillons irréguliers ou de fissures étroites.

427. A. communis (L. Sp. 677). L'amandier. Arbre de 6 à 10 mètres, à bois dur; feuilles oblongues, lancéolées, dentées, pétiolées; fleurs solitaires ou géminées; calice campanulé; fruit oblong-comprimé, charnu, coriace, à noyau oblong marqué de fissures étroites. ♃ Mars, avril. Cultivé.

2. Persica. Tourn. Inst. t. 400.

Ce genre est en tout semblable au précédent, mais le drupe est très-charnu, l'épicarpe tantôt velouté, tantôt glabre, le noyau sillonné, très-rugueux.

428. P. vulgaris (Mill. Dict. n° 1). Amygdalus persica L. Sp. 677. Le pêcher. Arbre de 3 à 5 mètres; feuilles ovales-lancéolées, pointues, atténuées en pétiole, dentées; fleurs sessiles, solitaires, rosées; fruit globuleux, couvert d'un duvet court, serré, peu adhérent. ♃ Mars, avril. Cultivé.

429. P. lævis (DC. Fl. fr. 4. p. 487). Le brugnon. Il diffère de l'espèce précédente, dont il n'est sans doute qu'une variété, par ses feuilles longues, finement dentées, glanduleuses, et par son fruit dépourvu de duvet. ♃ Mars, avril. Cultivé.

3. ARMENIACA. Tourn. Inst. t. 399.

Fleurs subsessiles à 5 pétales; calice à 5 divisions, caduc; drupe charnu, ovale-globuleux, velouté, à noyau comprimé, lisse, marqué sur les bords de deux lignes dont l'une aiguë et l'autre obtuse.

430. A. VULGARIS (Lam. Dict. 1. p. 2). Prunus armeniaca L. Sp. 679. L'abricotier. Arbre de 4 à 6 mètres; feuilles subcordiformes, glabres, dentées; fleurs blanches, sessiles. ♃ Mars, avril. Cultivé.

4. PRUNUS. Tourn. Inst. t. 398.

Calice à 5 divisions; corolle à 5 pétales; fleurs pédicellées, solitaires ou géminées; fruit ovale ou oblong, couvert d'une efflorescence glauque; noyau oblong, comprimé, aigu aux deux bouts.

431. P. SPINOSA (L. Sp. 681). Arbrisseau de 1 à 2 mètres, très-épineux; feuilles obovales-elliptiques ou ovales, pubescentes en dessous, doublement dentées; fleurs blanches, solitaires, à calice campanulé, à lobes obtus, plus longs que le tube; fruit globuleux, noir, dressé, d'une saveur acerbe. ♃ Avril, mai. Dans les haies et les buissons.

> VAR. *β*. MACROCARPA (Wallr.) Feuilles obovales, obtuses, à pétiole velu; drupe subarrondi, très-gros.
>
> VAR. *γ*. CERASIFERA (Ehrh.). Arbrisseau non épineux; fleurs solitaires; pédicelle de la longueur du fruit.

432. P. INSITITIA (L. Sp. 680). Arbrisseau de 5 à 4 mètres, diffus, devenant épineux en vieillissant, à rameaux noueux, tortueux, pubescents étant jeunes; feuilles ovales, velues en dessous; fleurs blanches, géminées; fruits arrondis, bleuâtres à la ma-

turité, couverts d'une poussière glauque. ♃ Dans les haies et les bois.

Cet arbrisseau n'est peut-être qu'une variété de l'espèce précédente.

433. P. DOMESTICA (L. Sp. 680). Le prunier. Arbre de 4 à 6 mètres, à jeunes rameaux glabres; feuilles lancéolées-ovales; fleurs blanches, géminées; fruits diversement colorés, variant beaucoup de formes suivant les variétés. ♃ Avril, mai. Cultivé et souvent subspontané dans les haies.

5. CERASUS. Juss. Gen. 340.

Calice caduc à 5 divisions; corolle à 5 pétales; pédicelles simples ou rameux; drupe globuleux, charnu, très-glabre, à noyau lisse, arrondi, marqué d'une ligne saillante sur un de ses côtés.

§ 1. — *Cerasophora*. DC. Prod. 2. p. 525.

Fleurs ombellées, se développant avant ou après les feuilles.

434. C. AVIUM (Mœnch. Meth. 672). Le merisier. Arbre de 10 à 12 mètres, à bois coloré et à rameaux étalés; feuilles ovales, élargies, dentées, blanchâtres-subpubescentes en dessous; fleurs blanches; fruits petits, ovoïdes, noirâtres, sucrés, à peau adhérente à la chair, à suc coloré. ♃ Avril, mai. Cultivé, quelquefois subspontané dans les bois.

435. C. DURACINA (DC Fl. fr. 4. p. 483). Arbre de 10 à 12 mètres, à rameaux dressés; feuilles ovales, élargies, dentées régulièrement, à nervures rougeâtres, ainsi que les pétioles; fleurs blanches; fruits cordiformes, gros, de consistance ferme, rougeâtres, sucrés, à peau adhérente. ♃ Avril, mai. Cultivé.

436. C. JULIANA (DC. Fl. fr. 4. p. 482). Arbre de 10 à 12 mètres, à jeunes rameaux redressés; feuilles ovalaires, glabres, dentées profondément; fleurs blanches; fruits cordiformes,

sucrés, fondants, noirâtres, à peau fortement adhérente à la chair. ♉ Avril, mai. Cultivé sous le nom de guignier.

437. C. CAPRONIANA (DC. Fl. fr. 4. p. 482). Arbre de 7 à 9 mètres, à branches étalées ; feuilles glabres, d'un vert foncé, ovales-lancéolées ; fleurs blanches, à pédicules souvent épais et un peu roides ; calice campanulé, ample ; fruits sphériques, à chair molle plus ou moins acide et à peau se détachant de la chair ; noyau arrondi. ♉ Avril, mai. Cultivé.

Cet arbre se rencontre dans les bois et les haies, et est cultivé sous le nom de griottier et de cerisier commun.

Les quatre espèces ci-dessus forment le *prunus cerasus* de Linné et présentent dans leurs fruits une masse de variétés qui toutes sont cultivées pour la table.

438. C. SEMPERFLORENS (DC. Fl. fr. 4. p. 481). Prunus semperflorens Willd. Sp. 2. 992. Arbrisseau touffu, rameux dès la base, à rameaux penchés ; feuilles glabres, dentées doublement, atténuées au pétiole ; pédoncules foliacés ; fleurs blanches, axillaires, solitaires ; calice à divisions foliacées, dentées ; fruits rouges, globuleux, un peu acides. ♉ De mai en septembre. Cultivé.

§ 2. — *Padus*. DC. Prod. 2. 539.

Fleurs non ombellées, se développant après les feuilles.

439. C. MAHALEB (Mill. Dict. n° 4). Arbre de 5 à 6 mètres, à bois dur, à rameaux subcorymbifères ; feuilles cordées, subarrondies, denticulées, glanduleuses ; 4 à 6 fleurs blanches en corymbe simple, redressé, sur un pédicule commun, foliacé ; fruit petit, noirâtre, ovale-subarrondi. ♉ Mai, juin. Cultivé dans les bosquets, et se rencontre quelquefois dans les haies et les buissons.

440. C. PADUS (DC. Fl. fr. 4. p. 580). Prunus padus L. Sp. 677. Arbre de 3 à 5 mètres, à écorce rougeâtre et à rameaux allongés ; feuilles ovales, élargies, pointues, finement dentées ;

fleurs blanches en longues grappes cylindriques, penchées; fruits d'un vert noirâtre, arrondis, amers. ♃ Mai, juin. Cultivé dans les jardins, et parfois spontané dans les haies et les buissons.

Tribu II. — SPIRACÉES. DC. Prod. 2. p. 541.

Carpelles peu nombreux, distincts entre eux ou très-rarement réunis, verticillés sur l'axe de la fleur, secs, déhiscents par le bord interne, 2-6-spermes; étamines en nombre indéfini. Arbres ou herbes.

6. SPIRÆA. L. Gen. n. 630.

Calice persistant à 5 divisions; corolle à 5 pétales; étamines nombreuses, attachées au calice, quelquefois au nombre de dix seulement; 3 à 12 ovaires; styles terminaux, marcescents.

441. S. HYPERICIFOLIA (DC. Fl. fr. 5. p. 643). Arbrisseau d'un mètre environ; feuilles ovales, oblongues, entières, dentées, glabres ou légérement pubescentes, munies de 3 à 4 nervures; fleurs blanches, pédonculées en ombelles sessiles; sépales ascendants. ♃ Juin, juillet. Cultivé dans les jardins, et se rencontrant parfois dans les haies.

442. S. BELGICA (Dum. Fl. belg. f. 98). Sous-arbrisseau d'un mètre à un mètre et demi; feuilles ovales, oblongues, obtuses, inégalement dentées au sommet, entières à la base; fleurs petites, d'un rouge pâle, disposées en corymbe serré, terminal. ♃ Dans les broussailles près de Habay-la-Vieille (Luxembourg).

443. S. SALICIFOLIA (L. Sp. 700). Arbrisseau d'un mètre environ; feuilles oblongues-lancéolées, doublement dentées; fleurs d'un blanc rosé, en panicule spiciforme; lobes du calice triangulaires, étalés; carpelles glabres. ♃ Juin, juillet. Cultivé dans les jardins. On le trouve assez souvent dans les haies.

Spiræa.

444. S. ULMARIA (L. Sp. 702). La reine des prés. Tige dressée de 60 à 90 centimètres ; feuilles entières, stipulées à la base, à folioles ovales, doublement dentées, tomenteuses et blanches en dessous, entremêlées d'autres folioles plus petites et à lobe supérieur plus grand, trilobé ; fleurs blanches en panicules terminales, rameuses ; sépales réfléchis ; carpelles glabres, contournés en spirale. ♃ Juin, juillet. Dans les prairies humides, au bord des eaux.

VAR. *β*. VIRIDIS (Mer.). S. denudata Presl. Feuilles glabres et vertes en dessous.

445. S. FILIPENDULA (L. Sp. 702). Racine tuberculeuse ; tige de 25 à 35 centimètres, dressée, simple ; feuilles pinnatiséquées, à lobes oblongs-linéaires, à dents aiguës ; stipules subréniformes, amplexicaules, dentées ; fleurs blanches en panicule lâche, corymbiforme ; sépales réfléchis ; carpelles velus. ♃ Juin, juillet. Sur les pelouses sèches. Fontaine-l'Évêque (Hainaut), rochers des Grands-Malades (Namur), Useldange, Cristnach (Luxembourg).

Tribu III. — DRYADÉES. Vent. Tabl. 3. p. 369.

Calice à 4, plus souvent à 5 divisions, quelquefois en nombre plus grand ; pétales en nombre égal aux divisions du calice, alternes avec elles ; étamines en nombre indéfini et plus rarement au nombre de cinq, dans ce cas elles sont opposées aux sépales ; carpelles nombreux, monospermes, indéhiscents, secs ou drupacés, disposés sur un réceptacle hémisphérique ou conique, sec ou charnu.

7. GEUM. L. Gen. n° 867.

Calice en tube concave, à 5 divisions, muni d'un calicule aussi à 5 divisions ; corolle à 5 pétales ; étamines à anthères contournées ; styles terminaux, s'accroissant longuement après la floraison, articulés ou barbus ; carpelles

Geum.

secs, poilus, groupés en tête sur un réceptacle cylindrique, sec, hérissé, persistant.

446. G. URBANUM (L. Sp. 716). Tige de 30 à 50 centimètres, dressée, velue, rameuse; feuilles radicales quinées-pinnatifides, les caulinaires ternées, à lobes ovales, larges, dentés-crénelés, les supérieures unilobées, ovales; stipules grandes, suborbiculaires; calice vert, à divisions réfractées après la floraison; fleurs jaunes, dressées, à pétales obovales, de la longueur du calice; carpelles velus; styles glabres, à appendice un peu velu. ♃ Juin, juillet. Dans les lieux ombragés.

447. G. RUBIFOLIUM (Lej. Fl. Spa. 1. p. 136). Cette espèce me semble une variété de la précédente, mais elle est plus petite. sa tige est couverte supérieurement de poils luisants; les feuilles inférieures sont lyrato-pinnées, les supérieures ont les lobes aigus, cunéiformes, et sont longuement auriculées à la base; les fleurs sont d'un jaune purpurin, dressées, de la forme de l'espèce suivante, mais plus petites. ♃ Juin, juillet. Stavelot, Malmedy (Liége).

448. G. RIVALE (L. Sp. 717). Tiges de 30 à 40 centimètres, redressées, presque simples; feuilles radicales lyrées, à foliole terminale très-grande, arrondie, lobée, dentée, les supérieures simplement trilobées; 1 à 4 fleurs d'un jaune purpurin, terminales, penchées; calice rougeâtre à divisions dressées après la floraison; pétales obcordés, étroits à la base, de la longueur du calice; ovaires très-velus; styles allongés, crochus, hispides. ♃ Mai, juin, juillet. Dans les bois et les prairies humides. Stavelot, Malmedy (Liége), Chapelle-à-Watinnes (Hainaut).

> VAR. β. INTERMEDIUM (Ehrh.) G. inclinatum Schl. Calice rougeâtre, à divisions étalées après la floraison; style presque glabre.

8. RUBUS. L. Gen. n° 864.

Calice nu, à 5 divisions; 5 pétales; étamines au nombre

Rubus.

de 20 et plus, insérées sur le calice; styles subterminaux, marcescents; carpelles drupacés, succulents, formant une baie sur un réceptacle conique, charnu, persistant. Toutes nos espèces sont des sous-arbrisseaux munis d'aiguillons, à feuilles pétiolées.

449. R. IDÆUS (L. Sp. 706). Le framboisier. Tige d'un mètre à un mètre et demi, dressée, arrondie, portant des aiguillons fins, recourbés; feuilles à pétioles non épineux, les inférieures ailées à 5 folioles ovales, dentées, blanchâtres en dessous, les supérieures ternées; stipules très-étroites, sétacées; fleurs blanches à calice non réfléchi, en groupes terminaux et à pédoncule velu; fruits blancs ou rouges. ♃ Juin, juillet. Dans les bois ombragés et les buissons. Cultivé dans les jardins pour ses fruits.

450. R. CÆSIUS (L. Sp. 706). Tige cylindrique, glauque, couchée, à rameaux chargés d'aiguillons minces, un peu recourbés; feuilles à 3 ou 5 folioles ovales, dentées, subpubescentes en dessous; fleurs blanches en groupes terminaux, portées sur des pédoncules rameux; fruits bleuâtres, peu nombreux, à grains assez gros. ♃ Juin, juillet. Dans les lieux frais et ombragés.

451. R. CORYLIFOLIUS (Sw. Fl. brit. p. 542). Tiges frutescentes, anguleuses, à aiguillons presque droits; feuilles palmées à 3 ou 5 folioles cordées-ovalaires, doublement dentées, unicolores sur les deux faces, un peu poilues en dessous; fleurs d'un blanc rosé en panicule presque simple; fruit assez gros, d'un bleu pourpré. ♃ Juin, juillet. Dans les haies et les buissons. Cette espèce est assez rare en Belgique.

452. R. TOMENTOSUS (Willd. Sp. 2. p. 1083). Tiges dressées, anguleuses, munies d'aiguillons assez forts; feuilles palmées, le plus souvent à 5 folioles brièvement pétiolulées, obovales-cunéiformes, pubescentes en dessus, tomenteuses en dessous; fleurs d'un blanc rosé, en panicule décomposée, étalée; divi-

sions du calice presque inermes, réfléchies. ♃ Dans les haies
et les buissons.

455. R. FRUTICOSUS (L. Sp. 707). La ronce. Tiges dressées, anguleuses, longues, munies d'aiguillons forts, crochus, légèrement
tomenteuses, à rameaux allongés; feuilles palmées à 3 ou 5 folioles pétiolulées, ovales-oblongues, aiguës; fleurs blanches
ou rosées, en grappes terminales, à pédoncules rameux; divisions du calice réfléchies; fruits noirs. ♃ Juin, juillet. Dans les
haies et les buissons.

Cet arbrisseau varie singulièrement et forme une foule de
variétés dont on a voulu faire autant d'espèces. Ces espèces
sont presque toutes basées sur la forme des feuilles ou sur leur
plus ou moins de pubescence. Mais si l'on considère que l'on
trouve tous les passages intermédiaires entre ces prétendues
espèces et même que souvent le même individu en porte plusieurs réunies, on en viendra à ne faire, ainsi que Linné,
qu'une seule et unique espèce et à en signaler les variétés les
plus saillantes, comme les suivantes :

VAR. β. INERMIS (DC.). Rameaux sans épines.

VAR. γ. PLICATUS. R. plicatus Weihe et Nees. Feuilles
cordées-ovales, vertes des deux côtés, brusquement
aiguës et comme sillonnées sur leur largeur.

VAR. δ. NITIDUS. R. nitidus Weihe et Nees. Feuilles
ovales, aiguës, planes, luisantes en dessus, vertes
sur les deux faces.

VAR. ε. COLLINUS (DC.). Feuilles velues, blanchâtres
sur les deux faces, le plus souvent à 5 folioles.

VAR. ζ. LACINIATUS. Toutes les folioles laciniées.

Il est inutile, je pense, de décrire toutes ces variétés, je me
contenterai de renvoyer à la Revue de la flore de Spa de
M. Lejeune et à la Florula belgica de M. Dumortier.

9. FRAGARIA. Tourn. Inst. t. 152.

Calice à 5 divisions, avec un calicule aussi à 5 divisions;

Fragaria.

corolle à 5 pétales; styles latéraux, marcescents; carpelles portés sur un réceptacle bacciforme, succulent, ovoïde, caduc.

454. F. VESCA (L. Sp. 705). Le fraisier; racine à jets rampants; feuilles ternées, plissées, pubescentes en dessus; velues en dessous, à folioles sessiles, cunéiformes, arrondies, dentées, à dents grandes, acuminées; pédoncules pubescents; fleurs blanches; divisions du calice étalées à la maturité du fruit, plus courtes que les pétales; fruits pendants, glabres, rougeâtres, caducs. ♃ Avril, mai. Dans les bois et sur les coteaux. Cette plante est cultivée dans les jardins pour son fruit dont la culture a produit beaucoup de variétés.

       VAR. *β*. SEMPERFLORENS (Duch.). Stolonifère; réceptacles coniques-oblongs, luisants. C'est le fraisier de tous les mois.

       VAR. *γ*. EFFLAGILIS (Duch.). Rejets très-courts ou nuls; réceptacles allongés, pâles; feuilles plus longues que les tiges.

455. F. ELATIOR (Ehrh. Beytr. 7. p. 25.) Feuilles ternées, plissées, un peu coriaces, vertes; pédoncules et pétioles très-velus; fleurs blanches, subdioïques ou dioïques par avortement; divisions du calice réfléchies après la floraison; pétales arrondis, entiers; réceptacle à chair ferme, plus ou moins adhérent au calice. ♃ Mai, juin. Cultivé dans les jardins sous le nom de fraise musquée. Spontané dans quelques bois des provinces de Namur et de Liége, et sorti sans doute des jardins.

On cultive aussi les Fragaria majaufra Duch., le Breslingea Duch. et le Chilensis Ehrh. Ce dernier donne la fraise ananas.

456. F. COLLINA (Ehrh. Beytr. 7. p. 36). Stolonifère; feuilles à 5 folioles à dents serrées, aiguës; fleurs blanches avec un reflet un peu jaunâtre, plus grandes que dans l'espèce n° 454; calice appliqué sur le fruit qui est marcescent. ♃ Mai, juin. Dans les bois et sur les coteaux sablonneux. Il y a une variété à fleurs jaunes qu'on rencontre à Ahn sur la Moselle.

10. POTENTILLA. Nestl. Pot. diss.

Calice à tube concave et à 4 ou 5 divisions, muni d'un calicule aussi à 4-5 divisions; 4 à 5 pétales obovales, arrondis ou un peu émarginés; styles latéraux, caducs; carpelles secs, disposés sur un réceptacle convexe, sec, pubescent ou hérissé, persistant.

§ 1. — *Potentillastrum. Ser. in DC. Prod. 2. p. 571. Pétales obtus, obcordés, jaunes; feuilles palmées ou pinnées.*

† FEUILLES PALMÉES.

457. P. TORMENTILLA (Nestl. Pot. 65). Tormentilla erecta L. Sp. 716. Tiges de 20 à 30 centimètres, couchées, filiformes, dichotomes, pubescentes, ainsi que toute la plante; feuilles sessiles, à 3 ou 5 folioles ovales, dentées dans leur moitié supérieure, un peu ciliées; fleurs jaunes, nombreuses, axillaires, longuement pédonculées, disposées en panicule rameuse, étalée; corolle à 4 pétales; calice à 4 divisions lancéolées, linéaires, égales aux pétales. ♃ Tout l'été. Dans les bois secs.

> VAR. β. NEMORALIS (Ser.). Tormentilla reptans L. Sp. Stipules lancéolées, entières, rarement à 2 ou 3 dents; feuilles pétiolées, souvent opposées.

458. P. AUREA (L. Sp. 712). Tiges de 15 à 20 centimètres, couchées à la base; feuilles radicales à 5 folioles ovales, un peu soyeuses, profondément dentées, longuement pétiolées, les supérieures presque sessiles à 3 ou 5 folioles; fleurs grandes, jaunes, longuement pédonculées, à pétales en cœur. ♃ Juin, juillet. Sur les collines arides près Echternach et Menningen (Luxembourg).

459. P. REPTANS (L. Sp. 714). Tiges de 40 à 60 centimètres, rampantes, radicantes au niveau des nœuds; feuilles pétiolées à 5 folioles ovales-cunéiformes, dentées, pubescentes en dessous, à pétiole velu; fleurs jaunes, axillaires, solitaires, à pédon-

cules plus longs que les feuilles ; réceptacle velu. ♃ Tout l'été.
Aux bords des chemins et des fossés.

460. P. **verna** (L. Sp. 712). Tiges couchées, très-rameuses, de
8 à 15 centimètres, velues, ainsi que toute la **plante**; feuilles
à 5-7 folioles obovales, cunéiformes, dentées, vertes sur les
deux faces, les inférieures portées sur de longs pétioles velus,
les supérieures sessiles; fleurs jaunes en panicule terminale
pauciflore, à pétales obcordés, plus longs que le calice. ♃ Mai,
juin. Sur les pelouses sèches.

461. P. **argentea** (L. Sp. 712). Tiges de 20 à 50 centimètres,
dressées, ascendantes, tomenteuses; feuilles à 5 folioles
obovales, cunéiformes, incisées, pinnatifides, blanchâtres-
tomenteuses en dessous; fleurs jaunes, nombreuses, en corymbe terminal, à pédoncules rameux, blanchâtres. ♃ Juin,
juillet. Sur les coteaux arides.

462. P. **canescens** (Bess. Gal. 1. p. 330). Tiges couchées à la
base, puis dressées, tomenteuses, blanchâtres, ainsi que toute la
plante; feuilles à 3-5 rarement à 7 folioles obovales-oblongues
dentées; fleurs jaunes, nombreuses, en panicule, à pétales
obcordés, égaux aux divisions du calice; carpelles rugueux.
♃ Juin, juillet. On trouve cette plante dans les provinces de
Liége et du Hainaut. Elle est probablement sortie des jardins.

463. P. **recta** (L. Sp. 711). Toute la plante est velue; tiges
dressées de 25 à 55 centimètres, peu rameuses; feuilles radicales à 7 folioles, les caulinaires à 5 folioles lancéolées-ovales,
munies de grosses dents, chargées de longs poils couchés,
surtout en dessous; stipules lancéolées-linéaires, allongées,
aiguës, dentées à la base, les caulinaires plus longues que les
pétioles; fleurs jaune pâle, terminales, réunies en corymbe;
pétales obcordés, plus grands que le calice; carpelles rugueux,
ridés. ♃ Juin, juillet. Cette plante se rencontre quelquefois
dans les provinces de Liége et du Limbourg. Je présume
qu'elle s'y trouve accidentellement. Il en est de même de la
Potentilla hirta L. Sp. 712, que j'ai rencontrée à La Chapelle
près Ruremonde.

Potentilla.

++ Feuilles imparipinnées.

464. P. supina (L. Sp. 711). Tiges de 12 à 18 centimètres, couchées, diffuses, étalées ou ascendantes, dichotomes ; feuilles ailées, à 7 folioles dentées-pinnatifides, obovales ou oblongues ; stipules lancéolées, entières ; pédoncules axillaires, solitaires, portant des fleurs jaunes à pétales obovales de la longueur du calice ; divisions de celui-ci lancéolées, triangulaires ; bractées lancéolées ; carpelles ovales, un peu comprimés. ① Tout l'été. Dans les terrains sablonneux, humides. Rare.

465. P. anserina (L. Sp. 710). Tiges de 25 à 55 centimètres, couchées, radicantes au niveau des nœuds, filiformes, velues ; feuilles ailées, à 15-17 folioles obovales-oblongues plus ou moins profondément dentées, velues, vertes en dessus, argentées-soyeuses en dessous, entremêlées d'autres petites folioles ; stipules caulinaires, multifides, les florales solitaires et géminées ; fleurs jaunes, solitaires, portées sur des pédoncules dressés de la longueur des feuilles ; divisions du calice entières, lancéolées ; les bractées à 3 ou 5 lobes ; pétales obovales de la longueur du calice ; réceptacle velu. ♃ Tout l'été. Sur les bords des chemins et des fossés.

§ 2. — *Fragariastrum*. Ser. 1. *c. Pétales obtus, obcordés, blancs ou rouges.*

† Feuilles pinnées.

466. P. rupestris (L. Sp. 711). Tiges de 25 à 55 centimètres, dressées, dichotomes, souvent rougeâtres ; feuilles velues, les radicales pinnées, longuement pétiolées, les caulinaires binées ou ternées, sessiles, à folioles ovales-subarrondies, dentées ; stipules larges, courtes, obtuses ; fleurs blanches, pédonculées, terminales, à pétales obovales, beaucoup plus grands que le calice ; carpelles lisses. ♃ Mai, juin. Sur les rochers montueux, ombragés dans le Hainaut et le Luxembourg.

Potentilla.

✝✝ Feuilles palmées.

\ 467. P. fragaria (Poir. Dict. 5. p. 599). Fragaria sterilis L. Sp. 709. Plante pubescente et stolonifère, à tiges rampantes rougeâtres; feuilles à 5 folioles obovales-arrondies, dentées dans leur moitié supérieure; stipules larges, membraneuses, un peu obtuses; pédoncules à 1 ou 2 fleurs blanches, à pétales obcordés, dépassant un peu le calice; réceptacle un peu velu; carpelles non rugueux. ⚄ Tout l'été. Dans les bois secs et arides.

§ 5. — *Comarum.* Ser. 1. c. *Pétales rouges, aigus; feuilles pinnées.*

\ 468. P. comarum (Scop. Carn. ed. 2. 1. p. 359). Comarum palustre L. Sp. 718. Tiges de 30 à 50 centimètres, un peu couchées à la base, redressées, pubescentes dans le haut, pourprées; feuilles portées sur de longs pétioles élargis à la base, pinnées, à 5-7 folioles rapprochées, oblongues, dentées, pubescentes-blanchâtres en dessous; stipules larges, coriaces; fleurs d'un pourpre-noir, à pétales plus courts que le calice qui est rougeâtre et s'accroît après la floraison; carpelles ovales-comprimés, lisses. ⚄ Juin, juillet. Dans les endroits marécageux, surtout dans la Campine.

11. Agrimonia. Tourn. Inst. t. 155.

Calice turbiné, hérissé en dehors de pointes crochues, à 5 divisions; corolle à 5 pétales; 15 étamines; carpelles 1-2 renfermés dans le tube du calice; styles terminaux.

\ 469. A. eupatoria (L. Sp. 643). Tige de 50 à 70 centimètres, dressée, simple, velue, ainsi que toute la plante; feuilles pinnées, à folioles, avec impaire, pubescentes, un peu blanchâtres en dessous, ovales, dentées-incisées, entremêlées d'autres petites folioles; stipules auriculées, incisées; fleurs jaunes, en

long épi terminal simple, un peu pédicellées, à pétales le
double plus longs que le calice, munies d'une bractée trifide à
la naissance de chaque pédicelle; calice hérissé de pointes
crochues. ♃ Juillet, août. Dans les bois, les haies et les buissons.

Cette espèce présente des variétés que M. Dumortier a décrites comme des espèces, et que je note simplement ici.

> VAR. *β*. SESSILIFLORA. Folioles impaires, pétiolées;
> bractées lancéolées; fleurs sessiles; pointes du calice
> droites.
>
> VAR. *γ*. ACUTIFOLIA. Folioles aiguës, l'impaire pétiolée;
> bractées linéaires; fleurs pédonculées; pointes du
> calice un peu penchées.
>
> VAR. *δ*. CANESCENS. Folioles ovales, à dents obtuses,
> l'impaire sessile dans les feuilles inférieures, pétiolée
> dans les supérieures; bractées linéaires.
>
> VAR. *ε*. STIPULARIS. Folioles finement dentées, ovales-
> oblongues, aiguës, l'impaire sessile; bractées lan-
> céolées.

470. A. ODORATA (Camer. hort. 7). Tige de 70 centimètres à un
mètre, velue; feuilles plus grandes et semblables à celles de
l'espèce précédente, mais presque glabres, même en dessous, et
à crénelures plus profondes; fleurs jaunes, odorantes, disposées en épi allongé, à pétales le double plus grands que le calice; bractées lancéolées; calice à crochets plus étalés et plus
marqués que dans l'espèce précédente, dont celle-ci pourrait
bien n'être qu'une variété. ♃ Juillet, août. Dans les bois humides des provinces de Liége et de Luxembourg.

Tribu IV. — SANGUISORBÉES. DC. Prod. 2. p. 588.

Fleurs souvent polygames-dioïques; calice à 3-5 divisions;
pétales nuls ou au nombre de 4 soudés à la base de la corolle;
4 étamines insérées sur un disque annulaire qui rétrécit la gorge
du calice; fruit formé de 1-2, rarement 3-4 carpelles distincts,

monospermes, indéhiscents. Fleurs petites. Toutes nos espèces sont herbacées.

12. ALCHIMILLA. Tourn. Inst. t. 289.

Calice tubuleux à limbe divisé en 8 parties alternativement grandes et petites; 4 étamines très courtes; style filiforme, à sommet capité; 1 ovaire.

§ 1.—*Alchemilla*. L. Calice à 8 divisions; étamines 2-4. Espèces vivaces.

471. A. VULGARIS (L. Sp. 178). Souche épaisse, à tiges de 25 à 35 centimètres, couchées à la base, velues; feuilles réniformes, plissées en éventail avant leur développement, à 9 lobes dentés, arrondis; fleurs verdâtres, disposées en corymbes dichotomes, terminaux et axillaires. 24 Mai, juin, juillet. Dans les bois couverts.

472. A. ALPINA (L. Sp. 179, var. a). Tiges de 16 à 25 centimètres, redressées; feuilles digitées à 5-7 divisions lancéolées, cunéiformes, obtuses, dentées, soyeuses en dessous; fleurs verdâtres disposées en corymbe terminal. 24 L'été. Dans les bruyères entre Jalhay et Mangombroux (Lej.).

§ 2. — *Aphanes*. L. Calice à 4 divisions. Espèces annuelles.

473. A. ARVENSIS (Scop. Carn. 1. p. 115). Aphanes arvensis L. Sp. 479. Tiges de 6 à 12 centimètres très-rameuses, étalées, velues; feuilles pubescentes, pétiolées, ciliées; à 5 divisions principales, subdivisées en 3 ou 4 autres; fleurs verdâtres, très-petites, agglomérées, axillaires, sessiles; 1-2 étamines fertiles, les autres stériles. ⚲ Printemps et été. Commun dans les moissons.

13. Sanguisorba. L. Gen. n° 146.

Fleurs hermaphrodites; calice coloré à 4 divisions, muni d'écailles à sa base; pétales nuls; 4 étamines; 2 carpelles inclus dans le tube du calice, surmontés par le style.

474. S. officinalis (L. Sp. 169). Tige de 50 à 70 centimètres, droite, glabre, rameuse; feuilles alternes, pétiolées, pinnées, à folioles ovales, crénelées; fleurs rougeâtres, agrégées en un épi très-dense, ovale, porté sur des pédoncules longs, nus, solitaires; étamines à peu près de la longueur du calice; celui-ci à limbe caduc, les fructifères à angles ailés. ♃ L'été. Dans les prairies des provinces du Limbourg, de Liége et du Hainaut.

14. Poterium. L. Gen. n° 1069.

Fleurs monoïques ou polygames; calice coloré à 4 divisions, muni de 3 écailles à sa base; pétales nuls; 20 à 30 étamines; 2 ovaires surmontés du style filiforme et du stigmate en pinceau; 2 fruits monospermes renfermés dans le calice.

475. P. sanguisorba (L. Sp. 1411). Tiges de 25 à 40 centimètres, dressées, glabres, peu rameuses, nues supérieurement; feuilles ailées avec impaire, à folioles ovales-arrondies, incisées-dentées; fleurs rougeâtres formant un épi très-dense, globuleux, souvent hermaphrodite, ou ayant les fleurs mâles inférieurement et les femelles supérieurement. ♃ Tout l'été. Dans les prairies sèches et montueuses.

476. P. polygamum (W. et K. Pl. rar. Hung. 2. t. 198). Tige plus élevée, glabre; folioles ovales-oblongues dans les feuilles inférieures, lancéolées dans les supérieures; fleurs disposées comme dans l'espèce précédente, les inférieures mâles, les moyennes hermaphrodites, les supérieures femelles. ♃ L'été. Dans les prairies à Ansembourg (Luxembourg). M. Tinant.

Tribu V. — ROSÉES. DC. Prod. 2. p. 596.

Calice ovoïde ou globuleux, urcéolé, à tube contracté au sommet, à limbe à 5 divisions, corolle à 5 pétales ; carpelles nombreux, monospermes, secs, indéhiscents, renfermés dans le tube du calice qui s'accroît après la floraison et devient charnu à la maturité ; étamines en nombre indéfini.

15. ROSA. Tourn. Inst. t. 408.

Divisions du calice pinnatifides, rarement entières ; corolle à préfloraison imbriquée-contournée ; styles latéraux, libres ou soudés en colonne à leur partie supérieure ; carpelles nombreux, osseux, de forme irrégulière, couverts de poils roides, insérés sur les parois du tube du calice. Arbrisseaux munis d'aiguillons, à feuilles ailées munies de stipules attachées le long du pétiole ; fleurs paniculées, grandes.

§ 1. — *Styles réunis.*

477. R. ARVENSIS (L. Mant. 245). Arbrisseau à rejets flagelliformes, à aiguillons inégaux, crochus ; feuilles à 5 ou 7 folioles glabres, un peu glaucescentes, à dents simples ; fleurs blanches, solitaires ou en corymbe ; sépales presque entiers, courts ; styles en colonne cylindrique, atteignant la longueur des étamines ; fruit ovale, allongé, glabre ou un peu hispide. ♃ Juin, juillet. Dans les haies et les buissons.

   VAR. *ß.* STYLOSA (Desvaux). Feuilles pubescentes, à pétioles tomenteux ; fleurs d'un blanc rosé.
Les rosa ovata Lej. et bibracteata Bast. rentrent dans cette espèce.

§ 2. — *Styles libres.*

478. R. GALLICA (L. Sp. 704). Tiges dressées, à aiguillons inégaux,

droits, arrondis, entremêlés de soies glanduleuses; stipules étroites à sommet divariqué; feuilles à 5-7 folioles un peu coriaces, ovales, grandes, simplement dentées; fleurs pourpres, grandes, subcorymbifères, à pédoncules hispides; calice turbiné, un peu visqueux, à sépales entiers. Fruits globuleux. ♄ Juillet, août. Cultivé. Il se rencontre parfois dans les haies.

479. R. CINNAMOMEA (L. Sp. 705). Tige très-rameuse, à écorce cendrée, à rameaux serrés, munis d'épines géminées, courtes, courbées; 5 à 7 folioles ovales-elliptiques, dentées, pubescentes-cendrées en dessous; stipules dilatées, ondulées; fleurs rouges, petites; divisions du calice étalées, spatulées au sommet; pédoncules courts; fruit globuleux, glabre, un peu rougeâtre. ♄ Mai, juin. Cultivé. Il n'est pas très-rare dans les haies.

480. R. EGLANTERIA (L. Sp. 705). Tiges jaunâtres, très-épineuses; rameaux adultes munis d'aiguillons épars, droits, rarement stipulaires; 5 à 7 folioles obovales, finement dentées, lisses en dessus, glanduleuses en dessous; stipules étroites, presque entières, divergentes au sommet; fleurs jaunes; divisions du calice étalées, pinnatifides; fruit globuleux. ♄ Juin, juillet. Cultivé.

481. R. PIMPINELLIFOLIA (L. Sp. 705). Tiges dressées, courtes, très-épineuses, à épines arrondies, droites, fines; 5 à 9 folioles petites, glabres, arrondies, finement dentées; stipules étroites, dilatées au sommet; fleurs blanches à pédoncules souvent renflés; divisions du calice entières, étalées; fruit globuleux, noirâtre. ♄ Juin, juillet. Sur les rochers et les coteaux arides des provinces de Namur, de Liége, du Luxembourg et du Hainaut.

　　VAR. β. SPINOSISSIMA (L. Sp. 705). Ovaire hispide.

　　VAR. ν. MARIENBURGENSIS (Red.). Fleurs plus grandes; pédoncules glabres; pétiole subépineux.

482. R. RUBRIFOLIA (Vill. Dauph. 3. p. 549). Glauque, pruineux; aiguillons un peu courbés; 5-7 folioles ovales, lancéo-

lées, glabres, glauques-rougeâtres en dessous ; stipules un peu larges, acuminées ; fleurs d'un blanc rosé portées sur des pédoncules courts, hispides et subcorymbifères ; divisions du calice subspatulées, souvent entières, dépassant la corolle ; fruit ovale-globuleux, lisse. ♃ Juin, juillet. Ce rosier a été trouvé près de Tournai et à Domeldange (Luxembourg).

VAR. β. GLAUCA (Lois.). Feuilles glaucescentes.

483. R. CANINA (L. Sp. 704). Tige dressée, à aiguillons épars, forts, comprimés, courbés ; 7 folioles glabres, aiguës, luisantes, elliptiques, souvent doublement dentées ; stipules larges, denticulées ; fleurs d'un blanc rosé, à pétales émarginés ; divisions du calice pinnatifides, dépassant longuement la corolle avant la floraison, caduques ; fruit ovale, lisse, rouge ou jaunâtre. ♃ Juin, juillet. Dans les haies et les buissons.

VAR. β. DUMETORUM (Desv.). R. dumetorum Thuil. R. collina Jacq. Rameaux à aiguillons ; pétioles tomenteux ; feuilles ovales, très-aiguës, un peu pubescentes en dessous ; pédoncules presque lisses, ainsi que le fruit.

VAR. γ. MALMUMDARIENSIS (Lej. Fl. Spa). Folioles subarrondies, glanduleuses ; pédoncules glabres.

Les Rosa ambigua Lej., glaucescens Desv., nitens Desv., globosa Desv., fastigiata Bast., ne sont que des variétés de cette espèce.

484. R. RUBIGINOSA (L. Mant. 564). Tiges dressées, à aiguillons forts, comprimés, crochus, rarement droits ; 5 à 7 folioles ovales ou subarrondies, dentées, munies de glandes rougeâtres en dessous et sur les bords ; fleurs roses-purpurines ; divisions du calice glanduleuses, pinnatifides, caduques ; fruits rouges, hispides, ainsi que les pédoncules. ♃ Juin, juillet. Dans les haies et sur les coteaux arides.

VAR. β. UMBELLATA (Lindl.). R. umbellata Fl. fr. 5. p. 564. 5 à 6 fleurs réunies en ombelle ; fruit ovale globuleux, presque lisse ; pédoncules hispides.

VAR. γ. SEPIUM (Ser.). R. sepium Th. Fl. par. Pétiole

Rosa.

glabre; folioles obovales, elliptiques, lancéolées;
fleurs solitaires ou en corymbe; fruits et pédoncules
lisses.

Les Rosa nemorosa Lib., resinosa Wallr., campestris Dum.,
doivent être réunies avec la R. rubiginosa.

485. R. COLLINA (Lej. Fl. Sp.). Cette espèce et ses variétés doivent, je pense, se rapporter à l'espèce précédente. Tige à aiguillons courbés; 5 à 7 folioles ovales, très-glabres en dessus,
velues en dessous; pétioles et pédoncules glanduleux, velus;
fleurs odorantes, d'un blanc rosé; fruit lisse, d'un rouge orangé.
♃ Juin, juillet. Dans les haies et les buissons.

Les Rosa Libertiæ ou umbellata Lib., belgica Mill., glaberrima Dum., leucantha Lois., ne sont que des variétés de l'espèce qui nous occupe, ou peut-être des deux espèces précédentes.

486. R. TOMENTOSA (Sw. Brit. 2. p. 539). Tiges dressées, à aiguillons petits, à peine aplatis à la base et presque droits;
folioles ovales, glanduleuses, un peu doublement dentées, plus
ou moins tomenteuses; fruits ovales, plus ou moins hispides,
ainsi que les pédoncules. ♃ Juin, juillet. Dans les haies et les
buissons.

    VAR. *β*. MOLLISSIMA (Willd.). Fruit plus allongé et
      glabre.

    VAR. *γ*. CINERASCENS (Tin.). Feuilles simplement den-
      tées; fruits et pédoncules hispides; divisions du ca-
      lice divergentes.

487. R. VILLOSA (L. Sp. 704). Tiges et pétioles à aiguillons rougeâtres, droits, grêles; folioles ovales, un peu glauques, velues
en dessous, un peu doublement dentées, glanduleuses, ainsi
que les pétioles; fleurs roses ou presque rouges; ovaires gros,
globuleux, d'un rouge-sang, très-hérissés, un peu pendants.
♃ Juin, juillet. Dans les haies et les buissons.

La Rosa pseudo-rubiginosa Lej. n'est qu'une variété plus
glanduleuse. Cette variété et l'espèce se trouvent principalement dans les provinces de Liége et de Luxembourg.

Rosa.

488. R. CENTIFOLIA (L. Sp. 704). Arbrisseau à aiguillons presque droits, à peine dilatés à la base; 5 à 7 folioles ovales, glanduleuses sur les bords, un peu molles, velues en dessous; stipules un peu larges, acuminées; fleurs rosées, à pétales nombreux; divisions du calice étalées après la floraison; fruit ovale-conique; calice et pédoncules glanduleux-hispides, visqueux. ♃ Juin, juillet. Cultivé dans les jardins.

489. R. ALBA (L. Sp. 705). Arbrisseau glaucescent, à épines petites, recourbées; folioles ovales, arrondies, courtement acuminées, inégalement dentées, tomenteuses en dessous, à pétioles subépineux; fleurs blanches ou un peu rosées, subagrégées, portées sur des pédoncules glanduleux-hispides; divisions du calice pinnatifides; fruit obovale. ♃ Juin, juillet. Cultivé dans les jardins presque toujours avec ses fleurs doubles. On le rencontre dans son état naturel à fleurs simples dans quelques localités. Juslenville (Liége), Wepion (Namur), Caster (Limbourg).

Tribu VI. — POMACÉES. Juss. Gen. p. 384.

Fleurs hermaphrodites, régulières; calice à 5 divisions, en tube campanulé et incisé, charnu à la maturité, renfermant les carpelles et y étant adhérent; corolle à 5 pétales caducs, insérés sur la gorge du calice, à préfloraison imbriquée; 15 à 30 étamines; ovaire soudé avec le calice, à 5 carpelles ou moins par avortement; 5 styles ou moins par avortement; fruit couronné par le limbe du calice, charnu ou pulpeux, constitué extérieurement par le tube du calice très-développé; carpelles cartilagineux ou osseux à 2 valves ou indéhiscents; loges monospermes ou dispermes, rarement polyspermes; graines dressées, rarement presque horizontales; cotylédons ovales, charnus; arbres ou arbrisseaux à feuilles simples, rarement pinnées, stipulées.

16. CRATÆGUS. Lindl. Trans. linn. 13. p. 105.

Calice à tube urcéolé, à 5 divisions; corolle à 5 pétales étalés, orbiculaires; ovaire de 1 à 5 loges bi-ovulées; 1 à

Cratægus.

5 styles glabres; fruit charnu, ovale, couronné par les dents du calice, à 1 ou plus rarement 2-5 noyaux osseux, monospermes par avortement; arbrisseaux épineux à feuilles anguleuses ou dentées.

\ 490. C. OXYACANTHA (L. Sp. 683). Mespilus oxyacantha Gærtn. Fruct. p. 43. t. 87. L'aubépine. Arbrisseau de 3 à 5 mètres, un peu diffus, à bois très-dur; feuilles obovales-cunéiformes, à 3-5 lobes dentés au sommet; fleurs blanches, quelquefois rouges, contenant 1-2 noyaux osseux. 5 Mai. Dans les haies et les buissons.

> VAR. *β*. OBTUSATA (DC.). C. oxyacanthoïdes Fl. fr. 4. p. 433. Feuilles à 3 lobes obtus, dentés, glabres; 2 styles.
> VAR. *γ*. LACINIATA (Wallr.). C. monogyna Bull. Herb. Cette variété est plus grande que l'espèce, à feuilles profondément lobées, sinuées, d'un vert un peu jaunâtre; 1 style.

Le Cratægus azarolus L. Sp. 683 ne se trouve pas en Belgique.

17. COTONEASTER. DC. Prod. 2. p. 632.

Fleurs polygames par avortement; calice turbiné à 5 dents; pétales courts, dressés; étamines de la longueur des dents du calice; styles glabres, plus courts que les étamines; **2** à 3 carpelles pariétaux à **2** graines, inclus dans le calice; arbrisseaux à feuilles simples, très-entières.

\ 491. C. VULGARIS (Lindl. Trans. lin. 13. p. 104). Mespilus cotoneaster L. Sp. 686. Arbrisseau de 2 mètres environ, à feuilles blanchâtres, cotonneuses, ovales, arrondies à la base, lisses et vertes en dessus; fleurs verdâtres, axillaires, réunies par 2 à 5, rarement solitaires; calice et pédoncule glabres; fruits arrondis d'un rouge brillant. ♃ Avril, mai. Sur les collines pierreuses. Clausen, Pulveruhl, les bords de la Sure (Luxembourg).

18. AMELANCHIER. Lindl. Trans. lin. 13. p. 100.

Calice à 5 divisions; pétales lancéolés; étamines plus courtes que le calice; 5 styles presque réunis à la base; fruit à 5 loges partagées chacune en 2 locules incomplètes.

492. A. VULGARIS (Mœnch. Méth. 682). Cratægus amelanchier Fl. fr. 4. p. 432. Mespilus amelanchier L. Sp. 685. Arbrisseau de 40 à 60 centimètres, sans épines; feuilles subarrondies, ovales, un peu obtuses, dentées, pubescentes en dessous, glabres en dessus, pétiolées; fleurs d'un blanc jaunâtre se développant sur les rameaux terminaux; fruits d'un bleu noirâtre, très-glabre. ♃ Mai. Dans les endroits montueux et pierreux du Luxembourg et de l'Eiffel.

19. MESPILUS. Lindl. l. c. p. 99.

Calice à 5 divisions foliacées; pétales suborbiculaires; 2-5 styles glabres; fruit subglobuleux, turbiné, couronné par les divisions du calice très-développées, à 5 loges, à endocarpe osseux; arbrisseau à feuilles lancéolées, denticulées.

493. M. GERMANICA (L. Sp. 684). Le néflier. Arbrisseau épineux, tortueux, de 1 à 2 mètres; feuilles lancéolées, entières, tomenteuses en dessous, courtement pétiolées; fleurs blanches, solitaires, sessiles. ♃ Mai. Dans les haies et les buissons.

20. PYRUS. Lindl. l. c. p. 97.

Calice à tube urcéolé, à 5 divisions; corolle à 5 pétales

Pyrus.

subarrondis; styles ordinairement au nombre de 5, rarement 2 ou 3; ovaire à 5 loges biovulées; fruit ombiliqué, à 5 loges cartilagineuses, dispermes.

§ I. — *Pyrophorum.* DC. Prod. 2. p. 333.

Pétales plans, étalés; 5 styles libres; fruit pyriforme, ombiliqué au sommet; fleurs disposées en ombelle; feuilles sans glandes.

494. P. COMMUNIS (L. Sp. 686). Le poirier. Arbre élevé, à feuilles ovales, denticulées, pétiolées, glabres, luisantes en dessus; fleurs blanches en ombelle de 6 à 12; fruits gros, doux, sucrés. 5 Avril. Cultivé.

VAR. *β.* SYLVESTRIS (Duham). C'est le poirier à l'état sauvage. Il est épineux; les feuilles sont plus petites, coriaces, glabres, pointues, denticulées; le fruit est petit, âpre et sucré au goût. Dans les haies et les bois.

495. P. BOLWYLLERIANA (DC. Fl. fr. 5. 530). P. polveria L. Mant. 244. Arbre de 2 à 3 mètres; feuilles ovales, grossement dentées, tomenteuses en dessous; fleurs blanches en corymbe multiflore; fruits turbinés, petits, jaunâtres en dedans. Dans les bois des provinces de Liége et du Luxembourg.

§ II. — *Malus.* Tourn. Inst. t. 406.

Pétales plans, étalés; 5 styles un peu soudés à la base; 5 loges; fruits sphéroïdes, ombiliqués en dessus et en dessous; fleurs en fascicules ombelliformes; feuilles simples non glanduleuses.

496. P. MALUS (L. Sp. 686). Malus sativa Duham. Malus communis Lam. Arbre moins élevé que le poirier, à tête assez régulière, étalée; feuilles grandes, pétiolées, ovales, pointues, crénelées, velues; fleurs grandes, d'un blanc un peu rosé;

Pyrus.

fruits gros, variant beaucoup suivant les nombreuses variétés obtenues par la culture. ♃ Cultivé.

> VAR. *β*. SYLVESTRIS (Mill.). C'est le pommier à l'état sauvage. Les rameaux sont épineux, les feuilles plus petites, un peu velues en dessus, blanches et cotonneuses en dessous; les pédoncules sont cotonneux, et le calice velu; le fruit est assez petit et très-âpre.

497. P. ACERBA (DC. Prod. 2. p. 635). Malus acerba Mer. Fl. par. Arbre de 2 à 4 mètres; feuilles ovales, aiguës, glabres sur les deux faces; fleurs blanches, en ombelle simple, sessile; tube du calice très-glabre; fruit acerbe. ♃ Avril, mai. Dans les bois des provinces de Liége et de Luxembourg.

§ III. — *Aria*. DC. Prod. 2. p. 635.

Pétales étalés, plans; souvent 2-3 styles; fruit globuleux; fleurs en corymbe; pédoncules rameux.

498. P. ARIA (Ehrb. Beitr. 4. p. 20). Cratægus aria L. Sp. 681. Arbre de 8 à 10 mètres; feuilles ovales-oblongues, pétiolées, blanches-tomenteuses en dessous, doublement dentées inégalement; fleurs blanches à 2 styles, disposées en corymbe plan; pédoncules et calice velus. ♃ Mai.

Je n'ai jamais rencontré cet arbre en Belgique que cultivé dans les bois d'agrément.

§ IV. — *Torminalis*. DC. l. c.

Pétales plans, étalés, subonguiculés; styles 2-5 soudés entre eux, glabres; fruit turbiné à la base; fleurs en corymbe; pédoncules rameux.

499. P. TORMINALIS (Ehrh. Beitr. 6. p. 92). Cratægus torminalis L. Sp. 681. Arbre de 4 à 6 mètres; feuilles pétiolées, lobées-anguleuses, cordées-ovales, dentées, à 7 angles, à lobes infé-

rieurs écartés, divergents, pubescentes en dessous étant jeunes, devenant ensuite glabres; fleurs blanches en corymbe multi-flore, à calice et pédoncules velus. ♃ Mai. Cultivé dans les bosquets, et il se rencontre parfois spontané. Thuin, Chimai (Hainaut), Halen (Limbourg).

§ V. — *Sorbus*. L. Gen. nᵒ 623.

Pétales étalés, plans; 2-5 styles; fruit globuleux, tur-biné; feuilles pinnées; fleurs en corymbe; pédoncules rameux.

\ 500. P. AUCUPARIA (Gærtn. Fruct. 2. p. 45. t. 87). Sorbus aucu-paria L. Sp. 683. Sorbier des oiseaux. Arbre de 5 à 8 mètres; feuilles à 13-15 folioles ovales, glabres, dentées; fleurs blanches nombreuses en corymbe; fruits arrondis, rouges; bour-geons tomenteux, blanchâtres. ♃ Mai. Dans les bois et les bosquets.

501. P. SORBUS (Gærtn. Fruct. 2. p. 45. t. 87). Sorbus domes-tica L. Sp. 684. Arbre de 10 à 15 mètres; feuilles alternes, imparipinnées, à 15-17 folioles, ovales-oblongues, dentées, blanchâtres en dessous; fleurs blanches, pentagones, disposées en corymbe; fruits rougeâtres, pyriformes, obovales; bour-geons glabres, glutineux. ♃ Mai. Cultivé, très-rarement spon-tané dans les bois.

502. P. PINNATIFIDA (Smith. engl. Bot. t. 2331). Sorbus hybrida L. Arbre de 5 à 7 mètres; feuilles pinnatifides, à lobes infé-rieurs prolongés jusqu'à la nervure, tomenteuses-blan-châtres en dessous, ainsi que les pétioles et les pédoncules; fleurs blanches en corymbe; fruits rouges, arrondis. ♃ Mai.

On prétend qu'il se trouve dans les bois de la Campine où je ne l'ai jamais trouvé. Je l'ai rencontré une fois à La Plante, près Namur, dans un endroit où je soupçonne qu'il a été planté.

21. Cydonia. Tourn. Inst. 632.

Calice à 5 divisions ; 5 pétales suborbiculaires ; étamines dressées ; 5 styles ; ovaire à 5 loges multiovulées ; fruit cotonneux, pyriforme, ombiliqué au sommet et couronné par le limbe persistant du calice, à 5 loges contenant chacune 10 à 15 graines ; arbuste à feuilles entières.

503. C. vulgaris (Pers. Ench. 2. p. 40). Le cognassier. Arbuste peu élevé, à rameaux tortus et épineux dans l'état sauvage ; feuilles ovales-arrondies, entières, velues-blanchâtres en dessous, courtement pétiolées ; fleurs blanches, un peu rosées, grandes, solitaires, à calice tomenteux. ♄ Avril, mai. Cultivé.

Fⁱˡᵉ XXVII. — Cucurbitacées. Juss. Gen. p. 393.

Fleurs monoïques ou dioïques, rarement hermaphrodites ; calice adhérent à l'ovaire, à 5 divisions ; corolle marcescente, persistante, à 5 divisions soudées au calice ; fleurs mâles à 5 étamines, à filets souvent réunis, à anthères oblongues, uniloculaires ; fleurs femelles à 1 style, à 3-5 stigmates bilobés, épais ; ovaire adhérent. Fruit charnu à écorce dure, à 1-5 loges polyspermes ; graines horizontales, attachées par de longs filets dans l'angle des cloisons ; périsperme nul. Herbes sarmenteuses, grimpantes, à tige rude, à feuilles pétiolées, alternes, munies de vrilles axillaires, à pédoncules axillaires, articulés dans leur milieu.

1. Cucumis. L. Gen. nⁿ 1479.

Calice tubulé, campaniforme, à 5 divisions sétacées ; corolle campanulée à 5 divisions à peine soudées entre elles

Cucumis.

et avec le calice; fleurs mâles à 5 anthères soudées, portées sur 3 filets; les femelles à 3 stigmates épais, bifurqués; fruit à 3-6 loges; graines ovales, comprimées, à bords aigus, nichées dans des cellules pulpeuses.

504. C. MELO (L. Sp. 1486). Le melon. Tige couchée de 1 à 2 ¹/₂ mètres, hispide; feuilles arrondies, lobées, pétiolées, subdenticulées, rudes sur les deux faces, ainsi que les pétioles; fleurs jaunes, axillaires, pédonculées; fruit ovale ou subglobuleux, marqué de côtes ou sans côtes, à écorce ridée ou chargée de tubercules. ⊙ Tout l'été. Cultivé pour son fruit.

505. C. SATIVUS (L. Sp. 1437). Le concombre ou cornichon. Tige de 1 à 2 mètres, scabre, couchée; feuilles cordiformes, anguleuses, à lobes aigus, rudes sur les deux faces, pétiolées; fleurs jaunes, axillaires, courtement pédonculées; fruit allongé, presque cylindrique, tuberculeux. ⊙ Tout l'été. Cultivé.

506. C. CITRULLUS (Ser. DC. Prod. t. 3. ined.). Tige couchée, très-velue, ainsi que toute la plante; feuilles obtusément pinnatiséquées, subglaucescentes; fleurs jaunes, solitaires, munies à la base d'une bractée oblongue; fruit subglobuleux, glabre. ⊙ Été. Cultivé.

2. CUCURBITA. L. Gen. n° 1478.

Fleurs monoïques, solitaires; calice à 5 divisions; corolle à 5 divisions planes, veinées; 5 anthères adhérentes, portées sur 3 filaments; 1 style court, trifide; fruit gros, charnu, à 3-5 loges.

507. C. LAGENARIA (L. Sp. 1434). Lagenaria vulgaris Ser. Mem. Soc. Gen. 3. p. 1. p. 25. Toute la plante est couverte d'une pubescence molle; tige sarmenteuse; feuilles cordées, presque entières, biglanduleuses à la base; vrilles à 3-4 rameaux; fleurs très-étalées, fasciculées; fruit pubescent, glabre et

Cucurbita.

très-lisse à la maturité ; graines entourées d'un rebord épais, émarginé, subbilobé au sommet. ☉ En été. Cultivé.

508. C. PEPO (L. Sp. 1435). Le potiron, giraumont. Tige de 3 à 4 mètres, hérissée ; feuilles très-grandes, cordiformes, arrondies, horizontales, portées sur des pétioles droits ; fleurs jaunes, axillaires, très-grandes, solitaires ; fruit lisse, très-gros, sphérique, prenant une teinte rougeâtre à la maturité ; graines ovoïdes, un peu pointues. ☉ Tout l'été. Cultivé.

VAR. *β*. OBLONGA (Lob.). La citrouille. Feuilles cordiformes, lobées ; corolle à lobes droits ; fruit ovoïde.

3. BRYONIA. L. Gen. nº 1480.

Fleurs monoïques ou dioïques ; calice à 5 dents aiguës ; corolle à 5 divisions ; fleurs mâles à 5 anthères dont 4 soudées, portées par 2 filets, la 5ᵉ libre ; les femelles à 1 style, à trois stigmates pénicillés ; fruit ovale ou globuleux, à 1 loge polysperme ; graines ovales à peine comprimées, plus ou moins marginées.

509. B. DIOÏCA (Jacq. Austr. t. 199). Tige de 3 à 4 mètres, grimpante, lisse ; feuilles palmées, hispides-tuberculeuses, à 5 lobes profonds, dont le terminal est le plus long, garnies à la base d'une vrille roulée en spirale ; fleurs blanchâtres, dioïques, marquées de lignes verdâtres, en grappes, les mâles portées sur des pédoncules très-longs ; fruits arrondis, rouges à leur maturité. ♃ Tout l'été. Dans les haies et les buissons.

4. MOMORDICA. L. Gen. nº 1478.

Fleurs monoïques ; les mâles à calice et à corolle à 5 divisions ; 5 étamines à filets triadelphes ; les femelles à 3 filets stériles ; style trifide ; ovaire triloculaire ; fruit muriqué, s'ouvrant avec élasticité à sa maturité ; graines comprimées.

Momordica.

510. M. ELATERIUM (L. Sp. 1434). Ecballum elaterium Rich. Tiges
d'un mètre à un mètre et demi, rampantes, rameuses, hispides; feuilles cordées, sublobées, crénelées-dentées, longuement pétiolées, non munies de vrilles; fleurs jaunâtres en épis
axillaires; fruits ovales, hispides, scabres. ⚤ Tout l'été. Cette
plante est commune dans le midi de l'Europe, mais elle se
reproduit facilement de graines dans notre pays. Elle a existé
longtemps près de Namur où on ne la retrouve plus. On la rencontre encore, paraît-il, dans quelques localités du Hainaut.

F^lle XXVIII. — ONAGRARIÉES. Juss. Ann. mus. 3. p. 15.

Calice monophylle, adhérent avec l'ovaire, à 2-4-5 lobes;
corolle rarement nulle, le plus souvent à 4 pétales insérés
au sommet du calice; étamines en nombre égal ou double
des pétales; 1 ovaire; 1 style filiforme; stigmate en tête ou
lobé; fruit capsulaire, ou en baie, ou drupacé, à 2 ou 4
loges; graines nombreuses ou très-rarement solitaires, attachées au sommet des loges; périsperme nul. Toutes nos
espèces sont herbacées, à feuilles simples, ordinairement
opposées.

1. EPILOBIUM. L. Gen. n° 471.

Calice allongé, à 4 divisions caduques; 4 pétales; 8 étamines; capsule allongée, tétragone, polysperme, à 4 loges,
à 4 valves; graines couronnées de poils simples.

§ 1. — *Fleurs irrégulières, pétales ovales, étamines dressées,
stigmate quadrifide.*

511. E. SPICATUM (Lam. Dict. 2. p. 373). E. angustifolium β. L.
Sp. 493. Tige de 60 centimètres à 1 mètre, dressée, presque

Epilobium.

simple, rougeâtre, glabre; feuilles sessiles, éparses, lancéolées, très-longues, entières; fleurs grandes, roses, en épi lâche,
terminal; calice coloré; capsules pubescentes, pédonculées,
munies d'une bractée à la base du pédoncule. ♃ Juillet, août.
Dans les bois montueux. Il y a une variété à fleurs blanches.

§ 2. — *Fleurs régulières, pétales échancrés, étamines dressées,*
stigmate quadrifide.

512. E. HIRSUTUM (L. Sp. 494). Tige de 50 à 70 centimètres,
dressée, rameuse, velue; feuilles opposées dans le bas, alternes dans le haut, lancéolées, dentées irrégulièrement, décurrentes, amplexicaules, pubescentes; fleurs roses, grandes,
terminales, à sépales mucronés; capsules pubescentes. ♃ L'été.
Dans les lieux humides.

      VAR. *β.* INTERMEDIUM (Ser.). E. intermedium Mer. Fl.
        par. 2. p. 179. Rameaux et feuilles très-velus, cap-
        sule laineuse.

      VAR. *ν.* SPARSIFOLIUM. (Nob.) E. sparsifolium Dum^r. Tige
        velue, rude; feuilles éparses, subpétiolées. Près
        Tournai.

      VAR. *♂.* UMBROSUM. (Nob.) E. umbrosum Dum^r. Tige
        roide, velue, ainsi que les feuilles, qui sont sessiles,
        ovales-lancéolées.

513. E. MOLLE (Lam. Dict. 2. p. 475). E. parviflorum Schreb.
eng. Bot. t. 795. Tige de 50 à 40 centimètres, dressée, ordinairement simple, pubescente; feuilles opposées dans le bas,
oblongues-lancéolées, sessiles, blanchâtres, molles, à denticules rougeâtres; fleurs d'un rose pâle, petites, dressées, ainsi
que les capsules, qui sont pubescentes; calice à divisions mutiques. ♃ Tout l'été. Dans les endroits humides.

514. E. MONTANUM (L. Sp. 494). Tige de 30 à 50 centimètres environ, glabre ou légèrement pubescente, presque simple; feuilles
presque toujours opposées ou ternées, ovales-lancéolées, subsessiles, inégalement dentées, presque glabres; fleurs roses,

sessiles, assez grandes, à pétales obcordés, plus longs que le calice; capsules minces, allongées, brièvement pédiculées. ♃ Tout l'été. Dans les bois et les buissons.

> Var. *β*. ORIGANOÏDES (Ser.). Feuilles très-petites, à peine denticulées, presque toutes opposées; tige petite et débile.
>
> Var. *γ*. NUTANS (Nob.). E. nutans Lej. Fl. Spa. E. alpinum Bory. Voy. sout. p. 241. Tige très-simple; fleurs axillaires, subsessiles; capsule atténuée; feuilles glabres.

§ 3. — *Stigmates soudés en massue.*

515. E. PALUSTRE (L. Sp. 495). Tige de 20 à 30 centimètres, arrondie, redressée, glabre, un peu pubérulente du haut; feuilles opposées, sessiles, lancéolées, glabres, très-peu dentées ou entières, à bords un peu roulés; fleurs roses peu nombreuses; capsules pubescentes; graines munies d'une aigrette portée par le prolongement du testa. ♃ Tout l'été. Dans les marécages tourbeux, surtout en Campine.

516. E. ROSEUM (DC. Fl. fr. 4. p. 422. non Smith). Tige de 30 à 40 centimètres, dressée, simple, rougeâtre, un peu pubescente du haut, offrant 2-4 lignes saillantes; feuilles opposées dans le bas, binées ou ternées, lancéolées-ovales, acuminées, dentées, pétiolées; fleurs petites, d'un rose pâle, presque sessiles, à pétales plus longs que le calice; capsules courtement pédicellées. ♃ Juin, juillet, août. Dans les lieux humides.

517. E. TETRAGONUM (L. Sp. 494). Tige de 30 à 50 centimètres, tétragone inférieurement, presque glabre, dressée, rameuse; feuilles oblongues-lancéolées, opposées, aiguës, dentées, glabres, atténuées en pétiole; fleurs roses, axillaires et terminales, petites; capsules assez courtes, pubescentes. ♃ Tout l'été. Dans les endroits humides.

518. E. OBSCURUM (Pers. Ench. 2. p. 410). Tige de 30 à 50 centimètres, droite, glabre, munie d'une ligne anguleuse; feuilles

glabres, dentées, les supérieures et les florales atténuées, linéaires, aiguës; fleurs roses, petites; capsules pubescentes. ♃ Été. Dans les lieux humides.

Cette espèce pourrait bien n'être qu'une variété de la précédente.

519. E. decumbens (Dum. Fl. belg. f. 89). Tige de 25 à 35 centimètres, couchée (M. Tinant la dit droite); feuilles sessiles, opposées, oblongues, crénelées, obtuses; fleurs petites, rougeâtres, en épi terminal; stigmate en massue. ♃ Dans les marais spongieux près Rambrouch (Luxembourg). N'ayant jamais vu cette plante, je ne puis que la citer ici.

2. OEnothera. L. Gen. n° 469.

Calice allongé, cylindrique, à 4 divisions, à limbe caduc après la floraison; 4 pétales; 8 étamines à pollen visqueux; capsule oblongue, linéaire, tétragone, polysperme, à 4 loges, à 4 valves; graines nues.

520. Æ. biennis (L. Sp. 492). Tige de 40 à 60 centimètres, anguleuse, dressée, rameuse, velue, rude; feuilles ovales-lancéolées, planes, denticulées, un peu velues; fleurs axillaires, d'un jaune pâle, à étamines plus courtes que la corolle et à pétales obcordés. ② Juin, juillet, août. Dans les lieux humides et sablonneux.

L'OEnothera rosea Ait. H. Kew. a pu être rencontré dans le Hainaut, mais comme c'est une plante tropicale, elle n'a pu s'y trouver qu'accidentellement et elle doit être rayée de notre flore.

3. Isnardia. DC. Prod. t. 3. p. 59.

Calice tubuleux à 4 divisions; pétales nuls; 4 étamines; style à base filiforme; stigmate en tête; capsule obovale ou presque cylindrique-tétragone, polysperme, à 4 loges, à 4 valves.

Isnardia.

521. I. **PALUSTRIS** (L. Sp. 175). Tiges de 20 à 30 centimètres, grêles, radicantes, feuillées, rampantes, couchées ou flottantes; feuilles ovales-aiguës, opposées, atténuées en pétiole; fleurs sessiles, axillaires, petites, verdâtres; fruit glabre. ♃ Juillet, août. Dans les marécages. Anvers et à Rambrouch (Luxembourg).

4. Circæa. Tourn. Inst. t. 155.

Calice court, à 2 divisions; 2 pétales obcordés; 2 étamines alternes avec les pétales; stigmate émarginé; capsule ovale, velue, disperme, biloculaire et bivalve; graines dressées, solitaires dans les loges.

522. C. **LUTETIANA** (L. Sp. 12). Tige dressée, un peu pubescente sur le haut; feuilles opposées, longuement pétiolées, ovales-aiguës, denticulées, ciliées sur les bords; fleurs blanches mêlées de rose, en grappes longues, simples, portées sur des pédoncules velus; calice réfléchi; capsule indéhiscente, velue-hispide. ♃ Juin, juillet, août. Dans les lieux frais et humides.

523. C. **INTERMEDIA** (Ehrh. Beitr. 4. p. 92). Tige dressée, simple, glabriuscule; feuilles luisantes, cordiformes, longuement pétiolées, pointues, un peu sinueuses, à dents nombreuses et acuminées; fleurs à sépales grands, dilatés, ne formant qu'un ou deux épis. ♃ Juillet, août. Dans les endroits tourbeux. Ensival (Liége).

524. C. **ALPINA** (L. Sp. 12). Tige couchée de 15 à 25 centimètres, ascendante à la base ou radicante, glabre; feuilles cordées, aiguës, dentées, membraneuses, lisses; fleurs blanchâtres ne formant qu'un ou deux épis, à divisions du calice non dilatées. ♃ Juillet, août. Dans les endroits couverts des Ardennes.

5. Trapa. L. Gen. n° 137.

Calice adhérent à l'ovaire, à 4 divisions; 4 pétales; 4 étamines; style filiforme, renflé à la base; ovaire à 2 lo-

Trapa.

ges, dont une avorte souvent; capsule coriace, munie de 2-4 cornes épineuses, uniloculaire, contenant une graine charnue.

525. **T. NATANS** (L. Sp. 175). La châtaigne d'eau. Tige longue, flottante; feuilles pubescentes en dessous, les submergées capillaires très-menues, les supérieures nageantes, rhomboïdes, dentées, formant une rosette et portées par de longs pétioles souvent renflés au milieu; fleurs blanchâtres, petites, réunies, portées sur des pédoncules velus; fruit à 4 cornes aiguës, opposées en croix, 2 supérieures horizontales étalées, 2 inférieures subascendantes. ⚇ Août, septembre. Dans les marais et les étangs. Je crois que cette plante a été semée dans les endroits où on la trouve et qu'elle n'est pas propre à la Belgique; je pense qu'elle n'est indigène que dans l'Eiffel.

F^lle XXIX. — HALORAGÉES. R. Br. Gen. rem. p. 17.

Calice monosépale, adhérent avec l'ovaire, à limbe à 3-4 divisions; corolle apétale ou à 3-4 pétales, alternant avec les divisions du calice; étamines en nombre égal ou double des pétales; ovaire à 3 ou 4 loges; 3 à 4 stigmates sessiles; capsules surmontées des lobes du calice, multiloculaires, monospermes. Herbes aquatiques monoïques ou dioïques par avortement.

Tribu I. — CERCODIÉES (Juss. Dict. Sc. nat. 441).

Calice à 4 divisions; étamines en nombre égal ou double aux divisions du calice; pétales et fruits en nombre aussi égal aux mêmesdivisions.

1. MYRIOPHYLLUM. Vaill. Act. acad. par. t. 2. f. 3.

Calice à 4 divisions; fleurs monoïques; les mâles à corolle à 4 pétales caducs, alternes avec les divisions du calice; 4 à 8 étamines; anthères biloculaires, s'ouvrant par un sillon longitudinal. Les fleurs femelles à corolle nulle, ovaire légèrement soudé; capsules à 4 loges, monospermes, formées de 4 noix un peu soudées entre elles; fleurs en épis portant ordinairement les fleurs mâles sur le haut et les femelles en bas.

526. M. SPICATUM (L. Sp. 1409). Tiges simples, plongées dans l'eau jusqu'à la naissance des fleurs; feuilles verticillées par 4 ou 5, pinnées, à découpures capillaires; fleurs verdâtres sessiles, axillaires, disposées en épi, verticillées, à verticilles dépourvus de feuilles florales, munis de 4 bractées arrondies, entières. ♃ L'été. Dans les eaux stagnantes.

527. M. ALTERNIFLORUM (DC. Fl. fr. 5. p. 529). Feuilles comme dans l'espèce précédente, mais à laciniures plus distinctes; fleurs aussi en épi, portant les fleurs mâles alternes avec les femelles et à verticilles inférieurs entourés de feuilles pinnées qui dépassent les fleurs, les verticilles supérieurs nus. ♃ Dans les mêmes lieux.

528. M. VERTICILLATUM (L. Sp. 1410). Tiges un peu rameuses; feuilles comme dans le n° 526; fleurs aussi en épi, verticillées; verticilles inférieurs munis de feuilles florales pinnatifides, pectinées, dépassant de beaucoup les fleurs les supérieurs nus. ♃ L'été. Dans les mêmes lieux.

Tribu II. — CALLITRICHINÉES (Linck. En. h. berol. 1. p. 7).

Calice à limbe non apparent; pétales nuls; 1 étamine, plus rarement 2; fruit quadriloculaire.

2. — CALLITRICHE. L. Gen. n° 13.

Fleurs souvent monoïques, surtout les supérieures; in-

Callitriche.

volucres composés de deux bractées très-petites; 1, rarement 2 étamines, à anthère réniforme, uniloculaire; 2 styles; capsule comprimée, composée de 4 loges monospermes, indéhiscentes, à dos caréné ou ailé.

529. C. AQUATICA (Smith. Fl. brit. 1. p. 8). C. verna L. Sp. 6. C. sessilis DC. Fl. fr. 4. f. 414. Tiges grêles, flexibles, flottantes dans l'eau, munies de feuilles opposées, glabres, entières, de formes très-variables, depuis la ronde jusqu'à la linéaire, d'un vert tendre, plus nombreuses sur le bout de la tige où elles forment des rosettes flottant sur l'eau; fleurs petites, axillaires, d'un blanc sale; bractées falciformes, conniventes ou non conniventes, longuement dépassées par les étamines. ① Tout l'été. Dans les eaux courantes et dormantes.

> VAR. *α*. VULGARIS (DC.). C. verna Fl. dan. Toutes les feuilles allongées-obovales.
>
> VAR. *β*. INTERMEDIA (Hoffm.). Feuilles inférieures linéaires, obtuses ou émarginées, les supérieures ovales. C. dubia Th. Fl. par.
>
> VAR. *ν*. STELLATA (Hop.). C. æstivalis Th[r]. Fl. par. Toutes les feuilles ovales, à tiges courtes.
>
> VAR. *δ*. CESPITOSA (Schult.). Toutes les feuilles ovales, petites, un peu roides; tiges courtes étalées. Dans les endroits humides, à peine inondés.
>
> VAR. *ε*. TENUIFOLIA (Pers.). Tous les feuilles linéaires, celles du haut trinerviées, pointues au sommet. C. fissa Lej.
>
> VAR. *ζ*. AUTUMNALIS (L. Sp.). Toutes les feuilles linéaires, bifides au sommet.
>
> VAR. *κ*. MINIMA (Hopp.). Toutes les feuilles entières, linéaires, obtuses. Dans les marais desséchés.

Tribu III. — HIPPURIDÉES (Link. Enum. h. berol. 1. p. 5).

Calice à limbe entier, petit; pétales nuls; 1 étamine; fruit nucamenteux, uniloculaire, monosperme.

5. Hippuris. L. Gen. n° 11.

Tube du calice adhérent à l'ovaire, à limbe très-petit, entier ; corolle nulle ; étamine insérée au sommet du tube ; style filiforme ; capsule uniloculaire, monosperme, couronnée par le limbe du calice.

530. H. VULGARIS (L. Sp. 5). Tiges de 50 à 50 centimètres, dressées, simples, cylindriques, sillonnées ; feuilles, 8 à 15, verticillées, linéaires, blanchâtres à la pointe ; fleurs verticillées en nombre égal aux feuilles et se trouvant ordinairement à la partie moyenne de la tige, dont le sommet est stérile. ♃ Juin, juillet, août. Dans les fossés aquatiques et les rivières.

VAR. β. FLUVIATILIS (Hoffm.). Feuilles inférieures très-allongées, membraneuses.

Fᵐⁱˡ XXX — CÉRATOPHYLLÉES. Gray. Br. pl. arr. 2. p. 554.

Fleurs monoïques ; calice ou périgone libre à 10-12 divisions égales ; pétales nuls ; *fleurs mâles :* 14-20 étamines à anthères sessiles, ovales-oblongues, à sommet bi ou tricuspide ; *fleurs femelles :* un ovaire libre, ovale ; style filiforme, recourbé ; stigmate simple ; noix uniloculaire, monosperme ; périsperme nul. Plantes aquatiques, submergées, à feuilles verticillées, à divisions filiformes ; fleurs sessiles, axillaires, solitaires.

1. Ceratophyllum. L. Gen. n° 1065.

531. C. DEMERSUM (L. Sp. 1409). Tiges nageantes, rameuses, filiformes ; feuilles verticillées par 6 ou 8, à divisions capillaires, finement dentées, épineuses ; fruit triangulaire terminé par 3 épines, dont une supérieure, longue, dressée, et deux

inférieures tournées en bas. ♃ Août, septembre. Dans les
étangs et les marais.

> VAR. β. TRICUSPIDATUM (Nob.). C. tricuspidatum Dum.
> Les trois épines dirigées en haut.
>
> VAR. γ. UNICORNE (Nob.). C. unicorne Dum. Une épine
> seulement (la supérieure), deux tubercules à la
> place des deux autres.

532. C. SUBMERSUM (L. Sp. 1409). Tiges comme dans l'espèce
précédente ; feuilles trois fois dichotomes, non dentées, épineuses ; divisions du calice légèrement dentées ; fruit ovoïde
sans épine. ♃ Août, septembre. Dans les marais et les étangs.

F^lle XXXI. — LYTHRARIÉES. Juss. Dict. sc. nat. 27. p. 453.

Calice libre, tubuleux, persistant ; corolle quelquefois
nulle ou à plusieurs pétales insérés au sommet du calice
et alternes avec ses divisions ; étamines insérées sur le
tube du calice en dessous des pétales, en nombre égal ou
double de ceux-ci ; ovaire libre ; 1 style filiforme ; stigmate
souvent en tête ; capsule membraneuse, couverte ou entourée du calice, à une ou plusieurs loges ; graines nombreuses insérées sur un placenta central ; périsperme nul.
Toutes nos espèces sont herbacées, à feuilles opposées,
rarement alternes, simples, non stipulées.

1. LYTHRUM. Juss. Gen. 332.

Calice cylindrique, strié, denté au sommet, à 8-12 dents,
dont 4-6 membraneuses, plus courtes et plus larges, alternant avec les 4-6 autres qui sont sétiformes et plus longues ;
corolle à 6 pétales attachés au sommet du calice ; étamines
attachées au milieu ou à la base du tube du calice, en

Lythrum.

nombre égal ou double des pétales, quelquefois moindre par avortement; capsule oblongue, recouverte par le calice, biloculaire, polysperme.

553. L. SALICARIA (L. Sp. 662). Tige de 60 à 90 centimètres, dressée, glabre du bas, velue et rude du haut, peu rameuse, quadrangulaire, rougeâtre; feuilles opposées, sessiles, lancéolées, subcordées à la base, aiguës, entières; fleurs rougeâtres, en verticilles serrés formant de longs épis terminaux; calice pubescent; capsules ellipsoïdes, petites: semences convexes. ⹋ Tout l'été. Sur les bords des eaux et des fossés.

554. L. VIRGATUM (L. Sp. 642. non Walt.). Tige de 6 décimètres environ, effilée, tétragone supérieurement; feuilles opposées, glabres, atténuées à la base; fleurs d'un rose purpurin, pédicellées, axillaires, disposées en épi. ⹋ Juin, juillet. Dans les prairies des provinces de Liége, du Hainaut et du Luxembourg.

555. L. HYSSOPIFOLIA (L. Sp. 642) Tige de 15 à 50 centimètres, couchée d'abord, puis redressée, glabre: feuilles alternes, linéaires, sessiles, entières, un peu obtuses; fleurs rouges subsessiles, axillaires, solitaires, plus courtes que les feuilles, à 6 étamines; capsule cylindrique appliquée contre la tige. ⚇ L'été. Dans les terrains marécageux des Ardennes.

2. PEPLIS. L. Gen. n° 446.

Calice campanulé à 12 dents, dont 6 plus larges, dressées, alternées avec les 6 autres qui sont subulées, étalées; 6 pétales manquant quelquefois par avortement; 6 étamines alternes avec les pétales et opposées aux dents les plus larges du calice; capsule indéhiscente, biloculaire, polysperme.

556. P. PORTULA (L. Sp. 474). Tiges de 12 à 20 centimètres, glabres, étalées, couchées, redressées à l'extrémité, radicantes

aux nœuds inférieurs; feuilles opposées, obovales-arrondies, entières, glabres, dégénérant en pétiole; fleurs d'un rose pâle, souvent apétales, petites, sessiles dans les aissellesdes feuilles; capsule glabre, globuleuse. ④ Tout l'été. Dans les endroits inondés.

F^lle XXXII. — PORTULACÉES. Juss. Gen. 313.

Calice monophylle; corolle à 5 divisions ou à 5 pétales, insérée sur le calice; 3 à 12 étamines toutes fertiles, à anthères biloculaires; 1 ovaire souvent subarrondi, uniloculaire, libre ou adhérent à la base; 1-3 styles; capsule uniloculaire, polysperme; périsperme farineux. Herbes grasses, à feuilles alternes, rarement opposées, entières, sans stipules.

1. PORTULACA. Juss. Gen. 512.

Calice persistant, comprimé, à 2 valves; corolle à 5 pétales; 6-12 étamines; style portant 5 stigmates; ovaire attaché près de la base du calice; capsule s'ouvrant en travers, polysperme; graines attachées à 5 placentas centraux.

537. P. OLERACEA (L. Sp. 638). Le pourpier. Tiges de 25 à 55 centimètres, rameuses, couchées, succulentes, glabres; feuilles sessiles, épaisses, glabres, ovales-cunéiformes; 2 à 3 fleurs jaunâtres, sessiles, situées à l'extrémité des tiges ou des rameaux, à pétales obovales, soudés inférieurement. ④ Tout l'été. Cultivé.

2. MONTIA. Mich. Gen. t. 13. f. 2.

Calice persistant à 2 ou 3 valves; corolle monopétale à 5 divisions, dont 3 alternes plus petites; 3-5 étamines;

Montia.

1 style court, caduc, trifide; capsule à 3 valves, trisperme,
recouverte par le calice.

558. M. FONTANA (L. Sp. 129). Tiges de 4 à 6 centimètres, diffuses, glabres; feuilles opposées, embrassantes, spatulées,
entières, glabres; fleurs blanches, à corolle très-petite, axillaires, penchées sur le pédicelle. ① Mai, juin, juillet. Dans
les endroits humides. Andrimont (Liége), Melick (Limbourg),
Casteau, Obignie (Hainaut), dans les Flandres.

VAR. β. RIVULARIS (Gmel.). M. repens Pers. Tiges longues, nageantes, feuilles plus allongées.

F^{lle} XXXIII. — PARONYCHIÉES. St-Hil. Pl. lib. p. 56.

Calice à 5 divisions ou à 5 sépales, rarement à 3-4; corolle à 5 pétales ou nulle; étamines insérées dans le tube
du calice en nombre égal aux divisions du calice ou en
nombre moindre par avortement; anthères biloculaires;
1 ovaire libre, surmonté du style qui est bifide, ou de 2-3
styles; capsule sèche, petite, plus souvent membraneuse,
indéhiscente, enveloppée par le calice persistant; périsperme farineux. Toutes nos espèces sont herbacées, très-
rameuses, à feuilles presque toujours opposées, souvent
stipulées.

1. ADENARIUM. Raf. Journ. phys. 1818.

Calice à 5 divisions; 5 pétales; 10 étamines insérées sur
le calice avec les pétales; 3-5 styles; 10 glandes insérées
autour de l'ovaire; 3 à 5 capsules uniloculaires; graines
peu nombreuses.

Ce genre serait peut-être mieux placé parmi les cariophyl-
lées.

Adenarium.

539. A. PEPLOÏDES (Raf. l. c.). Arenaria peploïdes L. Sp. 605.
Tiges de 7 à 12 centimètres, couchées, rameuses; feuilles charnues, opposées, glabres, sessiles; fleurs blanchâtres, solitaires, axillaires; graines grosses, subpyriformes. ♃ Juin,
juillet. Ostende, aux bords de la mer et sur la jetée.

2. CORRIGIOLA. L. Gen. n° 378.

Calice persistant, à 5 divisions membraneuses sur les
bords; 5 pétales égaux au calice; 5 étamines périgynes;
style court; 3 stigmates; capsule trivalve, souvent triangulaire, indéhiscente, monosperme.

540. C. LITTORALIS (L. Sp. 388). Tiges de 10 à 20 centimètres,
faibles, diffuses, couchées; feuilles alternes, glaucescentes,
linéaires, élargies au sommet, munies de stipules scarieuses;
fleurs blanches, brièvement pédonculées, terminales, axillaires, agglomérées, à pétales émarginés. Dans les terrains sablonneux. On le trouve surtout sur les bords de la Meuse, dans
la Campine.

3. HERNIARIA. Tourn. Inst. t. 288.

Calice à 5 divisions profondes, obtuses, un peu coloré
en dedans; 5 pétales filiformes, entiers, alternes avec les
divisions du calice, quelquefois nuls; 5 étamines ou seulement 2-3 par avortement; 2 styles courts, libres ou soudés
à la base; 1 capsule membraneuse, monosperme, indéhiscente, recouverte par le calice.

541. H. GLABRA (L. Sp. 317). Tiges de 8 à 15 centimètres, grêles,
diffuses, couchées, étalées, glabres; feuilles ovales-arrondies,
petites, épaisses, glabres, un peu ciliées, munies de stipules
membraneuses, ciliées; fleurs verdâtres, sessiles, axillaires,
agglomérées, nombreuses, à calice glabre. ① ou ② Tout l'été.
Dans les terrains sablonneux.

Herniaria.

542. H. HIRSUTA (L. Sp. 517). Tiges de 8 à 15 centimètres, rameuses, couchées, velues ; feuilles ovales-lancéolées, obtuses,
ciliées-hispides sur les bords, à stipules ciliées, beaucoup plus
courtes que les feuilles; fleurs sessiles, axillaires, agglomérées, peu nombreuses, à divisions du calice velues, terminées
par un poil roide. ⚤ ou ♁ Tout l'été. Dans les terrains sablonneux.

4. ILLECEBRUM. Gærtn. Carp. t. 184.

Calice à 5 divisions acérées, un peu cuculliforme ; corolle à 5 pétales filiformes; 5 étamines alternant avec les
pétales; style très-court à 2 stigmates; capsule membraneuse, indéhiscente, monosperme, recouverte par le calice.

543. I. VERTICILLATUM (L. Sp. 298). Paronychia verticillata
Lam. Fl. fr. 5. p. 231. Tiges de 5 à 10 centimètres, nombreuses, rameuses, couchées, glabres ; feuilles opposées, petites,
sessiles, arrondies, munies de stipules scarieuses; fleurs blanches, très-petites, axillaires, sessiles, glomérulées; calice
blanchâtre. ⚤ ou ♁ Tout l'été. Dans les terrains sablonneux,
humides. Commun dans la Campine.

5. POLYCARPON. L. Gen. n° 105.

Calice urcéolé à la base, à 5 divisions profondes, plus ou
moins adhérentes, membraneuses sur les bords, mucronées
au sommet; 5 pétales émarginés; 3 à 5 étamines; 2 styles
très-courts; 1 capsule uniloculaire, polysperme, à 5 valves.

544. P. TETRAPHYLLUM (L. Sp. 131). Tige de 5 à 8 centimètres,
rameuse, diffuse ; feuilles ovales, obtuses, glabres, les caulinaires quaternées, celles des rameaux opposées; fleurs d'un
blanc sale, nombreuses, petites, munies de bractées membra-

neuses à la bifurcation des pédoncules; pétales cachés dans les divisions du calice qui sont verdâtres et aiguës. ⊙ Juin, juillet. M. Lejeune indique cette plante dans la province de Liége où je ne l'ai pas trouvée jusqu'à ce jour.

6. SCLERANTHUS. L. Gen. n° 562.

Calice tubuleux, rétréci à l'orifice, à 5 divisions; corolle nulle; 5-10 étamines insérées au sommet du calice; 2 styles; capsule membraneuse, très-petite, monosperme, recouverte par le calice; stipules nulles.

545. S. PERENNIS (L. Sp. 580). Tiges de 8 à 15 centimètres, rameuses, étalées, à articulations gonflées; feuilles opposées, linéaires; fleurs agglomérées, latérales et terminales; calice à divisions subobtuses, scarieuses, blanchâtres sur les bords, subconniventes à la maturité. ♃ Tout l'été. Dans les terrains sablonneux.

546. S. ANNUUS (L. Sp. 580). Tiges de 8 à 15 centimètres, rameuses, étalées, noueuses; feuilles opposées, linéaires; fleurs disposées comme dans l'espèce précédente; calice à divisions aiguës très-étroitement scarieuses, blanchâtres sur les bords, subconniventes à la maturité. ⊙ Tout l'été. Dans les moissons.

Fᵐᵉ XXXIV. CRASSULACÉES. DC. Bull. phil. 1801. n° 49.

Calice constant à 3-20 divisions plus ou moins soudées ensemble à la base; corolle insérée à la base du calice, à pétales en nombre égal à ses divisions, tantôt libres, tantôt soudés en corolle gamopétale; étamines en nombre égal et rarement double de celui des divisions de la corolle et insérées sur ces divisions; styles 3-12 distincts; ovaires en nombre égal aux parties de la corolle et munis chacun d'une écaille nectarifère à leur base; capsules uniloculaires, polyspermes, à 2 valves séminifères; périsperme petit, charnu. Herbes à feuilles charnues, souvent alternes, à fleurs souvent en cyme.

I. Tillæa. Mich. Gen. t. 20.

Calice à 5 folioles; corolle à 5 pétales; 5 étamines; 5 ovaires à écailles nulles ou très-petites; 5 capsules uniloculaires, dispermes, étranglées par le milieu.

547. T. muscosa (L. Sp. 186). Tige de 12 millimètres environ, rougeâtre, ainsi que toute la plante, rameuse, glabre; feuilles connées à la base, ovales, aiguës, glabres, ayant dans les aisselles de petits paquets de feuilles qui sont des pousses de nouvelles branches et des fleurs ; celles-ci sont blanchâtres, axillaires, solitaires, sessiles, très-petites. ① Mai, juin. Dans les bois sablonneux. Anvers et les Flandres.

2. Bulliardia. DC. Pl. grass. p. 7.

Calice à 4 divisions; corolle à 4 pétales; 4 étamines; 4 ovaires; 4 écailles linéaires de la longueur du calice; 4 carpelles polyspermes.

548. B. Vaillantii (DC. Pl. grass. t. 74). Tillæa aquatica Lam. Petite plante grasse de 12 à 24 millimètres, rougeâtre, glabre, dressée, dichotome; feuilles opposées, linéaires, un peu connées à la base; fleurs d'un blanc rougeâtre, axillaires, solitaires, à pédoncules plus longs que les feuilles. ④ Juin, juillet, août. Dans les endroits inondés des Flandres.

3. Crassula. L. Gen.

Calice à 5-7 divisions profondes; pétales, étamines,

écailles et ovaires en nombre égal à celui des divisions du calice; écailles nectarifères à la base des ovaires; 5 capsu - les uniloculaires, polyspermes, réunies dans toute leur longueur.

549. C. RUBENS (L. Syst. 255). Sedum rubens L. Sp. 619. Tige rameuse de 5 à 8 centimètres, rougeâtre ou verdâtre, fourchue, roide, pubescente-glanduleuse; feuilles charnues, alternes, étalées, subcylindriques, sessiles, glabres, souvent rougeâtres; fleurs blanches, nombreuses, sessiles, unilatérales, en cyme rameuse, pubescente; calice pubescent à divisions lancéolées, aiguës, plus courtes que les pétales, qui sont acuminés-aristés. ⚲ Juin, juillet. Sur les collines pierreuses des bords de la Meuse et de la Moselle.

4. SEDUM. DC. Bull. phil. n° 49.

Calice, à 5 quelquefois à 4-7 divisions; pétales, carpelles et écailles en nombre égal à celui des divisions du calice; étamines en nombre double; écailles nectarifères, ovales, entières; rameaux stériles à feuilles ramassées.

§ 1. -- *Feuilles planes, fleurs blanches ou rouges.*

550. S. TELEPHIUM (L. Sp. 616). Tige de 25 à 35 centimètres, épaisse, dressée, cylindrique; feuilles charnues, planes, sessiles, éparses ou opposées, ovales, lâchement dentées; fleurs rougeâtres en corymbe serré, nu, terminal et grand. ♃ L'été. Dans les bois et sur les rochers humides.

551. S. MAXIMUM (Hoffm. Germ. 1. p. 156). Sedum latifolium Bert. Tige de 50 à 40 centimètres, dressée, glabre; feuilles opposées, ovales, très-grandes, charnues, dentées, les inférieures sessiles, les supérieures amplexicaules; fleurs d'un blanc jaunâtre en corymbe terminal. ♃ Juillet, août. Sur les rochers, à Pepinster (Liége).

Sedum.

552. S. ANACAMPSEROS (L. Sp. 616). Tiges redressées, cylindriques, simples; feuilles éparses, cunéiformes, sessiles, très-entières, petites, charnues, d'un vert un peu bleuâtre; fleurs purpurines en corymbe foliacé. ♃ Juillet, août. Sur les rochers. Dans les environs de Bouillon et de Herbeumont (Luxembourg).

553. S. CEPÆA (L. Sp. 617). Tiges de 15 à 30 centimètres, rameuses, subpubescentes; feuilles éparses, opposées, ternées ou quaternées, oblongues-lancéolées, spatulées, très-entières; fleurs blanches en longues panicules, à pédoncules flexueux, sétacés, uniflores, et à pétales aristés. ① Juillet, août, septembre. Sur les collines pierreuses des provinces de Liége et de Luxembourg.

§ 2. — *Feuilles cylindriques ou ovoïdes, fleurs blanches ou purpurines.*

554. S. ALBUM (L. Sp. 619). Tiges de 10 à 15 centimètres, couchées à la base, puis redressées, glabres, rameuses; feuilles épaisses, cylindriques, oblongues, linéaires, étalées, obtuses, très-glabres; fleurs blanches, petites, dressées en cyme corymbifère, à pétales oblongs, lancéolés. ♃ Juin, juillet, août. Sur les murs, les rochers, les toits et dans les lieux arides.

555. S. VILLOSUM (L. Sp. 620). Les tiges sont toutes fertiles, pubescentes, glanduleuses; feuilles éparses, linéaires-oblongues, semi-cylindriques, pubescentes; pédoncules axillaires portant 1 à 5 fleurs, glanduleux, pubescents; fleurs en corymbe, à pétales ovales, subobtus; divisions du calice lancéolées, subobtuses. ① Juin, juillet. Dans les marais tourbeux de l'Eiffel; on dit qu'il se trouve aussi dans les Ardennes.

556. S. DASYPHYLLUM (L. Sp. 618). Tiges de 5 à 10 centimètres, débiles, ramassées en gazon, à rameaux pubescents, glanduleux; feuilles opposées, ovales, obtuses, épaisses, glabres, un peu aplaties; fleurs blanches avec une ligne rougeâtre, peu nombreuses, en grappes terminales, souvent à 6 pétales lan-

céolés, ovales, un peu obtus; divisions du calice obovales, courtes, obtuses. ♃ Sur les murs et les rochers. Liége, Maestricht, Mons.

§ 3. — *Feuilles cylindriques ou ovoïdes, fleurs jaunes.*

557. S. ACRE (L. Sp. 619). Tiges de 5 à 10 centimètres, redressées, glabres, ramassées en gazon; feuilles charnues, sessiles, ovoïdes, courtes, rapprochées, obtuses, un peu aplaties en dehors, d'un vert jaunâtre; fleurs jaunes en cyme trifide, écartée et penchée, à pétales lancéolés, acuminés; divisions du calice ovales, obtuses. ♃ Juin, juillet. Sur les vieux murs, dans les endroits incultes, pierreux.

558. S. SEXANGULARE (L. Sp. 620). Tiges de 5 à 10 centimètres, un peu rameuses, redressées; feuilles cylindriques, sessiles, étalées, prolongées en une espèce d'éperon à leur base, verticillées par trois au bas de la tige; fleurs jaunes au nombre de 8 à 10 sur 2 ou 3 bifurcations de la tige; pétales lancéolés-acuminés; divisions du calice lancéolées, obtuses. ♃ Juin, juillet. Sur les vieux murs et les rochers.

559. S. SCHISTOSUM (Lej. Fl. sp. 1. p. 206). Sedum boloniense Lois. S. saxatile Willd. Feuilles obtuses, sans prolongement à la base, éparses; fleurs plus petites que dans l'espèce précédente, un peu penchées pendant la floraison; divisions du calice obtuses, dont 3 plus courtes. ♃ Juin, juillet. Sur les rochers schisteux des Ardennes. Visé, Verviers (Liége).

560. S. REFLEXUM (L. Sp. 618). Tiges de 20 à 30 centimètres, dressées, simples, réfléchies; feuilles éparses, subulées, dressées, caduques à l'époque de la floraison; fleurs jaunes, courtement pédicellées, disposées sur 4 à 6 bifurcations de la tige qui sont rameuses, penchées pendant la floraison et se redressent ensuite; 6 pétales linéaires, aigus; calice à 6 divisions ovales-lancéolées, subaiguës. ♃ Juin, juillet. Sur les rochers et les coteaux pierreux.

VAR. β. ELEGANS (Nob.). S. elegans Lej. Fl. sp. 1. p. 20.

S. collinum Willd. Feuilles glaucescentes, linéaires, cuspidées, prolongées à la base en une espèce d'éperon triangulaire, celles des tiges stériles, étroitement imbriquées, étalées.

VAR. γ. FRAGILE (Nob.). S. fragile Dum. Fl. belg. f. 85. Feuilles de la base éparses, glaucescentes; celles des tiges stériles, lâches, subulées; celles des tiges fertiles, planiuscules, rapprochées. Sur les rochers près de Tournai.

561. S. RUPESTRE (L. Sp. 618). Tiges de 20 à 50 centimètres, rameuses à la base, les florifères dressées; feuilles cylindriques, glauques, prolongées à la base, les supérieures un peu aplaties; fleurs en cyme, à 7-8 divisions ovales, lancéolées, obtuses. ♃ Mai, juin. Sur les rochers schisteux, principalement dans les Ardennes.

5. SEMPERVIVUM. L. Gen. n° 612.

Calice à 6-12 divisions; pétales et ovaires en nombre égal aux divisions du calice; pétales et étamines en nombre double; écailles larges, ovales, émarginées ou lacérées.

562. S. TECTORUM (L. Sp. 664). Tiges de 25 à 35 centimètres, dressées, rameuses du haut, un peu velues, à rejets radicaux, formant des rosettes globuleuses de feuilles; celles-ci épaisses, ciliées, oblongues, acuminées-mucronées, les inférieures glabres, les supérieures velues; fleurs d'un rose pâle, subsessiles, dodécagynes, en corymbe terminal. ♃ Juillet, août. Sur les murs, les toits et les rochers.

563. S. MONTANUM (L. Sp. 665). Plante plus petite dans toutes ses parties que la précédente à laquelle elle ressemble beaucoup; tiges pubescentes, dressées; feuilles en rosette, pubescentes-ciliées; fleurs rougeâtres, subdodécagynes; écailles petites. Sur les rochers et les murs près de Verviers (Liége) et de Malmedy.

F^lle XXXV. — GROSSULARIÉES. DC. Fl. fr. 4. p. 406.

Calice adhérent à l'ovaire, à 4 ou 5 divisions régulières, colorées; corolle à 4 ou 5 pétales, insérée sur le calice; 4 à 5 étamines rarement insérées entre les pétales, à filament libre et anthère biloculaire; ovaire uniloculaire, à 2 placentas pariétaux; style bi, tri ou quadrifide; fruit en baie globuleuse ou subglobuleuse, ombiliquée, uniloculaire, polysperme, couronnée du calice persistant; périsperme corné. Arbrisseaux inermes ou épineux, à feuilles alternes, lobées ou incisées.

1. RIBES. L. Gen. n° 281.

Calice à 5 divisions; 5 pétales alternes avec les divisions du calice; 5 étamines; graines oblongues, un peu comprimées.

§ 1. — *Tiges épineuses; 1 à 5 fleurs pédonculées; calice campanulé.*

564. R. UVA CRISPA (L. Sp. 292). Le groseillier à maquereau. Arbrisseau d'un mètre à un mètre et demi, à rameaux munis d'aiguillons ordinairement disposés par trois à la naissance des feuilles; celles-ci arrondies, divisées en 3 ou 5 lobes obtus, subpubescentes, pétiolées; fleur d'un blanc sale; divisions du calice réfléchies, glabres; pétales subarrondis au sommet; tube de la corolle barbu; styles pubérulents. ♃ Dans les haies et les buissons. Il est aussi cultivé.

> VAR. β. SYLVESTRE (DC.) R. uva crispa L. Feuilles petites, velues, pubescentes sur les deux faces; pédoncules, pétioles et calice velus; pédoncules souvent solitaires; fruits verts et glabres, quelquefois hérissés. C'est la variété non cultivée.
>
> VAR. γ. SATIVUM (DC.). R. grossularia L. Sp. 291. Feuilles plus grandes, le plus souvent glabres et lui-

santes; pétioles longs, à peine pubescents; fruits plus gros, rougeâtres ou jaunâtres à leur maturité. C'est la variété qui est cultivée pour son fruit.

§ 2. — *Fleurs en grappes; tiges sans aiguillons.*

565. R. ALPINUM (L. Sp. 291). Arbrisseau d'un mètre à un mètre et demi; feuilles alternes, pétiolées, à 3 ou 5 lobes, glabres et luisantes en dessous, velues en dessus; bractées lancéolées, souvent plus longues que les fleurs; celles-ci en grappes redressées, à pétioles petits, quelquefois avortés, à anthères subsessiles et à styles soudés. ♃ Avril, mai. Dans les haies et les bois des environs de Verviers et dans le Luxembourg.

566. R. RUBRUM (L. Sp. 290). Le groseillier rouge. Arbrisseau de 1 à 2 mètres; feuilles à 3-5 lobes, dentées irrégulièrement, pubescentes en dessous, avec le pétiole cilié à sa base; bractées obtuses, plus courtes que les pédicelles; fleurs en grappes pendantes, d'un blanc verdâtre, à pétioles obcordés; calice glabre, plan, campanulé, à divisions obtuses. ♃ Avril, mai. Cultivé et spontané dans les haies et les buissons.

> VAR. *α.* SYLVESTRE (DC.). Feuilles et baies plus petites; lobes des feuilles un peu courts.
>
> VAR. *β.* HORTENSE (DC.). Feuilles plus grandes; baies plus douces et plus grosses. C'est la variété cultivée.
>
> VAR. *γ.* ALBUM (Desf. Cat. bot. p. 164). Baies blanches.

567. R. PETRÆUM (Wulf. in Jacq. Misc. 2. p. 36). Arbrisseau d'un mètre environ; feuilles acuminées, petites, subcordées, à 3-5 lobes, incisées-dentées, velues en dessus, longuement pétiolées; fleurs d'un blanc sale, en grappes redressées, à pétales obcordés, à divisions du calice obtuses. ♃ Dans les endroits ombragés, pierreux. Mangonbroux (Liége) et dans le Luxembourg.

568. R. NIGRUM (L. Sp. 291). Le groseillier noir. Arbrisseau d'un mètre à un mètre et demi; feuilles à 3-5 lobes aigus, dentées

irrégulièrement, glabres, ponctuées-glanduleuses en dessous, portées sur des pétioles velus; bractées petites, subulées ou obtuses, beaucoup plus courtes que les pédicelles; fleurs d'un blanc sale, en grappes pauciflores, pendantes; calice pubescent, glanduleux, à limbe élargi, campanulé, à divisions réfléchies; baies noires. ♅ Cultivé. Il se rencontre parfois dans les haies.

On trouve aussi dans les haies des environs de Bruxelles les Ribes aureum Pursh. Fl. Amer. sept. 1. p. 164, et le Ribes floridum l'Her. Stirp. 1. p. 4. Tous deux originaires de l'Amérique du Nord.

F^lle XXXVI. — Saxifragées. Vent. Tabl. t. 2. p. 277.

Calice monosépale, persistant, adhérent à l'ovaire, à 4-5 divisions; corolle à 4-5 pétales libres, insérés au sommet du tube du calice, rarement nulle; 8-10 étamines insérées sur le calice; 1 ovaire libre ou adhérent à 3 ou 5 loges, à carpelles séminifères sur le bord et soudés entre eux; 2-5 styles persistants; stigmate dilaté au sommet; fruit en capsule ou en baie, inclus dans le calice, à 3-5 loges polyspermes. Plantes herbacées, à feuilles alternes ou radicales souvent charnues.

1. Saxifraga. L. Gen. 559.

Calice à 5 divisions adhérent à l'ovaire; corolle à 5 pétales entiers, courtement onguiculés; 2 styles; capsules biloculaires, polyspermes; graines nombreuses, lisses ou rugueuses.

569. S. hypnoïdes (L. Sp. 579). Tiges de 10 à 15 centimètres, dressées, presque nues, pauciflores, les stériles quelquefois munies de bourgeons; feuilles molles, ciliées, entières ou di-

visées en 5-7 lobes linéaires, acuminés; fleurs d'un blanc un
peu verdâtre, en panicule en corymbe, à pétales obovales-
oblongs, beaucoup plus longs que les divisions du calice qui
sont lancéolées-aiguës, plus longues que le tube. ♃ Mai, juin.
Sur les rochers humides des provinces de Liége, Luxembourg
et Namur.

VAR. *α*. GEMMIFERA (Ser. MSS.). Feuilles des rameaux
simples, rarement lobées; aisselles des feuilles gem-
mifères.

VAR. *β*. ANGUSTIFOLIA (Haw.). S. sponhemica Gmel.
Fl. bad. S. hypnoïdes Lej. Rev. Flor. sp. t. 31.
Feuilles des rameaux indivises, les inférieures quelquefois trifides; aisselles des feuilles non gemmi-
fères.

VAR. *γ*. CONDENSATA (Smith. engl. Fl. 2. p. 278). S.
palmata Lej. Fl. sp. t. 1. p. 194. S. confusa Lej.
Rev. Fl. sp. p. 30. S. flavescens Sternb. Feuilles
des rameaux à 3-5 lobes très-étroits, subparallèles,
souvent velus. Sur les rochers humides. Stavelot
(Liége), Diekrick (Luxembourg).

VAR. *δ*. AGGREGATA (Lej. Rev. Fl. sp. p. 81). Feuilles
trifides, les caulinaires entières ou trifides; pétales
arrondis, acuminés; tiges stériles courtes, à feuilles
trifides, agrégées. Sur les rochers calcaires, entre
Sougnez et Comblain-au-Pont (Liége), Waulsort
(Namur).

VAR. *ε*. LEPTOPHYLLA (Pers. Ench. 1. p. 490). S. Schra-
deri Sternb. Tiges stériles allongées, couchées; feuilles
distantes, les inférieures trifides, les supérieures entières, linéaires. Sur les rochers près de Chaudfontaine (Liége).

570. S. TRIDACTYLITES (L. Sp. 578). Tige de 5 à 10 centimètres,
dressée, rougeâtre, piloso-glanduleuse, ainsi que toute la
plante; feuilles un peu épaisses, les inférieures entières, obovales-spatulées, pétiolées, celles du milieu de la tige trifi-

des, à laciniures ovales-obtuses, alternes, les supérieures ovales-lancéolées; fleurs blanches, axillaires, terminales, pédicellées; pédicelles fructifères, cinq ou six fois plus longs que le calice. ☉ Avril, mai. Sur les rochers, les murs et dans les champs arides.

571. S. GRANULATA (L. Sp. 576). Racine composée de petits tubercules granulés; tige de 25 à 35 centimètres, dressée, velue, pubescente-visqueuse, ainsi que toute la plante; feuilles presque toutes radicales, réniformes, les inférieures longuement pétiolées, crénelées, les supérieures sessiles, lobées; fleurs blanches, grandes, paniculées en corymbe; pétales ovales-oblongs, beaucoup plus longs que les divisions du calice, qui sont oblongues-lancéolées, obtuses; pédicelles fructifères très-courts. ♃ Mai, juin. Dans les prairies montueuses.

2. CHRYSOSPLENIUM. Tourn. Inst. t. 60.

Calice adhérent à l'ovaire, à 4-5 divisions libres au sommet; corolle nulle; 8-10 étamines; 2 styles; 1 capsule uniloculaire polysperme.

572. C. ALTERNIFOLIUM (L. Sp. 569). Tige de 8-12 centimètres, faible, glabre; feuilles alternes, pétiolées, cordées-réniformes, à grandes crénelures; fleurs jaunes comme sessiles dans les feuilles supérieures. ♃ Avril, mai. Dans les prairies très-humides des bois.

573. C. OPPOSITIFOLIUM (L. Sp. 569). Tige plus petite que dans l'espèce précédente; feuilles opposées, arrondies-cunéiformes, atténuées en pétiole, irrégulièrement crénelées; fleurs jaunes, plus nombreuses, ordinairement à 8 étamines. ♃ Dans les mêmes localités.

3. ADOXA. L. Gen. 501.

Calice à 4-5 divisions, soudé avec l'ovaire, muni exté-

Adoxa.

rieurement de 2-4 écailles; corolle nulle; 8-10 étamines; 4-5 styles; baie infère, adhérente au calice, à 4-5 loges monospermes; graines membraneuses sur le bord.

574. A. MOSCHATELLINA (L. Sp. 527). Tige de 8-10 centimètres, simple, glabre; feuilles glaucescentes, deux radicales bifides, à lobes ternés et à découpures ovales un peu pointues, deux caulinaires opposées, courtement pétiolées, trilobées; fleurs sessiles en tête au nombre de 4-5. ♃ Avril. Dans les endroits humides et couverts.

Quelques auteurs placent le genre qui vient de nous occuper parmi les Araliacées Juss. Dict. 2. p. 348.

F^{lle} XXXVII. — OMBELLIFÈRES. Juss. Gen. 218.

Fleurs hermaphrodites ou polygames, rarement dioïques par avortement, disposées en ombelles, pourvues ou non pourvues d'un verticille de bractées à la base (involucre), composées elles-mêmes d'autres petites ombelles (ombellules) également pourvues ou non pourvues de bractées (involucelle); calice adhérent à l'ovaire, à 5 sépales soudés en tube, à partie libre à 5 dents ou sans dents; corolle insérée sur le calice, à 5 pétales libres, caducs, à préfloraison imbriquée ou valvaire, entiers, plans ou roulés en dedans, les extérieurs ordinairement plus grands; 5 étamines libres, insérées sur le calice; ovaire soudé avec le calice, à 2 carpelles; 2 styles ordinairement persistants, soudés à la base avec un disque bilobé qui couronne l'ovaire; fruits secs, quelquefois surmontés des styles persistants, composés de 2 carpelles monospermes, indéhiscents, se séparant à la maturité, suspendus au sommet d'un axe filiforme (carpophorus); carpelles à 2 faces, une plus convexe, dorsale, pourvue de 5 à 9 côtes, tantôt élevées, tantôt comprimées, ou très-petites (*juga*), les 5 principales sont séparées par des intervalles (vallécules) et quelquefois développées en ailes, ou pourvues d'épines; il y a des canaux résinifères ordinairement colorés (*vittæ*), développés dans l'épaisseur du péricarpe; graines entièrement soudées avec le péricarpe, rarement libres, suspendues; embryon droit, très-petit, placé au voisinage du hile dans un périsperme corné, très-épais. Plantes herbacées à feuilles alternes, souvent décomposées, à fleurs en ombelles, très-rarement en tête.

§ 1. — *Ombellifères parfaites, à côtes nombreuses; 5 stries principales et 4 secondaires.*

Tribu I. — THAPSIÉES. Koch. Umb. p. 75.

Carpelles à 5 côtes principales filiformes, 4 secondaires, les intérieures ailées filiformes, les extérieures ailées, à ailes inermes, canaux résinifères situés sous les côtes secondaires; ombelles composées, régulières.

1. LASERPITIUM. L. Gen. 344.

Calice à 5 dents; 5 pétales obovales, échancrés, ouverts et presque égaux; carpelles à 5 côtes primaires filiformes, les 4 secondaires développées en ailes membraneuses, entières.

575. L. ASPERUM (Crantz Austr. 3. p. 54). L. latifolium Fl. fr. 4. p. 312. non L. Tige de 70 centimètres à un mètre, dressée, lisse, simple; feuilles à pétiole élargi à la base, divisées en trois, chaque division portant 3-5 folioles ovales, entières, mucronées, dentées, cordées obliquement, subpubescentes en dessous; 2 à 3 ombelles terminales à 15-18 rayons écartés; invo-

lucres à folioles linéaires, sétacées; fruit à ailes crispées. ♃ Juillet, août. Dans les bois montueux du Luxembourg.

Tribu II. — DAUCINÉES. Koch. Umb. p. 76.

Fruits à 9 côtes munies d'épines ou de soies presque épineuses.

2. DAUCUS. L. Sp. n° 333.

Calice à 5 dents; corolle à pétales obovales courbés en cœur, émarginés, plus grands à la circonférence de l'ombelle; carpelles oblongs, subcomprimés, à 5 côtes primaires filiformes, à 4 secondaires hérissées de soies presque épineuses disposées sur un rang. ; involucre à folioles pinnatifides.

\ 576. D. CAROTA (L. Sp. 348). Tige de 50 à 70 centimètres, dressée, hispide, striée, rameuse; feuilles bi ou tripinnées, velues, à pétiole élargi à la base, marqué de nervures en dessous; folioles lancéolées, incisées, à laciniures linéaires, aiguës; ombelle à 20-30 rayons qui se resserrent après la floraison; fleur centrale, stérile, ordinairement rougeâtre, tandis que les autres sont blanches; involucre à 8-10 folioles lisses, ciliées, le plus souvent pinatifides. ② Juin, juillet, août. Dans les prairies et le long des chemins.

> VAR. *β*. SATIVA. Racine grosse, succulente, rouge, jaune ou blanche. C'est la carotte cultivée.

3. ORLAYA. Hoffm. Umb. ed. 2. t. 1. p. 58.

Calice à 5 dents; corolle à 5 pétales émarginés, courbés en cœur, les extérieurs plus grands, profondément bifides; carpelles à 5 côtes primaires filiformes, les 4 secondaires chargées d'épines subulées, disposées sur 2 ou 3 rangs.

\ 577. O. GRANDIFLORA (Hoffm. l. c.). Caucalis grandiflora L. Sp. 546. Tige de 20 à 30 centimètres, dressée, glabre; feuilles bi ou tripinnées, à folioles linéaires, très-glabres, finement denticulées, hispides ; fleurs blanches en ombelle à 5-8 rayons courts, inégaux ; involucres et involucelles à folioles très-entières, lancéolées, aiguës, à bords scarieux ; carpelles gros, plus longs que les pédicelles. ☉ Tout l'été. Dans les moissons.

Tribu III. — CAUCALINÉES. Koch. Umb. 79.

Fruit subarrondi, comprimé sur les côtés ; carpelles à 5 côtes primaires filiformes, soyeuses, 4 côtes secondaires munies d'épines ; graines marquées, à la face commissurale, d'un sillon profond dans lequel s'enfonce le péricarpe, et très-rarement concave sur cette face.

4. CAUCALIS. Hoffm. Umb. ed. 2. 1. p. 55.

Calice à 5 dents ; corolle à 5 pétales obovales, émarginés, les extérieurs radiants, profondément bifides ; carpelles à 5 côtes primaires filiformes, à 4 côtes secondaires munies d'épines robustes disposées sur un seul rang.

578. C. DAUCOIDES (L. Sp. 346). Tige de 15 à 25 centimètres, dressée, rameuse, glabre ; feuilles tripinnées, à segments très-petits, linéaires, entiers, à lobes mucronulés ; fleurs blanches en ombelle, ordinairement à 5 rayons ; involucres nuls ; involucelles à 3-5 folioles linéaires, hérissées, ciliées ; fruit gros, plus long que le pédicelle, chargé sur ses côtes secondaires d'épines roides, courbées en crochet à leur extrémité ; l'ombellule ne porte ordinairement que trois graines, les autres avortent. ☉ Juin, juillet. Dans les champs, les moissons.

579. C. LEPTOPHYLLA (L. Sp. 347). Tige de 15 à 25 centimètres, presque simple, bifurquée, rude au toucher, munie de poils hispides, couchés ; feuilles bipinnées, à folioles étroites, aiguës, velues, hispides, à pétiole élargi à la base, presque glabre ; fleurs blanches en ombelle à 2-3 ombellules, portant 2-3 fruits par ombellule ; involucres nuls ; involucelles à 4-5 folioles hispides, lancéolées-linéaires, acuminées ; fruit moitié moins gros

que dans l'espèce précédente, portant sur les côtes secondaires des épines rudes, courbées en crochet à l'extrémité, disposées sur deux rangs. ♂ Juin, juillet. Dans les moissons. Theux (Liége), Dinant (Namur), Blaschette, Remich (Luxembourg).

5. TURGENIA. Hoffm. Umb. ed. 2. 1. p. 59.

Calice à 5 dents; pétales obovales, émarginés, les extérieurs radiants, bifides; carpelles à 5 côtes primaires et à 4 secondaires presque égales, munies d'épines ordinairement disposées sur 2 à 3 rangs.

580. T. LATIFOLIA (Hoffm. l. c.). Caucalis latifolia L. Syst. 205. Tige de 25 à 35 centimètres, dressée, ferme, velue dans le bas, hispide dans le haut; feuilles profondément pinnatifides, à segments scabres, oblongs, incisés-dentés, à lobe terminal cunéiforme, tri ou quinquifides, à pétiole élargi à la base; fleurs blanches en ombelles à 2-4 rayons; ombellules à fleurs sessiles, ayant un pétale plus grand; involucres et involucelles à 5 folioles scarieuses; fruit gros à épines scabres. ④ Juin, juillet, août. Dans les moissons, principalement dans les Ardennes.

6. TORILIS. Hoffm. Umb. ed. 2. 1. p. 53.

Calice à 5 dents; corolle à 5 pétales émarginés, les extérieurs plus grands, bifides; carpelles à 5 côtes primaires filiformes, à 4 côtes secondaires chargées d'épines subulées ou de tubercules qui occupent tout l'espace compris entre les côtes primaires.

581. T. NODOSA (Gærtn. Fruct. t. 20. f. 6). Caucalis nodiflora Lam. Dict. I. p. 656. Tordylium nodosum L. Sp. 346. Tige de 25 à 35 centimètres, étalée à la base, à rameaux couchés, puis redressés, couverte de poils appliqués; feuilles finement

Torilis.

bi ou tripinnatifides, à folioles linéaires-lancéolées, hispides, aiguës; fleurs blanches en ombelles sessiles, opposées aux feuilles; involucres et involucelles à folioles sétacées, hispides; fruit à côtes secondaires armées d'épines caduques. ④ Mai, juin, juillet. Bords des chemins. Rare.

582. T. ANTHRISCUS (Gmel. Bad. 1. p. 615). Tordylium anthriscus L. p. 546. Caucalis anthriscus Fl. fr. 4. p. 333. Tige de 40 à 70 centimètres, rameuse, souvent rougeâtre; feuilles pinnées, à folioles ovales, pinnatifides, incisées, dentées, velues, la terminale lancéolée; fleurs blanches en ombelle de 4-10 rayons, longuement pédonculés; involucres et involucelles à 4-5 folioles linéaires-subulées, hispides; fruits à épines arquées dès la base. ④ Tout l'été. Dans les haies et les buissons.

583. T. INFESTA (Hoffm. l. c.). T. helvetica Gmel. caucalis arvensis Huds. Tige de 40 à 60 centimètres, très-rameuse, diffuse; feuilles pinnées, à folioles pinnatifides, laciniées, incisées; fleurs blanches en ombelles de 3-7 rayons longuement pédonculés; involucres nul ou à 1-5 folioles; involucelles 5-5 folioles linéaires, subulées, hispides; fruits à épines crochues au sommet. ④ Dans les endroits arides et pierreux.

Tribu IV. — CORIANDRÉES. Koch. Umb. p. 82.

Fruit globuleux; carpelles à 5 côtes principales, déprimées, flexueuses, les 4 secondaires plus proéminentes, toutes inermes et aptères.

7. CORIANDRUM. Hoffm. Umb. ed. 2. 1. p. 189.

Calice à 5 dents; corolle à 5 pétales obovales, émarginés, les extérieurs radiants, bifides; carpelles à côtes primaires déprimées, flexueuses, les secondaires carénées.

584. C. SATIVUM (L. Sp. 367). Tige de 40 à 60 centimètres, dressée, arrondie, rameuse, glabre; feuilles radicales souvent simples, incisées, cordiformes, lobées, les caulinaires bipinna-

tifides, à laciniures assez larges, subarrondies au sommet, les supérieures à laciniures linéaires; fleurs blanches en ombelles de 4-6 rayons; involucres nuls ou à une seule feuille, involucelles à 3-5 folioles. ☉ Juin, juillet. Cultivé dans le Hainaut.

§ 2. — *Ombellifères parfaites à 5 côtes primaires seulement, inégales, 5 dorsales filiformes, rarement ailées, 2 marginales dilatées en ailes membraneuses; côtes secondaires nulles.*

Tribu V. — TORDYLINÉES. Koch. Umb. 85.

Fruit à dos lenticulaire ou plan, comprimé, à bord dilaté, épais, noduleux ou plissé; 5 côtes primaires très-fines ou peu marquées, les latérales formant un bord dilaté.

8. TORDYLIUM. Hoffm. Umb. p. 198.

Calice à 5 dents linéaires-subulées; corolle à 5 pétales obovales, émarginés, égaux dans les fleurs du centre. très-grands et bifurqués sur les bords de l'ombelle; carpelle à 5 côtes dorsales à peine visibles, les marginales dilatées formant une bordure très-épaisse, rugueuse, tuberculeuse.

585. T. MAXIMUM (L. Sp. 345). Tige de 40 à 60 centimètres, dressée, rameuse, velue, hispide; feuilles ailées, velues, scabres, les inférieures à folioles larges, ovales, incisées, dentées, les supérieures lancéolées, à lobe terminal très-allongé; pétioles très-velus; fleurs blanches en ombelles terminales; involucres à 5-8 folioles; involucelles à 3-4 folioles inégales; fruits serrés les uns contre les autres. ☉ Juin, juillet. Dans les champs et le long des haies. Dans les Ardennes.

Tribu VI. — PEUCÉDANÉES. Duby. Selinées Koch. Umb. p. 88.

Fruit lenticulaire ou à dos plan, muni d'un bord dilaté, lisse, ailé, aplati ou un peu convexe, formé par le rapprochement des côtes marginales des deux carpelles ; côtes primaires filiformes, très-menues, quelquefois peu distinctes.

9. HERACLEUM. L. Gen. n° 345.

Calice à 5 dents peu marquées ; corolle à 5 pétales ob-ovales, émarginés, plus grands et bifides au bord de l'ombelle ; fruit à dos plan, comprimé, muni d'un rebord dilaté, aplati ; vallécules à un seul canal résinifère, n'allant pas au delà de la moitié supérieure du carpelle.

586. H. SPHONDYLIUM (L. Sp. 358). Tige de 60 centimètres à un mètre, grosse, rameuse, anguleuse, hispide ; feuilles amples, ailées, à folioles pinnatifides, lobées, dentées, velues-pubescentes surtout en dessous ; pétioles dilatés à la base ; fleurs blanches en ombelles de 10-20 rayons ; involucres nuls ; involucelles à folioles linéaires, sétacées ; fruit glabre, orbiculaire. ♃ Tout l'été. Dans les prairies.

10. PASTINACA. L. Gen. n° 362.

Calice entier ; corolle à 5 pétales subarrondis, entiers, presque égaux ; fruit elliptique, à dos plan, comprimé, muni d'un rebord ailé formé par les côtes marginales ; côtes primaires très-fines ; involucres et involucelles nuls.

587. P. SATIVA (L. Sp. 376). Le panais. Tige d'un mètre et souvent plus, dressée, rameuse, profondément cannelée, glabre ; feuilles simplement ailées, glabres, à folioles larges, ovales, dentées, un peu lobées ; fleurs jaunes en ombelles de 12-15 rayons ; ombelle terminale plus courte que les latérales ; carpelles très-glabres. ♃ Juillet, août. Cultivé.

VAR. β. SYLVESTRIS (Mill.). Plus petit, feuilles velues. Dans les champs.

11. Anethum. L. Sp. 377.

Calice entier; corolle à pétales subarrondis, entiers;
fruit à dos comprimé, lenticulaire, muni d'un rebord dilaté, aplati et à côtes primaires filiformes, carénées, saillantes; involucres et involucelles nuls.

588. A. graveolens (L. Sp. 577). Tige de 50 à 70 centimètres,
dressée, glabre, arrondie, striée; feuilles glabres, glauques,
décomposées en laciniures linéaires, filiformes, très-entières;
fleurs en ombelles latérales ou terminales, amples, composées
de 10 à 12 rayons; carpelles très-glabres, elliptiques. ⚇ Juin,
juillet. Cultivé. Se trouve quelquefois dans les moissons, dans
les provinces de Limbourg et de Liége.

12. Peucedanum. Koch. Umb. 1. p. 92.

Calice à 5 dents; corolle à 5 pétales infléchis à la
pointe, obovales, émarginés ou presque entiers; fruit à dos
plan ou lenticulaire, comprimé, muni d'un rebord dilaté,
aplati; côtes primaires filiformes.

589. P. officinale (L. Sp. 355). Tige de 60 à 90 centimètres,
dressée, très-glabre, striée; feuilles 3 à 4 fois pinnées, à
folioles linéaires, ensiformes; fleurs jaunâtres en ombelles de
10 à 15 rayons; involucres à 2-3 folioles sétacées, caduques;
involucelles à 6 ou 8 folioles sétacées, égales; carpelles très-
glabres, ovales-elliptiques, à rebord peu développé. ♃ Août,
septembre. Dans les prairies et les îles de la Meuse.

590. P. carvifolium (Vill. Dauph. 2. p. 650). Selinum carvifolium L. Sp. 350. Selinum Chabræi Jacq. Aust. 1. t. 72. Tige de
60 à 90 centimètres, arrondie, très-glabre, sillonnée, anguleuse, presque ailée; feuilles tripinnées, à folioles linéaires-
lancéolées, les inférieures longuement pétiolées, les supérieures à pétioles dilatés, membraneux; fleurs blanches en

Peucedanum.

ombelles de 15-20 rayons; involucres nuls; involucelles à 3-4 folioles linéaires, subulées; fruit ovoïde, comprimé, à ailes latérales prononcées. ♃ En été. Dans les prairies tourbeuses.

591. P. PALUSTRE (Mœnch. Meth. p. 82). Selinum sylvestre L. Hort. ups. 59. Tige de 30 à 50 centimètres, arrondie, très-glabre, striée; feuilles pinnées, à folioles pinnatifides, à lobes linéaires-lancéolés, mucronulés; fleurs blanches en ombelles de 6-10 rayons; involucres et involucelles à folioles lancéolées, linéaires, subulées au sommet, membraneuses sur les bords; pédoncules subpubescents; fruits lancéolés-elliptiques. ♃ Juin, juillet, août. Dans les bois marécageux.

592. P. CERVARIA (Lapeyr. Abr. 149). Selinum cervaria Crantz. Aust. 167. Athamanta cervaria L. Sp. 352. Tige d'un mètre environ, dressée, arrondie, striée, rameuse; feuilles bipinnées, fermes, glauques en dessous, à folioles lancéolées-ovales, incisées, inégalement dentées, à dents terminées par un crochet, dilatées, obliquement cordées à la base; fleurs blanches en ombelles de 10-12 rayons; involucres et involucelles à 5-8 folioles linéaires, subulées; fruit ovale. ♃ Juillet, août. Sur les collines pierreuses du Luxembourg.

593. P. OREOSELINUM (Mœnch. Meth. p. 82). Selinum oreoselinum Crantz. Aust. 169. Athamanta oreoselinum L. Sp. 352. Tige de 60 à 90 centimètres, rameuse, arrondie, striée, glabre; feuilles tripinnées, à folioles divariquées, cunéiformes, incisées, trifides, à peine mucronées; fleurs blanches en ombelles de 12-15 rayons, grandes, étalées; involucres et involucelles à 8-10 folioles linéaires; fruits elliptiques, glabres. ♃ Juillet, août. Dans les bois montagneux des provinces de Namur et de Luxembourg.

594. P. MONTANUM (Koch. Umb. p. 94). Selinum palustre L. Sp. 350. Racine fusiforme, charnue; tige de 5-8 décimètres, droite, rameuse, cannelée; feuilles glabres, bi ou tripinnées, à folioles pinnatifides, incisées, à laciniures linéaires, pointues; fleurs blanches en ombelles de 20-30 rayons, un peu pubescents; involucres et involucelles à 8 ou 10 folioles linéaires, pointues,

réfléchies. ♃ Dans les bois, aux environs de Clairfontaine et de Berbourg (Luxembourg).

13. IMPERATORIA. L. Gen. n° 359.

Calice entier; corolle à 5 pétales infléchis à la pointe, émarginés, presque entiers; fruit arrondi, comprimé, bossu dans le milieu, muni d'une bordure très-large, aplatie, à côtes primaires intermédiaires filiformes; involucres et involucelles nuls.

595. I. OSTRUTHIUM (L. Sp. 372). Tige de 60 à 80 centimètres, arrondie, glabre, striée; feuilles ailées, trifides, à folioles arrondies-ovales, larges, incisées-dentées, les supérieures à pétioles larges en gouttière; fleurs blanches en ombelles, à rayons pubescents. ♃ Juin, juillet. Dans les prés marécageux. Stavelot (Liége), Norbeck (Limbourg), Vielsalm (Luxembourg).

Tribu VII. — ANGÉLICÉES (Kock. l. c.).

Fruit à dos comprimé, entouré par deux ailes membraneuses formées par l'écartement des ailes marginales des deux carpelles; côtes dorsales ailées ou filiformes.

14. ARCHANGELICA. Hoffm. Umb. 1. p. 166.

Calice à 5 dents; corolle à 5 pétales elliptiques, entiers, acuminés, à pointe recourbée; fruit à dos un peu comprimé, arrondi, anguleux, glabre; carpelles creusés d'une strie longitudinale, avec les 3 côtes dorsales élevées et les 2 latérales en ailes larges.

596. A. OFFICINALIS (Hoffm. l. c.). Angelica archangelica L. Sp. 360. Tige d'un mètre à un mètre et demi, grosse, charnue, glabre, arrondie; feuilles bipinnées, à folioles ovales-lan-

céolées, inégalement et grossement dentées, le lobe terminal trilobé; fleurs blanches en ombelles très-grandes de 20 à 50 rayons; involucres presque nuls; involucelles polyphylles, égalant l'ombellule. ♃ L'été dans les bois montueux.

Cette plante a été trouvée près d'Anvers, mais elle ne pouvait y être qu'accidentellement; elle est originaire des montagnes de la Provence et des Apennins, et est fréquemment cultivée dans les jardins.

15. ANGELICA. Hoffm. Umb. 1. p. 166.

Calice entier; corolle à 5 pétales lancéolés, entiers, acuminés, à pointe droite ou recourbée; carpelles aplatis, elliptiques, à 5 côtes, les 3 dorsales filiformes, les 2 latérales formant une aile double.

597. A. SYLVESTRIS (L. Sp. 561). Imperatoria sylvestris Lam. Fl. fr. 4. f. 417. Tige d'un mètre environ, dressée, striée, lisse, souvent violette, à sommet et pédoncules tomenteux; feuilles bipinnées, à 3 divisions principales, à folioles ovales-arrondies, dentées en scie, aiguës, glabres; fleurs en ombelles de 25-30 rayons; involucres nuls ou à 1-2 folioles abortives; involucelles polyphylles, à folioles très-déliées. ♃ Tout l'été. Dans les prairies humides des bois.

16. SELINUM. Hoffm. Umb. Gen. 1. p. 150.

Calice entier; corolle à 5 pétales recourbés, émarginés, infléchis à la pointe; fruit à dos comprimé, carpelles à 5 côtes primaires, ailées.

598. S. CARVIFOLIA (L. Sp. 350). Tige de 50 à 75 centimètres, sillonnée-anguleuse, glabre; feuilles tripinnées, à folioles pinnatifides-incisées, à découpures ovales-lancéolées, mucronées; fleurs blanches en ombelles de 15 à 20 rayons; involucres nuls

ou monophylles; involucelles à 6-8 folioles linéaires; fruit ovale-orbiculaire. ♃ L'été. Dans les bois humides.

Tribu VIII. — Sésélinées et Amminées. Koch. Umb. p. 102 et 114.

Fruits presque cylindriques ou subtétragones et rarement subglobuleux; carpelles à 5 côtes primaires filiformes ou ailées; les latérales formant les bords, toutes égales, ou les latérales un peu plus larges; côtes secondaires nulles.

17. Buplevrum. L. Gen. n° 328.

Calice à limbe presque nul; corolle à 5 pétales subarrondis, entiers, courbés en demi-cercle; fruits comprimés perpendiculairement à la commissure, presque didymes, couronnés par la base du style comprimée; carpelles oblongs, à 5 côtes plus ou moins saillantes, ou à peine distinctes.

599. B. tenuissimum (L. Sp. 542). Tige de 30 à 50 centimètres, dressée, un peu striée, rameuse, à rameaux allongés, étalés; feuilles linéaires-lancéolées, aiguës, atténuées, les inférieures longues; fleurs jaunes en ombelles de 2 à 5 rayons, terminales ou latérales; involucres à 4 folioles très-aiguës; involucelles à 5 folioles plus longues que les ombelles qui ont les pédoncules inégaux. ☉ L'été. Sur les coteaux secs. Lompret (Hainaut).

600. B. rotundifolium (L. Sp. 340). Tige de 25 à 55 centimètres, dressée, glabre, branchue supérieurement; feuilles glabres, obtuses, mucronulées, les inférieures ovales-lancéolées, les supérieures ovales perfoliées; fleurs jaunes en ombelles de 3 à 8 rayons courts; involucres nuls; involucelles à folioles ovales-arrondies, acuminées. ☉ Juin, juillet, août. Dans les champs calcaires, Chimay, Beaumont (Hainaut), et dans le Luxembourg.

Buplevrum.

601. B. JUNCEUM (L. Sp. 342). Tige dressée, substriée, verte, paniculée, rameuse; fcuilles linéaires-acuminées, amplexicaules; fleurs jaunes en ombelles; involucres à 2 ou 3 folioles; involucelles à 5 folioles linéaires aussi longues que les ombellules; fruits globuleux. ④ Juillet, août. Sur les coteaux. Verviers (Liége), Blaschette, Steinsel (Luxembourg).

602. B. FALCATUM (L. Sp. 341). Tige de 40 à 60 centimètres, glabre, flexueuse, un peu striée, rameuse, à rameaux dressés; feuilles radicales, ovales-lancéolées, pétiolées, mucronulées, munies de nervures, les supérieures linéaires; toutes sont glabres et très-entières; fleurs jaunes en ombelles à 5-7 rayons; involucres à 1-2 folioles inégales, lancéolées-linéaires; involucelles à 5 folioles un peu concaves, lancéolées-linéaires, acuminées, plus courtes que l'ombellule. ♃ Juin, juillet, août. Sur les coteaux secs. Marche (Luxembourg), Dinant (Namur). Montbliard (Hainaut).

18. ATHAMANTA. Koch. Umb. p. 105.

Calice à 5 dents; pétales obovales, émarginés, très-courtement onguiculés, courbés au sommet; fruit ovale, strié, velu, à côtes filiformes; involucres à 5 folioles; involucelles polyphylles.

603. A. MACEDONICA (Spreng. in Ræm. et Schult. VI. p. 491). Bubon macedonicum L. Tige de 6 à 9 décimètres, pubescente, très-rameuse, cylindrique; feuilles presque glabres, triternées, à folioles ovales-rhomboïdes, souvent à 3 lobes mucronés et dentés; fleurs petites, blanches, en ombelles peu fournies. ♃ Juin, juillet. Cultivé sous le nom de persil de Macédoine. On le rencontre quelquefois près des lieux habités.

19. PIMPINELLA. L. Gen. n° 366.

Calice entier; corolle à 5 pétales obovales, émarginés, infléchis à la pointe; style filiforme, rejeté en dehors; fruit

Pimpinella.

comprimé latéralement, ovale; carpelle à 5 côtes filiformes égales, les latérales formant les bords; vallécules à plusieurs canaux résinifères; involucres et involucelles nuls.

604. **P. magna** (L. Mant. p. 219). Tige d'un mètre environ, dressée, sillonnée-anguleuse, rameuse; feuilles pinnées, les inférieures à folioles incisées-dentées, lobées, larges, ovales-oblongues, à lobe terminal trilobé et la première paire de folioles pétiolée; feuilles supérieures à folioles pinnatifides, à laciniures linéaires; fleurs blanches ou rougeâtres en ombelles de 12 à 15 rayons inégaux. ♃ L'été. Dans les bois.

605. **P. dissecta** (Retz. Obs. 5. p. 30. t. 2). Tige moins haute que dans l'espèce précédente, dressée, striée, glabre; feuilles pinnées, à folioles pinnatifides, sessiles, à segments presque linéaires, aigus; fleurs blanches en ombelles de 10-15 rayons. ♃ L'été. Dans les prairies sèches.

606. **P. saxifraga** (L. Sp. 578). Tige de 30 à 50 centimètres, dressée, cylindrique, finement striée, rameuse; feuilles pinnées, les inférieures à folioles sessiles, ovales-arrondies, incisées ou lobées, à foliole terminale trilobée, les supérieures à folioles lancéolées-linéaires, incisées, ou quelquefois réduites au pétiole élargi; fleurs blanches en ombelles de 10 à 15 rayons presque égaux, penchées avant la floraison. ♃ Tout l'été. Dans les prairies et sur les pelouses sèches.

607. **P. anisum** (L. Sp. 399). Tige de 30 à 40 centimètres, glabre, dressée. Feuilles radicales, cordées-subarrondies, incisées-dentées, les moyennes pinnées-lobées, à lobes cunéiformes, lancéolés, les supérieures trifides, lancéolées, entières; fleurs blanches en ombelles de 8 à 12 rayons; fruit muni de quelques poils épars. Cette plante originaire du Levant est maintenant cultivée dans le Hainaut.

20. Sium. Koch. Umb. 117.

Calice à 5 dents peu marquées; corolle à 5 pétales obovales, émarginés, un peu courbés au sommet; fruits globuleux, ovoïdes ou oblongs, à 5 côtes primaires égales, filiformes, un peu obtuses; vallécules à plusieurs rameaux résinifères.

608. S. LATIFOLIUM (L. Sp. 361). Tige de 50 à 70 centimètres, grosse, anguleuse, rameuse, sillonnée; feuilles pinnées à 7-11 folioles oblongues-lancéolées, dentées, glabres, l'impaire trifide; fleurs blanches en ombelle de 10-15 rayons; involucres à 5-6 folioles linéaires, ordinairement entières; involucelles à 5-7 folioles ovales-lancéolées; graines globuleuses, à côtes latérales rapprochées de la commissure. ⅔ Tout l'été. Dans les fossés et les marécages.

609. S. ANGUSTIFOLIUM (L. Sp. 1672). S. incisum Pers. Syn. 2. p. 516. Tige de 40 à 60 centimètres, dressée, arrondie, glabre; feuilles de 11-15 folioles ovales-oblongues, dentées dans les inférieures, plus incisées et presque laciniées dans les supérieures; fleurs blanches en ombelles de 12-15 rayons, pédonculées, caulinaires, opposées aux feuilles; involucres et involucelles à 5-6 folioles linéaires, aiguës; graines ovoïdes à côtes latérales, éloignées de la commissure. ⅔ Tout l'été. Dans les mares, les fossés et les ruisseaux.

21. SILAUS. Bess. in Schult. Syst. 6. p. 36.

Calice entier; corolle à 5 pétales obovales-oblongs, entiers ou émarginés; fruit presque cylindrique; carpelles à 5 côtes ailées, submembraneuses; vallécules à 3-4 canaux résinifères peu apparents.

610. S. PRATENSIS (Bess. l. c.). Ligusticum silaus Duby. Bot. gall. 250. Peucedanum silaus L. Sp. 354. Tige de 70 à 90 centimètres, dressée, striée, glabre, rameuse; feuilles inférieures longuement tri ou quadripinnées, à segments latéraux entiers ou bipartis, les terminaux tripartis, les caulinaires à

folioles linéaires, mucronées, les supérieures réduites à 1-3
segments ou au pétiole engainant; fleurs d'un blanc jaunâtre
en ombelles de 8 à 10 rayons inégaux; involucres nuls ou
monophylles; involucelles de 10 folioles linéaires, subulées.
♃ L'été. Dans les prairies humides.

22. Meum. Tourn. Inst. 312.

Calice entier; corolle à 5 pétales entiers, ovales-elliptiques, à base et à sommet aigus; fruit un peu comprimé;
carpelles aigus aux deux bouts, à 5 côtes proéminentes,
carénées, égales; vallécules à plusieurs rameaux résinifères.

611. M. athamanticum (Jacq. Aust. t. 303). Athamanta meum
L. Sp. 353. Ligusticum capillaceum Lam. Fl. fr. 3. p. 454.
Ligusticum meum DC. Fl. fr. 4. p. 310. Tige de 25 à 35 centimètres, simple, presque nue, striée; feuilles décomposées, à
folioles capillaires; fleurs blanches en ombelles de 6 à 10
rayons; involucres à 3-5 folioles; involucelles à 10-12 folioles
lancéolées-linéaires, aiguës; carpelles allongés, glabres, striés.
♃ Juin, juillet. Dans les prairies montueuses des provinces
de Liége et du Luxembourg.

23. Ægopodium. L. Gen. n° 368.

Calice entier; corolle à 5 pétales obovales, émarginés,
inégaux entre eux; fruits oblongs-ovoïdes, couronnés par
les styles réfléchis; carpelles à 5 côtes filiformes; vallécule
dépourvue de canal résinifère; graines arrondies-convexes,
planiuscules antérieurement; involucres et involucelles nuls.

612. Æ. podagraria (L. Sp. 379). Tige de 50 à 80 centimètres,
dressée, glabre, profondément striée; feuilles inférieures,
2 fois trichotomes, à folioles ovales-cordiformes, larges, den-

tées, les supérieures opposées, simplement ternées, à folioles plus étroites; fleurs blanches en ombelles de 12-15 rayons égaux. ⁊ Tout l'été. Dans les lieux frais et ombragés.

24. Carum. L. Gen. n° 365.

Calice entier; corolle à cinq pétales égaux, obovales, émarginés; fruit comprimé, ovoïde, oblong, couronné par le style réfléchi, avec 5 côtes filiformes peu marquées; vallécule à un seul canal résinifère.

643. C. carvi (L. Sp. 378). Racine fusiforme; tige de 40 à 60 centimètres, dressée, rameuse dès le bas; feuilles bipinnées, les caulinéaires à folioles comme verticillées autour du pétiole, pinnatifides, incisées, ovales-oblongues, les supérieures linéaires; fleurs blanches en ombelles de 8 à 10 rayons; involucres et involucelles nuls. ⚁ Mai, juin, juillet. Dans les prés montueux des provinces de Liége et de Luxembourg. Cultivé dans le Hainaut.

614. C. bulbocastanum (Koch. Umb. p. 121). Bunium bulbocastanum L. Sp. 349. Racine bulbeuse, noirâtre; tige de 30 à 50 centimètres, dressée, striée; feuilles bi ou tripinnées, à laciniures linéaires, aiguës, glabres, portées sur des pétioles très-élargis; fleurs blanches en ombelles de 15-20 rayons presque égaux; involucres et involucelles à plusieurs folioles linéaires, courtes, aiguës; fruit allongé-oblong; carpelles à section verticale sublinéaire. ⁊ Juin, juillet. Dans les champs des provinces de Liége et du Hainaut.

645. C. verticillatum (Koch. Umb. 122). Sison verticillatum L. Sp. 363. Sium verticillatum Lam. Dict. 1. p. 407. Souche à fibres radicales renflées, fusiformes; tige de 50 à 60 centimètres, dressée, un peu striée, cylindrique, glabre, presque nue; feuilles longues, pinnées, à folioles multifides, capillaires, subverticillées; fleurs blanches en ombelles de 15 à 18 rayons; involucres de 6-8 folioles courtes, linéaires; involucelles

à un nombre égal de folioles qui sont plus élargies: carpelles linéaires. ♃ Dans les prés humides des Flandres. Très-rare.

25. FALCARIA. Riv. Pent. ap. (1699) n° 48.

Calice à 5 dents; tube nul dans les fleurs stériles, cylindrique dans les fertiles; corolle à 5 pétales obovales, courbés au sommet, plus grands dans les fleurs stériles; styles divariqués; fruit oblong, comprimé; carpelles à 5 côtes égales, filiformes; vallécule à un canal résinifère.

\ 616. F. RIVINI (Host. Fl. austr. 1. p. 381). Sium falcaria L. Sp. 362. Drepanophyllum falcaria Mœnch. Supp. 2. Tige de 30 à 50 centimètres, dressée, flexueuse, striée, glabre; feuilles radicales à 5 divisions ailées, à folioles très-longues, linéaires, à dents fines et aiguës, les caulinaires ailées, trifides; fleurs blanches en ombelles terminales de 15-20 rayons; involucres de 6 à 8 folioles très-déliées; involucelles à 4-5 folioles semblables; graines allongées. ♃ Juillet, août. Dans les champs calcaires. Grevenmacher (Luxembourg), Herve (Liége).

26. PETROSELINUM. Hoffm. Umb. 1. p. 78.

Calice entier; corolle à 5 pétales subarrondis, courbés, entiers. à peine émarginés; fruit ovale, resserré sur les côtés, subdidyme; carpelles à 5 côtes filiformes égales; vallécule à un seul canal résinifère.

617. P. SATIVUM (Hoffm. l. c.). Le persil. Apium petroselinum L. Sp. 379. Tige de 40 à 70 centimètres, dressée, noueuse, rameuse, glabre; feuilles inférieures bipinnées, à folioles ovales, incisées, dentées, les caulinaires ailées, à folioles linéaires, lancéolées, presque entières; fleurs blanches en ombelles de 6-12 rayons; involucres nuls ou à 1-5 folioles; invo-

lucelles à 5-6 folioles très-petites. ♃ Tout l'été. Cultivé.
Quelquefois toutes les feuilles sont crispées, c'est alors la
variété nommée persil frisé.

618. P. segetum (Koch. Umb. p. 128). Sison segetum L. Sp. 362.
Sium segetum Lam. Fl. fr. 3. p. 458. Tige de 25 à 40 centimètres, dressée, rameuse dès la base, glabre; feuilles pinnatiséquées, à folioles ovales, incisées, dentées; fleurs blanches
en ombelles pédonculées, nombreuses, de 2-3 rayons très-iné-
gaux; involucres à 2 folioles petites; involucelles à 5 folioles
fines, courtes; fruit ovale, globuleux, à styles très-courts.
♂ L'été. Dans les champs pierreux. Très-rare.

27. Conopodium. Koch. Umb. p. 118.

Calice entier; corolle à 5 pétales égaux, obovales, émarginés, infléchis à la pointe; fruit linéaire, oblong, couronné
par les styles dressés, élargis en une base conique; carpelles à 5 côtes égales, filiformes. obtuses; plusieurs canaux
résinifères.

619. C. denudatum (Koch. l. c.). Bunium denudatum DC.
Prod. 4. 117. Bunium flexuosum Sm. Fl. brit. 1301. Myrrhis
ammoïdes Spreng. Racine bulbeuse; tige de 30 à 40 centimètres, grêle, dressée, simple, presque nue; feuilles bipinnées,
les radicales longuement pétiolées, à folioles courtes, incisées,
un peu obtuses, les supérieures à folioles linéaires, allongées;
fleurs en ombelles à rayons nombreux, presque égaux; involucres nuls ou à 1-3 folioles; involucelles à folioles linéaires;
graines peu volumineuses, glabres. ♃ Juin, juillet. Dans les
prés secs. Environs de Tournai (Hainaut).

28. Apium. Hoffm. Umb. 1. p. 75.

Calice entier; corolle à 5 pétales arrondis, égaux, courbés au sommet, entiers; fruit resserré sur les côtés, didyme;
carpelles subglobuleux, à 5 côtes filiformes, égales.

Apium.

\ 620. A. GRAVEOLENS (L. Sp. 379). Le céleri. Tiges de 40 à 60 centimètres, grosses, rameuses, sillonnées ; feuilles ailées, à 5-7 folioles triangulaires-cunéiformes, incisées, dentées au sommet ; fleurs d'un blanc jaunâtre en ombelles souvent latérales et sessiles à 8-12 rayons souvent décomposés en ombelles secondaires ; involucres et involucelles nuls, les premiers souvent remplacés par des folioles petites, trifides ou pinnatifides. ♃ L'été. Cultivé.

29. ÆTHUSA. L. Gen. n° 355.

Calice entier ; corolle à 5 pétales obovales, émarginés, infléchis à la pointe ; fruit ovoïde-globuleux ; carpelles à 5 côtes saillantes, épaisses, carénées, les latérales un peu plus larges.

\ 621. Æ. CYNAPIUM (L. Sp. 367). Tige très-variable pour la hauteur, tantôt de 10 à 25 centimètres, tantôt s'élevant jusqu'à 60 centimètres, dressée, rameuse, arrondie ; feuilles bipinnées, à folioles pinnatifides, à laciniures ovales-linéaires, aiguës, incisées ; fleurs blanches en ombelles de 10 à 12 rayons inégaux ; involucres nuls ou monophylles ; involucelles à 3-4 folioles capillaires, longues et réfléchies, placées d'un seul côté. Cette plante est d'un vert foncé et vénéneuse, elle est dangereuse par sa ressemblance avec le persil. ④ Tout l'été dans les lieux cultivés.

VAR. α. AGRESTIS. Tige de 10 à 25 centimètres.
VAR. β. HORTENSIS. Tige de 30 à 60 centimètres.

30. TRINIA. Hoffm. Umb. 1. p. 92.

Fleurs dioïques ou dioïques-polygames ; calice entier ; pétales lancéolés, roulés en dedans, surtout dans les fleurs mâles ; fruit presque sphérique, couronné par les styles réfléchis ; carpelles à 5 côtes filiformes, égales ; ovaire

Trinia

avorté dans les fleurs mâles. Involucres et involucelles nuls.

622. T. VULGARIS (Dec. Prod. 4. f. 103). T. glaberrima Var. Hoffm. Pimpinella dioïca L. Mant. 357. Seseli glaucum Lam. Fl. fr. 3. p. 436. Pimpinella glauca Spreng. Tige de 20 à 30 centi- mètres, glabre, luisante, anguleuse, à rameaux dichotomes; — feuilles glaucescentes, pinnées, à folioles multifides, à laci- niures linéaires; fleurs blanches en ombelles nombreuses, simples ou composées; ombelles fructifères à rayons inégaux; involucres nuls ou à 1-2 folioles membraneuses; graines petites, glabres, globuleuses, à côtes obtuses. ② Mai, juin, juillet. Sur les coteaux secs et pierreux. On dit que cette plante se trouve dans les Flandres et le Hainaut, toutes mes recherches ont été inutiles pour l'y rencontrer.

31. AMMI. Tourn. Inst. 159.

Calice nul; corolle à 5 pétales obovales infléchis à la pointe, émarginés-bilobés, à lobes inégaux; fruit comprimé latéralement, ovoïde-oblong, surmonté des styles réfléchis; carpelles à 5 côtes filiformes, égales.

623. A. MAJUS (L. Sp. 349). Tige de 30 à 50 centimètres, dressée, striée, glauque; feuilles inférieures bipinnées, à folioles ovales lancéolées, simples ou lobées à la base, dentées en scie, les supérieures multifides, laciniées, lancéolées, linéaires; fleurs blanches en ombelles de 20 à 30 rayons; involucres à folioles trifides, très-étroites, allongées; involucelles à 8-12 folioles presque sétacées. ♃ Dans les champs de la province de Liége. Rare.

32. LIBANOTIS. Crantz. Aust. 222.

Calice à dents allongées, subulées, marcescentes, ou ca- duques; corolle à 5 pétales obovales, infléchis à la pointe,

Libanotis.

presque entiers; fruit ovoïde-oblong, couronné par les styles réfléchis; carpelles à 5 côtes proéminentes, filiformes.

624. L. MONTANA (All. Ped. t. 62). L. vulgaris DC. Prod. 4. 150. Seseli libanotis Koch. Umb. p. 111. Athamanta libanotis L. Sp. 551. Tige d'un mètre environ, dressée, glabre, striée; feuilles radicales bipinnées, les caulinaires seulement pinnées, les unes et les autres à folioles distantes, larges, pinnatifides, incisées, à lobes aigus, lancéolés, les supérieures souvent réduites au pétiole engainant; fleurs blanches en ombelles de 18 à 25 rayons, dressés à la maturité; involucres de 10 à 12 folioles; involucelles à 6-8 folioles sétacées; fruit velu, blanchâtre. ⅔ L'été. Sur les coteaux calcaires des bords de la Meuse et de la Semois.

33. SESELI. L. Gen. n° 360.

Calice à dents courtes et épaisses; corolle à 5 pétales égaux, infléchis à la pointe; fruits petits, ovoïdes; carpelles à 5 côtes filiformes non ailées.

625. S. ANNUUM (L. Sp. 575). S. coloratum Ehrh. Herb. 115. Selinum dimidiatum Fl. fr. 4. p. 525. S. bienne Crantz. Souche donnant naissance à une tige de 30 à 50 centimètres, dressée, un peu striée, rougeâtre, rameuse, pubescente, noueuse; feuilles à pétioles courts, élargis, scarieux sur les bords, bipinnées, en folioles linéaires, étroites, aiguës; fleurs blanches en ombelles de 15 à 20 rayons égaux, pubescents, blanchâtres; involucres nuls; involucelles à 8-12 folioles lancéolées, aiguës, plus longues que l'ombellule; carpelles glabres. ☉ L'été. Sur les collines du Luxembourg.

626. S. MONTANUM (L. Sp. 572). S. glaucum L. Tige de 30 à 40 centimètres, dressée, un peu striée, glabre; feuilles bi ou tripinnées, à folioles courtes, linéaires, étroites, glauques,

mucronées, les supérieures monophylles ; fleurs blanches en
ombelles de 8-10 rayons égaux ; involucres à 1-3 folioles caduques ; involucelles à 8-12 folioles linéaires, subulées, étroitement
membraneuses au bord ; carpelles glauques, elliptiques.
♃ L'été. Sur les coteaux des bords de la Meuse, entre Huy et
Andennes, et dans le Luxembourg.

54. HELOSCIADIUM. Koch. Umb. p. 125.

Calice à 5 dents peu apparentes ; corolle à 5 pétales
ovales, entiers, aigus ou un peu obtus, à pointe droite ou
infléchie ; fruits ovales ou oblongs, comprimés ; carpelles à
5 côtes filiformes, proéminentes, égales ; vallécules à un
seul canal résinifère.

627. H. INUNDATUM (Koch. l. c.). Sium inundatum Lam. Fl. fr. 3.
p. 430. Sison inundatum L. Sp. 363. Tiges de 50 à 50 centimètres, flottantes, rampantes, fistuleuses, glabres ; feuilles
submergées bi ou tripinnées, à laciniures capillaires, les
émergées pinnées, à folioles cunéiformes, lancéolées, trifides ; fleurs blanches en ombelle simple ou à 2 rayons, rarement 3, pédonculée ; involucres nuls ; involucelles à 3 ou 4
folioles linéaires, lancéolées, courtes ; fruit ovale, à styles
très-courts, inclinés. ♃ Juin, juillet. Dans les mares et les
étangs. Il n'est pas rare dans la Campine.

628. H. REPENS (Koch. l. c.). Sium repens L. Sp. 361. Tiges
de 5 à 15 centimètres, rampantes, glabres, radicantes aux
nœuds ; feuilles ailées, à 9-11 folioles ovales, lobées, dentées,
incisées ; fleurs blanches en ombelles pédonculées, caulinaires,
axillaires, opposées aux feuilles ; involucres de 4-6 folioles
linéaires-lancéolées ; involucelles à 5-7 folioles aussi grandes
que les ombellules ; fruit globuleux, à styles réfléchis. ♃ L'été.
Dans les endroits tourbeux. Mechelen, Swalmen (Limbourg),
Rambrouch (Luxembourg).

629. H. NODIFLORUM (Koch. l. c.). Sium nodiflorum L. Sp. 361.

Tige de 40 à 60 centimètres, glabre, couchée, striée, fistuleuse; feuilles ailées à 5-7 folioles ovales-lancéolées, dentées; fleurs blanches en ombelles subsessiles, axillaires, opposées aux feuilles, à 5-7 rayons; involucres nuls ou monophylles; involucelles à 4-5 folioles lancéolées; fruits ovales, globuleux, à styles réfléchis. ♃ L'été. Dans les endroits inondés.

55. FOENICULUM. All. Ped. 2. p. 25.

Calice entier; corolle à 5 pétales subarrondis, entiers, réfléchis au sommet, comme échancrés, presque égaux entre eux; fruit ovoïde-oblong, subarrondi; carpelles à 5 côtes obtusément carénées; vallécule à un seul canal résinifère; involucres et involucelles nuls.

650. F. OFFICINALE (All. Ped. n° 1359). Anethum fœniculum L. Sp. 577. Tige d'un mètre à un mètre et demi, dressée, grosse, verte, lisse, glaucescente; feuilles décomposées, à segments linéaires-filiformes, très-allongés; fleurs jaunes en ombelles très-amples, à un grand nombre de rayons. ♃ Juin, juillet, août. Cultivé. Spontané sur les coteaux calcaires, à Liége, Dinant, Namur.

56. OENANTHE. Lam. Fl. fr. 3. p. 432.

Calice à 5 dents fines, persistantes; corolle à 5 pétales courbés à la pointe, obovales, émarginés, plus grands au bord de l'ombelle; fruit ovale, oblong, subarrondi, surmonté par les dents du calice et les styles; carpelles à 5 côtes un peu convexes, obtuses, les deux latérales un peu plus larges.

651. OE. PHELLANDRIUM (Lam. Fl. fr. 3. p. 452). Phellandrium aquaticum L. Sp. 366. Racine grosse à fibrilles verticillées; tige de 50 à 80 centimètres, grosse, creuse, cannelée, très-ra-

OEnanthe.

meuse; feuilles bi ou tripinnées, à folioles décomposées, à laciniures divariquées, linéaires, obtuses; fleurs en ombelles
latérales, longuement pédicellées, à 5-7 rayons égaux; involucres nuls; involucelles à 6-8 folioles linéaires,sétacées, acuminées; fruit ovale-oblong. ♃ L'été. Dans les étangs et les marais.

632. OE. FISTULOSA (L. Sp. 365). Racine rampante, tuberculeuse; tige stolonifère, de 50 à 60 centimètres, dressée, fistuleuse, striée, glabre; feuilles radicales pinnées, à folioles trifides, courtes, linéaires, les caulinaires pinnées, à 7-9 folioles
lancéolées - linéaires; fleurs blanches en ombelles de 2-4
rayons; ombellules peu étalées, planes, à fleurs sessiles qui
se resserrent en tête à la maturité; involucres nuls ou monophylles; involucelles à 6-8 folioles linéaires, lancéolées, dépassant les fleurs. ♃ Juin, juillet. Dans les marais.

633. OE. PIMPENELLOÏDES (L. Sp. 365). Racine tuberculeuse, allongée; tige de 40 à 60 centimètres, dressée, glabre, striée;
feuilles radicales bipinnées, à folioles pinnatifides, à laciniures
ovales, lancéolées, entières ou unidentées, acuminées, les caulinaires pinnées, à folioles linéaires-allongées, entières; fleurs
blanches en ombelles de 6-10 rayons un peu serrés; involucres
et involucelles à 5-6 folioles linéaires-sétacées. ♃ Juillet, août.
Dans les prairies humides des Flandres. Assez rare.

634. OE. PEUCEDANIFOLIA (Pol. Pal. 1. p. 289. t. 2. f. 3). OE. fili-
penduloïdes Th. Fl. par. 146. Racine tuberculeuse; tige de
60 à 90 centimètres, dressée, glabre, striée; feuilles bi ou
tripinnées, à folioles linéaires, aiguës, allongées, les supérieures simplement ailées; fleurs blanches en ombelles de 8
à 10 rayons; involucres nuls; involucelles à 8-10 folioles linéaires-lancéolées, aiguës, dépassant l'ombellule; fruits ovales,
globuleux, surmontés des dents du calice très-marquées. ♃
Mai, juin, juillet. Dans les prairies humides.

635. OE. CROCATA (L. Sp. 365). Racine tuberculeuse; tige de 50
à 70 centimètres, dressée, rameuse, striée; feuilles bipinnées,
toutes à folioles cunéiformes, les caulinaires ovales à grosses
dents, les supérieures lancéolées; fleurs blanches en ombelles

grandes, à 20 ou 30 rayons; involucres et involucelles à 5-6 folioles linéaires-sétacées. ♃ Juillet, août. Dans les marécages et les marais de la Campine.

37. CICUTA. L. Gen. n° 364.

Calice à 5 dents membraneuses ; corolle à 5 pétales obovales. émarginés, presque égaux, courbés au sommet ; fruits subarrondis, un peu comprimés, didymes ; carpelles à 5 côtes égales ; vallécules à un seul canal résinifère.

636. C. VIROSA (L. Sp. 368). Tige de 40 à 50 centimètres, dressée, fistuleuse, striée, rameuse; feuilles bipinnées, à folioles étroites, allongées, souvent trifides, dentées, les inférieures à pétioles très-longs, fistuleux ; fleurs blanches en ombelles de 15-20 rayons ; involucres nuls ; involucelles polyphylles, à folioles sétacées. ♃ Juillet, août. Aux bords des étangs et des marais tourbeux, principalement dans la Campine.

Tribu IX. — SCANDICINÉES. Koch. Umb. p. 150.

Fruits comprimés ou resserrés latéralement, linéaires, allongés, souvent munis d'un éperon ; carpelles à 5 côtes filiformes d'abord. ensuite subulées, les latérales formant les bords, toutes égales ; côtes secondaires nulles ; Carpelle campylosperme ; graines arrondies-convexes, profondément sillonnées, enroulées sur les bords.

38. SCANDIX. L. Gen. n° 357.

Calice entier ; corolle à 5 pétales obovales, tronqués, inégaux ; fruit à éperon très-long, hispide ; carpelles à 5 côtes obtuses, égales.

637. S. PECTEN VENERIS (L. Sp. 368). Tige de 20 à 30 centimètres, dressée, rameuse, pubescente; feuilles tripinnatifides, à

laciniures linéaires-aiguës; fleurs blanches en ombelles à 1-3 rayons courts; involucres nuls ou ombelles entourées par la feuille supérieure; ombellules à 6-8 folioles lancéolées-acuminées; fruit très-long, un peu hispide sur le côté externe et surmonté des styles persistants. ④ Tout l'été. Dans les moissons.

39. ANTHRISCUS. Hoffm. Umb. 1. p. 38.

Calice entier; corolle à 5 pétales obovales, tronqués ou émarginés, infléchis à la pointe; carpelles lisses ou hérissés de pointes épineuses, rétrécis brusquement à la pointe, à 5 côtes visibles seulement à la partie supérieure.

638. A. SYLVESTRIS (Hoffm. Umb. gen. 1. p. 40). Chærophyllum sylvestre L. Sp. 369. Tige de 50 à 80 centimètres, dressée, striée, rameuse; feuilles inférieures tripinnées, les supérieures pinnées, les unes et les autres à folioles allongées, ovales-lancéolées, incisées, dentées, aiguës; fleurs blanches en ombelles pédonculées, dressées, de 8-12 rayons; involucres nuls; involucelles à 5-6 folioles lancéolées, ciliées; fruits lisses, un peu ventrus à la base, surmontés des styles dressés, un peu divergents. ① Mai, juin. Dans les haies et les prairies.

639. A. CEREFOLIUM (Hoffm. Umb. 1. p. 41). Chærophyllum sativum Lam. Fl. fr. 5. p. 458. Scandix cerefolium L. Sp. 368. Le cerfeuil. Tige de 30 à 50 centimètres, dressée, un peu striée, glabre; feuilles bi ou tripinnées, à folioles ovales, incisées-pinnatifides, à laciniures pinnatifides; fleurs blanches en ombelles souvent latérales, presque sessiles, à 4-5 rayons; involucres nuls; involucelles à 1-3 folioles linéaires-lancéolées, aiguës; fruits lisses, allongés-linéaires, surmontés des styles qui sont courts, dressés, parallèles. ① Mai, juin. Cultivé.

640. A. VULGARIS (Pers. Syn. 1. p. 320). Caucalis scandicina Fl. dan. t. 863. Scandix anthriscus L. Sp. 368. Tige de 30 à 40 centimètres, glabre, striée, rameuse; feuilles bi ou tripin-

nées, à folioles pinnatifides, à laciniures obtuses, mucronées,
à cils très-courts ; fleurs blanches en ombelles latérales, subsessiles, à 5-6 rayons ; corolle très-petite ; involucres nuls ; involucelles à 5 folioles lancéolées-linéaires ; fruit ovoïde, oblong,
chargé de pointes crochues, terminé par les styles très-courts,
droits. ① Printemps. Dans les haies humides.

40. Chærophyllum. L. Gen. n° 358.

Calice entier ; corolle à 5 pétales obovales, émarginés ;
carpelles lisses, oblongs, linéaires, non rétrécis en bec, à
5 côtes primaires obtuses, prolongées jusqu'à la base ; vallécules à un seul canal résinifère.

641. C. hirsutum (L. Sp. 371). Tige de 5 à 6 décimètres, striée,
droite, rameuse, velue ; feuilles grandes, glabres, bi ou tripinnées, à folioles cordées, ovales, pointues, pinnatifides, à
divisions incisées, dentées ; fleurs blanches en ombelles de 12
à 15 rayons, munies de 2 ou 3 folioles à la base ; involucelles
de 5 à 7 folioles lancéolées, aiguës ; fruits grêles, oblongs, terminés par 2 styles. ♃ Dans les prairies un peu humides du
Luxembourg.

642. C. temulum (L. Sp. 370). Tige de 50 à 60 centimètres,
dressée, rameuse, hispide, rude, parsemée de taches d'un
rouge-brun ; feuilles bipinnées ; velues, à folioles ovales-lancéolées, incisées, pinnatifides ; fleurs blanches en ombelles pédonculées, penchées avant la floraison, à 10-12 rayons ; involucres nuls, ou à 1-2 folioles ; involucelles à 5-6 folioles, velues,
linéaires-lancéolées, aiguës ; fruit lisse, surmonté des styles
courts, à demi divergents. ♃ Juin, juillet. Dans les haies et
les buissons.

643. C. bulbosum (L. Sp. 370). Tige dressée, fistuleuse, hérissée
à la base, renflée aux articulations ; feuilles bi ou tripinnées, à
folioles pinnatifides, à laciniures linéaires-lancéolées, entières ;
fleurs blanches en ombelle ; involucres nuls ; involucelles à 5-6

folioles linéaires acuminées; styles courts, recourbés. Dans les haies. Brugelette (Hainaut), Koningsloo (Brabant).

Je n'ai jamais trouvé le chærophyllum nodosum. (Lam. Enc. 1. p. 685) en Belgique.

41. MYRRHIS. Scop. Carn. ed. 2. p. 207.

Calice entier; pétales obovales, émarginés, infléchis à la pointe; fruit allongé, comprimé sur les côtés, surmonté des styles divergents; carpelles à 5 côtes égales, linéaires, finement carénées.

644. M. ODORATA (Scop. Carn. 541). Chærophyllum odoratum Lam. Fl. fr. 4. p. 290. Scandix odorata L. Tiges de 25 à 35 centimètres, dressées, rameuses, striées; feuilles pubescentes, tripinnées, les supérieures seulement bipinnées; folioles pinnatifides, à laciniures ovales-lancéolées, incisées; pétioles et nervures velus; fleurs blanches en ombelle de 5-10 rayons; involucres nuls; involucelles à folioles lancéolées-linéaires, membraneuses, acuminées. ♃ Dans les prairies montagneuses. Wegnez (Liége), Laroche (Luxembourg).

Tribu X. — SMYRNÉES. Koch. Umb. p. 133.

Fruit comprimé ou resserré sur les côtés, renflé; carpelles campylospermes, à 5 côtes primaires, les latérales formant le bord ou posées avant le bord; quelquefois les côtes sont presque oblitérées.

42. CONIUM. L. Gen. n° 336.

Calice entier; corolle à 5 pétales inégaux, obovales, émarginés, à pointe infléchie; fruit globuleux, à 5 côtes égales, ondulées-crénelées.

645. C. MACULATUM (L. Sp. 349). Tige de 60 centimètres à 1 mètre, dressée, branchue, fistuleuse, parsemée de taches noirâtres; feuilles d'un vert sombre, à odeur vireuse, bipinnées, à

folioles pinnatifides, incisées, confluentes au sommet ; fleurs
blanches en ombelle, à 10-15 rayons ; involucre à 3-5 folioles
très-petites, réfléchies ; involucelle à 2-3 folioles très-aiguës
placées au côté externe de l'ombellule et plus courtes qu'elle.
② Juin, juillet, août. Aux bords des chemins et sur les décombres.

§ 3. — *Ombellifères imparfaites.*

Tribu XI. — SANICULÉES. Koch. Umb. p. 138.

Fruit subarrondi sur sa coupe horizontale, chargé d'épines ou
d'écailles, à 5 côtes primaires peu apparentes ; quelquefois l'ombelle est en capitule, les ombellules sont fasciculées ou aussi en
capitule.

43. ASTRANTIA. Tourn. Inst. t. 166.

Calice à 5 dents foliacées ; corolles à pétales recourbés,
bilobés ; fruit un peu comprimé sur le dos ; carpelles à
5 côtes obtuses, plissées-dentées, enflées, traversées par
des rugosités transversales.

646. A. MAJOR (L. Sp. 339). Tige de 30 à 40 centimètres, dressée,
glabre, simple ; feuilles à 5 lobes, trifides, aigus, dentés ; fleurs
blanches en ombelles terminales ; involucelle formant une collerette à folioles lancéolées, entières ou tridentées au sommet,
dépassant l'ombellule. ♃ Mai, juin, juillet.
    Cette plante cultivée dans les jardins se rencontre parfois
subspontanée. Fraipont (Liége), Laeken (Brabant).

44. SANICULA. Tourn. t. 173.

Calice à 5 divisions foliacées ; corolle à 5 pétales dres-

Au n° 590, page 219, il faut supprimer les mots suivants : Selinum carvifolium
L. Sp. 350.

Sanicula.

sés, connivents, obovales, entiers, courbés au sommet ;
fruits subglobuleux ; carpelles ne se séparant pas à la
maturité, hémisphériques, à côtes non distinctes, couverts
d'épines longues, subulées, crochues, surmontés par les
dents du calice ; canaux résinifères nombreux.

647. S. europæa (L. Sp. 339). Tige de 25 à 40 centimètres,
grêle, simple, nue, rougeâtre ; feuilles radicales pétiolées,
palmées, à lobes cunéiformes, dentés, trifides, à dents terminées par une soie roide ; fleurs blanches, sessiles, en ombelles,
composées de 4 à 5 ombellules presque en tête, munies à la
base d'un involucre unilatéral, à 2 ou 3 folioles ; fleurs du
centre femelles, celles de la circonférence mâles, à ovaire
lisseet stérile. ♃ Mai, juin, juillet. Dans les bois.

45. ERYNGIUM. Tourn. t. 173.

Calice à 5 dents foliacées, persistantes, terminées par
une épine ; corolle à 5 pétales dressés, connivents, oblongs, obovales ; fruits obovales-oblongs ; carpelles oblongs, semicylindriques, à côtes non apparentes, couverts
d'écailles imbriquées et surmontés des dents du calice.

648. E. campestre (L. Sp. 337). Tiges de 30 à 40 centimètres,
très-rameuses, sillonnées, glabres ; feuilles d'un vert glauque,
à nervures saillantes, les radicales bipinnées, à folioles décurrentes, ovales, déjetées, très-épineuses, les caulinaires
amplexicaules ; fleurs blanches, en têtes globuleuses, disposées
en corymbes terminaux ; involucre de 6 à 8 folioles linéaires,
épineuses, dépassant les capitules ; fruits couverts d'écailles
blanches, scarieuses. ♃ Juillet, août. Dans les endroits incultes
et pierreux.

649. E. maritimum (L. Sp. 336). Tiges de 20 à 30 centimètres,

Eryngium.

rameuses dès la base, d'un glauque pruineux, ainsi que toute
la plante; feuilles radicales pétiolées, subarrondies, munies
de dents grosses, épineuses; feuilles caulinaires incisées;
fleurs blanches en capitules ovoïdes, devenant bleuâtres; folioles
de l'involucre ovales, incisées, acuminées, épineuses. ♃ Juillet,
août. Dans les dunes.

650. E. PLANUM (L. Sp. 536). Tige de 25 à 55 centimètres, dressée, rameuse; feuilles radicales elliptiques-cordiformes, crénelées, pétiolées, les supérieures palmées, à 5-6 lobes
épineux; fleurs blanches en capitules ovales, devenant
bleuâtres, disposées en cyme étalée; involucre à folioles linéaires, lancéolées, épineuses. ♃ Juillet, août. Sur les collines du Luxembourg.

Je doute de l'existence de cette plante en Belgique. M. Tinant
ne la cite pas non plus dans sa Flore du Luxembourg.

Tribu XII. — HYDROCOTYLINÉES. Koch. Umb. p. 141.

Fruit dépourvu d'épines ou d'écailles, comprimé sur le côtes,
à côtes distinctes; ombelles simples ou imparfaites; pétales étalés, à sommet droit ou subinfléchi.

46. HYDROCOTYLE. Tourn. Inst. t. 173.

Calice entier, à limbe presque nul; corolle à pétales
entiers, ovales-aigus, à sommet droit; fruit comprimé,
comme à 2 lobes; carpelles à 5 côtes, la dorsale plus développée, les 2 latérales filiformes, saillantes; et les marginales à peine distinctes.

651. H. VULGARIS (L. Sp. 338). Tiges grêles, radicantes, rampantes, glabres; feuilles peltées, orbiculaires, flottantes, largement
crénelées, longuement pétiolées; fleurs blanches en verticille,
au nombre de 4 à 6, portées sur des pédoncules plus courts
que les pétioles. ♃ Tout l'été. Dans les marécages.

F^lle XXXVIII. — HÉDÉRACÉES. A. Rich. Bot. med. p. 449.

Calice monosépale, adhérent à l'ovaire; corolle polypétale régulière, à 4 ou 5 divisions; 1 style; 1 stigmate; fruit en baie ou capsule, souvent couronné par le limbe du calice, à 1 ou à 5 loges monospermes; embryon droit; périsperme charnu.

1. HEDERA. Tourn. t. 384.

Calice à limbe très-court, à 5 dents; corolle à 5 pétales; 5 étamines; anthère bifurquée à la base; 1 style; fruit bacciforme, à 5 loges monospermes. Arbrisseau à tiges sarmenteuses, grimpantes, à racines adventives.

652. H. HELIX (L. Sp. 292). Feuilles persistantes, coriaces, pétiolées, luisantes, ovales ou lobées, à 5 angles, non dentées; fleurs d'un vert jaunâtre en ombelles simples, pédonculées; baies noirâtres, charnues-coriaces, surmontées par le style persistant. ♃ Automne. Au pied des vieux murs et des troncs d'arbres.

2. CORNUS. Tourn. Inst. t. 410.

Calice à tube soudé avec l'ovaire, à 4 dents; corolle à 4 pétales; 4 étamines; 1 style; fruit drupacé, à noyau osseux, biloculaire, à loges monospermes.

653. C.MAS (L. Sp. 171). Le cornouiller. Arbrisseau de 2 à 4 mètres; feuilles ovales, entières, un peu pubescentes en dessous, munies de 8-10 nervures; fleurs jaunâtres, naissant avant les feuilles, disposées en ombelles simples, munies d'un involucre composé d'écailles ovales, colorées, égales à la longueur

Cornus.

du pédoncule. ♃ Avril, mai. Dans les haies et les buissons.

Cultivé pour son fruit qui est ovoïde, rouge, quelquefois blanc.

654. C. sanguinea (L. Sp. 171). Arbrisseau de 1 à 2 mètres à rameaux dressés, quelquefois d'un rouge vif ; feuilles ovales, arrondies, très-entières, pubescentes en dessous, munies de 8-10 nervures et devenant quelquefois très-rouges en automne; fleurs blanches, disposées en corymbes rameux, dépourvus d'involucre; fruit noir et globuleux. ♃ Mai, juin. Dans les haies, les buissons et les bois.

F^{lle} XXXIX. — Caprifoliées. Ach. Rich. in Dict. clas. 3. p. 173.

Calice monosépale à 5 divisions, adhérent à l'ovaire ; corolle monopétale à 4-5 lobes ; étamines en nombre égal à celui des divisions du calice ; 1 style surmonté d'un stigmate, ou trois stigmates sessiles; baies ou capsules à une ou plusieurs loges; périsperme charnu. Arbrisseaux à feuilles opposées, sans stipules; fleurs souvent en corymbe.

Section I. — Sambucinées. A. Rich. l. c. *Calice petit, ceint de bractées; style nul; stigmates 3; corolle monopétale; baies uniloculaires, 1-3-spermes.*

1. Sambucus. Tourn. Inst. t. 376.

Calice à 5 divisions; corolle en roue à 5 divisions; 5 étamines ; baie à une loge à 3 semences.

655. S. ebulus (L. Sp. 385). Tige herbacée de 60 centimètres à un mètre, dressée, glabre; feuilles ailées avec impaire, à 7-9 folioles ovales-lancéolées, aiguës, dentées ; fleurs blanches mêlées de

Sambucus.

rouge, en corymbe terminal; stipules foliacées; baies noires. ♃ Juin, juillet, août. Dans les lieux incultes.

656. S. NIGRA (L. Sp. 585). Arbrisseau de 5 à 6 mètres, à rameaux creux, remplis de moelle; feuilles ailées avec impaire, à 5-7 folioles ovales-oblongues, dentées dans leurs deux tiers supérieurs, pointues; fleurs blanches en corymbe plan, portées sur des pédoncules rameux; stipules nulles ou très-petites; baies noires. ♄ Juin, juillet. Dans les haies et les bois.

VAR. β. LACINIATA (Mill.). Feuilles laciniées.

657. S. RACEMOSA (L. Sp. 586). Arbrisseau de 5 à 4 mètres, rameux, à écorce brune; feuilles ailées, à 5 folioles ovales, dentées, un peu pubescentes, surtout en dessous; fleurs d'un vert jaunâtre disposées en grappes ovales, compactes; stipules nulles ou très-petites; baies rouges. ♄ Mai, juin. Dans les bois. Thuin (Hainaut), Fauquemont (Limbourg), Theux, Verviers (Liége).

2. VIBURNUM. L. Gen. n° 570.

Calice à 5 divisions; corolle campanulée à 5 lobes; 5 étamines; 5 stigmates sessiles; baies à 5-5 graines.

658. V. LANTANA (L. Sp. 584). Arbrisseau d'un mètre et demi à 2 mètres, à écorce des jeunes pousses farineuse; feuilles pétiolées, ovales ou oblongues, veinées, dentées, tomenteuses en dessous; fleurs blanches en corymbe, portées sur des pédoncules rameux, cotonneux; fruit rouge, noircissant à la maturité. ♄ Mai, juin. Dans les bois des terrains calcaires. Commun dans les provinces de Namur, de Liége et de Luxembourg.

659. V. OPULUS (L. Sp. 584). Arbrisseau de la taille du précédent, rameux; feuilles pétiolées, glabres, arrondies, à 5 lobes principaux, à dents irrégulières, pointues; fleurs blanches disposées en cyme, celles de la circonférence à pétales externes plus grands que les autres, irrégulières et stériles; baies rouges. ♄ Mai, juin. Dans les bois et les haies.

VAR. *β*. STERILIS. Toutes les fleurs stériles à pétales élargis et irréguliers, formant une boule blanche. C'est la boule de neige cultivée dans les jardins.

SECTION II. — CAPRIFOLIÉES. RICH. l. c. *Calice ceint de bractées; corolle tubuleuse-infundibuliforme; 1 style; stigmate trilobé; baies à 2-4 loges polyspermes.*

5. LONICERA. L. Gen. n° 233.

Calice à 5 dents; corolle tubuleuse, infundibuliforme ou irrégulièrement campanulée, à 5 divisions inégales; 5 étamines; baies à 2-3 loges polyspermes.

† CAPRIFOLIUM L. l. c.

Baie solitaire, corolle longue.

660. L. CAPRIFOLIUM (L. Sp. 246). Arbrisseau grimpant, à rameaux cylindriques, lisses, très-flexibles; feuilles sessiles, glabres, glauques en dessous, entières, opposées dans le bas des rameaux, connées-perfoliées dans le haut; fleurs odorantes, jaunâtres ou rougeâtres, verticillées, sessiles, terminales; tube de la corolle un peu velu extérieurement; baies rondes, fauves. ♄ Mai, juin. Cultivé dans les jardins, il se rencontre quelquefois dans les haies.

661. L. PERICLYMENUM (L. Sp. 247). Le chèvrefeuille. Tige volubile, allongée, glabre, à extrémités des rameaux quelquefois pubescentes; feuilles ovales, entières, glabres, jamais connées; fleurs jaunâtres ou rougeâtres, odorantes, réunies en têtes terminales. ♄ L'été. Dans les haies et dans les bois.

†† XYLOSTEUM L. l. c.

Baies géminées; corolle infundibuliforme ou campanulée; pédoncule biflore.

Lonicera.

662. L. XYLOSTEUM (L. Sp. 248). Xylosteum vulgare Rich. Cat. p. 54. Arbrisseau d'un mètre à 1 mètre et demi, dressé, rameux; feuilles ovales, très-entières, pubescentes, acuminées; fleurs d'un blanc un peu rosé, portées sur des pédoncules géminés ou solitaires, plus courts que les feuilles; corolle à tube très-court, gibbeux latéralement. ♄ Mai, juin. Cet arbrisseau est cultivé dans les jardins et se rencontre souvent dans les haies. Il paraît qu'il est spontané dans quelques localités du Luxembourg.

On rencontre aussi quelquefois dans les haies le lonicera nigra. L. Sp. 247.

4. SYMPHORIA. Pers. Ench. 1. p. 214.

Calice à tube tubuleux, à limbe petit, à 5 dents; corolle infundibuliforme, à 5 lobes presque égaux; 5 étamines; stigmate demi-globuleux; ovaire adhérent, quadriloculaire; baie à 4 loges, dont deux stériles et 2 monospermes.

665. S. RACEMOSA (Pursch. Fl. am. 1. p. 162). Symphoricarpos racemosus Mich. Fl. bor. Amer. 1. p. 107. S. leucocarpa Hortul. Arbrisseau d'un mètre à un mètre et demi, dressé, très-rameux; feuilles ovales, arrondies, entières, pétiolées; pédoncules courts, axillaires, multiflores; fleurs rosées accompagnées de deux bractées, disposées en petites grappes interrompues et à corolle barbue en dedans; baies blanches, couronnées par le calice. ♄ Tout l'été. Cet arbrisseau est originaire du Canada, mais il est devenu tellement abondant dans les haies des environs de Bruxelles et d'autres localités, qu'il doit être considéré comme faisant partie de notre flore.

F^lle XL. — LORANTHÉES. Juss. et Rich. Ann. mus. 12.
p. 292.

Calice adhérent à l'ovaire, monosépale, souvent muni de deux bractées à la base, à limbe peu visible ; corolle de 4-6 pétales plus larges à la base ; 4 à 6 étamines ; anthères sessiles ; 1 style manquant quelquefois ; 1 stigmate ; baie monosperme. Plantes parasites à feuilles opposées, entières.

1. VISCUM. L. Gen. n° 1105.

Fleurs dioïques ; calice à limbe à peine visible ; corolle à 4 pétales, caliciforme ; *fleurs mâles :* anthères sessiles insérées au milieu des pétales ; *fleurs femelles :* ovaire marginé au sommet ; style très-petit ; stigmate en tête ; baie petite, monosperme.

⅄ 664. V. ALBUM (L. Sp. 1451). Le gui. Plante presque ligneuse , jaunâtre-verdâtre, à tige rameuse, dichotome, articulée, glabre ; feuilles lancéolées-obovales, charnues, entières, obtuses, marquées de nervures ; fleurs jaunâtres, formant des groupes sessiles par 3 ou 4 aux bifurcations des rameaux et aux aisselles des feuilles. Baies blanches, rondes, contenant un suc visqueux. ♃ Mars, avril. Parasite sur les arbres, principalement sur le pommier. Je l'ai une fois trouvé sur le peuplier blanc.

F^lle XLI. — RUBIACÉES. Juss. Gen. 196.

Calice monosépale, adhérent à l'ovaire, à 4-5, rarement 6 lobes ; corolle monopétale, régulière, insérée sur le tube du calice, à 4-5, rarement 6 divisions ; 4-5, rarement 6 étamines insérées sur le calice et alternes avec ses divisions ;

1 style; 2 stigmates; ovaire simple; fruits, dans nos espèces, à 2 logés dispermes; périsperme corné. Toutes nos
espèces sont herbacées, à racines contenant une matière
colorante, à feuilles entières, verticillées.

1. Rubia. L. Gen. n° 127.

Calice à 4-5 dents; corolle campanulée, étalée, à 4-5 divisions; 4-5 étamines; fruit charnu, bacciforme, composé
de 2 carpelles qui ne se séparent pas à la maturité.

665. R. TINCTORUM (L. Sp. 158). La garance. Racines traçantes,
rouges; tiges de 50 à 70 centimètres, couchées, anguleuses,
hérissées de dents crochues sur les angles; feuilles un peu
pétiolées, verticillées par 6-8, ovales-lancéolées, entières,
hérissées sur les bords et sur la nervure moyenne; fleurs
d'un blanc jaunâtre en panicule décomposée; corolle à lobes
oblongs, un peu calleux au sommet. ♃ Juin, juillet. Cultivée
pour sa racine qui est employée dans la teinture.

2. Galium. Scop. ed. 2. 1. p. 99.

Calice à 4 dents, corolle en roue ou campanulée-quadri-
fide; 4 étamines; style bifide; fruit sec composé de 2 carpelles non couronnés par le calice.

§ 1. — *Fruits glabres non tuberculeux.*

666. G. CRUCIATA (Scop. Carn. 1. p. 100). Valantia cruciata L.
Sp. 1491. Tiges de 50 à 60 centimètres, simples, molles, velues; feuilles ovales, verticillées par 4, obtuses, trinerviées,
velues; fleurs jaunes, polygames, axillaires, en petites grappes
rameuses, portées sur des pédoncules plus courts que les feuilles, munies de deux bractées foliacées; fruits lisses, noirâ-

Galium.

tres, bacciformes. ♃ Mai, juin, juillet. Dans les haies et les buissons.

\ 667. G. VERUM (L. Sp. 155). Tiges de 50 à 75 centimètres, souvent couchées dans le bas, rameuses; feuilles linéaires-étroites, très-aiguës, verticillées par 6-12; fleurs jaunes, petites, subterminales, à pédoncules très-courts, portant 1-2 fleurs, disposées en panicule. ♃ Tout l'été. Sur les pelouses sèches.

> VAR. β. SUPINUM. Tiges grêles, nombreuses, entièrement couchées.

> VAR. γ. SUBULATUM. Tiges de 20 à 25 centimètres, droites; feuilles subulées. Dans les lieux secs.

668. G. GLAUCUM (L. Sp. 156). Asperula galioïdes DC. Prod. 4. p. 585. G. campanulatum Vill. Asperula glauca Bess. G. Halleri Sut. Tiges de 40 à 60 centimètres, grêles, anguleuses, glabres, rougeâtres aux articulations, diffuses; feuilles glabres, glauques, linéaires-aiguës, verticillées par 6 ou 8, rudes sur les bords; fleurs blanches disposées en corymbes peu serrés, au sommet des rameaux; pédoncules dichotomes, renflés au sommet à la fin de la fleuraison. ♃ Dans les prés. Aux environs de Sept-Fontaines (Luxembourg).

669. G. ANGLICUM (Huds. Ang. 69). G. parisiense Lam. Dict. 2. p. 584. G. litigiosum DC. G. gracile Wallr. Tiges de 20 à 30 centimètres, grêles, rameuses du bas, souvent couchées, hispides; feuilles hispides, linéaires-lancéolées, mucronées, verticillées par 6-8; fleurs blanches, petites, disposées en panicules corymbiformes, portées sur des pédicelles bi ou trifurqués. ⚇ Juin, juillet, août. Dans les terrains calcaires. Florennes (Namur), Péronnes (Hainaut).

670. G. LÆVE (Th. Fl. par. ed. 2. p. 77). G. pusillum Engl. bot. 1. 74. G. montanum Vill. Dauph. 2. p. 517. G. austriacum Jacq. Tiges de 15 à 25 centimètres, glabres, lisses, rameuses, redressées; feuilles planes, linéaires-lancéolées, acérées, verticillées par huit; fleurs blanches en panicules terminales, peu nombreuses, à divisions de la corolle aiguës,

Galium.

♃ Juin, juillet. Sur les coteaux secs. Dans les provinces de Namur et de Liége.

671. G. bocconi (All. Ped. 24). G. nitidulum Th. Fl. par. 78. Tiges de 10 à 25 centimètres, faibles, tétragones, un peu dressées, simples, velues à la base ; feuilles linéaires, verticillées par 6-8, scabres, mucronées, les inférieures pubescentes, toutes ont une teinte grisâtre ; fleurs blanches, presque en ombelles terminales, à pédoncules bi ou trifides, à divisions de la corolle obtuses. ♃ Juin, juillet. Dans les bois secs et les endroits arides. Rochers des Grands-Malades (Namur).

672. G. supinum (Lam. Fl. fr. 5. p. 379). G. multicaule Wallr. Tiges de 15 à 30 centimètres, grêles, glabres, couchées, rameuses ; feuilles petites, lancéolées-linéaires, glabres, aiguës, rudes et accrochantes sur les bords, verticillées par 6 ; fleurs petites, blanches, disposées en ombelles trichotomes, terminales, peu fournies. ♃ Dans les lieux secs et pierreux du Luxembourg.

673. G. sylvaticum (L. Sp. 155). Tiges de 50 à 70 centimètres, lisses, redressées, glabres, à articulations noueuses ; feuilles elliptiques, oblongues, mucronées, glabres, à bords un peu roulés, verticillées par 6-8 ; fleurs blanches, petites, en panicules pauciflores, à pédoncules capillaires, munis de bractées ovales, aiguës. ♃ Juillet, août. Dans les bois.

674. G. mollugo (L. Sp. 155). Tiges de 40 à 60 centimètres, rameuses, anguleuses, molles, renflées aux articulations, souvent velues à la base ; feuilles ovales-lancéolées, étalées, acuminées, quelquefois pubescentes, verticillées par huit ; fleurs blanches en panicule ramifiée, à divisions de la corolle aiguës. ♃ De mai en septembre. Dans les haies et les buissons.

> Var. β. elatum (Th.). Tige double de celle de l'espèce, grosse, velue, ainsi que les feuilles, qui sont ovales ; panicules grandes, à fleurs nombreuses, plus petites, verdâtres. Dans les buissons épais.

675. G. palustre (L. Sp. 155). Tiges de 50 à 50 centimètres, grêles, couchées, diffuses, tétragones, légèrement hispides ;

Galium,

feuilles verticillées par quatre, glabres, très-entières, obtuses, les inférieures obovales, les supérieures lancéolées; fleurs blanches terminales, à pédicelles ternés. ♃ Mai, juin, juillet. Dans les fossés et autour des mares.

676. G. ULIGINOSUM (L. Sp. 153). Tiges de 30 à 60 centimètres, dressées, très-rameuses, anguleuses, munies de crochets rudes, très-fins sur les angles, à rameaux étalés; feuilles verticillées par 6, linéaires-lancéolées, mucronées, roides, à denticules dirigées de haut en bas, un peu roulées sur les bords; fleurs blanches, terminales, étalées. ♃ L'été. Cette plante, qui noircit par la dessiccation, se trouve dans les endroits humides, tourbeux.

677. G. SPINULOSUM (Mer. Fl. par. 2. 71). G. scabrum Lej. Fl. Spa. Tiges ascendantes, rameuses du bas; feuilles verticillées par 6 ou 8, linéaires, mucronées, hispides; corolle à pétales terminés en pointe. Cette espèce a les plus grands rapports avec la précédente, mais elle ne noircit pas par la dessiccation. ♃ Dans les lieux humides.

678. G. ERECTUM (Huds. Ang. 68). G. lucidum Lej. et Court. G. provinciale Lam. Tiges de 40 à 50 centimètres, dressées, carrées, glabres, rameuses; feuilles glabres, lancéolées-linéaires, mucronées, rudes et dentées sur les bords, verticillées par 6 ou 8; fleurs blanches en panicules courtes, peu fournies; pédoncules trichotomes. ♃ Juin, juillet. Dans les prairies humides. Rambrouck (Luxembourg). M. Tinant.

679. G. SAXATILE (L. Sp. 154). Tiges de 30 à 60 centimètres, couchées, glabres, très-rameuses; feuilles verticillées par 6, obovales, obtuses, ciliées, glabres; fleurs blanches, petites, portées sur des pédicules terminaux, à 1-2 fleurs. ♃ Juin, juillet. Sur les collines schisteuses des bords de la Moselle et de la Sure.

680. G. RUBIOÏDES (L. Sp. 155). Tiges dressées, tétragones, serrées, presque glabres; feuilles verticillées par 4, ovales-lancéolées, trinerviées, rudes en dessous; fleurs d'un blanc jaunâtre, en panicules terminales portées sur des pédoncules

Galium.

beaucoup plus longs que les feuilles; bractées ovales-oblongues. ♃ Juillet, août. Sur les bords des bois, près de Goër et d'Eupen.

§ 2. — *Fruits glabres, tuberculeux.*

681. G. HARCYNICUM (Weig. Obs. p. 24). G. saxatile Mœnch. Tiges couchées, diffuses, lisses, à rameaux rapprochés, allongés; feuilles verticillées par 4-6, oblongues, aiguës, mucronées, glabres; fleurs blanches portées sur des pédoncules plus courts que les feuilles, axillaires, à 5-6 fleurs; fruits didymes chargés de petits tubercules. ♃ Juillet, août. Dans les fagnes et les bois montueux. Spa, Ensival (Liége), Chimai (Hainaut).

682. G. SPURIUM (L. Sp. 154). Tige de 30 à 50 centimètres, couchées, ou s'accrochant aux corps voisins, garnies d'épines crochues dont la pointe regarde la racine; feuilles verticillées par 6, lancéolées, carénées, rudes, garnies d'aspérités crochues; fleurs blanches en panicules un peu plus longues que les feuilles, portées sur des pédoncules multiflores; fruits nombreux, gros, un peu tuberculeux. ☉ L'été. Dans les lieux cultivés.

683. G. TRICORNE (With. Brit. ed. 2. p. 153). Tiges plus courtes que dans l'espèce précédente, plus simples et plus chargées d'épines; feuilles lancéolées, munies sur les bords d'aiguillons recourbés en arrière; fleurs blanches en cymes axillaires, portées sur des pédoncules triflores, plus courts que les feuilles; fruits gros, raboteux, pendants. ☉ Juin, juillet, août. Dans les moissons maigres.

684. G. SACCHARATUM (All. Ped. 59). Valantia aparine L. Sp. 1491. Tiges de 30 à 60 centimètres, couchées, munies d'épines crochues comme les deux espèces précédentes; feuilles verticillées par 6, linéaires-lancéolées, munies d'aiguillons recourbés et rudes sur les bords; fleurs d'un blanc jaunâtre, portées sur des pédoncules triflores de la longueur des feuilles (parfois il y a quelques fleurs mâles, ainsi que dans les deux espèces

Galiumr.

précédentes); fruit gros, raboteux, mamelonné. ① Juin, juillet. Dans les moissons maigres. Saint-Odilienberg, Poster-holt (Limbourg).

Ces trois dernières espèces sont rares en Belgique et ne se rencontrent guère que dans les Ardennes, le Condroz et le Luxembourg.

§ 5. — *Fruits hispides.*

685. G. APARINE (L. Sp. 157). Tiges acquérant jusqu'à un mètre, faibles, velues, rameuses, à angles hérissés de crochets avec lesquels elles s'accrochent aux corps voisins; articulations renflées; feuilles verticillées par 6, lancéolées, hérissées de crochets sur les côtés et sur la ligne dorsale, acuminées; fleurs d'un jaune verdâtre, peu nombreuses, portées sur des pédoncules longs, axillaires; fruits assez gros, couverts de poils rudes et crochus. ① Tout l'été. Dans les haies et les buissons.

> VAR. *α.* VULGARE (Duby). Tige rameuse; articulations velues. C'est l'espèce ordinairement appelée gratteron.
>
> VAR. *β.* VAILLANTII (Duby). G. Vaillantii Fl. fr. 4. p. 263. G. scabrum Hoffm. G. infestum W. et K. G. agreste var. echinospermum Wallr. Plus petit dans toutes ses parties; tige moins rameuse, à articulations moins velues, plus rude et non grimpante.

686. G. BOREALE (DC. Fl. fr. 5. p. 498). Tiges roides, dressées, tétragones; feuilles verticillées par 4, lancéolées, trinerviées, à bords scabres, obtuses, glabres; fleurs en panicules terminales; pédicelles fructifères, dressés, étalés; fruits tomenteux, hispides. ⚄ Juillet, août. Sur les collines pierreuses des environs de Liége et de Maestricht.

3. ASPERULA. L. Gen. n° 121.

Corolle infundibuliforme, à 3-4 divisions; calice à 3-4

dents; 2 fruits bacciformes, secs, ne portant aucun vestige du calice.

687. A. ODORATA (L. Sp. 150). Tiges de 25 à 35 centimètres, simples, glabres, lisses; feuilles verticillées par 8, ovales-lancéolées, entières, finement ciliées, aiguës; fleurs blanches, à pédoncules presque en corymbe; fruits hérissés de poils roides, crochus. ♃ Mai, juin. Dans les bois.

688. A. CYNANCHICA (L. Sp. 151). Tiges de 20 à 30 centimètres, rameuses, glabres, ascendantes, diffuses; feuilles verticillées par 4 inférieurement, opposées dans le haut, toutes linéaires-étroites; fleurs blanches, un peu rosées, un peu divariquées, paniculées; corolle à 4 divisions; 4 étamines. ♃ Juin, juillet, août. Sur les collines sèches et les rochers, principalement sur les bords de la Meuse et dans le Luxembourg.

689. A. LÆVIGATA (L. Mant. 38). Tiges de 25 à 35 centimètres, dressées, lisses, rameuses; feuilles verticillées par 4, lisses, ovales-oblongues, dépourvues de nervures; fleurs blanches portées sur des pédoncules divergents, trichotomes; graines scabres. ♃ Juillet, août. Dans les moissons. Vorst (Brabant), Kickx.

690. A. TINCTORIA (L. Sp 150). Tiges de 25 à 35 centimètres, dressées, rameuses, glabres, lisses, renflées ou articulées; feuilles linéaires-étroites, les inférieures verticillées par 6, les moyennes par 4; les supérieures opposées, celles au voisinage des fleurs ovales; fleurs blanches, nombreuses, en ombelles; trois étamines, corolle à 3 divisions ainsi que le calice. ♃ Juin, juillet. Sur les coteaux arides. Dans les Flandres et le Hainaut.

691. A. ARVENSIS (L. Sp. 150). Tiges de 20 à 25 centimètres, dressées, rameuses, glabres, lisses; feuilles verticillées par 6, linéaires-lancéolées, glabres, obtuses; fleurs bleues-pourprées, terminales, sessiles, agrégées, entourées d'un involucre composé de bractées ciliées. ☉ Tout l'été. Dans les moissons. Laroche (Luxembourg), Havinnes (Hainaut).

4. SHERARDIA. Gærtn. 1. p. 110.

Calice à 4 dents; corolle infundibuliforme à 4 divisions, à tube allongé, cylindrique; fruit sec, capsuliforme, couronné des dents du calice persistantes.

692. S. ARVENSIS (L. Sp. 149). Tiges de 12 à 15 centimètres, rameuses, étalées; feuilles verticillées par 4-6, ovales-lancéolées, aiguës, hispides; fleurs bleues réunies 6 ou 8 ensemble, sessiles, terminales, ombellées, entourées d'une collerette de 6-8 bractées glabres. ☉ Tout l'été. Dans les moissons.

———

Flle XLII. — VALÉRIANÉES. DC. Fl. fr. ed. 3. t. 4. f. 232.

Calice monosépale adhérent à l'ovaire, à limbe tantôt plumeux et roulé en dedans, tantôt denté, droit; corolle monopétale, tubuleuse, insérée au sommet de l'ovaire, à 3-5 lobes; 1-3 étamines insérées sur le tube de la corolle; 1 style; 1-3 stigmates; capsule indéhiscente, à 1-3 loges monospermes, dont deux souvent abortives; périsperme nul. Plantes herbacées à feuilles opposées; fleurs en corymbe, paniculées ou un peu en tête.

1. VALERIANELLA. Tourn. Inst. p. 152.

Calice à limbe denté, roulé en dedans jusqu'à la maturité du fruit; corolle régulière à 5 divisions; 3 étamines; capsules à trois loges, dont 2 avortent.

693. V. OLITORIA (Mœnch. Meth. 493). Valeriana locusta olitoria L. Sp. 47. La mâche, la salade de blé. Tige de 10 à 15 centimètres, débile, rameuse; feuilles lancéolées, très-

Valerianella.

entières ; calice à 5 dents à peine visibles sur le fruit ; fruits aplatis, plus larges que longs, lenticulaires, partagés en deux moitiés inégales par 2 sillons, ayant au milieu une ligne saillante. ① Mars, avril. Dans les lieux cultivés.

694. V. CARINATA (Lois. Not. 149). Tige de 10 à 15 centimètres, débile, rameuse ; feuilles oblongues, entières ; calice ayant une dent peu distincte ; fruits oblongs, subtétragones, un peu courbés, creusés en nacelle sur une des faces, ordinairement glabres ou à peine pubescents ; loges stériles, très-développées. ① Avril, mai, juin. Dans les champs. Cette espèce est très-rare.

695. V. AURICULA (DC. Fl. fr. 5. 492). Tige de 12 à 18 centimètres, dressée, glabre, rameuse ; feuilles inférieures lancéolées, entières, les supérieures irrégulièrement dentées à la base ; bractées glabres ; calice à limbe ayant une dent aiguë, plus étroite que le fruit ; fruits ovoïdes-subglobuleux, à 3 loges, dont les deux latérales plus développées, terminés par une pointe obtuse et séparés entre eux par des sillons inégaux. ① Mai, juin, juillet. Dans les moissons.

696. V. DENTATA (DC. Fl. fr. 4. 241). Tige de 20 à 25 centimètres, dressée, glabre ; feuilles inférieures lancéolées, entières, les supérieures irrégulièrement dentées à la base ; bractées glabres, à limbe du calice formant une dent plus étroite que le fruit ; fruits pyriformes, un peu sillonnés d'un côté ; loges stériles réduites à 2 canaux filiformes. ① Juin, juillet. Dans les moissons.

697. V. ERIOCARPA (Desv. Journ. 2. p. 314. ic.). Tige faible, anguleuse ; feuilles inférieures oblongues, spatulées, celles du sommet linéaires ; bractées glabres ; pédoncules canaliculés en dessus et se renflant de la base au sommet ; limbe du calice aussi large que le fruit ; fruits ovoïdes, ayant une dépression dans le milieu, garnis de poils roides ; loges stériles réduites à 2 canaux filiformes. ① Juin, juillet. Dans les terrains maigres.

698. V. CORONATA (DC. Fl. fr. 4. p. 241). Tige rameuse, pubes-

cente; feuilles dentées, lobées, les supérieures à 3-5 divisions; fruits ovoïdes, velus, couronnés par 6-10 dents droites, très-ouvertes, simples, terminées par une arête recourbée en crochet. ① Juin, juillet, août. Dans les moissons. Je n'ai pas encore pu trouver cette espèce en Belgique.

699. V. vesicaria (Mœnch. Meth. 495). Tige rameuse, un peu pubescente; feuilles dentées, les supérieures lobées; fruits globuleux, vésiculeux, velus, couronnés par le limbe du calice. ① Mai, juin, juillet. Dans les moissons.

700. V. hamata (DC. Fl. fr. 5. p. 494). Tige de 15 à 25 centimètres, dressée, pubescente, dichotome; feuilles pubescentes, sessiles, les inférieures lancéolées, quelquefois subdentées, les supérieures étroites, linéaires, entières ou à 5 divisions; bractées ciliées; fleurs blanches en capitules denses, terminales; capsule ovoïde, pubescente, à limbe à 6 dents linéaires-subulées, en hameçon. ① L'été. Dans les moissons aux environs de Blaschette et de Kahlschener (Luxembourg).

Toutes ces espèces ont les fleurs d'un blanc bleuâtre et étaient considérées par Linnée comme des variétés de la première. Elles ont toutes la tige plusieurs fois bifurquée et les feuilles placées aux bifurcations.

2. Centranthus. DC. Fl. fr. 4. p. 238.

Calice petit. à dents nombreuses, courtes, roulées en dedans avant la maturité du fruit; corolle à 5 divisions un peu irrégulières, éperonnée à la base; 1 étamine; fruit monosperme, uniloculaire, couronné par une aigrette de soie plumeuse.

701. C. latifolius (Dufr. Val. p. 58). Valeriana rubra L. Sp. 44. Tige de 60 à 90 centimètres, diffuse, très-rameuse, fistuleuse, glauque, glabre; feuilles sessiles, ovales-lancéolées, entières, glaucescentes, les supérieures quelquefois dentées; fleurs rouges, quelquefois blanches, en panicules terminales, à

éperon délié, une fois plus long que l'ovaire. ♃ L'été. Sur les
vieux murs et les décombres, presque toujours sorti des jardins.
Je l'ai rencontré dans plusieurs localités.

3. VALERIANA. Neck. El. 1. p. 123.

Calice petit, à dents nombreuses très-courtes, roulées en
dedans avant la maturité des fruits; corolle sans éperon à
5 lobes inégaux; 3 étamines; capsule uniloculaire, monosperme.

702. V. OFFICINALIS (L. Sp. 45). La valériane. Tige s'élevant
jusqu'à un mètre et plus, dressée, velue, arrondie, striée;
feuilles ailées avec impaire, à folioles lancéolées, dentées en
scie, à l'exception du sommet qui est entier; fleurs rougeâtres,
hermaphrodites, formant une large panicule, à rameaux garnis
de bractées linéaires. ♃ Juin, juillet, août. Dans les bois humides.

703. V. PHU (L. Sp. 45). Tige d'un mètre environ, dressée, glabre; feuilles radicales ovales, lancéolées, entières, pétiolées,
obtuses, les caulinaires pinnées, à folioles lancéolées, aiguës,
inégales; fleurs rougeâtres, disposées en panicule terminale;
fruit présentant deux séries de poils. ♃ Mai, juin, juillet. Dans
les bois montueux du district de Verviers (Liége)

704. V. DIOÏCA (L. Sp. 44). Tige de 30 à 50 centimètres, droite,
glabre; feuilles radicales pétiolées, ovales, spatulées, entières, les caulinaires pinnatifides avec la foliole terminale très-
grande, trifide au sommet; fleurs purpurines ou blanchâtres,
dioïques, en capitules terminaux. ♃ Avril, mai, juin. Dans les
prairies humides des bois.

F^lle XLIII. — Dipsacées. Juss. Gen. 194.

Calice double, persistant, l'intérieur embrassant l'ovaire avec son limbe et formant une espèce d'aigrette; corolle monopétale, tubuleuse, insérée au sommet du calice interne, à limbe oblique, à 4-5 divisions; étamines en nombre égal à celui des divisions de la corolle, insérées sur elle, et alternant avec ses divisions; 1 style; 1 ovaire uniloculaire; 1 graine solitaire, couronnée par le limbe du calice; fleurs réunies sur un réceptacle commun et entourées d'un involucre polyphylle.

1. Scabiosa. Coult. Mem. dips. in Mem. soc. gen. t. 2. 1. pars. p. 55.

Calice à limbe muni de 5 soies plus ou moins avortantes; corolle à 4-5 divisions; involucelle subcylindrique; réceptacle convexe, garni de soies.

705. S. graminifolia (L. Sp. 145). Asterocephalus graminifolia Coult. Tige de 30 centimètres environ, dressée, simple, pubescente; feuilles linéaires, étroites, sessiles, pointues, couvertes d'un duvet blanc très-court; fleurs grandes, bleues, disposées en tête terminale, solitaire, arrondie; fleurons de la circonférence plus grands que ceux du centre. ♃ Juin, juillet. Cette plante a été trouvée à Laroche (Luxembourg), autour de la grotte de Han, peut-être y a-t-elle été plantée.

706. S. succisa (L. Sp. 142). Racine tronquée à son extrémité; tige de 40 à 75 centimètres, arrondie, un peu velue; feuilles radicales pétiolées, entières, ovalaires, subpubescentes, les supérieures sessiles, lancéolées; fleurs bleuâtres, longuement pédonculées, toutes égales, à corolle à 4 divisions, et disposées en têtes, souvent au nombre de 5; involucelle à limbe

subherbacé, dressé, quadrilobé irrégulièrement. ♃ L'été. Dans
les bois.

707. S. COLUMBARIA (L. Sp. 143). Asterocephalus columbaria
Wallr. Tige de 40 à 60 centimètres, arrondie; feuilles radicales ovales, crénelées, pubescentes, simples, atténuées en
pétioles, les caulinaires pinnatifides, à lobes linéaires, les
supérieures quelquefois simples, linéaires; fleurs d'un bleu
cendré, longuement pédonculées, munies de longues bractées
linéaires; fleurons de la circonférence plus grands que ceux
du centre; corolles à 5 divisions. ♃ L'été. Sur les pelouses
sèches.

>   VAR. *β*. OCHROLEUCA (Duby). S. ochroleuca L. Sp.
>   146. Fleurs jaunâtres; soies plus longues que le
>   calice extérieur. M. Kickx indique cette variété en
>   Belgique; je ne l'ai pas encore trouvée.
>   VAR. *γ*. ASTEROCEPHALA (Th. Fl. par. 72). Découpures
>   des feuilles plus étroites.

2. KNAUTIA. Coult. l. c.

Corolle à 4 lobes; limbe du calice subcyathiforme; involucelle comprimé, entourant étroitement la graine, muni
d'un stipe court; involucre dépourvu de paillettes.

708. K. SYLVATICA (Duby Bot. gall. p. 257). Scabiosa sylvatica L. Sp.
142. Tige de 50 à 90 centimètres, arrondie, hérissée de longs
poils rudes; feuilles d'un vert sombre, portées par des pétioles
ailés, élargis à la base, indivises, ovales-lancéolées, pointues,
les radicales entières, les caulinaires crénelées, les supérieures dentées; folioles de l'involucre subaiguës; fleurs purpurines, grandes, terminales, toutes égales. ♃ Juin, juillet.
Dans les bois montueux des provinces de Liége et de Luxembourg.

709. K. ARVENSIS (Coult. Dips. 29). Scabiosa arvensis L. Sp.
142. La scabieuse. Tige de 5 à 9 décimètres, rameuse, velue;

feuilles sessiles, les radicales inégalement pinnatifides, à lobes lancéolés, dentés, les caulinaires pinnatifides, à lobes linéaires, les supérieures entières, linéaires-lancéolées; fleurs d'un bleu rougeâtre, formant 3 à 4 capitules munis de bractées ovales-allongées, à fleurs extérieures plus grandes que celles du centre; folioles de l'involucre obtuses. ♃ Tout l'été. Dans les prairies et les lieux cultivés.

3. DIPSACUS. L. Gen. n° 114.

Involucre à plusieurs feuilles; calice double, carré, petit, entier sur le bord, l'extérieur glabre, persistant, l'intérieur poilu, caduc; corolle tubuleuse, à 4 divisions; réceptacles coniques, garnis de longues paillettes foliacées plus longues que les fleurs; fruit oblong, anguleux, couronné par le calice.

710. D. PILOSUS (L. Hort. ups. 25). Tige de 50 à 90 centimètres, rameuse, cannelée, munie d'aiguillons; feuilles pétiolées, appendiculées à la base, velues, à dents obtuses; fleurs d'un blanc un peu bleuâtre formant des têtes sphériques longuement pédonculées; pédoncules velus, ciliés, munis d'aiguillons plus rapprochés que sur la tige; folioles de l'involucre hérissées de poils longs, sétiformes, étalées-réfléchies, plus courtes que le diamètre transversal du capitule. ♂ Juin, juillet. Dans les endroits frais et humides.

711. D. LACINIATUS (L. Sp. 141). Tige d'un mètre et plus, droite, munie d'aiguillons, cannelée; feuilles caulinaires largement connées, profondément sinuées-laciniées; fleurs d'un pourpre plus clair, disposées en têtes oblongues; folioles de l'involucre linéaires-lancéolées, roides, chargées de poils nombreux, sétiformes, beaucoup plus courtes que le diamètre transversal du capitule. ♂ Juillet, août, septembre. Dans les endroits secs et stériles des provinces de Liége et de Luxembourg.

712. D. SYLVESTRIS (Mill. Dict. n° 2). Tige de plus d'un mètre,

Dipsacus.

forte, cannelée, dressée, munie de forts aiguillons; feuilles épineuses, dentées, connées à la base, celles du haut simplement sessiles; fleurs d'un pourpre clair, formant des têtes oblongues; folioles de l'involucre un peu chargées d'aiguillons, ascendantes, arquées, plus longues que le capitule; paillettes terminées par une pointe. ② Tout l'été. Au bord des chemins et dans les lieux incultes.

713. D FULLONUM (Mill. Dict. nº 1). Cette espèce a la tige comme la précédente; les feuilles sont moins longues et plus largement connées; les fleurs de la même couleur forment des têtes plus grosses; les folioles de l'involucre sont un peu plus courtes que le capitule; les paillettes sont terminées par une pointe recourbée au sommet. ② Juillet, août. Cultivé principalement pour les fabriques de draps.

Fⁱˡˡᵉ **XLIV.** — **Composées.** Adans. Fam. 2. p. 103.

Calice adhérent à l'ovaire, dont le limbe, rarement nul, est sous forme de dent ou d'une aigrette velue ou poilue, persistante, qui surmonte la graine; corolle insérée au sommet du tube du calice, monopétale, ordinairement à 5 divisions; étamines insérées avec la corolle et alternes avec ses divisions; anthères oblongues, linéaires, réunies en un tube, qui donne passage au pistil; 1 style; 2 stigmates; 1 capsule monosperme, indéhiscente, quelquefois pédicellée, mais le plus souvent sessile, couronnée d'une aigrette; placenta presque charnu, situé à la base de l'ovaire; périsperme nul; toutes nos espèces sont herbacées, à feuilles entières ou découpées, le plus souvent alternes; fleurs agrégées en capitules terminant les tiges ou les rameaux, dont le réceptacle (partie terminale du pédoncule) est plus ou moins dilaté, tantôt membraneux, tantôt charnu, plus ou moins aristé, multiflore, rarement uniflore. Autour du réceptacle est un involucre ou périclinium formé de plusieurs folioles ou d'écailles libres ou réunies. Sur le réceptacle et entre les fleurs, il se trouve ordinairement des écailles ou des poils, ou des paillettes, quelquefois le réceptacle est nu.

Sous-F^{lle} 1. — CORYMBIFÈRES. Vaill. Juss. Gen. 177.

Fleurs flosculeuses ou radiées; réceptacles membraneux ou à peine charnus; stigmate non articulé sur le style qui est renflé; fleurons du centre tubuleux, ceux de la circonférence ligulés, quelquefois tous les fleurons sont ligulés.

Tribu I. — GRAINES A AIGRETTE (excepté le genre Bellis) PLUS OU MOINS POILUE.

1. EUPATORIUM. Tourn. Inst. t. 259.

Involucre cylindracé, à écailles imbriquées, ovales-oblongues; fleurons nombreux , tous tubuleux; réceptacle nul; aigrette à soies disposées sur un seul rang.

714. E. CANNABINUM (L. Sp. 1175). Tige d'un mètre environ, presque simple, dressée, cannelée, pubescente; feuilles opposées, pétiolées, à 3-5 folioles pétiolulées, lancéolées, glabres, dentées en scie, la foliole du milieu plus longue que les autres; fleurs rosées, disposées en corymbe terminal, compacte; folioles du calice glabres, scarieuses sur les bords, obtuses, finement déchiquetées au sommet; aigrette simple. ♃ L'été. Sur les bords des eaux.

2. Tussilago. L. Gen. 952.

Involucre simple, à écailles membraneuses sur le bord; réceptacle nu; fleurons de la circonférence ligulés, disposés sur plusieurs rangs; graines cannelées, glabres; aigrette simple, sessile.

715. T. farfara (L. Sp. 1214). Hampe uniflore de 15 à 30 centimètres, velue, munie d'écailles alternes, velues en dedans; feuilles naissant après les fleurs, subcordées, anguleuses, denticulées, cotonneuses-blanches en dessous; fleurs jaunes terminales, souvent penchées; calice glabre, à folioles linéaires, égales, obtuses. ♃ Mars, avril. Dans les terrains humides et argileux.

3. Petasites. DC. Fl. fr. 4. p. 157.

Involucre simple, à écailles membraneuses sur les bords; réceptacle nu; fleurons tubuleux, tous femelles à l'exception de quelques-uns qui sont mâles, ou tous mâles à l'exception de quelques-uns qui sont femelles. Toutes les corolles à 5 dents; graines planes, glabres, à aigrette sessile, simple.

716. P. vulgaris (Desf. Atl. 2. p. 270). Hampe de 25 à 40 centimètres, dressée, simple, blanchâtre, garnie de folioles écailleuses; feuilles très-amples, naissant après les fleurs, cordées, réniformes, inégalement denticulées, pubescentes en dessous; fleurs purpurines disposées en thyrse ovoïde ou oblong; calice glabre à folioles ovales. ♃ Mars, avril. Aux bords des eaux et dans les endroits marécageux.

    Var. α. vulgaris. (Desf.). Tussilago petasites L. Sp. 1215. Thyrse ovoïde, toutes les fleurs hermaphrodites, stériles.

    Var. β. hybridus. (Dill.). Tussilago hybrida L. Sp.

1214. Thyrse oblong, la plupart des fleurs seulement femelles.

717. P. ALBUS (Willd. Sp. t. 3. 1969). Tussilago alba L. Sp. 1214. Hampe moins haute que dans l'espèce précédente; feuilles orbiculaires-cordées, pubescentes, velues en dessous, doublement dentées, à dents aiguës; fleurs blanchâtres, disposées en thyrse étalé. ♃ Mars, avril. Dans les endroits humides. M. Kickx indique cette plante à Laeken et à Anderlecht, mais je ne l'y ai pas rencontrée.

4. CINERARIA. L. Gen. 957.

Involucre simple, polyphylle, égal; réceptacle nu; fleurs radiées à 12-15 rayons; aigrette à soies disposées sur plusieurs rangs, sessile.

718. C. CAMPESTRIS (Retz Obs. 1. p. 30). Cineraria alpina Var. γ. L. Sp. 1243. C. integrifolia Th. Fl. par. Tige de 40 à 70 centimètres, presque dépourvue de feuilles, laineuse, surtout au sommet, simple; feuilles radicales ovales, spatulées, entières, glabres en dessus, tomenteuses en dessous, les caulinaires lancéolées; fleurs jaunes, au nombre de 4-6, disposées en ombelle terminale, ayant à la base un involucre blanchâtre, velu. ♃ Mai, juin. Dans les bois humides. Très-commun dans les provinces de Liége, Luxembourg et Namur.

719. C. PALUSTRIS (L. Sp. 1243). Tige de 30 à 50 centimètres, rameuse, dressée, velue; feuilles inférieures plus ou moins profondément pinnatifides, sinuées-dentées, les supérieures larges à la base, amplexicaules; fleurs d'un jaune pâle, en corymbe. ① ou ② Dans les marais tourbeux des Flandres.

720. C. MARITIMA (L. Sp. 1244). Senecio maritimus Reich. Fl. germ. 244. Senecio cineraria DC. Prod. 6. p. 355. Tige s'élevant jusqu'à un mètre et au delà, frutescente, blanche, cotonneuse; feuilles pinnatifides, à divisions obtuses, subtrilobées,

blanchâtres, tomenteuses en dessous; fleurs jaunes en panicule compacte; involucre tomenteux. ♃ Juillet, août. Dans les dunes. Rare.

5. SENECIO. L. Gen. 955.

Involucre caliculé, muni à sa base d'écailles courtes, à folioles disposées sur un seul rang, sphacélées au sommet, un peu scarieuses sur les bords, à dos souvent binervié; réceptacle nu; fleurs flosculeuses ou radiées; aigrettes à soies disposées sur plusieurs rangs, sessiles.

§ 1. — *Fleurs radiées, rayons étalés; feuilles pinnatifides.*

721. S. JACOBÆA (L. Sp. 1219). Tige de 40 à 70 centimètres, dressée, rameuse, glabre; feuilles radicales lyrées-pinnatifides, les caulinaires pinnatifides, à lobes oblongs, divariqués, linéaires-lancéolés, incisés-dentés, toutes sont glabres; fleurs jaunes en corymbe terminal; involucre subcylindrique à folioles oblongues-lancéolées. ♃ Tout l'été. Dans les champs et les bois.

722. S. AQUATICUS (Huds. Angl. 566). S. erraticus Bert. Pl. rar. dec. 3. Tige de 50 à 70 centimètres, dressée, rameuse, souvent violette à la base; feuilles glabres, lyrées, à lobe terminal grand, ovale, crénelé, les inférieures obovales, entières; fleurs jaunes en corymbe terminal, portées sur des pédoncules glabres, renflés au sommet; involucres à folioles acuminées avec 2-6 écailles accessoires très-courtes; graines cannelées, très-glabres, à aigrette blanche, simple, sessile. ♃ Juin, juillet, août. Dans les lieux marécageux et dans les bois.

723. S. ERUCÆFOLIUS (Huds. Angl. 566). Racine traçante; tige de 50 à 70 centimètres, dressée, rameuse, velue, grisâtre; feuilles larges, pinnatifides, à lobes incisés, dentés, velus, surtout en dessous; fleurs jaunes, moitié plus petites que dans l'espèce n° 721, en corymbe terminal, portées sur des pédon-

cules velus ; calice blanchâtre, velu ; involucre à folioles acuminées et à écailles de moitié plus courtes que lui ; graines
cannelées, un peu hispides ; aigrette blanche, courte, simple,
sessile. ⚄ L'été. Dans les champs et les bois. Assez rare.

> VAR. *β.* DUNENSIS (Dum.). Tige droite ; feuilles pinnées,
> à segments dentés ; fleurs à rayons nuls (Var. dis-
> coïdeus) ou très-courts (Var. breviradius ou brevili-
> gulatus). Trouvée près de Blankenberghe.

724. S. ADONIDIFOLIUS (Lois. Fl. gall. 566). S. abrotanifolius
Lam. Fl. fr. S. tenuifolius DC. Fl. fr. Tige de 4 à 6 décimètres, dressée, glabre, rameuse ; feuilles tripinnées, à segments
linéaires, entiers, souvent trifides au sommet ; fleurs jaunes
en corymbe terminal, nombreuses, à rayons des fleurs plans ;
calice presque glabre, à folioles ovales ; graines glabres, à aigrette très-courte, blanche, un peu ciliée. ⚄ L'été. Cette
plante a été indiquée dans les Flandres, mais il m'a toujours
été impossible de l'y découvrir. Elle se trouve près de Cornesse (Liége).

§ 2. — *Fleurs radiées, à rayons enroulés.*

725. S. SYLVATICUS (L. Sp. 1217). Tige de 30 à 60 centimètres,
dressée, paniculée, glabre ; feuilles radicales entières, dentées,
les supérieures pinnatifides, à lobes sinués-dentés ; fleurs jaunes, en panicule terminale, dressées, unipédonculées ; rayons
des fleurs courts, enroulés en dehors ; involucre cylindrique,
à écailles presque lisses. ☉ L'été. Dans les bois sablonneux.

726. S. VISCOSUS (L. Sp. 1217). Tige de 30 à 50 centimètres,
dressée, étalée, pubescente, visqueuse ; feuilles pinnatifides,
visqueuses en dessous, à lobes sinués-dentés, velus ; fleurs
jaunes en corymbe terminal, plus grosses que dans l'espèce
précédente ; involucre hémisphérique, à écailles lâches, velues ; rayons des fleurs enroulés en dehors ; graines cannelées,
glabres ; aigrette simple et sessile. ☉ Juin, juillet, août. Dans
les taillis et sur les décombres.

Senecio.

§ 5. — *Fleurs radiées, rayons étalés, feuilles entières.*

727. S. PALUDOSUS (L. Sp. 1220). Tige de plus d'un mètre, dressée, simple, glabre, subanguleuse ; feuilles demi-amplexicaules, longuement lancéolées , finement dentées, velues en dessous ; fleurs jaunes en corymbe terminal, portées par des pédoncules laineux ; graines cannelées, glabres ; aigrette simple, sessile, roussâtre. ♃ Juin, juillet. Aux bords des eaux. Commun sur les bords de la Meuse.

728. S. OVATUS (Willd. Sp. 3. 2004). S. Fuchsii Var. β. DC. Prod. 6. f. 353. S. diversifolius Dum. ? Tige d'un mètre à un mètre et demi, cylindrique, glabre, rougeâtre ; feuilles sessiles, glabres, aiguës, dentées, les inférieures ovales-oblongues , grandes , les supérieures ovales-lancéolées , plus petites ; fleurs jaunes, nombreuses, disposées en corymbe lâche, terminal. ♃ Dans les bois montueux. Près de Domeldange (Luxembourg).

729. S. SARRACENICUS (L. Sp. 1221). Tige souvent de plus d'un mètre, dressée, presque simple ; feuilles lancéolées , dentées, presque glabres, les inférieures subpétiolées ; fleurs jaunes en corymbe étalé , terminal ; rayons des fleurs peu nombreux ; calice cylindrique. ♃ L'été. Commun dans les bois.

730. S. NEMORENSIS (L. Sp. 1221). S. ovatus Jacq. Tige de 60 centimètres à un mètre , dressée , rameuse, cannelée ; feuilles sessiles, ovales, lancéolées, doublement dentées, velues en dessous, ciliées sur les bords ; fleurs jaunes en corymbe terminal, étalé, feuillé , munies ordinairement de 5 rayons, rarement de 4-6. ♃ Juillet, août. Dans les bois montueux des provinces de Liége, de Luxembourg et du Hainaut.

731. S. DORIA (L. Sp. 1221). Tige d'un à deux mètres , dressée, simple, épaisse, glabre ; feuilles un peu charnues, épaisses, subdécurrentes, oblongues, lancéolées, dentées , glaucescentes ; fleurs jaunes en corymbe terminal , multiflore ; écailles extérieures de l'involucre étalées. ♃ Dans les bois humides du Hainaut suivant Hocquart, mais je ne l'y ai jamais rencontré ; je ne crois pas à son existence en Belgique.

Senecio.

§ 4. — *Fleurs flosculeuses.*

752. S. VULGARIS (L. Sp. 1216). Tige de 25 à 55 centimètres, dressée, rameuse, glabre; feuilles embrassantes, pinnatifides, glabres, assez épaisses, dentées, à segments écartés; fleurs jaunes paniculées, portées sur des pédicelles solitaires; calice glabre; graines cannelées, un peu hispides; aigrette simple, très-blanche. ⊕ Tout l'été. Commun dans les lieux cultivés.

6. DORONICUM. L. Gen. n° 959.

Involucre à folioles longues, égales, ouvertes, disposées sur deux rangs; réceptacle nu; fleurs de la circonférence ligulées. radiées; graines cannelées, velues, à aigrette simple, sessile, celles de la circonférence nues.

753. D. SCORPIOÏDES (Willd. Sp. 3. p. 2114). D. plantagineum Roth. Fl. germ. 2. p. 322. Tige de 40 à 60 centimètres, dressée, rameuse, à col velu; feuilles à dents écartées, les radicales pétiolées, ovales-rhomboïdes, les caulinaires inférieures ovales, atténuées à la base, cordées-amplexicaules, subauriculées, les supérieures sessiles, cordées-ovales, aiguës; fleurs jaunes, terminales, plus grandes que dans l'espèce suivante. ♃ Mai, juin. Dans les bois ombragés, près de Verviers et de Limbourg (Liége).

754. D. PARDALIANCHES (L. Sp. 1247). Racine rampante, tubéreuse, à col nu; tige de 50 à 80 centimètres, presque simple, rameuse au sommet, velue: feuilles denticulées, les radicales cordiformes, obtuses, pétiolées, les moyennes spatulées-cordées, les supérieures cordiformes-subarrondies; fleurs jaunes, grandes, terminales; calice pubescent, à folioles étroites. ♃ Mai, juin. Dans les bois montueux. Blistain (Liége), Slenaken (Limbourg). Cette plante se trouve aussi dans le Hainaut.

7. Arnica. L. Gen. n° 958.

Involucre à folioles égales disposées sur deux rangs; fleurs radiées; fleurons de la circonférence munis de 5 filaments stériles; fleurons du centre hermaphrodites; réceptacle nu; graines munies d'une aigrette.

\ 735. A. montana (L. Sp. 1245). Tige de 4 à 7 décimètres, cylindrique, simple, velue, portant 1 à 3 fleurs; feuilles radicales oblongues, entières, rétrécies en pétioles, les caulinaires rares, (2 à 4) opposées; fleurs jaunes, grandes, terminales, à ligules trifides. ♃ De mai en octobre. Dans les bois montueux. Limbourg, Verviers(Liége), Laroche, Ochamps, Echternach (Luxembourg).

8. Chrysocoma. L. Gen. n° 939.

Involucre à folioles imbriquées, linéaires; réceptacle nu, alvéolé; tous les fleurons hermaphrodites, tubuleux, profondément quinquifides; style à peine plus long que les fleurs; graines velues, comprimées; aigrettes à soies disposées sur deux rangs.

736. C. linosyris (L. Sp. 1178). Linosyris vulgaris DC. Tige de 30 à 45 centimètres, dressée, glabre, striée, paniculée au sommet; feuilles nombreuses, éparses, linéaires, entières, aiguës; fleurs jaunes en corymbe terminal. ♃ L'été. Sur les rochers près de Sougnez, Aywaille et Durbuy (Liége), et sur les rives de la Moselle.

9. Aster. L. Gen. n° 954.

Involucre imbriqué à folioles extérieures étalées; réceptacle nu; fleurs radiées; fleurons femelles fertiles, discolores, oblongs; graines comprimées, à aigrettes à soies capillaires disposées sur plusieurs rangs.

737. A. AMELLUS (L. Sp. 1226). Tiges de 20 à 50 centimètres, presque ligneuses du bas, dressées, rameuses, entières, les inférieures obtuses, les supérieures aiguës; fleurs à disque jaune et à rayons bleuâtres, terminales, disposées en corymbe pauciflore; involucre à folioles roides, oblongues, obtuses, les intérieures membraneuses, à sommet coloré. ♃ L'été. Sur les collines sèches. Schengen, Rosport, Remich, Echternach (Luxembourg).

738. A. LANCEOLATUS (Lej. Fl. Spa. 175). A. leucanthemus Desf. A. dracunculoïdes Willd. A. bellidiflorus Nees. A. artemisiæflorus Poir. Tiges de 40 à 60 centimètres, dressées, très-rameuses, garnies dans le haut, ainsi que les rameaux, d'une rangée longitudinale de poils; feuilles lancéolées, acuminées, sessiles, à bords rudes, dentelés; fleurs blanches d'abord, le disque devenant rougeâtre plus tard, disposées en corymbe rameux; folioles de l'involucre lâches, presque égales. ♃ Septembre, octobre. Cette plante, originaire de l'Amérique du Nord, s'est naturalisée à Pépinster, à Dison, sur les bords de la Vesdre (Liége).

739. A. NOVI BELGII (Nees. Ast. p. 79). Tiges de 60 à 90 centimètres, dressées, rameuses, paniculées; feuilles nombreuses, embrassantes, lancéolées, entières, aiguës; fleurs à disque jaune, à rayons bleuâtres, disposées en panicules ; folioles de l'involucre linéaires, aiguës. ♃ Septembre, octobre.

Cette plante, originaire de l'Amérique septentrionale, se rencontre assez fréquemment subspontanée, sortie des jardins où elle est cultivée.

740. A. TRIPOLIUM (L. Sp. 1226). Tiges de 25 à 55 centimètres, redressées, cannelées, glabres; feuilles charnues, lisses, trinerviées, les caulinaires linéaires-lancéolées, sessiles, les inférieures pétiolées, un peu dentées au sommet; fleurs à disque jaune, à fleurons bleuâtres, disposées en corymbes terminaux;

Aster.

folioles de l'involucre lâches, lancéolées, obtuses. ♃ Août,
septembre. Dans les marais proches des dunes et sur les bords
de la mer.

741. A. annuus (L. Sp. 1229). Stenactis annua Nees. Phalacro-
loma acutifolium Cass. Erygeron heterophyllum Willd. Pulicaria annua Gærtn. Diplopappus annuus H. Cass. Tige de 35
à 60 centimètres, quelquefois plus, presque glabre, rameuse
du haut ; feuilles légèrement velues, les inférieures pétiolées,
dentées, les supérieures lancéolées, sessiles, dentées, acuminées; fleurs blanches, à rayons quelquefois un peu violacés,
très-étroits et très-nombreux, à disque jaune, disposées en
corymbe terminal; involucre soyeux, hémisphérique, à écailles presque égales, linéaires, lancéolées, aiguës. ① Août,
septembre.

Cette plante, originaire de l'Amérique septentrionale, s'est
naturalisée en Belgique. On la trouve à Groenendael (Brabant)
et à Verviers (Liége).

10. Erigeron. L. Gen. 951.

Involucre oblong, imbriqué; réceptacle nu; fleurs radiées; fleurons de la circonférence disposés sur plusieurs
rangs; fleurons femelles peu discolores, linéaires, très-
étroits; graines comprimées; aigrettes à soies disposées
sur un seul rang.

742. E. canadense (L. Sp. 1210). Tige de 5 décimètres à 1 mètre,
dressée, hispide, rameuse; feuilles éparses, linéaires-lancéolées, dentées-incisées, ciliées, un peu hispides; fleurs
nombreuses, petites, en panicule longue, étalée, rameuse, à
rayons d'un jaune pâle avec le disque blanc. ① Tout l'été.
Commune aux bords des chemins et dans les endroits pierreux.

743. E. acre (L. Sp. 1211). Trimorphæa vulgaris Cass. Tige de
25 à 40 centimètres, rameuse dès la base, velue; feuilles
inférieures oblongues-lancéolées, munies de poils couchés,
obtuses, les supérieures lancéolées, aiguës; fleurs bleues

ou purpurines, subpaniculées, écartées ; capitules solitaires, plus rarement 2-4 au sommet des rameaux ; folioles
de l'involucre linéaires, très-aiguës, velues, ciliées ; graines
allongées, hispides ; aigrette roussâtre, le double plus longue
que la graine. ♃ Tout l'été. Dans les endroits arides.

11. Solidago. L. Gen. 955.

Involucre à folioles imbriquées ; réceptacle nu ; fleurs
radiées, à fleurons de la circonférence (5-10) disposés
sur un seul rang ; graines pubescentes, à aigrette simple et
sessile.

744. S. virga aurea (L. Sp. 1255). Tige de 60 à 90 centimètres,
dressée, pubescente, rougeâtre, rameuse du haut, à rameaux
dressés ; feuilles ovales, atténuées en pétioles, subspatulées,
crénelées, dentées, les supérieures entières ondulées ; fleurs
jaunes formant un épi long, à pédicelles plus courts que les
fleurs. ♃ Août, septembre, octobre. Dans les bois.

745. S. minuta (L. Sp. 1255). Tige simple de 20 à 25 centimètres,
droite, pubescente ; feuilles pétiolées, lancéolées, aiguës, dentées en scie, presque glabres ; fleurs grandes, jaunes, en grappes terminales, portées sur des pédoncules simples, uniflores,
deux fois longs comme les fleurs. Dans les bois montueux.
Rambrouch (Luxembourg). M. Tinant.

746. S. graveolens (Lam. Fl. fr. 2. p. 145). Erigeron graveolens L.
Inula graveolens Desf. Plante pubescente, visqueuse, à tige de
5 à 7 décimètres, rameuse et florifère jusqu'à la base ; feuilles
linéaires, entières ; fleurs jaunâtres, en grappes étalées et
allongées, à rayons de la circonférence égaux à ceux du centre ;
graines velues. ♃ Août, septembre. Dans les lieux arides et
pierreux des Flandres.

Cette plante est plus que douteuse pour la Belgique, et je
soupçonne fort que si elle y a été trouvée, ce n'est qu'accidentellement.

Il n'est pas très-rare de trouver aux environs des jardins et des maisons de campagne le solidago canadensis (L. Sp. 1233) qui se multiplie facilement dans nos climats.

12. BELLIS. Tourn. t. 280.

Involucre hémisphérique, polyphylle, simple, à écailles lancéolées; fleurs radiées; réceptacle nu, conique; graines nues, comprimées, entourées d'une bordure saillante, obtuse.

747. B. PERENNIS (L. Sp. 1248). La pâquerette. Hampe uniflore de 8 à 12 centimètres, velue; feuilles ovales-spatulées, obtuses, crénelées, subpubescentes, veinées; fleurs blanches, à disque jaune, terminales; calice à folioles ovales-lancéolées, obtuses, un peu hispides. ♃ Tout l'été et partout.

13. CONYZA. L. Gen. n° 956.

Involucre subarrondi, imbriqué, à folioles extérieures réfléchies; réceptacle nu; tous les fleurons subulés, ceux du centre à 5 dents, hermaphrodites, ceux de la circonférence grêles, à 3 dents; graines un peu hispides, à aigrette simple, sessile.

748. C. SQUARROSA (L. Sp. 1205). Inula conyza DC. Prod. 5. p. 464. Tige de 5 à 8 décimètres, dressée, grosse, rameuse, rougeâtre, un peu rude; feuilles ovales-oblongues, pubescentes, les inférieures dentées, atténuées en pétiole, les supérieures denticulées; fleurs d'un jaune blanchâtre et sale, en corymbe terminal, à fleurons de la circonférence ne dépassant pas ceux du centre. ♉ L'été. Sur la lisière des bois et aux bords des chemins.

14. INULA. L. Gen. n° 956.

Involucre à folioles imbriquées, étalées au sommet, disposées sur 2 ou 3 rangs; réceptacle nu; fleurs radiées, à 10 ou 12 rayons au moins, concolores; graines glabres ou hispides; aigrette à soies capillaires, simple, sessile.

SECTION Ire. — *Folioles extérieures de l'involucre obovales, spatulées, colorées; aigrette simple* (Corvisartia Mer.).

749. I. HELENIUM (L. Sp. 1236). Corvisartia helenium Mer. Fl. par. 2. 387. Tige s'élevant quelquefois jusqu'à 1 mètre, dressée, presque simple, striée, velue; feuilles radicales, trèsgrandes, oblongues, presque entières, rudes en dessus, pubescentes-cotonneuses en dessous, les caulinaires embrassantes, ovales-oblongues, aiguës, à dents courtes et irrégulières, velues-cotonneuses en dessous; fleurs jaunes, grandes, terminales, en panicule. ♃ L'été. Dans les prairies humides. Andrimont (Liége), Tongres, Saint-Trond (Limbourg), La Plante (Namur), Sart-la-Bruyère (Hainaut), Herbeumont (Luxembourg).

SECTION II. — *Écailles de l'involucre linéaires-lancéolées, aiguës; aigrette simple* (Bubonium DC.).

\ 750. I. BRITANNICA (L. Sp. 1237). Aster britannicus All. Tige de 30 à 40 centimètres, dressée, velue, paniculée du haut; feuilles amplexicaules, lancéolées, dentées à la base, velues-blanchâtres, surtout en dessous; fleurs jaunes, terminales, grandes, souvent solitaires au sommet des rameaux; graines oblongues, un peu hispides, terminées par un appendice denticulé, trèspetit; aigrette simple, sessile et blanche. ♃ Dans les prairies humides et aux bords des eaux.

\ 751. I. SALICINA (L. Sp. 1238). Tige de 30 à 40 centimètres,

Inula.

dressée, anguleuse, glabre, rameuse; feuilles glabres, luisantes, demi-embrassantes, ovales-lancéolées, denticulées,
acérées; trois à quatre fleurs terminales, dont les latérales
s'élèvent au-dessus de la centrale, à folioles externes du calice lancéolées, aiguës, noirâtres au sommet. ♃ Juin, juillet,
août. Dans les bois secs. Bon-Secours (Hainaut), Grand-
Bigard (Brabant), Petersheim (Limbourg) et dans le Luxembourg.

752. I. hirta (L. Sp. 1239). I. montana Poll. Tige de 30 à 40
centimètres, velue, peu rameuse, rougeâtre, souvent uniflore;
feuilles lancéolées-oblongues, entières, roides, poilues-ciliées
sur les bords et sur les nervures, ayant de plus quelques poils
couchés sur les deux faces, rudes au toucher, sessiles; fleurs
jaunes, terminales, à folioles de l'involucre extérieur dépassant celles de l'intérieur, les unes et les autres longuement
hispides; graines lisses. ♃ Juin, juillet. Dans les prairies montueuses des Ardennes.

Section III. — *Écailles de l'involucre roides, rapprochées; aigrette simple* (Limbarda Adans.).

753. I. crithmoïdes (L. Sp. 1240). Limbarda tricuspis Cass.
Limbarda crithmoïdes Dum. I. crithmifolia Willd. Aster
crithmifolius Scop. Tige de 5 à 8 décimètres, dressée, simple;
feuilles un peu charnues, linéaires, très-entières, obtuses, trifides au sommet; 5 à 4 fleurs jaunes terminales, solitaires, à
folioles de l'involucre linéaires-lancéolées; réceptacle convexe;
calice un peu charnu. ♃ Juin, juillet. Dans les marécages des
dunes. Assez rare.

15. Pulicaria. Gærtn. Carp.

Involucre à folioles imbriquées, disposées sur 2 ou 3
rangs; réceptacle nu; fleurons de la circonférence ligulés,

concolores avec le disque; aigrette à soies extérieures soudées en une couronne dentée ou laciniée.

754. **P. dysenterica** (Gærtn. Fr. 2. p. 462). Inula dysenterica L. Sp. 1257. Tige de 30 à 50 centimètres, dressée, rameuse dans sa partie supérieure, velue; feuilles amplexicaules, élargies à la base, cordiformes-oblongues, un peu denticulées, ondulées sur les bords, velues-blanchâtres, surtout en dessous; fleurs jaunes à rayons courts, souvent solitaires sur les rameaux, les latérales ordinairement plus élevées que la centrale; involucre à folioles sétacées, velues surtout dans leur moitié inférieure; aigrette à couronne presque entière. ♃ Tout l'été. Dans les fossés humides.

755. **P. vulgaris** (Gærtn. Fr. 2. p. 461). Inula pulicaria L. Sp. 1258. Tige de 25 à 35 centimètres, dressée, rameuse, velue-laineuse; feuilles amplexicaules, oblongues-lancéolées, entières, onduleuses, sessiles, velues-blanchâtres sur les deux faces; fleurs jaunes terminales, paniculées, à fleurons de la circonférence dépassant peu ceux du centre; écailles de l'involucre linéaires, aiguës, ciliées-velues; aigrette à couronne profondément crénelée, un peu velue. ☉ Tout l'été. Dans les endroits humides et sablonneux. Très-commun en Campine.

16. Gnaphalium. DC. Fl. fr. 4. p. 133.

Involucre imbriqué, presque simple, à folioles souvent colorées sur les bords, les intérieures scarieuses; réceptacle nu, plan; tous les fleurons tubulés, à 4-5 dents égales, ceux de la circonférence souvent stériles; aigrette poilue, dentée au sommet. Plantes blanchâtres et cotonneuses.

Gnaphalium.

§ 1. — *Fleurons extérieurs fertiles, femelles ; aigrettes capillaires* (Gnaphalon, Filago Gærtn. Logfia, Oglifa, Gnaphalium Cass.)

756. G. LUTEO-ALBUM (L. Sp. 1196). Tige de 15 à 30 centimètres, dressée, simple, herbacée ; feuilles semi-amplexicaules, entières, écartées, élargies à la base, linéaires-lancéolées, velues, pubescentes, blanchâtres des deux côtés, ainsi que la tige ; les inférieures obtuses, les supérieures denticulées ; fleurs d'un jaune blanchâtre, en corymbe terminal non feuillé, formé de glomérules rapprochés ; calice à folioles scarieuses, colorées en jaune pâle, très-obtuses. ④ Dans les endroits humides et sablonneux. Linkenbeck (Brabant), Ruremonde (Limbourg), Ghlin (Hainaut), Étalle (Luxembourg).

757. G. SYLVATICUM (L. Sp. 1200). Tige de 30 à 50 centimètres, dressée, simple, velue, blanche ; feuilles lancéolées-linéaires, entières, atténuées par les deux bouts, blanches et velues en dessous, glabres en dessus ; fleurs blanchâtres, en petites grappes axillaires, qui par leur réunion forment un épi très-long, entremêlé de feuilles ; involucre à folioles scarieuses, glabres, colorées ; aigrette simple, rousse. ④ Tout l'été. Dans les bois.

> VAR. *α.* FUSCUM (Duby). G. fuscum Fl. dan. t. 251. Folioles de l'involucre brunes ; feuilles lancéolées.
>
> VAR. *β.* RECTUM (Duby). G. rectum Sm. Fl. brit. 1. p. 870. Feuilles caulinaires linéaires, lancéolées.

758. G. ULIGINOSUM (L. Sp. 1201). Tige de 15 à 25 centimètres, herbacée, rameuse, diffuse, laineuse ; feuilles linéaires-lancéolées, entières, blanches et velues sur les deux faces ; fleurs en capitules, rapprochées en glomérules, la plupart terminaux, agglomérés, entourés et entremêlés de feuilles qui les dépassent de beaucoup ; involucre scarieux, jaunâtre, à folioles lancéolées, peu aiguës. ④ Tout l'été. Dans les fossés et les champs humides.

759. G. ARVENSE (Lam. Dict. 2. p. 759). Filago arvensis L. Sp.

Gnaphalium.

1310. Oglifa arvensis Cass. Tige de 12 à 20 centimètres, droite, herbacée, rameuse; feuilles oblongues, étroites, molles, nombreuses, blanchâtres-lanugineuses; fleurs d'un blanc un peu roussâtre, en capitules à huit côtes peu prononcées, terminaux, axillaires; involucre cotonneux, à folioles non cuspidées, les extérieures (3-5) linéaires, très-étroites. ④ Tout l'été. Dans les champs sablonneux.

760. G. GALLICUM (Lam. l. c.). Logfia gallica Cass. Filago gallica L. Sp. 1312. Filago filiformis Pluk. Tige de 12 à 18 centimètres, herbacée, dressée, subdichotome, filiforme; feuilles linéaires, acuminées, blanchâtres; fleurs d'un blanc un peu roussâtre, disposées en glomérules terminaux, axillaires, longuement dépassés par les feuilles; involucre à folioles lancéolées, presque obtuses. ④ Tout l'été. Dans les champs. Cette plante est rare en Belgique.

761. G. GERMANICUM (Lam. l. c.). Filago germanica L. Sp. 1311. Filago vulgaris Pers. Gifola germanica Cass. Tige de 15 à 50 centimètres, herbacée, dichotome, redressée, blanche et velue au sommet, à peine pubescente à la base; feuilles lancéolées, tomenteuses, entières, subaiguës; fleurs d'un blanc jaunâtre, disposées en têtes compactes, foliées, sessiles, composées de 12 à 15 fleurs très-petites, aiguës, enveloppées dans un tomentum très-épais; involucres à 5 angles peu marqués et à folioles longuement cuspidées. ④ Tout l'été. Dans les champs et les endroits arides.

 VAR. *β*. PYRAMIDATUM (Duby). G. pyramidatum Willd. Sp. 3. p. 1895. Tige plus haute, feuilles spatulées.

 VAR. *γ*. LANUGINOSUM. Partie supérieure de la tige, feuilles et fleurs couvertes d'un duvet lâche.

762. G. MONTANUM (Willd. Sp. 3. p. 1896). Filago montana L. Sp. 1311. Logfia lanceolata Cass. Tige dressée, subdichotome, à rameaux ascendants; feuilles linéaires-lancéolées, serrées contre la tige, tomenteuses des deux côtés; fleurs d'un jaune fauve, en capitules très-petits, serrés, axillaires et terminaux, dépassant un peu les feuilles; involucres à 5 angles saillants,

obtus, à folioles non cuspidées, les extérieures très-courtes, ovales. ① Tout l'été. Dans les lieux arides et sablonneux.

763. G. MINIMUM (Lob. Ic. t. 481. f. 2). Filago minima Pers.
Logfia brevifolia Cass. Tige de 15 à 20 centimètres, grêle, velue, dichotome, à rameaux étalés du haut; feuilles lancéolées,
aiguës, planes, dressées et presque appliquées sur la tige, tomenteuses; fleurs d'un jaune un peu fauve, en très-petites
têtes coniques, latérales et terminales, non accompagnées de
feuilles. ① Tout l'été. Dans les lieux sablonneux de la Campine et des Flandres. Assez rare.

§ 2. — *Fleurons hermaphrodites ou stériles, ceux de la circonférence stériles. Aigrette en massue* (Antennaria Gærtn.).

764. G. DIOÏCUM (L. Sp. 1199). Antennaria dioïca Gærtn. Souche rampante; tige de 7 à 15 centimètres, simple, dressée,
laineuse-blanchâtre; feuilles écartées, linéaires, aiguës, cotonneuses, les radicales spatulées, plus blanches en dessous;
fleurs dioïques au nombre de 3-5, assez grosses, formant un
corymbe terminal, simple; involucre à écailles intérieures allongées, obtuses-colorées. Les fleurs fertiles sont rougeâtres et
portées sur des tiges qui s'élèvent davantage, les fleurs stériles
sont blanches. ♃ Juin, juillet. Sur les pelouses sèches et dans
les bruyères.

765. G. MARGARITACEUM (L. Sp. 1198). Antennaria margaritacea
Gærtn. Tige de 30 à 40 centimètres, herbacée, laineuse-
blanchâtre, rameuse du haut; feuilles linéaires-lancéolées,
aiguës, cotonneuses en dessous; fleurs jaunes en corymbes
terminaux; involucres à folioles nombreuses, pétaloïdes, d'un
beau blanc de neige. ♃ Juillet, août. Dans les endroits montagneux. Spa, Fraipont (Liége).

17. ELYCHRYSUM. Gærtn. 2. t. 166.

Involucre imbriqué, à folioles inégales, obtuses, scarieuses, souvent colorées; fleurons du centre tubuleux et hermaphrodites; réceptacle nu; aigrette poilue ou un peu plumeuse.

766. E. ARENARIUM (DC. Fl. fr. 4. p. 152). Gnaphalium arenarium L. Sp. 1195. Antennaria arenarium R. Br. Tige de 20 à 55 centimètres, simple, dressée, laineuse; feuilles blanchâtres, tomenteuses, obtuses, les inférieures spatulées, les supérieures linéaires-lancéolées; fleurs jaunes, luisantes, dorées, en corymbe composé. Dans les champs sablonneux. Marche (Luxembourg), Obourg (Hainaut).

18. MICROPUS. L. Gen. 996.

Involucre à 5-9 folioles lâches; réceptacle proéminent, subulé, paléacé seulement à la circonférence; tous les fleurons tubulés, à 5 dents égales; graines enfermées dans les folioles de l'involucre, sans aigrette.

767. M. ERECTUS (L. Sp. 1313). Tiges de 10 à 15 centimètres, dressées, souvent traînantes, diffuses, très-cotonneuses, blanches; feuilles alternes, linéaires, entières, courbes, cotonneuses, les inférieures obovales-lancéolées, moins cotonneuses; fleurs d'un jaune-paille, axillaires, sessiles ou terminales, enveloppées dans un coton abondant; 3-5 fleurons très-petits, à peine visibles; graines comprimées. ① Juillet, août. Dans les champs secs des Flandres et du Hainaut, où cette plante a jusqu'à présent échappé à mes recherches. Greisch (Luxembourg). M. Tinant.

19. CHRYSANTHEMUM. Gærtn. Carp. 2. p. 420.

Involucre hémisphérique à folioles imbriquées, scarieuses au sommet; réceptacle plan, nu; fleurs radiées; graines oblongues, glabres, sans rebord ni aigrette.

Chrysanthemum.

768. C. leucanthemum (L. Sp. 1251). Tige de 40 à 60 centimètres, dressée, presque simple, anguleuse, un peu hispide dans
le bas; feuilles amplexicaules, les inférieures spatulées, ovales-renversées, atténuées en pétioles, dentées-crénelées, les
supérieures lancéolées, dentées en scie ou subpinnatifides ;
fleurs blanches à disque jaune, grandes, terminales; involucre
à folioles scarieuses et noirâtres au sommet. ♃ Tout l'été. Dans
les prairies.

769. C. segetum (L. Sp. 1254). Tige de 30 à 60 centimètres,
dressée, rameuse, étalée, arrondie; feuilles amplexicaules,
glauques, glabres, les supérieures laciniées, les inférieures
profondément incisées-dentées; fleurs entièrement jaunes, terminales, solitaires au sommet des rameaux, à rayons larges,
bilobés; involucre glabre. ① Juin, juillet, août. Dans les moissons.

J'ai quelquefois rencontré le chrysanthemum coronarium
(L. Sp. 1254) sorti des campagnes et des jardins où on le cultive souvent.

20. Pyrethrum. Gærtn. Carp. 2. 430.

Involucre plan, à folioles imbriquées, scarieuses au
sommet; réceptacle nu, ovoïde; fleurs radiées; graines
subtétragones ou subcylindriques, munies d'un rebord
membraneux, sans aigrette.

770. P. parthenium (Sm. Brit. 2. p. 900). Matricaria parthenium L. Sp. 1255. Tige de 30 à 45 centimètres, dressée,
rameuse, velue; feuilles pétiolées, les inférieures bipinnées,
planes, velues, à folioles pinnatifides, arrondies, munies
d'une pointe fine et blanche à l'extrémité, les supérieures
simplement ailées, ou pinnatifides, et enfin les terminales
simples, dentées; fleurs blanches, à disque jaune, terminales,
portées sur des pédoncules rameux; involucre pubescent, à
folioles linéaires-spatulées, un peu déchirées et non noires

Pyrethrum.

au sommet. ② Juin, juillet, août. Dans les champs incultes, le long des chemins et des haies.

J'ai souvent trouvé cette plante avec des fleurs sans rayons; c'est la variété Flosculosum DC. Fl. fr.

771. P. CORYMBOSUM (Willd. Sp. 5. p. 2155). Chrysanthemum corymbosum L. Sp. 1251. Tige de 30 à 60 centimètres, presque simple, anguleuse, peu velue; feuilles pinnées, légèrement pubescentes en dessous, à segments pinnatifides, lancéolés, à lobes aigus, dentés en scie, les supérieures sessiles; fleurs blanches, à disque jaune, à fleurons tridentés, peu nombreuses, en corymbe; involucre à folioles scarieuses, noirâtres au sommet. ♃ Juin, juillet, août. Dans ¦les bois montueux. Verviers, Eupen (Liége).

772. P. INODORUM (Sm. engl. Bot. t. 676). Chrysanthemum inodorum L. Sp. 1253. Tige de 30 à 50 centimètres, rougeâtre à la base, dressée, peu rameuse; feuilles sessiles, bi-tripinnatifides, à folioles linéaires, filiformes, terminées par une petite pointe blanche; fleurs blanches, à disque jaune, peu nombreuses, grandes; involucre glabre, à folioles courtes, scarieuses; graines à 3 côtes, couronnées par une petite membrane présentant 2 glandes au-dessous du sommet. ① Tout l'été. Dans les moissons.

773. P MARITIMUM (Sm. engl. Bot. t. 970). Chrysanthemum maritimum Pers. Ench. 2. p. 462. Matricaria maritima L. Sp. 1256. Tige de 30 à 40 centimètres, diffuse, rameuse; feuilles bipinnées, à segments linéaires, courts, charnus, glabres, trifides; fleurs blanches, à disque jaune, peu nombreuses; graines couronnées par une membrane courte, à 4 dents. ♃ Juin, juillet, août. Sur les bords de la mer.

Je n'ai jamais rencontré cette plante en Belgique, mais je l'ai trouvée sur les côtes d'Angleterre et sur celles de France avoisinant les Flandres; ce qui me fait présumer qu'elle pourrait bien croître aussi sur les nôtres, ainsi que l'ont dit plusieurs botanistes.

21. MATRICARIA. Tourn. t. 231.

Involucre hémisphérique, imbriqué, à folioles scarieuses, obtuses; réceptacle ovoïde, nu; fleurs radiées;
graines ovoïdes-oblongues, striées, sans aigrette.

774. M. CHAMOMILLA (L. Sp. 1256). La camomille vulgaire. Tige
de 30 à 60 centimètres, dressée, rameuse, verte, glabre;
feuilles tripinnées, à laciniures capillaires, glabres, terminées par une pointe aiguë; fleurs blanches, à disque jaune, terminales, solitaires sur leur pédoncule; réceptacle creux,
ovoïde-conique. ① Mai, juin, juillet. Dans les moissons.

775. M. SUAVEOLENS (L. Sp. 1256). Cette plante a beaucoup de
rapports avec la précédente; feuilles trois fois pinnatifides, à
laciniures très-menues; fleurs blanches, à disque jaune, de
moitié plus petites que dans l'autre espèce; les écailles de
l'involucre sont aiguës. ① Juillet, août.

Cette plante n'est pas rare dans le département dn Nord;
je l'ai trouvée, en 1815, dans un champ près de Menin.
M. Tinant l'a trouvée aussi près de Domeldange (Luxembourg).

22. ANTHEMIS. L. Gen. 970.

Involucre hémisphérique, à folioles imbriquées, scarieuses sur les bords, presque égales; réceptacle convexe,
paléacé; fleurs radiées, à 15-20 rayons ligulés, à limbe
oblong; fleurons du centre à tube non prolongé sur la
graine; graines lisses ou tuberculeuses, sans aigrette ou
couronnées d'une membrane.

776. A. COTULA (L. Sp. 1261). Maruta fœtida Cass. La camomille puante. Tige de 30 à 40 centimètres, dressée, étalée,
glabre; feuilles un peu velues, tripinnées, à divisions étroites,
subulées, aiguës; fleurs blanches, à disque jaune, terminales,

à rayons larges, tridentés; réceptacle ovoïde, à paillettes tubulées, plus courtes que les fleurons; graines ovoïdes, tuberculées, obtuses au sommet. ⚊ L'été. Dans les moissons.

777. A. MIXTA (L. Sp. 1260). Ormenis bicolor Cass. Tige de 25 à 35 centimètres, rameuse, étalée, subpubescente; feuilles un peu velues, les inférieures bipinnatifides, les supérieures sessiles, pinnatifides, linéaires, dentées-incisées, terminées par une pointe aiguë; fleurs blanches à disque jaune, terminales; fleurons de la circonférence stériles, jaunes à la base; fleurons du centre à tube prolongé sur la graine en une coiffe unilatérale; paillettes lancéolées, dures, aiguës; semences lisses. ⚊ Sur les bords des rivières. Cette plante est indiquée dans les Flandres. Je l'ai trouvée à Juliers et à Cologne.

778. A. NOBILIS (L. Sp. 1260). La camomille romaine. Tiges de 15 à 25 centimètres, rameuses à la base, rampantes, velues, grisâtres; feuilles assez courtes, bipinnées, à divisions étroites, pointues, velues; fleurs blanches à disque jaune, solitaires, terminales, à rayons ordinairement bidentés; paillettes molles, lancéolées, obtuses, plus courtes que les fleurons. ♃ Dans les prairies sèches. Juin, juillet. M. Lejeune dit que cette plante se trouve du côté de Verviers et de Goer.

On en cultive, surtout dans le Hainaut, une variété à fleurs doubles qui sert pour les usages pharmaceutiques.

779. A. ARVENSIS (L. Sp. 1261). Tige de 30 à 50 centimètres, rameuse, rougeâtre à la base, velue grisâtre au sommet, quelquefois couchée, étalée; feuilles tripinnées, pubescentes, à divisions linéaires-lancéolées, aiguës; fleurs blanches, à disque jaune, solitaires, terminales; réceptacle conique, à paillettes oblongues-linéaires, acuminées; involucre velu, à folioles obtuses, brunes ou rougeâtres à l'extrémité, graines lisses. ⚊ L'été. Dans les moissons et les champs en friche.

780. A. TINCTORIA (L. Sp. 1263). Tige droite, rameuse, pubescente; feuilles pubescentes en dessous, tripinnatifides, à folioles linéaires; fleurs entièrement jaunes, terminales, en corymbe; graines couronnées par une membrane très-entière. ♃ Juil-

let, août. Dans les endroits arides. Dudelange, Ansebourg (Luxembourg), Chercq (Hainaut).

23. ACHILLEA. L. Gen. 971.

Involucre ovoïde, imbriqué ; réceptacle plan, étroit, paléacé ; fleurs radiées, à 5-10 rayons, à limbe suborbiculaire ; graines comprimées, glabres, dépourvues d'aigrettes et de côtes sur les deux côtés.

781. A. PTARMICA (L. Sp. 1266). Ptarmica vulgaris Black. Tiges de 50 à 60 centimètres, droites, rameuses du haut ; feuilles linéaires, acuminées, glabres, très-finement et régulièrement dentées en scie ; fleurs blanches en corymbe terminal, à rayons égaux à l'involucre, élargis, bidentés au sommet. ♃ L'été. Dans les endroits humides et aux bords des eaux.

782. A. ALPINA (L. Sp. 1268). Cette plante a beaucoup de rapport avec la précédente ; elle s'en distingue par ses feuilles linéaires subdentées ; fleurs blanches, à rayons semblables, en corymbe composé. ♃ Juillet, août. Dans les bois entre Mangoubroux et Jalhay (Liége).

783. A. MILLEFOLIUM (L. Sp. 1267). Tige de 55 à 60 centimètres, dressée, paniculée du haut, sillonnée, un peu velue ; feuilles bipinnées, à laciniures linéaires, subacuminées, dentées ; fleurs blanches, quelquefois rougeâtres, nombreuses, à 5 rayons élargis, échancrés au sommet, disposés en corymbe terminal ; fleurons de la circonférence moitié plus courts que l'involucre, qui a ses folioles rougeâtres sur le bord. Sur les bords des chemins et sur les pelouses.

24. ARTEMISIA. L. Gen. 945.

Involucre ovoïde ou arrondi, à folioles imbriquées ; réceptacle nu ou velu ; tous les fleurons tubuleux, ceux du centre à 5 dents, ceux de la circonférence presque entiers

Artmisia.

et grêles ; graines cylindriques, terminées par un disque étroit, dépourvues d'aigrette.

784. A. ABSINTHIUM (L. Sp. 1188). Tiges de 50 à 70 centimètres, dressées, rameuses, subpubescentes-blanchâtres comme toute la plante ; feuilles inférieures tripinnatifides, à segments ovales-lancéolés, pubescents, un peu soyeux, obtus, les caulinaires bipinnatifides, à segments pinnatifides, et enfin les terminales entières et simples ; fleurs jaunâtres, globuleuses, en petites grappes axillaires, pédonculées et penchées, formant une espèce de panicule par leur réunion. ⚄ L'été. Dans les endroits pierreux des provinces de Namur, du Luxembourg et du Hainaut.

785. A. MARITIMA (L. Sp. 1186). A. gallica Willd. Tiges de 40 à 70 centimètres, herbacées, rameuses, ascendantes ; feuilles décomposées, à laciniures planes, linéaires, celles des rameaux simples, linéaires ; toutes sont blanches-tomenteuses sur les deux faces ; fleurs jaunâtres, oblongues, tomenteuses, sessiles, hermaphrodites, disposées en petites grappes pendantes à l'extrémité et axillaires. ⚄ Août, septembre, octobre. Dans les dunes, principalement du côté de Nieuport.

786. A. CAMPESTRIS (L. Sp. 1185). Tiges de 5 à 7 décimètres, frutescentes, ascendantes, rameuses, glabres ; feuilles radicales pinnées, laciniées, à laciniures trifides, linéaires, les caulinaires sétacées, pinnées ; toutes sont glabres et légèrement charnues ; fleurs d'un jaune verdâtre, pédonculées, subovoïdes, dressées ; involucre glabre, luisant, à folioles arrondies, scarieuses. ⚄ Juillet, août. Dans les endroits pierreux. Dinant (Namur), Havinnes (Hainaut), Remschen (Luxembourg).

787. A. DRACUNCULUS (L. Sp. 1189). Tiges de 4 à 7 décimètres, herbacées, dressées, rameuses, glabres, ainsi que toute la plante ; feuilles lancéolées-linéaires, entières, atténuées aux deux bouts ; fleurs verdâtres, subarrondies, dressées, pédonculées ; involucre glabre, à folioles arrondies, un peu sca-

Artemisia.

rieuses. ♃ Juillet, août. Cette plante, cultivée dans les jardins potagers sous le nom d'estragon, est originaire de la Sibérie.

788. A. VULGARIS (L. Sp. 1188). L'armoise. Tiges de 8 à 12 décimètres, dressées, rameuses, glabres dans le bas; feuilles pinnatifides, blanches et cotonneuses en dessous, d'un vert un peu noirâtre en dessus, à segments lancéolés, entiers, confluents; les florales linéaires-lancéolées, entières; fleurs d'un jaune un peu roussâtre, subsessiles, oblongues, dressées, disposées en longues grappes rameuses; involucre tomenteux, à folioles oblongues, un peu scarieuses. ♃ Tout l'été. Sur les bords des chemins et des fossés.

789. A. ABROTANUM (L. Sp. 1185). Tiges de 6 à 7 décimètres, frutescentes, striées, rameuses; feuilles inférieures bipinnées, les supérieures pinnées, toutes à laciniures linéaires, capillaires; fleurs verdâtres, courtement pédicellées, paniculées; involucre pubescent, surtout à l'extrémité des tiges et des rameaux. ♃ Août, septembre. Cette plante, connue sous le nom d'aurone, est souvent cultivée dans les jardins comme condiment.

790. A. PONTICA (L. Hort. ups. 257). Tiges de 4 à 6 décimètres, dressées, rameuses, à rameaux dressés; feuilles décomposées, à laciniures linéaires, rapprochées; fleurs jaunâtres, presque globuleuses, pédonculées, pendantes; involucre à folioles obtuses, un peu scarieuses. ♃ Août, septembre. Cette plante d'un aspect grisâtre se trouve dans le cimetière de Beaufort (Luxembourg) et à Bilson (Limbourg), provenant sans doute d'anciennes cultures.

25. TANACETUM. Tourn. Inst. t. 261.

Involucre hémisphérique, imbriqué; réceptacle nu; fleurs flosculeuses, les fleurons du centre hermaphrodites, à 5 lobes, ceux de la circonférence fertiles, à 3 lobes; graines anguleuses, couronnées par un rebord membraneux, entier.

Tanacetum.

\ 791. T. **vulgare** (L. Sp. 1148). La tanaisie. Tiges de 60 à 90 centimètres, rayées, dressées, paniculées, glabres; feuilles bipinnées, à segments linéaires-allongés, incisés-dentés, glabres; fleurs jaunes, globuleuses, en corymbe terminal; involucre glabre, à folioles obtuses, scarieuses au sommet. ♃ Juillet, août. Dans les endroits arides, pierreux et sur les bords des chemins.

26. Helianthus. L. Gen. 979.

Involucre imbriqué, à folioles étalées ou réfléchies; réceptacle large, paléacé; fleurs radiées; fleurons du centre hermaphrodites, à tube ventru, ceux de la circonférence ligulés, stériles; graines surmontées par deux arêtes molles, **caduques.**

792. H. **annuus** (L. Sp. 1276). Tige de 1 à 2 mètres, grosse, scabre, dressée, creuse; feuilles cordées, trinervées, hérissées, rudes, à pédoncules épaissis; fleurs jaunes, très-grandes, terminales, penchées; involucres velus, à folioles aiguës. ☉ L'été. Cultivé dans les jardins, et se rencontre parfois en dehors.

793. H. **tuberosus** (L. Sp. 1277). Racines tuberculeuses; tige de 1 à 2 mètres, dressée, scabre, rude, peu rameuse; feuilles inférieures ovales-cordées, trinervées, les supérieures ovales-allongées; fleurs jaunes terminales; involucre à folioles ciliées-hispides, lancéolées. ♃ Août, septembre, octobre. Cette plante est cultivée sous le nom de poire de terre ou de topinambour; elle se rencontre quelquefois subspontanée, comme je l'ai trouvée à Swalmen (Limbourg).

27. Bidens Tourn. t. 262.

Involucre caliculé, à folioles extérieures plus longues, étalées; réceptacle plan, paléacé; fleurs le plus souvent flosculeuses, rarement radiées, tous les fleurons herma-

Bidens.

phrodites; graines surmontées de 2-5 arêtes subulées, épineuses, ciliées-scabres, persistantes.

794. B. TRIPARTITA (L. Sp. 1165). Tige de 30 à 40 centimètres, dressée, rougeâtre, glabre; feuilles divisées en 3-5 folioles oblongues-lancéolées, dentées; fleurs jaunes terminales, dressées; calice muni de 4 à 5 bractées entières, étroites, 'plus longues que la fleur; graines à 2 arêtes hispides, à poils couchés de haut en bas. ① Tout l'été. Aux bords des eaux.

> VAR. β. HYBRIDA (Th^r. Fl. par. 422). Feuilles à découpures lancéolées.
>
> VAR. γ. RADIATA (Th^r. Fl. par. 422). Bractées allongées et rayonnantes.

795. B. CERNUA (L. Sp. 1165). Tige de 30 à 40 centimètres, un peu velue, dressée; feuilles amplexicaules, un peu connées, lancéolées, dentées en scie; fleurs jaunes penchées, terminales; bractées lancéolées, un peu plus longues que la fleur; calice à folioles lancéolées, un peu coloriées, à 4 arêtes fines, hispides. ① Tout l'été. Aux bords des eaux.

> VAR. β. MINIMA (L. Sp. 1165). Tige de 5 à 15 centimètres, portant 2-6 fleurs dressées.
>
> VAR. α. COREOPSIDIS. Coreopsis bidens (L. Sp. 1281). Folioles du calice arrondies et colorées; fleurs dressées, radiées.

28. CALENDULA. L. Gen. 990.

Calice polyphylle, simple, à folioles égales, aiguës, écartées; réceptacle nu; fleurs radiées; fleurons du centre mâles, ceux de la circonférence hermaphrodites, les ligulés femelles, fertiles; graines courbées, irrégulières, à dos chargés de pointes épineuses.

796. C. ARVENSIS (L. Sp. 1303). Tige de 30 à 40 centimètres, étalée, rameuse, légèrement velue, un peu visqueuse; feuilles

oblongues, ovales-lancéolées, subdenticulées, glabres; fleurs
jaunes, assez petites, terminales, à fleurons ligulés, barbus à
la base; fruits chargés sur le dos d'épines ou de tubercules, courbés en faucille et terminés par un long appendice droit. ① Tout
l'été. Dans les champs des provinces de Luxembourg et du
Hainaut.

797. C. OFFICINALIS. (L. Sp. 1304). Tige de 30 à 50 centimètres,
velue, rameuse, étalée; feuilles sessiles, ovales-lancéolées, entières, pubescentes, les inférieures longuement rétrécies en
pétiole; fleurs d'un jaune safrané, grandes, terminales; fruit
courbé en anneau, concave en nacelle, muriqué. ④ Tout l'été.
Cette plante, originaire de l'Europe méridionale, est fréquemment cultivée dans les jardins et se rencontre parfois dans les
lieux cultivés.

Sous-F^lle 11. Cynarocéphales ou tubuliflores.

Toutes les corolles tubulées régulièrement, à 4-5 dents,
au moins celles du centre; réceptacle paléacé; stigmate
articulé au sommet du style; feuilles alternes, souvent épineuses; organes sexuels souvent contractiles par irritation.

29. Echinops. L. Gen. 999.

Involucres uniflores, nombreux, polyphylles, à écailles
linéaires très-aiguës, couverts de soies à la base, agrégés
sur un réceptacle nu, globuleux, en capitule sphérique,
ceint de petites écailles réfléchies à la base; fleurons à
5 dents égales; graines pentagones, surmontées d'une
espèce de cupule.

798. E. SPHÆROCEPHALUS (L. Sp. 1314). Tige de près d'un mètre,
quelquefois plus, dressée, rameuse, pubescente, sillonnée;
feuilles embrassantes, pubescentes en dessus, blanchâtres-
lanugineuses en dessous, pinnatifides, sinuées, dentées-épineuses; tête globuleuse des fleurs d'un bleu améthyste; soies

de l'involucre dépassant les fleurs. ② Juillet, août. Dans les lieux arides et pierreux. Tongres (Limbourg), Dison (Liége), Bellevue (Luxembourg), Masnuy-Saint-Pierre (Hainaut).

30. Lappa. Tourn. Inst. 450.

Réceptacle imbriqué, à folioles extérieures se terminant en épine molle à sommet crochu; réceptacle paléacé; toutes les corolles à 5 dents égales; graines noires, allongées, à aigrette courte, simple, sessile, composée de poils roides, finement ciliés.

799. L. tomentosa (Lam. Dict. 1. p. 577). Arctium lappa Var. α. L. Sp. 1143. Arctium tomentosum Schk. Tige de 40 à 70 centimètres, dressée, rameuse, glabre; feuilles ovales-cordées, denticulées, presque unicolores sur les deux faces; fleurs purpurines, terminales, formant une espèce de corymbe; calice arachnoïde, cotonneux. ② Juin, juillet. Sur les bords des chemins et des fossés.

800. L. glabra (Lam. Dict. 1. p. 577). Arctium lappa L. La bardane. Tige de 40 à 70 centimètres, dressée, rameuse, velue, blanchâtre; feuilles ovales, cordiformes, entières, pubescentes et blanchâtres en dessous; fleurs purpurines, en capitules presque globuleux, comme en grappes, situées 5-6 sur un pédoncule commun. ② Juin, juillet. Sur les bords des fossés et des chemins.

> Var. α. minor (DC). Fleurs plus petites, portées sur des pédoncules rameux.
>
> Var. β. major (DC). Arctium majus Th. Fl. par. Arctium grandiflorum. Desf. Cat. Fleurs plus grosses, solitaires.

Plusieurs auteurs réunissent les deux espèces et les variétés ci-dessus en une seule espèce qu'ils nomment Lappa communis, qui est l'Arctium lappa de Linnée.

31. Onopordum. L. Gen. 927.

Involucre imbriqué, à folioles terminées par une épine simple; réceptacle dépourvu de soies, profondément alvéolé; fleurons à 5 dents égales; graines comprimées, tétragones, striées transversalement; aigrette caduque, poilue, à poils réunis en anneau à la base.

801. O. ACANTHIUM (L. Sp. 1158). Tige s'élevant depuis 6 décimètres jusqu'à deux mètres, dressée, ailée, rameuse, blanchâtre-laineuse, ainsi que toute la plante; feuilles décurrentes, ovales-oblongues, sinuées-dentées, épineuses; fleurs purpurines, quelquefois blanches, grosses, terminales; calice à folioles épineuses, étalées, velues à sa base. ② Tout l'été. Dans les lieux incultes.

32. Silybum. Vaill. Acad. 1718.

Involucre imbriqué, à écailles foliacées et serrées à la base, avec le sommet des extérieures terminé par un appendice lobé, à lobes épineux; réceptacle paléacé; étamines à filet pubescent, papilleux; aigrette velue-paléacée, tombante, à poils réunis en anneau à la base.

802. S. MARIANUM (Gærtn. fruct. 2. p. 578). Carduus marianus L. Sp. 1156. Tige de 60 centimètres environ, dressée, non ailée, rameuse, glabre, ainsi que toute la plante; feuille, embrassantes, oblongues, sinueuses-épineuses, marbrées de blanc; fleurs purpurines, terminales, solitaires, dressées; involucre à folioles ciliées, terminées par une longue épine. ① ou ② Juin, juillet. Dans les lieux cultivés. Schaerbeek (Brabant), Ensival, Rechain (Liége), Jambes (Namur), Melle (Hainaut).

33. Carduus. Gærtn. 2. p. 377. t. 162.

Involucre imbriqué, à folioles simples, à sommet épineux; réceptacle velu, à poils divisés en soies linéaires; fleurons à 5 dents égales; aigrette caduque, à soies plus ou moins scabres, réunies en couronne à la base.

803. C. nutans (L. Sp. 1150). Tige de 60 centimètres environ, dressée, ailée, peu rameuse, anguleuse, velue; feuilles décurrentes, lancéolées, sinuées, épineuses, glabres; fleurs purpurines, quelquefois blanches, terminales, penchées, portées sur des pédoncules ordinairement tomenteux, non épineux; involucre à folioles lancéolées, terminées par une épine, les extérieures très-ouvertes. ② Tout l'été. Aux bords des chemins.

804. C. crispus (L. Sp. 1150). Tige de 60 à 90 centimètres, dressée, très-rameuse, ailée; feuilles décurrentes, oblongues, sinueuses, crépues, très-épineuses sur les bords; fleurs purpurines, quelquefois blanches, agrégées, très-rapprochées, terminales, portées sur des pédoncules courts, épineux; involucre glabre, à folioles linéaires-lancéolées, à peine épineuses, les extérieures roides, les intérieures molles, à peine scarieuses. ② Tout l'été. Aux bords des chemins.

805. C. acanthoïdes (L. Sp. 1150). Tige de 40 à 60 centimètres, dressée, rameuse, ailée-épineuse sur plusieurs rangs; feuilles décurrentes, oblongues, pinnatifides, à lobes irréguliers, ciliées-épineuses; fleurs purpurines, solitaires, dressées, terminales, subsessiles; involucre à folioles linéaires-lancéolées, les intérieures molles, les extérieures dressées ou à peine étalées, terminées par une faible épine. ① Tout l'été. Aux bords des chemins.

806. C. defloratus (L. Sp. 1152). C. cirsoïdes Vill. Cirsium defloratum Scop. Cirsium pauciflorum Lam. Fl. fr. Tige de 5 à 7 décimètres, droite, striée, presque simple, cotonneuse; feuilles décurrentes, oblongues, sinuées, ciliées, épineuses, dentées, glabres, glauques en dessous; pédoncules très-longs,

uniflores, tomenteux; fleurs purpurines, assez petites, légèrement penchées, terminales; folioles de l'involucre linéaires,
très-aiguës, terminées par une épine molle. ♃ Juin, juillet.
Dans les lieux incultes et humides. Étale (Luxembourg).

807. C. TENUIFLORUS (Sm. Fl. brit. 849). C. acanthoïdes Th.
Fl. par. Tige de 6 décimètres environ, dressée, rameuse, cotonneuse, ailée; feuilles décurrentes, oblongues, sinuées, velues-
tomenteuses, surtout en dessous; fleurs d'un blanc rosé, petites, serrées, agglomérées, disposées en capitules cylindriques,→
allongés; involucre à folioles ovales-lancéolées, les extérieures
épineuses, les intérieures molles, aiguës. ① ou ②. Aux bords
des chemins. Dans le Hainaut, les Flandres et le Luxembourg.

808. C. POLYANTHEMOS (L. Mant. 109). Tige de 6 décimètres environ, dressée, rameuse, ciliée; feuilles décurrentes, profondément pinnatifides, à laciniures bifides, lancéolées, ciliées-
épineuses, presque glabres; fleurs purpurines en panicules
ovales, agglomérées, rapprochées, arachnoïdes; écailles de
l'involucre subulées, étalées. ② Juin, juillet. Dans les champs
humides du Hainaut, des Flandres et du Luxembourg.

34. SERRATULA. Dec. Mem. Comp. p. 21.

Involucre imbriqué, à folioles aiguës sans épines; réceptacle paléacé; fleurons égaux, à 5 dents; graines comprimées,
ovoïdes, lisses; aigrette persistante à soies roides, inégales.

\ 809. S. TINCTORIA (L. Sp. 1144). Tige de 40 à 60 centimètres,
dressée, rameuse, glabre; feuilles subpinnatifides-lyrées,
à segments lancéolés, dentés en scie, dont le terminal est
grand et ovale; fleurs purpurines, en corymbe terminal; calice
glabre; aigrette à soies jaunâtres et entières. ♃ Août, septembre, octobre. Dans les bois montueux. Verviers (Liége), Petersheim (Limbourg). Cette plante se trouve aussi dans le
Luxembourg.

35. Cirsium. Tourn. t. 255.

Involucre ventru, imbriqué, à folioles épineuses au sommet; tous les fleurons à 5 dents égales, hermaphrodites, égaux; réceptacles à paillettes divisées en laciniures sétiformes; style simple; aigrettes à soies plumeuses égales, réunies en anneau à la base.

810. C. oleraceum (All. ped. n° 544). Cnicus oleraceus L. Sp. 1156. Onotrophe oleracea Cass. Tige d'un mètre à un mètre et demi, dressée, presque simple, très-glabre, ainsi que toute la plante; feuilles inférieures grandes, pinnatifides, ciliées-épineuses, amplexicaules, les supérieures sessiles, ovales, entières, ciliées; fleurs d'un jaune pâle, terminales, agglomérées, sessiles, entourées de bractées foliacées, concaves, ovales ou lancéolées, ciliées. ♃ L'été. Dans les prairies humides, marécageuses.

811. C. palustre (Scop. Carn. n° 1004). Carduus palustris L. Sp. 1151. Onotrophe palustris Cass. Tige d'un mètre à un mètre et demi, dressée, simple, ailée, épineuse; feuilles décurrentes, lancéolées, sinuées-pinnatifides, épineuses sur les bords, un peu glauques-velues en dessous; fleurs purpurines agglomérées, sessiles, petites, terminales; involucre à folioles dressées, ovales-lancéolées, à peine épineuses. ② Tout l'été. Dans les prairies marécageuses.

812. C. lanceolatum (Scop. Carn. n° 1007). Carduus lanceolatus L. Sp. 1149. Eriolepis lanceolata Cass. Tige de 60 à 90 centimètres, dressée, rameuse, ailée-épineuse; feuilles décurrentes, pinnatifides, velues-tomenteuses en dessous, soyeuses-scabres au-dessus, à segments bilobés, à lobes divariqués et terminés par une épine; fleurs purpurines, terminales, en capitules subsolitaires ou rapprochés par 2 ou 3, gros, ovoïdes, coniques; involucre à folioles étalées, lancéolées-subulées. ② Tout l'été. Aux bords des chemins et dans les lieux incultes.

813. C. eriophorum (Scop. Carn. n° 1008). Carduus eriophorus L. Sp. 1153. Eriolepis lanigera Cass. Tige de 6 à 12 décimètres,

Cirsium.

dressée, branchue, velue; feuilles embrassantes, ciliées-scabres
en dessus, blanches-tomenteuses en dessous, à découpures
souvent bifides, dressées, épineuses; fleurs purpurines terminales, solitaires, très-grosses; involucre épais, globuleux, lanugineux, à écailles lancéolées, à sommet linéaire, épineux,
étoilé. ② Tout l'été. Dans les endroits arides et aux bords des
chemins. Bellevue (Luxembourg), Vaulx, Chercq (Hainaut),
Bouvigne, Vedrin (Namur).

814. C. ARVENSE (Lam. Fl. fr. 2. p. 26). Serratula arvensis L. Sp.
1149. Tige de 5 à 9 décimètres, dressée, paniculée, glabre;
feuilles sessiles, oblongues, sinueuses, pinnatifides, ondulées,
très-épineuses, ciliées, velues en dessous; fleurs purpurines,
disposées en panicule, pédicellées; involucre à folioles à peine
épineuses, pressées, presque glabres. ② ou ♃ Tout l'été. Partout dans les champs.

815. C. ACAULE (All. Ped. n° 558). Carduus acaulis L. Sp. 1156.
Onotrophe acaulis Cass. Tige nulle; feuilles toutes radicales,
étalées, glabres, pinnatifides, à lobes subpalmés, ciliés-épi-
neux; pédoncule radical, court, portant une seule fleur purpurine, ovoïde; involucre glabre, à folioles non épineuses,
serrées les unes contre les autres. ♃ Tout l'été. Sur les pelouses
calcaires.

    VAR. β. DUBIUM. Carduus dubius Willd. Prod. n° 891.
    Hampe de 5 à 10 centimètres, multiflore.

816. C. ANGLICUM (Lob. Ic. t. 583). Carduus dissectus Th. Fl. par.
Carduus pratensis Huds. Tige de 30 à 60 centimètres, presque
aphylle, tomenteuse, uniflore, quelquefois biflore; feuilles lancéolées, sinuées-dentées, ciliées-épineuses, cotonneuses en dessous, les supérieures embrassantes; fleurs purpurines, solitaires,
terminales, longuement pédicellées; calice cotonneux, à folioles linéaires-lancéolées, acuminées, presque inermes. ♃ Mai,
juin, juillet. Dans les marécages des bois.

    VAR. β. TUBEROSUM. C. tuberosum All. Racines un peu
    gonflées au sommet; feuilles plus ou moins pinnati-
    fides; 1 à 3 fleurs solitaires sur la même tige.

Les Cirsium canum All., C. heterophyllum All., et C. bulbo-sum DC., ne sont, en réalité, que des variétés peu distinctes de l'espèce qui vient de nous occuper. Le premier a ses feuilles un peu décurrentes, le second les a entières ou pinnatifides, à lobes bifides et divariqués. Toutes ces variétés ou espèces, si l'on veut, sont assez douteuses en Belgique; je ne les ai jamais rencontrées.

817. C. CARMINANS (Dum. Fl. belg. p. 74). Tige de 5 à 7 centi-mètres, droite, striée, cotonneuse, simple ou rameuse; feuilles un peu décurrentes, lancéolées, obtuses, sinuées, blanches et cotonneuses en dessous, un peu épineuses sur les bords ; fleurs purpurines en têtes ovales, solitaires ou géminées, terminales. ♃ Juin, juillet, août. Dans les bois.

Je ne peux rien dire de plus sur cette plante que ce qu'en a dit M. Dumortier, n'ayant eu occasion de la voir ni vivante, ni morte. Cependant, d'après la description donnée, je suis porté à la considérer ou comme une hybride ou comme une simple variété.

818. C. DISSECTUM (Willd. Sp. p. 1663). Carduus dissectus L. Sp. 1151. Tige droite et rameuse; feuilles décurrentes, lan-céolées, à dents inermes ; fleurs rougeâtres, terminales, réu-nies en panicules peu serrées; folioles du calice épineuses, pinnées. ♃ Tout l'été. Dans les lieux cultivés.

819. C. SETOSUM (Reich. Fl. Germ. 1. p. 287). Serratula setosa Willd. C. dioïcum et C. præaltum Cass. Tige dressée, d'un mètre environ, glabre, cannelée; feuilles glabres, lisses, lancéolées-oblongues, entières, ciliées, épineuses, les supérieures entières; fleurs purpurines en panicule, à têtes petites, ovoïdes; écailles de l'involucre ovales, aiguës, presque mucronées. ♃ Juillet, août. Dans les lieux ombragés, humides. Grunenwald (Luxem-bourg).

820. C. NEMORALE (Reich. l. c. p. 286). Tige de plus d'un mètre, rameuse, un peu cotonneuse, ailée; feuilles fort larges, dé-currentes, pinnatifides, à folioles bi ou trilobées, épineuses sur les bords, blanches et cotonneuses en dessous, vertes et

hispides en dessus; fleurs purpurines en têtes globuleuses, terminales ou axillaires; écailles de l'involucre sétacées, épineuses, écartées. ♃ Juin, juillet. Dans les lieux ombragés. Dans le Luxembourg (M. Tinant).

36. Cynara. Juss. Gen. 173.

Involucre très-grand, ventru, à écailles nombreuses, à base charnue, à sommet épineux; réceptacle charnu, paléacé; aigrettes longues, à soies plumeuses.

821. C. scolymus (L. Sp. 1159). L'artichaut. Tige s'élevant jusqu'à 2 mètres, robuste, anguleuse, cannelée; feuilles pinnatifides ou entières, épineuses ou non épineuses, blanchâtres en dessous; fleurs purpurines très-grosses, terminales; folioles de l'involucre ovales, émarginées. ♃ Août, septembre, octobre. Cultivé dans les jardins potagers.

On cultive aussi quelquefois le Cynara carduncellus (L. Sp. 1159) sous le nom de cardon.

57. Centaurea. L. Gen. 983.

Involucre imbriqué, à folioles denticulées-ciliées ou scarieuses, ou plus rarement terminées par une épine, pinnatifides ou simples; fleurons de la circonférence stériles, infundibuliformes, rayonnants; réceptacle paléacé; graines ovoïdes, lisses, à ombilic latéral; aigrette courte, à soies inégales.

Section I. — Cyanus. DC. Fl. fr. 4. p. 88. *Involucre à écailles inermes, pinnatifides, ciliées; aigrette poilue.*

822. C. jacea (L. Sp. 1293). Tiges de 30 à 50 centimètres, dressées ou ascendantes, anguleuses, velues, un peu blanchâtres; feuilles lancéolées, entières ou un peu dentées, rudes sur les deux faces, les radicales sinuées-dentées; fleurs purpurines,

quelquefois blanches, terminales; involucre à folioles terminées par un appendice scarieux, entières, luisantes; graines sans aigrette ou ayant quelques cils très-courts au **sommet**. ♃ Tout l'été. Dans les prairies et sur les pelouses.

823. **C. NIGRESCENS** (Willd. Sp. 3. p. 2288). Tiges de 30 à 50 centimètres, dressées, velues; feuilles lancéolées, les inférieures pinnatifides, les caulinaires un peu dentées à la base, les supérieures entières; fleurs purpurines; involucres à écailles extérieures ovales, scarieuses, ciliées, les intérieures lancéolées, déchirées au sommet. ♃ Juin, juillet, août. Sur les pelouses et les collines. Sittard (Limbourg), Tournai (Hainaut).

824. **C. NIGRA** (L. Sp. 1288). Tiges de 40 à 60 centimètres, dressées, anguleuses, presque glabres; feuilles lancéolées, les radicales subpinnatifides ou lyrées, les supérieures entières, dentées; fleurs purpurines ou blanches, terminales; involucre à folioles dressées, ciliées au sommet, noirâtres, les intérieures plus allongées, entières, déchirées au sommet; aigrette à poils blancs. ♃ Juin, juillet, août. Dans les bois secs et sur les pelouses.

825. **C. PHRYGIA** (L. Sp. 1287). Tige dressée plus ou moins rameuse; feuilles velues, dentées, les inférieures ovales, oblongues, pétiolées, les supérieures oblongues, demi-embrassantes; fleurs purpurines terminales; involucre à folioles recourbées au sommet, bordées de longs cils jaunes; fleurons de la circonférence beaucoup plus longs que ceux du centre. ♃ Juillet, août. Dans les prés montueux. Limbourg, Blistain (Liége), Chimay (Hainaut), Angelsberg (Luxembourg).

Il n'est pas bien certain que notre plante soit bien la centaurea **phrygia** L., elle pourrait être la centaurea **austriaca** Willd. Cependant, après vérification, je pencherais plutôt pour la première de ces plantes.

826. **C. CYANUS** (L. Sp. 1289.) Le bluet. Tige de 40 à 70 centimètres, dressée, rameuse, velue; feuilles linéaires, entières, sessiles, aiguës, un peu cotonneuses, les inférieures souvent

Centaure .

pinnatifides à la base; fleurs ordinairement bleues, terminales, à fleurons extérieurs stériles, beaucoup plus grands
que ceux du centre, irréguliers, multifides; involucre à folioles
ovales, ciliées et d'un noir roussâtre sur les bords. ④ De mai
en août. Dans les moissons.

827. C. MONTANA (L. Sp. 1289). Tiges de 30 centimètres environ,
rameuses, laineuses; feuilles oblongues-lancéolées, acuminées, entières, décurrentes, quelquefois sinuées-dentées à la
base, tomenteuses; fleurs plus grandes que dans l'espèce précédente; involucre à écailles ovales, ciliées sur les bords.
♃ Juin, juillet. Dans les bois montueux. Stavelot (Liége), Malmedy (Prusse), et dans les Ardennes.

828. C. SCABIOSA (L. Sp. 1291). Tige de 50 à 80 centimètres,
dressée, rameuse, glabre; feuilles inférieures pinnatifides,
un peu scabres, à lobes étroits, lancéolés, aigus, subpinnatifides ou dentés à la base, les supérieurs plus simples; fleurs
purpurines, terminales, peu nombreuses; involucre à folioles
larges, très-noires au sommet, à cils jaunes; graines munies
d'une aigrette blanche. ♃ Juin, juillet, août. Sur les coteaux
calcaires. Cette plante est assez fréquente sur les coteaux et
les rochers qui bordent la Meuse depuis Dinant jusqu'à Maestricht, surtout sur le versant méridional.

Roucel prétend que le centaurea paniculata L. Sp. 1289 se
trouve près de Dinant, mais malgré mes recherches multi
pliées, je ne l'y ai pas rencontré. Il s'est sûrement trompé.

SECTION II. — CALCITRAPA. DC. l. c. *Involucre à folioles tantôt
pinnées-épineuses, tantôt à épines palmées; aigrette poilue.*

829. C. SOLSTITIALIS (L. Sp. 1297). Tige de 30 à 40 centimètres,
dressée, très-rameuse, ailée; feuilles blanchâtres, décurrentes,
les inférieures pinnatifides, à lobes écartés, étroits, dentés, le
terminal plus grand et anguleux, les supérieures entières, petites, linéaires; fleurs jaunes, terminales; involucre globuleux,
quelquefois tomenteux, à folioles terminées par une épine ro-

buste, subpalmée. ④ L'été. Dans les champs, Schaerbeek (Brabant), Soignies, Chercq (Hainaut).

830. C. CALCITRAPA (L. Sp. 1297). Calcitrapa stellata Lam. Tige d'environ 30 centimètres, très-rameuse, étalée, subpubescente; feuilles pinnatifides, à lobes linéaires, pointus, les supérieurs dentés; fleurs purpurines, quelquefois blanches, terminales, munies de bractées; involucres glabres, à folioles extérieures ovales, arrondies, épineuses au sommet, avec une épine médiane très-longue et robuste qui dépasse beaucoup les fleurs, les intérieures spatulées scarieuses, entières; aigrette nulle. ④ Tout l'été. Dans les terrains calcaires. Très-commun dans la vallée de la Meuse.

38. CNICUS. Vaill. Act. acad. par. 1718.

Involucre à folioles épineuses au sommet, entouré de bractées foliacées, dentées-épineuses; graines à ombilic latéral, cannelées longitudinalement, couronnées par un rebord crénelé et une aigrette double de 20 soies.

831. C. BENEDICTUS (L. Sp. ed. 1. p. 526). Centaurea benedicta L. Sp. 1296. Carduus benedictus Cam. Tige de 30 à 50 centimètres, rameuse, pubescente, un peu laineuse; feuilles demi-décurrentes, subpinnatifides, dentées-épineuses; fleurs jaunes en capitules assez gros; involucre à folioles lancéolées-linéaires, un peu laineuses, doublement dentées au sommet. ④ Juin, juillet. Cultivé, quelquefois subspontané.

39. CARLINA. Tourn. t. 285.

Involucre foliacé, à folioles extérieures sinuées-épineuses, soudées à la base, divariquées au sommet; les intérieures sont scarieuses, colorées, rayonnantes, beaucoup plus grandes que les fleurons, et formant comme une fleur ra-

Carlina.

diée; réceptacle paléacé; aigrette sessile, étalée, plumeuse.

832. C. VULGARIS (L. Sp. 1161). Tige de 30 à 40 centimètres, dressée, glabre, rameuse au sommet; feuilles lancéolées, embrassantes, dentées-épineuses, pubescentes en dessous; fleurs terminales, quelquefois solitaires, à fleurons blancs, disposées en corymbe; involucre à folioles extérieures roussâtres, épineuses, ciliées, les intérieures d'un jaune doré, luisantes, étalées. ⊕ L'été. Sur les coteaux secs.

833. C. ACAULIS (L. Sp. 1160). C. chamæleon Vill. Dauph. C. subacaulis DC. Fl. fr. Tige simple, uniflore, très-courte; feuilles glabres sur les deux faces, pinnatifides, à lobes incisés, dentés, épineux; fleurs très-grandes; involucre à folioles épineuses, à épines rameuses. ♃ Juillet, août. Dans les prairies sèches et montueuses. On a indiqué cette plante à Konigwater (Luxembourg). Je soupçonne fort qu'il y a eu erreur, ou qu'elle n'a été trouvée qu'accidentellement.

Sous-F^lle III. — CHICORACÉES OU LIGULIFLORES.

Toutes les fleurs sont ligulées et hermaphrodites; réceptacle à peine charnu; feuilles alternes; fleurs presque toujours jaunes. Plusieurs plantes de cette subdivision donnent un suc propre, blanchâtre.

SECTION I. — *Fruits comprimés ou tétragones; aigrettes blanches, écailleuses-poilues.*

40. SONCHUS. L. Gen. 908.

Involucre ventru à la base, imbriqué; réceptacle nu; graines striées longitudinalement; aigrette courte, sessile, à soies très-fines.

834. S. PALUSTRIS (L. Sp. 1116). Tige d'un mètre à un mètre et

demi, dressée, striée, lisse, branchue au sommet; feuilles sagittées à la base, amplexicaules, à oreillettes lancéolées-aiguës; les feuilles inférieures roncinées; fleurs jaunes, nombreuses, disposées en corymbe; involucre et pédoncules
couverts de poils glanduleux, visqueux. ♃ Juillet, août. Dans
les prairies, aux bords des eaux. Rare.

835. S. CILIATUS (Lam. Fl. fr. 2. p. 87). S. oleraceus var. *α* DC.
S. oleraceus var. *α* et *β* L. Sp. 1116. S. oleraceus Wallr. Tige
de 4 à 8 décimètres, dressée, rameuse, glabre ou rarement
poilue-glanduleuse au sommet; feuilles très-variables, indivises ou pinnatifides-roncinées, les caulinaires amplexicaules,
à dents aiguës, ciliées, à oreillettes de la base acuminées; fleurs
jaunes, subcorymbifères; involucres glabres ainsi que les pédicelles; graines rugueuses, un peu muriquées le long des
nervures. ☉ Tout l'été. Commun dans les lieux cultivés.

836. S. FALLAX (Wallr. Sched. crit. 432). S. spinosus Lam. S.
oleraceus *ν* et *δ* L. Sp. 1117. S. oleraceus *β* asper DC. Tige
de 4 à 8 décimètres, glabre, quelquefois poilue-glanduleuse au
sommet; feuilles amplexicaules, roncinées ou indivises, à
dents aiguës-allongées, ciliées-épineuses sur les bords, à oreillettes de la base arrondies; fleurs comme dans l'espèce précédente; pédoncules et base de l'involucre subhispides; graines
lisses, munies de trois petites côtes parallèles. Sur les vieux
murs et les décombres, dans les lieux cultivés.

Le Sonchus parviflorus de M. Lejeune est une simple variété
plus grêle dans toutes ses parties et plus petite que l'une et
l'autre de ces deux dernières espèces.

837. S. ARVENSIS (L. Sp. 1116). Tige de 5 à 8 décimètres, dressée, rameuse du haut, glabre; feuilles dentées-ciliées, roncinées, amplexicaules, auriculées, à oreillettes courtes, arrondies; fleurs jaunes, nombreuses, en corymbe; involucre et
pédoncule couverts de poils glanduleux-visqueux, noirâtres.
♃ Tout l'été. Dans les champs, aux bords des chemins.

41. Lactuca. Tourn. t. 267.

Involucre imbriqué, oblong, cylindrique, à folioles membraneuses sur les bords; réceptacle nu, graines comprimées, brusquement terminées par un bec allongé; aigrette simple, stipitée, molle, poilue, fugace.

838. L. sativa (L. Sp. 1118). La laitue. Tige de 40 à 60 centimètres, dressée, glauque, glabre, paniculée du haut; feuilles inférieures ovales-arrondies, atténuées à la base, amplexicaules, les supérieures sessiles, cordiformes, denticulées; fleurs jaunes, dressées, disposées en panicule. ☉ Juin, juillet. Cultivée.

839. L. sylvestris (Lam. Dict. 3. p. 406). Tige de plus d'un mètre, dressée, un peu brunâtre, presque simple, glabre, chargée d'aiguillons; feuilles sessiles, amplexicaules, sinuées-pinnatifides, quelques-unes entières, surtout dans le bas; toutes sont ailées-dentées sur les bords, aiguës, munies d'aiguillons en dessous sur la nervure centrale; fleurs jaunes en panicule allongée, comme spiciforme. ☉ L'été. Dans les endroits pierreux, surtout dans les provinces de Liége, de Namur et de Luxembourg.

840. L. virosa (L. Sp. 1119). Cette plante a les plus grands rapports avec la précédente, mais la tige est inerme, les feuilles sont ovales, obtuses, entières, à dents aiguës sur les bords et obtuses au sommet. ② L'été. Dans les mêmes lieux que l'espèce précédente.

Le Lactuca scariola, L. Sp. 1119, doit être rapporté à cette dernière espèce, il offre deux variétés : dans l'une la tige est épineuse dans le bas, et dans l'autre elle est entièrement inerme; quelques individus ont des feuilles pinnatifides. Il se pourrait très-bien que les lactuca virosa et sylvestris ne soient également que des variétés l'un de l'autre.

Lactuca.

841. L. saligna (L. Sp. 1119). Tige de 40 à 70 centimètres, dressée, rameuse, étalée à la base, glabre; feuilles amplexicaules, glabres, épineuses sur la nervure médiane inférieure, les radicales linéaires, pinnatifides, à lobes terminés par une espèce d'épine, le terminal long, linéaire, entier, les caulinaires entières; fleurs jaunes en longues grappes spiciformes. ① Juin, juillet, août. Aux bords des chemins, dans les lieux arides et pierreux. Cette plante est très-rare en Belgique. C'est sur les coteaux de la Moselle qu'on la rencontre le plus souvent.

842. L. perennis (L. Sp. 1120). Tige de 30 à 60 centimètres, dressée, glaucescente, rameuse, glabre; feuilles pinnatifides, à découpures linéaires, dentées, non épineuses, glabres; fleurs bleues en corymbe, paniculées, grandes; involucre à folioles extérieures ovales-lancéolées; graines aplaties, noirâtres, pointues aux deux bouts. ♃ Tout l'été. Dans les champs et sur les coteaux calcaires. Cette plante est fréquente sur les rochers qui bordent la Meuse et la Moselle.

42. Chondrilla. Gærtn. Fruct. 2. p. 362.

Involucre simple, cylindrique, écailleux à la base; toutes les corolles ligulées; réceptacle nu; graines couronnées par 5 dents squamiformes; aigrette simple, stipitée.

843. C. juncea (L. Sp. 1120). Tiges de 40 à 70 centimètres, nues, très-rameuses, étalées, munies d'épines courbées dans le bas; feuilles radicales roncinées, glabres, un peu denticulées, les caulinaires linéaires, entières; fleurs jaunes éparses, axillaires et terminales; involucre glabre, à 7-10 folioles; graines striées dans le bas, tuberculeuses dans le haut; aigrette de la longueur des fruits. ♃ L'été. Dans les lieux pierreux et les champs arides. Environs de Mons (Hainaut), Claussen (Luxembourg).

43. PRENANTHES. L. Gen. 911.

Involucre double, l'intérieur à folioles imbriquées, l'extérieur à folioles inégales, ovales; réceptacle nu; graines lisses; aigrette sessile, à soies en une seule série.

\ 844. P. MURALIS (L. Sp. 1121). Chondrilla muralis Lam. Dict. 2. p. 78. Phænixopus muralis Koch. Mycelis angulosa H. Cass. Tige de 40 à 60 centimètres, dressée, simple, un peu rougeâtre, glabre; feuilles lyrées-pinnatifides, dentées, à lobe terminal grand, pentagone; fleurs jaunes, petites, grêles, paniculées, portées par des pédoncules capillaires; graines terminées par une pointe au sommet; aigrette stipitée plus courte que la graine. ④ L'été. Sur les vieux murs et dans les lieux ombragés.

845. P. PURPUREA (L. Sp. 1125). Phænixopus purpureus Koch. Tige de 40 à 60 centimètres, rameuse, feuillée, lisse, paniculée; feuilles oblongues-lancéolées, amplexicaules, cordées, denticulées, glauques en dessous; fleurs purpurines, en panicules pendantes de 2 à 5 fleurs chacune. ④ Juillet, août. Dans les bois montueux. Beaufort (Luxembourg).

846. P. PULCHRA (DC. Fl. fr. 4. p. 7). P. hieracifolia Willd. Crepis pulchra L. Sp. 1134. Phæcastrum lampsanoïdes Cass. Tige de 40 à 60 centimètres, dressée, rameuse à la base, velue, glanduleuse dans le bas, glabre dans le haut; feuilles un peu rudes, les radicales roncinées, oblongues, obtuses, subhispides, les caulinaires amplexicaules, ovales-lancéolées, pointues, un peu hastées; fleurs jaunes en panicule très-étalée, nue; involucre à 15-20 folioles linéaires, lancéolées; graines presque lisses, non pointues. ④ L'été. Aux bords des chemins et des champs. Assez rare.

SECTION II.—*Fruits allongés, plus ou moins atténués au sommet; aigrette blanche ou nulle.*

44. LAMPSANA. Tourn. t. 272.

Involucre à folioles linéaires-lancéolées avec des écailles à la base; réceptacle nu; graines lisses sans aigrette.

847. L. COMMUNIS (L. Sp. 1143). Tige de 40 à 70 centimètres, dressée, rameuse, velue, feuillée, striée; feuilles inférieures lyrées, pubescentes, à lobe terminal très-grand, anguleux-arrondi, les supérieures ovalaires; fleurs jaunes, nombreuses, petites, disposées en panicule, à pédoncules glabres, ainsi que les involucres. ① Tout l'été. Commun dans les lieux cultivés.

848. L. MINIMA (All. Ped. n° 751). Hyoseris minima L. Sp. 1138. Arnoseris pusilla Gærtn. Tiges de 30 à 35 centimètres, dressées, presque simples, nues, glabres; feuilles ovales-oblongues, lancéolées, sinuées-denticulées; fleurs jaunes au nombre de 1-5 sur chaque tige, portées par des pédoncules renflés et fistuleux; calice un peu blanchâtre ① Juin, juillet, août. Dans les champs sablonneux.

45. BARKHAUSIA. Mœnch. Meth. 537.

Involucre oblong, renflé, double, à folioles intérieures lâches, les extérieures sillonnées; réceptacle nu; graines atténuées en bec plus ou moins allongé; aigrettes stipitées, à soies disposées sur plusieurs rangs.

849. B. FOETIDA (DC. Fl. fr. 4. 42). Crepis fœtida L. Sp. 1133. Tiges dressées de 30 à 45 centimètres, étalées, rameuses, velues, rudes, blanchâtres, ainsi que toute la plante; feuilles subroncinées, à segments anguleux, acuminées, scabres, sessiles, les supérieures lancéolées, profondément incisées à la base; fleurs jaunes, terminales, penchées avant la fleuraison; calice

velu, glanduleux, devenant roide, presque piquant à la maturité des graines. Toute la plante a une odeur forte et fétide. ① Juin, juillet, août. Dans les terrains incultes et pierreux.

850. B. TARAXACIFOLIA (DC. Fl. fr. 4. p. 43). Crepis biennis Lapeyr. Crepis taraxacifolia Th. Fl. par. Crepis taurinensis Willd. Sp. Tige de 40 à 70 centimètres, dressée, velue, rougeâtre à la base; feuilles scabres, les inférieures lyrées-roncinées, obtuses, quelquefois simples, les caulinaires lancéolées, amplexicaules, dentées à la base; fleurs jaunes terminales, grandes, dressées avant l'épanouissement; involucre un peu tomenteux, à folioles extérieures un peu membraneuses sur les bords; graines terminées par un bec plus ou moins allongé. ② Juin, juillet, août. Dans les prairies et les champs.

851. B. GRACILIS (Lej. Rev. fl. Spa. f. 249). Tige de 10 à 15 centimètres, grêle, rameuse à la base, presque nue; feuilles obovales-spatulées, alternes, sessiles; fleurs jaunes, un peu rougeâtres en dehors, petites, terminales; involucre couvert d'un duvet blanc, à folioles serrées. ② Juin, juillet. Dans les champs secs. Environs de Dudelange (Luxembourg). Cette plante existait aussi à Heuvi, près Namur, mais depuis qu'on a construit les nouvelles fortifications, je ne l'ai plus retrouvée. Elle pourrait bien n'être qu'une variété du Barkhausia fœtida.

Le barkhausia prostrata de M. Dumortier n'est qu'une variété du barkhausia fœtida. Quant aux barkhausia setosa et Dioscoridis, ils ne croissent pas en Belgique. Il y a eu évidemment erreur de la part de ceux qui ont cru les y avoir trouvés. On doit en dire autant du barkhausia leontodoïdes que M. Dumortier place à Tournai, et qui est une plante du Piémont et de la Ligurie.

46. CREPIS. Mœnch. Meth. p. 534.

Involucre ovoïde, double, l'extérieur à folioles lâches écartées; réceptacle nu; graines cannelées, oblongues, tu-

Crepis.

berculées ; aigrette simple , sess'le, à soies disposées sur
plusieurs rangs.

852. C. VIRENS (Vill. Dauph. 3. p. 342). Tige de 30 à 50 centimètres, droite, lisse, rameuse-paniculée au sommet; feuilles
glabres, lancéolées-roncinées, les supérieures lancéolées, den-
tées-sagittées à la base; fleurs jaune pâle en corymbe paniculé; involucre pubescent. ④ Tout l'été. Dans les prairies et
sur les pelouses.

853. C. DIFFUSA (DC. Cat. monsp. 99). C. Dioscoridis Th. Fl. par.
— Tige de 30 à 40 centimètres, diffuse, rameuse dès la base,
lisse; feuilles glabres, les radicales linéaires-dentées, sinuées,
roncinées, à lobe terminal très-long, les caulinaires presque
entières, sagittées à la base, les supérieures presque sétacées;
fleurs jaunes, paniculées, nombreuses, portées sur des pédoncules grêles, glabres; involucre subpubescent, non farineux;
graines lisses à côtes légères. ④ Tout l'été. Le long des fossés
et des chemins.

VAR. β. UNIFLORA (Th. Fl. par.) Pédoncules uniflores,
très-longs, presque radicaux.

854. C. STRICTA (DC. Cat. monsp. 99). C. linifolia Th. Fl. par.
Tige presque nue; feuilles glabres, linéaires, presque toutes
radicales, roncinées-pinnatifides, les caulinaires en très-petit
nombre, dentées, pinnatifides à la base, les supérieures presque
entières; fleurs jaunes en corymbe étalé; involucre pubescent.
④ Tout l'été dans les moissons.

Walroth réunit ces trois espèces en une seule qu'il nomme
crepis polymorpha, et il pourrait bien avoir raison, au moins
pour les deux dernières.

855. C. BIENNIS (L. Sp. 1156). Tige de 7 à 11 décimètres, forte,
— droite, sillonnée, rameuse, hispide; feuilles hispides, roncinées-
pinnatifides, les supérieures sessiles, lancéolées, dentées; fleurs
jaunes, grandes, en corymbe paniculé; involucre d'un vert
noirâtre, un peu poilu; graines à stries lisses. ② Tout l'été.
Dans les prairies.

Crepis.

> Var. *ß. scabra* (Willd. Sp. 3. p. 1603). Plus petit
> dans toutes ses parties; tige seulement striée; ra-
> meaux lisses.

856. C. TECTORUM (L. Sp. 1135). Tige de 20 à 30 centimètres,
dressée, presque simple, un peu velue-grisâtre, ainsi que
toute la plante; feuilles inférieures sinuées-pinnatifides, les
supérieures sagittées, linéaires, entières, à bord un peu roulé;
fleurs jaunes en panicule, assez grosses; involucre non can-
nelé, à folioles en dos d'âne; graines oblongues-atténuées au
sommet, à côtes scabres. ① Tout l'été. Sur les vieux murs et
dans les champs arides.

> Var. *ß. segetalis* (Roth.). Tige très-simple; feuilles
> inférieures dentées; panicule oligocéphale. Dans les
> champs.
>
> Var. *γ. gracilis* (Wallr.). C. Lachenalii Gochn. Tige
> simple, grêle; feuilles caulinaires presque entières,
> linéaires.

47. Taraxacum. Hall. Helv. p. 23.

Involucre double, l'extérieur est à folioles courtes, souvent étalées; réceptacle nu, ponctué; graines brusquement
atténuées en bec filiforme; aigrette stipitée, poilue; scape
uniflore.

857. T. DENS LEONIS (Desf. Atl. 2. p. 228). Leontodon taraxacum
L. Sp. 1122. Hampe de 15 à 25 centimètres; toutes les feuilles
sont radicales, glabres, roncinées plus ou moins profondément,
dentées; fleurs jaunes, grandes; involucre extérieur à folioles
réfléchies; aigrette longuement pédicellée. ♃ Tout l'été.
Commun partout.

\ 858. T. PALUSTRE (DC. Fl. fr. 4. p. 45). Leontodon palustre
Sm. Fl. angl. Hedypnois paludosa Scop. Hampe de 10 à 15
centimètres, glabre; feuilles lancéolées, sinuées-dentées, glabres; fleurs jaunes, plus petites que dans l'espèce précédente;

folioles de l'involucre extérieur ovales, subacuminées, appliquées contre celles de l'involucre intérieur. ♃ L'été dans les endroits marécageux de la Campine et des Ardennes. Rare.

Le taraxacum arcuatum est une variété de la première espèce dont les pinnules des feuilles sont très-nombreuses, linéaires et arquées. La variété ovatum a au contraire les feuilles ovales, entières ou un peu dentées.

Le taraxacum salinum Poll. n'est aussi qu'une variété, mais de la seconde espèce.

48. Helminthia. Juss. Gen. 170,

Involucre double, l'intérieur est à 8 folioles égales, l'extérieur à 5 folioles fort larges ; réceptacle nu ; graines striées transversalement ; aigrette plumeuse, pédicellée.

859. H. echioïdes (Gærtn. Fruct.2. t. 119. f. 2). Picris echioïdes L. Sp. 1114. Tige de 40 à 70 centimètres, dressée, rameuse, très-hispide, ainsi que toute la plante, à poils durs, piquants, souvent bi ou trifurqués à la base, vésiculaires ; feuilles oblongues-ovales, amplexicaules, entières ; fleurs jaunes à folioles extérieures de l'involucre larges, ovales, cordées, hispides sur le dos. ① L'été. Aux bords des fossés et dans les champs incultes. Cette plante est très-rare. Soignie (Hainaut), Blankenberg (Flandre occidentale), Remich (Luxembourg).

49. Picris. Juss. Gen. 170.

Involucre double à folioles extérieures linéaires-lancéolées ; réceptacle nu ; graines tuberculeuses, striées transversalement ; aigrette plumeuse, sessile.

860. P. hieracioïdes (L. Sp. 1115). Tige de 50 à 70 centimètres, dressée, scabre, rameuse-divariquée, poilue, ainsi que toute la plante ; feuilles lancéolées, demi-amplexicaules, sinuées-den-

tées; fleurs jaunes, presque en corymbe, à pédoncules écailleux, multiflores; involucre à folioles lâches. ♃ Juillet, août. Dans les endroits pierreux et sur les bords des chemins.

SECTION III. — *Fruits courts, atténués au sommet, tronqués à la base; aigrette nulle ou poilue.*

50. HIERACIUM. L. Gen. 913.

Involucre imbriqué; réceptacle nu, rarement muni de quelques poils épars plus courts que les graines; celles ci lisses; aigrette sessile, poilue, grisâtre ou roussâtre.

† PÉDONCULE RADICAL NU, MUNI LE PLUS SOUVENT DE REJETS STOLONIFÈRES AU COLLET DE LA RACINE.

861. H. PILOSELLA (L. Sp. 1125). Hampe de 10 à 25 centimètres, dressée, uniflore, velue; feuilles ovales-oblongues, obtuses, entières, glaucescentes en dessous, hérissées de longs poils blancs; fleurs jaunes, terminales; involucre velu, blanchâtre, garni de poils noirâtres à sa base. ♃ Tout l'été. Sur les pelouses et aux bords des chemins.

> VAR. *α.* VULGARIS (DC.). Feuilles vertes sur les deux faces; involucre à poils courts, noirâtres.
>
> VAR. *β.* INCANA (DC.). Feuilles blanchâtres en dessous; involucre tomenteux.
>
> VAR. *γ.* PELETERIANA (Ser.). H. peleterianum Mer. Fleurs plus grandes; involucre à longs poils soyeux.

862. H. AURICULA (DC. Fl. fr. 4. p. 24). Scapes simples de 50 centimètres environ, multiflores, nus ou munis d'une feuille, un peu velus; feuilles très-entières, oblongues-lancéolées, glabres, vertes sur les 2 faces; fleurs jaunes, terminales (2 à 6), disposées en corymbe rapproché; involucre velu. ♃ Tout l'été. Sur les pelouses humides.

> VAR. *α*. PILOSA. H. auricula L. Sp. 1126. Feuilles à limbe velu.
>
> VAR. *ɣ*. DUBIUM. H. dubium L. Sp. 1125. Limbe des feuilles presque glabre.

863. H. COLLINUM (Goelm. Diss. p. 17. t. 1). H. cymosum *β* collinum Duby. Tiges scapiformes de 40 à 60 centimètres, droites, simples, un peu velues; feuilles radicales lancéolées-oblongues, entières, aiguës, couvertes de poils nombreux, épars, les caulinaires (2 à 3) sessiles, embrassantes, étroites, moins velues; fleurs jaunes (15 à 20) disposées en ombelles terminales, portées sur des pédoncules rameux; involucres noirâtres, hérissés de poils roussâtres. ♃ Dans les lieux secs et pierreux des bords de la Moselle.

864. H. PRÆALTUM (Vill. Voy. t. 2. f. 1). Tiges scapiformes sans rejets stolonifères, oligophylles, glabres; feuilles lancéolées-linéaires, aiguës, presque glabres, à peu près entières; fleurs jaunes en corymbe fastigié, portées sur des pédoncules allongés, rameux, dont celui du centre est le plus court. ♃ L'été. Dans les bois montueux du Luxembourg.

865. H. PRÆMORSUM (L. Sp. 1126). Racine courte, comme rongée; stipes sans rejets stolonifères, nus, rameux; feuilles ovales, à peine dentées, légèrement pubescentes en dessus; fleurs jaunes, formant 8 à 15 capitules, disposés en grappes droites. ♃ Juin, juillet, août. Dans les bois montueux du Luxembourg.

†† TIGE FEUILLÉE, NON STOLONIFÈRE.

866. H. PALUDOSUM (L. Sp. 1129). Tige de 5 à 7 décimètres, dressées, rameuses, paniculées; feuilles oblongues, glabres, atténuées à la base, roncinées-dentées; les caulinaires amplexicaules; fleurs jaunes, à involucre couvert de poils noirâtres et rudes. ♃ L'été. Dans les bois des terrains calcaires.

867. H. PRASINUM (Dum. Fl. belg. p. 62). H. glaucum Lej. Fl. Spa. Tiges dressées, pauciflores, rameuses du haut, très-

velues, surtout dans le bas; feuilles velues en dessous, les inférieures oblongues-lancéolées, dentées, aiguës, les supérieures ovales, acuminées, semi-amplexicaules; fleurs jaunes paniculées; pédoncules pulvérulents; involucre velu. ♃ L'été. Dans les lieux montueux. Verviers, Limbourg (Liége).

868. H. **RUBRICAULE** (Dum. Fl. belg. p. 62). H. prenanthoïdes Lej. Rev. Spa. f. 168. non Vill. Tige de 40 à 50 centimètres, dressée, velue, paniculée, brunâtre; feuilles sessiles, ovales-cordiformes, aiguës, dentées à la base, pubescentes, celles des rameaux entières; fleurs jaunes en corymbe rameux; involucre velu. ♃ Juillet, août, septembre. Sur les collines schisteuses des environs de Verviers.

869. H. **UMBELLATUM** (L. Sp. 1151). Tige de 50 à 80 centimètres, dressée, velue, surtout à la base, rameuse du haut, rougeâtre; feuilles lancéolées, linéaires, dentées, sessiles, éparses; fleurs jaunes, étalées, en panicule corymbiforme; involucre presque glabre, à folioles extérieures recourbées en dehors. ♃ Juin, juillet, août. Dans les bois.

870. H. **SABAUDUM** (L. Sp. 1151). Tige de 60 centimètres environ, simple, glabre; feuilles ovales-oblongues, presque glabres, aiguës, sessiles, demi-amplexicaules, dentées à la base; fleurs jaunes, en corymbe; involucre presque glabre. ♃ L'été. Dans les bois et sur les coteaux.

VAR. β. **DUNENSE** (Vh.). Feuilles plus étroites. Dans les dunes.

871. H. **SYLVATICUM** (Gouan. Ill. 56). H. vulgatum Fries. Tige de 50 à 70 centimètres, dressée, simple; feuilles molles, oblongues, velues, dentées, les supérieures sessiles, les inférieures pétiolées, ovales, persistant lors de la fleuraison; fleurs jaunes, paniculées; involucre à poils courts. ♃ Le printemps et l'été. Dans les bois.

872. H. **MURORUM** (L. Sp. 1127). Tige de 40 à 70 centimètres, presque simple, à peu près nue, velue; feuilles molles, velues en dessous, ovales, profondément dentées à la base, les inférieures pétiolées, subcordées, à pétiole laineux;

fleurs jaunes, peu nombreuses, en corymbe; involucre velu, noirâtre. ♃ Tout l'été. Sur les vieux murs, dans les bois et les endroits pierreux.

> VAR. β. PICTUM (Pers.). H. maculatum Sm. Feuilles maculées de taches d'un brun noirâtre.

Le H. aurantiacum (L. Sp. 1126) doit être rayé de la Flore de Belgique, c'est une plante tout à fait alpine. Je soupçonne de plus que les deux espèces décrites par M. Lejeune et dénommées par M. Dumortier (H. rubricaule et H. prasinum) ne sont que des variétés ou des hybrides des H. sabaudum et umbellatum.

SECTION IV. — *Fruits cylindriques; aigrette écailleuse ou plumeuse.*

51. HYPOCHÆRIS. L. Gen. 928.

Involucre oblong, imbriqué; réceptacle muni de paillettes membraneuses, caduques; graines tuberculeuses, denticulées; aigrettes plumeuses, stipitées, celles de la circonférence souvent sessiles.

873. H. MACULATA (L. Sp. 1140). Porcellites maculata Cass. Tige de 5 à 8 décimètres, nue, dressée, velue, hispide, un peu rameuse; feuilles ovales-oblongues, souvent maculées, largement dentées, un peu hispides, celles de la tige peu nombreuses et beaucoup plus petites que les radicales; fleurs jaunes, grandes, terminales, presque toujours solitaires; involucre velu, noirâtre. ♃ L'été. Dans les bois et les bruyères des Ardennes et du Luxembourg.

> VAR. β. UNIFLORA. Tige simple portant une seule fleur.

874. H. RADICATA (L. Sp. 1140). Tiges de 4 à 6 décimètres, nues, glabres, rameuses; feuilles radicales, étalées en rosette, roncinées, obtuses, hispides; fleurs jaunes, solitaires, termi-

nales; involucre à folioles glabres, les extérieures plus courtes
que les fleurons; graines longuement atténuées en bec. ♃
Tout l'été. Sur les pelouses, aux bords des bois et des fossés.

875. H. GLABRA (L. Sp. 1141). Tiges de 2 à 4 décimètres, rameuses dès la base, glabres, nues; feuilles radicales en rosette, très-glabres en dessous, hispides en dessus, roncinées,
ciliées; fleurs jaunes, terminales, à pédoncules écailleux; involucre à folioles linéaires-lancéolées, glabres, les intérieures
égalant à peu près les fleurons; aigrette radiée, sessiles. ☉
L'été. Dans les endroits sablonneux et sur les coteaux arides.

52. TRAGOPOGON. Juss. Gen. 170.

Involucre simple, à 8 ou 12 folioles égales disposées sur
un seul rang; réceptacle nu; graines à côtes tuberculeuses-
écailleuses; aigrette plumeuse, stipitée, à stipe menu.

876. T. MAJUS (Jacq. Austr. t. 29). Tige de 3 à 4 décimètres,
dressée, presque simple, glabre; feuilles élargies à la base,
embrassantes, linéaires, entières, non tortillées; pédoncules
uniflores, renflés à la partie supérieure sous la fleur; fleurs
jaunes; involucre à 10-12 folioles lancéolées, acuminées, plus
longues que les fleurons. ♂ Juin, juillet. Sur les coteaux pierreux des provinces de Liége et de Luxembourg.

877. T. PRATENSE (L. Sp. 1109). Tiges de 40 à 60 centimètres,
dressées, glabres, presque simples; feuilles élargies à la base,
embrassantes, linéaires, longues, entières; fleurs jaunes à pédoncule uniflore, non renflé; involucre à 8 folioles lancéolées,
aiguës, de la longueur des fleurons. ♂ Juin, juillet. Dans les
prairies.

878. T. PORRIFOLIUM (L. Sp. 1110). Tiges de 40 à 60 centimètres, dressées, rameuses, glabres; feuilles élargies à la base,
linéaires, ensiformes, entières; fleurs violettes, à sommet tronqué, portées sur des pédoncules uniflores, non renflés; invo-

lucre à écailles longuement acuminées, le double plus longues que les fleurons. ② Juin, juillet. Cette plante est cultivée sous le nom de salsifis et se trouve subspontanée sur les bords de l'Escaut (Anvers).

53. THRINCIA. Roth. Cat. berol. p. 98.

Involucre imbriqué; réceptacle ponctué; graines de la circonférence surmontées d'une couronne membraneuse, celles du centre terminées par une aigrette à soies plumeuses.

879. T. HIRTA (Roth. l. c.). Leontodon hirtum L. Sp. 1123. Hyoseris taraxacoïdes Lam. Hampes de 15 à 25 centimètres, étalées, glabres; feuilles lancéolées, sinuées-dentées, munies de poils mous, simples; fleurs jaunes, solitaires, à corolle velue à l'ouverture du tube; involucre glabre. ♃ Tout l'été. Dans les champs pierreux et sur les pelouses.

880. T. HISPIDA (Roth. Cat. 1. p. 97). Leontodon major Mer. Leontodon saxatile Lam. Hyoseris taraxacoïdes Vill. Hampes de 30 à 40 centimètres, dressées, uniflores, velues; feuilles lancéolées, obtuses, dentées, hispides, couvertes de poils bifurqués; fleurs jaunes; involucre blanchâtre, hispide. ① Tout l'été. Dans les prairies et sur les pelouses.

54. LEONTODON. Juss. Gen. p. 170.

Involucre imbriqué; réceptacle ponctué; graines finement tuberculeuses; aigrette plumeuse, sessile; poils tantôt écailleux, tantôt soyeux.

881. L. HASTILE (L. Sp. 1123). Apargia hastilis Willd. Virea hastilis Gærtn. Picris danubialis All. L. danubiale Jacq. Hampes uniflores, de 15 à 25 centimètres, glabres, nues; feuilles glabres, plus ou moins roncinées, quelquefois entières ou den-

tées, dilatées à la base ; fleurs jaunes, velues à l'ouverture du tube ; involucre à folioles intérieures glabres. ♃ Mai, juin. Aux bords des chemins et des fossés. Diekirck, Longsdorf (Luxembourg).

882. L. HISPIDUM (L. Sp. 1124). Racine comme rongée ; hampes uniflores dressées, rudes, hérissées de poils durs, bifurqués, ainsi que toute la plante ; feuilles roncinées profondément, oblongues ; fleurs jaunes, à corolle velue au sommet du tube ; involucre à folioles lancéolées , aiguës ; aigrettes de la circonférence souvent avortées. ♃ Juin, juillet. Dans les pâturages.

\ 883. L. AUTUMNALE (L. Sp. 1123). Apargia autumnalis Willd. Tiges de 20 à 35 centimètres, étalées, rameuses, glabres, presque nues , ayant seulement quelques folioles étroites vers les ramifications ; feuilles lancéolées, plus ou moins roncinées, pinnatifides, à laciniures le plus souvent linéaires, écartées ; fleurs jaunes à pédoncules renflés sous l'involucre ; celui-ci a ses folioles pubérulentes, lancéolées-aiguës. ♃ Tout l'été. Sur les bords des fossés et dans les prairies.

55. PODOSPERMUM. DC. Fl. fr. 4. p. 61.

Involucre imbriqué, à écailles membraneuses sur les bords ; réceptacle parsemé de tubercules pointus, visibles après la chute des graines ; graines lisses , anguleuses ; aigrette sessile, plumeuse.

\ 884. P. LACINIATUM (DC. Fl. fr. 4. p. 62). Scorzonera laciniata L. Sp. 1114. Tige de 30 centimètres environ, rameuse, dressée ; feuilles glabres, pétiolées, pinnatifides, à laciniures linéaires, acuminées, la terminale très-longue , ovale-lancéolée ; feuilles caulinaires simples, linéaires ; fleurs jaunes terminales ; involucre glabre, à folioles munies d'une espèce de corne au-dessous de leur sommet. ♂ De mai en août. Aux bords des champs

Podospermum.

et des fossés. Cette plante est assez rare en Belgique. Elle se rencontre dans plusieurs localités du Luxembourg. Je l'ai trouvée sur les bords d'un fossé à Laeken, près Bruxelles.

885. P. CALCITRAPÆFOLIUM (DC. Fl. fr. 5. p. 455). P. resedifolium Fl. fr. Scorzonera resedifolia L. Tige de 50 centimètres environ, striée, rameuse dès la base; feuilles légèrement cotonneuses, linéaires, pétiolées, pinnatifides, à laciniures lancéolées-aiguës, la terminale longuement lancéolée; feuilles supérieures simples; fleurs petites, jaunes, terminales; graines anguleuses, très-glabres. ② Dans les lieux secs et arides des bords de la Moselle et de la Sure.

886. P. MURICATUM (DC. Syn. Fl. gall. n° 2982). Tige de 30 à 40 centimètres, droite, cylindrique, striée, glabre, rude; feuilles glabres, rudes, étroites, les inférieures pinnatifides, à lobes linéaires, écartés, divergents; fleurs petites, jaunes, terminales. ② Dans les endroits secs. Wintrange (Luxembourg). (M. Tinant).

56. Scorzonera. DC. Fl. fr. 4. p. 59.

Involucre imbriqué, à folioles membraneuses sur les bords; réceptacle nu; graines finement tuberculées; aigrette substipitée, plumeuse.

887. S. HUMILIS (L. Sp. 1112). Tige de 30 à 50 centimètres, presque nue, velue surtout à la base, striée, souvent uniflore; feuilles inférieures oblongues, lancéolées, à 5-7 nervures, entières, acuminées, les supérieures linéaires; fleurs jaunes, terminales, portées sur des pédoncules écailleux, velus, renflés; involucre à folioles extérieures ovales, subaiguës, les intérieures lancéolées, obtuses. ♃ Mai, juin, juillet. Dans les prairies des Ardennes.

> VAR. *α.* AUSTRIACA (Willd.). Tige 2 à 3 fois plus longue que les feuilles; dans l'espèce, elle les dépasse à peine.

888. S. ANGUSTIFOLIA (L. Sp. 1113). Tige presque nue, uniflore,

tomenteuse au sommet; feuilles presque linéaires, cotonneuses dans le bas, entières; fleurs jaunes, solitaires, terminales; folioles de l'involucre étroites, oblongues-linéaires, à peu près glabres, presque obtuses. ⚇ Mai, juin, juillet. Dans les prairies humides. Eisenbach, Kedange (Luxembourg).

889. S. HISPANICA (L. Sp. 1112). Le salsifis noir. Tige de 6 à 8 décimètres, dressée, rameuse, glabre; feuilles ovales-lancéolées, atténuées en pétioles, aiguës, les supérieures sessiles, demi-amplexicaules; fleurs jaunes, terminales, au nombre de 4 à 6 portées sur des pédoncules uniflores, velus; involucre à folioles subaiguës. ⚇ Juin, juillet. Cultivé.

57. CICHORIUM. Tourn. t. 272.

Involucre double, l'interne à 8 folioles, l'externe à 5 folioles plus courtes, ouvertes au sommet; réceptacle nu ou un peu poilu; graines couronnées par des denticules multiples, courts.

890. C. INTYBUS (L. Sp. 1142). Tige de 50 à 80 centimètres, dressée, rameuse, velue; feuilles roncinées, à lobes distants, aigus, dentés, subpubescentes, les supérieures lancéolées, sessiles; fleurs bleues, axillaires, solitaires ou géminées, sessiles, quelquefois l'une des deux pédonculée; involucre à folioles hispides, ciliées. ⚇ Juillet, août. Aux bords des chemins et dans les pâturages secs.

891. C. ENDIVIA (L. Sp. 1142). Scarole, endive. Tige de 60 centimètres environ, dressée, grosse, creuse; feuilles oblongues, denticulées-roncinées, les florales ovales, amplexicaules, à base largement cordées; fleurs bleues; pédoncules axillaires, géminés, l'un allongé, uniflore, l'autre plus court, à 2-4 fleurs. ② Juin, juillet, août. Cultivé dans les jardins potagers.

Le cichorium cicorea de M. Dumortier n'est qu'une simple variété du n° 890, dont les feuilles caulinaires sont largement sagittées.

F^{lle} XLV. — AMBROSIACÉES L. Rich. Bot. ph.

Fleurs sessiles sur un réceptacle commun, entourées d'un involucre à folioles soudées en une enveloppe capsulaire, à 1 ou 2 fleurs, uni ou biloculaire, hérissée d'épines; fruit sec, uniloculaire, monosperme, indéhiscent; périsperme nul. Plantes annuelles, à feuilles alternes, pétiolées.

1. XANTHIUM. L. Gen. n° 1056.

Fleurs monoïques; *les mâles* à involucre polyphylle, multiflore, réunies sur un réceptacle pédonculé, muni de paillettes; fleurons tubuleux à 5 lobes courts; étamines à filets monadelphes; anthères libres.

Les femelles : involucre ovoïde, à folioles imbriquées et soudées en une enveloppe capsulaire biflore, épineuse en dehors, terminée par 2 becs, ligneuse à sa maturité, biloculaire, à loges monospermes.

892. X. STRUMARIUM (L. Sp. 1400). Tige de 40 à 80 centimètres, dressée, rameuse, cendrée, subpubescente; feuilles pétiolées, cordiformes, sinuées, trilobées, trinerviées, rudes, un peu hispides; fleurs verdâtres, sessiles; fruits ovales, armés d'épines linéaires, droites, un peu en hameçon au sommet; becs terminaux en forme de corne. ⚘ L'été. Bords des chemins et des fossés. Ganshoren, Jette (Brabant), Maestricht (Limbourg), Malmédy (Prusse), Ghlin (Hainaut).

893. X. SPINOSUM (L. Sp. 1400). Tige de 30 à 45 centimètres, dressée, branchue, glabre, munie d'épines rameuses, trifides, très-droites, de couleur jaune doré; feuilles lancéolées, subtrilobées, blanchâtres, un peu velues en dessous; fleurs verdâtres, axillaires, sessiles; fruits couverts d'aiguillons recourbés en hameçon, très-aigus, à becs terminaux, inégaux. ⚘ Sur

les bords des chemins aux environs de Verviers, où jamais
cette plante ne fructifie. Elle est apportée d'Espagne avec les
laines qu'on tire de ce pays.

F^lle **XLVI.** — **LOBÉLIACÉES. Juss. Ann. mus. 18. p. 1.**

Calice adhérent à l'ovaire, à limbe entier ou à 5 lobes;
corolle monopétale, irrégulière, insérée sur le calice, à
5 divisions profondément fendues supérieurement; 5 étamines à anthères soudées en tube, insérées sur le calice;
1 style; 1 stigmate simple ou bifide; capsules à 2, rarement à 4 loges polyspermes s'ouvrant sur les côtés; graines
insérées sur l'angle des valves; périsperme charnu. Plantes
herbacées à feuilles alternes, entières.

1. LOBELIA. L. Gen. n° 1006.

Calice à 5 divisions; corolle inégale, à 5 lobes formant
2 lèvres, la supérieure bifide, l'inférieure plus grande, trifide; stigmate obtus, bilobé; capsule ovoïde, couronnée par
le calice, à 2 ou 3 loges contenant des graines nombreuses,
très-petites.

894. L. DORTMANNA (L. Sp. 1518). Tige grêle de 20 à 40 centimètres, simple, presque nue; feuilles linéaires, très-entières;
fleurs bleuâtres; capsules à loges longitudinales. $\math{2\kern-0.3em\vert}$ Juillet,
août, septembre. Dans les endroits humides, inondés. Lana-
ken, Petersheim (Limbourg) et dans les Flandres.

Quant au lobelia urens L. Sp. 1321, il ne m'a jamais été
possible de le trouver en Belgique. Je crois que nous devons le
rayer de nos catalogues.

F^{ll}° XLVII. — CAMPANULACÉES. Juss. Gen. p. 163.

Calice adhérent à l'ovaire, à 5 divisions; corolle mono-pétale insérée sur le sommet du tube du calice, régulière, à 5 divisions, souvent marcescente; 5 étamines à filaments élargis à la base, insérées sur le calice, alternes avec les divisions du calice; 1 style; 1 stigmate simple ou divisé, à 3-5 divisions; capsule à 3-5 loges, le plus souvent à 3, s'ouvrant sur les côtés; graines attachées à l'angle interne des loges; périsperme charnu. Plantes herbacées à feuilles alternes.

1. JASIONE. L. Gen. n° 1005.

Calice à 5 divisions; corolle à tube court, à 5 divisions linéaires; 5 étamines à anthères soudées en tube; stigmate bifide; capsule biloculaire, pentagone; fleurs réunies sur un réceptacle commun et entourées d'un involucre commun à plusieurs folioles.

895. J. MONTANA (L. Sp. 1317). J. undulata Lam. Tige de 15 à 50 centimètres, nue dans le haut, rameuse, diffuse, hérissée; feuilles étroites, linéaires-lancéolées, ondulées, munies de poils blancs; fleurs bleues réunies en têtes globuleuses, portées sur de longs pédoncules et entourées de folioles ovales, dont les intérieures sont acuminées; calice à laciniures linéaires, acuminées. ① Tout l'été. Dans les lieux secs et sablonneux.

    VAR. *α*. LÆVIS. Tige très-rameuse, dressée; feuilles presque glabres.

    VAR. *β*. HIRSUTA. Tige hérissée, à peine rameuse; feuilles velues; calice presque glabre; involucre à folioles aiguës.

    VAR. *γ*. INCANA. J. perennis Lej. Rev. fl. Spa. f. 48 non

Lam. Feuilles linéaires, presque lisses, un peu obtuses. 4? Cronembourg (Luxembourg).

896. J. HUMILIS (Pers. Ench. 2. t. 215). J. montana. var. γ. DC. Cette espèce semble se rapprocher beaucoup de la précédente. Sa racine forme une souche ligneuse; tiges nombreuses, couchées, rameuses, hautes de 15 à 25 centimètres; feuilles linéaires, un peu ondulées, munies de quelques poils épars; fleurs comme ci-dessus. 4 Dans les champs secs et arides. Martelange et Rembrouch (Luxembourg).

2. PHYTEUMA. L. Gen. n° 220.

Calice à 5 divisions; corolle à tube court, à 5 divisions linéaires-aiguës; 5 étamines; stigmate à 3 divisions; capsules triloculaires, à loges s'ouvrant par des trous latéraux; fleurs sessiles en épi ou en capitule, muni de bractées.

897. P. ORBICULARE (L. Sp. 242). Tige de 30 à 40 centimètres, glabre, cylindrique; feuilles radicales cordiformes, allongées, dentées, crénelées, pétiolées, les caulinaires linéaires, dentées, sessiles; fleurs bleues en épi sphérique, munies de bractées ovales, aiguës. 4 Juin, juillet, août. Dans les bois des environs de Maestricht (Limbourg), Fontaine-l'Évêque (Hainaut).

898. P. SPICATUM (L. Sp. 242). Tige de 40 à 70 centimètres, dressée, cylindrique, simple, glabre; feuilles glabres, les radicales cordiformes-ovales, pétiolées, doublement dentées, les moyennes ovales, les supérieures linéaires, sessiles, dentées; fleurs d'un blanc jaunâtre, en épi oblong, muni de bractées linéaires, subulées. 4 Mai, juin, juillet. Commun dans les bois montueux.

VAR. β. NIGRUM (Schmidt). Elle ressemble entièrement à l'espèce, à l'exception de ses fleurs qui sont d'un bleu intense en épi raccourci.

3. PRISMATOCARPUS. Lher. Sert. angl.

Calice à 5 divisions; corolle en roue à 5 divisions; stigmate trifide; capsule prismatique, allongée, à 2-3 loges s'ouvrant vers le sommet.

899. P. HYBRIDUS (Lher. l. c.). Campanula hybrida L. Sp. 239. Tige de 15 à 25 centimètres, rameuse du bas; feuilles oblongues, un peu crénelées, sessiles, ondulées; fleurs d'un violet rougeâtre, quelquefois blanches, à corolle très-petite, cachée par les divisions du calice qui la dépassent: calice à divisions dressées, presque ovales, plus courtes que le tube. ⚀ Mai, juin, juillet. Dans les moissons maigres. Tournay (Hainaut), Maestricht (Limbourg), Stokkel (Brabant).

900. P. SPECULUM (Lher. l. c.) Campanula speculum L. Sp. 238. Specularia speculum DC. Tige de 15 à 25 centimètres, cylindrique, rameuse du haut; feuilles ovales-lancéolées, sessiles, crénelées, onduleuses, obtuses; fleurs d'un violet rougeâtre, quelquefois blanches, solitaires, terminales; corolle égalant les divisions du calice qui sont sétacées, étalées et égales à peu près à la longueur du tube. ⚀ Tout l'été. Dans les moissons.

4. CAMPANULA. DC. Fl. fr. 5. p. 696.

Calice à 5 divisions; corolle campanulée, aussi à 5 divisions; 5 étamines à filets élargis à la base; stigmate trifide ou plus rarement quinquifide; capsule ovoïde, striée, à 3-5 loges polyspermes, s'ouvrant par des ouvertures latérales.

SECTION Iʳᵉ. — *Fleurs pédonculées; calice fructifère dressé; capsules s'ouvrant vers le sommet.*

901. C. RAPUNCULUS (L. Sp. 232). La raiponce. Racine fusiforme, blanche; tige de 5 à 7 décimètres, dressée, cannelée, hispide,

pubescente; feuilles velues, les radicales ovales-lancéolées, obtuses, un peu onduleuses, se terminant par un large pétiole, les caulinaires linéaires-lancéolées, sessiles, un peu denticulées; fleurs bleues, disposées en panicule spiciforme, dressées; calice à divisions linéaires-subulées. ② Juin, juillet, août. Dans les prés, les haies et les bois.

902. C. PATULA (L. Sp. 252). Tige de 30 à 40 centimètres, dressée, rameuse; feuilles radicales, ovales-lancéolées, dentées-sinuées, subpubescentes, atténuées à la base, les supérieures linéaires-lancéolées; fleurs d'un bleu pâle, disposées en panicule étalée, grandes, terminales, portées sur des pédoncules divergents, étalés; calice à divisions linéaires, denticulées à la base, étalées, presque aussi longues que la corolle. ② Mai, juin, juillet. Dans les bois montueux, sur les rochers. Aywaille, Sougnez, Comblain-au-Pont (Liége). On le trouve aussi dans le Luxembourg.

903. C. PERSICIFOLIA (L. Sp. 252). Tige de 6 décimètres environ, dressée, simple, glabre; feuilles radicales obtuses, ovales-lancéolées, denticulées, atténuées en un long pétiole; les caulinaires lancéolées-linéaires, subdentées, sessiles; fleurs grandes, bleues, formant un épi peu garni; calice à divisions lancéolées-linéaires, un peu étalées. ♃ Juin, juillet, août. Dans les bois des provinces de Liége, du Hainaut, du Luxembourg et de Namur.

SECTION II. — *Fleurs pédonculées; calice fructifère à pédicelle arqué, réfléchi; capsule s'ouvrant vers le bas.*

904. C. ROTUNDIFOLIA (L. Sp. 252). Tiges de 30 centimètres environ, débiles, grêles, ascendantes; feuilles radicales, subarrondies-cordées, crénelées, glabres, pétiolées, les caulinaires linéaires, étroites, aiguës, sessiles, entières; fleurs bleues, quelquefois blanches, terminales; calice glabre, à laciniures subulées, étalées. ♃ Juin, juillet, août. Sur les murs, les pelouses et les bords des chemins.

Campanula.

VAR. *β*. TENUIFOLIA (Hoffm. Germ.). Feuilles radicales oblongues, glabres.

VAR. *γ*. LINIFOLIA (Vill.). Feuilles radicales, ovales, un peu pubescentes; tige uniflore.

905. C. PUSILLA (Hænk. in Jacq. Coll. 2. p. 79). C. cæspitosa Scop. Carn. C. rotundifolia *β*. Lam. Tiges de 20 à 30 centimètres, rameuses, couchées et pubescentes dans le bas; feuilles glabres, lisses, les inférieures pétiolées, ovales-lancéolées, dentées, aiguës, les supérieures linéaires, sessiles, entières; fleurs bleues portées sur des pédoncules simples ou rameux, à divisions du calice étroites, linéaires. ♃ Mai, juin. Dans les prairies sèches. Ansembourg, Sept-Fontaines (Luxembourg).

906. C. LINIFOLIA (Lam. Dict. 1. p. 579). Cette espèce se rapproche des deux précédentes, ses tiges sont plus élevées, plus rameuses, glabres; toutes les feuilles sont linéaires-lancéolées; les fleurs moins nombreuses et plus petites. ♃ Juin, juillet. Dans les prés secs du Luxembourg.

907. C. RAPUNCULOÏDES (L. Sp. 234). Tige de 6 décimètres environ, droite, simple ou un peu rameuse, anguleuse; feuilles un peu rudes, cordées, lancéolées, dentées irrégulièrement, les radicales pétiolées, les supérieures ovales-lancéolées, sessiles; fleurs bleues, presque sessiles, portées le long de la tige sur des pédicelles uniflores, courts, penchés, munis d'une bractée linéaire; calice pubescent, scabre, à divisions lancéolées-linéaires, réfractées après la fleuraison. ♃ Juin, juillet, août. Dans les haies et les moissons.

908. C. TRACHELIUM (L. Sp. 235). Tige de 40 à 60 centimètres, simple ou rameuse, anguleuse, hérissée, dressée, rude; feuilles pétiolées, dentées, scabres, hispides, acuminées, les inférieures cordées-lancéolées, les supérieures ovales-lancéolées; fleurs bleues ou violacées, portées sur des pédoncules bi ou trifides; calice hérissé, à divisions lancéolées, assez larges, dressées, même après la fleuraison. ♃ Tout l'été. Dans les bois.

909. C. URTICÆFOLIA (Schm. Fl. boh. p. 73). Cette espèce a les plus grands rapports avec la précédente; toutes les feuilles sont

Campanula.

ovales-lancéolées, à grosses dents obtuses, les rameaux simples,
pauciflores, les pédoncules axillaires, uniflores, et les calices
hérissés. ⁴ L'été. Dans les bois montueux. Verviers, Aywaille
(Liége), Jamioulx (Hainaut), Norbeck (Limbourg).

\ 910. C. LATIFOLIA (L. Sp. 255). Tige de 4 à 6 centimètres, dressée, arrondie, simple; feuilles larges, ovales, lancéolées, scabres, dentées, pointues, les inférieures pétiolées; fleurs bleues,
solitaires, axillaires ou terminales, dressées, à corolle ciliée,
portées sur des pédoncules courts et glabres; calice scabre, à
divisions aiguës, profondes. ⁴ Juin, juillet, août. Dans les
bois montueux. Aywaille (Liége), Mheer (Limbourg).

911. C. MEDIUM (L. Sp. 236). Tige de 4 à 6 décimètres, ordinairement branchue, diffuse, rude, subanguleuse; feuilles lancéolées-linéaires, obtuses, sessiles, hispides, à dents obtuses;
fleurs bleues, quelquefois blanches, dressées, très-grandes,
axillaires, munies de 5 stigmates; pédoncules solitaires, accompagnés de 2 folioles à sa partie supérieure; capsules à 5
loges; calice à divisions ovales, lancéolées, ciliées, hispides.
② L'été. Cette plante, originaire du midi de l'Europe, est souvent cultivée, et se rencontre assez fréquemment en dehors
des jardins.

SECTION III. — *Fleurs sessiles, glomérulées.*

\ 912. C. GLOMERATA (L. Sp. 255). Tige de 25 à 35 centimètres,
simple, presque arrondie, un peu velue; feuilles radicales
longuement pétiolées, oblongues-lancéolées, dentées, cordées
à la base, les caulinaires sessiles, demi-amplexicaules, toutes
sont velues, rudes, blanchâtres en dessous; fleurs bleues,
réunies en tête, accompagnées de bractées presque cordiformes; calice à divisions linéaires-aiguës. ⁴ Mai, juin, juillet.
Dans les bois des terrains calcaires, et sur les coteaux. Baudour (Hainaut), Cornesse, Limbourg (Liége), Schaerbeek (Brabant), Kickx.

VAR. *β.* AGGREGATA (Willd.). Feuilles à pétioles plus

courts, moins grêles, un peu ailés sur les tiges qui sont plus grosses.

VAR. γ. ELLIPTICA (Kit.). Tige un peu flexueuse, subarrondie; feuilles ovales-oblongues, les inférieures pétiolées; bractées pâles, réticulées-veinées.

SECTION IV. — *Feuilles longuement pétiolées, alternes; graines ponctuées* (*Wahlenbergia* Schrad. *Roucela* Dum.).

913. C. HEDERACEA (L. Sp. 240). Tiges grêles, rameuses, diffuses, étalées, rampantes; toutes les feuilles uniformes, arrondies, lobées, crénelées, glabres, pétiolées; fleurs bleues portées sur de longs pédoncules, à corolle presque tubulée, longue; calice à laciniures linéaires, courtes. ① Mai, juin, juillet. Dans les lieux marécageux. Spa, Malmedy (Liége).

F^lle XLVIII. — VACCINIÉES. DC. Théor. élém. p. 216.

Calice adhérent, monophylle, persistant, entier, à 4-5 divisions; corolle à 4-5 divisions; 8-10 étamines; anthères souvent bicornes à la base; ovaire unique; 1 style; 1 stigmate; fruit en baie, couronnée par le calice persistant, à 4-5 loges polyspermes. Sous-arbrisseaux à feuilles simples, alternes, coriaces.

1. VACCINIUM. L. Gen. 485.

Calice entier ou quadridenté; corolle campaniforme, à 4 divisions; 8 étamines; baie globuleuse, ombiliquée, à 4 loges polyspermes.

SECTION I. — MYRTILLUS. *Corolle campanulée, globuleuse, à 4 dents, anthères bicornes; feuilles caduques.*

914. V. ULIGINOSUM (L. Sp. 499). Sous-arbrisseau de 5 à 7 décimètres, très-rameux; feuilles alternes, pétiolées, obovales-

Vaccinium.

lancéolées, obtuses, rétrécies à la base, glabres, veinées ; fleurs blanches ou rosées, en forme de grelot, pédonculées, axillaires, solitaires, quelquefois géminées, à dents de la corolle réfléchies en dehors. ♃ Juin, juillet. Dans les marais tourbeux. Spa (Liége), Malmedy (Prusse), Petersheim (Limbourg), Stockem (Luxembourg).

915. V. MYRTILLUS (L. Sp. 498). Sous-arbrisseau à tige de 25 à 55 centimètres, à rameaux anguleux, comme ailés ; feuilles sessiles ou subpédonculées, ovales, dentées, mucronulées ; fleurs rosées, solitaires, axillaires, pendantes, courtement pédonculées, à corolle à 4 ou 5 divisions peu profondes. ♃ Avril, mai. Dans les bois. Son fruit se mange sous le nom d'airelle ou de myrtille.

SECTION II. — VITIS-IDÆA. *Corolle campanulée, quadrifide ; anthères mutiques ; feuilles persistantes.*

916. V. VITIS-IDÆA (L. Sp. 500). Sous-arbrisseau, haut de 15 à 30 centimètres, à tige nue, rameuse ; feuilles obovales, obtuses, roulées sur les bords, très-entières, ponctuées en dessous ; fleurs d'un blanc mélangé de rouge, disposées en petites grappes terminales, penchées ; fruits rouges. ♃ Avril, mai, juin. Dans les bruyères. Spa, Le Sart (Liége), Malmedy (Prusse), Groenendael (Brabant), dans les Ardennes, Arlon (Luxembourg).

SECTION III. -- OXYCOCCOS (Pers. Ench.). *Corolle à 4 divisions réfléchies ; anthères mutiques.*

917. V. OXYCOCCOS (L. Sp. 500). Oxycoccos palustris Pers. Tiges filiformes, rameuses, couchées, rougeâtres, de 20 à 30 centimètres ; feuilles petites, sessiles, ovales, très-entières, roulées sur les bords, glauques en dessous ; fleurs d'un blanc rosé, solitaires, longuement pédonculées, au nombre d'une à trois, disposées au sommet des tiges et des rameaux ; baie rouge.

♃ Mai, juin. Aux bords des marais tourbeux de la Campine, où il n'est pas rare, et dans le Luxembourg.

F^{lle} XLIX. — ÉRICINÉES. Desv. Journ. bot. 1813. p. 28.

Calice persistant. non adhérent à l'ovaire, à 3-5 divisions; corolle insérée à la base du calice, marcescente, monopétale, à 3-4-5 divisions; étamines en nombre indéfini, insérées à la base du calice ou de la corolle; anthères bicornes à la base; ovaire unique, libre; 1 style; 1 stigmate; fruit en baie ou capsulaire, polysperme, à plusieurs loges et à plusieurs valves; graines petites, placées sur le placenta central; périsperme charnu. Plantes le plus souvent ligneuses, à feuilles simples, éparses ou verticillées.

1. EMPETRUM. Tourn. t. 421.

Fleurs monoïques; calice à 3 sépales, corolle à 3 pétales; *les mâles:* 3 à 9 étamines à filaments longs, capillaires, hypogynes; *les femelles:* 3-9 styles à stigmates presque sessiles; baie orbiculaire, déprimée, uniloculaire, à 6-9 graines.

918. E. NIGRUM (L. Sp. 1430). Sous-arbrisseau rampant, à tige rameuse; feuilles petites, ovales-oblongues, glabres, opposées ou verticillées, presque imbriquées; fleurs herbacées, presque sessiles, solitaires, axillaires; baies noires. ♃ Juin, juillet. Dans les marais tourbeux. Biéversé, Jalhay, Malmedy (Liége), Freylange (Luxembourg).

Cette plante devrait être séparée des éricinées et former une famille à part, ainsi que l'avait fait Nuttall.

2. PYROLA Tourn. Inst. t. 152.

Calice à 5 divisions; corolle à 5 divisions très-profondes; 10 étamines filiformes, subulées; style filiforme plus long que les étamines; stigmate à 5 lobes; capsules à 5 loges s'ouvrant par les angles.

\ 919. **P. ROTUNDIFOLIA** (L. Sp. 567). Tige de 15 à 25 centimètres, dressée, simple, rougeâtre, portant quelques bractées squamiformes, alternes; feuilles ovales, subarrondies, entières, glabres, un peu bordées, à pétiole court; fleurs blanches au nombre de 10-15, formant une grappe terminale assez lâche; pédoncules alternes, écartés, munis d'une bractée; style plus long que les pétales, réfléchi, arqué, ascendant, terminé par un élargissement annulaire qui déborde les stigmates. ♃ Juin, juillet, août. Dans les lieux couverts. Vorst (Brabant), Ensival, Lambermont (Liége), fonds de Marivaux, Dave (Namur), Ostende (Flandre occidentale).

\ 920. **P. MINOR** (L. Sp. 567). Tige de 12 à 15 centimètres, simple, nue; feuilles ovales-arrondies, courtement pétiolées; fleurs roses, au nombre de 5-8, formant une grappe terminale, à pédoncule muni d'une bractée plus courte que lui; corolle campanulée, fermée; style plus court que les pétales, droit; stigmates soudés en étoile, débordant le style. ♃ Juin, juillet. Dans les bois ombragés. Plus rare que le précédent.

C'est en vain que j'ai cherché en Belgique les Pyrola media (Swaertz. Act. holm. 1804), P. secunda (L. Sp. 567) et P. uniflora (L. Sp. 568) ou Monesis grandiflora (Salisb.), je n'ai pu les découvrir dans aucun des endroits indiqués. Ces plantes, ainsi que tant d'autres, ne doivent pas figurer dans les catalogues de notre pays.

Le genre Pyrola, réuni aux Éricacées de Jussieu ou Éricinées de Desvaux, forme une famille spéciale sous le nom de Pyrolacées pour quelques botanistes, d'autres le réunissent avec les genres Drosera et Parnassia pour former la famille des Roridulées.

5. ANDROMEDA. L. Gen. n° 549.

Calice petit, à 5 divisions; corolle quinquifide à divisions réfléchies; 10 étamines; capsules quinquéloculaires, à 5 valves.

921. A. POLIFOLIA (L. Sp. 564). Sous-arbrisseau à rameaux grisâtres; feuilles alternes, lancéolées, roulées sur les bords; fleurs rosées, portées sur des pédoncules agrégés, à corolle ovale. ♃ De mai en octobre. Dans les marais tourbeux de la Campine. Petersheim, Lanaken (Limbourg), Le Sart (Liége), Malmedy (Prusse).

4. ERICA. Sal. Soc. Lin. 6. p. 369.

Calice à 4 folioles libres ou soudées à la base; corolle campanulée, souvent ventrue, persistante, dépassant de beaucoup le calice, à 4 divisions; 8 étamines; anthères bicornes; capsule à 4 loges polyspermes, à 4 valves.

922. E. CINEREA (L. Sp. 501). Sous-arbrisseau de 20 à 30 centimètres, rameux; feuilles fasciculées, ternées, filiformes, glabres, cendrées; fleurs purpurines en petites grappes réunies en une plus grande terminale; corolle globuleuse à 4 dents; pédoncule droit, pourpré, pubescent; anthères appendiculées; stigmate un peu saillant, globuleux, ne dépassant guère la corolle. ♂ Juillet, août. Dans les bruyères de la Campine.

923. E. TETRALIX (L. Sp. 502). Sous-arbrisseau de 30 à 40 centimètres, à rameaux grêles; feuilles velues, quaternées, lancéolées-linéaires, munies d'une rangée de longs cils glanduleux; fleurs purpurines, quelquefois blanches, en capitule terminal, penché; calice longuement cilié avec ses divisions et les pédi-

celles tomenteux ; corolle ovoïde, grosse, à 4 dents ; anthères appendiculées ; stigmate globuleux, ne dépassant pas la corolle. ♃ Tout l'été. Dans les bruyères de la Campine et des Ardennes.

Malgré mes recherches, je n'ai jamais pu trouver l'Erica scoparia (L. Sp. 502) dans aucune partie des Flandres. Je soupçonne fort qu'il ne s'y trouve pas.

5. CALLUNA. Sal. Trans. t. lin. 6.

Calice à 4 sépales libres, colorés, scarieux, pétaloïdes ; corolle campanulée, plus courte que le calice, à 4 divisions profondes ; 8 étamines ; capsule à 4 loges, quadrivalve, s'ouvrant par la suture.

924. C. ERICA (DC. Fl. fr. 3. p. 681). Erica vulgaris L. Sp. 501. Sous-arbrisseau de 20 à 40 centimètres, à tige tortue, rameuse ; feuilles quaternées, sessiles, fines, prolongées inférieurement en un éperon bifide, imbriquées, glabres ; fleurs pourprées, quelquefois blanches, disposées en petites grappes, formant par leur réunion une longue grappe terminale. ♃ Tout l'été. C'est la bruyère commune. Dans les bois, les endroits arides et sablonneux.

F^{lle} L. — MONOTROPÉES. Nutt. Gen.

Calice à 4-5 divisions, libre, persistant, quelquefois nul et remplacé par des bractées ; corolle périgyne, persistante, monopétale, à 3-5 divisions très profondes ; 8-10 étamines ; - ovaire-libre ; 1 style ; stigmate simple, discoïde ; capsule à 4-5 loges, à 4-5 valves, à graines nombreuses, très-petites. Herbes parasites, dépourvues de feuilles qui sont remplacées par des écailles, et naissant sur les racines des arbres.

1. Monotropa. L. Gen. n° 737.

Calice à 4-5 sépales colorés; pétales alternes avec les sépales et tombant avec eux, munis à leur base de deux appendices concaves en dedans; étamines au nombre de 8 à 10, à filaments subulés; ovaire libre; style droit, simple, cylindrique, surmonté d'un stigmate élargi en bouclier; capsules à 4 ou 5 loges polyspermes, à 4 ou 5 valves.

925. **M. hypopitys** (L. Sp. 555). Tige de 20 à 30 centimètres, dressée, simple, jaunâtre, à écailles sessiles, ovales; fleurs jaunâtres, la terminale à 10 étamines, les latérales à 8 seulement; toutes sont penchées, unilatérales. ♃ Juin, juillet. Dans les endroits couverts de bois. Bonines, Faulx-les-Tombes (Namur), Fauquemont (Limbourg), Boitsfort (Brabant), Malmedy (Prusse).

> **Var. β. hypophegea** (Wallr.). Corolle à divisions ciliées.
>
> **Var. γ. ramosa.** Tige rameuse, à grappes de 7 à 8 fleurs. Dans le Luxembourg.
>
> **Var. δ. glabra.** Tige glabre, de 5 à 8 centimètres; fleur unique, terminale, non penchée. Sur les racines du chêne. Bonines (Namur).

SOUS-CLASSE III. — COROLLIFLORES.

Calice libre, gamosépale; sépales plus ou moins soudés entre eux; pétales soudés en une corolle hypogyne; étamines insérées sur la corolle; ovaire libre.

F^{lle} LI. — JASMINÉES. Juss. Gen. 104.

Calice monosépale, tubuleux (nul dans le genre Fraxinus), à 4-5-8 divisions; corolle monopétale, régulière, divisée en 4-5-8 lobes (nulle également dans le Fraxinus, polypétale dans le genre Ornus); 2 étamines insérées sur la corolle, à filaments courts; 1 style; 1 stigmate bilobé; fruit charnu ou capsulaire, à 1-2 loges, à 1-2 graines; périsperme ordinairement charnu. Arbres ou arbrisseaux à feuilles souvent opposées, à fleurs axillaires ou en grappes terminales.

Tribu I. — JASMINÉES. Vent. Tabl. 1. p. 511. FRUITS CHARNUS.

1. LIGUSTRUM. Tourn. Inst. t. 567.

Calice très-petit, à 4 dents; corolle subinfundibuliforme, à tube dépassant le calice, à 4 divisions étalées; baie globuleuse, biloculaire, à 1 ou 2 graines.

926. L. VULGARE (L. Sp. 10). Le troëne. Arbrisseau de 1 à 2 mètres; feuilles elliptiques-lancéolées, opposées, glabres, très-entières; fleurs blanches en grappes resserrées; baies noires. ♄ Mai, juin. Dans les haies et les jardins.

Tribu II. — LILACÉES. Vent. Tabl. 1. p. 506. FRUITS SECS.

2. SYRINGA. L. Gen. 22.

Calice petit, tubuleux, à 4 dents; corolle tubuleuse, à limbe à 4 divisions; 2 étamines; capsule ovoïde, comprimée, à 2 loges dispermes, bivalve.

927. S. VULGARIS (L. Sp. 11). Lilac vulgaris Lam. Le lilas, le jasmin. Arbrisseau de 2 à 4 mètres, à feuilles opposées, cordi-

formes, entières; fleurs purpurines ou d'un violet clair, quelquefois blanches, disposées en grappes, à segments de la corolle un peu concaves. ♃ Avril et mai. Dans les jardins et dans les haies.

928. S. PERSICA (L. Sp. 11). Le lilas de Perse. Arbrisseau plus petit que le précédent, à feuilles oblongues-lancéolées, entières; fleurs lilas en panicule assez lâche. ♃ Avril et mai. Dans les jardins, quelquefois dans les haies.

3. FRAXINUS. Tourn. Inst. 343.

Fleurs polygames, dépourvues de calice et de corolle, munies de bractées; 2 étamines à anthère sessile; ovaire biloculaire, à loges biovulées; stigmate bifide; capsule membraneuse, coriace, comprimée, uniloculaire, monosperme par avortement et terminée par une aile plane.

929. F. EXCELSIOR (L. Sp. 1509). Le frêne. Arbre de 20 à 30 mètres, à écorce unie et grisâtre; feuilles opposées, imparipennées, glabres, à 9-15 folioles lancéolées-oblongues, dentées en scie; fleurs verdâtres, paraissant un peu avant les feuilles, disposées en grappes latérales; capsule (samare) émarginée obliquement au sommet. ♃ Mai et juin. Dans les bois. Il est souvent planté aux bords des chemins et des ruisseaux.

4. ORNUS. Tourn. Inst. 343.

Calice à 4 divisions; corolle à 4 pétales linéaires; capsule (samare) à 2 loges monospermes, souvent oblitérée à la maturité.

930. O. EUROPÆA (Pers. Ench. 1. p. 9). Fraxinus ornus L. Sp. 1510. F. florifera Scop. Arbre de 6 à 10 mètres, à feuilles opposées, imparipennées, à 5 ou 9 folioles-lancéolées, dentées; fleurs d'un blanc sale, disposées en panicule. ♃ Mai, juin. Cultivé dans les jardins, mais jamais je ne l'ai trouvé spontané.

F^{lle} LII. — APOCYNÉES. Juss. Gen. 145.

Calice persistant, monosépale, à 5 divisions; corolle monopétale, hypogyne, régulière, à 5 lobes; 5 étamines alternes avec les divisions de la corolle, à filaments souvent connés; anthères biloculaires; 5 ovaires libres placés sur un réceptacle glanduleux; fruit formé de 2 follicules allongés, uniloculaires, s'ouvrant par une fente longitudinale; graines attachées à un placenta placé près de l'ouverture des follicules; périsperme charnu. Nos espèces sont herbacées, à feuilles opposées, entières.

1. APOCYNUM. Tourn. Inst. p. 91.

Calice monophylle, persistant, à 5 divisions aiguës; corolle campanulée, à 5 lobes recourbés; 5 étamines; 2 styles; capsule longue, pointue, à 2 valves polyspermes; graines imbriquées, comprimées, couronnées de duvet.

951. A. ANDROSÆMIFOLIUM (L. Sp. 511). Tige de 25 à 55 centimètres, droite, glabre, rameuse; feuilles pétiolées, ovales, pointues, entières, d'un vert foncé en dessus, blanchâtres-pubescentes en dessous; fleurs petites, blanches ou rosées, pédonculées, disposées en panicule corymbiforme. ♃ Mai, juin. Cette plante, originaire de l'Amérique septentrionale, semble se naturaliser en Europe. M. Tinant l'a découverte dans le bois de Beyerholtz (Luxembourg).

2. ASCLEPIAS. L. Gen. 306.

Corolle à 5 divisions réfléchies, munies d'une couronne pentaphylle, à folioles en capuchon, placée au sommet du tube formé par les filaments ; anthères terminées par une membrane ; masses polliniques comprimées, pendantes, à sommet atténué ; stigmate déprimé, mutique.

932. A. syriaca (L. Sp. 315). Tiges de 6 à 9 décimètres, simples, glabres ; feuilles larges, pétiolées, obtuses, entières, pubescentes en dessous ; fleurs jaunâtres, en ombelles axillaires, terminales, penchées. 2| Juillet, août.

Cette plante, qui est tout à fait méridionale, a été rencontrée sur les rochers de Bellevue et de Grandvoir (Luxembourg), où elle a dû se trouver par une cause accidentelle quelconque.

5. Cynanchum. Brown. in Mem. soc. wern. 1. p. 12.

Calice un peu en roue, à 5 dents ; corolle campanulée à 5 lobes coupés obliquement, contournés ; couronne de 5 appendices charnus autour de l'ovaire ; stigmate apiculé faisant corps avec les nectaires ; deux follicules oblongs ; graines laineuses.

933. C. vincetoxicum (Brown. l. c.). Asclepias vincetoxicum L. Sp. 314. Tige de 50 à 60 centimètres, dressée, simple, glabre ; feuilles ovales-lancéolées, finement ciliées sur les bords, entières, souvent cordées, courtement pétiolées ; fleurs blanches, à corolle glabre, en ombelle simple ; follicules pointus, striés, glabres ; graines rougeâtres, comprimées, munies d'une aigrette. 2| Juin, juillet, août. Sur les coteaux calcaires.

4. Vinca. L. Gen. 295.

Calice à 5 divisions ; corolle à 5 découpures obliquement tronquées, contournées, à gorge munie d'un rebord saillant, pentagone ; anthères rapprochées ; 1 style ; stig-

Vinca.

mate; en tête, muni d'un anneau à la base; graines nues.

954. **V. minor** (L. Sp. 304). La pervenche. Tiges assez longues, couchées, grêles, arrondies, glabres; feuilles ovales-lancéolées, subsessiles, glabres, très-entières, fermes, persistant l'hiver; fleurs rougeâtres, quelquefois blanches, solitaires, axillaires, portées sur des pédoncules plus longs que les feuilles; calice glabre, à divisions plus courtes que le tube de la corolle. ♃ Mai, juin. Dans les endroits humides et ombragés des bois.

935. **V. major** (L. Sp. 304). Tiges de 30 à 40 centimètres, redressées, glabres; feuilles ovales, subcordiformes, un peu ciliées sur les bords; fleurs bleues, plus grandes que dans l'espèce précédente, solitaires, portées sur des pédoncules souvent plus courts que les feuilles; calice glabre, à divisions grêles, beaucoup plus court que le tube de la corolle. ♃ Mai, juin.

Cette plante est originaire du midi de l'Europe et est assez souvent cultivée comme plante d'agrément, ce qui la rend quelquefois subspontanée.

F^{lle} LIII. — Gentianées. Juss. Gen. 141.

Calice monosépale, persistant, à 4-5-8 lobes; corolle monopétale, régulière, souvent marcescente, à limbe à 4-5-8 divisions; étamines en nombre égal à celui des divisions du calice; ovaire libre; 1 style; stigmate simple ou bilobé; capsule polysperme, bivalve, à 1-2 loges s'ouvrant au sommet; bords des valves rentrant en dedans et formant la cloison quand la capsule est biloculaire; périsperme charnu. Herbes glabres, amères, à feuilles opposées, souvent entières, sessiles.

1. MENYANTHES. Tourn. Inst. t. 15.

Calice à 5 lobes; corolle infundibuliforme, à limbe étalé, à 5 divisions égales, barbues intérieurement; 5 étamines; 1 style; stigmate capité bi ou trifide; 1 capsule uniloculaire; graines nues insérées sur le milieu des valves.

956. M. TRIFOLIATA (L. Sp. 208). Le trèfle d'eau. Feuilles radicales longuement pédonculées, composées de 5 folioles ovales, très-entières, glabres; scape de 50 à 40 centimètres, terminé par une panicule de fleurs d'un blanc rougeâtre, portées sur des pédoncules uniflores, munis d'une bractée à la base. ♃ Avril, mai. Dans les prairies marécageuses.

2. VILLARSIA. Gmel. Syst. veg. 1.

Calice à 5 lobes; corolle en roue, à tube court, à limbe étalé, à 5 divisions ciliées sur les bords; 5 étamines; 1 style; stigmate bilobé, à lobes crénelés; capsule uniloculaire; graines bordées d'une membrane, insérées sur le bord rentrant des valves.

937. V. NYMPHOÏDES (Vent. Choix n° 9. p. 2). Menyanthes nymphoïdes L. Sp. 207. Limnanthemum nymphoïdes Link. Tiges très-longues, nues, glabres; feuilles sinuées, presque rondes, cordiformes, très-entières, flottantes, pétiolées, plus ou moins violettes en dessous; fleurs jaunes, au nombre de 6 à 8 formant une espèce d'ombelle; capsules courbes, à pointe formée par le style persistant. ♃ L'été. Dans les étangs, les canaux et les rivières.

3. CHLORA. L. Mant. 10.

Calice à 8 divisions; corolle presque hypocratériforme, à tube court, à limbe à 8 divisions; 8 étamines très-

Chlora.

courtes; 1 style; 1 stigmate quadrifide ; capsule uniloculaire.

938. C. PERFOLIATA (L. Mant. 10). Tige de 30 à 40 centimètres,
dressée, ronde, subdichotome au sommet ; feuilles opposées,
connées, perfoliées , ovales-oblongues, épaisses, entières, aiguës; fleurs jaunes, à corolle plus longue que le calice dont
les divisions sont linéaires-subulées. ☉ Juin, juillet, août.
Sur les collines sèches. Bois d'Obourg (Hainaut).

Je l'ai rencontré en 1815 à Mariemont, mais depuis je ne l'ai
plus retrouvé.

4. GENTIANA. Froel. Gent. 9.

Calice à 4 lobes; corolle tubuleuse à la base, campanulée ou infundibuliforme, à limbe à 4-5-9 divisions entières
ou ciliées ; 4-5 étamines à anthère non tortillée après l'émis-
sion du pollen, insérées sur la corolle; 1 style bifide ;
2 stigmates; capsule uniloculaire, polysperme, à deux
valves.

Section I. — Coelanthe (Froel. Gent. 15). *Corolle subcampa-
nulée, 4-9-fide, à gorge nue.*

939. G. LUTEA (L. Sp. 329). La gentiane. Tige de 60 centimètres
environ, simple, dressée; feuilles larges, ovales, munies de
nervures; fleurs d'un beau jaune, verticillées, pédicellées, à
corolle en roue, à 5-8 divisions aiguës; calice membraneux,
unilatéral. ♃ Juillet, août. M. Lucas dit avoir trouvé cette
plante dans les Ardennes, je n'ai pas eu le même bonheur,
et je ne fais pas de doute qu'elle doit être exclue de notre
Flore.

940. G. CRUCIATA (L. Sp. 334). Tige de 25 centimètres environ,
grosse, simple, redressée; feuilles lancéolées, glabres, obtuses, connées par 2 et enveloppant la tige, disposées en croix

une paire avec l'autre; fleurs bleues à gorge nue, à corolle quadrifide, en verticilles rapprochés. ♃ L'été. Sur les coteaux pierreux. Marche (Luxembourg), Louveigné (Liége), Goer (Limbourg), Chimai (Hainaut).

941. G. PNEUMONANTHE (L. Sp. 330). Tige de 12 à 30 centimètres, grêle, simple; feuilles sessiles, linéaires, entières, glabres, à bords un peu roulés; fleurs bleues, grandes, axillaires, terminales, peu nombreuses, à corolle ordinairement à 5 divisions aiguës, à gorge nue; divisions du calice linéaires. ♃ Tout l'été. Dans les marais tourbeux. Cette gentiane est assez commune dans la Campine.

942. G. ACAULIS (L. Sp. 330). Tige très-courte, uniflore; feuilles étalées, oblongues, aiguës, disposées en rosette; fleurs bleues, très-grandes, à peu près de la longueur de la tige, à corolle à 5 divisions aiguës. ♃ Juin, juillet. Sur les collines montueuses des Ardennes et des bords de la Sure.

SECTION II. — ENDOTRICHA (Froel. Gent. 86). *Corolle à 4-5 divisions, à gorge munie d'écailles multifides, aiguës.*

943. G. GERMANICA (Willd. Sp. 1. p. 1346). Tige de 7 à 15 centimètres, très-rameuse du haut, dressée; feuilles ovales-lancéolées, sessiles, entières, marquées de 3-5 nervures; fleurs bleues terminales et axillaires, ces dernières pédonculées; corolle hypocratériforme, à 5 divisions; calice à 5 divisions égales. ☉ Août, septembre, octobre. Sur les collines sèches.

944. G. AMARELLA (L. Sp. 335). Cette plante n'est sans doute qu'une variété de la précédente. Elle est plus petite, et n'a souvent que 5 à 9 centimètres; les feuilles caulinaires sont élargies à la base, linéaires-lancéolées; les fleurs sont moitié plus petites et à divisions aiguës. ☉ Août, septembre. Dans les prairies sablonneuses des dunes.

945. G. CAMPESTRIS (L. Sp. 334). Cette espèce se rapproche beaucoup de la germanica, mais elle en diffère par son calice à 4 divisions dont 2 larges, obovales, et 2 plus petites, linéaires,

Gentiana.

et par sa corolle à 4 divisions obtuses. ① En automne. Sur les collines arides. Blaschette (Luxembourg).

SECTION III. — CROSSOPETALUM (Froel. Gent. 109). *Corolle infundibuliforme, quadrifide, à laciniures ciliées.*

946. G. CILIATA (L. Sp. 554). Tige de 10 à 15 centimètres, flexueuse, anguleuse; feuilles lancéolées, linéaires, entières; fleurs bleues, terminales, assez grandes, à corolle quadrifide, ciliée seulement sur le limbe. ♃ L'été. Dans les bois montueux. Aywaille (Liége), Cronembourg (Luxembourg).

5. EXACUM. Willd. Sp. 2. p. 634.

Calice à 4 divisions; corolle à tube globuleux, à 4 lobes ovales; 4 étamines; 1 style filiforme; stigmate bilobé, à lobes capités; capsule à une loge polysperme, bivalve.

947. E. FILIFORME (Willd. Sp. 2. p. 638). Gentiana filiformis L. Sp. microcala filiformis Link. 555. Tige de 4 à 8 centimètres, filiforme, subdichotome; feuilles radicales un peu arrondies, en rosette, les caulinaires linéaires-subulées; fleurs jaunes, à limbe étalé, portées sur des pédoncules uniflores; calice à lobes triangulaires, courts, appliqués sur la corolle. ④ Tout l'été. Dans les terrains humides et sablonneux. Cette espèce n'est pas rare dans la Campine.

948. E. PUSILLUM (DC. Fl. fr. 3. p. 665). Cicendia pusilla Adans. Erythræa luteola Pers. Syn. 1. 283. Exacum inapertum Lam. Tige de 2 à 5 centimètres, très-rameuse, étalée, dichotome; feuilles inférieures oblongues, lancéolées, trinerviées, les autres linéaires, aiguës; fleurs roses ou jaunes, petites, pédonculées, à corolle à limbe connivent; calice à divisions linéaires, un peu étalées. ④ Tout l'été. Dans les bruyères humides près des marécages de la Campine, où cette plante est fort rare.

6. ERYTHRÆA. Rich. in Pers. Ench.

Calice tubuleux, pentagone, à 5 divisions linéaires; corolle infundibuliforme, à limbe à 5 divisions; 5 étamines; anthères se contournant en spirale après la fleuraison; deux stigmates; capsule biloculaire.

949. E. CENTAURIUM (Pers. Syn. 1. 283). Gentiana centaurium var. α L. Sp. 332. Chironia centaurium Smith Brit. La petite centaurée. Tige de 30 centimètres, dichotome au sommet, en rameaux opposés qui forment un corymbe terminal; feuilles ovales-oblongues, entières, trinerviées; fleurs roses, sessiles à l'aisselle des ramifications ou à leur sommet; calice à 5 divisions subulées, plus courtes que le tube de la corolle. ① Tout l'été. Dans les bois et les pâturages.

950. E. RAMOSISSIMA (Pers. Syn. 1. p. 283). Gentiana centaurium β. L. Gentiana ramosissima Vill. Chironia pulchella Smith. Chironia intermedia Mer. Fl. par. Hippocentaura pulchella Schult. Tige de 10 à 20 centimètres, rameuse dès la base; feuilles ovales-oblongues, lancéolées, celles du bas ne formant pas de rosette; fleurs rosées, longuement pédicellées, disposées en cime, dichotomes, lâches, à divisions de la corolle aiguës; calice divisé jusqu'à sa base en 5 divisions subulées égalant presque le tube de la corolle. ① Juillet, août. Dans les endroits humides. Soiron (Liége), Dinant (Namur), Jette (Brabant), Laroche (Luxembourg).

 VAR. β. PULCHELLA (Fr. Nov. 2. p. 31). Chironia pulchella DC. Fl. fr. 3. p. 661. E. pyrenaica Pers. E. emarginata Kit. Tige non rameuse du bas; feuilles elliptiques, oblongues, un peu obtuses; fleurs formant une cime corymbifère.

 VAR. γ. NANA. Tige plus petite, presque simple; fleurs terminales, souvent solitaires.

951. E. LINARIFOLIA (Pers. Syn. 1. p. 283). Gentiana linariæfo-

lia Lam. E. compressa Hayne. E. paludosa Schrad. Tige comprimée, assez rude sur les angles, haute de 5 à 10 centimètres, un peu dichotome-paniculée du haut; feuilles inférieures spatulées, formant une rosette, les supérieures oblongues-linéaires, obtuses, un peu atténuées à la base, uninerviées; fleurs rosées, à divisions de la corolle ovales, obtuses. ④ Dans les prairies humides des dunes.

> Var. β. humilis (Griseb.). E. littoralis Smith. E. conferta Pers. E. cæspitosa Link. Tige très-petite, presque simple, souvent uniflore.

Fᶫᶫᵉ LIV. — Convolvulacées. Juss. Gen. 132.

Calice persistant à 5 divisions; corolle monopétale, hypogyne, à limbe régulier à 5 lobes; 5 étamines insérées sur la corolle, alternes avec ses lobes; ovaire simple, libre, à base ceinte par une glande annulaire; 1 style; stigmate simple ou divisé; capsule le plus souvent triloculaire, à 3 valves; placenta central triangulaire, à angles prolongés et correspondant aux sutures des valves; graines subanguleuses, osseuses; périsperme mucilagineux. Herbes souvent volubiles, à feuilles alternes, le plus souvent entières.

1. Convolvulus. L. Gen. 215.

Calice à 5 sépales; corolle campanulée, à limbe entier, offrant 5 angles; 1 style; 2 stigmates linéaires, cylindriques, souvent enroulés; 5 étamines souvent inégales; ovaire biloculaire, quadriovulé; capsule biloculaire.

952. C. arvensis (L. Sp. 218). Le liseron des champs. Tige volubile de 5 à 9 décimètres, menue, anguleuse, glabre; feuilles

sagittées, subauriculées, pétiolées; fleurs campanulées d'un blanc rosé, portées sur des pédoncules le plus souvent uniflores, arrondis, subpubescents, munis de deux bractées dans le milieu, plus longs que les feuilles; stigmate filiforme; calice submembraneux, obtus. ♃ Tout l'été. Commun dans les lieux cultivés.

2. CALYSTEGIA. R. Br. Prod. p. 483.

2 bractées opposées entourant la fleur; calice à 5 sépales égaux; corolle campanulée; 5 étamines; 1 style bilobé, à lobes linéaires ou oblongs, cylindriques ou plans; ovaire biloculaire, à sommet raccourci.

953. C. SOLDANELLA (Br. l. c.). Convolvulus soldanella L. Sp. 226. Convolvulus maritimus Lam. Conv. asarifolius Sal. Tige de 4 à 7 décimètres, glabre, lisse, rampante; feuilles réniformes, obtuses, presque toujours entières; fleurs d'un bleu rougeâtre, solitaires, portées sur des pédoncules égalant ou dépassant les feuilles; bractées ovales-arrondies, glabres; sépales linéaires, obtus, égaux. ♃ Juin, juillet, août. Dans les dunes.

954. C. SEPIUM (Br. l. c.). Convolvulus sepium L. Sp. 218. Le liseron. Tige volubile, longue, glabre, anguleuse; feuilles sagittées, acuminées, très-glabres, pétiolées, tronquées aux angles à la base; fleurs blanches, solitaires, portées sur des pédoncules axillaires, tétragones, plus courts que les feuilles; bractées larges, dépassant le calice. ♃ Tout l'été. Dans les haies et les buissons.

3. CUSCUTA. L. Gen. n° 170.

Calice à 4-5 divisions; corolle globuleuse-urcéolée, à 4-5 divisions; 4-5 étamines, munies souvent d'une écaille à la base; 2 styles courts; ovaire biloculaire, à loge disperme;

Cuscuta.

capsule arrondie, à deux loges, s'ouvrant en travers. Plantes parasites, aphylles.

955. C. minor (Bauh. Pin. 219). C. europæa *β*. L. Sp. 180. C. epithymum Murr. Tige grimpante, filiforme, s'accrochant aux plantes voisines au moyen de petits suçoirs, munie de petites écailles rares au lieu de feuilles; fleurs en paquets arrondis, sessiles, un peu jaunâtres, scarieuses, à corolle plus longue que le calice, à 4 divisions aiguës; étamines munies d'écailles à la base; styles longs, saillants, divergents. ⊕ Juillet, août. Dans les bruyères.

956. C. major (Bauh. l. c.). C. europæa *α*. L. Sp. 180. Cette espèce a le même aspect que la précédente, mais elle est beaucoup plus grande dans toutes ses parties; les paquets de fleurs sont subsessiles; la corolle est plus longue que le calice et à divisions obtuses; les styles sont courts, non saillants, roussâtres. ⊕ Juin, juillet, août. Sur les orties et le houblon, dans les buissons.

957. C. epilinum (Weih. Pr. Fl. mon.). C. densiflora Soyer Wil. Dans cette espèce les fleurs sont sessiles, serrées, à corolle de la longueur du calice, à 5 divisions; étamines presque nues à la base; style court, non saillant, un peu divergent. ⊕ Juillet, août. Sur le lin, principalement dans le Luxembourg.

F^lle LV. — Borraginées. Juss. Gen. 128.

Calice persistant, monosépale, à 5 lobes; corolle ordinairement régulière, à 5 lobes, à gorge nue ou fermée par 5 appendices écailleux; 5 étamines attachées à la corolle et alternes avec ses divisions; anthères biloculaires et marquées de 4 sillons longitudinaux; style simple, persistant, s'élevant entre les lobes de l'ovaire, à stigmate entier ou bilobé; ovaire libre, à 2-4 lobes; fruits (noix ou cariopses) à 2-4 loges monospermes, adhérentes par leur côté à la base du style; périsperme nul. Toutes nos espèces sont herbacées, à feuilles alternes, presque toujours hispides.

Tribu I. — Anchusées. *Carpelles distincts, insérés au fond du calice par leur extrémité inférieure, qui offre une surface plane, ou un rebord plus ou moins saillant.*

1. Borrago. Tourn. t. 53.

Calice à 5 divisions; corolle en roue à 5 divisions ovales, acuminées, étalées, munies de 5 écailles courtes, épaisses, émarginées, barbues; 5 étamines plus longues que la corolle, conniventes, rapprochées en cône, à filets courts, ayant au dehors un long appendice linéaire, dressé; fruit tuberculeux à rebord basilaire, saillant, couvert par le calice.

958. B. officinalis (L. Sp. 197). La bourrache. Tige de 40 à 60 centimètres, rameuse, très-hispide, ainsi que toute la plante; feuilles larges, ovales, pétiolées au bas, sessiles dans le haut; fleurs violettes, en grappes unilatérales, géminées, recourbées, portées sur des pédoncules rameux; calice très-hispide. ☼ L'été. Dans les jardins et autour des habitations.

2. Anchusa. L. Gen. 182.

Calice à 5 divisions; corolle infundibuliforme, à tube droit, à 5 divisions obtuses, un peu inégales, à gorge munie de 5 écailles conniventes, ovales, obtuses, barbues; 5 étamines plus courtes ou d'autres fois plus longues que la corolle; carpelles rugueux ou tuberculeux, à rebord basilaire, saillant.

959. A. officinalis (L. Sp. 192). Tige de 30 à 50 centimètres, dressée, rameuse; feuilles lancéolées, très-entières, planes,

Anchusa.

hispides, ainsi que toute la plante; fleurs bleues, à corolle rotacée, disposées en épi, densément imbriquées ; calice à 5 dents aiguës; poils des pédoncules dirigés vers le bas. ♃ Mai, juin, juillet. Wintrange (Luxembourg), Verviers (Liége).

960. A. ANGUSTIFOLIA (L. Sp. 191). Tiges de 50 à 50 centimètres, dressées, rameuses, hispides, ainsi que toute la plante; feuilles oblongues-lancéolées, entières; fleurs d'un bleu violacé en grappes presque nues, géminées; calice à 5 dents obtuses; bractées linéaires-lancéolées. ♃ Juillet, août. Sur les bords des chemins et des champs. Verviers (Liége), Binche (Hainaut) et dans le Luxembourg.

961. A. SEMPERVIRENS (L. Sp. 192). Cariolopha sempervirens Fisch. Omphalodes sempervirens Don. Tiges de 50 à 50 centimètres, droites, hispides ; feuilles hispides, les radicales pétiolées, ovales, aiguës, un peu sinuées, les supérieures sessiles, lancéolées; fleurs bleues, réunies presque en tête au sommet des pédoncules qui sont axillaires, multiflores; calice hispides; deux bractées. ♃ Juin, juillet, août. Dans les haies et les buissons, près de Tournai (M. Dumortier), Chercq (Dubois).

962. A. ITALICA (Retz. Obs. 1. p. 12). A. officinalis Lam. 5. t. 92. Non L. Tige de 40 à 60 centimètres, dressée, presque simple, hispide, ainsi que toute la plante; feuilles un peu luisantes, sessiles, oblongues-lancéolées, atténuées aux deux bouts; fleurs d'un bleu violet, disposées en grappes unilatérales, recourbées, géminées; calice hispide, allongé, à divisions linéaires, profondes; corolle à lobes irréguliers, à écailles de la gorge décomposées en lanières filiformes; bractées lancéolées. ♃ Dans les moissons et les champs pierreux. Cette plante est indiquée dans le Brabant et le Hainaut, jusqu'à présent elle a échappé à mes recherches.

5. LYCOPSIS. Desf. Cat. par. 75.

Calice à 5 divisions; corolle infundibuliforme, dressée-étalée, à 5 divisions, à tube recourbé, court, munie de

5 écailles poilues; 5 étamines à filet très-court; carpelles rugueux, à rebord basilaire épais, très-saillant.

963. **L. ARVENSIS** (L. Sp. 199). Anchusa arvensis Bieb. Tige de 30 à 50 centimètres, dressée, rameuse, très-hispide, ainsi que toute la plante; feuilles radicales longues, linéaires, un peu atténuées en pétiole, les caulinaires sessiles, lancéolées; fleurs disposées en épis terminaux, bleuâtres, petites, pédonculées, ayant le tube et les écailles de la corolle blanchâtres. ① Tout l'été. Dans les champs et les lieux incultes.

L'Anchusa lateriflora de M. Dumortier ou verrucosa Lej. in litt. n'est qu'une variété du lycopsis arvensis dont les feuilles sont un peu décurrentes, à bractées ovales, plus longues que le calice.

4. SYMPHITUM. Tourn. t. 56.

Calice à 5 divisions profondes; corolle cylindrique-campanulée, à tube court, à 5 lobes courts, à gorge munie de 5 écailles lancéolées, tubulées, conniventes en cône; 5 étamines incluses; carpelles rugueux, à rebord basilaire épais, saillant, plissé.

964. **S. OFFICINALE** (L. Sp. 195). La grande consoude. Tige de 40 à 60 centimètres, branchue, velue, sillonnée, ailée d'une feuille à l'autre; feuilles grandes, lancéolées, hispides, décurrentes, spatulées à la base, pointues; fleurs rougeâtres, jaunâtres ou blanches, peu nombreuses, pédonculées au sommet de la tige, tournées du même côté, à style très-long dépassant la corolle. ♃ De mai en juillet. Dans les prairies humides.

    VAR. β. **PATENS** (Sibth.). Fleurs rouges à calice ouvert.

965. **S. TUBEROSUM** (L. Sp. 195). Racine tuberculeuse; tige de 30 à 50 centimètres, simple, dressée; feuilles demi-décurrentes, ovales, les inférieures atténuées en pétiole, les supérieures

sessiles; fleurs jaunâtres, à lobes de la corolle très-courts, obtus. ♃ Juin, juillet. Dans les prairies humides des Flandres. Très-rare.

5. Myosotis. L. Gen. 180.

Calice à 5 divisions; corolle hypocratériforme, à tube court, à limbe plan, à 5 lobes émarginés, à gorge munie de 5 écailles convexes, obtuses, presque glabres, conniventes; carpelles lisses, un peu comprimés, à face basilaire étroite, presque plane.

966. M. palustris (Roth. Cat. 1. 55). M. perennis Mœnch. M. scorpioïdes β. L. (ne m'oubliez pas). Tiges radicantes, couchées, assez simples, presque glabres, de 20 à 50 centimètres; feuilles ovales-oblongues; fleurs bleues portées sur des pédoncules plus longs qu'elles. ♃ Au printemps et en été. Aux bords des eaux.

>VAR. β. laxiflora (Reich.). Corolle plane, à lobes émarginés; calice court, campanulé, à 5 dents raccourcies; pédoncules longs; tiges à rameaux serrés, velues.

>V AR γ. strigulosa (Reich.). Corolle plane à lobes émarginés; calice oblong, campanulé; pédoncules plus courts; tiges velues. Toute la plante est plus grêle que dans l'espèce.

967. M. alpestris (Hook. Lond. t. 145). M. suaveolens Kit. M. rupicola Sm. Tige un peu ascendante, simple, rameuse, velue; feuilles inférieures spatulées, les supérieures ovales-oblongues, toutes sont velues; fleurs bleuâtres, à limbe de la corolle plan, à lobes entiers; calice velu, soyeux. ♃ Mai, juin, juillet. Sur les collines schisteuses des bords de la Vesdre. Je pense que cette plante n'est qu'une variété.

968. M. sylvatica (Ehrh. Herb. 51). Tige de 15 à 25 centimètres, grêle, glabre, dressée, un peu radicante; feuilles ovales-

oblongues, aiguës; fleurs bleuâtres, grandes, peu nombreuses, éparses, portées sur des pédoncules plus longs qu'elles; calice à poils crochus. ⚇ L'été. Dans les bois.

969. M. COLLINA (Ehrh. Herb. 51). M. hispida Schlecht. Tige de 5 à 15 centimètres, étalée, hispide du bas; feuilles ovales, obtuses; fleurs bleuâtres, pâles, portées sur des pédoncules courts; calice fructifère étalé, velu dans sa partie inférieure, à poils en crochets. ① Printemps et été. Sur les collines sèches.

970. M. STRICTA (Link.). Tige de 10 à 15 centimètres, rameuse et velue dans le bas, à rameaux dressés, resserrés; feuilles radicales spatulées, les supérieures ovales-lancéolées, dressées; fleurs bleues, portées sur des pédoncules courts; calice fructifère fermé, muni de poils crochus dans sa moitié inférieure; corolle à tube ne dépassant pas les lobes du calice. ① Mai, juin, juillet. Dans les lieux sablonneux, pierreux et sur les murs.

971. M. VERSICOLOR (Roth. Germ. 2. 222). M. scorpioïdes γ L. Tige simple, montante, velue dans le bas, nue du haut, haute de 20 à 30 centimètres; feuilles inférieures ovales, obtuses, les supérieures lancéolées, linéaires, aiguës; fleurs d'abord jaunes, puis d'un bleu rougeâtre, à style très-long, portées sur des pédoncules plus courts que le calice, à tube de la corolle dépassant beaucoup les lobes du calice. ① Avril, mai, juin. Dans les bois, aux bords des champs et des chemins. Dans les provinces de Liége et du Luxembourg.

972. M. ARVENSIS (Willd. Sp. 1. 746). M. intermedia Link. M. scorpioïdes α L. Tige de 30 à 40 centimètres, diffuse, velue; feuilles lancéolées, aiguës; fleurs d'un bleu pâle, à tube de la corolle ne dépassant pas les lobes du calice; celui-ci est plus court que les pédicelles; calice fructifère fermé. ② Printemps et été. Dans les bois et les lieux frais.

973. M. INTERMEDIA (Reich. Fl. germ. 1. p. 341). Tiges nombreuses de 15 à 25 centimètres, dressées, velues, rameuses; feuilles ovales-lancéolées, aiguës, pubescentes; fleurs bleues,

petites, à pédoncules beaucoup plus courts que le calice. ②
Mai, juin. Dans les lieux secs.

974. M. SPARSIFLORA (Reich. Fl. germ. 1. p. 341). Tiges de 30
à 40 centimètres, dressées, simples, munies de quelques poils
blancs; feuilles sessiles, oblongues, obtuses, un peu rudes,
hispides; fleurs bleues, petites, à pédoncules assez longs, réfléchis à la fin de la fleuraison, garnis à la base de poils courbés en crochet; corolle à lobes arrondis; calice à limbe plan.
① Mai, juin. Dans les bois marécageux. Helmdange (Luxembourg) et Dinant.

975. M. CÆSPITOSA (Reich. l. c.). Tige de 15 à 25 centimètres,
droites, rameuses, velues; feuilles sessiles, ovales-lancéolées,
obtuses, entières, pubescentes; fleurs petites, bleuâtres, en
grappes nues, allongées, terminales; lobes de la corolle arrondis; divisions du calice lancéolées, obtuses. ♃ Juin, juillet.
Dans les bois humides.

976. M. REPENS (Reich. l. c. p. 342). Tige de 30 à 50 centimètres, rameuse, velue, couchée et rampante à la base; feuilles
hérissées, sessiles, lancéolées-oblongues, obtuses; fleurs assez
grandes, bleuâtres, en grappes unilatérales, axillaires et terminales; pédoncules allongés, ouverts; lobes de la corolle
échancrés; calice à 5 divisions profondes, souvent inégales.
♃ L'été. Dans les lieux humides.

Le genre Myosotis n'est pas clair du tout, je crois qu'on en
a trop multiplié les espèces, et que plusieurs d'entre elles ne
sont que des variétés ou des hybrides.

6. ECHINOSPERMUM. Sw. Ined. Lehm. asp. p. 113.

Ce genre ne diffère du précédent que par son style persistant, ses graines à 3 faces, à bords munis d'une double
série d'aiguillons libres ou à base connée.

977. E. LAPPULA (Lehm. Asp. n. 94). Myosotis lappula L. Cynoglossum lappula Scop. Rochelia lappula Rœm. Lappula myo-

sotis Mœnch. Tige de 25 à 40 centimètres, droite, hérissée de poils blancs, un peu rameuse au sommet; feuilles entières, lancéolées, sessiles, hérissées; fleurs petites, bleuâtres, courtement pédonculées, disposées en grappes axillaires et terminales; divisions du calice linéaires, aussi longues que le tube de la corolle. ① En été. Sur les murs et dans les lieux arides du Luxembourg. Rare.

7. LITHOSPERMUM. Tourn. Inst. t. 55.

Calice à 5 divisions linéaires; corolle infundibuliforme, petite, à limbe presque régulier à 5 divisions, à gorge ouverte, munie d'écailles très-petites; 5 étamines oblongues, incluses; stigmate obtus, bifide; carpelle lisse ou rugueux, à surface basilaire plane.

978. L. PURPUREO-CÆRULEUM (L. Sp. 190). Tiges de 40 à 60 centimètres couchées, diffuses, rameuses, velues, rudes, les florales dressées; feuilles lancéolées, sessiles, entières, scabres, pointues, à nervure moyenne seule saillante; fleurs d'un beau bleu, terminales, assez grandes, à corolle dépassant de beaucoup le calice; graines lisses, luisantes. ♃ De mai en septembre. Dans les clairières de bois montueux du Luxembourg.

979. L. OFFICINALE (L. Sp. 189). Tige de 40 à 60 centimètres, dressée, souvent simple, arrondie, velue; feuilles lancéolées-linéaires, entières, pointues, scabres, à nervures moyennes et latérales saillantes; fleurs d'un blanc verdâtre situées à l'extrémité des rameaux, à corolle dépassant à peine le calice; carpelles lisses. ♃ De mai en août. Dans les bois.

980. L. ARVENSE (L. Sp. 190). Tige de 30 centimètres environ, dressée, hispide, un peu branchue; feuilles lancéolées-linéaires, roulées sur le bord, sessiles, velues, à une seule nervure; fleurs blanches en épi terminal, à corolle dépassant à peine le calice; graines petites, peu luisantes, rugueuses. ① Mai, juin, juillet. Dans les champs.

8. PULMONARIA. Tourn. t. 55.

Calice campanulé, pentagone, à 5 divisions ; corolle infundibuliforme, à tube cylindracé, à limbe dressé-étalé, à
5 divisions, à gorge munie de 5 faisceaux de poils; stigmate obtus, émarginé; carpelles lisses, à surface basilaire
étroite, entourée d'un rebord saillant.

981. P. VULGARIS (Mer. Fl. par. 3ᵉ édit. t. 2. p. 83). La pulmo-
naire. Tige de 15 à 30 centimètres, dressée, velue, hérissée ;
feuilles radicales variant beaucoup, depuis la forme obcordée jusqu'à la linéaire, plus ou moins rétrécies en pétiole et
quelquefois maculées de taches blanches en vieillissant, les
caulinaires sessiles, embrassantes, plus ou moins ovales-
allongées; fleurs bleuâtres, terminales, rapprochées en une
espèce de corymbe court, peu nombreuses. ♃ Avril, mai. Dans
les bois. Verviers, Theux (Liége), Auvaing, Hollain, Ham-sur-
Heure, (Hainaut), Namèche (Namur), bois de la Cambre (Brabant), Eich, Arlon, Habay (Luxembourg).

Cette plante varie beaucoup. On observe en Belgique les
variétés suivantes dont plusieurs sont données comme espèces
par quelques botanistes.

    VAR. α. OFFICINALIS (L.). Feuilles radicales subcordi-
        formes, larges.

    VAR. β. MONTANA (Lej. Fl. spa. 1. 98). Feuilles radi-
        cales ovales, cordées, rudes, maculées. Elle est plus
        grande dans toutes ses parties que l'espèce.

    VAR. γ. MOLLIS (Schrad.). Feuilles immaculées, flasques,
        molles.

    VAR. δ. SACCHARATA (Mill.). Pulmonaria grandiflora DC.
        Feuilles inférieures oblongues, spatulées, les supé-
        rieures cordiformes, toutes se marbrant en vieillissant.

    VAR. ε. ANGUSTIFOLIA (L. Sp. 194). Feuilles radicales
        lancéolées, immaculées, atténuées en pétiole; calice
        presque entier. Provinces de Liége et de Luxembourg,

9. Echium. Tourn. Inst. t. 54.

Calice à 5 divisions; corolle à tube court, nu, à limbe large, campanulé, à 5 lobes inégaux; étamines à filets très-longs, inégaux, réfléchis, ascendants, dépassant la corolle; carpelles inégaux, à surface basilaire un peu concave.

982. E. vulgare (L. Sp. 200). Tige de 60 centimètres environ, dressée, presque simple, arrondie, hérissée de poils hispides naissant sur des tubercules noirâtres; feuilles linéaires-lancéolées, hispides, les radicales un peu atténuées en pétiole, les caulinaires sessiles; fleurs d'un bleu rougeâtre, formant de petits épis particuliers, axillaires, recourbés, qui, par leur réunion, en forment un très-long, terminal. 2| L'été. Sur les murs et aux bords des chemins, dans les lieux arides et pierreux.

Tribu II. — Cynoglossées. *Carpelles très-rapprochés au sommet, insérés sur la colonne centrale par une surface latérale plane ou presque plane.*

10. Heliotropium. Tourn. Inst. t. 57.

Calice tubuleux, à 5 divisions; corolle hypocratériforme, à limbe à 5 lobes obtus; étamines incluses; stigmate subconique; carpelles ovoïdes, triquètres, chagrinés, pubescents.

983. H. europæum (L. Sp. 187). Tige de 20 centimètres environ, dressée, rameuse, velue, blanchâtre, ainsi que toute la plante; feuilles ovales, presque anguleuses, entières, obtuses, tomenteuses; fleurs blanchâtres, petites, unilatérales, en épis courbés au sommet, géminés. ① L'été. Dans les moissons. Schengen (Luxembourg) et dans le Hainaut.

11. Cynoglossum. L. Sp. Gen. n° 183.

Calice à 5 divisions; corolle hypocratériforme à 5 lobes obtus, à gorge fermée par 5 écailles convexes; 5 étamines incluses; style robuste, long, persistant; stigmate émarginé; carpelles déprimés, tuberculés-épineux, soudés à la colonne centrale, qui est conique, par leur partie supérieure.

\ 984. C. officinale (L. Sp. 192). Tige de 50 à 50 centimètres, branchue, velue, cannelée; feuilles longues, lancéolées, entières, pubescentes-tomenteuses, grisâtres, les inférieures pétiolées, les supérieures sessiles, embrassantes; fleurs d'un rouge pourpré, disposées en épis longs, droits, unilatéraux. ② Mai, juin, juillet. Le long des chemins, dans les endroits pierreux.

12. Omphalodes. Tourn. t. 58.

Comme dans le genre précédent, excepté que les carpelles sont déprimés, lisses, entourés supérieurement d'un rebord réfléchi très-saillant en dedans.

985. O. verna (Mœnch. Meth.). Cynoglossum omphalodes L. Sp. 193. Tige de 10 à 12 centimètres, faible, couchée; feuilles glabres, les radicales ovales-cordiformes, longuement pétiolées, les supérieures ovales, à pétiole très-court; fleurs bleues disposées en grappes courtes. ♃ Avril, mai.

Cette jolie plante est souvent cultivée dans les jardins et se rencontre quelquefois en dehors, mais je crois que ce n'est jamais qu'accidentellement.

13. Asperugo. Tourn. t. 54.

Calice à 5 divisions inégales; corolle à tube court, à

Asperugo.

5 lobes, munie de 5 écailles convexes, rapprochées; stigmate simple; carpelles raboteux, attachés au sommet à
un axe central et couverts par le calice qui est refermé après
la fleuraison et comme comprimé.

986. A. procumbens (L. Sp. 198). Tiges de 50 à 60 centimètres,
couchées, branchues, anguleuses, couvertes de poils rudes;
feuilles ovales-lancéolées, velues, sessiles, alternes inférieurement, opposées, subverticillées supérieurement; fleurs
bleues ou blanches, très-petites, sessiles, axillaires; calice
grandissant après la fleuraison et prenant la forme de 2 lames
planes et palmées. ④ Mai, juin, juillet. Le long des fossés et
des haies. Hautrage (Hainaut). On le trouve aussi dans le
Luxembourg. Très-rare.

F^{lle} LVI. — Solanées. Juss. Gen. 124.

Calice monosépale, égal, souvent persistant, à 5 divisions; corolle monopétale, souvent régulière, caduque, à
5 lobes, à préfloraison imbriquée; 5 étamines insérées sur
la corolle et alternes avec ses lobes; ovaire libre, simple;
1 style; stigmate simple ou bifide; placenta épais, soudé à
la cloison; fruit polysperme à 2 loges, subdivisées quelquefois en 2 loges secondaires; périsperme charnu. Presque
toutes nos espèces sont herbacées, à feuilles alternes, simples ou lobées.

Section I. — *Fruits bacciformes.*

1. — Lycium. L. Gen. n° 262.

Calice court, tubuleux, à 5 dents presque égales, ou
bilobé par la soudure des dents entre elles; corolle in-

Lycium.

fundibuliforme à tube court, étroit, à limbe ouvert à 5 lobes; 5 étamines saillantes hors de la corolle, à filet velu à la base; stigmate élargi; baie subarrondie, biloculaire.

987. L. BARBARUM (L. Sp. 192). Arbrisseau très-rameux, épineux, à rameaux un peu anguleux, pendants; écorce d'un blanc gris; feuilles lancéolées, glabres, entières, pointues, atténuées en pétiole; fleurs d'un rouge violet, solitaires ou fasciculées, axillaires, portées sur des pédicelles dressés, plus courts que les feuilles; calice bilabié; baies rouges. ♃ L'été. Dans les haies.

988. L. EUROPÆUM (L. Mant. 47). Arbrisseau épineux, à tige dressée, branchue, à rameaux flexibles; feuilles ovales, entières, à bords quelquefois flexueux, atténuées en pétiole, glabres, insérées souvent plusieurs au même point; fleurs d'un violet pâle, solitaires ou fasciculées, axillaires, portées sur des pédoncules plus courts que les feuilles; calice à 5 dents; baies assez grosses, rouges. ♃ L'été. Dans les haies. Ruremonde sur les remparts (Limbourg), porte d'Havré à Mons.

2. SOLANUM. Dun. Sol. p. 115.

Calice monosépale, persistant, à 5, rarement à 10 divisions; corolle monopétale, rotacée, à tube très-court, à limbe étalé, plissé, à 5, rarement à 4-6-10 lobes; 5 étamines, rarement 4-6, à filets très-courts; anthères dépassant le tube de la corolle, conniventes, s'ouvrant par deux pores au sommet; baie arrondie, ordinairement biloculaire, quelquefois à 3-4-6 loges; embryon en spirale.

989. S. VILLOSUM (Lam. Dict. 4. 289). S. nigrum ♂ L. Sp. 266. Tige de 50 centimètres environ, rameuse, anguleuse, diffuse, velue ainsi que toute la plante; feuilles ovales, anguleuses, dentées, blanchâtres; fleurs blanches, disposées un peu en

Solanum.

ombelle; baies ovoïdes, jaunes à leur maturité. ④ L'été. Dans les lieux cultivés. Melick (Limbourg), Chièvres (Hainaut).

990. S. humile (Willd. Enum. p. 236). Tige de 15 à 20 centimètres, herbacée, simple, rameuse, à rameaux un peu anguleux, subpubescents; feuilles ovales, glabres, presque cordiformes à la base, subdentées; fleurs blanches, peu nombreuses, subombellées; baies jaunâtres. ④ L'été. Dans les lieux cultivés.

991. S. miniatum (Willd. Enum. p. 236). Tige de 40 à 60 centimètres, herbacée, à rameaux pubescents, anguleux-ailés; feuilles ovales, étalées, grandes, presque glabres; fleurs blanches, subombellées; baies ovoïdes, rouges à leur maturité. ④ L'été. Dans les champs cultivés. Malmedy (Prusse), Thorn (Limbourg).

992. S. nigrum (Willd. Enum. p. 236). La morelle. S. nigrum var. α L. Sp. 266. Tige de 30 à 40 centimètres, rameuse, anguleuse, diffuse, étalée; feuilles anguleuses ou grossement dentées, ayant quelques poils rares à peine visibles à l'œil nu, dégénérant en pétiole à la base; fleurs blanches subombellées, portées sur des pédoncules qui se réfléchissent à la maturité du fruit; baies noires. ④ Tout l'été. Dans les lieux cultivés.

993. S. dulcamara (L. Sp. 264). La douce-amère. Tige d'un mètre environ, frutescente, grimpante, pubescente sur les jeunes rameaux; feuilles ovales-lancéolées, cordiformes au bas de la tige, pointues, quelquefois lobées à la base, les supérieures laciniées, à 3 segments; fleurs d'un bleu violet, rarement blanches, disposées en grappe; baies rouges. ♃ L'été. Dans les haies et les buissons, aux bords des eaux.

994. S. tuberosum (L. Sp. 265). La pomme de terre. Racine donnant naissance à de gros tubercules; tiges creuses, rameuses, anguleuses; feuilles imparipennées, décurrentes, à folioles ovales, entières, un peu velues en dessous, entremêlées de folioles beaucoup plus petites; fleurs violettes ou blanches, en corymbe, portées sur des pédoncules droits, longs, velus; corolle ondulée, à 5 angles; calice à 5 divisions linéai-

res, lancéolées. ① L'été. Cette plante est généralement cultivée partout.

3. PHYSALIS. L. Gen. n. 250.

Calice campanulé à 5 lobes, devenant vésiculeux, très-
ample après la fleuraison et enveloppant entièrement la
baie; corolle campanulée, rotacée. à limbe plissé, à 5 lobes; 5 étamines à filets assez longs; baie globuleuse biloculaire; calice fructifère, veiné, réticulé, d'un rouge vif.

995. P. ALKEKENGI (L. Sp. 262). Tige de 50 centimètres environ,
diffuse, rameuse, étalée, avec quelques poils épars; feuilles
géminées, pétiolées, ovales ou arrondies, irrégulières, entières, plissées, glabres; fleurs blanches solitaires, portées
sur des pédoncules filiformes, plus courts que les pétioles;
baie rouge. ♃ Sur les rochers à Comblain-au-Pont (Liége),
dans les champs à Kessel (Limbourg), La Buissière, Velaines
(Hainaut), Remich (Luxembourg).

4. ATROPA. L. Gen. 249.

Calice campanulé à 5 divisions; corolle campanulée, le
double plus longue que le calice, à 5 lobes égaux; 5 étamines à filets filiformes; à anthères distinctes, s'ouvrant
longitudinalement; baie globuleuse à deux loges, enveloppée dans le calice.

996. A. BELLADONA (L. Sp. 260). La belladone. Tige dressée, de
50 à 80 centimètres, rameuse, pubescente; feuilles alternes,
ovales, glabres ou subpubescentes, entières, géminées, courtement pétiolées; fleurs d'un pourpre obscur, axillaires, pédonculées; baies rondes, noires à la maturité. ♃ Juin, juillet.
Dans les bois montueux et les lieux cultivés.

997. A. PHYSALOÏDES (Jacq. Obs. 4. p. 98). Nicandra physaloïdes

Nutt. Tige de 50 à 60 centimètres, herbacée, dressée, rameuse, étalée, lisse, épaisse; feuilles alternes, cordiformes, sinuées, anguleuses, aiguës; fleurs bleuâtres, solitaires, axillaires, portées sur des pédoncules penchés; calice ovale, à segments profonds, à 4 angles aigus, à folioles sagittées; fruit à 4-8 loges polyspermes. ① Juillet, août. Cette plante est originaire du Pérou, mais elle semble se naturaliser dans la Belgique; je la connais depuis 1805 à Heuvy près Namur; je l'ai aussi trouvée à St-Odelienberg (Limbourg), à Auderghem près de Rouge-Cloître (Brabant), et dans quelques autres localités.

SECTION II. — *Fruits capsulaires.*

5. DATURA. L. Gen. 246.

Calice grand, tubuleux, ventru, pentagone, à sommet caduc, à 5 divisions, à base orbiculaire, peltée, persistante; corolle grande, infundibuliforme, à tube long, à limbe plissé, à 5 lobes courts brusquement acuminés; 5 étamines à peu près égales à la corolle; stigmate bilamellé; capsule épaisse, coriace, chargée d'épines, à 2 loges subdivisées inférieurement en 2 autres loges secondaires.

998. D. STRAMONIUM (L. Sp. 255). La pomme épineuse. Tige de 6 décimètres, dressée, très-branchue, glabre; feuilles ovales, sinuées-dentées, anguleuses, pointues, glabres, pétiolées; fleurs blanches, axillaires, solitaires; fruits hérissés d'épines aiguës, fortes; graines noires, réniformes, comprimées, un peu rugueuses. ① Juillet, août. Dans les lieux cultivés et aux bords des chemins, près des habitations.

999. D. TATULA (L. Sp. 255). Tige de 60 à 90 centimètres, dressée, branchue, glabre; feuilles cordiformes, glabres, dentées; fleurs violettes, axillaires, solitaires; fruits ovoïdes, épineux. ① Juillet, août. Dans les lieux cultivés.

Cette plante est tout à fait méridionale, et est commune en

Espagne; si elle a été trouvée en Belgique, ce n'est qu'accidentellement.

6. Nicotiana. Tourn. t. 41.

Calice campanulé à 5 lobes inégaux, persistant; corolle infundibuliforme, plissée, à 5 divisions régulières; 5 étamines plus courtes que la corolle, à filets longs, un peu réfléchis et arqués; stigmate émarginé; capsule biloculaire, s'ouvrant en deux valves longitudinales; graines nombreuses, petites.

1000. N. tabacum (L. Sp. 258). Le tabac. Tige de 7 à 12 décimètres, dressée, rameuse, velue; feuilles sessiles, grandes, oblongues, lancéolées, aiguës, les inférieures décurrentes; fleurs rosées, disposées en panicule; corolle à divisions triangulaires-acuminées. ① Juillet, août. Cultivé.

1001. N. rustica (L. Sp. 258). Tige de 6 décimètres environ, dressée, rameuse, velue; feuilles pétiolées, ovales, obtuses, entières, pubescentes; fleurs verdâtres, subpaniculées; corolle à tube cylindrique, à divisions obtuses. ① Août, septembre. Cultivé, quelquefois subspontané.

7. Hyoscyamus. Tourn. t. 42.

Calice campanulé-tubuleux, s'accroissant après la fleuraison, à 5 divisions; corolle infundibuliforme, à base courte, à limbe à 5 divisions inégales, obliques, étalées, obtuses; 5 étamines dépassant un peu le calice; stigmate en tête; capsule ovoïde, enfermée dans le tube du calice, biloculaire, operculée.

1002. H. niger (L. Sp. 257). La jusquiame. Tige de 30 à 40 centimètres, cylindrique, rameuse, laineuse dans le haut; feuilles sessiles, amplexicaules, sinuées-pinnatifides, anguleuses, pubescentes; fleurs d'un jaune sale, veinées de lignes brunes ou noirâtres, subsessiles, disposées sur 2 rangs en grappes unilatérales; dents du calice épineuses. ♀ Juin, juillet. Aux bords des chemins, dans les endroits pierreux.

1003. H. AGRESTIS (Schult). Cette espèce n'est probablement qu'une variété de la précédente; elle est un peu moins haute, moins rameuse; les feuilles inférieures sont subpétiolées, les supérieures demi-amplexicaules; les graines sont un peu plus grosses. ④ Juillet, août. Dans les mêmes lieux.

8. Verbascum. L. Gen. n° 245.

Calice à 5 divisions; corolle rotacée à 5 lobes un peu inégaux; 5 étamines inégales entre elles, inclinées, souvent barbues au sommet; style persistant, épaissi; capsule biloculaire, à 2 valves.

Section I.— *Feuilles décurrentes.*

1004. V. THAPSUS (L. Sp. 252). Tige de 6 à 10 centimètres, grosse, presque toujours simple, cotonneuse; feuilles lancéolées-ovales, grandes, laineuses-tomenteuses sur les deux faces, les caulinaires inférieures décurrentes, les supérieures embrassantes; fleurs jaunes, subsessiles, formant un épi terminal et dense, placées dans des bractées plus longues que les calices; ceux-ci sont laineux, à divisions lancéolées, presque égales aux capsules. ♃ Tout l'été. Aux bords des chemins et dans les lieux incultes.

> VAR. β. THAPSOÏDES (DC. Fl. fr. 3. p. 600). Tige rameuse; 3 étamines à filaments revêtus de poils jaunes, les deux autres glabres. Chimai, Tournay (Hainaut).

> VAR. γ. THAPSI (L. Sp. 1669). Tige rameuse; 3 étamines revêtues de poils purpurins, les deux autres glabres. Houx (Namur), Visé (Liége).

Verbascum.

1005. V. THAPSIFORME (Schrad. Verb. 1. p. 21). Tige simple,
dressée, haute de 5 à 10 décimètres; feuilles lancéolées-
ovales, crénelées, tomenteuses, les supérieures acuminées; fleurs jaunes en épi serré, à bractées dépassant le
calice; calice à divisions obovales-arrondies; 2 anthères
oblongues; 3 étamines revêtues de poils jaunes, les deux
autres glabres. ② Tout l'été. Aux bords des chemins et dans
les lieux incultes.

1006. V. PHLOMOÏDES (L. Sp. 255). Tige simple, d'un mètre environ, cotonneuse; feuilles ovales-lancéolés, lanugineuses-
tomenteuses sur les deux faces, crénelées, les inférieures atténuées en pétiole, les supérieures sessiles, embrassantes, très-
peu décurrentes; fleurs jaunes en épi terminal, interrompu,
groupées en fascicules de 5-10 fleurs; filaments des étamines
garnis de poils jaunes. ② L'été. Dans les lieux incultes et
pierreux.

1007. V. CRASSIFOLIUM (DC. Fl. fr. 3. p. 601). V. phlomoïdes
Schl. Tige de 5 à 7 décimètres, dressée, simple, garnie d'un
duvet mou et blanchâtre, ainsi que les feuilles; celles-ci sont
ovales-oblongues, aiguës, épaisses et se prolongent sur la
tige; fleurs jaunes, assez petites, ramassées par paquets de
5 à 6 et formant par leur réunion un épi long et terminal;
filaments des étamines glabres. ② Juin, juillet. Dans les lieux
secs et sablonneux. Greesch (Luxembourg).

SECTION II. — Feuilles non décurrentes.

1008. V. NIGRUM (L. Sp. 255). Tige anguleuse de 60 centimètres
environ, dressée, noirâtre, munie de poils blancs rayonnants;
feuilles oblongues, cordées, blanchâtres et cotonneuses en
dessous, dentées-crénelées, les inférieures pétiolées, les supérieures sessiles; fleurs jaunes en panicule spiciforme, composée de fascicules rapprochés; étamines à filets chargés d'une
laine purpurine, à anthères safranées. ② ou ♃. Tout l'été. Aux
bords des chemins et dans les bois.

Verbascum.

VAR. β. PARISIENSE (Thuil. Fl. par.). V. austriacum Schrad. Tige rameuse ; feuilles cordiformes, lancéolées ; panicule rameuse.

1009. V. ALOPECURUS (Thuil. Fl. par. 11. p. 110). Tige simple de 60 centimètres environ, dressée ; feuilles un peu blanchâtres, grandes, oblongues, largement crénelées, les inférieures pétiolées ; fleurs jaunes pédicellées, en épi simple formé de fascicules rapprochés, à filets des étamines chargés de poils blancs ; calice à divisions linéaires plus courtes que la capsule. ② Tout l'été. Dans les mêmes lieux que l'espèce précédente, dont il pourrait bien n'être qu'une variété.

1010. V. LYCHNITIS (L. Sp. 255). Tige de 6 à 10 décimètres, dressée, rameuse au sommet, pubescente, anguleuse ; feuilles ovales, blanchâtres, velues en dessous, presque glabres en dessus, les inférieures atténuées en pétiole, les supérieures sessiles ou embrassantes ; fleurs d'un jaune pâle, nombreuses, serrées, disposées en épi rameux formé de fascicules rapprochés ; divisions du calice glabres au sommet, linéaires-lancéolées, plus courtes que la capsule. ② Tout l'été. Sur les collines calcaires, principalement dans la vallée de la Meuse.

1011. V. FLOCCOSUM (W. et K. Hung. p. 81. t. 79). Tige de plus d'un mètre, dressée, anguleuse ; feuilles couvertes d'un duvet tomenteux qui se détache en flocons, les radicales ovales-oblongues, subpétiolées, les supérieures ovales, sessiles ; fleurs jaunes, en panicule spiciforme, rameuse ; filets des étamines couverts de poils bleuâtres, calice et pédicelles à peine tomenteux, le premier a ses divisions linéaires, aiguës. ② Tout l'été. Aux bords des chemins, dans les endroits secs. Provinces du Luxembourg et du Hainaut.

1012. V. PULVERULENTUM (Smith. Fl. brit. 1. p. 251). Tige d'un mètre environ, dressée, glabre, paniculée, arrondie, couverte de flocons qui s'enlèvent facilement ; feuilles sessiles, ovales, oblongues, un peu dentées, chargées d'un duvet blanc pulvérulent, surtout en dessous, les inférieures plus allongées, les

Verbascum.

supérieures embrassantes; fleurs jaunes en panicule spiciforme, rameuse; filets des étamines couverts de poils blancs;
anthères rouges; calice petit, pulvérulent, à divisions linéaires, plus courtes que la capsule. ② L'été. Dans les endroits
secs. Remich, Grewenmacher (Luxembourg), Chimai (Hainaut).

1013. V. BLATTARIA (L. Sp. 254). Tige de 60 centimètres environ, dressée, simple ou rameuse, munie de poils glanduleux
au sommet; feuilles glabres, les inférieures subpétiolées, sinuées, les caulinaires sessiles, amplexicaules, crénelées, les
supérieures dentées; fleurs d'un blanc jaunâtre en longue
grappe terminale, portées sur des pédoncules axillaires; filaments des étamines revêtus de poils purpurins; calice muni
de poils glanduleux, à divisions lancéolées-linéaires, plus
courtes que la capsule qui est glabre, grosse et sphérique. ②
L'été. Dans les terrains humides. Maestricht (Limbourg),
Grand-Rechain (Liége), St-Marc (Namur), Tournay (Hainaut).

1014. V. BLATTARIOÏDES (Lam. Dict. 4. p. 225). V. virgatum
Smith. Tige de 7 à 12 décimètres, dressée, le plus souvent
simple, munie de poils non glanduleux; feuilles presque glabres, les radicales sinuées-crénelées, les caulinaires sessiles,
crénelées, les supérieures amplexicaules; fleurs d'un blanc
jaunâtre, en longue grappe terminale, pédonculées, réunies
2-4 dans l'aisselle de chaque bractée; 3 étamines à filets couverts de poils purpurins, les deux autres glabres; calice velu,
à divisions lancéolées-linéaires, plus courtes que la capsule.
② Juin, juillet. Dans les lieux humides. Tournay (Hainaut)?
Marum près Ruremonde (Limbourg).

Les Verbascum ambiguum Lej. sup. Fl. spa. f. 229, et V.
bracteatum de Kickx, ne sont que des hybrides. Il est peu de
genres qui varient autant que le genre Verbascum, et cela par
la facilité avec laquelle il s'y forme des hybrides. De là vient la
multiplicité des espèces et la difficulté, qu'il y a souvent, d'en
déterminer plusieurs.

Le genre Verbascum a été séparé des solanées par plusieurs

botanistes pour former avec quelques autres genres la famille des verbascées. D'autres botanistes font des verbascées une tribu dela famille des scrophulariées.

F^{lle} LVII. — ANTIRRHINÉES. Juss. Gen. 118.

Calice monosépale divisé, souvent persistant; corolle irrégulière, à limbe divisé, plus ou moins, en deux lèvres (corolle personnée); 4 étamines didymes, insérées sur la corolle; ovaire libre; 1 style; stigmate simple ou bilobé; capsule à 1-2 loges ordinairement polyspermes, à 2 valves; ovules attachés à la partie moyenne de la cloison; périsperme charnu; plantes herbacées à feuilles opposées ou alternes, à fleurs accompagnées de bractées.

SECTION I. — *Capsules biloculaires.*

1. GRATIOLA. L. Gen. 29.

Calice à 5 divisions, muni de 2 bractées à la base; corolle tubuleuse à 2 lèvres peu distinctes, la supérieure émarginée, l'inférieure trilobée; 4 étamines dont 2 stériles; capsule ovoïde à 2 valves, à 2 loges polyspermes.

1015. G. OFFICINALIS (L. Sp. 24). Racine traçante; tige de 50 à 40 centimètres, dressée, simple, glabre; feuilles semi-amplexicaules, opposées, trinerviées, glabres, lancéolées, dentées supérieurement; fleurs d'un blanc rosé, axillaires, grandes, pédonculées; calice à divisions beaucoup plus courtes que la corolle; capsule ovoïde, aiguë. ♃ L'été. Dans les prairies humides des provinces du Limbourg, de Liége et de Luxembourg.

2. DIGITALIS. L. Gen. 758.

Calice à 5 divisions inégales; corolle campanulée ou tubulée-ventrue, à limbe court, oblique, à 4 lobes inégaux, dont l'inférieur plus long; 4 étamines; stigmate simple ou bilamellé ; capsule ovoïde, acuminée, à cloison double.

1016. D. FERRUGINEA (L. Sp. 867). Tige de 60 à 80 centimètres, dressée , simple, arrondie, glabre; feuilles nombreuses, lancéolées, rayées dentées, pointues, glabre; fleurs jaunâtres, réticulées de couleur de rouille, à lèvres entières, disposées en un long épi serré, entremêlées de bractées lancéolées, glabres, de la longueur du calice. ⚋ Juillet, août. Sur les coteaux pierreux, dans les Ardennes. Rare.

1017. D. PURPUREA (L. Sp. 866). La digitale. Tige d'un mètre environ, dressée , simple, arrondie ; feuilles ovales - lancéolées, dentées, pubescentes sur les deux faces , les inférieures pétiolées ; fleurs pourpres, grandes, marquées de taches blanches, disposées en épi terminal, unilatéral, entremêlées de bractées foliacées ; corolle obtuse à lèvre supérieure entière; divisions du calice ovales-aiguës; capsule subtomenteuse. ⚋ Juin, juillet, août. Dans les bois montueux.

1018. D. LUTEA (L. Sp. 867). D. parviflora Lam. Fl. fr. 2. p. 355 non Jacq. Tige de 40 à 60 centimètres, dressée, simple, arrondie, glabre; feuilles ovales-lancéolées , denticulées, sessiles, pointues, glabres; fleurs jaunâtres en épi terminal, unilatéral, entremêlé de bractées réfléchies ; corolle aiguë, à lèvre supérieure bifide; divisions du calice lancéolées - linéaires. ♃ Juin, juillet. Sur les coteaux pierreux des provinces de Liége, de Namur et de Luxembourg.

1019. D. MEDIA (Reich. Fl. germ. n° 2575). D. intermedia Pers. Elle a beaucoup de rapports avec la précédente; elle en diffère par ses feuilles un peu pubescentes à la base, ciliées sur les bords ; la corolle est plus grande, à lèvre supérieure échan-

Digitalis

crée, bifide, l'inférieure ovale-réfléchie. ♃ Juin, juillet, août.
Sur les coteaux pierreux. Verviers (Liége), Dinant (Namur).

1020. D. ochroleuca (Jacq. Aust. t. 57). D. grandiflora Gaud.
— Tige de 60 centimètres environ, un peu visqueuse, simple,
pubescente; feuilles ovales-elliptiques, denticulées, pubescentes; fleurs d'un jaune ochracé, disposées en épi unilatéral, à corolle pubescente, à lèvre supérieure large, un peu
échancrée, à lèvre inférieure à 5 divisions, dont la moyenne est
aiguë; calice à divisions lancéolées-inégales. ♃ Juin, juillet.
L'été. Saint-Vith (Luxembourg), Dolhain (Liége).

1021. D. grandiflora (Lam. Fl. fr. 2. p. 552). D. ambigua
— Murr. Tige de 60 à 80 centimètres, dressée, arrondie, simple;
feuilles lancéolées, dentées, un peu pubescentes en dessous;
fleurs jaunes, très-grandes, disposées en épi unilatéral, à corolle ventrue, à lèvre supérieure émarginée, obtuse, l'inférieure
à laciniures latérales aiguës; divisions du calice lancéolées,
aiguës, velues-glanduleuses, ainsi que les pédicelles floraux.
♃ Juin, juillet. Sur les coteaux pierreux du Luxembourg.

1022. D. purpurascens (Roth. Cat. 2. p. 62). D. hybrida Kœlr.
Tige de 60 à 90 centimètres, dressée, simple, un peu velue,
rougeâtre; feuilles lancéolées, ciliées, dentées, un peu amplexicaules, très-glabres en dessus, pubescentes en dessous;
fleurs d'un jaune clair, ponctuées de rouge, disposées en épi
unilatéral, à corolle cylindrique, un peu ventrue, à lèvre supérieure obtuse, émarginée, l'inférieure à lobe moyen ob-
long-obtus; calice à divisions ovales-lancéolées, aiguës, ciliées.
♃ Juin, juillet. Dans les bois montueux des provinces de Liége
et de Luxembourg.

> Var. β. longiflora (Lej. rev. Fl. Spa. f. 126). D. liber-
> tiana Dum. Tige verte; fleurs à tube plus grêle, non
> ventru, en épi plus grêle et plus lâche.

L'espèce et la variété sont des hybrides provenant du digitalis purpurea et d'une espèce à corolle jaune. Ces hybrides
sont assez rares; je ne les ai rencontrés que deux fois, une fois
près de Dinant et l'autre près de Spa.

5. Antirrhinum. Tourn. t. 75.

Calice persistant à 5 divisions, corolle sans éperon, bossue à la base, à tube enflé, à limbe bilabié, lèvre supérieure bifide, à lobes réfléchis en dehors, l'inférieure trilobée, à palais saillant, poilu ; 4 étamines ; capsule oblique à sa base, biloculaire, s'ouvrant au sommet.

1025. A. majus (L. Sp. 859). Gueule de lion, le muflier. Tige de 30 à 50 centimètres, dressée, rameuse, pubescente supérieurement ; feuilles lancéolées, entières, sessiles, alternes, opposées aux rameaux, les inférieures atténuées en un court pétiole ; fleurs rouges quelquefois jaunâtres, terminales, presque en épi ; calice glanduleux-pubescent, à divisions ovales, obtuses, beaucoup plus courtes que la corolle ; capsule dépassant le calice. ⩎ Juin, juillet, août. Sur les vieux murs, presque toujours sorti des jardins.

1024. A. orontium (L. Sp. 860). Tige de 50 centimètres, presque simple, pubescente supérieurement ; feuilles lancéolées-linéaires, sessiles, glabres ; fleurs purpurines, quelquefois blanches, un peu en épi, axillaires, solitaires, assez écartées ; calice à divisions linéaires, inégales, plus longues que la corolle et que la capsule qui est velue. ① Juin, juillet, août. Dans les moissons.

4. Linaria. Tourn. t. 76.

Calice persistant à 5 divisions, les deux inférieures écartées ; corolle munie d'un éperon à la base, cylindrique, bilabiée comme dans le genre précédent, mais à palais non poilu ; capsule ovoïde ou globuleuse, biloculaire, s'ouvrant par 2 ouvertures ; graines ordinairement marginées.

Linaria.

SECTION I. — CHÆNORRHINUM (DC. Fl. fr. 5. p. 410). *Corolle à gorge incomplétement fermée par le palais; capsule subarrondie.*

1025. L. MINOR (Desf. Atl. 2. p. 46). Tige de 10 à 20 centimètres, rameuse, velue, visqueuse; feuilles inférieures ovales, les supérieures lancéolées, obtuses, opposées, puis alternes supérieurement; fleurs petites d'un blanc pourpré, disposées en longues grappes feuillées; calice velu, à divisions un peu plus courtes que la corolle, dépassant la capsule qui est velue. ④ Juin, juillet, août. Dans les champs sablonneux.

SECTION II. — LINARIASTRUM. *Corolle à gorge fermée par le palais; capsule s'ouvrant latéralement.*

† FEUILLES ANGULEUSES.

1026. L. CYMBALARIA (Mill. Dict. nº 17). Antirrhinum cymbalaria L. Sp. 851. Tiges grêles, de 30 à 40 centimètres, rameuses, rampantes, glabres; feuilles alternes, à base cordiforme, à 5-7 lobes arrondis, longuement pétiolées, rougeâtres, surtout en dessous; fleurs d'un bleu clair, à palais jaune, éparses, solitaires, axillaires, à éperon court, portées sur des pédoncules plus courts que les feuilles; divisions du calice lancéolées, plus courtes que la capsule. ♃ Printemps et été. Sur les vieux murs.

1027. L. SPURIA (Mill. Dict. nº 15). Kickxia spuria Dum. Tiges de 30 à 40 centimètres, couchées, velues; feuilles ovales-arrondies, velues, les supérieures alternes, presque sessiles, les inférieures opposées, pétiolées; fleurs jaunâtres, axillaires, solitaires, portées sur des pédoncules velus et munies d'un éperon aigu; calice velu, à divisions ovales-lancéolées dépassant la capsule. ① Juin, juillet, août. Dans les lieux cultivés.

1028. L. ELATINE (Desf. Atl. 2. p. 57). Kickxia elatine Dum. Tiges de 30 centimètres environ, couchées, très-rameuses,

velues; feuilles pétiolées, velues, les inférieures ovales-arrondies, opposées, les supérieures alternes, ovales-hastées; fleurs
jaunâtres, axillaires, solitaires, à éperon aigu, portées sur des
pédoncules longs, capillaires, glabres; calice à divisions linéaires-lancéolées, aiguës, dépassant la capsule qui est glabre
et mucronée. ⚥ L'été. Dans les champs cultivés.

┼┼ FEUILLES TRÈS-ENTIÈRES, LES INFÉRIEURES VERTICILLÉES.

1029. L. PELISSERIANA (Desf. Atl. 2. p. 57). Antirrhinum pelis-
serianum L. Sp. 855. Ant. gracile Pers. Ench. 2. p. 156. Tige
de 50 centimètres environ, dressée, peu rameuse, glabre,
poussant des jets stériles à la base, munis de feuilles presque
ovales, ternées; feuilles des tiges florifères linéaires, étroites,
glabres, ternées ou quaternées à la base, alternes dans le haut;
fleurs bleuâtres ou rougeâtres, petites, peu nombreuses, presque en tête, à éperon très-long, droit, aigu; divisions du calice
linéaires, acuminées, dépassant la capsule. ⚥ Juillet, août.
Dans les endroits cultivés. Cette plante a été trouvée dans le
Luxembourg par M. Marchand, je ne l'y ai pas rencontrée.

1030. L. REPENS (Desf. l. c.). L. striata DC. Fl. fr. 5. p. 586.
Antirrhinum monspessulanum et Ant. repens L. Sp. Racines
rampantes; tiges redressées, nombreuses, rameuses, glabres,
hautes de 50 à 50 centimètres; feuilles linéaires, nombreuses,
très-rapprochées, les inférieures verticillées par 5-4, les supérieures éparses; fleurs blanchâtres mêlées de bleu, à palais jaune, à éperon très-court, obtus, disposées en grappes
allongées, mêlées de bractées droites, aussi longues que les
pédoncules. ♃ Sur les vieux murs et dans les lieux arides.
Theux (Liége), Useldange (Luxembourg).

1031. L. SUPINA (Desf. l. c.). Antirrhinum supinum L. L. Thuil-
lieri Mer. Tiges de 10 à 15 centimètres, diffuses, couchées,
étalées, un peu velues au sommet; feuilles linéaires, glabres,
les inférieures quaternées, les supérieures alternes; fleurs
jaunes, à éperon fin, aigu, terminales, en épi ou en tête; calice
à divisions sublinéaires, obtuses, plus courtes que la capsule.

Linaria.

⚀ L'été. Dans les endroits sablonneux et pierreux. Dans les sables avoisinnant les dunes. Walcourt (Namur).

1052. L. ARVENSIS (DC. Fl. fr. 3. p. 588). Tiges de 20 à 30 centimètres, dressées, rameuses, pubescentes-glanduleuses dans leur partie supérieure; feuilles glaucescentes, linéaires, les inférieures verticillées par quatre, les supérieures alternes; fleurs bleuâtres en épis terminaux, allongés, à éperon aigu, courbé; calice à divisions linéaires-aiguës, plus courtes que la capsule. ⚀ L'été. Dans les champs du Luxembourg et de la province de Liége. Cette plante est assez rare.

1053. L. SIMPLEX (DC. Fl. fr. 3. p. 588). L. arvensis β. Desf. Antirrhinum simplex Lois. Fl. gal. p. 576. t. 2. Ant. parviflorum Jacq. Tiges de 20 à 25 centimètres, dressées, simples, pubescentes-glanduleuses au sommet; feuilles linéaires, les inférieures quaternées, les supérieures alternes; fleurs jaunes, peu nombreuses, petites, en tête, à éperon droit, un peu obtus; calice à poils visqueux, à divisions spatulées-linéaires, plus courtes que la capsule. ⚀ Juin, juillet, août. Dans les moissons, entre Eupen et Limbourg (Liége), Neufchâteau, Habay-la-Vieille (Luxembourg).

††† Feuilles alternes, très-entières.

1054. L. VULGARIS (Mœnch. Meth. 524). Antirrhinum linaria L. Sp. 858. Tige de 40 à 60 centimètres, dressée, branchue, glabre; feuilles éparses, rapprochées, lancéolées-linéaires, entières, aiguës; fleurs jaunes, à palais safrané, velu, à éperon long, droit, disposées en épi terminal; calice à laciniures linéaires, aiguës, plus courtes que la capsule. ♃ L'été. Dans les lieux cultivés.

> VAR. β. ANGUSTIFOLIA (Lin.). L. stricta Horn? Feuilles très-étroites.
>
> VAR. γ. PELORA (L. Amœn. ac.). Corolle régulière à 5 lobes, se prolongeant en 5 éperons; fruit stérile. C'est une monstruosité de la fleur.

VAR. *♂. glandulosa* (Lej.). Pédoncules et calices glanduleux.

1035. L. genistifolia (Mill. Dict. n° 14). Tiges paniculées du haut, à rameaux flexueux, glabres, ainsi que toute la plante; feuilles sessiles, planes, lancéolées, aiguës, glaucescentes; fleurs jaunes, à palais velu, à éperon droit, aigu, disposées en panicule effilée. ♃ Juin, juillet. Dans les endroits montueux.

Cette plante a toujours été introuvable pour moi en Belgique et dans le nord de la France ; elle n'a pu y être trouvée qu'accidentellement, si encore elle y a été trouvée. J'en dirai autant du Linaria triphylla (Mill.), qui est une plante naturelle à l'Espagne et au midi de la France.

5. SCROPHULARIA. Tourn. t. 74.

Calice court, à 5 lobes ; corolle subglobuleuse, à limbe bilabié, lèvre supérieure bilobée, l'inférieure à 5 lobes; 4 étamines fertiles ; 1 stigmate ; capsule acuminée à 2 loges polyspermes, bivalve, à cloison droite.

1036. S. aquatica (L. Sp. 864). Racine fibreuse; tiges de 6 à 9 décimètres, dressées, glabres, carrées, ailées sur les angles; feuilles ovales-cordiformes, crénelées, glabres, obtuses, pétiolées, un peu décurrentes, opposées ou ternées; fleurs d'un pourpre noirâtre, portées sur des pédoncules rameux, en grappe interrompue et terminale. ♂ Juin, juillet, août. Dans les lieux humides et les ruisseaux.

1037. S. nodosa (L. Sp. 865). Racine noueuse; tiges de 6 à 10 décimètres, dressées, carrées, glabres, un peu rameuses dans le haut; feuilles glabres, opposées ou ternées, pétiolées, les inférieures subcordiformes, pointues, irrégulièrement dentées, les supérieures ovales-lancéolées; fleurs d'un pourpre noirâtre, portées sur des pédoncules rameux et formant une panicule droite, non feuillée, un peu serrée, terminale. ♃ Juin, juillet, août. Dans les lieux humides et les fossés,

VAR. *β*. LANCEOLATA. Feuilles lancéolées, oblongues, peu dentées; fleurs en cimes axillaires avec des bractées.

VAR. *γ*. BISERRATA. Feuilles très-larges, doublement dentées en scie.

VAR. *δ*. UMBROSA (Dum. Fl. belg. f. 57). Tige ciliée; feuilles simplement dentées, décurrentes, les inférieures oblongues, aiguës, les supérieures lancéolées, acuminées. Dans le Luxembourg.

VAR. *ε*. URCEOLATA (Tinant). Corolle renflée en grelot, à lèvre supérieure très-courte, lobe moyen de la lèvre supérieure redressé, se rejoignant, ainsi que les latéraux, à la lèvre supérieure et fermant l'entrée de la corolle. Grunenwald (Luxembourg).

1058. S. BETONICIFOLIA (L. Mant. p. 87). Tiges de 6 à 9 décimètres, dressées, glabres, tétragones, rameuses, rougeâtres; feuilles glabres, pétiolées, oblongues, obtuses, un peu cordiformes, quelquefois auriculées, grossement et obtusément dentées; fleurs d'un pourpre foncé, en panicule longue et rameuse. ♃ Juillet, août. Dans les bois humides. Blaschette, Schengen (Luxembourg).

1059. S. PEREGRINA ((L. Sp. 866). Tige de 60 centimètres environ, dressée, anguleuse, glabre; feuilles cordiformes, lucides, les inférieures pétiolées; fleurs brunes, portées sur des pédoncules axillaires, multiflores; divisions du calice lancéolées-aiguës; capsule assez grande, souvent binée, longuement pédicellée. ☉ Juillet, août. Dans les endroits humides.

M. Desmazières dit avoir trouvé cette plante dans les haies près le Sas-de-Gand.

1040. S. VERNALIS (L. Sp. 864). Tige de 50 à 60 centimètres, dressée, presque simple, velue, carrée; feuilles cordiformes, pubescentes, doublement dentées, pétiolées; fleurs jaunâtres en panicules axillaires, dichotomes, rapprochées en une panicule feuillée, terminale; corolle ovoïde; divisions du calice obtuses, lancéolées; capsule ovale. ♂ Printemps. Dans les lieux cultivés des provinces de Liége, du Luxembourg et du Hainaut. Rare.

1041. S. CANINA (L. Sp. 865). Tiges de 6 décimètres environ, dressées, glabres; feuilles pinnées, à lobes entiers ou laciniés, dentés, confluents au sommet de la feuille; fleurs brunâtres en panicule terminale, presque dépourvue de feuilles, portées sur des pédoncules multiflores (6 à 8 fleurs); bractées très-petites; divisions du calice ovales, arrondies, obtuses, scarieuses sur les bords. ♃ Juin, juillet, août. Dans les endroits sablonneux des Flandres.???

SECTION II. — *Capsules uniloculaires.*

6. LIMOSELLA. L. Gen. 776.

Calice à 5 lobes irréguliers; corolle très-petite, campanulée, à 5 divisions planes, presque égales; 4 étamines, quelquefois 2 seulement par avortement; stigmate globuleux; capsule ovoïde, bivalve.

1042. L. AQUATICA (L. Sp. 881). Plante petite (2 à 5 centimètres), acaule, à jets rampants; feuilles ovales-allongées, subspatulées, pétiolées; fleurs blanchâtres portées sur des pédoncules radicaux, plus courts que les feuilles, uniflores; capsule globuleuse, glabre. ④ Bords des rivières et lieux inondés. Profondeville (Namur), Ruremonde, Petersheim (Limbourg), Verviers (Liége).

Flle LVIII. — OROBANCHÉES. Juss. Ann. mus. 12. p. 445.

Calice monosépale à divisions bractéiformes; corolle hypogyne, monopétale, irrégulière, bilabiée; 4 étamines insérées sur la corolle, dont deux plus courtes; 1 ovaire simple. libre ; 1 style; 1 stigmate; capsule à une loge polysperme, ovoïde, allongée, à 2 valves libres, portant les graines sur leur nervure longitudinale; périsperme charnu. Plantes un peu charnues, presque toujours parasites sur les racines d'autres plantes, à tige herbacée, munie d'écailles alternes qui tiennent lieu de feuilles; fleurs en épi muni de bractées.

1. OROBANCHE. L. Gen. 779.

Calice à 2-4-5 divisions ou nul, entouré de 1-5 bractées; corolle tubuleuse à 2 lèvres, la supérieure courte, crénelée, l'inférieure à 5 divisions ; étamines pubescentes, à anthère glabre, bicorne; style persistant; stigmate en tête, ou bifide ; ovaire posé sur une glande.

SECTION I.—OSPROLEON (Wallr. Diask. p. 21). *Calice à 1 ou 2 divisions, muni d'une bractée ; corolle quadrifide; capsule s'ouvrant latéralement.*

1043. O. RAPUM (Thuil. Fl. par. ed. 2. p. 517). O. major Lam. Ill. t. 151. Tige de 20 à 50 centimètres, bulbeuse-charnue à la base, à écailles et bractées supérieures ovales-oblongues, velues-glanduleuses ; fleurs couleur de rouille, à corolle ventrue, à lobes obscurément dentés ; étamines à filets glabres ; stigmate jaune; calice à 2 lobes linéaires, égaux. ♃ Mai, juin. Parasite sur le Cytisus scoparius.

1044. O. MINOR (Smith. Fl. Brit. 1. p. 650). Tige simple, épaissie à la base, à bractées lancéolées, velues, haute de 15 à 20 centimètres; fleurs jaunâtres, nombreuses, à corolle insensiblement arquée, à lèvre supérieure émarginée; filets des étamines peu velus; stigmate violet. ☉ Juin, juillet, août. Parasite sur plusieurs plantes, principalement sur le trèfle.

1045. O. HEDERÆ HELICIS (Vauch. Orob. 57. t. 8?) Tige de 25 à 55 centimètres, arrondie, à écailles ovales, peu nombreuses;

fleurs en épi allongé, d'un jaune pâle, un peu serrées, munies de bractées latérales, lancéolées-linéaires, allongées, entières; corolle bilabiée, lèvre supérieure entière, l'inférieure trilobée, à lobes arrondis. ⚥ En été sur le Hedera helix. Marche-les-Dames, Grands-Malades (Namur), Groenendael (Brabant).

1046. O. ILICIS (Nob.). Tige de 20 à 30 centimètres, arrondie, à écailles ovales-lancéolées; fleurs jaunâtres, peu nombreuses, disposées en épi allongé, munies de bractées; corolle bilabiée, lèvre supérieure émarginée, l'inférieure trilobée; filets des étamines glabres. ① Juillet, août.

Je l'ai trouvé une seule fois sur le houx près de Boitsfort (Brabant).

1047. O. EPITHYMUM (DC. Fl. fr. 3. p. 490). Tige de 15 à 25 centimètres, arrondie, simple, à écailles et bractées lancéolées; fleurs violettes purpurines, peu nombreuses, courtes, étalées, éparses, glanduleuses-visqueuses; étamines velues à la base, divisions du calice lancéolées, rarement bifides; corolle à lèvre supérieure arrondie, crénelée, l'inférieure bilobée; stigmate bilobé, rougeâtre. ① Juin, juillet. Parasite sur le serpolet, principalement dans la Campine.

1048. O. GALII (Duby. Bot. gall. p. 549). Tige de 20 à 30 centimètres, épaissie et écailleuse à la base, à écailles et bractées lancéolées, noirâtres; fleurs violacées, à corolle bilabiée, enflée, à lèvre supérieure courbée, subémarginée, l'inférieure trilobée à lobes arrondis; étamines à filets infléchis, à anthères noirâtres; stigmate bilobé d'un noir rougeâtre; divisions du calice lancéolées ou irrégulièrement bifides. ⚥ Juin, juillet. Parasite sur les Galium.

1049. O. ERYNGII (Duby. Bot. gall. p. 550). O. speciosa DC. Fl. fr. Tige de 30 à 40 centimètres, ronde, violette, rougeâtre, hérissée et écailleuse à la base, à écailles lancéolées-linéaires; fleurs blanchâtres en épi allongé, presque distique, à lèvre supérieure de la corolle courbée, à peine bifide, l'inférieure trilobée, un peu plissée; stigmate bilobé, rougeâtre; divisions

Orobancha.

du calice profondément bifides, à lobes linéaires.♃ Juin, juillet.
Parasite sur les Eryngium arvense et maritimum. Assez rare.

1050. O. CONCOLOR (Duby Bot. gall. p. 550). Tige de 20 à 50 centimètres, élargie, écailleuse à la base, jaunâtre ainsi que
toute la plante, à écailles lancéolées, nombreuses, bordées de
noir; fleurs jaunâtres, nombreuses, à lèvre supérieure de la
corolle subtrilobée, l'inférieure à 5 lobes ondulés; divisions
du calice velues, souvent bifides. ♃ Juin, juillet. Je l'ai trouvé
sur le Campanula medium dans un jardin près de Liége.

1051. O. ELATIOR (Sutt. Trans. lin. 4. p. 178. t. 17). O. ame-
thystea Th. Fl. par. O. helianthemum Jaume St-Hil. Tige de
25 à 55 centimètres, arrondie, à écailles linéaires; fleurs purpurines, courbées, à corolle assez longue; lèvre supérieure
bilobée; divisions du calice linéaires, bifides. ♃ Juin, juillet.
Parasite sur le Cistus helianthemum. Très-rare.

1052. O. VULGARIS (Lam. Dict. 4. p. 621). O. caryophyllacea
Smith. O. cruenta But. Tige de 20 à 50 centimètres, simple,
velue, arrondie, violette, à écailles ovales-lancéolées; fleurs
violettes-purpurines, peu nombreuses, formant un épi, à corolle velue, tubuleuse, ventrue, frangée sur les bords, à lèvre
supérieure présentant 2 lobes peu allongés; filets des étamines
velus. ♃ Dans les bois. Parasite sur le Centaurea scabiosa,
l'aubépine, les rosiers, etc.

SECTION II. — TRIONYCHON (Wallr. Diask. p. 58) *Calice à 4-5
lobes, entouré de 5 bractées ; corolle à 5 divisions ; capsule
s'ouvrant au sommet.*

1053. O. CÆRULEA (Vill. Dauph. 2. p. 406). O. lævis L. Sp. 884. O. ar-
temisiæ Vauch. Philipæa cærulea Mey. Tige de 20 à 50 centimètres, simple, glabre, anguleuse, à écailles lancéolées, linéaires,
bleuâtres, ainsi que toute la plante; fleurs d'un bleu violacé,
peu serrées, en épi allongé, à corolle tubuleuse, inclinée, à
lèvre supérieure bilobée; stigmate blanchâtre; calice quadrifide, à divisions oblongues, linéaires, plus longues que la cap-

Orobanche.

sule. ♃? Juin, juillet. Sur les pelouses et les coteaux arides.
Parasite sur l'armoise et la millefeuille. Dans le Limbourg et
le Luxembourg.

1054. O. RAMOSA (L. Sp. 882). Tige de 10 à 15 centimètres,
rameuse, pubescente, jaunâtre, à écailles presque nulles; fleurs
jaunâtres ou bleuâtres, petites, en épis peu serrés, terminaux,
à corolle tubuleuse, resserrée au-dessus de l'ovaire; calice un
peu urcéolé, quadrifide, à lobes ovales, acuminés. ① Tout
l'été. Dans les champs. Parasite sur le chanvre, le Polygonum
aviculare, etc. Tongres (Limbourg), Montreuil (Hainaut). Il se
trouve aussi dans le Luxembourg.

2. LATHRÆA. L. Gen. n° 743.

Calice campanulé, quadrifide; corolle tubuleuse, à 2 lèvres, la supérieure entière, en casque, l'inférieure trifide,
réfléchie; 4 étamines didymes, à anthère poilue; 1 style;
stigmate bilobé; ovaire à base glanduleuse; capsule uniloculaire.

1055. L. CLANDESTINA (L. Sp. 843). Tige rameuse, presque cachée en terre, très-courte, munie d'écailles blanchâtres, imbriquées; fleurs violettes, grandes, dressées, en épis terminaux
et saillants au-dessus du sol. ♃ Mai, juin. Sous la mousse dans
les lieux humides. Dans les Flandres et le Hainaut.

1056. L. SQUAMMARIA (L. Sp. 844). Tige de 12 à 15 centimètres,
dressée, succulente, écailleuse à la base, simple, glabre, noirâtre; écailles ovales, sessiles, serrées; fleurs d'un blanc pourpré,
pédonculées, penchées, unilatérales, disposées en grappes terminales, entremêlées de bractées. ♃ Dans les bois ombragés.
Rochefort, Dave, Saint-Servais (Namur), Ensival, Malmédy
(Liége), Antoing (Hainaut), Erpeldange (Luxembourg).

Au moment de mettre sous presse, M. Crepin botaniste à Rochefort
(Namur), nous signale l'Orobanche Arenaria, Borkh à l'abbaye d'Orval
(Luxembourg).

F^lle LIX. — RHINANTHACÉES. DC. Fl. fr. 3. p. 454. Pédiculaires Juss. Gen. 99.

Calice divisé, persistant, souvent tubuleux; corolle hypogyne, irrégulière, souvent bilabiée; 2-4 étamines insérées sur la corolle, dont deux souvent plus courtes; anthères souvent munies de 2 soies à la base; ovaire libre; style simple; capsule biloculaire, bivalve; périsperme charnu. Plantes herbacées se noircissant souvent par la dessiccation, à feuilles opposées ou alternes, à fleurs axillaires ou en épi. Plusieurs botanistes réunissent cette famille à celle des Antirrhinées, avec laquelle elle a, du reste, les plus grands rapports, et en forment la famille des Scrophulariées.

Tribu I. — PÉDICULARINÉES.

Corolle irrégulière, presque toujours bilabiée; 4 étamines didymes.

1. MELAMPYRUM. L. Gen. 742.

Calice tubuleux, quadrifide; corolle tubuleuse à deux lèvres, la supérieure en casque, à bords rejetés en dehors, l'inférieure plane, tridentée; 4 étamines didymes; capsule oblongue, obliquement acuminée, à 2 loges le plus souvent monospermes; graines ovoïdes-oblongues, gibbeuses.

1057. M. ARVENSE (L. Sp. 842). Tige de 50 centimètres environ, dressée, pubescente; feuilles linéaires-lancéolées, sessiles, subpubescentes, les florales pinnatifides à la base; fleurs rougeâtres, à gorge jaune, en épis terminaux, mêlées de bractées aussi rougeâtres, ovales, pinnatifides; calice pubescent, à divisions lancéolées-linéaires, longuement acuminées, plus longues que la capsule. ⊕ Dans les champs et sur les rochers des provinces de Liége, Namur, Luxembourg et Hainaut.

Melampyrum.

\ 1058. **M. pratense** (L. Sp. 843). M. vulgatum Pers. M. sylva-
— ticum Huds. non L. Tige de 50 centimètres environ, dressée,
rameuse, glabre; feuilles lancéolées-linéaires, sessiles, entières, glabres, les supérieures hastées, pinnatifides à la base;
fleurs jaunâtres, géminées, en grappes terminales, allongées,
unilatérales; calice à laciniures linéaires, aiguës, plus courtes
que la corolle. ① Juin, juillet, août. Commun dans les bois
montueux.

\ 1059. **M. cristatum** (L. Sp. 842). Tige de 20 à 25 centimètres,
— dressée, pubescente, un peu rameuse; feuilles inférieures linéaires, glabres, entières, les supérieures élargies, subpinnatifides à la base; fleurs jaunes mélangées de rougeâtre, formant
un épi compacte, terminal, court, quadrangulaire, mêlé de
bractées cordiformes, denticulées; calice à divisions linéaires,
aiguës. ① Juin, juillet, août. Dans les bois de la province du
Luxembourg.

1060. **M. nemorosum** (L. Sp. 843). Tige de 20 à 30 centimètres,
faible, dressée, rameuse; feuilles ovales-lancéolées; bractées
dentées, cordées, lancéolées, celles du sommet colorées; fleurs
jaunâtres, disposées en épis latéraux, tournées du même côté;
calice laineux, à laciniures ovales-lancéolées, acuminées, un
peu plus courtes que la capsule. ① Juin, juillet. Dans les bois
des Ardennes.

Cette plante a été indiquée dans les Ardennes par plusieurs
botanistes, mais je doute fort de cette assertion, ne l'y ayant
jamais rencontrée. Quant au Melampyrum sylvaticum L. Sp.
843, sans aucun doute il n'a jamais existé en Belgique.

2. Pedicularis. L. Gen. 746.

Calice ventru-renflé, à 5 divisions; corolle tubuleuse,
bilabiée, à lèvre supérieure comprimée, en casque, l'inférieure plane, trilobée; 4 étamines didymes; capsule comprimée, acuminée, souvent oblique, plus courte que le
calice, à 2 loges polyspermes; graines ovoïdes, trigones.

Pedicularis.

1061. P. PALUSTRIS (L. Sp. 845). Tige de 20 à 40 centimètres,
— dressée, simple, souvent étalée à la base; feuilles profondément pinnatifides, à segments ovales, subpinnatifides, à bords
comme cartilagineux; fleurs rougeâtres, axillaires, sessiles,
rapprochées vers le sommet; corolle à lèvre supérieure tronquée, munie de chaque côté, vers le milieu de sa longueur,
d'une dent dirigée en bas; calice présentant comme 2 lèvres
irrégulièrement dentées, devenant ensuite ovale, renflé.
④ Juillet, août. Dans les prairies marécageuses, surtout dans
la Campine et les Ardennes.

1062. P. SYLVATICA (L. Sp. 485). Tige de 8 à 15 centimètres,
— étalée à la base, glabre; feuilles pinnatifides, à segments
ovales, confluents au sommet, à dents aiguës; fleurs rougeâtres, axillaires, disposées le long de la tige; corolle à lèvre
supérieure tronquée avec deux dents aiguës; calice beaucoup
plus court que la corolle, glabre, à 3 dents, renflé à la maturité. ④ Mai, juin, juillet. Dans les prairies humides des
bois.

3. RHINANTHUS. L. Gen. 739.

Calice renflé-ventru, quadrifide, comprimé; corolle tubuleuse, bilabiée, à lèvre supérieure comprimée en casque,
l'inférieure plane, trilobée; 4 étamines didymes; capsule
comprimée, obtuse, couverte par le calice, à 2 loges polyspermes; graines membraneuses, comprimées.

1063. R. CRISTA-GALLI (L. Sp. 840). R. major Erhr. Alectoro-
— lophus grandiflorus Var. α. Wallr. Tige de 30 centimètres
environ, dressée, glabre, maculée, branchue au sommet;
feuilles ovales-lancéolées, dentées, sessiles, opposées, ridées;
fleurs jaunes, terminales, disposées en épis entremêlés de
bractées larges, dentées; lèvre supérieure de la corolle bidentée au sommet, comprimée, dépassée par le pistil qui est
violet; calice glabre. ④ De mai en août. Dans les prairies.

Rhynanthus.

1064. R. MINOR (Erhr. Herb. n° 46). Alectorolophus parviflorus
Wallr. Cette espèce n'est qu'une variété de la précédente, elle
s'en distingue par sa tige qui est plus petite et non maculée,
par la lèvre supérieure de la corolle qui est comprimée et plus
longue que le pistil qui est jaunâtre. ① Mai, juin. Dans les prairies. Verviers (Liége), Châtelet (Hainaut), Auvelois (Namur).

\ 1065. R. VILLOSUS (Pers. Syn. 2. p. 151). R. crista-galli
Var. γ. L. Sp. R. trixago Th. Fl. par. non L. R. hirsuta Lam.
R. alectorolophus Poll. Alectorolophus grandiflorus Var. β.
Wallr. Tige de 25 à 40 centimètres, dressée, branchue ou
simple, pubescente; feuilles ovales-lancéolées, dentées, sessiles, légèrement pubescentes, à peine scabres; fleurs jaunâtres, tachées de bleu violet à la lèvre supérieure, disposées
en épi; lèvre supérieure de la corolle comprimée et dépassée
par le pistil qui est jaune; calice velu. ① Mai, juin. Dans les
prairies humides et les moissons. Il est beaucoup plus rare que
les deux espèces précédentes.

4. EUPHRASIA. L. Gen. 741.

Calice tubuleux, quadrifide; corolle tubuleuse à 2 lèvres,
la supérieure en casque, échancrée, l'inférieure plus large,
étalée, à 3 lobes égaux; 4 étamines; capsule ovoïde, comprimée, obtuse, émarginée, à 2 loges polyspermes; graines
ovoïdes fusiformes.

1066. E. OFFICINALIS (L. Sp. 841). Tige de 15 à 25 centimètres,
dressée, rameuse, velue; feuilles ovales, sessiles, glabres,
épaisses, ridées. dentées, les supérieures à dents profondes,
acuminées; fleurs blanches panachées de jaune et de violet,
formant une espèce d'épi terminal; corolle à lèvre supérieure
couvrant les étamines, l'inférieure émarginée; divisions du
calice lancéolées, acuminées. ① L'été. Dans les pâturages secs,
les bruyères et les lisières de bois.

1067. E. NEMOROSA (Pers. Syn. 2. p. 149). Tige cylindrique, al-

Euphrasia.

longée, à rameaux lâches; feuilles ovales, glabres, lucides, à
dents obtuses inférieurement, très-aiguës supérieurement;
fleurs violacées, mélangées de noir et de jaune, de moitié plus
petites que dans l'espèce précédente. ④ L'été. Dans les bois
des provinces de Liége et de Namur.

1068. E. minima (Pers. Syn. 2. p. 149). Tige de 10 à 15 centimètres, simple, glabre; feuilles ovales, glabres, à dents obtuses inférieurement, aiguës supérieurement; fleurs variées
de jaune et de violet, plus grandes que dans l'espèce précédente,
rapprochées en un épi court, presqu'en tête. ④ L'été. Dans les
prés secs et les bruyères.

Ces deux dernières espèces me semblent des variétés de la
première.

1069. E. odontites (L. Sp. 841). Odontites rubra Pers.
Syn. 2. p. 150. Bartsia odontites Smith. Engl. bot. Tige
de 20 à 30 centimètres, rameuse, étalée, pubescente;
feuilles linéaires-lancéolées, dentées, subpubescentes; fleurs
rouges, en épis terminaux, unilatéraux, entremêlées de
folioles un peu plus longues qu'elles; étamines saillantes, mucronées; style dépassant longuement la lèvre supérieure de la
corolle. ④ Tout l'été. Dans les pâturages et sur les lisières
des bois.

Var. β. verna (Bell. in App. fl. ped. p. 33). Cette variété est plus robuste que l'espèce, les feuilles florales sont trois fois plus longues que les fleurs. Elle
est très-rare.

Tribu II. — Véronicées. 2 *étamines, corolle inégale, rotacée.*

5. Veronica. Tourn. t. 60.

Calice à 4, rarement à 5 divisions; corolle à 4 lobes un
peu inégaux; capsule comprimée, ovoïde, échancrée en
cœur au sommet, à 2 loges polyspermes.

† Espèces annuelles ; pédoncules solitaires, axillaires, uniflores.

1070. V. HEDERÆFOLIA (L. Sp. 19). Tiges de 15 à 25 centimètres, couchées, diffuses, rameuses, garnies de poils rares ; feuilles arrondies-cordiformes, pétiolées, à 3-5 lobes, celui du milieu plus large ; fleurs bleuâtres, portées sur des pédoncules plus courts que les feuilles ; divisions du calice cordiformes, ovales, ciliées, dépassant la capsule qui est subglobuleuse, à 4 graines ombiliquées-concaves d'un côté, rugueuses de l'autre. ⨀ Printemps et été. Dans les champs, aux bords des chemins.

1071. V. FILIFORMIS (Savi Bot. étr. 1. p. 15). V. Buxbaumii Ten. Fl. neap. Tiges couchées, rameuses, étalées, pubescentes ; feuilles ovales, subcordées, grossement dentées, se terminant en pétioles ; fleurs bleues mélangées de blanc, portées sur des pédoncules 2 et 3 fois plus longs que les pétioles ; divisions du calice lancéolées, divariquées, dépassant la capsule qui est réticulée, bilobée, plus large que longue, contenant 5-8 graines ombiliquées-concaves d'un côté, un peu rugueuses de l'autre. ⨀ Le printemps et l'été. Dans les mêmes lieux que la précédente, mais beaucoup plus rare.

1072. V. AGRESTIS (L. Sp. 18). Tiges de 12 à 20 centimètres, couchées, rameuses, étalées, velues ; feuilles ovales-cordiformes, incisées-crénelées, pétiolées ; fleurs bleuâtres, veinées de blanc, à pédoncules plus longs que les feuilles ; divisions du calice ovales, aiguës, dépassant la capsule qui est pubescente, à deux lobes renflés, non divergents. ⨀ Printemps et été. Dans les champs.

> Var. ɛ. POLITA (Fries). Feuilles ovales-cordées, incisées, dentées, glabres ; pédoncules fructifères réfléchis ; divisions du calice ovales, aiguës, égalant la corolle ; capsule gonflée, velue, glanduleuse.
>
> Var. γ. VERSICOLOR (Fries). Feuilles velues ; divisions du calice oblongues, obtuses, velues en dehors.

1073. V. ARVENSIS (L. Sp. 18). Tiges de 15 à 25 centimètres, redressées, rameuses ou simples, velues; feuilles sessiles, les inférieures ovales-cordiformes, crénelées-dentées, les florales alternes, lancéolées, presque entières; fleurs petites, d'un bleu pâle, presque sessiles, formant une espèce d'épi; divisions du calice lancéolées, obtuses, inégales, dépassant la capsule qui est ciliée, suborbiculaire. ① Le printemps et l'été. Dans les champs.

　　　　Var. *β*. POLYANTHOS (Thuil. Fl. par.). Tiges allongées, n'ayant que 2 ou 3 feuilles dans le bas, tout le reste de leur longueur est garni de fleurs accompagnées de feuilles florales.

1074. V. VERNA (L. Sp. 19). Tige de 10 à 15 centimètres, dressée, presque simple ou rameuse à la base, velue; feuilles inférieures ovales, dentées, digitées, les moyennes pinnatifides, les supérieures entières, linéaires; fleurs d'un blanc pâle, subsessiles; divisions du calice linéaires-lancéolées, aiguës, dépassant la capsule qui est obcordée, velue sur le bord. ① Avril, mai. Dans les lieux arides, sablonneux. Theux (Liége), Haren (Brabant), Ghlin (Hainaut). On le trouve aussi dans le Luxembourg.

1075. V. TRIPHYLLOS (L. Sp. 19). Tige de 5 à 10 centimètres, dressée, rameuse, velue; feuilles inférieures ovales-cordiformes, subpubescentes, dentées, les supérieures à 3-5 lobes digités, étroits, obtus; fleurs petites, bleuâtres ou rougeâtres; divisions du calice ovales-lancéolées, obtuses; capsule obcordée, ciliée, glanduleuse; graines noires, concaves, cupuliformes. ① Avril, mai. Dans les champs.

1076. V. ACINIFOLIA (L. Sp. 19). Tige de 5 à 10 centimètres, dressée, rameuse, velue; feuilles inférieures ovales, arrondies, crénelées, les supérieures lancéolées, entières; fleurs bleuâtres formant une espèce de corymbe, pédonculées; calice à divisions égales, ovales, plus courtes que la capsule qui est large, à deux lobes orbiculaires, comprimés. ① Avril, mai. Dans les champs argileux, un peu humides.

1077. V. PRÆCOX (All. Auct. 5. t. 1. f. 1). Tige de 5 à 10 centi-

Veronica.

mètres, dressée, rameuse, velue, ainsi que toute la plante;
feuilles inférieures pétiolées, ovales-cordiformes, profondément dentées, les supérieures subsessiles, plus courtes que les
pédoncules; fleurs bleuâtres; divisions du calice ovales, lancéolées, obtuses, plus longues que la capsule qui est oblongue,
suborbiculaire, à 2 lobes renflés; graines jaunes, concaves,
cupuliformes. ① Avril, mai. Dans les champs sablonneux.

1078. V. PEREGRINA (L. Sp. 20). Plante très-glabre, à tige rameuse, à rameaux ascendants; feuilles inférieures lancéolées-
oblongues, obtuses, munies de quelques dents, les supérieures
linéaires-lancéolées, dépassant longuement les capsules; divisions du calice lancéolées, linéaires, plus longues que la capsule qui est glabre, bilobée; graines nombreuses. ① Avril,
mai, juin. Dans les champs humides. Schaerbeek (Brabant),
Habay-la-Vieille (Luxembourg).

†† ESPÈCES VIVACES; FLEURS EN ÉPIS TERMINAUX.

1079. V. SERPYLLIFOLIA (L. Sp. 15). Tige de 10 à 25 centimètres,
couchée à la base, presque simple, un peu pubescente; feuilles
glabres, sessiles, les inférieures ovales-arrondies, opposées,
crénelées, les supérieures alternes, plus étroites; fleurs
bleuâtres ou blanchâtres, solitaires, disposées en grappes spiciformes, terminales; divisions du calice glabres, ovales-lancéolées, obtuses, plus courtes que la capsule, qui est glabre et
bilobée. ♃ Printemps et été. Sur les bords des fossés et des
bois.

> VAR. β. NUMMULARIA (Lej. non Gou.) Tige couchée,
> rampante; feuilles très-grandes et arrondies. Cette
> variété est le V. humifusa Dicks.

1080. V. SPICATA (L. Sp. 14). Tiges de 30 à 40 centimètres, redressées, simples, pubescentes; feuilles opposées, velues, les
inférieures ovales-lancéolées, dentées, entières au sommet, les
supérieures lancéolées, moins profondément dentées; fleurs
bleues en épi terminal, allongé; calice velu, à divisions lan-

céolées, aiguës; style 3 à 4 fois plus long que la capsule, qui est globuleuse, un peu comprimée, à peine émarginée. ♃ Juillet, août. Dans les bois des provinces de Liége et de Luxembourg.

> VAR. *β.* HYBRIDA (L. Sp.). Feuilles elliptiques, subobtuses, inégalement dentées-crénelées.

1081. V. SPURIA (L. Sp. 15). V. amethystina Willd. V. foliosa W. et K. Tiges de 30 à 45 centimètres, dressées, lisses; feuilles verticillées par trois, longues, lancéolées, aiguës, aigument dentées, munies de folioles linéaires dans leur aisselle; fleurs bleues, en épis terminaux, allongés, au nombre de trois à quatre; tube de la corolle assez long. ♃ Juin, juillet. Dans les bois. Dolhain, Verviers (Liége).

1082. V. PALUDOSA (Lej. Fl. Spa. 1. p. 22). V. elegans DC. V. crenulata Hoffm. Tige de 30 à 40 centimètres, droite, velue, rameuse; feuilles pétiolées, opposées, subcordiformes, à dentures obtuses, inégales; fleurs d'un bleu rougeâtre, disposées en épi terminal; calice velu, à divisions aiguës, inégales, dépassant la capsule. ♃ L'été. Dans les prairies marécageuses. Andrimont, Henry-Chapelle, Limbourg (Liége).

1083. V. MEDIA (Schrad. Com. t. 1. f. 2). V. longifolia Baumg. V. alternifolia Lej. Fl. Sp. 2. p. 286. Tiges de 30 à 40 centimètres, dressées, blanchâtres-tomenteuses sur le haut, glabres dans le bas, presque toujours simples; feuilles lancéolées, blanchâtres-tomenteuses, inégalement dentées en scie, rétrécies en pétiole, les supérieures alternes; fleurs bleues disposées le plus souvent en un épi unique, garni de bractées presque aussi longues qu'elles, linéaires, lancéolées; capsule globuleuse, comprimée, obtuse. ♃ L'été. Aux bords des bois entre Verviers et Limbourg (Liége).

1084. V. LAXIFLORA (Lej. Rev. fl. Spa. p. 4). Feuilles alternes, opposées, verticillées par trois, glabres, lancéolées, dentées, à base cunéiforme, à pétiole glabre; fleurs d'un bleu tirant sur le rouge, disposées en épi très-long, peu serré, portées sur des pédicelles non ciliés, penchés; divisions du calice très-longues.

Veronica.

2| Juin, juillet. M. Lejeune a trouvé une fois cette véronique
dans un bois près de Verviers, mais elle n'a pas été rencontrée
depuis.

1085. V. LONGIFOLIA (L. Sp. 15). Tiges de 50 à 60 centimètres,
dressées, rameuses; feuilles opposées, verticillées par 3-4, lancéolées, acuminées, à dents aiguës en scie; fleurs bleues en
épis terminaux; calice velu, plus court que la corolle. 2| Juin,
juillet. Subspontané, dit-on, dans le Luxembourg; je crois la
chose fort douteuse.

††† ESPÈCES VIVACES; GRAPPES SPICIFORMES AXILLAIRES.

1086. V. OFFICINALIS (L. Sp. 14). La véronique. Tiges de 20 à
30 centimètres, couchées, ascendantes, quelquefois radicantes,
velues, rameuses; feuilles pubescentes, ovales, opposées, dentées assez finement; fleurs assez petites, d'un bleu pâle, disposées en grappes spiciformes axillaires; divisions du calice
linéaires-lancéolées, aiguës, plus courtes que la capsule qui
est ciliée, bilobée. 2| Tout l'été. Sur les coteaux boisés.

 VAR. β. SPADANA (Lej. Fl. Spa. 1. p. 22). Grappes latérales très-composées; feuilles opposées, obovales,
  blanchâtres.

1087. V. PROSTRATA (L. Sp. 22). Tiges couchées, pubescentes;
feuilles linéaires-lancéolées, incisées, dentées en scie; fleurs
violettes en grappes spiciformes allongées, lâches; divisions
du calice inégales, linéaires-subaiguës, presque égales à la capsule qui est obcordée-atténuée à la base, à lobes divergents.
2| Mai, juin. Sur les collines. Limbourg (Liége), Marienbourg,
Philippeville (Namur), Rodenbasch, Grunenwald (Luxembourg).

1088. V. CHAMÆDRYS (L. Sp. 17). Tiges de 15 à 20 centimètres,
couchées, ascendantes, garnies de deux rangs de poils; feuilles
ovales, subsessiles, cordiformes, ridées, velues, dentées; fleurs
d'un bleu pâle, assez grandes, en grappes axillaires, lâches,
allongées; divisions du calice linéaires-lancéolées, ciliées, dé-

Veronica.

passant la capsule. ♃ Le printemps et l'été. Dans les haies et les buissons des bois.

1089. V. LATIFOLIA (L. Sp. 18). Tiges dressées, pubescentes, de 15 à 50 centimètres; feuilles ovales, sessiles, subcordées, rugueuses, grossement dentées-incisées; fleurs bleuâtres en grappes assez lâches, allongées; divisions du calice linéaires-lancéolées, inégales, ciliées, dépassant de beaucoup la capsule. ♃ Mai, juin, juillet. M. Lejeune dit avoir trouvé cette plante à Juslenville et à Theux (Liége), mais je ne l'y ai pas retrouvée.

1090. V. TEUCRIUM (L. Sp. 16). Tiges de 20 à 50 centimètres, couchées à la base, ascendantes, velues; feuilles ridées, velues, les inférieures ovales-lancéolées, subpétiolées, profondément dentées, les supérieures plus étroites, sessiles, presque pinnatifides; fleurs bleues, veinées souvent de rouge, en grappes lâches, allongées, dépassant longuement la tige; calice à 4 divisions seulement, velu, à divisions linéaires, inégales, dépassant la capsule. ♃ Mai, juin. Dans les pâturages et sur les coteaux montagneux.

        VAR. β. DENTATA (Jacq.). Feuilles larges.

        VAR. γ. SATUREIÆFOLIA (Poir. et Turp.). Feuilles étroites, entières, ou presque entières.

1091. V. MONTANA (L. Sp. 17). Tiges de 15 à 25 centimètres, débiles, couchées, velues, ainsi que les pétioles; feuilles pétiolées, ovales-obtuses, grossement dentées, un peu velues; fleurs bleues en grappes lâches, peu fournies (2-6 fleurs), portées sur des pédoncules velus, flexibles; calice à divisions ovales-lancéolées, obtuses, plus courtes que la capsule qui est large, bilobée. ♃ Mai, juin, juillet. Dans les bois montueux du Limbourg, du Luxembourg et de la province de Liége.

1092. V. SCUTELLATA (L. Sp. 16). Tiges de 50 centimètres environ, assez débiles, redressées dès la base, rameuses; feuilles sessiles, linéaires, pointues, subdenticulées; fleurs d'un bleu incarnat, en grappes lâches, portées sur des pédoncules capillaires, pendants; calice à divisions lancéolées, plus courtes que la capsule qui est glabre, comprimée, obcordée, très-large. ♃ Le printemps et l'été. Dans les lieux marécageux.

1093. V. ANAGALLIS (L. Sp. 16). Tiges de 30 à 60 centimètres, fistuleuses, dressées, garnies de racines aux nœuds inférieurs, subtétragones; feuilles sessiles, demi-amplexicaules, lancéolées, dentées en scie; fleurs violet-clair, en grappes lâches; divisions du calice lancéolées, plus longues que la capsule qui est glabre, à peine émarginée au sommet. ♃ Le printemps et l'été. Dans les lieux inondés.

1094. V. BECCABUNGA (L. Sp. 16). Tiges de 30 centimètres environ, couchées, rampantes, cylindriques; feuilles très-glabres, ovales-arrondies, luisantes, dentées, atténuées en pétiole; fleurs bleues disposées en longues grappes lâches; divisions du calice lancéolées-ovales, aiguës, presque égales à la capsule qui est subémarginée. ♃ De mai en octobre. Dans les fossés aquatiques et les ruisseaux.

> VAR. β. MINIMA (Opitz). Tige grêle, filiforme, de 10 à 12 centimètres; feuilles petites, sessiles; fleurs petites au nombre de 4 à 5 par grappes.
>
> VAR. γ. LIMOSA (Lej. Fl. Spa). Feuilles presque entières; bractées longues; fleurs d'un rouge tendre.
>
> VAR. δ. UMBROSA (Tinant). Tiges longues, genouillées aux articulations inférieures, glaucescentes; grappes florales très-longues, étalées. Grunenwald (Luxembourg).

F^lle LX. — LABIÉES. Juss. Gen. 110.

Calice monosépale, tubuleux, à 5 divisions ou à 2 lèvres; corolle monopétale, hypogyne, tubuleuse, irrégulière, très-souvent à 2 lèvres, la supérieure souvent bifide, l'inférieure trifide; étamines rarement au nombre de 2, le plus souvent

au nombre de 4, didymes, insérées sous la lèvre supérieure
de la corolle; anthère biloculaire; ovaire libre, quadrilobé,
appliqué sur un disque épais, hypogyne; 1 style naissant
entre les lobes de l'ovaire; stigmate bifide; 4 semences nues
(cariopses), attachées à la base du style; périsperme nul;
tiges herbacées ou suffrutescentes, tétragones; feuilles opposées; fleurs opposées ou verticillées, axillaires ou en épis,
munies souvent de bractées.

SECTION I. — 2 étamines fertiles.

1. LYCOPUS. Tourn. Inst. t. 89.

Calice tubuleux à 5 divisions, à orifice nu; corolle tubuleuse quadrifide, presque régulière, à lobe supérieur plus
large, émarginé; graines lisses, triangulaires.

1095. L. EUROPÆUS (L. Sp. 87). Tige de 40 à 60 centimètres,
dressée, quadrangulaire; feuilles glabres-ovalaires, subpinnatifides, les supérieures seulement dentées; fleurs blanches,
en verticilles serrés; calice à pointes aiguës. ♃ Tout l'été. Dans
les lieux humides, aux bords des eaux.

1096. L. EXALTATUS (L. f. Supp. 87). Tige d'un mètre et au delà,
dressée, velue; feuilles toutes pinnatifides; fleurs blanches
ponctuées de rouge, en verticilles serrés. Dans les lieux humides des bois. Environs de Tournai et d'Ath.

2. SALVIA. L. Gen. 29.

Calice subcampanulacé, bilabié, à lèvre supérieure tridentée, l'inférieure bifide; corolle longuement tubulée, à
2 lèvres, la supérieure en faucille émarginée; anthère à
2 loges, dont une seulement fertile; filet des étamines très-

Salvia.

court, articulé transversalement à un pédicule particulier;
graines ovoïdes, trigones.

1097. S. OFFICINALIS (L. Sp. 54). La sauge. Tige suffrutescente, rameuse; feuilles lancéolées-ovales, crénelées; fleurs
en verticilles pauciflores, à lèvre supérieure de la corolle
en faucille, non comprimée; calice à divisions acuminées,
dépassant les bractées. ⚄ Juillet, août. Cultivée dans les
jardins.

1098. S. VERBENACA (L. Sp. 55). Tige de 30 à 50 centimètres,
simple, velue; feuilles ovales-lancéolées, presque glabres,
obtuses, sinuées ou grossement crénelées-dentées, veinées en
dessous, les inférieures longues et pétiolées, les supérieures
sessiles; fleurs bleuâtres, verticillées par 4-6, presque sessiles,
à corolle dépassant à peine le calice; style ne dépassant pas
la lèvre supérieure de la corolle. ⚄ L'été. Dans les pâturages
secs, près de Nieuport.

1099. S. PRATENSIS (L. Sp. 55). Tige de 40 à 60 centimètres,
simple, un peu laineuse dans le bas; feuilles radicales, pétiolées, ridées, ovales-cordiformes, doublement crénelées, les
supérieures sessiles; fleurs bleues ou rougeâtres, disposées en
verticilles nus, composées de 5 à 6 fleurs, grandes, sessiles et
formant un épi par leur réunion. ⚄ Juin, juillet. Dans les
prairies sèches des provinces de Liége et de Luxembourg.

1100. S. SYLVESTRIS (L. Sp. 54). Tige de 30 à 45 centimètres,
dressée, pubescente, branchue; feuilles inférieures pétiolées,
oblongues-lancéolées, subcordées, crénelées irrégulièrement,
les caulinaires sessiles; fleurs assez petites, d'un bleu foncé,
formant un épi verticillé; bractées vertes ou colorées, acuminées, plus courtes que les fleurs; style recourbé, dépassant la
lèvre supérieure; calice garni de gros points brillants, résineux. ⚄ Juillet, août. Dans les prairies montueuses. Vals
(Limbourg), Aix-la-Chapelle (Prusse).

1101. S. SCLAREA (L. Sp. 58). Tige de 50 à 70 centimètres,
droite, velue, rameuse; feuilles velues, cordiformes, ovales,

ridées, veinées, irrégulièrement crénelées, les inférieures ; é-
tiolées, les supérieures sessiles ; fleurs d'un bleu cendré, disposées en verticilles de 5 à 6 fleurs et formant un épi par leur
réunion ; bractées membraneuses, blanchâtres à la base, rosées
au sommet, larges, pointues, plus larges que les fleurs ; divisions de la corolle se terminant par une dent épineuse.
24 Juillet, août. Dans les lieux incultes et pierreux. Tongres
(Limbourg), Ensival, Petit-Rechain (Liége), Habay-la-Vieille
(Luxembourg).

Quant aux Salvia glutinosa L. Sp. 37 et verticillata L. Sp. 37,
je ne crois pas à leur existence en Belgique.

Section II. — 4 étamines didymes, fertiles.

3. Ajuga. Schreb. Unilab. 24.

Calice à 5 divisions presque égales ; corolle marcescente,
à tube muni intérieurement d'un anneau de poils, bilabiée, lèvre supérieure très-petite, bidentée, l'inférieure à
3 lobes, le moyen grand, obcordé ; graines réticulées.

1102. A. chamæpitys (Schreb. Unil. 24). Teucrium chamæpitys
L. Sp. 787. Tiges de 8 à 12 centimètres, velues, rameuses ;
feuilles velues, trilobées, à lobes profonds, linéaires; fleurs
jaunes, marquées de points noirâtres, axillaires, solitaires,
plus courtes que les feuilles. ① Dans les champs secs et pierreux. Provinces de Liége et de Luxembourg.
1103. A. reptans (L. Sp. 785). Tiges de 15 à 20 centimètres,
dressées, munies de rejets rampants et stériles à la base, velues sur deux faces opposées; feuilles glabres, ovales, entières
ou un peu crénelées; fleurs bleues ou rougeâtres, quelquefois
blanches, verticillées par 8-10, formant un épi, mêlé de bractées qui sont quelquefois colorées; calice velu, plus court que
les bractées, à divisions linéaires, aiguës. 24 Au printemps et
en été. Dans les bois et sur les pelouses.

Ajuga.

Var. *β*. alpestris (Dum.). A. alpina Lej. Fl. Spa.
Tiges sans rejets.

1104. A. pyramidalis (L. Sp. 785). Tiges de 15 à 20 centimètres,
dépourvues de rejets, velues, dressées, simples; feuilles ovales,
oblongues, pubescentes, subdentées, les radicales plus grandes, atténuées en pétiole; fleurs bleuâtres ou rougeâtres, verticillées, accompagnées de bractées colorées plus longues
qu'elles; calice velu, à divisions aiguës. ♃ Mai, juin, juillet.
Dans les lieux montueux, principalement dans les Ardennes.

1105. A. genevensis (L. Sp. 785). Cette espèce se rapproche de
la précédente ; elle en diffère par les bractées inférieures qui
sont à trois lobes, les supérieures plus courtes, égalant à peine
la moitié de la longueur des verticilles floraux, et par ses fleurs
qui sont rosées. ♃ Mai, juin, juillet. Elle se rencontre surtout
dans les provinces de Luxembourg et du Hainaut.

4. Teucrium. Schreb. Unilab. p. 17.

Calice tubulé, rarement campanulé, à 5 divisions; corolle caduque, à tube court, bilabiée, à lèvre supérieure
bipartite, à lobes rejetés latéralement sur la lèvre inférieure qui est trilobée, à lobe moyen plus grand; étamines
plus longues que la lèvre supérieure.

§ I. — Scorodonia (Adans. Fam. p. 188). *Calice bilabié,
à lèvre inférieure quadridentée, la supérieure ovale, uni-
lobée.*

1106. T. scorodonia (L. Sp. 789). Scorodonia heteromalla
Mœnch. Tige de 30 à 40 centimètres, dressée, tétragone, velue,
rameuse; feuilles ovales-cordiformes, crénelées, pubescentes,
ridées, courtement pétiolées; fleurs jaunâtres, disposées en
grappes simples, unilatérales; étamines pourprées. ♃ Tout
l'été. Dans les bois.

Teucrium.

§ II. — CHAMÆDRYS (Dill. Gen. t. 3). *Calice tubuleux, campanulé, à 5 dents; graines petites, glabres ou réticulées.*

1107. T. BOTRYS (L. Sp. 786). Tige de 8 à 15 centimètres, dressée, rameuse, velue; feuilles pubescentes, multifides, atténuées en pétiole, à laciniures linéaires, lancéolées; fleurs rougeâtres, disposées en verticilles pauciflores; calice tubuleux, à base dilatée, à dents acuminées. ① Tout l'été, sur les coteaux calcaires. Les Grands-Malades, Dinant (Namur), Ensival, Theux (Liége), Baudour (Hainaut), Schengen (Luxembourg).

1108. T. CHAMÆDRYS (L. Sp. 790). La germandrée, le petit chêne. Tige de 15 à 20 centimètres, ligneuse, souvent couchée, velue; feuilles ovales, un peu cunéiformes, atténuées en un court pétiole, fortement crénelées, pâles en dessous; fleurs roses ou purpurines, au nombre de 1 à 3 dans l'aisselle de chaque feuille du haut, subverticillées; calice campanulé, velu, à dents lancéolées, acuminées. ♃ Juin, juillet, août. Sur les rochers et les coteaux calcaires des bords de la Meuse, de la Moselle et de la Sure.

1109. T. SCORDIUM (L. Sp. 790). Tiges de 15 à 30 centimètres, tétragones, couchées à la base, redressées, velues, un peu rameuses, blanchâtres, ainsi que toute la plante; feuilles ovales-oblongues, sessiles, pubescentes, dentées en scie; fleurs purpurines, axillaires, presque géminées, courtement pédonculées; calice petit, subcampanulacé, à dents aiguës. ♃ Juin, juillet, août. Dans les endroits marécageux. Marais d'Obignies (Hainaut), Blaschette (Luxembourg).

1110. T. MONTANUM (Schreb. Unil. 50). T. montanum et T. supinum L. Sp. 791. Tiges de 8 à 15 centimètres, couchées, rameuses, un peu ligneuses, pubescentes; feuilles lancéolées-linéaires, obtuses, à bords un peu roulés, tomenteuses-blanchâtres en dessous; fleurs d'un blanc jaunâtre, rapprochées en têtes multiflores, terminales, mêlées de quelques folioles. ♃ Juin, juillet, août. Sur les coteaux calcaires. Neufchâteau, Ospern (Luxembourg), Rochefort (Namur).

Il ne m'a jamais été possible de trouver autour de Givet le Teucrium aureum Cav., ni le Teucrium polium Lam. Dict., ainsi que les y annoncent MM. Desmazière et Hécart; ces deux plantes sont par trop méridionales pour se trouver dans cette localité.

5. HYSSOPUS. Tourn. Inst. t. 95.

Calice un peu strié à 5 divisions; corolle bilabiée, à lèvre supérieure courtement émarginée, l'inférieure à trois lobes, celui du milieu plus grand, obcordé, crénelé; étamines dressées, distantes.

\ 1111. H. OFFICINALIS (L. Sp. 796). Tiges de 40 à 50 centimètres, dressées, un peu rameuses, subligneuses dans le bas, velues, arrondies; feuilles sessiles, linéaires-lancéolées, entières; fleurs axillaires, bleuâtres ou rougeâtres, verticillées, réunies en épis terminaux, unilatéraux. ♃ Juin, juillet. On trouve cette plante sur quelques vieux murs. Je la crois sortie des jardins.

6. GALEOBDOLON. Huds. Ang. 258.

Calice campanulé à 5 dents inégales, aiguës; corolle plus longue que le calice, bilabiée, la lèvre supérieure entière, très-grande, en casque, l'inférieure à 5 lobes pointus, dont l'intermédiaire est le plus long.

1112. G. LUTEUM (Huds. Ang. 258). Galeopsis galeobdolon L. Sp. 810. Tiges de 50 centimètres environ, redressées, pubescentes, surtout aux nœuds; feuilles ovales-cordiformes, à dents un peu irrégulières, à pétiole velu, les inférieures un peu arronrondies; fleurs jaunes, verticillées par 6, à lèvre supérieure dressée. ♃ Mai, juin. Dans les lieux ombragés.

7. Leonurus. L. Gen. 722.

Calice cylindrique à 5 dents; corolle à peine plus longue que le calice, bilabiée, la lèvre supérieure velue, entière, concave, l'inférieure réfléchie, à 3 lobes presque égaux; anthères parsemées de points brillants; graines libres, oblongues-trigones.

1113. L. cardiaca (L. Sp. 817). Tiges d'un mètre environ, dressées, branchues, carrées, pubescentes, quelquefois glabres; feuilles pétiolées, glabres, pubescentes-cendrées en dessous, palmées, divisées en 3 ou 5 lobes laciniés au bas de la tige, entiers dans le haut; fleurs purpurines, quelquefois blanches, disposées en verticilles axillaires, à corolle laineuse, surtout sur la lèvre supérieure; étamines velues; sommet de l'ovaire tomenteux; calice à dents épineuses. ⅔ Juin, juillet. Sur les bords des chemins.

> Var. β. canescens (Dum. Fl. belg. p. 46). Tiges hérissées; feuilles très-velues, ainsi que le calice; dents inférieures du calice recourbées.

1114. L. marrubiastrum (L. Sp. 817). Tiges de 6 à 8 décimètres, dressées, pubescentes, blanchâtres, branchues; feuilles pétiolées ovales-oblongues, blanchâtres en dessous, à grosses dents inégales, obtuses, plus étroites et presque lancéolées dans le haut; fleurs d'un rose pâle sale, disposées en verticilles, entourées de nombreuses bractées épineuses, serrées; étamines et ovaire glabres; calice épineux dépassant le tube de la corolle. ⅔ L'été. Dans les lieux cultivés. Au mont Soleuvre (Luxembourg).

8. Marrubium. L. Gen. 721.

Calice cylindrique à 10 stries, à 5-10 dents recourbées en crochet; corolle un peu plus longue que le calice, bilabiée, la lèvre supérieure étroite, bifide, l'inférieure trifide à lobe moyen plus large, émarginé; étamines incluses dans la corolle; graines subtrigones, lisses, glabres.

\ 1115. M. VULGARE (L. Sp. 816). Tiges de 40 à 60 centimètres, dressées, rameuses du bas, cotonneuses; feuilles ovales-arrondies, pétiolées, rugueuses-veinées, inégalement crénelées, velues, blanches en dessous; fleurs blanchâtres en verticilles très-serrés; calice laineux à 10 dents épineuses en crochet. ♃ Tout l'été. Bords des chemins.

9. BALLOTA. L. Gen. 720.

Calice campanulé, pentagone, à 5 dents larges, pliées longitudinalement; corolle tubuleuse, velue, bilabiée, la lèvre supérieure concave, crénelée, l'inférieure trilobée, à lobe moyen plus grand, émarginé; graines ovoïdes, lisses, subtrigones.

\ 1116. B. NIGRA (L. Sp. 1re éd. p. 582). B. fœtida Lam. Fl. fr. 2. p. 581. Tiges de 30 à 50 centimètres, dressées, rameuses, pubescentes; feuilles ovales-arrondies, crénelées, pétiolées, pubescentes, surtout en dessous; fleurs rougeâtres, verticillées, portées par des pédoncules multiflores, à corolle dépassant à peine le calice. Celui-ci denté à divisions exiguës surmontées d'une pointe. ♃ Tout l'été. Le long des haies et des routes.

\ 1117. B. ALBA (L. Sp. 814?). B. sepium Pers. Syn. p. 126. Tiges dressées, moins velues que dans l'espèce précédente, rameuses; feuilles ovales-arrondies, crénelées, pubescentes, surtout en dessous, courtement pétiolées; fleurs d'un blanc jaunâtre, verticillées en petits bouquets portés sur des pédoncules rameux, à corolle plus longue que le calice, dont les dents sont ovales et mucronées. ♃ Tout l'été dans les lieux secs et incultes.

Cette espèce n'est bien certainement qu'une variété de la précédente. Le Ballota nigra L. 2me éd. ou B. vulgaris Link. ne se trouve pas en Belgique.

10. BETONICA. Tourn. Inst. t. 96.

Calice cylindrique à 5 dents égales ; corolle à tube mince, à limbe bilabié, la lèvre supérieure dressée, subarrondie, entière ou émarginée, l'inférieure trilobée, à lobe moyen plus grand, échancré ; graines oblongues, obovales, lisses.

1118. B. OFFICINALIS (L. Sp. 810). La bétoine. Tiges de 30 à 45 centimètres, dressées, tétragones, velues, presque simples ; feuilles ovales-lancéolées, cordiformes, crénelées, pubescentes, les inférieures longuement pétiolées, les caulinaires rares, subsessiles ; fleurs rougeâtres en verticilles terminaux, formant des épis interrompus, à bractées presque glabres ; calice presque glabre à la base, velu supérieurement, à dents épineuses. ♃ Tout l'été. Dans les bois.

    VAR. *α*. MONTANA (Lej. Fl. Spa. p. 24). Lèvre supérieure de la corolle émarginée.

    VAR. *β*. HIRSUTA (Lej. l. c.). Épi compacte, serré.

    VAR. *γ*. INCANA (Lej. Fl. Spa. p. 25). Tube de la corolle tomenteux, recourbé.

    VAR. *δ*. STRICTA (Lej. l. c.). Épi compacte ; calice très-velu.

Cette plante varie beaucoup ; le Betonica stricta Ait. ou hirsuta Thuil. et le B. orientalis L. ou grandiflora Lam. ne sont également que des variétés ; mais je ne les ai pas rencontrés en Belgique.

11. GALEOPSIS. Huds. Ang. 1. p. 255.

Calice campanulé, à 5 dents épineuses ; corolle à tube court, à gorge dilatée, présentant de chaque côté un pli qui se termine par une saillie conique, à limbe bilabié, la lèvre supérieure en voûte et crénelée, l'inférieure trilobée, à lobe moyen plus grand, échancré, crénelé ; anthères velues inférieurement ; graines ovoïdes, grosses.

Galeopsis.

1119. G. TETRAHIT (L. Sp. 810. var. α). Tige de 40 à 60 centimètres, dressée, rameuse, hispide, à entre-nœuds renflés; feuilles ovales, pétiolées, grossement dentées, acuminées, un peu hispides; fleurs rougeâtres, quelquefois blanches, subverticillées; calice à dents épineuses, laineux, égalant presque la corolle. ① Tout l'été. Dans les bois et les buissons.

1120. G. BIFIDA (Boem. Prod. Fl. mon. p. 178). Cette espèce me semble être une variété de la précédente; elle en diffère par les feuilles de la base qui sont plus allongées, par sa corolle plus grêle et d'un rose purpurin, et par le lobe moyen de la lèvre inférieure qui est replié et bifide. ① L'été. Dans les moissons des Ardennes.

1121. G. CANNABINA (Wahl. Fl. dan. 929). G. versicolor Curt. Cette espèce est encore bien voisine des deux précédentes; la tige est hispide, plus élevée, très-rameuse; les feuilles sont ovales, dentées; les fleurs ont la corolle jaune avec les lèvres violacées, bordées de blanc, et sont disposées en verticilles rapprochés; le calice est trois fois plus court que la corolle. ① L'été. Dans les bois et les buissons des environs de Louvain et dans les Ardennes.

1122. G. OCHROLEUCA (Lam. Dict. 2. p. 600). G. grandiflora Roth. Tige de 50 centimètres environ, carrée, dressée, rameuse, pubescente; feuilles ovales-lancéolées, pétiolées, dentées, pubescentes; fleurs d'un blanc jaunâtre, à corolle quatre fois plus grande que le calice, disposées en verticilles multiflores; calice velu. ① L'été. Sur les collines pierreuses des provinces de Liége, de Namur et de Luxembourg, et dans les moissons de la Campine.

1123. G. LADANUM (L. Sp. 810). Tige de 30 centimètres environ, très-rameuse, diffuse, pubescente, à entre-nœuds renflés; feuilles lancéolées, subdentées, presque glabres, courtement pétiolées; fleurs rouges-purpurines, un peu mélangées de jaune, subverticillées, terminales, entourées de bractées linéaires, épineuses; calice pubescent, à dents longues, inégales. ① L'été. Dans les lieux pierreux et dans les champs.

VaR. *β. angustifolia* (Lej. Fl. Spa. 2. p. 22). Feuilles linéaires, entières; calice plus allongé, laineux, à dents plus courtes; fleurs plus petites. Sur les collines pierreuses.

12. Lamium. L. Gen. 716.

Calice à 5 dents aristées, nu, à sommet étalé; corolle plus longue que le calice, à gorge enflée, à limbe bilabié, la lèvre supérieure voûtée, entière, l'inférieure à 3 lobes dont les deux latéraux très-petits, réfléchis, celui du milieu plus grand, émarginé; anthères velues extérieurement; graines trigones, à angles aigus, lisses.

Section I. — *Corolle à tube droit, à gorge très-dilatée.*

1124. L. **amplexicaule** (L. Sp. 809). Tige de 10 à 20 centimètres, couchée, rameuse, glabre; feuilles inférieures pétiolées, lobées, arrondies, obtuses, crénelées, les florales sessiles, souvent colorées, amplexicaules, arrondies, lobées, crénelées; fleurs rougeâtres en verticilles composés de 10 à 12 fleurs, à corolle grêle, dressée; calice velu, à dents linéaires-subulées, presque égales. ① Le printemps et l'été. Dans les champs.

1125. L. **incisum** (Willd. Sp. 5. 89). L. hybridum Vill. Tige de 15 à 20 centimètres, rampante, presque glabre, rameuse à la base; feuilles ovales-triangulaires, profondément incisées, à lobes crénelés; fleurs d'un rouge clair, verticillées, à corolle plus étroite que le calice. ④ Mai, juin, juillet. Dans les champs sablonneux. Tournai, La Tombe (Hainaut), Fischbach (Luxembourg).

1126. L. **purpureum** (L. Sp. 809). Tige de 12 à 20 centimètres, couchée à la base, rameuse, glabre; feuilles ovales, obtuses, cordiformes, pétiolées, crénelées, sublobées, pubescentes; fleurs purpurines, quelquefois blanches, verticillées par 8-10;

corolle à tube présentant intérieurement un anneau de poils; calice à dents ciliées, presque égales. ⚲ Le printemps et l'été. Dans les champs.

SECTION II. — *Corolle à tube ascendant, à gorge insensiblement dilatée.*

1127. L. MACULATUM (L. Sp. 809). Tiges de 50 centimètres environ, couchées, presque simples; feuilles en cœur, aiguës, pétiolées, munies de grosses dents mousses, souvent marquées dans leur jeunesse d'une tache blanchâtre qui s'efface plus tard; fleurs rouges, verticillées par 10, écartées; calice oblique, à laciniures ciliées, sétacées-acuminées. ♃ L'été. Dans les haies, sur les décombres.

> VAR. β. HIRSUTUM (Lam. Dict.). Plus robuste, haut de 50 à 80 centimètres, souvent velu; feuilles oblongues, doublement dentées; verticilles de 10 à 15 fleurs.

> VAR. γ. RUGOSUM (Ait.). Fleurs blanches, sessiles, verticillées par 10 à 15; lèvre inférieure de la corolle obcordée, à lobes entiers. Weimerskirch (Luxembourg). Est-ce une espèce?

1128. L. ALBUM (L. Sp. 809). L'ortie blanche. Tiges de 50 centimètres environ, dressées, rameuses, un peu velues au sommet; feuilles cordiformes, presque ovales, aiguës, glabres, grossement dentées; fleurs blanches, verticillées par 10-20, à corolle munie d'un anneau de poils obliques; calice à dents ciliées, subulées. ♃ De mai en août. Dans les haies et les lieux herbeux.

13. GLECHOMA. L. Gen. 714.

Calice strié, cylindrique, à 5 divisions; corolle double en longueur du calice, bilabiée, la lèvre supérieure bifide, l'inférieure trifide, à lobe moyen plus grand, émarginé; anthères rapprochées par paires en forme de croix; graines trigones, ovoïdes, lisses.

Glechoma.

1129. G. HEDERACEA (L. Sp. 807). Le lierre terrestre. Tiges de 50 centimètres environ, couchées, rampantes, radicantes; feuilles réniformes, crénelées, munies de poils multifides à la base; fleurs bleuâtres ou rougeâtres, quelquefois blanches, axillaires, velues, au nombre de 3-4 dans chaque aisselle. ⚄ Avril, mai. Dans les haies et les buissons.

> VAR. *β*. MAGNA (Mer. Fl. par.) Plante double en grandeur dans toutes ses parties; fleurs plus grandes au nombre de 1-2 dans chaque aisselle.
>
> VAR. *γ*. HETEROPHYLLA (Tinant). Feuilles inférieures réniformes, cordées, les supérieures ovales-cordées; tiges glabres.
>
> VAP. *δ*. HIRSUTA (Reich.). Tiges velues, ainsi que toute la plante; feuilles plus petites, les inférieures réniformes, les supérieures cordiformes; fleurs petites, d'un bleu pâle. Domeldange (Luxembourg).

14. STACHYS. L. Gen. 719.

Calice anguleux, à 5 dents inégales, sétacées; corolle à tube court, bilabiée, la lèvre supérieure concave, l'inférieure trilobée, à lobe moyen grand, échancré, les deux latéraux réfléchis; 4 étamines, les deux inférieures se déjetant de côté après la fécondation; graines ovoïdes, glabres.

1130. S. ARVENSIS (L. Sp. 814). Trixago arvensis Dum. Cardiaca arvensis Lam. Tige de 20 à 30 centimètres, un peu arrondie, dressée, débile, velue; feuilles ovales-cordiformes, obtuses, crénelées-dentées, pétiolées, les florales supérieures sessiles; fleurs purpurines, verticillées par 4-6, presque terminales; calice velu, égalant presque la corolle. ① Tout l'été. Dans les moissons.

1131. S. ANNUA (L. Sp. 813). Tige de 15 à 20 centimètres, tétragone, dressée, pubescente, rameuse; feuilles ovales-lancéolées, glabres, crénelées-dentées, les inférieures pétiolées, les supé-

Stachys.

rieures sessiles, plus étroites, aiguës; fleurs d'un blanc jaunâtre, verticillées par 6, à corolle à lèvre supérieure presque entière, et double du calice qui est velu. ① L'été. Dans les moissons. Chokier, Flemalle, Theux (Liége), Dinant (Namur). On le trouve aussi dans le Luxembourg.

1152. S. SIDERITIS (Vill. Dauph. 2. p. 575). S. recta L. Mant. 82. Tiges de 30 à 50 centimètres, carrées, presque ligneuses, velues, couchées à la base; feuilles ovales-allongées, subpétiolées, crénelées, obtuses, velues, les supérieures sessiles; fleurs jaunâtres, verticillées par 6, formant une espèce d'épi. ♃ L'été. Dans les endroit stériles et pierreux, principalement dans les Ardennes.

1153. S. ALPINA (L. Sp. 812). Tiges de 30 à 40 centimètres, velues, à angles arrondis; feuilles ovales-oblongues, cordiformes, pétiolées, obtuses, crénelées-dentées, un peu pubescentes, les supérieures lancéolées-oblongues, sessiles, à dents comme cartilagineuses; fleurs rougeâtres, verticillées par 12-20, formant un épi, à corolle caduque, à lèvre supérieure plane; calice velu, égal au tube de la corolle. ♃ Août, septembre. Dans les bois montueux des provinces de Liége et de Luxembourg.

1154. S. GERMANICA (L. Sp. 812). Tiges de 40 à 60 centimètres, dressées, carrées, laineuses ainsi que toute la plante; feuilles ovales-lancéolées, crénelées, épaisses, les inférieures pétiolées, les supérieures sessiles; fleurs rouges verticillées par 10-12, formant un épi terminal, épais, soyeux; corolle dépassant un peu le calice. ♃ Juin, juillet. Sur les bords des chemins et des champs. Montignies, Beaumont, Baudour (Hainaut), Theux, Sougnez (Liége), Diekirch (Luxembourg), Rochefort (Namur).

1155. S. SYLVATICA (L. Sp. 811). Tige de 60 centimètres environ, dressée, rameuse, tétragone, velue; feuilles ovales-cordiformes, pétiolées, velues, grossement dentées, rougeâtres, tachetées de blanc, verticillées par 5-6, formant des épis lâches, terminaux, accompagnées de bractées linéaires; calice velu, de moitié plus court que la corolle. ♃ Juin, juillet, août. Dans les bois humides,

Stachys.

1156. S. palustris (L. Sp. 811). Tige de 60 centimètres environ,
dressée, simple, un peu arrondie, hispide ; feuilles lancéolées,
subcordiformes, longues, sessiles, dentées, pubescentes ;
fleurs purpurines, verticillées par 6, formant un épi terminal,
à corolle dépassant un peu le calice. ♃ Juillet, août. Dans les
lieux humides.

15. Nepeta. DC. Fl. fr. 3. p. 526.

Calice cylindrique à 5 dents ; corolle à long tube, à
gorge ouverte, à limbe bilabié, la lèvre supérieure droite,
émarginée, l'inférieure à 3 lobes dont les latéraux sont réfléchis, très-courts, le moyen très-grand, étalé, concave ;
graines lisses, ovoïdes.

1157. N. cataria (L. Sp. 796). La cataire, l'herbe aux chats.
Tiges de 5 à 7 décimètres, dressées, rameuses, tétragones,
pubescentes, blanchâtres, ainsi que toute la plante ; feuilles
pétiolées, ovales-cordiformes, grossement dentées, pubescentes et pâles en dessous, les supérieures plus finement dentées ; fleurs blanches axillaires et terminales, en verticilles
subpédicellés, formant une sorte d'épi. ♃ Tout l'été. Sur les
bords des chemins.

1158. N. nepetella (L. Sp. 797). Tiges de 3 à 5 décimètres,
dressées, rameuses, pubescentes ; feuilles subpétiolées, den-
tées-crénélées, presque glabres, les inférieures cordiformes,
oblongues, les supérieures lancéolées ; fleurs violacées, disposées en glomérules pédicellés, formant une espèce d'épi ; calice hérissé ; graines ovoïdes, tuberculeuses, hérissées. ♃ Juillet, août.

J'ai rencontré cette plante à Lacken, au pied d'un mur ;
mais comme elle est indigène des Pyrénées, elle doit être considérée comme accidentelle en Belgique.

16. Satureia. L. Gen. n° 707.

Calice campanulé, cylindrique, à 5 dents presque égales; corolle à 5 lobes égaux, étamines distantes.

1139. S. hortensis (L. Sp. 795). La sarriette. Tige de 20 à 25 centimètres, dressée, rameuse, pubescente; feuilles linéaires-lancéolées, planes, un peu atténuées en pétioles; pédoncules axillaires, à 1 - 3 fleurs d'un blanc purpurin; calice à laciniures lancéolées, égales, aiguës. ④ Tout l'été. Cultivée dans les jardins potagers.

1140. S. montana (L. Sp. 794). Tiges de 15 à 25 centimètres, dressées, un peu ligneuses, rameuses; feuilles linéaires-lancéolées, sessiles, mucronées, munies de petites folioles dans leur aisselle; pédoncules latéraux, solitaires, à 1 - 3 fleurs blanches ou rosées, disposées en faisceau. ♃ Août, septembre. Sur les collines arides et schisteuses près de Spa.

17. Mentha. L. Gen. n° 714.

Calice à 5 dents ouvertes; corolle un peu plus longue que le calice, à 4 divisions presque égales, la supérieure plus large, souvent échancrée; étamines presque égales, distantes, divergentes.

Section I. — Menthastrum. Mentha Tourn. t. 89. *Calice campanulé à gorge nue, lobe supérieur échancré.*

† Espèces a fleurs en épi.

1141. M. sylvestris (L. Sp. 804). Tiges de 30 à 40 centimètres, tétragones, velues-blanchâtres, dressées, rameuses au sommet; feuilles ovales-oblongues, sessiles, dentées, aiguës, velues-tomenteuses, blanchâtres en dessous; fleurs rougeâtres formant un ou plusieurs épis terminaux, allongés, à pédoncules et calice velus, munis de bractées linéaires, subulées. ♃ L'été, dans les lieux humides, le long des rivières. Aux bords de la Vesdre, de l'Emblève et de la Moselle.

VAR. *β*. NEMOROSA (Willd. Sp. 3. p. 75). Cette menthe est plus grande, velue, à feuilles grandes, ovales, cordiformes, également dentées, à épis atténués, serrés.

VAR. *γ*. GRATISSIMA (Lej. Fl. Spa. 2, p. 15). M. velutina Lej. Rev. fl. Sp., f. 115. Feuilles sessiles, également dentées, terminées obliquement par une pointe cartilagineuse; étamines de la longueur de la corolle; bractées lancéolées.

1142. M. GRATISSIMA (Willd. Sp. 3. p. 76). Tiges dressées de 30 à 40 centimètres, pubescentes; feuilles grandes, subsessiles, cordiformes-elliptiques, acuminées, à dents égales, serrées, pubescentes en dessus, rugueuses, blanches, tomenteuses en dessous; fleurs rougeâtres, en épis cylindriques, à étamines incluses dans la corolle. ♃ L'été. Cette espèce, qui se rapproche de la précédente, est souvent cultivée dans les jardins.

1143. M. ROTUNDIFOLIA (L. Sp. 805). Tiges de 30 à 40 centimètres, tétragones, dressées, rameuses, velues; feuilles sessiles, ovales-arrondies, rugueuses, crénelées, velues, surtout en dessous, crépues; fleurs purpurines, disposées en verticilles formant des épis terminaux, divariqués, allongés; bractées lancéolées, aiguës; dents du calice aiguës. ♃ Tout l'été. Sur les bords des fossés et des rivières.

1144. M. VIRIDIS (L. Sp. 804). Tiges de 30 à 45 centimètres, tétragones, dressées, flexueuses, rameuses, glabres; feuilles lancéolées, sessiles, dentées en scie, aiguës, glabres; fleurs rougeâtres, verticillées, formant des épis grêles, aigus, interrompus; pédicelles glabres; étamines un peu plus longues que la corolle; bractées fines, presque sétacées, courtes, un peu roides et ciliées. ♃ Juillet, août. Dans les lieux ombragés. Verviers, Ensival, Wagnez (Liége), Sart-Bernard, Namines (Namur) et dans le Luxembourg.

VAR. *β*. ANGUSTIFOLIA (Lej.). Feuilles plus étroites, à dents plus écartées.

1145. M. PIPERITA (Huds. Angl. 251). La menthe poivrée. Toute la plante est glabre et a une saveur poivrée. Tiges dressées, peu rameuses, de 30 centimètres environ ; feuilles pétiolées, ovales-lancéolées, inégalement dentées, aiguës ; fleurs purpurines, verticillées, formant des épis allongés, obtus, interrompus inférieurement ; étamines plus longues que la corolle ; bractées lancéolées, linéaires, acuminées. ♃ L'été. Cette plante est cultivée dans les jardins et parfois se rencontre subspontanée.

Les Mentha pyramidalis Ten. et emarginata Reich. se rapprochent de cette espèce et sont souvent cultivées dans les jardins sous le nom de menthe poivrée.

1146. M. CRISPATA (Schrad.). La menthe crépue. Tiges de 30 à 50 centimètres, dressées, velues ; feuilles ovales, cordées, subsessiles, dentées, aiguës, ondulées ; fleurs rougeâtres, verticillées, formant des épis cylindriques, interrompus à la base ; dents du calice velues. ♃ L'été. Cultivée dans les jardins et quelquefois subspontanée.

1147. M. NEPETOÏDES (Lej. Rev. fl. Spa. p. 116). Tiges de 4 à 6 décimètres, dressées, velues, très-rameuses ; feuilles ovales-subcordées, pétiolées, verdâtres, velues, inégalement dentées ; fleurs purpurines, verticillées, formant des épis allongés, ayant les étamines presque égales à la corolle. ♃ Dans les ruisseaux près Nessonvaux (Liége). Je doute fort que cette menthe soit une espèce.

1148. M. CORDIFOLIA (Opiz.). Tiges de 60 à 80 centimètres, droites, un peu velues ; feuilles glabres, courtement pétiolées, ovales-cordiformes, ridées, obtuses, incisées, dentées, ondulées ; fleurs purpurines, verticillées, formant des épis ; bractées subulées, cordées, les supérieures plus courtes que les verticilles ; étamines incluses dans la corolle. ♃ Juillet, août. Dans les lieux humides. Vianden (Luxembourg).

Mentha .

†† Fleurs en capitules arrondis.

1149. **M. hirsuta** (Sm. Trans. lin. 5. p. 193). M. aquatica L.
Sp. 805. Tiges de 50 à 80 centimètres, carrées, ovales, arrondies à la base, subaiguës au sommet, velues, surtout en dessous ; fleurs rougeâtres, disposées en glomérules, tous, ou au
moins les supérieurs, rapprochés en têtes globuleuses ; étamines dépassant la corolle ; calice strié, tubiforme, à dents
aiguës. ♃ Tout l'été. Dans les ruisseaux et les fossés aquatiques.

1150. **M. citrata** (Pers. Syn. t. 2. 119). Tiges de 30 à 50 centimètres, dressées, velues ; feuilles pétiolées, ovales, arrondies,
dentées, glabres ; fleurs rougeâtres, formant des capitules arrondis ; étamines plus courtes que la corolle ; pédoncules et
calice très-glabres. ♃ L'été. Dans les lieux aquatiques. Malmédy (Prusse).

1151. **M. paludosa** (Schreb.). Tiges un peu velues de 5 à 6 décimètres, dressées ; feuilles velues sur les deux faces, pétiolées,
ovales-elliptiques, dentées inégalement, les supérieures colorées ; fleurs en verticilles brièvement pédicellés, les supérieures en tête ; calice hérissé, à dents subulées ; étamines
renfermées dans la corolle. ♃ Juillet, août. Dans les lieux humides et marécageux du Luxembourg.

††† Fleurs verticillées.

1152. **M. rubra** (Pers. Syn. t. 2. 119). M. gracilis Sm. engl.
Bot. Tiges de 30 à 50 centimètres, dressées, rameuses,
flexueuses, rougeâtres, velues ; feuilles ovales-oblongues, subaiguës, subsessiles, dentées en scie ; fleurs rougeâtres, à verticilles distants ; pédicelles et calice glabres, ce dernier à dents
hérissées. ♃ Juillet, août. Dans les fossés marécageux. Verviers, Malmédy (Liége), Kahlschener (Luxembourg).

1153. **M. gentilis** (L. Sp. 805). Tiges de 30 centimètres, rougeâtres, fermes, dressées, très-rameuses, glabres ; feuilles

ovales-elliptiques, atténuées en un court pétiole, dentées en scie, pubescentes en dessous, ainsi que le pétiole; fleurs rosées, à verticilles distants; corolle dépassant à peine le calice qui est conique, campanulé, presque glabre. ⚇ Juin, juillet. Le long des chemins et des fossés.

1154. M. sativa (L. Sp. 805). Tiges de 50 centimètres environ, flexueuses, radicantes à la base, rameuses; feuilles ovales, à dents aiguës, pétiolées, velues; fleurs rouges, verticillées, nombreuses; étamines dépassant la corolle; pédicelles glabres, fins; calice velu, tubuleux, campanulé, à dents lancéolées, acuminées. ⚇ L'été aux bords des eaux.

> VAR. *β*. PROCUMBENS (Th. Fl. par.). Tiges presque couchées; feuilles arrondies; étamines non saillantes.

1155. M. arvensis (L. Sp. 806). Tiges de 15 à 50 centimètres, couchées, rameuses, velues; feuilles ovales, subaiguës, dentées en scie, subsessiles, velues; fleurs d'un rougeâtre pâle, en verticilles axillaires, assez nombreux; pédicelles et calice velus; ce dernier est court, campanulé, à dents aiguës; étamines non saillantes, velues, courtes. ⚇ L'été. Dans les champs.

> VAR. *β*. AUSTRIACA (Lej. Fl. Spa. 2. p. 18.) Tige plus élevée, feuilles moins velues, moins blanchâtres, à étamines plus longues.

SECTION II. — PULEGIUM (Bauh. Pin. 222.) *Calice cylindrique, fermé par des villosités; lobe supérieur de la corolle entier.*

1156. M. pulegium (L. Sp. 807). Le pouliot. Tiges presque ligneuses, arrondies, couchées à la base, peu rameuses, pubescentes, hautes de 25 à 50 centimètres; feuilles ovales, souvent entières, subsessiles, presque glabres, obtuses; fleurs rosées, verticillées, formant des glomérules espacés dans l'aisselle des feuilles; étamines saillantes; lobe supérieur de la corolle entier; calice cylindrique, tubuleux, campanulé, à dents lancéolées, dont 3 aiguës et 2 un peu plus longues.

♃ Tout l'été. Aux bords des rivières et des ruisseaux.
M. Lejeune, dans sa Flore des environs de Spa, cite encore, comme espèces, les Mentha diffusa, elliptica et acutifolia, mais on ne peut les considérer que comme des variétés. Il en est de même de plusieurs espèces créées par d'autres auteurs.

18. THYMUS. Scop. Carn. 1. p. 424.

Calice strié, court, campanulé, à gorge nue, à limbe bilabié, à lèvre supérieure trifide, l'inférieure à 2 divisions sétacées ; corolle courte, à 2 lèvres, la supérieure plane, dressée, émarginée, l'inférieure à 3 lobes, dont le moyen est plus large, entier ou émarginé ; graines lisses, ovoïdes.

SECTION I. — SERPYLLUM (Pers. Ench. 2. p. 130). *Calice campanulé ; corolle à lobe moyen de la lèvre inférieure entier ; pédoncule subuniflore.*

1157. T. VULGARIS (L. Sp. 825). Tige de 15 à 25 centimètres, presque ligneuse ; feuilles linéaires-lancéolées, enroulées sur les bords, obtuses, munies de glandes-ponctuées, présentant dans leur aisselle des fascicules de feuilles plus petites ; fleurs rougeâtres, quelquefois blanchâtres, disposées en capitules terminaux ; calice à points glanduleux, à dents de la lèvre supérieure aiguës, et à laciniures de l'inférieure subciliées. ♃ Juin, juillet, août. Cultivé comme condiment sous le nom de — thym.

1158. T. SERPYLLUM (L. Sp. 825). Le serpolet. Tiges de 10 à 20 centimètres, rampantes, arrondies, pubescentes, un peu ligneuses, pubescentes ; feuilles ovales-oblongues, obtuses, planes, très-entières, ciliées à la base et sur le pétiole, parsemées de pores résineux ; fleurs rouges quelquefois blanches, réunies en capitules. ♃ Tout l'été. Sur les pelouses et dans les bruyères.

Thymus.

> VAR. *α.* SYLVESTRIS (Schreb. Fl. erl.). Tige pubescente,
> à angles velus; feuilles ovales-subarrondies; corolle
> plus longue que le calice; étamines dépassant la co-
> rolle.
>
> VAR. *β.* SUBCITRATUS (Schreb.). Tiges rampantes, à ra-
> meaux dressés, à angles velus; feuilles ovales-subar-
> rondies, ciliées; corolle égalant le calice qui est cilié;
> étamines plus courtes que la corolle. Cette variété a
> une odeur de citron. Sur les collines calcaires.
>
> VAR. *γ.* ANGUSTIFOLIUS (Schreb.). Feuilles lancéolées
> linéaires; corolle beaucoup plus grande que le ca-
> lice; étamines la dépassant; tiges plus allongées,
> radicantes.
>
> VAR. *δ.* REFLEXUS (Lej. Rev. Fl. Spa. p. 121). Feuilles
> elliptiques, concaves; corolle velue, plus longue que le
> calice; étamines incluses; fleurs d'un rouge pâle.
> Sables de la Campine.
>
> VAR. *ε.* INODORUS (Lej. l. c.). Tiges couchées, radi-
> cantes; feuilles ovales-oblongues, concaves, roides,
> glauques; fleurs blanches en verticilles pauciflores,
> subcapités; étamines très-longues. Sables humides
> de la Campine.

SECTION II.—ACYNOS (Mœnch. Meth. 407). *Calice à base gibbeuse;
corolle à lobe moyen de la lèvre inférieure presque entier.*

1159. T. ACYNOS (L. Sp. 826). Acynos vulgaris Pers. Syn. 2.
p. 131. Calamintha acynos Gaud. Tiges de 15 à 25 centimètres,
couchées à la base, diffuses, pubescentes, ainsi que toute la
plante; feuilles ovales-oblongues, aiguës, dentées au sommet,
atténuées en pétiole glabre; fleurs rougeâtres, verticillées par
6, à pédoncules uniflores; calice à dents subulées, ciliées. Sur
les coteaux calcaires et dans les lieux cultivés.

> VAR. *β.* SUBGLABER (Lej.). T. alpinus Th. Fl. par. non
> L. Tiges dressées; feuilles plus larges; corolle renflée
> à la base, velue en dehors.

VAR. *β*. VILLOSUS (Pers. Syn. 131). Tiges très-rameuses; toute la plante est chargée d'un duvet blanchâtre.

SECTION III. — CALAMINTHA (Lam. Fl. fr. 2. p. 394). *Calice cylindrique; lobe moyen de la lèvre inférieure émarginé; pédoncules multiflores.*

1160. T. NEPETA (Sm. Brit. 2. p. 642). Melissa nepeta L. Sp. 828. Calamintha nepeta Clairv. Tiges velues, couchées à la base, rameuses, blanchâtres, ainsi que toute la plante; feuilles ovales-arrondies, subdentées; fleurs blanchâtres en panicules latérales dichotomes, plus longues que les feuilles; calice présentant un anneau de poils nombreux à la gorge, à dents ciliées, inégales. ♃ L'été. Sur les coteaux arides, dans le Brabant septentrional.

1161. T. CALAMINTHA (Scop. Carn. ed. 2. nᵒ 733). Melissa calamintha L. Sp. 827. Calamintha officinalis Mœnch. Meth. Tiges de 20 à 35 centimètres, dressées, rameuses, carrées, pubescentes; feuilles ovales, obtuses, grossement dentées, pétiolées, velues, surtout en dessous; fleurs rouges en panicules dichotomes, axillaires, de la longueur des feuilles; dents du calice égales, les inférieures plus profondes. ♃ L'été. Sur les coteaux calcaires. Ciply, Obourg (Hainaut), Spa, Theux (Liége), Bouge, Grands-Malades (Namur), Schengen, Remich (Luxembourg).

1162. T. GRANDIFLORUS (Scop. Carn. ed. 2. nᵒ 732). Melissa grandiflora L. Sp. 827. Calamintha grandiflora Han. Fl. belg. 2. p. 55. Tiges dressées, velues, hautes de 30 à 40 centimètres; feuilles ovales, aiguës, dentées en scie, pétiolées; pédoncules axillaires, portant 3-4 fleurs purpurines, à corolle enflée, trois fois plus grandes que le calice; bractées linéaires-lancéolées, plus longues que les pédicelles; dents de la corolle ciliées. ♃ Juillet, août. Sur les collines entre Sougnez et Aywaille (Liége), Remich (Luxembourg).

19. MELISSA. Mœnch. Meth. p. 408.

Calice strié, subtubuleux, étalé, à gorge nue, bilabié, la lèvre supérieure à 3 dents, l'inférieure bidentée; corolle à tube cylindrique, bilabiée, la lèvre supérieure en voûte, bifide, l'inférieure à 3 lobes dont le moyen est obcordé; graines ovoïdes, lisses.

1163. M. OFFICINALIS (L. Sp. 827). La mélisse. Tiges de 40 à 60 centimètres, dressées, rameuses, tétragones, glabres; feuilles ovales grossement dentées, obtuses, mucronées; fleurs blanches, un peu incarnates, en grappes simples, axillaires, souvent unilatérales, subverticillées, accompagnées de bractées ovales, pédicellées; calice subpubescent, évasé au sommet, à dents de la lèvre supérieure ovales, très-petites, mucronées, celles de la lèvre inférieure épineuses. ♃ L'été. Cultivée. On la rencontre quelquefois subspontanée.

20. MELITTIS. L. Gen. 731.

Calice grand, campanulé, trifide, émarginé en dessus, inégalement bilabié, la lèvre supérieure aiguë, l'inférieure plus courte, bifide; corolle moins large que le calice, à limbe dilaté, bilabié, la lèvre supérieure entière, plane, l'inférieure trilobée, à lobes grands, inégaux; graines trigones, subarrondies, hispides supérieurement.

1164. M. MELISSOPHYLLUM (L. Sp. 832). Tiges de 30 à 50 centimètres, dressées, tétragones, rameuses, hispides; feuilles ovales, crénelées, pubescentes, subpétiolées; fleurs d'un blanc rougeâtre, très-grandes, axillaires, souvent géminées. ♃ Juin, juillet. Dans les bois montueux du Luxembourg.

21. Clinopodium. Tourn. Inst. t. 92.

Calice strié, à gorge nue, bilabié, la lèvre supérieure trifide, l'inférieure bifide; corolle à tube court, à gorge mani-
festement dilatée, à deux lèvres, la supérieure dressée,
émarginée, l'inférieure trilobée, à lobe moyen grand et
échancré.

1165. C. vulgare (L. Sp. 821). Tiges de 50 centimètres environ,
dressées, velues, simples; feuilles ovales, subcordiformes,
velues, dentées, subpétiolées; fleurs rouges, quelquefois
blanchâtres, terminales, disposées en têtes arrondies, munies
de bractées sétacées, hispides; calice cilié, de moitié plus court
que la corolle. ♃ L'été. Dans les bois.

22. Origanum. L. Gen. 726.

Calice petit, à 5 dents ovales; corolle à deux lèvres, la
supérieure échancrée, l'inférieure à 3 lobes presque égaux,
à tube comprimé; graines ovoïdes, lisses.

1166. O. vulgare (L. Sp. 824). Tiges de 25 à 40 centimètres,
dressées, rameuses, pubescentes; feuilles ovales-arrondies,
entières, pétiolées, pubescentes en dessous; fleurs d'un rose
tendre, paniculées, munies de bractées colorées en rouge violet, ramassées en petites têtes tétragones au sommet des rameaux; calice velu à l'entrée, à divisions égales. ♃ Juillet,
août. Sur les coteaux et les pelouses.

23. Brunella. Tourn. Inst. t. 84. Prunella L.

Calice bilabié, la lèvre supérieure grande, un peu tronquée,
trifide, l'inférieure plus courte, bifide; corolle à tube cylindrique, bilabiée, la lèvre supérieure concave, entière ou bilo-

Brunella.

bée, l'inférieure à trois lobes, dont le moyen est plus grand, émarginé ; filament des étamines bifurqués en deux filets, l'un nu, l'autre portant l'anthère ; graines ovoïdes, lisses.

1167. B. VULGARIS (Mœnch. Meth. 414). Tiges de 20 à 30 centimètres, couchées à la base, carrées, à peine velues ; feuilles ovales-oblongues, subdentées, obtuses, pétiolées ; fleurs bleuâtres, quelquefois blanches, en verticilles serrés, formant des épis terminaux ; bractées ciliées, arrondies, mucronées ; corolle de la longueur du calice, dépassée par les étamines ; lèvre supérieure du calice à trois dents très-petites, mucronées. ♃ Juillet, août. Dans les prairies et sur les pelouses.

> VAR. *β*. PARVIFLORA (Poiret). B. surrecta Dum. Tiges dressées ; calice plus grand ; corolle plus courte, dépassant peu le calice, dont la lèvre supérieure est courte.

1168. B. GRANDIFLORA (Mœnch. Meth. 414). Tiges de 10 à 20 centimètres, couchées à la base, velues, arrondies ; feuilles ovales-oblongues, pétiolées, dentées à la base, obtuses, pubescentes ; fleurs bleuâtres ou pourprées, quelquefois blanches, verticillées, formant des épis terminaux, mêlés de bractées arrondies, ciliées, acuminées ; lèvre supérieure du calice à trois dents, dont celle du milieu très-courte, terminées par une arête ; corolle enflée, trois fois plus longue que le calice. ♃ Juillet, août. Dans les endroits herbeux, secs. Provinces de Limbourg, de Liége et de Luxembourg.

1169. B. PINNATIFIDA (Pers. Syn. 2. 137). Cette espèce pourrait bien n'être qu'une variété de la précédente. Tiges couchées à la base, velues ; feuilles inférieures ovales, entières, pétiolées, les supérieures lancéolées-linéaires, subpinnatifides, presque glabres ; fleurs pourpres, verticillées, formant des épis ; calice plus petit, à lèvre supérieure à trois dents égales. ♃ Juillet, août. Elle se trouve dans les mêmes lieux.

1170. B. LACINIATA (Lam. Fl. fr. 2. p. 566). Tiges de 15 à 25 cen-

Brunella.

timètres, couchées à la base, velues, subarrondies; feuilles inférieures ovales-oblongues, pubescentes, entières, pétiolées, les supérieures allongées, profondément pinnatifides, à segments entiers, linéaires; fleurs rougeâtres, quelquefois blanches, verticillées, rapprochées en épis terminaux, avec des bractées arrondies, acuminées, ciliées; lèvre supérieure du calice à trois dents égales, mucronées; corolle à peine deux fois aussi grande que le calice. ♃ Juin, juillet, août. Sur les collines arides. Dison (Liége), Marche (Luxembourg), Bois de Rance (Hainaut).

1171. B. hyssopifolia (L. Sp. 837). B. longifolia Pers. Syn. 2. p. 137. Tiges de 25 à 40 centimètres, presque dressées, arrondies, glabres; feuilles atténuées en pétiole, lancéolées, entières, scabres, ciliées, aiguës; fleurs rougeâtres, verticillées, disposées en épis, à bractées arrondies, ciliées, acuminées; calice à lèvre supérieure tronquée, à 3 dents mucronées; corolle à peu près triple du calice. ♃ Juin, juillet. Dans les endroits humides des Flandres. Très-rare.

24. Scutellaria. L. Gen. 734.

Calice très-court à deux lèvres entières, arrondies, la supérieure en forme d'opercule, couvrant plus tard la lèvre inférieure; corolle courte à sa base, comprimée au sommet, à deux lèvres, la supérieure voûtée, bidentée, l'inférieure large, échancrée; graines couvertes par le calice fermé, sphériques, raboteuses.

1172. S. galericulata (L. Sp. 835). Tiges de 50 centimètres environ, dressées, rameuses, tétragones, glabres; feuilles quelquefois pubescentes en dessous, cordiformes-lancéolées, subdentées, courtement pétiolées; fleurs violettes, axillaires, géminées, presque sessiles, unilatérales. ♃ Tout l'été. Aux bords des eaux.

1173. S. minor (L. Sp. 835). Tige de 8 à 12 centimètres, un

peu couchée, grêle, simple ou rameuse; feuilles ovales-cordiformes, presque entières, subdentées, glabres; fleurs rougeâtres, axillaires, géminées, petites, penchées, unilatérales. ♃ Tout l'été. Dans les lieux marécageux, tourbeux. Assez commun dans la Campine, Spa, Mongoubroux, Stavelot (Liége), Arville, St.-Hubert, Salzinnes (Namur), Bois de Rance (Hainaut).

———

F^{lle} LXI. — Verbénacées. Juss. Ann. mus. 7. p. 63.

Calice tubuleux, souvent persistant; corolle hypogyne, monopétale, tubuleuse, caduque, irrégulière; 4 étamines didymes; ovaire libre, à 2-4 loges, à ovules dressés, solitaires, géminés; 1 style; stigmate simple ou bilobé; fruit composé de 4 carpelles soudés; périsperme nul. La seule espèce que nous ayons de cette famille est herbacée, à feuilles opposées, sans stipules.

1. Verbena. Tourn. Inst. t. 94.

Calice tubuleux à 5 dents dont une tronquée; corolle à tube arqué, infundibuliforme, à limbe presque plan, à 5 divisions inégales, subbilabiée; 4 étamines; stigmate obtus; fruit capsulaire à 4 loges monospermes qui se séparent à la maturité.

\ 1174. V. officinalis (L. Sp. 29). La verveine. Tiges de 30 à 40 centimètres, quadrangulaires, étalées à la base, puis redressées; feuilles ridées, ovales, cunéiformes, crénelées, les supérieures pinnatifides, quelquefois bipinnatifides; fleurs d'un blanc violet, petites, formant de longues grappes terminales, simples, filiformes. ☉ De juin en septembre. Aux bords des chemins.

F^lle LXII. — LENTIBULARIÉES. Rich. in Fl. par. i. p. 26.

Calice persistant à 2-5 parties; corolle monopétale, hypogyne, irrégulière, bilabiée, munie d'un éperon ; 2 étamines
insérées au bas de la corolle, à anthères uniloculaires;
ovaire libre, uniloculaire; 1 style très-court; stigmate bilabié; capsule uniloculaire, polysperme; graines petites,
insérées sur un placenta central, grand; périsperme charnu.
Plantes herbacées, aquatiques ou marécageuses, à feuilles
radicales, à fleurs munies le plus souvent d'une bractée.

1. PINGUICULA. Tourn. Inst. t. 74.

Calice petit, à 5 divisions; corolle bilabiée, la lèvre supérieure à 2 lobes, l'inférieure trilobée, prolongée en éperon
à la base; style bifide, à deux stigmates, dont un plus large
couvrant les étamines; capsule indéhiscente.

1175. P. VULGARIS (L. Sp. 25). Hampe de 5-10 centimètres,
glabre, cylindrique; feuilles planes, étalées en rosette, ovales,
entières, obtuses, d'un vert jaunâtre; fleur d'un violet pâle,
solitaire, terminale, placée obliquement, penchée, à divisions
arrondies, celles de la lèvre supérieure pointues, à éperon
cylindrique, subulé, de la longueur de la corolle. ④ Mai, juin.
Dans les marais spongieux et les bruyères humides. Très-rare.

2. UTRICULARIA. L. Gen. 31.

Calice à 2 folioles égales, caduques; corolle à 2 lèvres,
la supérieure droite portant les étamines, l'inférieure formant un palais saillant, cordiforme, munie d'un éperon à
la base; style bifide; capsule globuleuse, à une loge polysperme, s'ouvrant circulairement. Herbes aquatiques à
feuilles submergées, radiciformes, munies de vésicules.

Utricularia.

1176. **U. vulgaris** (L. Sp. 26). Plante nageante, très-rameuse, à feuilles décomposées, submergées, alternes, à laciniures capillaires, dichotomes, garnies de vésicules remplies d'air; hampes de 15 à 20 centimètres, portant 4-12 fleurs jaunes portées sur pédoncules alternes; lèvre supérieure de la corolle entière; éperon conique, presque en alène, à pointe mousse, un peu plus court que la corolle. ⚃ Juin, juillet, août. Dans les mares et les étangs, surtout dans la Campine.

1177. **U. intermedia** (Hayn. Term. t. 26. f. 6). U. minor Thuil. Fl. par. Cette espèce est plus petite que la précédente; feuilles tripartites, dichotomes, à laciniures capillaires; vésicules attachées aux racines et non aux feuilles; corolle à lèvre supérieure 2 fois plus longue que le palais, à lèvre inférieure presque plane, à bord étalé horizontalement, à éperon conique, aigu, presque aussi long que la corolle. ⚃ Juin, juillet, août. Dans les mêmes lieux, mais fort rare.

1178. **U. minor** (L. Sp. 26). Cette espèce diffère des précédentes par ses feuilles palmatiséquées, à laciniures capillaires, dichotomes; corolle à lèvre inférieure, presque plane, à bords étalés horizontalement, à éperon réduit à une pointe conique. ⚃ Juin, juillet, août. Dans les mêmes lieux, mais moins rare que l'espèce précédente.

F^lle LXIII. — Primulacées. Vent. Tabl. 2. 285.

Calice monosépale, persistant, à 4-5 divisions; corolle monopétale, hypogyne, ordinairement régulière, à limbe plus ou moins profondément divisé; étamines insérées sur la corolle et en nombre égal à celui de ses divisions et y opposées; 1 ovaire; stigmate simple; capsule uniloculaire, polysperme, à graines insérées sur un placenta central; périsperme charnu. Plantes herbacées à feuilles opposées, rarement alternes ou radicales, simples.

1. Hottonia. L. Gen. 203.

Calice à 5 divisions; corolle à tube court, à limbe plan à 5 lobes; 5 étamines presque sessiles; stigmate globuleux; capsule globuleuse, couronnée par le style persistant.

\ **1179. H. palustris** (L. Sp. 208). Tige de 30 à 60 centimètres environ, à partie inférieure submergée, feuillée, à partie supérieure dressée, aérienne, nue et glabre; feuilles naissant sur la partie submergée de la tige, submergées elles-mêmes, verticillées, rapprochées, pinnatiséquées, pectinées, à laciniures linéaires aiguës; fleurs blanches-rosées formant 3 à 5 verticilles au sommet de la tige; pédicelles et calice glanduleux, celui-ci à divisions égales au tube de la corolle. ♃ Mai, juin. Dans les mares, les fossés et les marais.

2. Lysimachia. L. Gen. 205.

Calice à 5 divisions profondes; corolle en roue, à tube très-court, plus longue que le calice, à 5 divisions; 5 étamines plus longues que le tube, à filets réunis à la base; capsule globuleuse, s'ouvrant au sommet, polysperme.

1180. L. vulgaris (L. Sp. 209). Tige de 6 à 9 décimètres, dressée, cannelée, pubescente; feuilles opposées, verticillées par 3, ovales-lancéolées, aiguës, pubescentes en dessous, presque sessiles; fleurs jaunes, en panicules rameuses, terminales, portées sur des pédoncules multiflores; capsule à 5 valves, dépassant le calice. ♃ Juin, juillet, août. Aux bords des eaux.

1181. L. nummularia (L. Sp. 211). La nummulaire, l'herbe aux écus. Tiges de 30 centimètres environ, couchées, glabres, rampantes, radicantes, rameuses à la base; feuilles arrondies, subcordiformes, très-entières, opposées, obtuses, pétiolées; fleurs jaunes axillaires, solitaires, opposées, à pédicelles égalant ou dépassant les feuilles; divisions du calice ovales-lancéolées,

aiguës, le double plus courtes que la corolle. ♃ Juin, juillet,
août. Dans les lieux humides des bois, des prairies et aux bords
des fossés.

1182. L. THYRSIFLORA (L. Sp. 209). Tiges de 30 à 40 centimètres,
dressées, glabres; feuilles opposées, lancéolées, aiguës; fleurs
jaunâtres, ponctuées de noir, disposées en grappes latérales,
pédonculées, à lobes de la corolle linéaires, spatulés; divisions du calice linéaires-lancéolées, aiguës. ♃ Juin, juillet.
Dans les prairies humides. Termonde (Flandre), Diest (Brabant).

1183. L. PUNCTATA (L. Sp. 211). Tiges de 30 à 40 centimètres,
dressées, un peu triangulaires, velues; feuilles opposées, verticillées par 3-4, presque sessiles, ovales-lancéolées, ponctuées
de noir en dessous, velues; fleurs jaunes portées sur des pédoncules verticillés, solitaires, le triple plus courts que les
feuilles; corolle glanduleuse-ciliée. ♃ Juin, juillet. Dans les
prairies humides. Aywaille (Liége), Havinnes (Hainaut), Ehnen
sur la Moselle (Luxembourg).

1184. L. CILIATA (L. Sp. 210). Tiges de 30 à 40 centimètres,
dressées, glabres; feuilles opposées, quelquefois verticillées
par 4, ovales-subcordiformes, lancéolées, aiguës, à pétioles
ciliés; fleurs jaunes, penchées, portées sur des pédoncules
axillaires, presque solitaires. ♃ Juillet, août. Dans les endroits
humides, aux bords des eaux. Dans les districts de Verviers et
de Liége.

3. LEROUXIA. Mer. Fl. par. 5. éd. 2. f. 94.

Calice à 5 divisions aiguës; corolle campaniforme à
5 lobes profonds; étamines libres, à anthères linéaires;
1 stigmate simple; capsule globuleuse, à 2 valves.

1185. L. NEMORUM (Mer. l. c.). Lysimachia nemorum L. Sp. 211.
Tige de 15 à 20 centimètres, couchées, simples, anguleuses,
glabres; feuilles opposées, très-entières, ovales, subaiguës,

pétiolées; fleurs jaunes petites, axillaires, portées sur des pédoncules filiformes, uniflores, plus longs que les feuilles, se tortillant après la fleuraison; divisions du calice linéaires-acuminées, plus courtes que la corolle. 2| Juin, juillet. Dans les bois couverts.

4. ASTEROLINUM. Link et Hoffm. Fl. port. 335.

Calice à 5 divisions; corolle trois à quatre fois plus courte que le calice, à tube ovoïde et à limbe campanulé à 5 lobes arrondis; étamines libres; capsule globuleuse à 5 valves, à 2-3 graines; placenta globuleux.

1186. A. STELLATUM (Link. et Hoffm. l. c.). Lysimachia linum stellatum L. Sp. Tige de 5 à 8 centimètres, dressée, simple ou souvent très-rameuse; feuilles opposées, sessiles, lancéolées, aiguës. ① Juin, juillet. Sur les collines près de Verviers et de Sougnez (Liége). Je ne l'y ai pas retrouvé.

5. CENTUNCULUS. L. Gen. 145.

Calice à 4 lobes; corolle en roue quadrifide; 5 étamines courtes; capsule globuleuse, à une loge polysperme, s'ouvrant circulairement.

1187. C. MINIMUS (L. Sp. 169). Tige de 12 à 24 millimètres, cylindrique, dressée, rameuse, glabre; feuilles ovales, alternes, entières, sessiles, obtuses; fleurs d'un blanc verdâtre, axillaires, presque sessiles, souvent agglomérées; calice à divisions longues, aiguës; corolle petite. ① Juin, juillet, août. Dans les champs sablonneux, humides et les bruyères inondées. Hasselt (Limbourg), Quevaucamps, Mont Palisel, Ath (Hainaut), Kapel (Luxembourg), Rochefort, Leignon (Namur).

6. Anagallis. Tourn. Inst. t. 59.

Caliee à 5 divisions; corolle rotacée, quinquifide; 5 étamines à filament velu; stigmate simple; capsule globuleuse, s'ouvrant circulairement par un opercule.

1188. A. arvensis (L. Sp. 211). Tige de 15 à 50 centimètres, carrée, rameuse, glabre, couchée à la base; feuilles opposées, quelquefois verticillées par 5-4, sessiles, ovales-lancéolées, subaiguës, marquées de 5-5 nervures; fleurs rouges ou bleues (ce qui constitue les variétés phœnicea et cærulea), portées sur des pédoncules axillaires plus longs que les feuilles, réfléchis après la fleuraison; divisions du calice lancéolées-linéaires, acuminées, presque égales à la corolle. ① Tout l'été dans les lieux cultivés.

1189. A. tenella (L. Mant. 555). Lysimachia tenella L. Sp. 211. Tiges de 5 à 10 centimètres, faibles, couchées, radicantes, filiformes, arrondies; feuilles subarrondies, mucronulées, opposées, pétiolées, entières; fleurs rosées portées sur des pédoncules axillaires, plus longs que les feuilles. ♃ Juin, juillet, août. Dans les marécages tourbeux et les prairies spongieuses. Lanaken, Petersheim (Limbourg), Blicqui, St-Denis (Hainaut). On le trouve aussi dans les Flandres et le Luxembourg.

7. Trientalis. L. Gen. 461.

Calice à 7 divisions, corolle en roue, à 7 lobes, 7 étamines; baie sèche à une loge.

1190. T. europæa (L. Sp. 488). Tige de 7 à 12 centimètres, droite, simple, nue inférieurement; feuilles lancéolées, très-entières, rapprochées souvent au nombre de 7; fleurs blanches portées sur un pédoncule uniflore, rarement biflore; divisions du calice linéaires, acuminées. ♃ Mai, juin, juillet. Dans les marais tourbeux et les bruyères humides. Environs de Spa et dans les Ardennes.

8. ANDROSACE. Tourn. Inst. t. 46.

Calice persistant à 5 divisions profondes; corolle hypocratériforme, à limbe à 5 lobes, à gorge resserrée, pourvue de
5 protubérances glanduleuses; style très-court ; 5 étamines
courtes ; capsule globuleuse à 5 valves, s'ouvrant du
sommet à la base, contenant 3 à 5 graines.

1191. A. SEPTENTRIONALIS (L. Sp. 203). Feuilles radicales disposées en rosette, ovales-lancéolées, dentées, subciliées, atténuées
à la base en un pétiole ailé; scapes nombreux, multiflores,
hauts de 5 à 7 centimètres; fleurs blanches disposées en ombelle, à involucre petit, polyphylle, à folioles lancéolées,
aiguës; pédicelles filiformes, allongés; divisions du calice acuminées, plus longues que le tube de la corolle. ① Mai, juin.
Dans les lieux montueux et sablonneux. Mont-Trinité près
Tournay. (M. Dumortier.)

1192. A. MAXIMA (L. Sp. 203) .Hampes de 5 à 7 centimètres, divisées dès la base, velues; feuilles radicales disposées en rosette,
ovales-lancéolées, denticulées, glabres, aiguës; fleurs blanches, formant des ombelles de 6 à 8 rayons, à involucre de
4 à 6 folioles ovales, spatulées; divisions du calice velues,
aiguës, plus longues que la corolle. ① Avril, mai. Sur les coteaux plantés de vignes des bords de la Moselle.

9. PRIMULA. L. Gen. 197.

Calice tubuleux, persistant, à 5 lobes; corolle hypocratériforme, à tube cylindrique, à limbes à 5 divisions; stigmate globuleux; capsule ovoïde, s'ouvrant au sommet en
10 dents; graines nombreuses, très-petites.

1193. P. OFFICINALIS (Jacq. Misc. 1. p. 159). P. veris Cam. Hampes
multiflores, velues, hautes de 15 à 25 centimètres; feuilles ovales-

oblongues, atténuées en pétioles, ondulées, crénelées, obtuses ; fleurs d'un jaune soufré, penchées, disposées en ombelle au sommet de la hampe ; limbe de la corolle concave ; involucre à folioles linéaires, aiguës ; calice ample, campanulé, à 5 dents ovales-lancéolées, subobtuses. ♃ Avril, mai. Dans les bois et les prairies.

1194. P. ELATIOR (Jacq. Misc. 1. p. 158). Hampes de 15 à 50 centimètres, multiflores, velues ; feuilles ovales, atténuées en pétiole, tomenteuses en dessous, sinuées, dentées, obtuses, ridées ; fleurs jaunes, penchées, disposées en ombelle ; limbe de la corolle plan ; calice pubescent, un peu ventru, à dents lancéolées, aiguës. ♃ Avril, mai. Dans les prairies et dans les bois.

Dans cette espèce les fleurs ne verdissent pas par la dessiccation. On en trouve une variété uniflore.

1195. P. GRANDIFLORA (Lam. Fl. fr. 2. p. 248). P. acaulis All. P. brevistyla DC. P. vulgaris Huds. Hampes plus courtes que les feuilles, ne portant souvent qu'une seule fleur ; feuilles elliptiques, subsessiles, denticulées, velues en dessous ; fleurs jaunes, à calice campanulé, à 5 côtes et à dents lancéolées, aiguës. ♃ Avril, mai. Dans les prairies et dans les bois.

10. GLAUX. L. Gen. 291.

Calice campanulé, coloré, à 5 divisions ; corolle nulle ; 5 étamines hypogynes ; 1 style subulé ; capsule uniloculaire à 5 valves, contenant 4 à 5 graines attachées à un placenta central, globuleux.

1196. G. MARITIMA (L. Sp. 301). Tiges couchées de 10 à 15 centimètres ; feuilles sessiles, elliptiques-oblongues, entières, obtuses, un peu charnues, réunies par deux, les supérieures alternes ; fleurs petites, axillaires, blanchâtres. ♃ Juin, juillet. Sur les bords de la mer et sur la jetée à Ostende.

11. Samolus. L. Gen. 222.

Calice persistant, campanulé, à tube soudé avec l'ovaire, à 5 lobes courts; corolle hypocratériforme, à 5 divisions, à gorge pourvue de 5 écailles; 5 étamines insérées au bas de la corolle; capsule à une loge, s'ouvrant au sommet par 5 valves.

1197. S. valerandi (L. Sp. 243). Tiges de 20 à 30 centimètres, dressées, glabres; feuilles ovales, spatulées, entières, obtuses, les radicales en rosette, atténuées en pétiole; fleurs blanches en grappes lâches, portées sur des pédoncules pourvus d'une bractée dans leur partie supérieure; corolle à limbe étalé, caduque; divisions du calice ovales, triangulaires. ♃ Juin, juillet, août. Autour des mares et des étangs. Dans le Hainaut et dans les Flandres.

———

F^lle LXIV. — Globulariées. DC. Fl. fr. 3. p. 427.

Fleurs en tête ceintes d'un involucre polyphylle, posées sur un réceptacle paléacé; calice monosépale, tubuleux, à 5 divisions; corolle hypogyne, insérée sur le réceptacle, tubuleuse, à 5 divisions; 4 étamines insérées au sommet du tube de la corolle; ovaire libre, ovoïde, uniloculaire; 1 stigmate; fruit ovoïde, monosperme, couvert par le calice persistant; périsperme charnu. La seule espèce que nous ayons en Belgique est herbacée, à feuilles alternes.

1. Globularia. Tourn. t. 265.

Les caractères sont ceux de la famille.

1198. G. vulgaris (L. Sp. 139). Tiges de 8 à 15 centimètres, très-simples, feuillées; feuilles radicales ovales-spatulées, pétiolées, crénelées au sommet, les caulinaires alternes, sessiles, ovales-lancéolées; fleurs bleues en têtes globuleuses, terminales. 4 Mai, juin. Sur les collines pierreuses. Cette plante n'est pas rare dans les environs de Dinant et de Rochefort (Namur).

SOUS-CLASSE IV. — MONOCHLAMYDÉES.

Périgone simple, muni ou privé de pétales, ceux-ci attachés au calice.

Fᴵˡᵉ LXV. — PLUMBAGINÉES. Juss. Gen. 92.

Périgone double, persistant, l'externe (calice?) monosépale, tubuleux, entier ou denté, l'interne (corolle?) hypogyne, mono ou polypétale; 5 étamines insérées sur le réceptacle quand la corolle est monopétale, ou insérées au bas des pétales quand elle est polypétale; ovaire simple, libre; plusieurs styles, ou un style unique, portant plusieurs stigmates; fruit capsulaire, monosperme; embryon comprimé, ceint d'un périsperme farineux. Toutes nos espèces sont herbacées, à feuilles simples, entières, alternes ou radicales, à fleurs hermaphrodites en tête ou en épi.

1. STATICE. Tourn. Inst.

Périgone externe scarieux, plissé, entier; l'interne coloré, persistant, formé de 5 pétales; 5 étamines insérées sur les pétales; 5 styles; capsule indéhiscente couverte par le périgone; fleurs en panicule, sans involucre commun.

1199. S. LIMONIUM (L. Sp. 394). Limonium vulgare Mill. Scapes de 20 à 40 centimètres, dressés, lisses, paniculés; feuilles obovales-oblongues, onduleuses sur les bords, glabres, obtuses, mucronulées, pétiolées ; fleurs purpurines, souvent géminées, formant un épi unilatéral, munies d'écailles obovales, imbriquées ; périgone externe à dents aiguës. ⚄ Juin, juillet, août. Dans les dunes.

2. ARMERIA. Willd.

Ce genre diffère du précédent par ses fleurs qui sont terminales, réunies en un capitule globuleux dans un involucre commun, scarieux, entier ; scape nu ; feuilles radicales.

1200. A. VULGARIS (Willd.). Statice armeria L. Sp. 394. Scapes de 15 à 25 centimètres, glabres, flexibles ; feuilles touffues, linéaires, planes, obtuses, uninerviées ; fleurs rosées, en têtes serrées, entourées de bractées ovales, scarieuses, et ayant de plus une sorte de gaine réfléchie sur le scape. ⚄ Juillet, août. Cette plante est cultivée dans les jardins pour bordure et se rencontre subspontanée dans quelques prairies sèches.

1201. A. MARITIMA (Willd. Enum. h. ber.). A. pubescens Link. A. linearifolia Lat. Cette espèce se rapproche beaucoup de la précédente, elle est plus petite dans toutes ses parties ; les feuilles sont obtuses, ciliées, plus étroites ; les scapes sont pubescents, les divisions de la corolle émarginées et les pédicelles égaux au tube du calice. ⚄ De juillet en septembre. Dans les dunes.

1202. A. PLANTAGINEA (Willd.). Statice plantaginea All. Ped. n° 1606. Statice arenaria Pers. Syn. Scapes de 30 à 40 centimètres, glabres, roides ; feuilles lancéolées, linéaires, à 3 ou 5 nervures, acuminées, légèrement scarieuses sur les bords ; fleurs rosées, disposées en tête, munies de bractées allongées, pointues, acuminées, inégales, les plus longues dépassant les fleurs, et ayant de plus une longue gaine réfléchie sur le scape. ⚄ Juin, juillet. Sur les pelouses et dans les terrains sablonneux des dunes.

F L XVI. — PLANTAGINÉES. Juss. Gen. 89.

Fleurs hermaphrodites, rarement monoïques; périgone double, l'extérieur (calice?) persistant, à 4 divisions, l'intérieur (corolle?) monopétale, tubuleux, scarieux, aussi persistant, hypogyne, à 4 divisions; 4 étamines insérées sur le tube; anthères biloculaires, à loges s'ouvrant longitudinalement; ovaire libre, simple; 1 style; 1 stigmate; fruit capsulaire à 2 ou 4 loges s'ouvrant circulairement; périsperme corné. Plantes herbacées, presque toujours acaules, à fleurs sessiles en épi ou en tête spiciforme, munies chacune d'une bractée.

1. LITTORELLA. L. Mant. 295.

Fleurs monoïques; les *mâles* pédicellées et à 4 divisions; étamines insérées sur le réceptacle, très-longues; les *femelles* sessiles, cachées entre les folioles; périgone à 3 divisions, l'interne urcéolée, obtusément dentée; capsule monosperme.

1205. L. LACUSTRIS (L. Mant. 295). Racines à jets radicants; feuilles radicales, touffues, simples, filiformes, subcharnues, subulées, élargies à la base; pédoncules des fleurs radicaux, plus courts que les feuilles, longs de 5 à 7 centimètres; capsule réticulée, ponctuée. ♃ Tout l'été. Dans les endroits humides et sablonneux de la Campine et du Hainaut. Rare.

2. PLANTAGO. L. Gen. 142.

Fleurs hermaphrodites; calice à 4 divisions; corolle tubuleuse, quadrifide, à limbe réfléchi; 4 étamines très-longues; fruit capsulaire, multiloculaire, polysperme, s'ouvrant circulairement.

Plantago.

SECTION I. —*Espèces caulescentes.*

1204. **P.** ARENARIA (Walds et Kit. Hun. t. 51). Tige de 30 centimètres environ, très-rameuse, pubescente, dressée; feuilles linéaires, opposées, hérissées de poils visqueux, munies de quelques dents; fleurs d'un blanc sale, disposées en tête, ovoïdes, oblongues, munies de bractées pubescentes, linéaires, lancéolées, plus longues que le calice, dont les divisions sont lancéolées, aiguës. ⓐ Juillet, août. Dans les champs sablonneux, arides. Andrimont (Liège).

SECTION II. — *Espèces acaules.*

1205. **P.** MARITIMA (L. Sp. 165). Scapes de 8 à 15 centimètres, arrondis, pubescents, dressés ou ascendants, plus longs que les feuilles; celles-ci sont linéaires, canaliculées, semi-cylindriques, charnues, pointues; fleurs d'un blanc sale, en épis cylindriques, allongés, dentés, à bractées arrondies, glabres, obtuses, le double plus courtes que le calice. ♃ Juin, juillet, août. Dans les prairies des dunes, surtout près d'Ostende.

1206. **P.** LANCEOLATA (L. Sp. 164). Feuilles oblongues-lancéolées, entières, pubescentes, à 5-5 nervures, atténuées en pétiole allongé; hampes de 30 centimètres environ, simples, anguleuses, dressées ou ascendantes, rarement rameuses, pubescentes, plus longues que les feuilles; fleurs d'un blanc sale, disposées en épis serrés, terminaux, cylindriques, allongés ou ovoïdes, de couleur brune, à bractées glabres, scarieuses, subaiguës, égales au calice; capsule à 2 loges monospermes. ♃ Tout l'été. Dans les prairies et aux bords des chemins.

1207. **P.** MEDIA (L. Sp. 163). Feuilles ovales, pubescentes, munies de 5 nervures, subsessiles; hampes arrondies, un peu hispides, de 30 centimètres environ, 4 à 8 fois plus longues que les feuilles; fleurs d'un blanc sale, en épi cylindrique, assez court, à bractées obtuses, un peu plus courtes que le calice; capsule à 2 loges monospermes. ⓐ L'été. Dans les prairies et sur les pelouses.

Plantago.

1208. P. MAJOR (L. Sp. 165). Le plantain. Feuilles ovales, larges,
à 7 nervures principales, glabres, quelquefois munies de quelques dents, atténuées en large pétiole; hampes de 30 centimètres, arrondies, subpubescentes, portant des épis de fleurs
blanchâtres, allongés, linéaires, peu serrés à la base, à bractées ovales, aiguës, un peu plus courtes que le calice; capsule
à 2 loges, à 4-6 graines. ♃ Le printemps et l'été. Aux bords
des chemins.

      VAR. *β.* MINIMA (DC.). Toute la plante a 2 à 5 centi-
        mètres.

Il y a aussi une variété à épi rameux et une autre dont les
bractées sont colorées en rose.

1209. P. CORONOPUS (L. Sp. 166). Feuilles étalées en rosette,
pinnatifides, à segments linéaires, éloignés; hampes rameuses, arrondies, pubescentes, de 10 à 15 centimètres; fleurs jaunâtres, en épis cylindriques, grêles, à bractées lancéolées-ovales, plus courtes que le calice; capsule à 4 loges monospermes.
① Tout l'été. Dans les endroits sablonneux. Petersheim, Goer,
Helden (Limbourg), Obignies, Mont-Saint-Aubert (Hainaut),
Habay-la-Vieille (Luxembourg).

F^{lle} LXVII. AMARANTACÉES. Juss. Gen. 87.

Périgone (calice?) libre, monosépale, persistant, à 4-5
lobes, souvent coloré; 3 à 5 étamines hypogynes, libres ou
monadelphes; l'ovaire uni et rarement biloculaire; style ou
stigmate simple, rarement multiple; capsule uniloculaire,
monosperme, très-rarement polysperme; périsperme farineux. Plantes herbacées, à feuilles alternes, entières; fleurs
souvent entourées d'écailles colorées, en épis paniculés ou
en tête, à sexe distinct.

1. Amaranthus. L. Gen. 1064.

Fleurs monoïques munies de 3 bractées; périgone à 3 ou 5 lobes; les *mâles* à 3 ou 5 étamines posées en dessous du pistil, à filet filiforme, subulé, à anthères bilobées; les *femelles* ayant 3 styles, 3 stigmates, et la capsule uniloculaire, monosperme, s'ouvrant circulairement; graines lenticulaires, réniformes.

1210. A. SYLVESTRIS (Desf. Cat. 44). A. viridis All. Ped. Tiges de 30 à 40 centimètres, rameuses, couchées, un peu redressées; feuilles ovales-rhomboïdes, atténuées en pétiole un peu ailé; fleurs herbacées, en glomérules latéraux, axillaires, arrondis, distants; capsules globuleuses, tricornes; graines luisantes, presque globuleuses. ⚥ Août, septembre. Dans les lieux cultivés et sur les décombres. Ganshoren (Brabant).

1211. A. PROSTRATUS (Balb. Misc. p. 44. t. 10). A. viridis Vill. Dauph. Tiges de 30 centimètres environ, couchées, rameuses, striées; feuilles pétiolées, ovales-rhomboïdes, subobtuses, mucronulées; fleurs herbacées, en glomérules latéraux ou terminaux, rapprochés en épi feuillé; capsule un peu pyriforme, glabre, obtuse, terminée par 1-2 styles courts, persistants. ⚥ Juillet, août, septembre. Dans les champs cultivés. La Sainte-Croix (Namur), Etterbeek (Brabant).

1212. A. BLITUM (L. Sp. 1405). Albersia blitum Kunth. Tiges de 30 à 40 centimètres, diffuses, rameuses; feuilles pétiolées, ovales-rhomboïdes, obtuses et bifides au sommet, entières, légèrement onduleuses; fleurs herbacées, en grappes axillaires, grêles, longues, surtout au sommet: capsule un peu ridée; graines petites, lenticulaires, luisantes. ⚥ L'été. Dans les lieux cultivés et le long des rues des villages et des villes. Mons, Dinant, Verviers. On le trouve aussi à Wintrange, Echternach (Luxembourg).

1213. A. RETROFLEXUS (L. Sp. 1407). A. spicatus Lam. Fl. fr. Tige de 30 à 60 centimètres, dressée, striée, un peu branchue, pubescente; feuilles pétiolées, ovales-oblongues, obtuses, subémarginées; fleurs verdâtres, à 5 étamines, disposées en épis terminaux, serrés, rameux, munies de bractées lancéolées-acuminées; divisions du périgone lancéolées, mucronées. ⒶSur les berges des rivières et des étangs. Dison et Verviers (Liége).

2. POLYCNEMUM. L. Gen. 55.

Fleurs hermaphrodites, munies de 2 bractées; périgone à 5 divisions; 5 étamines à filets soudés à la base; 1 style bifide; capsule monosperme, indéhiscente; graines lenticulaires, réniformes.

'. 1214. P. ARVENSE (L. Sp. 50). Tige de 20 à 50 centimètres, rameuse, étalée à la base; feuilles roides, dressées, linéaires-subulées, mucronées, scarieuses au bord; fleurs d'un blanc sale très-petites, nombreuses, axillaires, à bractées scarieuses à la base; anthères pourprées; graines solitaires, lenticulaires. ⒶL'été. Dans les champs sablonneux du Limbourg, du Luxembourg et du Hainaut.

Fⁱⁱᵉ LXVIII. — CHÉNOPODÉES. Vent. tabl. 2. p. 255. Atriplicées. Juss. Gen. 83.

Périgone libre, monosépale, à 3-5 divisions, souvent charnu ou induré après la fleuraison; étamines en nombre égal à celui des divisions du périgone, insérées au bas de ces divisions, à filets libres; 1 ovaire; 1 style simple ou multiple; fruit indéhiscent, tantôt en baie multiloculaire, polysperme, tantôt en cariopse recouvert par le périgone devenu charnu, ou par le périgone membraneux: périsperme central, souvent farineux. Plantes herbacées à feuilles al-

ternes simples, à fleurs petites, verdâtres, souvent hermaphrodites.

1. SALICORNIA. Tourn. Inst. t. 485.

Périgone tubuleux-ovoïde, comprimé, à 5 divisions peu
marquées; 1 à 2 étamines plus longues que le périgone;
1 style court; 2 stigmates papilleux, dépassant aussi le périgone, celui-ci couvrant le fruit.

1215. S. HERBACEA (L. Sp. 5). Tige de 8 à 12 centimètres, herbacée, aphylle, charnue, articulée, à articulations comprimées, émarginées, bifides au sommet, à rameaux étalés, les
stériles aigus; fleurs en épis axillaires, opposés, pédonculés,
amincis supérieurement, à écailles obtuses. ① Août, septembre. Dans les dunes et dans les prairies au bord de la mer.

1216. S. RADICANS. (Smith. Brit.). Cette espèce se rapproche beaucoup de la précédente, elle est plus diffuse, plus grande, un
peu ligneuse et radicante dans le bas; les intervalles entre les
nœuds sont cylindriques, les articulations faiblement appendiculées, et les épis allongés et renflés. ① Août, septembre.
Dans les mêmes lieux.

2. SALSOLA. DC. Fl. fr. 3. p. 394.

Fleurs hermaphrodites munies de 2 bractées; périgone
persistant, polyphylle, muni d'un appendice scarieux extérieur; 6 étamines; 2-3 stigmates; fruit horizontal, membraneux, à graine solitaire; embryon spiraloïde.

1217. S. KALI (L. Sp. 322). Tige de 30 centimètres environ,
herbacée, couchée; feuilles subulées, épineuses, étalées,
scabres, les inférieures linéaires, triquètres, les supérieures
ovales; fleurs solitaires, axillaires; périgone fructifère cartila-

gineux, entouré d'appendices larges, scarieux, étalés, en étoiles. ① Juillet, août, septembre. Dans les dunes.

1218. S. TRAGUS (L. Sp. 322). Tige de 30 à 40 centimètres, herbacée, ascendante, rameuse, cannelée, velue vers le sommet; feuilles charnues, linéaires, subulées, vertes, glabres, terminées par une pointe aiguë; fleurs axillaires, solitaires, garnies de bractées épineuses. ① Août, septembre. Dans les dunes.

1219. S. SODA (L. Sp. 323). Tige de 30 centimètres environ, herbacée, dressée, ascendante, branchue, glabre; feuilles charnues, linéaires, longues, mucronées; fleurs axillaires, solitaires; divisions du périgone lancéolées, aiguës, s'agrandissant et devenant arrondies à la maturité. ① Tout l'été. Dans les dunes.

3. KOCHIA. Roth.

Périgone monophylle à 5 divisions; 5 étamines insérées sur le réceptacle; 2 stigmates; capsule déprimée, indéhiscente, monosperme; graines à testa mince, membraneux; embryon courbé en fer à cheval.

1220. K. ARENARIA (Schrad. Journ. 1801. t. 2). Tiges de 30 à 45 centimètres, herbacée, rameuse, velue; feuilles filiformes; fleurs axillaires, subgéminées; calice très-velu, à appendices subtrilobés, avec des prolongements épineux, scarieux, rhomboïdaux. ① Juillet, août. Dans les dunes.

1221. K. HIRSUTA (M. et K.). Chenopodium hirsutum L. Sp. 321. Tige dressée, herbacée, hérissée; feuilles filiformes, velues, obtuses; fleurs géminées, axillaires; calice se couvrant, après la fleuraison, de prolongements horizontaux, épineux. ① Août, septembre. Dans les dunes.

1222. K. TRIPTERIS (Dum. Fl. belg. f. 22). Chenopodium hirsutum Vh. Tige herbacée, dressée, rameuse; feuilles glabres, demi-cylindriques, linéaires; fleurs hérissées; périgone fructifère à 5 segments dont un s'accroît sous forme de membrane

après la fleuraison. ⊕ Août, septembre. Dans les dunes.
Le Kochia hyssopifolia, Roth, doit être supprimé des catalogues belges.

4. SUÆDA. Pallas.

Fleurs hermaphrodites, munies de 2 bractées scarieuses, très-petites; périgone urcéolé, à 5 divisions épaisses, charnues, non appendiculées; graines horizontales ou verticales, à testa crustacé, sans périsperme; embryon plan, en spirale.

1223. S. FRUTICOSA (Forsk). Chenopodium fruticosum L. Sp. éd. 1. p. 221. Salsola fruticosa L. Sp. 324. Tiges frutescentes, glabres, à rameaux dressés; feuilles glabres, charnues, arrondies, obtuses, lâchement imbriquées; fleurs axillaires, sessiles, solitaires, ou réunies par 2 ou 3; graines verticales. ♃ Août, septembre. Dans les vallées des dunes. Rare.
1224. S. MARITIMA (Dum. Fl. belg. p. 22). Chenopodium maritimum L. Sp. 321. Tige herbacée, dressée; feuilles glabres, obtuses, charnues, subarrondies; fleurs glomérulées par 2 ou 3, axillaires. ⊕ L'été. Sur les bords du chenal à Nieuport.

5. CHENOPODIUM. DC. Fl. fr. 3. p. 388.

Fleurs hermaphrodites dépourvues de bractées; périgone persistant à 5 divisions, plus rarement à 3 ou 4, non tuberculeux et ne s'accroissant pas après la fleuraison; 5 étamines, rarement moins; styles bifides; 2 à 4 stigmates; fruit monosperme enveloppé par le périgone; graines orbiculaires, lenticulaires, horizontales, à testa crustacé; embryon annulaire, périphérique.

1225. C. POLYSPERMUM (L. Sp. 321). Tige de 50 à 60 centimètres, redressée, rameuse, glabre; feuilles ovales, entières, subrhomboïdes, pétiolées, aiguës, vertes sur les deux faces ; fleurs herbacées, disposées en grappes simples, axillaires, terminales, feuillées. ① L'été. Dans les lieux cultivés.

> VAR. *α*. ARRECTUM (Desm. Cat. bot. belg. p. 60). Cette variété est plus petite que l'espèce ; la tige est rougeâtre, rameuse dès la base ; les feuilles sont plus petites et rougeâtres à l'extrémité.

> VAR. *β* ACUTIFOLIUM (Tinant). Cette variété ne diffère de l'espèce que par sa tige qui est droite.

1226. C. VULVARIA (L. Sp. 521). C. olidum Curt. C. fœtidum Lam. Tige de 20 à 50 centimètres, couchée, rameuse, divariquée, couverte d'une poussière qui la rend très-glauque, ainsi que toute la plante ; feuilles rhomboïdes-ovales, obtuses, très-entières, épaisses ; fleurs blanchâtres, agglomérées en panicules axillaires et terminales, courtes. ① Tout l'été. Dans les lieux cultivés, près des habitations.

Toute la plante a, lorsqu'on la frotte dans les doigts, une odeur fétide de marée pourrie qui lui a fait donner le nom de vulvaire.

1227. C. GLAUCUM (L. Sp. 520). Tige de 20 à 50 centimètres, jaunâtre dans le bas, couchée, diffuse ; feuilles ovales-oblongues, obtuses, sinuées-anguleuses, d'un glauque très-prononcé en dessous ; fleurs verdâtres, en grappes courtes, composées de glomérules épaisses, nues ; graines ovoïdes, allongées, les unes verticales, les autres horizontales. ① Tout l'été. Dans les lieux-cultivés, sur les décombres, près des habitations.

1228. C. BOTRYS (L. Sp. 520). Tige de 40 à 60 centimètres, ascendante, pubescente, ainsi que toute la plante ; fleurs verdâtres disposées en grappes nues, axillaires, nombreuses. ① Dans les lieux cultivés aux environs de Verviers.

Cette plante appartient essentiellement au midi de l'Europe ; elle a été, sans aucun doute, apportée avec les laines d'Espagne où elle est fort abondante.

1229. C. HYBRIDUM (L. Sp. 519). C. opulifolium Vaill. non DC. Tige de 40 à 60 centimètres, un peu cannelée ; feuilles cordées,

pétiolées, anguleuses, dentées, aiguës, glabres; fleurs verdâtres, en grappes terminales, rameuses, étalées, faisant presque
la cime, non feuillées; graines ponctuées, rugueuses. ① Tout
l'été. Dans les lieux cultivés.

1230. C. rubrum (L. Sp. 518). Blitum rubrum Reich. Tige de 50
à 60 centimètres, dressée, rameuse, rayée; feuilles glabres,
assez épaisses, cordiformes-triangulaires, glaucescentes en
dessous; fleurs un peu rougeâtres, disposées en glomérules
formant des grappes, la plupart feuillées, axillaires, dressées
contre la tige; étamines et stigmate dépassant un peu la fleur.
① Tout l'été. Dans les endroits humides au pied des murs,
sur les berges des étangs et des rivières.

> Var. β. blitoïdes (Lej. Fl. Spa. 126). Feuilles longue-
> ment pétiolées; fleurs en grappes très-composées
> s'éloignant un peu de la tige.

> Var. γ. patulum (Mer.). Tige couchée.

1231. C. ficifolium (Sm. brit. 1. p. 276). C. viride Curt. C. sero-
tinum Huds. Tige de 50 à 60 centimètres, dressée, rameuse,
cannelée; feuilles oblongues-lancéolées, subtrilobées, à dents
allongées; fleurs verdâtres, agglomérées en grappes simples,
serrées, axillaires et terminales; graines ponctuées, un peu
rugueuses, à bords obtus. ① L'été. Dans les lieux cultivés, près
des habitations

1232. C. viride (L. Sp. 319). Tige dressée de 30 à 60 centimètres,
rameuse, cannelée; feuilles rhomboïdales ou ovales-rhomboïdales, subtrilobées, obtuses, d'un vert tendre, un peu glauques en dessous, crénelées-dentées, les supérieures oblongues,
presque entières; fleurs verdâtres, nombreuses, disposées en
longues grappes latérales, composées de glomérules nues, arrondies; graines luisantes, ovoïdes, comprimées, presque lisses.
① Tout l'été. Dans les lieux cultivés.

1233. C. album (L. Sp. 319). Tige de 50 à 60 centimètres, dressée, simple; feuilles ovales-rhomboïdales ou lancéolées, inégalement dentées-sinuées, les supérieures étroites, entières;
fleurs verdâtres, en grappes courtes, serrées, ramassées, for-

mant presque un épi au sommet; graines ovoïdes, comprimées. ① Tout l'été. Dans les lieux cultivés.

1254. C. OPULIFOLIUM (Schrad. ex DC. Fl. fr. 5. p. 372). C. ero-
sum Bast. Tige de 60 centimètres et plus, dressée, rameuse,
cannelée; feuilles assez petites, rhomboïdales-ovales, inégalement dentées, glaucescentes en dessous, mucronées; fleurs
verdâtres, glomérulées en grappes serrées, presque simples,
axillaires et terminales; étamines plus longues que le calice;
graines lisses. ① Tout l'été. Dans les lieux cultivés. Cette espèce est assez rare en Belgique.

1255. C. LANCEOLATUM (Willd. Enum. p. 42). C. catenulatum
Th. Fl. par. Tige de 30 à 50 centimètres, étalée, rameuse,
rayée de vert et de blanc; feuilles oblongues-lancéolées, entières, quelquefois un peu dentées à la base, à pointe terminale
très-longues; fleurs verdâtres en grappes nombreuses, rameuses, étalées, à glomérules espacées, nues; graines ovoïdes,
comprimées. ① L'été. Dans les lieux cultivés. Cette espèce
est aussi assez rare.

1256. C. MURALE (L. Sp. 318). Tige de 30 à 40 centimètres, rameuse, glabre; feuilles ovales-deltoïdes, un peu incisées-dentées, aiguës, luisantes; fleurs verdâtres en grappes terminales,
subcorymbifères, nues, rameuses; étamines plus longues que
le calice; graines finement ponctuées, comprimées. ① L'été.
Sur les décombres et dans les lieux cultivés.

1257. C. URBICUM (L. Sp. 318). C. rhombifolium Mhln. Tige de
30 à 45 centimètres, dressée, subanguleuse, rayée de vert et
de blanc; feuilles triangulaires, inégalement dentées-sinuées,
glabres, atténuées en pétiole; fleurs verdâtres en grappes
axillaires, dressées et serrées contre la tige, rameuses, nues;
graines grosses, ovoïdes, comprimées. ① L'été. Dans les lieux
cultivés, autour des habitations.

> Var. β. INTERMEDIUM (M. et K.). Les feuilles sont fari-
> neuses surtout en dessous, plus inégalement et pro-
> fondément dentées; les graines sont un peu plus
> grosses.

Chenopodium.

1158. C. bonus Henricus (L. Sp. 318). Blitum bonus Henricus Reich. Agotophytum bonus Henricus Moq. Tand. Tige de 30 à 40 centimètres, grosse, rameuse, un peu pulvérulente ; feuilles triangulaires-sagittées, entières, glabres, pétiolées ; fleurs herbacées, agglomérées, formant un épi terminal très-allongé, dépourvu de feuilles ; graines ovoïdes, allongées. ① L'été. Sur les bords des chemins.

6. Atriplex. Tourn. Inst. t. 286.

Fleurs polygames, plus souvent monoïques, dépourvues de bractées ; *fleurs mâles ou hermaphrodites;* périgone à 3-5 sépales soudés à la base ; 3-5 étamines. *Fleurs femelles:* périgone comprimé, à 2 sépales libres ou plus ou moins soudés à la base, s'accroissant après la fleuraison et couvrant la graine ; 3 styles filiformes ; graines comprimées dressées, couvertes d'une enveloppe double extérieure, formée par le périgone souvent chargé d'appendices au dehors ; fleurs herbacées.

1239. A. portulacoïdes (L. Sp. 149). Tige de 30 à 60 centimètres, frutescente, glauque-lépreuse, ainsi que toute la plante, à rameaux flexibles ; feuilles opposées, obovales-lancéolées, très-entières, obtuses, les supérieures lancéolées-linéaires ; fleurs souvent monoïques, en grappes axillaires et terminales ; fruits sessiles ; valves au nombre de 3, se recouvrant jusqu'à leur milieu, rétrécies dans le bas. ♃ L'été. Dans les vallées des dunes. Très-rare.

1240. A. pedunculata (L. Sp. 1675). Tiges de 30 centimètres environ, herbacée, flexueuse, un peu rameuse, divariquée ; feuilles lancéolées-ovales, très-entières, atténuées en pétiole, glauques sur les deux faces ; fleurs femelles pédonculées ; 2 valves se recouvrant presque jusqu'au milieu, rétrécies dans le bas, munies d'une dent. ① Août, septembre. Dans les dunes.

Ces deux espèces appartiennent au genre Halimus Wallr.

Atriplex.

1241. A. ROSEA (L. Sp. 1493). Tige de 30 centimètres environ, herbacée, diffuse, à rameaux étalés; feuilles glauques, farineuses, ovales-arrondies, inégalement sinuées-dentées; fleurs en épis agglomérés, axillaires et terminaux; valves dentées, anguleuses, rhomboïdales, aiguës. ① L'été. Dans les dunes.

> VAR. *β*. FARINOSA. **A. farinosa** Dum. Fl. belg. f. 20. Cette variété ne diffère de l'espèce que parce qu'elle est plus farineuse.

1242. A. LACINIATA (L. Sp. 1494). Tige de 30 centimètres, plus grêle que dans l'espèce précédente, herbacée, dressée, étalée, pubescente au sommet; feuilles blanchâtres en dessous, pétiolées, allongées-deltoïdes, obtuses, mucronulées, profondément laciniées; fleurs agrégées en épis simples, denses, terminaux et axillaires; valves rhomboïdes, dentées, à 3 lobes dont les deux latéraux tronqués. ① L'été. Dans les dunes.

1243. A. HORTENSIS (L. Sp. 1493). L'arroche. La bonne dame. Tige s'élevant à un mètre et plus, dressée, glabre, lisse, arrondie; feuilles cordiformes-hastées, pétiolées, obtuses, glauques, surtout en dessous, inégalement dentées; fleurs polygames, disposées en grappes terminales et ramassées; calice des fleurs femelles à sépales libres; valves fructifères entières, réticulées. ① Tout l'été. Cultivée dans les jardins et se rencontre quelquefois subspontanée dans les lieux cultivés.

> VAR. *β*. RUBERRIMA (DC.). Plante toute saturée de rouge.

1244. A. LATIFOLIA (Wahl.). A. patula Smith non L. A. hastata Fl. fr. non L. Tige de 30 à 50 centimètres, dressée, rameuse; feuilles pétiolées, hastées, deltoïdes, profondément dentées, glabres; fleurs en grappes latérales et terminales; valves des calices fructifères palmées-dentées, à dent intermédiaire allongée. ① Août, septembre. Dans les lieux incultes.

1245. A. PATULA (L. Sp. 1494). Tige de 30 à 60 centimètres, herbacée, rameuse, étalée; feuilles deltoïdes, glaucescentes, un peu hastées, denticulées, subaiguës, pétiolées; fleurs agglomérées en panicules lâches, allongées, terminant les ra-

Atriplex.

meaux; valves des calices fructifères triangulaires, aiguës, scabres sur le dos, dentées en scie à la base. ④ Tout l'été. Dans les lieux incultes, aux bords des fossés et des champs.

1246. A. ANGUSTIFOLIA (Sm. Fl. brit. 3. p. 1092). Tige de 30 à 60 centimètres, herbacée, étalée, très-rameuse; feuilles lancéolées, très-entières, aiguës, atténuées en pétiole, les plus inférieures un peu hastées, denticulées; fleurs agglomérées, formant des grappes grêles, lâches, courtes, axillaires et terminales; valves des calices fructifères hastées, presque lisses. ④ Tout l'été. Dans les lieux cultivés.

1247. A. MICROSPERMUM (W. et K. t. 250). A. ruderalis Wallr. A. mucronata Bengm. Tige de 30 à 50 centimètres, dressée, droite, triangulaire, comprimée à la base des rameaux; feuilles hastées-triangulaires, sinuées-dentées ou entières; fleurs en épis axillaires très-interrompus, terminaux; valves des calices fructifères ovales-aiguës, très-entières. ④ L'été. Dans les lieux cultivés.

> VAR. *β*. FLAVESCENS (Dum. Fl. Belg. 20). Tige couchée, feuilles opposées, hastées-ovales, obtuses, dentées; fleurs en rameaux paniculés; valves cordées, subdentées.

L'espèce et la variété sont assez rares en Belgique, l'une et l'autre pourraient bien être des variétés d'une des trois espèces précédentes qui ont déjà entre elles les plus grands rapports.

1248. A. HASTATA (L. Sp. 1494). A. prostrata Bouch. Fl. Abb. 76. Tige herbacée, couchée, très-rameuse; feuilles triangulaires, munies d'oreillettes à la base, très-glabres, obtuses, pétiolées, les supérieures lancéolées-aiguës; fleurs agglomérées en grappes allongées, axillaires; valves des calices fructifères sinuées-dentées, terminées en une pointe longue et fine. ④ Juillet, août. Dans les dunes. Cette plante a jusqu'à présent échappé à mes recherches.

1249. A. LITTORALIS (L. Sp. 1494). Tige de 40 à 60 centimètres, dressée, ainsi que les rameaux; feuilles linéaires, rarement

dentées, aiguës, subpétiolées ; fleurs formant une espèce d'épi
terminal, cylindrique, à pédoncules dressés ; valves des calices
fructifères ovales, aiguës, inégalement sinuées sur les bords,
rugueuses en dehors ; graines ovoïdes, rhomboïdales, dentées.
℧ L'été. Dans les dunes.

1250. A. NITENS (Willd. Sp. 4961). A. acuminata W. et K.
A. lucida Desf. Tige de 60 centimètres environ, herbacée,
dressée, rameuse ; feuilles vertes-luisantes en dessus, blanches-
argentées en dessous, sagittées-acuminées, crénelées-dentées,
les supérieures lancéolées ; fleurs réunies en grappes latérales ;
valves triangulaires, entières. ① Juillet, août. Sur les bords de
la Moselle dans le Luxembourg.

1251. A. TRIANGULARIS (Willd. Sp. 4. 965). A oppositifolia DC.
Tige de 30 à 40 centimètres, couchée, rameuse, étalée, divariquée ; feuilles souvent opposées, triangulaires, entières,
quelquefois sinuées-dentées, blanchâtres ; fleurs en grappes
axillaires et terminales ; valves des calices fructifères cordées,
triangulaires, à bords dentés, muriquées-gibbeuses sur le dos.
① L'été. Dans les dunes.

1252. A. MARINA (Huds. Angl. 577). Cette espèce a beaucoup de
rapport avec l'atriplex littoralis, mais elle est plus robuste et
plus roide et s'élève quelquefois jusqu'à un mètre, quoique
parfois elle n'ait que 15 centimètres ; feuilles ovales-lancéolées, atténuées aux deux bouts, inégalement sinuées-dentées,
les supérieures linéaires, entières ; valves des calices fructifères obcordées, triangulaires, obtuses, denticulées, mucronées, farineuses sur le dos. ① L'été. Dans les dunes près de
Nieuport.

1253. A. OBLONGIFOLIA (W. et K. in text.). A. microspermum
W. et K. in tab. 221. A. tartarica L. Sp. Tige rameuse, haute
de 40 à 60 centimètres, à rameaux dressés, serrés ; feuilles
triangulaires, cunéiformes à la base, dentées, blanchâtres en
dessous, les supérieures lancéolées ; fleurs en grappes, portées sur des pédoncules lâches ; valves des calices fructifères
ovales-arrondies, très-entières. ℧ L'été. Cette plante est in-

diquée à Verviers, mais il m'a toujours été impossible de l'y découvrir.

7. Spinacia. Tourn. t. 308.

Fleurs dioïques : les *mâles* disposées en grappes spiciformes, terminales, à périgone quinquifide; 4 à 5 étamines insérées sur le réceptacle; *fleurs femelles* ramassées en pelotons dans les aisselles des feuilles, à périgone à 2 ou à 4 divisions; 4 styles capillaires soudés inférieurement; fruit couvert par le périgone persistant et s'accroissant après la fleuraison; graines verticales, comprimées.

1254. S. inermis (Mœnch. Meth. 318). S. oleracea var. α L. Sp. L'épinard. Tige de 40 à 60 centimètres, dressée, rameuse, glabre: feuilles pétiolées, souvent hastées, ovales-oblongues, entières; fleurs herbacées; valves du calice se soudant à la maturité et formant une capsule perforée au sommet. ♂ Mai, juin. Cultivé dans les jardins potagers.

1255. S. spinosa (Mœnch. l. c.). L'épinard d'hiver. Cette espèce. diffère de la précédente par ses feuilles petites, munies de quelques dents, et par les valves du calice présentant 2 ou 4 dents aiguës et divergentes. ♀ Mai, juin. Elle est souvent mêlée avec la précédente.

8. Beta. Tourn. Inst. t. 286.

Fleurs hermaphrodites; calice à 5 sépales soudés, urcéolé, adhérant à la base de l'ovaire; 5 étamines; 2 styles soudés à la base; fruit réniforme enveloppé par le périgone simulant une capsule.

1256. B. vulgaris (L. Sp. 322). La betterave, la bette. Racine grosse, pivotante, succulente; tige d'un mètre environ, anguleuse, dressée, glabre; feuilles ovales, amples, luisantes, atté-

Beta.

nuées en un large pétiole; fleurs en panicule terminale, spiciforme, allongée, foliacée, ramassées par 3-5 ensemble dans
l'aisselle des feuilles. ② L'été. Dans les lieux cultivés.

> VAR. *α*. VULGARIS. Racine charnue, grosse, blanche, jaune
> ou rouge; fleurs agglomérées par cinq.

> VAR. *β*. CICLA (Willd.). Racine de disette, poirée. Racine
> dure; fleurs agglomérées par trois.

1257. B. MARITIMA (L. Sp. 322). Racine grêle; tige couchée à la
base, beaucoup plus faible que dans l'espèce précédente;
feuilles moins épaisses et moins larges; fleurs solitaires ou
géminées. ② L'été. On dit que cette plante existe sur nos côtes,
mais toutes mes recherches ont été infructueuses pour l'y découvrir.

9. BLITUM. L. Gen. 14.

Fleurs hermaphrodites; périgone à 3 sépales libres ou
soudés à la base; 1 étamine; 2 styles : fruit recouvert par
le périgone qui devient bacciforme à la maturité.

1258. B. VIRGATUM (L. Sp. 7). Tige de 50 centimètres environ,
effilée, couchée; feuilles triangulaires, allongées, un peu laciniées à la base, irrégulièrement dentées; fleurs axillaires,
glomérulées, disposées en un long épi feuillé; calice fructifère
charnu, succulent, rouge; styles courts; graines à bords canaliculés. ① Tout l'été. Dans les lieux cultivés, humides.
Bords de la Meuse, Jambes, Freyr (Namur), Grandvoir (Luxembourg).

1259. B. CAPITATUM (L. Sp. 7). Tige de 20 à 50 centimètres, redressée et non feuillée au sommet: feuilles triangulaires, irrégulièrement dentées, quelquefois entières; fleurs d'un blanc
sale, réunies en glomérules, disposées en épi terminal; calice
fructifère charnu, formant un fruit rouge, plus gros que dans
l'espèce précédente. ♈ Juin. juillet, août. Dans les mêmes
lieux, mais beaucoup plus rare.

F^{lle} LXIX. — POLYGONÉES. Juss. 82.

Périgone libre, simple, persistant, monosépale, profondément divisé, à lobes disposés en série double ; étamines en nombre défini, insérées au bas du périgone ; anthères biloculaires à 4 sillons s'ouvrant par deux fentes ; 1 ovaire ; plusieurs styles ou plusieurs stigmates sessiles ; fruit monosperme plus ou moins couvert par le périgone ; périsperme farineux. Toutes nos espèces sont herbacées, à tige noueuse, feuilles alternes, vaginantes à la base.

1. RUMEX. Campd. Rum. mon. p. 60.

Involucelle infundibuliforme ou campanulé, à 5 bractées ; périgone à 6 divisions, 5 intérieures s'accroissant en forme de valves après la fleuraison, et 5 extérieures attachées aux bractées de l'involucre ; 6 étamines ; 5 styles réfléchis ; stigmates multifides, à divisions disposées en pinceau ; cariopse trigone, aigu.

SECTION I. — LAPATHUM (Tourn. Inst.). *Involucelle attaché à l'articulation du pédicelle, à bractées non réfléchies ; style libre ; saveur peu acide.*

1260. R. MARITIMUS (L. Sp. 478). Tiges de 50 à 40 centimètres, dressées, rameuses, anguleuses, rayées, à rameaux florifères alternes ; feuilles inférieures ovales-lancéolées, aiguës, planes, les supérieures oblongues-lancéolées ; fleurs herbacées en verticilles nombreux, formant des épis terminaux, ramassés, foliacés, gros et touffus ; divisions internes du périgone devenant très-granulées, ovales, acuminées, sétacées-dentées, plus longues que les divisions externes. ① ou ② Bords des mares et des étangs. Provinces de Liége, de Luxembourg et du Hainaut.

1261. R. PALUSTRIS (Smith. Brit. 1. p. 594). Cette espèce se rap-

Rumex.

proche beaucoup de la précédente; feuilles linéaires-lancéolées, aiguës, un peu crispées, à rameaux florifères alternes ou
géminés, simples ou divisés; fleurs herbacées en verticilles
serrés, toutes axillaires, à divisions intérieures du périgone
devenant granuleuses, ovales-lancéolées, un peu aiguës, à 5
dents, à peu près égales aux divisions extérieures. ♃ L'été.
Aux bords des eaux. Cette espèce est très-rare et se rencontre
souvent mêlée avec la précédente.

1262. R. PULCHER (L. Sp. 477). Tiges de 30 à 40 centimètres,
striées, rameuses, flexueuses, à rameaux divariqués, ondulés;
feuilles inférieures cordiformes-ovales, sinuées-échancrées sur
les côtés, les supérieures étroites et sessiles; fleurs herbacées,
demi-verticillées, axillaires sur les rameaux; divisions intérieures du périgone devenant deltoïdes-ovales, subaiguës, dentelées en scie, plus courtes que les extérieures. ♃ Juin, juillet,
août. Le long des haies et des murs. Je n'ai jamais rencontré
ce rumex en Belgique, je l'ai trouvé en France entre Mons et
Valenciennes.

1263. R. OBTUSIFOLIUS (L. Sp. 478). Tiges de 40 à 60 centimètres, dressées, striées, arrondies; feuilles inférieures ovales-
cordiformes, obtuses, un peu crispées, les supérieures ovales-
lancéolées, un peu crénelées, pétiolées; fleurs verdâtres,
disposées en faux verticilles dépourvus de feuilles supérieurement, et formant des petits épis axillaires et terminaux;
divisions internes du périgone devenant triangulaires, ovales,
un peu obtuses, à 2-4 dents triangulaires-acuminées ou subulées. ♃ Juin, juillet, août. Aux bords des chemins et des
champs.

      VAR. β. ACUTUS (L. Sp. 478). Feuilles aiguës.

      VAR. γ. PURPUREUS (Poir.). Tige et veines des feuilles
        pourprées.

1264. R. NEMOLAPATHUM (L. f. Supp. 212). R. divaricatus Thuil.
Fl. par. Tige de 40 à 60 centimètres, grêle, anguleuse, à rameaux filiformes, divariqués; feuilles inférieures cordées-
lancéolées, pointues, pétiolées, les supérieures lancéolées.

Rumex.

étroites, aiguës, un peu ondulées, subcrénelées; fleurs verdâtres, demi-verticillées, petites, nombreuses, écartées, et
aphylles; divisions internes du périgone devenant granuleuses,
ovales, obtuses, entières. ♃ Juillet, août. Dans les bois et les
fossés humides.

1265. R. NEMOROSUS (Schrad. Gœtt. cat.). Cette plante pourrait
bien n'être qu'une variété de la précédente à laquelle elle
ressemble beaucoup; les feuilles inférieures sont lancéolées,
les supérieures subsessiles, les rameaux florifères dressés, et
la division moyenne interne du périgone est seule chargée
d'un tubercule granuleux. ♃ Juillet, août. Dans les fossés
aquatiques des bois.

1266. R. SANGUINEUS (L. Sp. 476). Tiges de 40 à 60 centimètres,
fistuleuses, un peu rameuses du haut, d'un rouge noirâtre;
feuilles pétiolées, aiguës, les inférieures cordées-lancéolées;
pétioles et veines des feuilles marqués de lignes rougeâtres;
fleurs verdâtres disposées en verticilles pauciflores, distants,
dont les supérieurs sont aphylles; divisions internes du périgone devenant ovales, lancéolées, entières, presque obtuses,
la moyenne portant un gros grain rougeâtre. ♃ Juillet, août.
Dans les prairies. Cette plante est assez rare.

1267. R. CRISPUS (L. Sp. 476). Tiges de 50 à 80 centimètres, arrondies, branchues; feuilles ondulées, crépues, aiguës, les
inférieures oblongues, lancéolées, pétiolées, les supérieures
sessiles, plus étroites; fleurs verdâtres disposées en demi-verticilles assez serrés, multiflores, les supérieurs sans feuilles;
divisions internes du périgone devenant cordées-orbiculaires,
entières, un peu aiguës et couvertes de granulations. ♃ L'été.
Dans les prairies et aux bords des chemins.

1268. R. HYDROLAPATHUM (Huds. angl. 15). R. aquaticus DC. Fl.
fr. non L. Tiges d'un mètre à un mètre et demi, dressées,
rameuses, cannelées; feuilles radicales très-grandes, larges,
pétiolées, atténuées aux deux extrémités, les supérieures sessiles, étroites; fleurs verdâtres, nombreuses, disposées en
demi-verticilles, formant une panicule; divisions internes du

Rumex

périgone ovales-lancéolées, munies d'un tubercule oblong. ♃ Juillet, août. Dans les étangs et les ruisseaux.

1269. R. maximus (Schreb.). R. aquaticus auct. non L. Cette espèce a les plus grands rapports avec la précédente; les feuilles inférieures sont cordiformes; les fleurs en panicule allongée; les divisions internes du périgone sont triangulaires, élargies à la base, entières, granigères. ♃ Juillet, août. Dans les mêmes lieux.

Le véritable R. aquaticus L. a les divisions internes nues et cordiformes.

1270. R. patientia (L. Sp. 476). La patience. Tiges de 60 à 90 centimètres, dressées, sillonnées, arrondies; feuilles inférieures ovales-cordiformes, subaiguës, les supérieures oblongues-lancéolées, entières, plus aiguës; fleurs verdâtres, en demi-verticilles rapprochés, aphylles; divisions internes du périgone devenant subcordiformes, entières, planes, un peu aiguës, une seule est granuleuse. ♃ Juillet, août. Sur les bords de la Vesdre (Liége).

1271. R. alpinus (L. Sp. 480). Tiges d'un mètre environ, dressées, cannelées, rameuses; feuilles cordiformes, ovales, obtuses, pétiolées, les supérieures plus petites, ovales-lancéolées; fleurs verdâtres disposées en verticilles serrés, multiflores, souvent aphylles, formant une panicule au sommet; divisions internes du périgone cordées, subaiguës, à sommet sinué, un peu tortillé, celle du milieu est granulée. ♃ Août, septembre. On dit que cette plante se trouve dans les montagnes du Luxembourg.

Section II. — Acetosa (Campd. Mon. p. 67). *Involucre allongé, naissant à l'articulation du pédicelle, à bractées réfléchies; styles attachés supérieurement aux angles de l'ovaire; saveur acide.*

1272. R. acetosa (L. Sp. 481). L'oseille. Tiges de 60 centimètres environ, arrondies, striées; feuilles glaucescentes en dessous, les inférieures lancéolées, sagittées, subovales, pétiolées, à

oreillettes parallèles, aiguës, les supérieures oblongues, atténuées en pétiole, un peu décurrentes ; fleurs verdâtres, dioïques, en panicules demi-verticillées ; divisions internes du
périgone devenant ovales, un peu aiguës ; calice persistant,
soudé au cariopse réfléchi à la maturité. 2| Mai, juin. Dans
les prairies et cultivée dans les jardins.

1273. R. ACETOSELLA (L. Sp. 481). Tiges de 30 centimètres en-
— viron, menues, dressées ; feuilles inférieures lancéolées, sagittées, pétiolées, à oreillettes écartées, aiguës, les supérieures
oblongues, linéaires, atténuées en pétiole un peu décurrent ;
fleurs verdâtres, dioïques, demi-verticillées, en panicule rameuse, filiforme ; divisions intérieures du périgone ovales, un
peu aiguës, ne dépassant pas le fruit et couvertes par les ex-
térieures. 2| Tout l'été. Dans les endroits arides.

Var. β MULTIFIDUS (Thuil. Fl. par. non L). Feuilles linéaires, presque capillaires.

1274. R. SCUTATUS (L. Sp. 480). Tiges de 30 à 40 centimètres,
— arrondies, striées, glauques, ainsi que toute la plante ; feuilles
pétiolées, hastées, ovales-triangulaires, obtuses, à oreillettes
divergentes ; fleurs hermaphrodites, peu nombreuses, en verticilles distants, sans feuilles ; divisions internes du périgone
devenant cordées-orbiculaires, entières, non granuleuses,
très-obtuses, débordant le fruit. 2| De mai en août. Sur les
coteaux pierreux. Se trouve principalement dans les provinces
de Namur, de Liége, de Luxembourg et du Hainaut.

2. POLYGONUM. L. Gen. 495.

Périgone à 4-6 divisions persistantes, presque égales ;
5-9 plus souvent 8 étamines ; 2-3 stigmates portés sur
l'ovaire ; cariopse ovale ou triangulaire ; embryon latéral ou
central ; radicule supère.

Polygonum.

SECTION I. — FAGOPYRUM (Tourn. t. 290). *Cariopse trigone, acuminé; embryon courbé, central; cotylédons larges, foliacés, plissés-contournés.*

1275. **P. FAGOPYRUM** (L. Sp. 522). Le sarrasin. Bouquette. P. vulgare Nees. Tige de 50 à 70 centimètres, dressée, branchue, rougeâtre; feuilles cordées-sagittées, pétiolées, entières, les supérieures sessiles; stipules amplexicaules, courtes, entières, vaginantes à la base; fleurs blanches, mêlées de rose, ramassées en grappes terminales; cariopses lisses, de la longueur du périgone qui est à 5 divisions. ① Juin, juillet, août. Cultivé.

1276. **P. TARTARICUM** (L. Sp. 521). Tige de 60 centimètres environ, creuse, rameuse, cylindrique; feuilles pétiolées, cordées-sagittées, plus larges que longues, aiguës; stipules courtes aiguës, fendues sur le côté; fleurs blanches en épis axillaires, lâches, à 5 divisions obtuses; cariopses triangulaires, noirâtres, à angles sinués-dentés. ① Juin, juillet. Cultivé comme le précédent et sous le même nom.

SECTION II. — TINIARIA (Meisn. Polyg. mon. p. 62). *Cariopse trigone, acuminé; embryon latéral, courbe; cotylédons linéaires.*

1277. **P. DUMETORUM** (L. Sp. 522). Tige volubile, arrondie, striée, glabre; feuilles triangulaires-hastées, acuminées, pétiolées; stipules courtes, amplexicaules, subaiguës; fleurs blanchâtres en panicules pédonculées, pendantes par petites grappes; calice à 5 divisions, dont trois couvrent la graine, et sont prolongées en une aile membraneuse; cariopses triangulaires, lisses, luisants, à bords droits, entiers. ① Tout l'été. Dans les haies et les buissons.

1278. **P. CONVOLVULUS** (L. Sp. 522). Tige volubile, anguleuse, glabre; feuilles hastées, cordées, acuminées, pétiolées; stipules amplexicaules, courtes, légèrement tronquées; fleurs blanchâtres, subverticillées, disposées en panicules filiformes, interrompues, penchées, foliacées ; cariopses trigones, granulés, striés, recouverts par le périgone persistant. ⚐ Tout l'été. Dans les champs.

SECTION III. — BISTORTA (Tourn. t. 291). *Cariopse trigone, acuminé ; embryon latéral ; cotylédons étroits.*

1279. P. VIVIPARUM (L. Sp. 516). Tiges de 15 à 25 centimètres, très-simples, dressées, portant un seul épi ; feuilles lancéolées, subaiguës, un peu roulées sur les bords, les inférieures elliptiques, atténuées en pétiole ; stipules cylindriques, élargies au sommet, amplexicaules ; fleurs blanches formant un épi terminal ; cariopses obscurément triangulaires, germant souvent sur l'épi. ♃ Mai, juin. Dans les pâturages montueux du Luxembourg.

1280. P. BISTORTA (L. Sp. 516). La bistorte. Racines grosses, fibreuses, plusieurs fois tordues ; tiges de 40 à 60 centimètres, dressées , glabres, simples ; feuilles radicales, lancéolées, glauques en dessous, atténuées en pétiole décurrent, finement ciliées-dentées sur les bords, les caulinaires sessiles, cordiformes ; fleurs roses en épi unique, terminal, ovoïde-oblong ; cariopses trigones, lisses, aigus. ♃ Mai, juin, juillet. Dans les prairies humides. Lessines, Mons (Hainaut), Slenaken (Limbourg), bois de la Cambre, près Bruxelles. On trouve aussi cette plante dans les provinces de Liége et de Luxembourg.

SECTION IV. — PERSICARIA (Tourn. t. 290). *Cariopse comprimé, lenticulaire, aigu ou acuminé ; embryon latéral courbé ; cotylédons linéaires , plans ; stipules arrondies, vaginantes, simples ; fleurs en épis.*

1281. P. AMPHIBIUM (L. Sp. 617). Souche longuement traçante, rameuse ; tiges souvent nageantes, longues quelquefois de 6 à 9 décimètres, glabres, flexueuses ; feuilles pétiolées, ovales-lancéolées, elliptiques, glabres, nageantes, pétiolées, aiguës,

Polygonum.

souvent ciliées-dentées sur les bords ; stipules tubuleuses, vaginantes, adhérentes à la tige. Fleurs roses en épis terminaux, ovales-oblongs, obtus ; 5 étamines ; 2 stigmates ; cariopses ovoïdes, comprimés. ♃ Tout l'été. Dans les fossés aquatiques et dans les marais.

> VAR. β. TERRESTRE (Moench. Meth. 629). Tiges naissant hors de l'eau, fleurissant rarement ; feuilles un peu velues.

1282. P. HYDROPIPER (L. Sp. 517). Le poivre d'eau. Tige de 30 à 60 centimètres, redressée, rameuse, glabre, gonflée aux articulations ; feuilles lancéolées, aiguës, pétiolées, à bords un peu scabres ; stipules dilatées, vaginantes, tronquées, ciliées, marquées de nervures ; fleurs rosées, formant des épis grêles, filiformes, lâches, penchés, interrompus ; 6 étamines ; 1 style bifide ; calice chargé de points glanduleux ; cariopses subtrigones, comprimés, très-finement ponctués-striés. ① Tout l'été. Aux bords des fossés aquatiques et des marécages.

1283. P. MITE (Schranck). Cette espèce est considérée par plusieurs botanistes comme une variété de l'espèce précédente dont elle n'a pas la saveur poivrée. Elle en diffère par ses stipules longuement ciliées, par son calice privé de points glanduleux, par ses cariopses luisants dont les uns sont orbiculaires, les autres trigones. ① L'été. Dans les mêmes lieux. Quoique indiquée en Belgique, je ne l'y ai jamais rencontrée.

1284. P. PERSICARIA (L. Sp. 518). La persicaire. Tige de 50 centimètres environ, couchée à la base, redressée, rameuse ; feuilles lancéolées, atténuées en pétiole, glabres, acuminées, subciliées, denticulées sur les bords, souvent tachées ; stipules longuement ciliées, vaginantes, tronquées ; fleurs rosées ou blanches, en épis ovoïdes-oblongs, assez denses, dressés, obtus ; cariopses lenticulaires, acuminés, lisses. ① Tout l'été. Dans les fossés et les lieux humides.

1285. P. LAPATHIFOLIUM (L. Sp. 517). Tige dressée, glabre, rameuse, très-renflée aux articulations ; feuilles lancéolées, atténuées aux deux bouts, aiguës ; stipules entières, finement et

Polygonum.

brièvement ciliées; fleurs rougeâtres ou blanches, disposées en
épis nombreux, axillaires et terminaux, denses, courts, obtus; cariopses suborbiculaires, comprimés, concaves sur les
deux faces. ④ Tout l'été. Dans les lieux humides.

> VAR. β. INCANUM (Willd. Sp. p. 446). Tige redressée,
> feuilles ovales, lancéolées, pubescentes-blanchâtres
> en dessous.

Cette plante présente un grand nombre de variétés : les
nœuds sont quelquefois très-épais (**P. nodosum Pers**); la tige
peut être plus ou moins couchée et les feuilles peuvent être
très-étroites, linéaires ou bien larges, de là les variétés erectum, procumbens, latifolium, angustifolium, etc.

1286. **P. PUSILLUM** (Lam. Fl. fr. 3. p. 235). **P. minus Ait. Kew.**
2. p. 31. **P. strictum All. Ped.** Tige de 30 centimètres au
plus, faible, rampante à la base; feuilles linéaires, lancéolées,
acuminées, subciliées sur les bords; stipules vaginantes, tronquées, frangées-ciliées; fleurs rosées, quelquefois verdâtres, en
épis filiformes, allongés, lâches; cariopses lenticulaires, aigus,
lisses, luisants. ④ Juillet, août. Dans les lieux sablonneux
humides. Petersheim, Horn (Limbourg), Tournai (Hainaut) et
dans le Luxembourg.

SECTION V. — AVICULARE (Meisn. l. c. p. 85). *Cariopse trigone;
embryon latéral; cotylédons étroits, plans; stipules plus ou
moins bilobées; fleurs subsolitaires, axillaires.*

1287. **P. AVICULARE** (L. Sp. 519). La renouée, traînasse. Tiges
couchées de 30 centimètres environ, rameuses, arrondies,
glabres, feuillées; feuilles lancéolées, un peu roulées sur les
bords, atténuées en un court pétiole; stipules blanches, plus
courtes que les entre-nœuds, à 2 divisions ovales-lancéolées,
déchirées en sommet; fleurs blanchâtres, axillaires, subsessiles, réunies par 2-4; cariopses granuleux, striés. ♃ De juin
en octobre. Commun dans tous les chemins, les rues et dans
les champs.

Le polygonum aviculare varie aussi beaucoup, de là on en a fait les variétés latifolium, angustifolium, aphyllum, procumbens, erectum, etc.

1288. P. BELLARDI (All. Fl. ped. n° 2052). Tiges redressées, dépourvues de feuilles dans leur partie supérieure; feuilles elliptiques, aiguës, lancéolées; fleurs blanchâtres formant une sorte d'épi terminal; 8 étamines; 3 styles; cariopses presque lisses, non luisants. ④ Juin, juillet. Dans les moissons des Ardennes. Rare. Cette plante ne semble qu'une variété de la précédente.

Le polygonum maritimum (L. Sp. 519) existe sur les bords de la mer dans l'Artois, mais je ne l'ai jamais découvert sur nos côtes.

F^lle LXX. — THYMÉLÉES. Juss. Gen. 76.

Périgone libre, coloré, monopétale, tubuleux, à limbe 4-fide, rarement 5-fide; 8-10 étamines insérées à la gorge du tube en nombre double de celui des divisions du périgone; anthères biloculaires; 1 ovaire; 1 style souvent latéral; 1 stigmate; fruit unique, monosperme, sec ou en baie; périsperme nul ou charnu, mince. Sous-arbrisseaux ou plantes herbacées, à feuilles simples, sans stipules; fleurs le plus souvent hermaphrodites, quelquefois dioïques par avortement.

1. STELLERA. L. Gen. 488.

Périgone tubuleux à 4 divisions; 8 étamines; 1 style court, stigmate en tête; fruit sec, luisant, monosperme, à bec, renfermé dans le périgone persistant.

1289. S. PASSERINA (L. Sp. 512). Tige de 20 à 30 centimètres, maigre, grêle, rameuse; feuilles éparses, aiguës, linéaires, planes, subglaucescentes; fleurs hermaphrodites, solitaires, axillaires, sessiles, formant une espèce d'épi long et feuillé; périgone pubescent. ① Juin, juillet. Dans les campagnes maigres du Luxembourg.

2. DAPHNE. L. Gen. 485.

Périgone tubuleux à 4 divisions; 8 étamines; 1 style court, terminal; baie uniloculaire, monosperme.

1290. D. MEZEREUM (L. Sp. 509). Le garou. Arbrisseau de 6 à 12 décimètres, rameux, à écorce grisâtre; feuilles non persistantes, ovales-lancéolées, atténuées en pétiole, ne se développant qu'après les fleurs; celles-ci sont rougeâtres, réunies, par 3 ou 4 ensemble, en fascicules le long des rameaux; périgone à tube très-pubescent, à divisions ovales-lancéolées; baies rouges. ⅟ Mars, avril. Dans les bois montueux des provinces de Liége, de Luxembourg et de Namur.

1291. D. LAUREOLA (L. Sp. 510). Arbrisseau de 6 à 10 décimètres, rameux supérieurement, à rameaux flexibles, à écorce grise; feuilles persistantes, lancéolées, glabres, aiguës, atténuées en un court pétiole; fleurs d'un jaune verdâtre, odorantes, groupées par 4 ou 5, formant de petites grappes axillaires, penchées; périgone à tube glabre, à divisions ovales-lancéolées; baie noire. ⅟ Mars, avril. Dans les bois montueux. Walferdange (Luxembourg), Fraypont (Liége).

3. HIPPOPHAE. Nutt. Gen. amer. 1. p. 97.

Fleurs dioïques : *les mâles* amentiformes, à 4 étamines ; *les femelles* à 1 style, axillaires, solitaires; périgone tubuleux, fermé, bifide au sommet; fruit en baie.

1292. H. RHAMNOÏDES (L. Sp. 1452). Arbrisseau de 10 à 15 décimètres, très-rameux, à rameaux divergents, épineux; feuilles

linéaires-lancéolées, alternes, d'un vert grisâtre, écailleuses-
blanchâtres en dessous; fleurs petites, jaunâtres; périgone
des mâles connivent, celui des femelles dilaté; baies orangées.
♃ Mai, juin. Dans les dunes.

Cet arbrisseau est placé par quelques auteurs dans la famille des
Éléagnées, et par d'autres, dans celle des Ulmacées; j'en fe-
rais volontiers le type d'une nouvelle famille.

F^{lle} LXXI. — SANTALACÉES. R. Brown. prod. nov. holl. p. 350.

Périgone adhérent à l'ovaire, à demi-coloré, à 4-5 divisions; 4-5 étamines insérées à la base des divisions du périgone et y apposées; ovaire uniloculaire; 1 style; 1 stigmate souvent lobé; fruit monosperme; périsperme charnu.
La seule espèce belge de cette famille est herbacée, à feuilles
entières, sans stipules.

1. THESIUM. L. Gen. 292.

Périgone à 4-5 divisions; 4-5 étamines; capsule monosperme, indéhiscente, surmontée par le périgone persistant.

1293. T. LINOPHYLLUM (L. Sp. 301). Tiges de 20 à 30 centimètres,
déliées, anguleuses, dressées ou penchées, rameuses, glabres;
feuilles linéaires, très-étroites, aiguës, alternes, glabres;
fleurs d'un jaune clair en panicule terminale, pédonculées,
pentandres; périgone à 5 divisions aiguës, courtes, entouré
de 5 bractées pointues, denticulées, inégales. ♃ Tout l'été.
Sur les pelouses sèches des provinces de Liége et du Luxembourg.

> VAR. β. HUMIFUSUM (DC. Fl. fr. 5. p. 366). Tiges nom-
> breuses, couchées.
>
> C'est cette variété qui se trouve principalement en
> Belgique.

F^lle LXXII. — Aristolochiées. Juss. Gen. 74.

Fleurs hermaphrodites; périgone adhérent à l'ovaire, monosépale, tantôt à 3 lobes, tantôt tubuleux, à partie supérieure dilatée irrégulièrement; étamines épigynes en nombre déterminé, tantôt libres, tantôt réunies avec le style; style court; stigmate divisé; 1 capsule ou une baie coriace, multiloculaire, polysperme; périsperme cartilagineux. Nos espèces sont herbacées, à feuilles alternes, simples, pétiolées.

1. Aristolochia. Tourn. Inst. 71.

Calice à tube s'épanouissant au sommet en une languette unilatérale; 6 étamines soudées au style par le dos; stigmate bifide; capsule à 6 pans, à 6 loges, ombiliquée.

1294. A. clematitis (L. Sp. 1364). Tiges de 60 centimètres environ, dressées, simples, anguleuses; feuilles alternes, pétiolées, cordées-ovales, réniformes, glabres, veinées en dessous; fleurs d'un jaune verdâtre, axillaires, pédonculées, réunies par 3-6; calice à tube presque droit; fruit globuleux, verdâtre, assez gros. ♃ Mai, juin, juillet. Le long des haies et des buissons. Entre Bilsen et Hasselt (Limbourg), Louvain (Brabant), Petange, Ansembourg, etc. (Luxembourg).

2. Asarum. Tourn. Inst. 286.

Périgone campanulé à 3 divisions; 12 étamines insérées sur l'ovaire; 1 style court à stigmate à 6 lobes; capsule à 6 loges, surmontée du limbe du périgone persistant.

1295. A. europæum (L. Sp. 633). Le cabaret, l'oreille d'homme. Feuilles réniformes, obtuses, veinées, coriaces, subpubescentes, portées sur des pétioles pubescents-poilus; fleurs solitaires, d'un brun foncé ou verdâtre, terminales sur une tige courte munies de deux feuilles au sommet; périgone assez grand, velu au dehors. ♃ Avril, mai. Dans les bois montagneux. Fraipont (Liége), Dave (Namur), Ghlin, Bois-Saint-Macaire (Hainaut), Ansembourg, Ospern (Luxembourg).

———

F^{lle} LXXIII. — EUPHORBIACÉES. Juss. Gen. 384.

Fleurs monoïques ou dioïques; périgone monosépale à 5-6 divisions, quelquefois nul dans les femelles, souvent muni d'appendices variés, écailleux ou glanduleux; *fleurs mâles* : étamines insérées sur le réceptacle en dessous du pistil, à filament souvent articulé dans le milieu ; anthères biloculaires; *fleurs femelles* : ovaire libre, sessile ou pédicellé, à loges disposées en cercle autour du placenta central; 1-5 styles bifides; fruit formé de 2-5 coques à 1-2 graines, s'ouvrant en deux valves avec élasticité ; périsperme charnu. Plantes herbacées ou frutescentes, contenant souvent un suc laiteux, à feuilles le plus souvent stipulées, alternes, très-rarement opposées, à fleurs souvent réunies en ombelles dans un involucre, ou formant un épi.

1. BUXUS. Tourn. Inst. t. 345.

Fleurs monoïques; périgone à 5-4 divisions; *fleurs mâles* : écailles à 2 lobes; 4 étamines géminées; *fleurs femelles* : 5 écailles très-petites ; 5 styles ; 5 stigmates obtus; capsules à 5 cornes, à 5 loges, à 6 graines.

1296. B. SEMPERVIRENS (L. Sp. 1594). Le buis. Arbrisseau toujours vert s'élevant quelquefois à une assez grande hauteur, à

bois très-dur, à écorce jaune et à rameaux très-tortueux;
feuilles ovales, entières, un peu roulées sur les bords, luisantes, atténuées en pétiole court, un peu velu; fleurs jaunes,
axillaires, à anthères ovales, sagittées; capsules à cornes divergentes. ♃ Mai, juin. Sur les coteaux pierreux et dans les
forêts montueuses.

2. EUPHORBIA. L. Gen. 243.

Fleurs monoïques, plusieurs mâles et une seule femelle
incluses dans un involucre monophylle à 5 divisions (pétales L.) entières ou ciliées-laciniées, muni de glandes au
dehors; *fleurs mâles* : au nombre de 10 à 20, verticillées-
ombellées, constituées chacune par une seule étamine;
fleurs femelles solitaires, centrales; ovaire pédicellé; stigmate trifurqué; capsule à 3 coques monospermes, se détachant d'un axe persistant. Plantes à suc laiteux, âcre et
caustique.

SECTION I. — *Glandes suborbiculaires ou oblongues transversalement, entières ou émarginées; embryon à cotylédons suborbiculaires.*

† GRAINES PONCTUÉES, RÉTICULÉES.

1297. E. HELIOSCOPIA (L. Sp. 658). Le réveille-matin. Tige de
20 à 30 centimètres, simple, légèrement velue; feuilles cunéiformes, dentées, élargies et arrondies au sommet; fleurs jaunâtres en ombelle quinquifide, dichotome, à folioles de l'involucre plus grandes que les feuilles; capsules glabres. ④ L'été.
Dans les lieux cultivés.

†† GRAINES LISSES; CAPSULE LISSE OU FINEMENT CHAGRINÉE.

1298. E. GERARDIANA (Jacq. Aust. 5. t. 436). Tiges nombreuses, partant de la même souche, et dont plusieurs sont stériles, hautes de 30 centimètres environ; feuilles linéaires-lancéolées, entières, mucronées; fleurs jaunâtres en ombelle de 10-20 rayons dichotomes, à folioles de l'involucre arrondies, réniformes. ♃ Mai, juin, juillet. Sur les bords des rivières. Sur les bords de la Meuse entre Ruremonde et Venloo (Limbourg); il se trouve aussi sur les bords de la Moselle.

1299. E. NICÆENSIS (All. p. 1. p. 285). Tige droite, rameuse au sommet, de 50 centimètres environ; feuilles éparses, lancéolées, sessiles, aiguës ou obtuses, mucronées, d'un glauque verdâtre; fleurs jaunâtres en ombelle radiée, doublement bifide, dichotome; involucres partiels, perfoliés, orbiculaires; 5 pétales à la fleur centrale qui est mâle, 4 dans les autres qui sont hermaphrodites. ♃ Juin, juillet, Dans les bois. Havré, Baudour (Hainaut).

Je soupçonne qu'il y a erreur dans la détermination de cette plante et qu'elle n'existe pas en Belgique; mais ne l'ayant jamais rencontrée dans les lieux indiqués, il ne m'a pas été possible de la vérifier.

1300. E. PITHYUSA (L. Sp. 656). Tiges un peu ligneuses du bas; feuilles roides, linéaires-lancéolées, serrées, acuminées, glauques, un peu roulées sur le bord, les supérieures plus larges que les inférieures; fleurs jaunâtres disposées en ombelles de 4 à 8 rayons; involucres partiels, mucronés; glandes réniformes; capsules à dos convexe, lisse, glabre; graines très-finement réticulées. ♃ Juillet, août. Dans les endroits sablonneux du Hainaut, suivant M. Desmazières, mais il ne m'est jamais arrivé de l'y rencontrer.

1301. E. PARALIAS (L. Sp. 657). Tiges de 30 à 40 centimètres, roides, dressées; feuilles épaisses, coriaces, lancéolées, sessiles, aiguës ou subobtuses, glabres, très-entières; fleurs d'un jaune verdâtre disposées en ombelle de 3 à 5 rayons; folioles de l'involucre cordées-réniformes; glandes semi-lunaires, subéreuses; capsule à 3 coques très-marquées, un peu verruqueuse, sillonnée; graines globuleuses-obovales, lisses ou légèrement cendrées. ♃ Juillet, août. Dans les dunes aux environs de Nieuport.

††† Graines lisses; capsule tuberculeuse.

1302. E. platyphyllos (L. Sp. 660). Tige de 30 à 60 centimètres, dressée, rameuse dans le haut; feuilles lancéolées, denticulées, sessiles, un peu pubescentes; fleurs jaunâtres en ombelle à 5 rayons, à ombellules trifides, dichotomes; folioles des involucres ovales-arrondies, échancrées en cœur à la base; capsule couverte de tubercules hémisphériques, peu saillants; graines d'un gris blanchâtre, luisantes. ☉ De juin en septembre. Sur les lisières des bois et dans les champs argileux, principalement dans les provinces de Namur, de Liége, du Luxembourg et du Hainaut.

1303. E. coderiana (DC. Fl. fr. 5. p. 365). E. stricta L. Cette espèce se rapproche beaucoup de la précédente; elle en diffère par l'involucre qui est velu extérieurement, par ses capsules qui sont le double plus petites, couvertes de tubercules allongés, et par ses graines qui sont d'un rouge brunâtre. ☉ De juin en septembre. Dans les mêmes lieux, mais beaucoup plus rare.

1304. E. dulcis (L. Sp. 656. non DC.). E. purpurata Thuil. Fl. par. E. carniolica Jacq. Tiges de 30 centimètres environ, simples, un peu velues; feuilles éparses, subpétiolées, quelquefois denticulées, légèrement pubescentes, obtuses ou aiguës; fleurs jaunes en ombelle à 5 rayons, à ombellules bifides; bractées ovales-triangulaires, subcordées à la base; capsules parsemées de tubercules obtus. ♃ Mai, juin. Dans les bois montueux du Luxembourg et de la province de Liége.

L'Euphorbia purpurata Thuil. a les pétales rougeâtres, il n'est qu'une variété accidentelle.

1305. E. verrucosa (L. Sp. 658). Tiges de 30 centimètres, rameuses à la base, un peu diffuses; feuilles ovales-lancéolées, légèrement pubescentes, denticulées, atténuées à la base;

Euphorbia.

fleurs jaunâtres en ombelle à 5 rayons, à ombellules subtrifides ; bractées oblongues-obovales, ou oblongues atténuées
inférieurement ; capsules chargées de protubérances épineuses ;
graines obovales, lisses, d'un gris brunâtre. ♃ Mai, juin. Dans
les lieux humides. Vielsalm (Luxembourg).

1306. E. PALUSTRIS (L. Sp. 662). Tiges de 60 centimètres environ,
grosses, rameuses, ayant des rameaux stériles ; feuilles lancéolées-oblongues, sessiles, denticulées ou entières, quelquefois aiguës, glabres ; fleurs jaunâtres en ombelles irrégulières,
à rayons nombreux, souvent dépassées par les rameaux stériles ; bractées ovales ou oblongues, atténuées inférieurement ;
capsules grosses, profondément trilobées. ♃ Dans les lieux
humides. Sur les bords de la Meuse et de la Semoy.

SECTION II. — *Glandes échancrées en forme de croissant; coty-*
lédons linéaires.

1307. E. PEPLUS (L. Sp. 655). Tige de 20 à 50 centimètres,
droite, rameuse ; feuilles éparses, entières, ovales, obtuses,
glabres, atténuées en pétiole ; fleurs jaunâtres en ombelle trifide, puis dichotomes ; folioles de l'involucre en cœur ; capsule glabre à dos bicaréné ; graines ovoïdes, obtusément
hexagones, munies d'une fossette de chaque côté et de lignes
longitudinales de points noirs enfoncés. ④ Tout l'été. Dans les
lieux cultivés.

1308. E. EXIGUA (L. Sp. 654). Tige de 8 à 15 centimètres, rameuse, diffuse ; feuilles linéaires, entières, mucronées, sessiles ; fleurs jaunâtres en ombelle à 3-4 divisions dichotomes ;
bractées linéaires, lancéolées, à base élargie, cordée ; graines
ovoïdes, subtétragones, rugueuses, ridées transversalement,
d'un cendré brunâtre. ④ Tout l'été. Dans les champs cultivés.

1309. E. LATHYRIS (L. Sp. 655). Tige de 6 à 10 décimètres,
ferme, dressée, cylindrique, lisse, rameuse du haut, glauque
ainsi que toute la plante ; feuilles opposées en croix, sessiles,

Euphorbia.

lancéolées, entières, mucronées ; fleurs jaunâtres en ombelle quadrifide, dichotome ; pétales en croissant ; capsule glabre, très-grosse, à péricarpe charnu subéreux ; graines ovoïdes, à base tronquée, réticulées-rugueuses. ⚇ Juin, juillet. Cultivé dans les jardins, il se rencontre parfois subspontané dans les lieux cultivés.

1310. E. CYPARISSIAS (L. Sp. 661). Tige de 20 à 30 centimètres, rameuse du haut, ayant des rameaux stériles ; feuilles sessiles, linéaires, glabres, très-entières, les inférieures plus courtes, celles des rameaux stériles presque sétacées ; fleurs jaunes en ombelle de 10-15 rayons dichotomes ; folioles des involucelles presque en cœur ; graines lisses, d'un gris-brunâtre. ♃ Tout l'été. Sur les coteaux stériles des provinces de Liége, de Luxembourg et de Namur.

1311. E. ESULA (L. Sp. 660). Tiges de 30 centimètres environ, rameuses dès le bas, ayant des rameaux stériles, et donnant naissance sous les ombelles à des rameaux stériles ; feuilles sessiles, lancéolées, linéaires, quelquefois denticulées, mucronées ; fleurs jaunâtres de 6 à 10 rayons souvent dichotomes ; folioles de l'involucre cordiformes, arrondies ; graines lisses. ♃ Tout l'été. Sur les coteaux pierreux et aux bords des rivières, surtout sur les bords de la Meuse.

L'Euphorbia moseana de M. Lejeune n'est qu'une variété à peine distincte de cette espèce.

1312. E. SYLVATICA (L. Sp. 665). E. amygdaloïdes Willd. Tiges de 30 à 60 centimètres, presque frutescentes, simples, velues ; feuilles très-entières, pubescentes, obovales-lancéolées, atténuées en pétiole, mucronées, rapprochées en rosette au sommet des tiges stériles et vers le milieu des florifères ; fleurs jaunâtres en ombelle à 5 rayons dichotomes ; bractées suborbiculaires-réniformes, soudées par deux à la base, perfoliées ; pétales en croissant, colorés. ♃ Mai, juin. Dans les bois, surtout dans les provinces de Liége, de Luxembourg et de Namur.

1313. E. SEGETALIS (L. Sp. 657). Tige de 30 centimètres envi-

Euphorbia.

ron, rougeâtre à la base, rameuse du haut, glabre; feuilles lancéolées-linéaires, sessiles, aiguës, entières, d'un jaune verdâtre; fleurs jaunâtres en ombelle à 5 rayons dichotomes; folioles de l'involucre ovales, celles de l'involucelle réniformescordées; capsules glabres, rudes, ponctuées sur les bords; graines réticulées. ⚥ Juillet, août. Dans les moissons sablonneuses du Hainaut. Très-rare.

1514. E. PEPLIS (L. Sp. 652). Tige de 20 à 50 centimètres, rampante, dichotome, filiforme, glabre, devenant rougeâtre; feuilles subpétiolées, ovales-lancéolées, cordiformes, entières, glabres; fleurs jaunâtres, solitaires, axillaires, subpédonculées; pétales rougeâtres, ainsi que le bord des feuilles et souvent toute la plante, à la fin de la saison. ⚥ L'été. Dans les lieux sablonneux. Environs de Mons et de Tournai (Desm. et Hocq.).

L'Euphorbia litterata Jacq n'est tout au plus qu'une variété du platyphyllos L. Les Euphorbia chamœsyce L. et salicifolia Host. doivent être tout à fait rayés de notre Flore.

5. MERCURIALIS. Tourn. Inst. t. 308.

Fleurs dioïques; périgone à 5 divisions; *fleurs mâles* composées de 8 à 12 étamines, disposées en grappes allongées; *fleurs femelles,* géminées disposées en glomérules axillaires; 2 styles bifurqués; capsules à 2 coques monospermes, se séparant à la maturité.

1515. M. ANNUA (L. Sp. 1465). Tige haute de 50 centimètres et plus, dressée, rameuse, glabre; feuilles ovales-lancéolées, subpétiolées, à dents obtuses et allongées; fleurs verdâtres en épis axillaires, interrompus; fleurs femelles presque sessiles. ⚥ Tout l'été. Dans les lieux cultivés.

> VAR. α. AMBIGUA (L.). Fleurs mâles et femelles sur le même pied, disposées en verticilles. Cette variété a été trouvée aux environs de Tournai.

1516. M. PERENNIS (L. Sp. 1465). Tige de 50 centimètres environ, simple, velue-hispide; feuilles d'un vert un peu noirâtre,

subpétiolées, ovales-allongées, crénelées-dentées, rudes, ciliées-velues; fleurs verdâtres, les mâles en longs épis axillaires, les femelles solitaires ou géminées, pédonculées;
capsules pubescentes. ⨄ Mai, juin. Dans les bois ombragés.

F^{lle} LXXIV. — Urticées. Juss. Gen. 400.

Fleurs petites, verdâtres, monoïques ou dioïques, solitaires, amentacées ou entourées d'un involucre monophylle; périgone monosépale, persistant, à 3-5 lobes. *Fleurs
mâles* : étamines en nombre défini, attachées à la base du
périgone. *Fleurs femelles* : ovaire simple, libre; 1 style bifurqué ou 2 styles simples; fruit en coques ou en baie,
couvert du périgone persistant; graines pendantes; embryon
droit, ou courbé, ou en spirale. Plantes herbacées ou arbo-
rescentes, à feuilles souvent hispides et spatulées, à fleurs
en tête ou en grappe.

Section I. — Urticées (DC. Fl. fr. 3. p. 517). *Fleurs solitaires,
amentacées ou en épis; fruit non charnu; albumen nul;
embryon le plus souvent dressé.*

1. Cannabis. Tourn. Inst. t. 308.

Fleurs dioïques; *les mâles* à périgone à 5 divisions, 5 étamines; *les femelles* à périgone oblong, fendu sur les côtés;
1 ovaire; 2 styles; capsules crustacées à 2 valves couvertes par le périgone; embryon courbé.

1517. C. sativa (L. Sp. 1457.) Le chanvre Tige d'un à deux
mètres, dressée, simple, rude, hispide; feuilles à 5-7 folioles
digitées, lancéolées, dentées, les inférieures pétiolées, opposées, les supérieures alternes; fleurs en grappes latérales et
terminales, les mâles nombreuses, pendantes. ① Tout l'été.
Cultivé. Quelquefois subspontané.

2. Parietaria. Tourn. Inst. t. 289.

Fleurs polygames groupées par 4-5, dont une femelle et les autres hermaphrodites, réunies dans un involucre à plusieurs divisions; périgone à 4 divisions dont 3 très-petites, caduques; 4 étamines à filet élastique; 1 ovaire; 1 style; fruit monosperme, indéhiscent, couvert par le périgone allongé.

1318. **P.** officinalis (L. Sp. 1492). La pariétaire. Tiges de 30 centimètres environ, diffuses, rameuses, redressées, pubescentes; feuilles ovales, oblongues, pétiolées, entières, sublucides en dessus, hérissées et vernies en dessous; fleurs petites, blanchâtres, à divisions du périgone ovales et à anthères lamelleuses. ♃ Tout l'été. Dans les fissures et au bas des vieux murs.

> Var. β. erecta (Mart. et Koch). Tiges presque simples, fermes; feuilles longuement pétiolées, lancéolées, très-allongées, atténuées aux deux bouts.
>
> Var. γ. diffusa (Mart. et Koch). Feuilles alternes, pétiolées, ovales, acuminées aux deux bouts, trinerviées; pédoncule bifurqué; bractées décurrentes; tiges couchées. Cette variété est sans doute la parietaria judaïca L.

3. Urtica. Tourn. Inst. t. 308.

Fleurs monoïques ou dioïques; *les mâles* disposées en longues grappes, à périgone à 4 divisions, munies de 4 étamines à filaments courbés avant la fleuraison; *les femelles* en grappes capitulées, à périgone à 2 valves; 1 ovaire; 1 stigmate velu; graine unique, monosperme, couverte par le périgone.

1319. **U.** dioïca (L. Sp. 1396). L'ortie. Tiges de 6 à 9 décimè-

Urtica.

tres, dressées, tétragones, pubescentes, munies, ainsi que toute la plante, de poils durs, dont l'introduction dans la peau est cuisante; feuilles opposées, cordées, ovales-lancéolées, grossièrement dentées; fleurs herbacées, dioïques, géminées, en grappes axillaires, pendantes, velues. ♃ Tout l'été. Très-commun dans les lieux cultivés.

1520. U. URENS (L. Sp. 1396). L'ortie brûlante. Tige de 30 à 50 centimètres, dressée, simple, arrondie, munie, ainsi que toute la plante, d'aiguillons de la même nature que dans l'espèce précédente; feuilles opposées, ovales-elliptiques, incisées-dentées, pétiolées, munies de 3 à 5 nervures; fleurs jaunâtres, monoïques, en grappes simples, axillaires, presque verticillées; les fleurs femelles plus nombreuses que les mâles. ① Tout l'été. Dans les lieux cultivés, aux bords des chemins.

1521. U. PILULIFERA (L. Sp. 1395). Tige de 30 centimètres environ, un peu dressée, cylindrique, munie de poils comme la précédente; feuilles opposées, ovales, pétiolées, grossement et obtusément dentées; fleurs herbacées, axillaires, en chatons pédonculés, globuleux, ordinairement géminés, le plus souvent l'un des chatons est composé de fleurs mâles, l'autre de fleurs femelles. ① Tout l'été. Dans les lieux cultivés, dans les haies et aux bords des chemins.

Cette espèce a été indiquée dans la forêt de Soignies; mais si elle y a existé, elle ne s'y trouve plus aujourd'hui; du moins toutes les recherches pour l'y retrouver sont restées infructueuses.

4. HUMULUS. L. Gen. 1116.

Fleurs dioïques; *les mâles* disposées en grappes rameuses, axillaires, à périgone à 5 divisions et à 5 étamines; les *femelles* placées chacune dans l'aisselle d'une écaille grande, persistante, concave, formant un chaton foliacé; 1 ovaire; 2 styles; fruit indéhiscent, monosperme, surmonté par les styles.

Humulus.

1322. **H. lupulus** (L. Sp. 1457). Le houblon. Tiges volubiles, très-longues, striées, rudes, hispides; feuilles opposées, pétiolées, cordées à la base, entières ou trilobées au sommet, crenelées-dentées; stipules connées; fleurs mâles en grappes axillaires, solitaires ou opposées, les femelles en cônes axillaires ou opposés, ayant à la base des écailles une poussière jaune, résineuse. ♃ Juillet, août. Dans les haies et les buissons. On le cultive pour ses fleurs femelles.

Section II. — **Artocarpées** (DC. Fl. fr. 3. p. 318). *Fleurs placées sur un réceptacle commun; fruit charnu; graines albumineuses; embryon recourbé.*

5. Morus. DC. Fl. fr. 3. p. 320.

Fleurs monoïques; *les mâles* en chatons ovoïdes, à périgone à 4 lobes concaves, à 4 étamines alternes avec les lobes du périgone; *les femelles* en chatons arrondis. à calice à 4 folioles; 1 ovaire libre; 2 stigmates; 1-2 graines couvertes par le périgone devenu pulpeux.

1323. **M. alba** (L. Sp. 1398). Le mûrier blanc. Arbre s'élevant à 10 mètres; feuilles cordées, inégales à la base, ovales, lobées, dentées, lisses; fleurs herbacées en chatons pédonculés; fruits blanchâtres ou rougeâtres, moins succulents que dans l'espèce suivante. ♄ Avril, mai. Cultivé.

1324. **M. nigra** (L. Sp. 1398). Le mûrier noir. Arbre s'élevant à 10-15 mètres; feuilles cordées, ovales, inégalement lobées, dentées, rudes, assez épaisses; fleurs verdâtres en chatons pédiculés; fruit plus gros que dans l'espèce précédente, noirâtre, succulent, sucré. ♄ Avril, mai. Cultivé.

F^lle LXXV. — Juglandées. DC. Théor. ed. 1. p. 215.

Fleurs monoïques ; *les mâles* disposées en chatons, à périgone formé d'une écaille plus ou moins profondément divisée latéralement en 2 ou en 6 lobes ; étamines hypogynes, en nombre indéfini, à filet libre, très-court et à anthère biloculaire ; *les femelles* réunies en petit nombre à l'extrémité des rameaux, à périgone double ou simple, adhérent avec l'ovaire, l'externe à 4 divisions, l'interne, quand il existe, à 4 sépales ; ovaire uniloculaire ; drupe charnu contenant une noix à 2-4 valves ; graines sans périsperme, divisées en 4 lobes, munies d'un tégument membraneux ; cotylédons charnus, bilobés. Arbres à feuilles alternes, imparipennées, sans stipules.

1. Juglans. Nutt. Gen. Amer. 2. p. 220.

Fleurs mâles en chaton imbriqué, à périgone simple, à écaille à 5-6 divisions ; 12-36 étamines ; anthère épaisse. *Fleurs femelles* à périgone double ; 2 styles très-courts, 2 stigmates grands ; drupe contenant une noix osseuse à 2 valves, irrégulièrement sillonnée en dehors.

1525. J. regia (L. Sp. 1415). Le noyer. Arbre très-gros et très-élevé, à rameaux étalés ; feuilles pinnées avec impaire, à 7-9 folioles ovales, entières, glabres, coriaces, d'un vert sombre ; fleurs jaunâtres ; fruits le plus souvent géminés, sessiles, subgloduleux. ♃ Mai, juin. Cultivé.

F^lle LXXVI. — Amentacées. Juss. Gen. 407.

Fleurs dioïques ou monoïques, rarement hermaphrodites ; *les mâles* en tête ou en chaton, à écaille ou périgone squa-

mifères, à étamines insérées sur les écailles, presque jamais
monadelphes, à anthères biloculaires. *Fleurs femelles* solitaires, fasciculées ou en chaton, munies d'une écaille ou
d'un périgone, à ovaire libre, simple, rarement multiple;
plusieurs stigmates; fruit tantôt osseux, tantôt membraneux; périsperme très-mince ou nul; embryon droit ou
courbé, plan. Arbres ou arbrisseaux à feuilles alternes, caduques, stipulées à la base.

Tribu I. — BÉTULINÉES. Rich. in Kunth, Nov. gen. Am. 2. p. 21.

Fleurs hermaphrodites, polygames ou monoïques; périgone libre campanulé à 4-5 lobes; étamines 4-12, en nombre égal ou double ou triple des divisions du périgone et
insérées à leur base; 1 ovaire simple; 2 stigmates; fruit
indéhiscent, biloculaire, membraneux ou un peu coriace,
comprimé, quelquefois étendu en ailes latérales; graines
privées d'albumine, solitaires, pendantes. Arbres ou arbrisseaux à feuilles alternes, pétiolées, simples, munies de
nervures.

SECTION I. — ULMÉES (Mirb. Elem. 2. p. 905). *Fleurs en petites
panicules, agrégées, un peu lâches, pédicellées, hermaphrodites ou polygames par avortement.*

1. ULMUS. Tourn. Inst. t. 372.

Fleurs hermaphrodites; périgone membraneux, campanulé, ou turbiné, coloré, persistant, à 4-5 dents; 4-8 étamines; ovaire ovoïde, comprimé; 2 stigmates; fruit
(samare) suborbiculaire, uniloculaire, monosperme, largement membraneux dans toute sa circonférence.

1326. U. CAMPESTRIS (L. Sp. 327). L'orme. Arbre très-élevé à

Ulmus.

tronc droit ; feuilles ovales, subpétiolées, doublement dentées, rudes, inégales à la base ; fleurs rougeâtres, naissant avant les feuilles, disposées en pelotons subsessiles ; fruits glabres, membraneux, échancrés au sommet. ♃ Avril, mai. Dans les bois, les haies et aux bords des routes.

> VAR. *α*. MICROPHYLLA. U. campestris Engl. bot. Rameaux dressés ; feuilles scabres ; samares obovales, glabres.
>
> VAR. *β*. SUBEROSA. U. suberosa Willd. Écorce fongueuse ; rameaux étalés ; feuilles rudes, ovales inférieurement : samares suborbiculaires, glabres.
>
> VAR. *γ*. MAJOR (Engl. bot.). Rameaux étalés ; feuilles à base cordée , oblongues ; samares glabres, subarrondies.

Outre les variétés ci-dessus mentionnées, il y en a encore plusieurs autres dépendantes principalement de la forme des feuilles. Nous citerons l'Ulmus latifolius dont les feuilles sont larges, presque glabres, l'Ulmus sublaciniatus dans lequel elles sont profondément dentées, et enfin l'Ulmus tomentosus qui les a pubescentes en dessous.

1327. U. EFFUSA (Willd. Sp. 1. p. 1325). U. montana Sm. U. glabra Huds. U. pedunculata Th. Fl. par. Cette espèce ressemble assez à la précédente, mais ses feuilles sont plus arrondies, plus grandes, doublement dentées, inégales à la base ; les fleurs sont portées sur des pédoncules inégaux et pendantes, le calice est rugueux et les fruits sont ciliés et velus. ♃ Avril, mai. Dans les mêmes lieux, mais beaucoup plus rare.

SECTION II. — BÉTULÉES. DC. Mss. *Fleurs amentacées, à écailles portant dans leur aisselle 1 à 3 fleurs sessiles, monoïques, distinctes dans le chaton.*

2. BETULA. Tourn. Inst. 350.

Fleurs monoïques en chaton allongé, cylindrique ; *les mâles* à écailles ternées, à lobe du milieu portant les éta-

Betula.

mines au nombre de quatre; *les femelles* à écailles à 3 lobes, membraneuses, caduques; 2 styles; ovaire comprimé, biloculaire (une des deux loges avorte souvent); fruit comprimé, à bord membraneux.

1328. B. ALBA (L. Sp. 1393). Le bouleau. Arbre de 10 à 15 mètres, à écorce blanchâtre, à rameaux grêles, rougeâtres, tombants, glabres; feuilles ovales-deltoïdes, aiguës, comme tronquées à la base, doublement dentées, glabres, pédonculées; chatons .mâles géminés, terminaux, paraissant avant les feuilles; chatons femelles plus gros, oblongs, compactes, cylindriques, persistant une partie de l'année. ♃ Avril, mai. Dans les bois.

    VAR. *β*. PENDULA (Roth.). Rameaux pendants.

    VAR. *γ*. VERRUCOSA (Ehrh.). Rameaux chargés de tubercules verruqueux, blanchâtres, qu'on retrouve aussi sur les feuilles.

    VAR. *δ*. CARPATICA (W. et K.). B. glutinosa Wallr. Feuilles glabres à base très-entière; écailles des chatons ciliées, à lobes oblongs, tronqués obliquement; pétioles glabres plus longs que les pédoncules. —

    VAR. *ε*. LUCIDA (Courtois). Rameaux pubescents; feuilles ovales, également crénelées-dentées, les plus jeunes un peu velues, les adultes glabres, un peu glutineuses-vernissées.

1329. B. PUBESCENS (Ehr. Arb. n. 67). Cet arbre diffère du précédent par ses rameaux velus; les feuilles sont cordiformes, épaisses, très-velues en dessous, pubescentes en dessus, à dents presque égales. ♃ Avril, mai. Dans les lieux tourbeux, humides, surtout dans la Campine.

3. ALNUS. Tourn. Inst. t. 359.

Fleurs monoïques; *les mâles* en chatons oblongs, cylindriques, à écailles pédicellées, cordiformes, munies en des-

Alnus.

sous de squamules trifides portant les étamines; celles-ci à filets courts; *les femelles* en chatons ovales-globuleux, portés sur des pédicelles rameux, à écailles coriaces, persistantes, biflores; ovaire comprimé; 2 stigmates; fruit comprimé, ovoïde, nu, à 2 loges dispermes.

1350. A. glutinosa (Gærtn. Fruct. 2. t. 90. f. 2). L'aune. Betula alnus L. Sp. 1594. Arbre de 12 à 15 mètres, à écorce brunâtre; feuilles obovales-arrondies, comme tronquées au sommet, doublement dentées, subpétiolées, glutineuses dans la jeunesse, portant de petits paquets de poils aux angles des nervures; fleurs en chatons naissant avec les feuilles, les mâles, 3 ou 4 ensemble, pendants, cylindriques, placés au-dessus des feuilles. ♂ Mars, avril. Dans les bois humides et aux bords des eaux.

1331. A. incana (DC. Fl. fr. 3. p. 304). Betula alnus var. *α* L. Sp. Cette espèce diffère de la précédente par ses feuilles subovales, aiguës au sommet, doublement dentées, à dents aiguës, glauques à leur face inférieure; pétioles plus allongés et munis d'une stipule lancéolée à la base. ♂ Avril, mai. Dans les mêmes lieux.

Tribu II.— Salicinées. Rich. l. c.

Fleurs dioïques, disposées en chatons cylindriques; *fleurs mâles* à périgone très-petit, glandulifère, à étamines au nombre de 2 à 30, souvent libres, rarement monadelphes; *les femelles* à périgone libre, simple, souvent persistant ou très-petit; ovaire uniloculaire; style simple, souvent bifurqué en 2 ou 4 stigmates; capsule uniloculaire à 2 valves polyspermes; graines entourées de longs poils soyeux. Arbres ou arbrisseaux à feuilles alternes, simples, accompagnées de stipules tantôt très-petites, presque nulles, tantôt foliacées.

4. Salix. Tourn. Inst. t. 364.

Fleurs dioïques, très-rarement monoïques, à écailles im-

Salix.

briquées, entières, munies d'une glande à la base; *les
mâles* à 2 étamines à filet allongé, à anthère arrondie, glabre; *les femelles* à 1 style bifurqué en 2-3 stigmates; capsule
uniloculaire, à 2 valves qui se roulent en dehors à la maturité.

SECTION I. — CINERELLA. Ser. Sal. rev. ined. *Chatons précoces
(se développant avant les feuilles), d'abord ovoïdes, cylindriques, ensuite allongés dans les fleurs femelles; ovaire tomenteux; style court; fleurs mâles à 2 étamines libres ou monadelphes; feuilles ovalaires ou lancéolées, plus ou moins
tomenteuses.*

1332. S. CAPRÆA (L. Sp. 1448). S. tomentosa Ser. S. sphacelata
Sm. Le saule marceau. Arbre à rameaux écartés, à bourgeons
glabres; feuilles ovales ou oblongues, suborbiculaires, cré-
nelées-ondulées, pubescentes en dessous, brusquement acuminées, munies à la base de stipules réniformes; fleurs herbacées en chatons sessiles, dressés; capsules coniques-allongées,
pédicellées, tomenteuses. ♃ Avril, mai. Dans les bois, les
taillis, aux bords des eaux.

> VAR. *β*. ULMIFOLIA (Thuil.). Feuilles arrondies, crépues,
> plus grandes que dans l'espèce.

1333. S. CINEREA (L. Sp. 1449). S. acuminata Hoffm. Fl. germ.
Arbrisseau à rameaux souples, dressés, à bourgeons velus-
blanchâtres; feuilles oblongues-obovales, ou obovales-lancéolées, aiguës, obscurément ondulées-dentées, réticulées, d'un
vert cendré, pétiolées, pubescentes-tomenteuses en dessous,
munies de stipules réniformes, subdentées; chatons sessiles,
dressés, munis de bractées à la base; capsules coniques,
allongées, tomenteuses; écailles obovales, obtuses. ♃ Avril,
mai. Dans les bois humides et aux bords des eaux.

> VAR. *β*. OBOVATA (Ser.). S. aquatica Willd. Feuilles
> petites, obovales-arrondies, obtuses ou terminées
> par une pointe courte, un peu ridées.

Var. γ. rufinervis (DC.). Feuilles plus rugueuses, plus glabres, à veines rousses.

1334. S. aurita (L. Sp. 1446). S. rugosa Ser. S. ambigua Hoffm. Arbrisseau peu élevé, à rameaux écartés, à bourgeons glabres; feuilles obovales ou obovales-oblongues, brusquement acuminées, rugueuses, réticulées, pubescentes en dessus, tomenteuses en dessous, pétiolées; stipules réniformes; chatons sessiles, les fructifères pédonculés, dressés, avec des bractées à la base; capsules coniques, allongées, tomenteuses. ♃ Avril, mai. Dans les bois et les taillis humides, aux bords des eaux.

1335. S. repens (L. Sp. 1447). S. fusca L. S. depressa et S. arenaria Fl. fr. Sous-arbrisseau rampant, de 2 à 6 décimètres; feuilles ovales ou ovales-oblongues, aiguës, apiculées-recourbées, entières, soyeuses en dessous; stipules lancéolées, aiguës; chatons sessiles, ovoïdes-cylindriques, foliacés à la base; capsules coniques, allongées, pédicellées, glabres ou soyeuses. ♃ Avril, mai. Dans les lieux humides et sablonneux.

Var. α. argentea (Ser.). S. argentea Sm. Brit. S. incubacea L. Sp. 1447. Feuilles ovales, mucronées, pubescentes en dessus, soyeuses en dessous; chatons femelles sessiles. Dans la Campine et dans les dunes.

Var. β. elliptica (Ser.). S. repens Engl. bot. S. depressa Hoffm. S. polymorpha Ehr. Feuilles elliptiques, glabres en dessus; chatons femelles subpédonculés.

Section II. — Daphnella. Ser. Sal. rev. ined. *Chatons précoces, d'abord ovoïdes-cylindriques; ovaire glabre, rarement tomenteux; style allongé; étamines diandres, libres; feuilles lancéolées ou obovales.*

1336. S. daphnoïdes (Vill. Dauph. 4. t. 50. f. 7). S. præcox Ser. S. cinerea Willd. Arbrisseau de 4 à 5 mètres, à écorce brune, souvent glauque, cendrée; feuilles elliptiques-acuminées, dentées, glabres, glauques en dessous, un peu velues

Salix.

dans la jeunesse; chatons sessiles, épais, densement tomenteux; ovaires glabres. ♄ Mai. Sur les bords de la Sure entre Grundhoff et Echternach (Luxembourg).

SECTION III. — VIMINELLA Ser. l. c. *Chatons cylindriques paraissant avec les feuilles, les mâles à 2 étamines libres ou monadelphes ; ovaire tomenteux, rarement glabre; style allongé ; feuilles lancéolées ou linéaires.*

1337. S. LANCEOLATA (Ser. Ess. 57. t. 1). S. seringiana Gaud. Sous-arbrisseau à rameaux jeunes pubescents; feuilles oblongues-lancéolées, dentées, blanches-tomenteuses en dessous; stipules cordées-acuminées; chatons naissant presque en même temps que les feuilles, cylindriques, un peu courbés, à poils courts; capsules allongées-coniques, tomenteuses, pédicellées. ♄ Avril, mai. Provinces du Limbourg, de Liége et de Luxembourg.

1338. S. INCANA (Schr. Fl. bav. 1. p. 250). S. oleæfolia Vill. S. riparia Willd. Arbrisseau de 2 à 5 mètres, à feuilles linéaires ou linéaires-lancéolées, aiguës, tomenteuses en dessous, à bords enroulés, glanduleux, dentelés; chatons pubescents, entourés de 5 ou 4 petites feuilles aussi pubescentes; fleurs à une étamine bifurquée, portant 2 anthères; ovaires rapprochés, sessiles. ♄ Aux bords des eaux, dans le Luxembourg.

1339. S. VIMINALIS (L. Sp. 1448). L'osier. S. longifolia Lam. Arbrisseau à rameaux allongés, à écorce rougeâtre; feuilles lancéolées, très-allongées, entières, acuminées, soyeuses-argentées en dessous; stipules lancéolées-linéaires; chatons femelles sessiles, allongés-cylindriques; capsules coniques-allongées, sessiles, velues-soyeuses. ♄ Avril, mai. Aux bords des eaux. Cultivé dans les oseraies.

1340. S. FISSA (Hoffman. Sal. 61. t. 13). S. rubra Eng. bot. S. virescens Vill. S. olivacea et S. membranacea Thuil. S. forbiana Sm. Arbrisseau à feuilles linéaires-lancéolées, denticulées, acuminées, glabres, courtement pétiolées; stipules linéaires, lancéolées; chatons sessiles avec des bractées à la base; capsules ovales, sessiles, ramassées, velues. ♂ Avril, mai. Bords des eaux et terrains marécageux.

1341. S. PURPUREA (L. Sp. 1444). S. helix? L. S. monandra Hoffm. Arbrisseau à feuilles oblongues-lancéolées, pointues, glabres, dentées-glanduleuses au sommet, glauques en dessous, sessiles et munies de bractées à la base; fleurs verdâtres à 2 étamines dont les filets et les anthères sont soudés dans toute leur longueur; anthères quadrilobées; capsules ovoïdes, globuleuses, sessiles, velues. ♂ Avril, mai. Aux bords des eaux.

1342. S. ACUMINATA (Sm. Fl. brit. 1068). S. lanceolata Fries. Arbrisseau à feuilles oblongues-lancéolées, acuminées, entières, tomenteuses en dessous; stipules réniformes, subcordées, aiguës; chatons sessiles, munis de bractées à la base; capsules coniques, allongées, pédicellées, tomenteuses. ♂ Avril, mai. Aux bords des eaux.

SECTION IV. — ALBELLA Ser. l. c. *Chatons cylindriques, allongés, fleurissant pendant le développement des feuilles et souvent après; ovaire glabre ou velu; style court; fleurs mâles à 2-3 étamines libres; feuilles lancéolées ou linéaires.*

\ 1343. S. TRIANDRA (L. Sp. 1442). Arbrisseau à feuilles oblongues, lancéolées, glabres, acuminées, denticulées, ovales à la base; stipules subcordées, obtuses, denticulées; fleurs herbacées à 3 étamines; chatons cylindriques, lâches, à écailles glabres dans leur partie supérieure; capsules coniques-ovoïdes glabres, pédicellées. ♂ Avril, mai. Aux bords des eaux.

    VAR. β. AMYGDALINA (L. Sp.). Feuilles plus grandes, plus larges, glauques en dessous.

    VAR. γ. VILLARSIANA (Willd.) Feuilles petites et oblongues.

    VAR. ♂. HOPPEANA (Willd.). Feuilles petites et oblongues; épis androgynes.

Salix.

1344. S. UNDULATA (Ehrh. Beitr. 6. p. 101). Arbrisseau à feuilles lancéolées, acuminées, denticulées-glanduleuses, d'abord soyeuses, ensuite glabres; chatons à écailles d'un jaune verdâtre, entièrement velus; 5 étamines; capsules coniques-allongées, pubescentes. ♂ Avril, mai. Sur les bords des eaux.

> VAR. β. HIPPOPHAEFOLIA (Th. Fl. par.). Chatons à écailles rosées, velues; 2 étamines seulement; capsules quelquefois glabres.

Il se pourrait très-bien que l'espèce et sa variété ne fussent que des variétés du Salix triandra.

1345. S. ALBA (L. Sp. 1449). Le saule. Arbre à rameaux fauves, un peu flexibles; feuilles lancéolées-acuminées, dentées, blanchâtres, soyeuses, surtout sur la face inférieure; stipules lancéolées; chatons femelles allongés, pédonculés, pubescents; capsules coniques-allongées, obtuses, glabres. ♂ Avril, mai. Dans les lieux humides. Aux bords des eaux.

1346. S. VITELLINA (L. Sp. 1448). L'osier jaune. Cette espèce est regardée comme une variété de la précédente; ses rameaux sont jaunes, les feuilles sont vertes en dessus, blanchâtres-soyeuses et quelquefois également vertes en dessous, les inférieures souvent glanduleuses; les chatons sont comme dans le Salix alba. ♂ Avril et mai. Dans les mêmes lieux.

1347. S. FRAGILIS (L. Sp. 1443). Arbre assez élevé, à rameaux cassants; feuilles oblongues-lancéolées, dentées, glabres, acuminées, pétiolées, les inférieures plus courtes, ovales; stipules subcordées, presque obtuses; chatons femelles pédonculés, allongés, pubescents; capsules coniques, allongées, glabres, pédicellées. ♂ Avril, mai. Aux bords des eaux. Ce saule est assez rare.

> VAR. β. RUSSELLIANA (Smith). Rameaux moins cassants; feuilles jeunes soyeuses sur les deux faces, puis glabres; stipules aiguës.

> VAR. γ. WARGIANA (Lej. Fl. Spa). Feuilles soyeuses à leur naissance, glabres ensuite, presque obtuses; chatons femelles cylindriques, subpédonculés, à écailles très-velues.

1548. S. BABYLONICA (L. Sp. 1445). Le saule pleureur. Arbre à rameaux pendants, allongés, flexibles; feuilles linéaires, lancéolées, entières ou denticulées, glabres, longuement acuminées; chatons femelles subpédonculés, allongés. ♂ Avril, mai. Cultivé comme arbre d'ornement.

SECTION V. — ARBUSCULA. Ser. l. c. *Chatons obovales ou elliptiques, rarement précoces; ovaire tomenteux ou glabre; style allongé; fleurs mâles à 2, rarement à 5 ou 8 étamines, à filet libre; feuilles ovales ou elliptiques.*

1549. S. BICOLOR (Ehrh. Dec. 11. n° 118). Sous-arbrisseau à feuilles elliptiques, entières, aiguës, glabres, d'un vert noirâtre en dessus, glauques-pubescentes en dessous; pétiole dilaté à la base; chatons se développant avant les feuilles, les mâles elliptiques et soyeux, les femelles plus gros; capsules tomenteuses. ♂ Avril, mai. M. Lejeune dit l'avoir trouvé près de Juslenville (Liége).

1550. S. PENTANDRA (L. Sp. 1442). Arbre à rameaux d'un vert foncé; feuilles lancéolées, finement dentées, glabres, glaucescentes en dessous; fleurs verdâtres à 5 ou 7 étamines; chatons femelles cylindriques, subpédonculés; capsules glabres, subsessiles. ♂ Mai, juin. Dans les lieux humides. Juslenville (Liége), Laeken (Brabant).

1551. S. HELVETICA (Vill. Fl. gall. 5. p. 291). S. arenaria L. Sp. 1447. S. limosa Wahl. Arbrisseau de 6 à 8 décimètres; feuilles oblongues-lancéolées, pétiolées, obtuses ou subaiguës, entières, d'un vert foncé et pubescentes en dessus dans la jeunesse, blanchâtres-soyeuses en dessous; chatons femelles, d'abord ovoïdes, ensuite cylindriques, subpédonculés; ovaires tomenteux, sessiles, ovales-oblongs. ♂ Mai, juin. Dans les lieux humides, près de Fays-les-Veneurs (Luxembourg). Tinant.

5. Populus. Tourn. Inst. t. 565.

Fleurs dioïques en chatons cylindriques à écailles lacérées au sommet; *les mâles* ayant 8-30 étamines portées sur
les écailles; *les femelles* ayant 4 stigmates, 1 ovaire; capsule
à 2 valves dont les bords rentrants simulent 2 loges polyspermes; graines à aigrette; feuilles à pétiole comprimé.

Section I. — *Bourgeons velus ou tomenteux; fleurs à 8 étamines.*

1352. P. alba (L. Sp. 1463). Le peuplier blanc ou de Hollande. Arbre de 15 à 20 mètres, à jeunes pousses et rejetons
blancs-tomenteux; feuilles cordiformes, subarrondies, lobées-
anguleuses, dentées, glabres, d'un vert foncé en dessus,
blanches-tomenteuses en dessous; fleurs verdâtres en chatons
ovoïdes-oblongs, assez denses, obtus. ♂ Avril, mai. Dans les
bois et les lieux humides.

1353. P. canescens (Sm. Brit. 3. p. 1080). Arbre moins élevé
que le précédent, à feuilles arrondies, à lobes également
arrondis, dentées, glabres en dessus, tomenteuses et grisâtres
en dessous; chatons allongés, cylindriques; fleurs un peu
rougeâtres. ♂ Avril, mai. Dans les bois et les lieux humides.

1354. P. tremula (L. Sp. 1464). Le tremble. Arbre de taille
moyenne, à écorce blanchâtre, lisse, à jeunes pousses pubescentes; feuilles suborbiculaires, munies de dents sinuées, glabres sur les deux faces, glauques en dessous; pétioles plus
longs que les feuilles, grêles; chatons longs de 5 centimètres,
ovoïdes, cylindriques, à écailles velues. ♂ Avril. Dans les
bois.

Var. *β*. intermedia (Lej. Fl. Spa). Feuilles petites,
arrondies, un peu crénelées, glauques-pubescentes
en dessous.

Populus.

Section II. —*Bourgeons lisses, glabres, glutineux; 12 à 30 éta-*
mines.

1355. P. nigra (L. Sp. 1464). Le peuplier noir. Arbre de 15 à
20 mètres, à rameaux étalés, glabres, ainsi que les jeunes
pousses; feuilles deltoïdes-ovalaires, acuminées, dentées,
glabres; chatons pédonculés à écailles glabres; fleurs à 16 étamines, les femelles plus longues, à capsules un peu écartées.
♂ Avril. Dans les lieux humides.

1356. P. monilifera (Ait.). P. canadensis Hort. par. Le peuplier
du Canada. Arbre élevé à rameaux d'un vert jaunâtre, arrondis; feuilles cordiformes, presque deltoïdes, dentées, glabres
sur les deux faces, acuminées, glanduleuses à la base, à nervures étalées. ♂ Avril. Cultivé.

1357. P. angulata (Ait.). Le peuplier de la Caroline. Arbre également élevé, à rameaux verts, subanguleux; feuilles un peu
épaisses, cordiformes, dentées, glabres; pétioles plus courts
que les feuilles. ♂ Avril. Cultivé moins fréquemment que le
précédent.

1358. P. fastigiata (Poir. Dict. 5. p. 255). P. dilatata Ait. Le
peuplier d'Italie. Arbre s'élevant jusqu'à 30 à 35 mètres, à
rameaux redressés, serrés contre la tige, formant par leur
ensemble une sorte de pyramide; feuilles subdeltoïdes, inégalement dentées, glabres sur les deux faces, aiguës; pétioles
glabres de la longueur des feuilles; fleurs mâles à 12-18 étamines, purpurines-noirâtres. ♂ Mars et avril. Le long des eaux
et des promenades.

Tribu III. — Quercinées. Juss. Dict. sc. nat. 2. sup.
Corylacées. Mirb. Elem. p. 906. Cupulifères.

Fleurs monoïques; *les mâles* disposées en chatons cylindriques, à périgone formé d'une écaille caliciforme, partagée latéralement en 2-6 lobes; 5-20 étamines attachées à
la base du périgone, à filets libres, rarement soudés à la

base; *les femelles* à involucre à une ou plusieurs fleurs; périgone à plusieurs dents, adhérant à l'ovaire; ovaire unique, à 2-3, plus rarement à 4-6 loges uni ou biovulées; involucre fructifère s'accroissant après la fleuraison, renfermant le fruit s'ouvrant à 4 valves; glands ou noix uniloculaires, monospermes par avortement. Arbres ou arbrisseaux, à feuilles simples alternes.

6. FAGUS. Tourn. Inst. 351.

Fleurs monoïques; *les mâles* en chatons subglobuleux, pendants, denses; périgone à 6 lobes; 8 étamines; *fleurs femelles* placées 2 à 2 dans un involucre à 4 lobes; 2 styles trifides; ovaire trigone, à 3 loges; noix triangulaires, uniloculaires par avortement, à 1-2 graines; involucre fructifère ligneux, chargé d'épines molles.

1359. F. SYLVATICA (L. Sp. 1416). Le hêtre. Arbre très-élevé, à écorce unie, grisâtre, à rameaux étalés; feuilles ovales, pointues, glabres, obscurément dentées, ciliées sur les bords, munies de petits paquets de soies à l'angle des nervures inférieures. La graine, connue sous le nom de faine, contient une amande huileuse. ♃ Mai, juin. Dans les bois.

7. CASTANEA. Tourn. Inst. t. 352.

Fleurs monoïques, *les mâles* disposées en chatons trèslongs, cylindriques, roides, dressés, portant çà et là des glomérules floraux, à périgone à 5 divisions, munies de 6 à 20 étamines à filaments filiformes, allongés; *les femelles* réunies 2 à 3 ensemble dans un involucre à 4 lobes, épais, coriace, chargé en dehors d'épines subulées, roides et rameuses, et renfermant 1 à 3 grains.

Castanea.

1360. C. vesca (Gærtn. Fruct. 1. p. 181). Fagus castanea L. Sp. 1416. Le châtaignier. Arbre très-élevé, à rameaux longs et étalés; feuilles ovales-lancéolées, oblongues, pointues, glabres, fortement dentées, à dents cuspidées; chatons mâles longs de 15 à 20 centimètres. Le fruit connu sous le nom de châtaigne (vulgairement marron en Belgique) est brun, luisant, plus ou moins arrondi-anguleux. ♃ Mai et juin. Cultivé, rarement spontané.

8. Quercus. Tourn. Inst. 394.

Fleurs monoïques, *les mâles* en longues grappes simples, filiformes, pendantes, lâches, ayant chacune une écaille campanulée à 5-10 lobes; 5-10 étamines; *les femelles* solitaires ou agglomérées, ayant chacune un involucre en cupule entier, ligneux, écailleux, entourant seulement la partie inférieure du fruit; 1 style très-court à trois stigmates réfléchis; une noix (gland) supère, coriace, à une graine qui se sépare en 2 lobes à la maturité.

1361. Q. pedunculata (Hoffm. Germ. 2. p. 254). Quercus robur var. α L. Sp. 1414. Q. racemosa Lam. Dict. Le chêne. Arbre très-élevé à bois très-dur; feuilles presque sessiles, oblongues, sinuées, plus ou moins pinnatifides, à lobes arrondis; pédoncules axillaires, grêles, longs de 5 à 7 centimètres, portant 2 à 3 glands sessiles; cupules pubescentes à écailles serrées. ♃ Avril, mai. Dans les bois.

1362. Q. sessiliflora (Smith. Fl. brit. 3 p. 1026). Q. robur var. β. L. Sp. 1414. Le chêne rouge. Arbre moins élevé que le précédent; feuilles oblongues, pétiolées, sinueuses, à lobes arrondis, glabres, pubescentes dans la jeunesse; fruits sessiles, agglomérés, plus nombreux que dans l'espèce précédente. ♃ Avril, mai. Dans les bois.

Il y a une variété à feuilles très-grandes, c'est le Q. platyphylla, et une autre dont les feuilles sont plus petites et découpées, c'est le Q. laciniata.

1363. Q. PUBESCENS (Willd. Sp. 4. p. 46). Q. lanuginosus Thuil. — Fl. par. Arbre s'élevant beaucoup moins que les précédents, tortueux ; feuilles un peu échancrées à la base, oblongues, sinuées-lobées, à lobes arrondis, glabres en dessus, velues en dessous ; fruits sessiles, agglomérés, plus petits que dans les autres espèces. ♃ Avril, mai. Cette espèce est très-rare en Belgique.

9. CORYLUS. Tourn. Inst. 347.

Fleurs monoïques ; *les mâles* en chatons cylindriques imbriqués, ayant chacune une écaille à 3 lobes velus, dont le moyen très-grand recouvre les latéraux ; 8 étamines à anthères uniloculaires ; *les femelles* réunies ensemble dans un bourgeon écailleux, dont l'écaille se développe après la fleuraison, à lobes laciniés ; 2 stigmates ; noix ovoïdes, lisses, monospermes, à coque osseuse.

1364. C. AVELLANA (L. Sp. 1417). Le noisetier, le coudrier. Arbrisseau de 2 à 4 mètres, à pousses velues et à branches flexibles ; feuilles cordiformes-arrondies, brusquement acuminées, — courtement pétiolées, dentées, subpubescentes en dessous ; stipules caduques, ovales, arrondies, courtes, obtuses ; stigmates rouges ; fleurs femelles agglomérées, à écailles pubescentes ; involucre fructifère dépassant ordinairement le fruit. ♃ Février, mars. Dans les bois, les haies et les buissons.

    VAR. β. TUBULOSA (Willd.). Stipules oblongues, obtuses, calice tubuleux-cylindrique, resserré au sommet, incisé, denté ; noix le plus souvent rouges, rarement blanches.

10. CARPINUS. DC. Fl. fr. 3. p. 304.

Fleurs monoïques, *les mâles* en chatons allongés, cylin-

Carpinus.

driques, à écailles ciliées à la base; 8-14 étamines barbues au sommet; *les femelles* en chatons lâches, à involucre squamiforme, trilobé, biflore; ovaire denticulé au sommet, à 2 loges dont une avorte avant la maturité; 2 stigmates; noix ovoïde, anguleuse, comprimée, dentée au sommet, uniloculaire, osseuse.

1565. C. betulus (L. Sp. 1516). Le charme, la charmille. Arbre de 4 à 6 mètres; feuilles glabres, ovales-oblongues, courtement pétiolées, doublement dentées, aiguës; écailles des chatons mâles ovales, acuminées, ciliées, à pointe rougeâtre; involucre fructifère très-ample, dépassant longuement le fruit. ♂ Avril, mai. Dans les bois, les taillis et les haies.

Tribu IV. — Platanées. Juss. Dict. sc. nat.

Fleurs monoïques disposées en chatons globuleux, densément agrégés; *les mâles* à écailles nombreuses, petites, linéaires, mêlées avec les étamines; *les femelles* à involucre et calice nuls, à ovaire uniloculaire, uni ou biovulé; style simple; 1 à 2 carpelles uniloculaires, soudés avec le périgone; graine solitaire, pendante, privée de périsperme. Arbres à feuilles palmées, pétiolées, alternes, à épiderme se détachant par plaques.

11. Platanus. Tourn. Inst. t. 363.

Les caractères du genre sont ceux de la tribu; les chatons sont à base nue, les écailles des feuilles sont spatulées, épaissies au sommet, et le stigmate est terminé en crochet. Carpelle solitaire, en massue, à base cotonneuse.

1566. P. orientalis (L. Sp. 1417). Le platane. Arbre de première grandeur, à feuilles palmées, grandes, longuement pétiolées,

pubescentes-tomenteuses dans leur jeunesse, puis glabres, à
5 lobes aigus, sinués-dentés, munies d'une stipule à la base
du pétiole; chatons portés sur des pédicules velus, les mâles
plus petits, les femelles hérissés de crochets. 5 Avril, mai.
Cultivé dans les promenades.

1567. P. OCCIDENTALIS (L. Sp. 1408). Cet arbre diffère du précédent par ses feuilles cunéiformes à la base, à lobes peu pro-
noncés, pubescentes en dessous. Il est originaire de l'Amérique
septentrionale et est cultivé pour ornement des promenades et
des parcs.

Tribu V. — MYRICÉES. DC. Mss.

Fleurs rarement hermaphrodites, plus souvent diclines,
en chatons unisexuels, à écailles ovales, aiguës, portant une
fleur dans leur aisselle; *les fleurs mâles* ont 4 étamines libres
dont une souvent incomplète, à anthères biloculaires s'ouvrant longitudinalement; *les fleurs femelles* sont à écailles
s'accroissant après la fleuraison, à 5 divisions très-menues;
ovaire libre, simple; 2 stigmates filiformes; fruit ou drupe
sessile, globuleux, couvert de granules céracés, surmonté
du style persistant.

12. MYRICA. L. Gen. 1107.

Fleurs dioïques; *les mâles* en chatons ovoïdes, à 4 étamines à filet court; *les femelles* en chatons globuleux;
1 ovaire; 2 stigmates; drupe uniloculaire, monosperme;
graine dépourvue de périsperme.

1568. M. GALE (L. Sp. 1455). Arbrisseau de 6 à 10 décimètres,
à tige rameuse, lisse, noirâtre; feuilles oblongues, alternes,
lancéolées, élargies au sommet, atténuées en pétiole, aiguës
ou obtuses, légèrement denticulées dans leur moitié supérieure, subpubescentes et d'un vert pâle en dessus; fleurs

jaunâtres en chatons paraissant avant les feuilles, dressés et formant une espèce de panicule spiciforme, terminale; capsule ovoïde, charnue. ♃ Avril. Dans les fagnes et les bruyères humides de la Campine et du Luxembourg.

F^{lle} LXXVII. — CONIFÈRES. Juss. Gen. p. 411.

Fleurs diclines monoïques ou dioïques, disposées en chatons de formes variées; *fleurs mâles* à écailles nombreuses imbriquées portant les anthères; ceux-ci en nombre variable, à une ou plusieurs loges, tantôt insérés sur les écailles bractéiformes, tantôt pourvus d'un pédicelle propre; *fleurs femelles* à écailles de formes variées, s'accroissant fréquemment après la fleuraison; cupule le plus souvent double, rarement simple, uniflore, entourant l'ovaire qui est unique; style souvent petit, simple, sessile; péricarpe indéhiscent, uniloculaire, coriace ou osseux; 1 graine pendante, munie de périsperme. Arbres ou arbrisseaux à bois composé de cellules ponctuées, allongées, contenant un suc résineux, à feuilles alternes ou verticillées, souvent aciculées, persistant pendant l'hiver.

Tribu I. — TAXINÉES. Rich. Ann. mus. 16. p. 396.

Bourgeons floraux à 1-2 fleurs; écailles imbriquées et opposées en croix; fleurs femelles à écailles très-petites.

1. TAXUS. Tourn. Inst. 362.

Fleurs dioïques entourées d'écailles; *les mâles* axillaires, solitaires, composées d'écailles petites, lobées, renfermant 8-10 étamines à filets monadelphes, à anthères en bouclier à 6-8 loges s'ouvrant en-dessous; *les femelles* axillaires, solitaires, disposées comme les mâles; ovaire surmonté d'un stigmate sessile, concave, devenant un drupe charnu contenant un noyau monosperme.

1369. T. baccata (L. Sp. 1472). L'if. Arbre s'élevant quelquefois jusqu'à 10 mètres, à bois dur, rougeâtre ; feuilles rapprochées, linéaires, aiguës, comme distiques, entières, glabres, d'un vert foncé ; fleurs mâles plus nombreuses que les femelles; fruit perforé au sommet, pulpeux, d'un rouge vif. ♂ Au printemps. Cultivé. Le fruit est vénéneux.

Tribu II. — Cupressinées. Rich. l. c.

Chatons femelles à écailles rares, d'abord agglutinées entre elles, se changeant ensuite en un noyau subglobuleux.

2. Juniperus. L. Gen. 1154.

Fleurs dioïques, rarement monoïques; *les mâles* en chatons ovoïdes, solitaires, composées chacune d'une écaille peltée, pédiculée, uniflore, portant 8 à 10 anthères uniloculaires; *les femelles* disposées en chatons globuleux, solitaires, composés d'un petit nombre d'écailles et de 2 ovaires soudés à la base de leur face interne; fruit bacciforme, surmonté du stigmate persistant, formé par l'agrégation des écailles devenues charnues et contenant 1 à 3 graines osseuses.

1370. J. communis (L. Sp. 1470). Le genévrier. Arbrisseau de 10 à 15 décimètres, droit, à écorce roussâtre, à rameaux nombreux, étalés, diffus; feuilles verticillées par trois, persistantes, lancéolées-linéaires, aiguës-piquantes; fleurs mâles et femelles axillaires; baies vertes d'abord, devenant noires à la maturité, couvertes d'une efflorescence glauque. ♂ Avril, mai. Sur les coteaux incultes.

Tribu III. — Abiétinées. Rich. l. c.

Chatons femelles à écailles imbriquées, distinctes, disposées en cône ou strobile.

3. Pinus. Tourn. Inst. 355.

Fleurs monoïques, *les mâles* en chatons oblongs, formant des grappes compactes, terminales, composées d'écailles nombreuses, imbriquées, courbées en dedans; 2 étamines insérées au sommet des écailles, à anthères uniloculaires; *les femelles* composées chacune de deux sortes d'écailles : les unes extérieures (bractées) membraneuses; les autres intérieures charnues, contenant 2 ovaires à la base; cône formé par la réunion de ces dernières, devenues ligneuses et terminées par un épaississement rhomboïdal et contenant, à leur base, 2 noix osseuses surmontées chacune de 2 stigmates bifides, et d'une aile membraneuse; feuilles fasciculées par 2 ou 3 dans la même gaîne.

1571. P. sylvestris (Mill. Dict. n° 1). Le pin sauvage. Arbre s'élevant jusqu'à 30 mètres, à feuilles linéaires, roides, géminées, d'un vert glauque; chatons des fleurs mâles se développant à la base des jeunes pousses de l'année, jaunâtres ou roussâtres, courtement pédonculés; fleurs femelles formant des chatons rougeâtres, ovoïdes, de la longueur des feuilles, portés sur des pédoncules recourbés. ♂ Avril, mai. Dans les bois.

1572. P. rubra (Mill. Dict. n° 5). Le pin rouge, le pin d'Écosse. Cette espèce diffère de la précédente par sa taille moins élevée, par son bois rougeâtre, par les cônes verticillés par 4 ou 5; les chatons mâles sont moins nombreux, terminaux, blanchâtres, portés sur des pédoncules plus longs; écailles des cônes terminées en pyramide quadrangulaire. ♂ Avril, mai. Cultivé.

Pinus.

1573. P. MARITIMA (Lam. Fl. fr. p. 201). Pin maritime. Arbre de plus de 50 mètres, s'élevant droit sous forme pyramidale; feuilles longues de 20 à 25 centimètres, géminées, linéaires, roides; chatons mâles fauves, réunis en grappe; chatons femelles rougeâtres, au nombre de 5-4 vers le sommet des rameaux; cônes oblongs-coniques, obtus, plus courts que les feuilles, sessiles, étalés à angle droit. ♂ Avril, mai. Cultivé assez souvent dans les bois et les parcs.

1574. P. LARICIO (Poir. Dict. 5. p. 559). Pin de Corse. Feuilles géminées, très-longues, difformes; cônes coniques, ordinairement géminés, quelquefois au nombre de 5-4, penchés, plus courts que les feuilles, à écailles à dos convexe, étroites à la base, épaisses, non anguleuses au sommet; chatons mâles subsessiles, allongés. ♂ Avril, mai. Cultivé.

1575. P. STROBUS (L. Sp.). Pin de Weimouth. Arbre de première grandeur, à rameaux écartés, glabres; feuilles quinées, très-longues, dépassant de beaucoup l'épi des chatons mâles; cônes cylindriques, atténués au sommet, lâches. ♂ Avril, mai. Cultivé comme les précédents.

4. ABIES. Tourn. Inst. t. 353.

Fleurs monoïques, *les mâles* en chatons solitaires composés chacun d'une écaille, portant 2 anthères uniloculaires; *les femelles* en chatons solitaires, composés chacun de deux sortes d'écailles onguiculées, les unes extérieures (bractées), les autres intérieures portant 2 ovaires à la base interne; cônes formés de ces dernières qui sont imbriquées, arrondies et amincies au sommet, portant à leur base deux graines surmontées de 2 stigmates bifides et d'une aile membraneuse; rameaux distiques; feuilles isolées.

1576. A. EXCELSA (DC. Fl. fr. 5. p. 275). Pinus abies L. Sp. 1421. Abies vulgaris Don. Le sapin. Arbre de 50 mètres et plus, à rameaux verticillés, inclinés; feuilles solitaires, épais-

Abies.

ses, quadrangulaires, subulées-mucronées, d'un vert sombre; chatons des fleurs mâles pédonculés, axillaires; cônes solitaires, cylindriques, terminaux, pendants, à écailles tronquées ou échancrées au sommet. ♃ Avril, mai. Dans les bois.

1577. A. PECTINATA (DC. l. c.). Pinus picea L. Sp. 1420. Picea vulgaris Coss. et Germ. Le sapin commun, sapin argenté. Arbre à tronc très-droit qui s'élève de 30 à 40 mètres, à rameaux verticillés; feuilles solitaires, linéaires, planes, distiques, obtuses ou échancrées au sommet, d'un vert foncé en dessus, blanchâtres en dessous; chatons des fleurs mâles isolés, axillaires; cônes axillaires, cylindriques, solitaires, redressés, à écailles très-larges, entières, et à bractées dorsales allongées et persistantes. ♃ Avril, mai. Cultivé dans les bois et les parcs, quelquefois spontané.

5. LARIX. Tourn. Inst. 357.

Fleurs monoïques, à cônes formés d'écailles minces, obtuses, non épaissies au sommet, persistantes; cotylédons simples, jamais lobés; feuilles caduques, d'abord fasciculées en grand nombre dans la même gaîne, ensuite solitaires.

1578. L. EUROPÆA (DC. Fl. fr. 3. p. 275). Pinus larix L. Sp. 1428. Le mélèze. Arbre de 10 à 15 mètres, à rameaux étalés; feuilles linéaires, subulées; chatons femelles rougeâtres; cônes presque sessiles, ovoïdes, obtus, dressés. ♃ Mai, juin. Dans les bois et dans les parcs.

CLASSE II. — MONOCOTYLÉDONÉES ou ENDOGÈNES PHANÉROGAMES DC.

Tiges presque toujours herbacées, rarement ligneuses, ne pouvant pas être séparées en bois et en écorce, formées de fibres et de vaisseaux épars dans le tissu cellulaire, et ne formant jamais, par leur réunion, un cylindre creux; feuilles souvent vaginées, entières, pourvues d'une nervure simple ou lobées avec des nervures rameuses, jamais vraiment composées, pourvues de stomates, excepté dans celles qui sont submergées; fleurs à organes sexuels distincts, à enveloppes (périanthe) colorées, herbacées ou scarieuses, le plus souvent disposées sur deux rangs et quelquefois remplacées par des soies ou des bractées, parfois nulles; embryon à un seul cotylédon ou plutôt muni de cotylédons alternes.

F^lle LXXVIII. — HYDROCHARIDÉES. DC. Fl. fr. 3. p. 265.

Fleurs incluses dans une spathe avant la fleuraison, dioïques, rarement hermaphrodites; périanthe à 6 divisions, adhérent à l'ovaire dans les fleurs femelles, à divisions externes foliacées, les internes pétaloïdes, plus grandes; 1 à 15 étamines insérées sur l'ovaire dans les fleurs hermaphrodites; anthères biloculaires; ovaire infère, soudé avec le tube du périanthe; style souvent nul; 3-6 stigmates; fruit oblong, indéhiscent, souvent couronné par le périanthe persistant; embryon cylindracé, droit; périsperme nul. Plantes aquatiques, submergées, nageantes.

1. HYDROCHARIS. L. Gen. 1126.

Fleurs dioïques; *les mâles* ordinairement au nombre de trois dans une spathe bifide, à périanthe à 6 divisions (les trois internes pétaloïdes, plus grandes), à 12 étamines disposées sur trois rangs; *les femelles* contenues dans une spathe sessile, uniflore; 6 stigmates cunéiformes, bifides; capsule ovoïde, polysperme, à 6 loges.

1379. H. MORSUS-RANÆ (L. Sp. 1466). Plante nageante, acaule,

stolonifère; feuilles suborbiculaires-réniformes, longuement
pétiolées, entières, glabres; fleurs blanches, à divisions pétaloïdes arrondies, jaunâtres à la base, les mâles presque en ombelle, les femelles solitaires, à pédoncule simple, allongé.
♃ Juillet, août. Dans les eaux dormantes, les marais et les
étangs.

2. STRATIOTES. L. Gen. 687.

Spathe comprimée, persistante, profondément bipartite-
carénée, uniflore; périanthe tubuleux, à 6 divisions; 20 éta-
nes environ, insérées au sommet du tube ou au bord de
l'ovaire; 6 styles bifides; capsule charnue, atténuée-hexagone
au sommet, à 6 loges; graines subanguleuses.

1580. S. ALOÏDES (L. Sp. 754). Plante à feuilles longues, aiguës,
ensiformes-triangulaires, ciliées-épineuses sur les bords, formant une rosette en partie cachée sous l'eau; hampe petite,
simple, s'élevant au centre des feuilles, portant des fleurs à
divisions externes du périanthe herbacées, les internes blanches, plus grandes. ♃ Juin, juillet, août. Dans les fossés
aquatiques des provinces des Flandres, d'Anvers et du Brabant septentrional.

F^lle LXXIX. — ALISMACÉES. Juss. Dict. sc. nat. t. p. 474.

Périanthe libre à 6 divisions, les 3 extérieures herbacées
ou un peu colorées, les trois intérieures pétaloïdes; 6-9
étamines; 3-6 ovaires; 3-6 styles et stigmates; capsules indéhiscentes, monospermes ou polyspermes, à 2 valves; embryon droit ou courbé; périsperme nul. Herbes aquatiques
à feuilles radicales alternes, vaginantes.

Tribu I.—BUTOMÉES. Rich. Mém. du Mus. 2. p. 565.

Périanthe à 6 segments, les 5 extérieurs un peu colorés, les 5 intérieurs pétaloïdes; capsule polysperme.

1. BUTOMUS. Tourn. Inst. 145.

9 étamines dont 5 intérieures; 6 pistils très-longuement éperonnés; 6 capsules supères, polyspermes; graines linéaires oblongues, droites, striées longitudinalement.

\1381. B. UMBELLATUS (L. Sp. 552). Feuilles radicales triangulaires, planes vers le sommet, très-longues, linéaires-acuminées; hampe de 6 à 12 décimètres dépassant un peu les feuilles, portant une ombelle terminale dont les rayons se développent successivement, composée de 12 à 36 fleurs rougeâtres, rosées, assez grandes; involucre composé de 5 bractées entourant le scape. ♃ Juin, juillet, août. Aux bords des eaux.

Tribu II.—ALISMOÏDÉES. Duby. ALISMACÉES. Rich. Mém. du Mus. 2. p. 565.

Périanthe à 6 segments, les 3 extérieurs herbacés, les 3 intérieurs pétaloïdes; capsule indéhiscente; 1-2 graines dressées, ascendantes, insérées près de la suture; embryon fléchi vers le hyle.

2. ALISMA. L. Gen. 460.

6 étamines; 6-50 ovaires; capsules ordinairement monospermes, libres, verticillées ou disposées en tête, non déhiscentes.

\1382. A. PLANTAGO (L. Sp. 487). Le plantain d'eau. Hampe de 6 à 10 décimètres, dressée, arrondie; feuilles oblongues-ovales, longuement pétiolées, marquées de 5 nervures, aiguës; fleurs d'un blanc rosé, petites, nombreuses, formant 4-8 verticilles écartés, composés de 5-6 pédoncules inégaux, portant des espèces d'ombelles; capsules (15-20) comprimées, obtuses, sub-trigones. ♃ Tout l'été. Dans les fossés aquatiques, les mares et les étangs.

> VAR. *β.* LANCEOLATUM (Hoffm.). Tige moins élevée; panicules moins composées; feuilles plus étroites.

> VAR. *γ.* ANGUSTIFOLIUM. Feuilles longues, étroites, transparentes et submergées.

1383. A. RANUNCULOÏDES (L. Sp. 487). Hampes de 15 à 30 centimètres, flexueuses, ascendantes; feuilles linéaires-lancéolées, aiguës; fleurs d'un blanc légèrement purpurin, formant des espèces de verticilles (10 ou 12 fleurs réunies), portées sur des pédoncules presque égaux et souvent simples; capsules ovoïdes, très-pointues, au nombre de 20 à 30, disposées en têtes globuleuses. ♃ Tout l'été. Dans les lieux marécageux. Horn, Zonivel (Limbourg), Blaton (Hainaut), Étalle, Vance (Luxembourg).

> VAR. *β.* NATANS (Cav). Hampes radicantes du bas.

1384. A. NATANS (L. Sp. 487). Hampe flottante, débile, filiforme, longue de 30 à 60 centimètres; feuilles ovales, elliptiques, obtuses, flottantes, très-longuement pétiolées; fleurs blanches, terminales, portées sur des pédoncules solitaires; 8-12 capsules oblongues, striées, terminées en bec au sommet, disposées en cercle. ♃ Tout l'été. Dans les marais de la Campine et du Luxembourg.

3. DAMASONIUM. Juss. Gen. p. 46.

6 étamines; 6 capsules bispermes, soudées par leur suture ventrale, divergentes en étoile.

1385. D. VULGARE (Coss. et Germ.). Alisma damasonium L. Sp. 486. Hampe de 10 à 20 centimètres, étalée, ascendante, ou dressée; feuilles pétiolées, ovales-oblongues, cordiformes,

obtuses, trinerviées; fleurs blanches, portées sur des pédoncules courts, uniflores, formant 2 verticilles composés chacun
de 6-8 fleurs. ♃ Tout l'été. Aux bords des étangs. On dit cette
plante dans les Flandres, sans que j'aie jamais pu l'y découvrir. M. Mignot dit l'avoir semée à Maisières (Hainaut) en 1842,
où elle persiste depuis lors.

F^lle LXXX. — JUNCAGINÉES. Rich. Mém. du Mus. 2.
p. 365.

Périanthe à 6 divisions toutes herbacées; ovaire libre;
6 étamines; fruit sec composé de 3 à 6 capsules mono ou
dispermes qui se séparent à la maturité; embryon dressé.

1. TRIGLOCHIN. L. Gen. 455.

Périanthe caduc; étamines extrorses, subsessiles; 3 à
6 stigmates barbus; 3 à 6 capsules monospermes, soudées
avec le prolongement de l'axe dont elles se séparent à la
maturité; feuilles radicales, linéaires, demi-cylindriques;
fleurs en grappes spiciformes.

1386. T. PALUSTRE (L. Sp. 482). Hampes de 25 à 40 centimètres,
lisses, grêles, arrondies, plus hautes que les feuilles; 5 ovaires
saillant hors de la corolle; 3 capsules triloculaires, lisses,
ovales-linéaires, atténuées à la base. ♃ Juin, juillet. Dans les
lieux marécageux des Flandres, du Hainaut et du Luxembourg.
1387. T. MARITIMUM (L. Sp. 482). Hampes de 50 centimètres
environ, plus longues que les feuilles; fleurs herbacées, petites, alternes en épi; 6 capsules sillonnées ovales-oblongues,
soudées d'abord. ♃ Juin, juillet, août. Dans les marécages en
dedans des dunes.

F^lle LXXXI. — Potamées. Juss. Dict. sc. nat. t. 43. p. 93.

Fleurs hermaphrodites ou diclines; périanthe plus ou moins profondément divisé en 4 divisions; ovaire libre, composé ordinairement de 4 carpelles libres entre eux, insérés sur un réceptacle; stigmate simple; capsules indéhiscentes, à une loge monosperme; embryon droit ou plié; périsperme nul. Plantes vivant dans l'eau, à feuilles simples, alternes, dont les supérieures seules sont nageantes, les autres submergées.

1. Potamogeton. Tourn. Inst. 103. ,

Fleurs hermaphrodites, munies de deux spathes à la base; périanthe à 4 divisions; 4 étamines à anthères subsessiles, alternes avec les divisions du périanthe; 4 ovaires; 4 capsules (nucules) monospermes, sessiles; fleurs disposées en épi.

Section I. — *Feuilles ovales ou lancéolées.*

1388. P. natans (L. Sp. 182). Tiges arrondies, rameuses, glabres; feuilles longuement pétiolées, nageantes, elliptiques-lancéolées, veinées, arrondies à la base, aiguës ou obtuses au sommet, entières, coriaces, les inférieures se pourrissant après la fleuraison; fleurs d'un blanc sale en épis terminaux ou axillaires, gros, présentant des lacunes à la maturité par suite de l'avortement de quelques-uns des carpelles; stipules membraneuses, aiguës, lancéolées-linéaires; capsules lisses, comprimées, ovoïdes, aiguës. ♃ Juillet, août. Dans les mares, les étangs et les eaux tranquilles.

Var. β. fluitans (Roth). Feuilles lancéolées, allongées, atténuées par les deux bouts.

1389. P. rufescens (Schrad.). P. fluitans Sm. Engl. bot. Feuilles

supérieures nageantes, oblongues, ou obovales-oblongues, atténuées insensiblement en pétioles, les inférieures submergées,
sessiles, pellucides, lancéolées; fleurs d'un blanc sale en épis,
à pédoncules non renflés au sommet; capsules comprimées,
lenticulaires, à bord tranchant. ♃ Juin, juillet, août. Dans les
eaux stagnantes, les ruisseaux. Vance, Ansembourg (Luxembourg).

1390. P. HETEROPHYLLUM (Willd. Sp. 1. 615). Feuilles supérieures
nageantes, longuement pétiolées, ovales ou oblongues, souvent
arrondies à la base, coriaces, pointues, les inférieures sessiles,
pellucides, lancéolées-linéaires; fleurs en épis aussi gros et
plus courts que dans le P. natans, à pédoncules plus gros que
la tige, renflé au sommet; capsules comprimées à bord tranchant. ♃ Juin, juillet, août. Dans les marais et les fossés aquatiques de la Campine et du Luxembourg.

> VAR. β. SPATHULUM (Koch). Cette variété ressemble
> beaucoup à l'espèce; les feuilles sont atténuées en
> pétiole, et toute la plante a une couleur verte her-
> bacée.

1391. P. COLORATUM (Horn. Fl. dan. 1449). P. plantagó Bast.
P. oblongum Viv. P. plantagineum Ducr. P. fluitans Roth.
Tiges lisses et rameuses; toutes les feuilles sont pétiolées,
membraneuses, transparentes, les supérieures ovales-aiguës,
subcordées à la base, les inférieures oblongues, lancéolées,
atténuées en pétiole; pédoncule assez grêle; capsules petites,
tricarénées. ♃ Juin, juillet, août. Dans les fossés et les ruisseaux des marais tourbeux. Baarlo (Limbourg), Grandvoir,
Habay-la-Neuve et Habay-la-Vieille (Luxembourg).

1392. P. LUCENS (L. Sp. 183). Tiges molles, rameuses; toutes les
feuilles submergées, longuement lancéolées, larges de 1-2 centimètres, aiguës, planes, entières, transparentes; stipules
linéaires-lancéolées, membraneuses, de la longueur des entre-
nœuds; épis longs, cylindriques, serrés, pédonculés; capsules
assez grosses. ♃ Juin, juillet, août. Dans les eaux stagnantes
et courantes.

Var. *β*. longifolium (Gay). Feuilles plus allongées et plus étroites.

1393. P. perfoliatum (L. Sp. 183). Tiges rameuses, arrondies; feuilles submergées, ovales ou ovales-lancéolées, cordées-amplexicaules, obtuses, entières, très-écartées au sommet des tiges; fleurs en épis axillaires, peu serrés, portés sur de longs pédoncules. ♃ Juin, juillet. Dans les étangs, les ruisseaux et les rivières.

1394. P. crispum (L. Sp. 183). Tiges longues, menues, un peu rameuses; feuilles immergées, écartées dans le bas des tiges, sessiles, lancéolées-oblongues, transparentes, à bords crépus-ondulés, visiblement dentés au sommet; stipules courtes, membraneuses, lacérées, ciliées au sommet; fleurs en épis axillaires, courtement pédonculés, redressés, composés de 5 à 7 fleurs; capsules ensiformes-subulées. ♃ Juin, juillet, août. Dans les eaux courantes et stagnantes.

1395. P. densum (L. Sp. 182). Tiges dichotomes; feuilles submergées, ovales-lancéolées, sessiles, acuminées, opposées, très-rapprochées, se recouvrant à la base; stipules courtes, entières; fleurs en épis pauciflores (2 à 6 fleurs) portés sur des pédoncules courbés en crochet; capsules ovoïdes, sub-comprimées. L'été. Dans les étangs, les marais et les fossés.

1596. P. prælongum (Rœm. et Schult.). Tiges glabres, cylindriques, nageantes, souvent simples; feuilles nombreuses, luisantes, transparentes, ovales-lancéolées, sessiles, embrassantes, obtuses, les inférieures alternes, les supérieures opposées; stipules longues, lancéolées; épis lâches, portés sur des pédoncules plus longs que les feuilles. ♃ Juin, juillet. Dans les marécages près Grandvoir (Luxembourg). M. Tinant.

1597. P. oppositifolium (DC. Fl. fr. 3. p. 186). Cette espèce se rapproche beaucoup du P. densum; elle en diffère par ses feuilles sessiles, obtuses, opposées, un peu ondulées, finement denticulées, moins rapprochées, et par ses tiges longuement rameuses. ♃ L'été. Dans les étangs, les marais et les fossés.

Potamogeton.

SECTION II. — *Feuilles linéaires, toutes submergées.*

1598. P. COMPRESSUM (L. Sp. 183). P. gramineum L. Sp. 184.
Tiges comprimées, rameuses; feuilles linéaires, sessiles, obtuses, multinerviées; fleurs en épis pauciflores (4 à 6 fleurs),
portés sur des pédoncules plus courts que les feuilles; capsules ovoïdes, un peu comprimées, terminées par un bec court.
24 L'été. Dans les eaux courantes et dormantes.

1599. P. ACUTIFOLIUM (Link). Tiges comprimées-ailées ; feuilles
linéaires, multinerviées, arrondies au sommet, brusquement
acuminées; épis de 4 à 6 fleurs, à bords obtus. 24 L'été. Dans
les étangs et les ruisseaux.

1400. P. OBTUSIFOLIUM (Mert. et Koch). P. compressum Willd.
Tiges comprimées; feuilles linéaires, étroites, à sommet un
peu élargi et obtus, munies de 3 nervures et de 2 glandes à la
base; épis ovales, pauciflores, courtement pédonculés; capsules assez grosses, ovoïdes, carénées, terminées par un bec
en crochet. 24 L'été. Dans les étangs et les ruisseaux.

1401. P. PECTINATUM (L. Sp. 183). Tiges très-longues, déliées,
rameuses, arrondies ; feuilles linéaires, engainantes, paraissant disposées sur 2 rangs, alternes, présentant des nervures
transversales; épis grêles, très-interrompus, composés de 8 à
10 fleurs, portés sur des pédoncules assez longs; capsules
ovoïdes, presque lisses, comprimées, terminées par un bec
court et crochu. 24 L'été. Dans les rivières, les ruisseaux et les
étangs.

1402. P. PUSILLUM (L. Sp. 185). Tiges déliées, longues, rameuses,
cylindriques; feuilles linéaires, aiguës, étalées à la base, à
1-3 nervures; 2 épis grêles, interrompus, de 2-4 fleurs; capsules ovoïdes, lisses, à éperon court et obtus. 24 Juin, juillet,
août. Dans les mares et les fossés aquatiques.

1403. P. MONOGYNUM (Gay). Tiges cylindriques, faibles, rameuses,
feuilles linéaires-sétacées; épis pauciflores, composés des 4-6
fleurs dont 2-3 avortent; capsules comprimées, crénelées, tuberculeuses, surmontées d'un bec en crochet, à bord interne

presque droit, muni d'une dent saillante. ⚇ Juin, juillet. Dans les mares, les étangs et les fossés aquatiques. Bonines (Namur).

2. Ruppia. L. Gen. 173.

Fleurs hermaphrodites, distiques, solitaires dans une spathe; périanthe caduc, à 2 valves; 4 anthères sessiles, réniformes, uniloculaires; 4 ovaires, sessiles d'abord, puis portés chacun sur un pédicelle grêle; stigmate sessile, obtus; capsules ovoïdes, monospermes, couronnées par le stigmate persistant; radicule très-grosse.

1404. R. maritima (L. Sp. 184). Tiges grêles, rameuses; feuilles engainantes, alternes, linéaires, aiguës; pédoncules axillaires, longs, filiformes, portant plusieurs fleurs sessiles, terminales; capsules dressées, obliques. ⚇ Juin, juillet, août. Dans les fossés des dunes.

> Var. β. spiralis. Dans cette variété le pédoncule très-long est disposé en spirale comme dans le Vallisneria. Elle vient dans les eaux profondes.

3. Zanichellia. Mich. Gen. t. 14.

Fleurs solitaires, monoïques; *les mâles* à 1 étamine, à anthère portée sur un long filet, sans enveloppes florales, situé à la base externe du périanthe de la fleur femelle; celle-ci est à périanthe campanulé; 2-6 ovaires; capsules monospermes, sessiles, comprimées, gibbeuses, crénelées en dehors.

1405. Z. palustris (L. Sp. 1375). Tiges grêles, très-rameuses, flottantes; feuilles capillaires, opposées, souvent verticillées; fleurs sessiles, axillaires, les mâles à anthères quadriloculaires, les femelles axillaires réunies par 3-5, à stigmate entier, aplati ; graines denticulées sur le dos, un peu demi-lunaires, surmontées d'une pointe allongée. ① ou ♃ L'été. Dans les fossés aquatiques, les mares et les étangs. Dans les Flandres.

1406. **Z. dentata** (Willd.). Cette espèce ressemble beaucoup à la précédente, elle en diffère par ses anthères qui sont biloculaires et par ses graines non denticulées sur le dos, mais tuberculeuses sur toute leur surface. ① Juin, juillet. Dans les mêmes lieux et aux environs d'Anvers.

4. Zostera. DC. Fl. fr. 4. p. 154.

Fleurs dioïques ou monoïques disposées unilatéralement dans la spathe ; calice nul ; style bifide, capsules monospermes ; radicule très-grosse, fendue longitudinalement.

1407. **Z. marina** (L. Sp. 1574). Rhizome noueux, produisant à chaque nœud des fibres radicales et des rameaux courts ; feuilles linéaires, longues, obtuses, engainantes, renfermant des spadices linéaires, portant sur une des faces et sur le haut des anthères subsessiles et dans le bas des ovaires. ♃ Août, septembre. Dans l'Océan. La mer rejette cette plante sur les côtes.

5. Caulinia. DC. Fl. fr. 3. p. 156.

Fleurs hermaphrodites ; périanthe nul ; 3 étamines à filet dilaté, persistant, attachées à la base des trois écailles qui entourent l'ovaire ; ovaire monosperme ; stigmate subsessile, hérissé ; fruit en baie ovoïde.

1408. **C. oceanica** (DC. l. c.). Zostera oceanica. L. Mant. Posidonia caulini Kon. Cavolinia oceanica DC. Kernera oceanica Willd. Rhizome épais, noueux, écailleux ; feuilles linéaires, obtuses, articulées sur une gaîne rousse. Hampe portant 3-4 épis triflores, entourés de 2 spathes. ♃ Août, septembre. Dans l'Océan.

6. NAYAS. L. Gen. 1096.

Fleurs monoïques ; *les mâles* à périanthe bilobé ou nul et remplacé par une spathe membraneuse, celluleuse, munies d'une étamine à anthère ayant 1 à 4 loges ; *les femelles* à périanthe nul, à ovaire ovoïde, libre ; 1 style ; 2 à 3 stigmates ; capsules ovoïdes, monospermes.

1409. N. major (Roth. Germ. II. 2. p. 499). N. marina L. Sp. 1441. N. monosperma Willd. Tige de 10 à 15 centimètres, rameuse, dressée, émergée, munie de petites pointes épineuses ; feuilles verticillées par 3-5, linéaires, assez larges, sinuées-dentées, épineuses, à gaînes entières ; fleurs herbacées, axillaires, placées à côté l'une de l'autre ; les mâles pédonculées, les femelles plus nombreuses, sessiles. ① L'été. Dans les rivières, les ruisseaux et les étangs. Dans la Meuse, à Herstal et à Jupille.

1410. N. minor (Roth. Germ. II. 2. p. 500). Caulinia fragilis Willd. Tige submergée, souvent nageante, rameuse, diffuse, longue de 5 à 30 centimètres, verdâtre, glabre, transparente ; feuilles 3 à 5 ou opposées, linéaires, glabres, subulées, munies de denticules surmontées d'une petite épine rougeâtre ; fleurs axilliaires, très-petites, à style allongé, filiforme, à 3 stigmates ; capsule subulée, striée, glabre. ① L'été. Dans les eaux courantes et stagnantes.

Fˡˡᵉ LXXXII. — ORCHIDÉES. Juss. Gen. p. 64.

Fleurs hermaphrodites ; périanthe monosépale, pétaloïde, adhérent à l'ovaire, à 6 divisions irrégulières, l'inférieure (labellum) très-différente des autres par sa forme et sa grandeur ; style simple ; stigmate visqueux plus ou moins orbiculaire ; 3 étamines à filets soudés en colonne avec le style, les deux latérales stériles, la moyenne fertile, placée au-dessus du stigmate; anthères biloculaires; stigmate simple, soudé avec le tube du périanthe; fruit capsulaire à une loge s'ouvrant par 5 valves cohérentes par leur som‑ met et par leur base; graines à testa lâche, réticulé, dé‑ bordant l'amande; périsperme nul. Plantes herbacées à racines fasciculées ou tubéreuses, à tiges rarement divisées, à feuilles entières, à fleurs solitaires ou en épi, munies de bractées.

Tribu I. — MALAXIDÉES.

Anthère terminale, libre, persistante ou caduque; masses polliniques très-compactes, céracées, composées de gra‑ nules cohérents non atténués en caudicules. Plantes se reproduisant par des bulbes entourées de tuniques.

1. MALAXIS. Sw. in act. Holm. 1800. p. 235.

Périgone à 6 divisions, les 5 segments supérieurs étalés; labellum postérieur concave, embrassant la colonne par sa base; colonne gibbeuse, excavée en avant; anthère super‑ posée, marginale, caduque, hémisphérique, biloculaire. Fleurs renversées, labellum dirigé en haut.

1411. M. PALUDOSA (Sw. l. c.). Ophrys paludosa L. Sp. 1340. Bulbe arrondie; scape de 7 à 15 centimètres, grêle, anguleux, nu dans le haut; 2 à 4 feuilles presque radicales, membra‑ neuses, alternes, spatulées, d'un vert jaunâtre; fleurs très‑ petites, alternes, nombreuses, d'un vert jaunâtre, formant une espèce d'épi filiforme; labellum plus court que les autres di‑ visions, ovale, aigu: colonne très-courte. ♃ Juillet, août. Dans les marais tourbeux des environs de Verviers.

2. LIPARIS. Rich. in Ann. mus. p. 21.

Fleur renversée; labelle dirigé vers le haut, plus large

Liparis.

et aussi long que les autres divisions; colonne allongée;
anthère prolongée au sommet en un appendice membraneux, caduc.

1412. L. LOESELII (Rich. p. 38). Malaxis Lœselii Sw. Sturmia Lœselii Reich. Ophrys Lœselii L. Sp. 1341. Ophrys paludosa
Fl. dan. Bulbe arrondie; tige dressée de 5 à 15 centimètres,
faible, nue, triangulaire; 2 feuilles radicales ovales-lancéolées;
fleurs (3 à 5) d'un jaune verdâtre, retournées, à divisions
linéaires, à labellum ovale, recourbé, un peu denticulé.
♃ Juin, juillet. Dans les marais à Montjoie (Luxembourg),
suivant Bory-Saint-Vincent.

Tribu II. — OPHRYDÉES.

Anthère continu avec la colonne persistante; masses
polliniques composées de granules assez gros, agglutinés
par l'intermédiaire d'une matière visqueuse, élastique, atténués en caudicules à la base; bulbes charnues, entières
ou palmées, dépourvues de tuniques.

3. ORCHIS. L. Gen.

Périanthe labié, à 6 divisions, à partie supérieure en
voûte ou en casque, très-rarement étalée; labellum prolongé en éperon trifide; stigmate convexe, antérieur; anthère biloculaire, terminale; rétinacles libres, renfermés
dans une bursicule biloculaire, logés dans le sommet du
stigmate excavé vers le haut.

1413. O. USTULATA (L. Sp.). Bulbes entières, subglobuleuses; tige
de 15 à 25 centimètres; feuilles lancéolées-oblongues, les
supérieures engainantes; fleurs d'un pourpré noirâtre, formant
un épi oblong, serré, muni de bractées uninerviées presque
égales à l'ovaire; divisions du périanthe dressées-aiguës, un

peu conniventes au sommet; labellum blanc, ponctué de rouge, à 3 lobes, les latéraux linéaires, le moyen plus large, subbilobé. ♃ Mai, juin. Comblain-au-Pont (Liége), Maestricht (Limbourg), Holslenfels, Ansembourg (Luxembourg), Rochefort (Namur).

1414. O. GLOBOSA (L. Sp. 1332). Bulbes entières; tige de 30 centimètres environ; feuilles lancéolées-oblongues; fleurs rosées formant un épi ovoïde, globuleux, serré; segments supérieurs du périanthe élargis au sommet, les latéraux émarginés; labellum à 3 lobes, le moyen émarginé; éperon de moitié plus court que l'ovaire. ♃ Juin, juillet. Dans les prairies. Laeken, Hoogen (Brabant). Kickx.

\ 1415. O. MACULATA (L. Sp. 1335). Bulbes palmées; tige non fistuleuse de 30-50 centimètres; feuilles inférieures lancéolées, linéaires, un peu obtuses, les supérieures linéaires-acuminées; fleurs d'un blanc rosé avec des taches purpurines, formant un épi conique, serré, muni de bractées plus longues que l'ovaire, trinerviées; segments supérieurs du périanthe connivents, les latéraux étalés; labellum presque plan, à 3 lobes, les deux latéraux dentés, celui du milieu entier, acuminé; éperon court, obtus, moitié plus court que l'ovaire. ♃ Juin, juillet. Dans les prairies et les bois.

1416. O. LATIFOLIA (L. Sp. 1334). Bulbes palmées; tige de 30 à 50 centimètres, dressée, fistuleuse; feuilles larges, surtout à la base, oblongues-lancéolées, aiguës; fleurs purpurines ou blanches disposées en épi serré, cylindrique, allongé, muni de bractées trinerviées, étroites, plus longues que les fleurs; divisions supérieures du périanthe conniventes, les latérales étalées; labellum subtrilobé, les lobes latéraux dentés, réfléchis, celui du milieu saillant. ♃ Mai, juin. Dans les prairies humides.

1417. O. SAMBUCINA (L. Sp. 1334). Bulbe ovoïde ou lobée; tige de 20 à 30 centimètres, dressée, glabre, lisse; feuilles lancéolées-linéaires, aiguës; fleurs d'un jaune pâle en épi rapproché, ovale, cylindrique, à bractées lancéolées, un peu colorées,

Orchis.

dépassant à peine les fleurs; segments du périanthe étalés, un peu obtus; labellum à 3 lobes peu profonds, arrondis, crénelés; éperon conique, plus court que l'ovaire. ♃ Mai, juin. Sur les collines des Ardennes. Ravelsbosch (Luxembourg).

1418. O. PALLENS (L. Mant. 292). Bulbes ovoïdes ou oblongues; tige de 20 à 30 centimètres, dressée, lisse; feuilles ovales-allongées, un peu obtuses; fleurs jaunâtres en épi rapproché, ovoïde, cylindrique, muni de bractées plus longues que les ovaires; segments du périanthe ovales, obtus, les latéraux étalés; labellum élargi, à 3 lobes arrondis, subsinués; éperon conique de la longueur de l'ovaire. ♃ Mai, juin. Dans les bois des provinces de Luxembourg et du Hainaut.

1419. O. INCARNATA (L. Sp. 1334). Bulbes ovoïdes ou allongées ou divisées en 2-3 lobes; tige de 20 à 30 centimètres, dressée; feuilles oblongues-lancéolées; fleurs rougeâtres disposées en épi ovoïde, cylindrique, muni de bractées plus longues que les fleurs; divisions supérieures du périanthe acuminées, les latérales réfléchies; labellum à 3 lobes profonds, crénelés. ♃ Mai, juin. Dans les bois montueux. Heisdorff (Luxembourg).

1420. O. LAXIFLORA (Lam. Fl. fr. 3. p. 504). Bulbes entières, subglobuleuses; tige de 30 à 45 centimètres, dressée; feuilles lancéolées-linéaires, canaliculées, acuminées; fleurs purpurines ou violacées, grandes, forment un épi peu serré, muni de bractées à 3-5 nervures, presque égales aux ovaires; segments du périanthe ovales-obtus, étalés au sommet; labellum à 3 lobes, dont celui du milieu est presque nul; éperon un peu émarginé au sommet, moitié plus petit que l'ovaire. ♃ Mai, juin. Dans les prairies et les bois marécageux. Lathure, Hautes-Wiberies (Hainaut), Rechange (Luxembourg).

1421. O. MASCULA (L. Sp. 1333). Bulbes entières, subglobuleuses; tige de 30 à 45 centimètres; feuilles oblongues-lancéolées; planes, aiguës, presque toujours tachées; fleurs purpurines ou blanches, formant un long épi peu serré, garni de bractées uninerviées, plus longues que l'ovaire; segments du périanthe obtus, les deux supérieurs dressés, étalés; labellum en coin,

large, trifide, crénelé, à lobes latéraux ovales, obtus, celui du
milieu plus long, bilobé; éperon ascendant ou horizontal, obtus,
presque égal à l'ovaire. ⚄ Mai, juin. Dans les prairies et les bois.

\ 1422. O. morio (L. Sp. 1355). Bulbes entières; tige de 10 à 25
— centimètres, dressée; feuilles lancéolées-linéaires, obtuses, les
supérieures engainantes; fleurs purpurines, grandes, formant
un épi peu fourni, assez lâche, muni de bractées uninerviées,
à peu près égales à l'ovaire; divisions du périanthe ovales,
obtuses, ascendantes; labellum large, presque à 3 lobes, les
deux latéraux crénelés, réfléchis; éperon ascendant ou horizontal, conique, obtus, un peu plus court que l'ovaire. ⚄ Avril,
mai, juin. Dans les prairies.

1423. O. variegata (Lam. Dict. 4. p. 592). Bulbes ovales; tige
— de 50 à 60 centimètres, dressée, glabre, cylindrique, d'un
pourpre violacé dans le haut; feuilles lancéolées, un peu obtuses; fleurs rosées ponctuées de pourpre, formant un épi court,
subovoïde, serré, accompagné de bractées scarieuses, presque
égales à l'ovaire; segments du périanthe lancéolés acuminés,
connivents; labellum à 3 lobes obtus-oblongs, celui du milieu bifide, muni d'une petite pointe au milieu de l'échancrure;
éperon droit, subulé, le double plus court que l'ovaire. ⚄ Dans
les prairies humides des provinces de Liége, du Limbourg et
du Luxembourg.

1424. O. militaris (L. Sp. 1355). Bulbes ovales; tige de 4 à
6 décimètres, droite, d'un pourpre violacé; feuilles ovales-lan-
céoles, obtuses, les supérieures vaginantes; fleurs d'un pourpre pâle, formant un épi lâche, gros, oblong, muni de
bractées beaucoup plus courtes que l'ovaire; segments du
périanthe ovales, aigus, connivents; labellum trifide, à lobes
latéraux étroits, linéaires, écartés, le moyen élargi, divisé en
2 lobules profonds, écartés, larges, entiers, avec une pointe
entre les deux; éperon en forme de sac, moitié plus court que
l'ovaire. ⚄ Mai, juin. Dans les bois et les prés montueux.
Saint-Servais (Namur), Fauquemont (Limbourg), Diekrick, Kop-
stahl (Luxembourg), Masnuy (Hainaut).

Orchis.

1425. O. FUSCA (Jacq. Aust. 4. t. 307). Cette espèce n'est sans aucun doute qu'une variété de la précédente; elle en diffère par sa tige un peu moins élevée, par les deux divisions latérales du périanthe qui sont très-petites et par les divisions du lobe moyen du labellum qui sont taillées un peu obliquement et subdentées. ♃ Mai, juin. Bois du Luxembourg.

1426. O. GALEATA (Lam. Dict. 4. p. 593). Bulbes entières; **tige** de 40 à 60 centimètres; feuilles ovales-lancéolées, obtuses, les supérieures vaginantes; fleurs rosées ou blanchâtres, formant un épi dense, conique, muni de bractées membraneuses, obtuses, beaucoup plus courtes que l'ovaire; périanthe à divisions conniventes en un casque; labellum lisse, à trois lobes, les latéraux entiers, presque linéaires, obtus, le moyen bifide, large, cunéiforme, à lobules divergents. ♃ Mai, juin. Pelouses et clairières des bois. Fauquemont (Limbourg).

1427. O. SIMIA (Lam. Fl. fr. 3. p 507). O. tephrosanthos Vill. Dauph. 2. p. 52. Bulbes entières; tige de 30 à 40 centimètres; feuilles ovales-oblongues, obtuses; fleurs purpurines-pâles, ponctuées de pourpre foncé, grandes, formant un épi ovoïde, serré, garni de bractées obtuses, plus courtes que l'ovaire; segments du périanthe ovales, aigus, connivents; labellum quadrifide, à divisions grêles, linéaires, obtuses; éperon moitié plus court que l'ovaire. ♃ Mai, juin. Dans les pelouses, les prairies et les clairières des bois. Thuin (Hainaut) M. Mignot,

1428. O. CORIOPHORA (L. Sp. 1332). Bulbes entières; tige dressée de 30 à 45 centimètres; feuilles lancéolées-linéaires, aiguës; fleurs d'un rouge sale, formant un épi ovoïde-oblong, muni de bractées uninerviées, presque égales à l'ovaire; périanthe à divisions conniventes en un casque subglobuleux, obtus; labellum trifide, les lobes latéraux crénelés, obtus ou mucronés; éperon conique, ascendant, trois ou quatre fois plus court que l'ovaire. ♃ Mai, juin. Dans les prairies. Diekrick, Arlon, Hohlenfels (Luxembourg), Beaumont, Ham-sur-Heure (Hainaut).

4. Gymnadenia. Rich. p. 20.

Périanthe en voûte ou en casque, à 6 divisions; labellum trifide, prolongé en éperon; 2 rétinacles libres, non renfermés dans une bursicule.

1429. G. viridis (Rich. l. c.). Satyrium viride L. Sp. 1330. Orchis viridis All. Racines palmées; tige de 10 à 20 centimètres; feuilles obtuses, les inférieures ovales, les supérieures lancéolées; fleurs d'un jaune verdâtre formant un épi lâche, allongé, accompagnées de bractées étroites plus longues qu'elles; divisions du périanthe libres, courtes, ovales; labellum réfléchi vers le bas, étroit, trifide, à lobe moyen court; éperon obtus en forme de sac. ♃ Mai, juin. Dans les prairies montueuses. Malmedy, Verviers (Liége), Rochefort (Namur), bois de la Thure (Hainaut), et dans le Luxembourg.

1430. G. albida (Rich. l. c.). Orchis albida All. Satyrium albidum L. Sp. Racines fasciculées; tige de 15 à 30 centimètres; feuilles engainantes, ovales-lancéolées, mucronées; fleurs petites, blanchâtres, formant un épi cylindrique, allongé, compacte, garni de bractées ovales-acuminées, plus longues que l'ovaire; segments du périanthe ovales, obtus; labellum à 3 divisions aiguës, lancéolées, celle du milieu plus longue; éperon obtus, deux ou trois fois plus court que l'ovaire. ♃ Juin, juillet. Dans les bruyères des environs de Verviers.

1431. G. odoratissima (Rich. l. c.). Orchis odoratissima L. Tige de 20 à 40 centimètres; feuilles longues, linéaires, aiguës, canaliculées; fleurs purpurines, odorantes, formant un épi oblong, cylindrique, peu serré, éloigné des feuilles, muni de bractées ovales-allongées, plus longues que l'ovaire; périanthe en voûte, à segments latéraux étalés; labellum à trois lobes égaux, entiers, obtus; éperon filiforme, presque aussi long que l'ovaire. ♃ Mai, juin. Dans les bois et les prairies tourbeuses. Plante très-douteuse pour la Belgique.

1432. G. conopsea (R. Br. Kew. 5. p. 191). Orchis conopsea

L. Sp. 1335. Tiges de 30 à 45 centimètres ; feuilles lancéolées-linéaires ou ovalaires, les supérieures acuminées ; fleurs purpurines panachées de blanc, disposées en épi cylindrique, allongé, peu serré, muni de bractées plus longues que l'ovaire ; périanthe en voûte, à divisions latérales étalées ; labellum à 3 lobes obtus ; éperon délié, deux fois long comme l'ovaire. ♃ Juin, juillet. Dans les prairies humides et sur les lisières des bois. Cette plante est rare partout.

5. ANACAMPTIS. Rich. p. 19.

Périanthe en voûte ; labellum muni vers la base de deux petites lamelles prolongées en éperon ; 2 rétinacles soudés en un seul qui est renfermé dans une bursicule uniloculaire située au sommet du stigmate excavé.

1453. A. PYRAMIDALIS (Rich. l. c.). Orchis pyramidalis L. Sp. 1332. Tige de 30 à 45 centimètres ; feuilles lancéolées-linéaires, aiguës ; les supérieures vaginantes ; fleurs rougeâtres, quelquefois blanches, petites, formant un épi dense, ovoïde-oblong, muni de bractées linéaires, acuminées, presque égales à l'ovaire ; périanthe à segments obovales, aigus, égaux ; labellum trilobé, les lobes latéraux plus larges ; éperon délié, un peu courbe, presque égal à l'ovaire. ♃ Mai, juin, juillet. Sur les pelouses sèches, les coteaux, dans les bois. Baudour, Hautrange (Hainaut), Remich, Grevenmacher (Luxembourg).

6. PLATANTHERA. Rich. p. 20.

Périanthe en voûte, ou en casque, à 6 divisions ; labellum linéaire, allongé, indivis, prolongé en éperon ; 2 rétinacles libres, non enfermés dans une bursicule ; loges des anthères très-distantes.

1454. P. BIFOLIA (Rich. l. c.). Orchis bifolia L. Sp. 1331.

Tige de 40 à 60 centimètres; deux feuilles radicales, ovales-oblongues, obtuses, les caulinaires petites, alternes, linéaires-lancéolées, vaginantes; fleurs blanches, grandes, odorantes, formant un épi allongé, très-lâche, garni de bractées à peu près égales à l'ovaire; labellum verdâtre, linéaire, entier, obtus, long, mais plus court que l'éperon qui est très-allongé, un peu courbé, le double plus long que l'ovaire. ♃ Mai, juin. Dans les bois, les bruyères et les prairies.

7. Loroglossum. Rich. p. 16.

Périanthe en casque à 6 divisions; labellum linéaire, prolongé en éperon court, triparti, à divisions roulées en spirale pendant la fleuraison; anthères à lobes séparés par un appendice charnu; 2 rétinacles soudés en un seul qui est renfermé dans une bursicule.

1435. L. hircinum (Rich. l. c.). Orchis hircina Crantz. Satyrium hircinum L. Sp. 1337. Racine tuberculeuse; tige de 50 à 60 centimètres; feuilles ovales-lancéolées, les supérieures linéaires; fleurs grandes, verdâtres, striées de pourpre, formant un épi très-long, peu serré, muni de bractées linéaires, plus longues que les fleurs; divisions supérieures du périanthe courtes; labellum allongé, réfléchi, à lobe moyen très-long, très-grêle. ♃ Juin, juillet. Sur la lisière des bois. Huysinghen (Brabant), Rochefort, Poilvache (Namur), Bois de Ciply, Baumont (Hainaut).

8. Ophrys. Brown. Prod. 313.

Périanthe étalé à 6 divisions; labellum non prolongé en éperon, convexe; anthères biloculaires; 2 rétinacles renfermés dans 2 bursicules distinctes, situées au sommet du stigmate excavé; ovaire non contourné.

Ophrys.

1436. O. myodes (Jacq. Ic. rar. t. 71). O. muscifera Engl. bot. t. 64. Tige dressée de 50 à 40 centimètres; feuilles lancéolées; fleurs à divisions supérieures vertes, les latérales et l'inférieure pourpres, alternes, formant un épi allongé, très-lâche; segments du périanthe étalés, les 3 extérieurs lancéolés, obtus, les 2 latéraux linéaires, très-étroits; labellum velu, pendant, à 5 divisions, dont la médiane est plus longue, bifide, à lobes ovales. ♃ Avril, mai. Dans les pâturages, les clairières des bois, principalement dans les terrains calcaires.

1437. O. aranifera (Sm. Brit. 959). Tige dressée, haute de 15 à 50 centimètres; feuilles inférieures ovales, les supérieures ovales-lancéolées, aiguës; fleurs verdâtres, à labellum brun, au nombre de 5-6, grandes, éloignées, formant un épi; divisions du périanthe étalées, les 5 supérieures oblongues, obtuses, les 2 latérales lancéolées-aiguës, plus courtes; labellum velu, trilobé, à lobe moyen obovale, échancré. ♃ Mai, juin. Dans les pâturages et les clairières des bois. Vintrange (Luxembourg), Baudour (Hainaut).

1438. O. arachnites (Hoffm. Germ. 518). Tige feuillée, dressée, de 15 à 30 centimètres; feuilles lancéolées-ovalaires, les supérieures aiguës; fleurs à divisions verdâtres, à labellum brun-ferrugineux, au nombre de 3-5, formant une sorte d'épi terminal; divisions du périanthe étalées, les 5 supérieures oblongues, obtuses, les 2 latérales linéaires, lancéolées, très-courtes; labellum velu à 5 lobes, les 2 latéraux très-courts, le moyen très-large, arrondi, obtus, courtement trilobé. ♃ Mai, juin. Dans les bois et sur les coteaux. Diekrick (Luxembourg), Han-sur-Lesse, Lavaux (Namur).

1459. O. apifera (Smith. Brit. 958). Tige dressée de 20 à 25 centimètres; feuilles lancéolées, aiguës; fleurs à divisions supérieures d'un rouge purpurin clair, à labellum d'un rouge ferrugineux, au nombre de 2-4, grandes, formant une sorte d'épi; segments du périanthe étalés, les 5 supérieurs elliptiques, obtus, les latéraux lancéolés, très-courts; labellum velu, à 5 lobes, le terminal subulé, recourbé en crochet, les latéraux oblongs. ♃ Mai, juin. Sur les coteaux, dans les pâturages et les bois. Baudour (Hainaut), Sternberg (Liége), Diekrick (Luxembourg), Auffe (Namur).

    VAR. *β. APICULATA* (Rich.). Labellum terminé par une pointe relevée en dessous.

9. ACERAS. R. Br. Hort. kew. ed. 3. t. 5. p. 191.

Périanthe en casque; labellum allongé à 3 divisions linéaires, la moyenne plus large, bifide, infléchie pendant la préfleuraison; anthères à lobes non séparés par un appendice charnu; 2 rétinacles soudés en un seul qui est renfermé dans une bursicule.

\ 1440. A. ANTHROPOPHORA (R. Br. l. c.). Ophrys anthropophora L. Sp. 1343. Loroglossum antropophorum Rich. Tige de 25 à 55 centimètres; feuilles ovales-lancéolées; fleur d'un blanc jaunâtre, assez petites, formant un épi grêle, allongé, un peu lâche, garni de bractées un peu plus courtes que l'ovaire; segments du périanthe connivents, les 3 supérieurs ovales-lancéolés, les 2 latéraux linéaires; labellum allongé, pendant, à 5 divisions capillaires, celle du milieu bifide. ♃ Mai, juin. Dans les prés et les pâturages secs. Diekrick (Luxembourg), Ham-sur-Heure (Hainaut).

10. HERMINIUM. R. Br. Hort. kew. 5. p. 191.

Périanthe à divisions toutes conniventes en cloche, les intérieures dentées, plus longues, dissemblables; labellum connivent avec les divisions, à base en forme de sac, trilobé, à lobes linéaires, entiers; masses polliniques à caudicules très-courtes, à rétinacles linéaires, très-grands, concaves, cuculliformes, non enfermés dans une bursicule.

\ 1441. H. MONORCHIS (R. Br. l. c.). Ophrys monorchis L. Sp. 1342. Racine à une seule bulbe; tige nue, de 7 à 15 centimètres; 2 à

3 feuilles presque radicales, lancéolées ; fleurs d'un vert jaunâtre, petites, formant un épi oblong, un peu campanulées, à divisions étalées, dissemblables ; labellum ne les dépassant pas beaucoup, à 3 divisions dont la médiane est linéaire, allongée. ♃ Mai, juin. Dans les prairies montueuses. Dans les Flandres et le Luxembourg.

Tribu III. — Néottiées.

Anthère distincte de la colonne, souvent parallèle au stigmate, persistante ; masses polliniques composées de granules peu cohérents, presque pulvérulents, non atténués en caudicule. Plantes rarement bulbeuses, plus souvent à racines fibreuses.

11. Spiranthes. Rich. p. 20.

Périanthe connivent ; ovaire oblique au sommet ; labellum entier, non rétréci à sa partie moyenne ; colonne se prolongeant inférieurement en une lamelle bifide ; souche bulbeuse ; épi tourné en spirale.

1442. S. autumnalis (Rich. l. c.). Neottia spiralis Sw. Ophrys spiralis L. Sp. a. 1340. Orchidastrum autumnale Mich. Tige de 12 à 20 centimètres, ne partant pas du centre des feuilles radicales ; celles-ci ovales-oblongues, aiguës, courtement pétiolées ; fleurs blanchâtres, odorantes, velues, formant un épi grêle, muni de bractées ovales plus longues que l'ovaire ; labellum ovale, un peu crispé sur les bords. ♃ Juillet, août. Sur les pelouses et les collines sèches.

1443. S. æstivalis (Rich. l. c.). Neottia æstivalis DC. Fl. fr. Ophrys spiralis ♂ L. Sp. 1340. O. æstivalis Lam. Dict. Racine allongée, presque cylindrique ; tige glabre, dressée, haute de 15 à 25 centimètres ; feuilles linéaires ; fleurs blanchâtres, odorantes, recourbées, velues, à divisions presque égales, étalées ; labellum élargi, ovale, un peu crénelé. ♃ Juin, juillet, août. Dans les marais tourbeux et les bruyères humides. Dans la Campine et les Fagnes.

12. LISTERA. Br. Kew. ed. 3. t. 5. p. 201.

Périanthe connivent, globuleux; labellum étalé, bifide ou trilobé, à lobes latéraux très-petits, le moyen bifide; anthère stipitée dans la cavité de la colonne.

1444. L. OVATA (Br. l. c.). Epipactis ovata All. Neottia ovata Rich. Ophrys ovata L. Sp. 1540. Tige de 25 à 40 centimètres, pubescente; 2 feuilles opposées, posées vers le milieu de la tige, ovales-arrondies, grandes; fleurs verdâtres formant un épi grêle, allongé; divisions du périanthe ovales, un peu obtuses; labellum linéaire, bifide, trois fois plus long que les autres divisions. ♃ Mai, juin. Dans les bois humides et ombragés.

1445. L. NIDUS-AVIS (Br. l. c.). Epipactis nidus-avis All. Neottia nidus-avis Rich. Ophrys nidus-avis L. Sp. 1539. Racines à fibres nombreuses, entrelacées, imitant assez bien un nid; tige de 30 centimètres environ, pourvue d'écailles engainantes, décolorées, roussâtres, au lieu des feuilles; fleurs roussâtres, assez grandes, en épi, à divisions courtes, étalées; labellum pendant, élargi, à 2 lobes obtus, le double plus long que les autres divisions. ♃ Mai, juin. Dans les bois ombragés.

13. CEPHALANTHERA. Rich. p. 21.

Périanthe dressé, connivent; labellum non prolongé en éperon, brusquement rétréci à sa partie moyenne, à partie terminale entière; anthère couchée sur la partie dorsale du stigmate; masses polliniques bipartites, dépourvuès de rétinacle; ovaire sessile, plus ou moins contourné.

1446. C. PALLENS (Rich. l. c.). Epipactis pallens Sw. Epipactis lancifolia Fl. fr. Serapias grandiflora L. Mant. 491. Tige de 30 à 50 centimètres; feuilles oblongues, lancéolées, embras-

Cephalanthera.

santes; fleurs jaunâtres, grandes, redressées, sessiles, disposées
en épi pauciflore, garni de bractées linéaires égalant ou dépassant l'ovaire; divisions du périanthe égales, étroites; labellum
ovale, obtus, à segments plus courts que les divisions du périanthe; ovaire glabre. ⅔ Mai, juin. Dans les bois des provinces de Namur, de Liége, de Luxembourg et du Hainaut.

1447. C. ENSIFOLIA (Rich. l. c.). Epipactis ensifolia Sw. Tige de
36 à 50 centimètres; feuilles lancéolées, aiguës, presque distiques; fleurs blanchâtres, redressées, assez petites, formant
un épi muni de bractées subulées, très-petites; labellum strié
de pourpre, obtus, de moitié plus court que les autres divisions
du périanthe; ovaire glabre. ⅔ Mai, juin. Dans les mêmes
lieux que l'espèce précédente.

1448. C. RUBRA (Rich. l. c.). Epipactis rubra All. Serapias
rubra L. Mant. 490. Tige de 40 à 60 centimètres, dressée,
grêle, flexueuse; feuilles inférieures ovales, les supérieures
lancéolées; fleurs rougeâtres disposées en épi muni de bractées lancéolées, plus longues que l'ovaire; labellum à partie
terminale acuminée; ovaire pubescent. ⅔ Juin, juillet. Dans
les bois montueux. Grenwald, Dudelange (Luxembourg),
Maestricht, Fauquemont (Limbourg).

14. EPIPACTIS. Rich. p. 20.

Périanthe dressé, étalé, à 6 divisions; labellum non prolongé en éperon, brusquement rétréci à sa partie moyenne,
à partie terminale entière, présentant deux bosses saillantes au niveau du rétrécissement; anthère ovale, biloculaire; masses polliniques réunies par un rétinacle commun;
ovaire non contourné.

1449. E. LATIFOLIA (All. Ped. n° 1855). Serapias latifolia L.
Mant. 490). Tige dressée de 40 à 60 centimètres; feuilles ovales-arrondies, amplexicaules, alternes, pointues, les supérieures ovales-lancéolées; fleurs purpurines, penchées, sessiles,

souvent tournées du même côté, formant un épi très-long, muni de bractées aussi longues que la fleur dans sa partie inférieure; labellum à extrémité acuminée, courbée, plus court que les autres divisions du périanthe; ovaire pubescent. ♃ Juin, juillet, août. Dans les bois.

>VAR. *α*. MICROPHYLLA. Serapias microphylla Ehr. Serapias parvifolia Pers. Cette variété est plus petite dans toutes ses parties, les feuilles sont étroites et le labellum est un peu crispé et légèrement crénelé sur les bords.

\ 1450. E. PALUSTRIS (Crantz. Austr. 7. p. 472). Serapias palustris — Scop. Carn. p. 1128. Scrapias longifolia L. Mant. 490. Tige dressée, haute de 30 à 45 centimètres; feuilles ovales-lancéolées, engainantes, les supérieures lancéolées, sessiles, embrassantes; fleurs verdâtres, un peu variées de rouge, grandes, peu nombreuses, disposées en épi, mêlées de bractées plus courtes qu'elles; divisions du périanthe ovales, obtuses; labellum à extrémité arrondie, obtuse, à peu près égal aux divisions latérales du périanthe. ♃ Juin, juillet. Dans les prairies marécageuses. Tongres (Limbourg), Belœil, Charleroi (Hainaut).

1451. E. ATHENSIS (Lej. Fl. Sp. 2. p. 196). Bulbes arrondies; tige dressée; feuilles ovales-lancéolées, obtuses, les supérieures engainantes; fleurs d'un vert jaunâtre en épi, presque dressées, à bractées de la longueur de l'ovaire; divisions du périanthe ovales, obtuses; labellum un peu écarté en dehors des autres divisions. ♃ Juin, juillet. Dans les prairies près d'Ath (Hainaut).

Cette espèce me semble un hybride intermédiaire entre les deux espèces précédentes.

15. LIMODORUM. Tourn. Inst. 230.

Ovaire pédicellé, non contourné; périanthe connivent, dressé; labellum prolongé en un long éperon, ascendant, rétréci en forme d'onglet canaliculé, à partie terminale en-

Limodorum.

tière; colonne très-longue; anthère marginale, penchée, subcordée; pollen granuleux, sessile.

1452. L. ABORTIVUM (Sw. l. c. p. 245). Orchis abortiva L. Sp. 1356. Tige dressée, un peu flexueuse, haute de 40 à 60 centimètres; feuilles dont il ne reste que les gaînes par avortement; fleurs violettes, ainsi que toute la plante, formant un épi très-long, peu fourni; labellum ovale, ondulé, entier, concave, pointu, à éperon long, courbe, de la longueur de l'ovaire; stigmate laineux. ♃ Juin, juillet. Dans les bois montueux du Luxembourg.

16. Cypripedium L. Gen. 1015.

Périanthe étalé; labellum grand, obtus, renflé, un peu en forme de sabot; colonne appendiculée couvrant le stigmate; 2 anthères distinctes, latérales, ayant 2 appendices lancéolés à leur base.

1453. C. CALCEOLUS (L. Sp. 1346). Tige de 20 centimètres environ, dressée, un peu flexueuse, garnie de feuilles larges; fleurs grandes, terminales, solitaires, à pétales supérieurs pourprés, étalés; labellum jaunâtre, ventru, ♃ Mai, juin. Dans les bois. Freylange, Grevenmacher (Luxembourg).

Fⁱˡᵉ LXXXIII. — IRIDÉES. Juss. Gen. 57.

Périanthe à base tubuleuse, adhérant à l'ovaire, à 6 divisions pétaloïdes, souvent irrégulières; 3 étamines insérées à la base des segments externes du périgone; anthères linéaires, déhriscentes du dedans au dehors; ovaire unique, triloculaire, multivalve, soudé avec le tube du périanthe; style unique ou nul; 3 stigmates simples ou laciniés, membraneux ou pétaloïdes; capsule triloculaire, polysperme, trivalve; périsperme charnu ou corné. Plantes herbacées à racines tubéreuses, à feuilles alternes, ensiformes ou linéaires, à fleurs hermaphrodites, munies chacune d'une spathe membraneuse.

1. Iris. L. Gen. 59.

Périanthe à 6 divisions, dont les extérieures sont réfléchies en dehors, les intérieures dressées ou conniventes; stigmates très-grands, pétaloïdes, souvent émarginés.

1454. 1. GERMANICA (L. Sp. 55). Tiges dressées de 6 décimètres environ, rameuses, multiflores; feuilles ensiformes, aiguës, glabres, un peu falciformes, plus courtes que les tiges; fleurs violettes ou bleuâtres, grandes, formant une sorte de panicule, les inférieures pédonculées; divisions extérieures du périanthe barbues en dedans à la base. ♃ Mai, juin. Il est cultivé et se rencontre sur les vieilles murailles.

1455. I. PUMILA (L. Sp. 56). Tiges de 10 à 15 centimètres, simples, subuniflores; feuilles presque droites, aiguës, ensiformes, plus hautes que les tiges; fleurs de couleur bleuâtre variée, à divisions externes du périanthe obtuses et barbues, à tube droit, dépassant la spathe. ♃ Avril, mai. Sur les vieux murs et les rochers.

1456. I. PSEUDO-ACORUS (L. Sp. 56). Iris des marais. Tiges de 6 à 9 décimètres, dressées, multiflores; feuilles ensiformes, très-longues, à peu près égales aux tiges; fleurs jaunes au nombre de 3-6, formant une panicule, les inférieures pédonculées; divisions intérieures du périanthe petites, canaliculées, plus courtes que les stigmates, les extérieures obovales, très-obtuses. ♃ Juin, juillet. Dans les marais, les étangs et les fossés aquatiques.

1457. I. FOETIDISSIMA (L. Sp. 57). Tiges de 30 à 45 centimètres, munies d'un angle, un peu grêles; feuilles ensiformes, étroites, pointues, à peu près égales aux tiges; fleurs d'un bleu grisâtre au nombre de 3-5, à divisions externes étroites, les intérieures

Iris.

très-évasées; graines subglobuleuses rouges. ♃ Juin, juillet,
Dans les clairières des bois montueux.

Cette plante est indiquée en Belgique, mais je ne l'ai jamais
trouvée dans aucune localité.

1458. I. SAMBUCINA (L. Sp. 57). Tiges de 4 à 6 décimètres,
dressées, multiflores; feuilles ensiformes, glabres, plus
courtes que les tiges; fleurs violettes, plus grandes que dans
l'iris germanica, ayant une odeur de fleurs de sureau; divisions du périanthe courbées, planes, barbues. ♃ Mai, juin,
Sur les rochers schisteux. Verviers, Pépinster, Ensival (Liége),
Berg (Limbourg).

1459. I. GRAMINEA (L. Sp. 58). Tiges de 15 à 25 centimètres, comprimées, dressées; feuilles linéaires, acuminées, engainant la
tige qu'elles dépassent en longueur; fleur d'un pourpré clair,
bleuâtre, à périanthe déchiré extérieurement; ovaire hexagone.
♃ Mai, juin. Dans les prairies. Sougnez (Liége), Vieil-Salm
(Luxembourg).

1460. I. SIBIRICA (L. Sp. 57). I. pratensis Lam. Dict. Tiges de 6
décimètres environ, dressées, arrondies, fistuleuses, presque
nues, pauciflores; feuilles linéaires-étroites, acuminées, plus
courtes que les tiges; fleur d'un bleu foncé mélangé de blanc
et de jaune, à corolle non barbue, à segments externes lancéolés; ovaire trigone. ♃ Juin, juillet. Dans les prés et les bois,
entre Verviers et Néaux (Liége).

F^{lle} LXXXIV. — AMARYLLIDÉES. R. Brown. Prod. 296.

Périanthe monophylle, tubuleux, adhérent à l'ovaire, à
6 divisions pétaloïdes; 6 étamines; ovaire infère, triloculaire, à loges polyspermes; 1 style simple; stigmate trilobé;
fruit capsulaire à 3 loges polyspermes, ou baies à 1-3 graines;
albumen charnu. Plantes herbacées à racines bulbeuses ou

fibreuses, à fleurs en ombelle ou solitaires, munies chacune d'une spathe membraneuse.

1. NARCISSUS. L. Gen. 403.

Périanthe infundibuliforme, à limbe étalé, à 6 divisions, muni, à la gorge, d'une couronne ou d'un tube campanulé pétaloïde; 6 étamines insérées sur le tube au dedans de la couronne.

1461. N. PSEUDO-NARCISSUS (L. Sp. 414). Scape de 30 centimètres, biangulaire; feuilles un peu planes, glaucescentes, linéaires, obtuses, moins longues que le scape; fleur jaune, unique, grande, terminale, penchée, entourée à la base d'une spathe subsessile; tube campanulé de la longueur de la corolle, plissé en haut, crénelé et divisé en 6 parties au sommet. ♃ Mars, avril. Dans les bois.

1462. N. POETICUS (L. S. 414). Le narcisse. Scape de 30 centi-
mètres environ, biangulaire, strié, uniflore; feuilles longues, larges de 6 à 10 millimètres, glaucescentes, obtuses, subcaré-nées sur le dos; fleur blanche, unique, terminale, odorante; tube court, crénelé, à bord d'un rouge orange. ♃ Avril, mai. Dans les prairies et les bois herbeux. Entre Verviers et Ensival (Liége), dans les fortifications de Maestricht, Thuin (Hainaut).

2. LEUCOIUM. L. Gen. 401.

Périanthe à tube couvert, à limbe campanulé, à 6 divi-sions égales, un peu épaissies au sommet; anthères s'ou-vrant par 2 fentes longitudinales; stigmate simple.

1463. L. VERNUM (L. Sp. 414). Hampe de 15 à 20 centimètres, lisse, uniflore; feuilles radicales linéaires, planes, obtuses; fleurs blanches variées de vert, pédonculées, agglomérées dans une spathe monophylle, terminale. ⚃ Mars, avril. Dans les prés montueux. Chercq, Mont-Trinité (Hainaut) et environs d'Anvers.

3. GALANTHUS. L. Gen. 401.

Périanthe à 6 divisions, 3 intérieures, le double plus courtes que les externes, dressées, émarginées; stigmate-simple.

1464. G. NIVALIS (L. Sp. 413). La perce-neige. Hampe de 10 à 15 centimètres, grèle; feuilles glauques, souvent au nombre de deux, planes, plus courtes que la hampe ; fleur blanche penchée, unique, à divisions intérieures plus petites, marquées d'une tache verte; spathe allongée, linéaire, recourbée. ⚃ Mars. Dans les prairies et les clairières des bois. la Plante près de Namur, Chercq (Hainaut), Limbourg (Liége), Habay-la-Vieille (Luxembourg).

F^{lle} LXXXV. — ASPARAGÉES. Juss. Gen. 40.

Fleurs hermaphrodites, monoïques ou dioïques; périanthe pétaloïde, libre ou adhérent à l'ovaire, souvent à 6 divisions, quelquefois à 4-8 ; étamines en nombre égal à celui des divisions du périanthe et adhérentes à sa base, à filament libre, excepté dans le genre Ruscus; ovaire unique, triloculaire; 1-4-5 styles; 3-4 stigmates; baie ou capsule sphérique à 3-4 loges, quelquefois à une loge par avortement; loges à 1-3 graines; embryon à périsperme charnu. Plantes herbacées à feuilles non vaginantes, quelquefois verticillées; fleurs situées dans l'aisselle d'une bractéole.

1. Asparagus. Tourn. Inst. 154.

Périanthe libre à 6 divisions; 6 étamines; style trifide; capsule bacciforme à 3 loges dispermes, rarement monosperme par avortement.

\1465. A. officinalis (L. Sp. 448). L'asperge. Tige dressée, très-rameuse, cylindrique; feuilles sétacées, fasciculées, courtes, pointues, avec des stipules écailleuses, très-petites, ovales, acuminées à la base; fleurs solitaires, souvent diclines par avortement, portées par des pédoncules articulés vers le milieu; baies rougeâtres. ♃ Juin, juillet. Dans les lieux sablonneux, sur les lisières des bois. Cultivée dans les jardins pour ses pousses.

1466. A. prostratus (Dum. Fl. belg. f. 138). Tige couchée, herbacée; feuilles fasciculées, linéaires; pédoncules géminés, divergents, articulés vers le sommet et plus longs que les fleurs. ♃ Juin, juillet, août. Dans les dunes.

Je présume que cette espèce n'est qu'une variété de celle que je viens de décrire; mais ne l'ayant pas trouvée, je n'ai pu en faire la vérification.

2. Polygonatum. Tourn. Inst. 14.

Périanthe campanulé-cylindrique à 6 dents; 6 étamines insérées sur la partie moyenne du périanthe; baies globuleuses à 3 loges monospermes; tige feuillée.

1467. P. verticillatum (Desf.). Convallaria verticillata L. Sp. 451. Tige de 30 à 40 centimètres, dressée, délicate; feuilles ovales-lancéolées, quelquefois lancéolées-linéaires, verticillées; fleur d'un blanc verdâtre, à périanthe subcylindrique. ♃ Mai, juin. Dans les bois. Rochefort (Namur), Rambrouch, Wiltz, Neufchâteau, Saint-Hubert (Luxembourg), Malmedy, (Prusse), Fumai (France).

Polygonatum.

1468. P. vulgare (Desf.). Convallaria polygonatum L. Sp. 451.
Le sceau de Salomon. Tige de 30 à 45 centimètres, arquée,
glabre, biangulaire, garnie dans sa moitié supérieure de
feuilles alternes, ovales-lancéolées, sessiles; fleurs blanches,
un peu verdâtres au sommet, portées sur des pédoncules
axillaires, grêles, uni ou biflores; baies bleuâtres. ♃ Avril,
mai. Dans les bois et les taillis. Plus rare que le suivant.

1469. P. multiflorum (Desf.). Convallaria multiflora L. Sp. 450.
Tige presque arrondie, glabre, arquée; feuilles alternes, ovales-elliptiques, sessiles; fleurs comme dans l'espèce précédente,
mais plus petites, réunies par 2 à 5 sur le même pédoncule
axillaire; étamines à filet velu; baies rougeâtres. ♃ Avril, mai.
Dans les bois.

3. Convallaria. L. Gen.

Périanthe sublobguleux-urcéolé, à 6 dents; 6 étamines
insérées à la base du périanthe; baies globuleuses à 3 loges
monospermes; feuilles radicales.

1470. C. majalis (L. Sp. 451). Le muguet. Hampe nue de 10 à
15 centimètres, arrondie; 2 feuilles ovales-lancéolées, pointues, plus hautes que la hampe; fleurs blanches, odorantes,
placées au nombre de 4 à 6 au haut de la hampe où elles forment une espèce de grappe; elles sont portées sur de courts
pédoncules penchés, unilatéraux, ayant une bractée à la base.
♃ Avril, mai. Dans les bois.

4. Mayanthemum. Roth. Germ. 1. p. 70.

Périanthe à 4 divisions étalées; 4 étamines; baies à
2 loges monospermes, le plus souvent tachées avant leur
maturité.

1471. M. bifolium (DC. Fl. fr. 3. p. 177). M. convallaria Roth.

Convallaria bifolia L. Sp. 452. Tige de 8 à 12 centimètres, arrondie, garnie de 2 feuilles alternes, cordiformes, aiguës, courtem ent pétiolées; fleurs blanches, petites, disposées en épi lâche, à pédoncules (2 à 2) presque verticillés au sommet. ♃ Mai, juin. Dans les bois.

5. PARIS. L. Gen. 500.

Périanthe à 8 divisions, 4 externes plus larges tenant lieu de calice, 4 internes plus étroites tenant lieu de corolle; 8 étamines; 4 stigmates; fruit bacciforme à 4 loges contenant chacune 6-8 graines.

1472. P. QUADRIFOLIA (L. Sp. 527). La parisette. Le raisin de renard. Tige de 30 centimètres environ, simple, portant vers le haut 4 feuilles (quelquefois plus) disposées en croix, ovales, pointues, glabres; une seule fleur verte terminale, pédonculée, à folioles extérieures lancéolées, les intérieures linéaires; baie noire. ♃ Mai, juin. Dans les bois.

6. RUSCUS. Tourn. Inst. 15.

Fleurs dioïques; périanthe à 6 divisions; filets monadelphes, portant 6 anthères dans les fleurs mâles et nus dans les femelles; 1 style; 1 stigmate; 1 baie globuleuse à 3 loges dispermes.

1475. R. ACULEATUS (L. Sp. 1474). Le petit houx. Sous-arbrisseau de 30 à 50 centimètres, à tige dressée, rameuse, glabre; feuilles alternes, ovales, coriaces, sessiles, très-aiguës, glabres, toujours vertes; fleurs solitaires naissant sur la partie moyenne de la face supérieure de la feuille dans l'aisselle d'une petite bractée; baies rouges. ♃ Avril, mai. Dans les bois. Jalhai (Liége), Lendelies (Hainaut).

7. Tamus. L. Gen. 1119.

Fleurs dioïques; périanthe herbacé, campanulé, à 6 divisions étalées, hexandre dans les mâles, adhérent à l'ovaire dans les femelles ; 1 style; 3 stigmates; baies à 3 loges monospermes dont une avorte souvent.

1474. T. communis (L. Sp. 1458). Tige volubile, grimpante, lisse, glabre; feuilles pétiolées, alternes, cordiformes, aiguës, entières, luisantes; pétioles munis de 2 glandes à la base; fleurs petites, verdâtres, les mâles disposées en grappes axillaires, grêles, assez lâches, les femelles pédonculées; baies rougeâtres, sphériques, réunies par 2-3. ♃ Mai, juin, juillet. Dans les bois humides.

F^lle LXXXVI. — Liliacées. DC. Théor. élém. ed. 1. p. 249.

Fleurs hermaphrodites; périanthe pétaloïde, libre, souvent tubuleux, à 6 sépales libres ou à 6 segments; 6 étamines opposées aux segments du périanthe et en nombre égal; 1 ovaire libre, sessile, trigone, multivalve; style unique, souvent trifurqué, rarement nul; 3 stigmates ou un seul triquètre; capsule triloculaire, à 3 valves, à valvules septifères au milieu; plusieurs graines, fixées à l'angle interne des loges, couvertes d'un tégument crustacé, membraneux ou spongieux; périsperme charnu. Plantes herbacées, souvent bulbeuses, à feuilles radicales ou caulinaires, vaginantes ou sessiles, souvent munies de nervures simples, parallèles; fleurs munies d'une spathe ou de bractées, disposées en grappe ou en ombelle.

S ECTION I. — TULIPÉES. *Graines plates ; 3 stigmates.*

1. TULIPA. Tourn. Inst. 199.

Périanthe campanulé à 6 divisions colorées , caduques;
stigmate épais, sessile, trilobé; capsule oblongue, trigone,
à 3 loges polyspermes.

1475. T. SYLVESTRIS (L. Sp. 458). Tige de 30 à 50 centimètres,
glabre, uniflore, dressée, arrondie. presque nue; 2-4 feuilles
linéaires-lancéolées, acuminées; fleur jaune dressée, terminale, à segments du périanthe très-aigus et à filets des anthères
subpubescents. ⹋ Avril, mai. Dans les endroits herbeux.
Maestricht (Limbourg), Chercq (Hainaut), Walhem (Anvers).

2. FRITILLARIA. L. Gen. 411.

Périanthe campanulé à 6 divisions excavées, nectarifères
à la base.

1476. F. MELEAGRIS. (L. Sp. 456.) Tige de 15 à 25 centimètres,
uniflore; feuilles alternes, linéaires, canaliculées: fleur unique, grande, pendante, d'un couleur brunâtre avec les cou-
leurs disposées de manière à imiter un damier. ⹋ Mai, juin.
M. Kickx père dit avoir trouvé cette liliacée à Dilbeck (Brabant).

3. LILIUM. Tourn. Inst. 195.

Périanthe campanulé. à 6 divisions profondes, droites
ou dejetées en dehors, excavées à la base avec un sillon
longitudinal en dessus, frangé ou nu.

1477. L. BULBIFERUM (L. Sp. 433). Tige de 4 à 6 décimètres,
dressée, feuillée; feuilles éparses, linéaires, planes; fleurs d'un
jaune brunâtre, campanulées. dressées, terminales, frangées

en dedans. ♃ Juin, juillet. Au Mont-Trinité (Hainaut), suivant M. Desmazières.

1478. L. croceum (Desf.). Lilium bulbiferum var. *β*. Pers.
Feuilles éparses à 5 nervures ; pédoncule simple ; divisions du
périanthe variées de taches noires en dedans. ♃ Juin, juillet.
M. Dumortier dit l'avoir trouvé à Orcq (Hainaut) dans les
moissons.

Cette espèce n'est sans doute qu'une variété de la précédente.

Je donne ici ces trois dernières espèces en citant le nom des
botanistes qui les ont découvertes en Belgique; mais je dois
avouer que je doute fort de leur spontanéité, et que tout me
porte à croire qu'elles n'ont été trouvées qu'accidentellement.

Section II. — Asphodélées Juss. Gen. 51. *Semences arrondies ou
anguleuses à testa crustacé.*

4. Phalangium. Tourn. Inst. 193.

Périanthe à 6 divisions, plus ou moins étalé, rétréci à la
base en un tube en forme pédicelle ; filets des étamines
filiformes, très-souvent glabres, insérés à la base des segments ; stigmate simple ; capsule subtrigone, ovoïde-globu-
leuse, munie de 3 sillons sur le dos ; graines anguleuses ;
racines fasciculées.

1479. P. liliago (Schreb. Spic. 36). Anthericum liliago L. Sp. 445.
Tiges de 30 à 50 centimètres, presque simples, monophylles ;
feuilles radicales planes, un peu canaliculées, étroites, acuminées, à base scarieuse, vaginantes ; fleurs blanches disposées
en grappe spiciforme, terminale, à style incliné-ascendant,
portées sur des pédicelles munis d'une bractée à la base.
♃ Mai, juin. Dans les bois montueux des Ardennes.

1480. P. ramosum (Lam. Dict. 3. p. 250). Anthericum ramosum
L. Sp. 445. Tiges de 30 à 50 centimètres, rameuses, presque

nues, arrondies ; feuilles étroites , acuminées, planes; fleurs
blanches plus petites que dans l'espèce précédente, disposées
en panicule rameuse, portées par des pédoncules munis d'une
bractée à la base; style droit; capsule à loges dispermes.
♃ Mai, juin. Sur les coteaux calcaires dans les Ardennes.

5. SCILLA. Smith. Brit. n° 174.

Périanthe à 6 divisions libres, souvent étalées, caduques;
filaments des étamines filiformes, insérés à la base du périanthe; graines arrondies, racine bulbeuse.

1481. S. AUTUMNALIS (L. Sp. 443.) Hampe de 10 à 15 centimètres; feuilles linéaires, filiformes, plus courtes que la
hampe, et ne paraissant qu'après la fleuraison; fleurs bleues
disposées en corymbe spiciforme, portées sur des pédicelles
ascendants. ♃ Août, septembre. Dans les bois secs. Dans les
Flandres suivant Van Hoorebeke, à Genly, Quévy (Hainaut),
M. Mignot.

1482. S. BIFOLIA (L. Sp. 443). Hampe de 10 à 15 centimètres,
portant 2-3 feuilles planes, lancéolées, linéaires, aussi longues
qu'elle; 5-8 fleurs bleues en corymbe, portées sur des pédoncules alternes, dressés, dont les inférieurs sont les plus longs;
ovaire à loges contenant 6 ovules. ♃ Avril, mai. Provinces de
Liége, du Luxembourg et du Hainaut.

6. AGRAPHIS. Link.

Périanthe à 6 divisions conniventes, campaniforme;
étamines insérées sur les divisions du périanthe; anthères
insérées par le dos sur les filets; style filiforme; graines
subglobuleuses.

1483. A. NUTANS (Linck.). La jacinthe des bois. Scilla nutans
Sm. Brit. Scilla non scripta Red. Hyacinthus non-scriptus L.

Agraphis.

Sp. 455. Endymion nutans Dum. Hampe de 30 centimètres environ, grêle; feuilles planes, linéaires, atténuées à la base, à peu près égales à la hampe; 5 à 6 fleurs bleues, rapprochées, penchées avant la fructification, presque sessiles, à divisions du périanthe un peu roulées; 2 bractées coloriées, situées à la base des pédoncules. ♃ Avril, mai. Dans les bois.

1484. A. PATULA (DC. Fl. fr. 5. p. 209). Hyacinthus patulus Desf. Scilla hyacinthoïdes Jacq. Endymion patulus Dum. Hampe de 50 centimètres environ, grosse, forte, dressée; feuilles étalées, couchées, allongées-lancéolées, aiguës; 12-15 fleurs blanches formant un épi droit, interrompu, à pétales écartés, non roulés, portées sur des pédoncules munis de deux bractées à la base. ♃ Dans les bois. Je n'ai pas rencontré cette plante en Belgique quoiqu'on dise qu'elle se trouve aux environs de Tournai.

7. MUSCARI. Tourn. Inst. 180.

Périanthe ovoïde, enflé au milieu, à 6 dents courtes; capsule à trois angles saillants, à 3 loges bispermes.

1485. M. RACEMOSUM (Mill. Dict. n° 5). Hyacinthus racemosus L. Sp. 455. Hampe de 15 à 20 centimètres, dressée; feuilles plus longues que la hampe, carénées, linéaires, étalées, recourbées; fleurs d'un bleu foncé avec un rebord blanchâtre formant un épi court, ovoïdes, penchées, pédonculées, globuleuses, serrées, les supérieures subsessiles. ♃ Mai, juin, juillet. Dans les champs du Brabant, du Hainaut et des Flandres.

1486. M. BOTRYOÏDES (Mill. Dict. n° 1). Hyacinthus botryoïdes L. Sp. Hampe de 15 à 20 centimètres, dressée; feuilles canaliculées, cylindriques, serrées, lancéolées-linéaires, plus longues que la hampe; fleurs bleues à rebord blanc, globuleuses, les inférieures écartées. ♃ Avril, mai. Dans les champs. Wegnez (Liége), bois de Morcourt (Hainaut).

Muscari.

1487. M. comosum. (Mill. Dict. n° 2). Hyacinthus comosus L. Sp. 455. Tige presque nue de 25 à 40 centimètres, dressée, arrondie; feuilles assez larges, linéaires, planes, un peu ondulées, plus longues que la hampe; fleurs bleues, anguleuses, allongées, disposées en un long épi lâche, les supérieures stériles, très-longuement pédicellées, rapprochées en une houppe terminale. ♃ Mai, juin. Dans les champs des provinces des Flandres, de Liége et du Hainaut. Rare.

8. Gagea. Sal. in Ann. of bot. 2. p. 555,

Périanthe caliciforme à 6 divisions persistantes, conniventes à la base, étalées au sommet; 6 étamines à anthères fixées au filet par la base; stigmate simple; capsule à 3 valves, à 3 loges polyspermes; fleurs jaunes en corymbe, à bractées foliacées.

1488. G. lutea (Gawl. in Bot. mag. p. 1200). G. bracteolaris Sal. Ornithogalum luteum L. Sp. 440. Orn. pratense Pers. Orn. sylvaticum Fl. fr. 5. p. 315. Hampe anguleuse de 12 à 15 centimètres, munie au sommet de 3 bractées lancéolées, aiguës, inégales entre elles; une seule feuille radicale grêle, linéaire, pointue; divisions du périanthe lancéolées, obtuses. ♃ Avril, mai. Dans les bois. Saint-Servais, Montaigle, Han-sur-Lesse (Namur), Ensival, Verviers (Liége), Ghlin (Hainaut), Domeldange (Luxembourg).

1489. G. bohemica (Zeuchm. Act. boh. 2. p. 121). G. fistulosa Duby. G. pygmæa Sal. Hampe uniflore, rarement biflore, de 5 centimètres au plus; 2 feuilles radicales, filiformes, fistuleuses, plus longues que la hampe; bractées alternes, lancéolées, aiguës; divisions du périanthe oblongues, arrondies, obtuses, pubescentes. ♃ Mars, avril. Dans les bruyères humides du Luxembourg, près de l'abbaye d'Orval.

1490. G. villosa (Duby. Bot. gall. p. 467). Ornithogalum arvense Pers. Orn. villosum Willd. Bulbes petites, agglomérées; hampe de 5 à 10 centimètres, velue, anguleuse; 1 à 2 feuilles

Gagea.

radicales linéaires, très-étroites, pointues; 1 à 4 fleurs entourées de 4 à 5 bractées, larges, lancéolées, inégales en longueur; pédicelles pubescents; divisions du périanthe lancéolées, aiguës, pubescentes en dehors. ⵚ Avril, mai. Dans les champs sablonneux. Gronweld (Luxembourg), Tournay (Hainaut).

1491. G. BELGICA (Lej. Fl. Spa. p. 67). Feuilles radicales, très-longues, filiformes, fistuleuses; 1 à 2 fleurs en ombelle pédonculée, glabre, entourée de bractées lancéolées, inégales; divisions du périanthe glabres, oblongues-lancéolées. ⵚ Avril, mai. Dans les bois. Soignies, Binche (Hainaut). Est-ce une espèce?

9. ORNITHOGALUM. Ornithogali Sp. L. DC.

Périanthe pétaloïde, marcescent, à 6 divisions conniventes à la base, étalées au sommet; 6 étamines dont 3 externes à filets dilatés à la base, à anthères insérées par le dos sur le filet; stigmate très-petit, en tête; ovaire obtusément trigone; fleurs en grappes blanches ou verdâtres; bractées membraneuses.

1492. O. UMBELLATUM (L. Sp. 441). La dame d'onze heures. Hampe de 12 à 20 centimètres, dressée, arrondie; feuilles linéaires, très-étroites, étalées, plus longues que la hampe; fleurs blanches ayant le dos des pétales vert, terminales, disposées en une sorte d'ombelle; pédoncules inégaux, munis chacun d'une bractée membraneuse plus courte qu'eux; segments du périanthe elliptiques-lancéolés, obtus. ⵚ Avril, mai. Dans les champs cultivés.

1493. O. NUTANS (L. Sp. 441). Hampe de 3 à 4 décimètres; feuilles planes, linéaires, molles, plus longues que la hampe; fleurs blanches-verdâtres, grandes, en grappes penchées, portées sur des pédoncules courts munis d'une bractée lancéolée-linéaire, acuminée, aussi longue que la fleur et le pédoncule réunis; segments du périanthe étalés, linéaires-lancéolés, obtus. ♃ Mai. Dans les prés des Flandres. Plante douteuse pour la Belgique, et que je n'ai pu encore y trouver.

1494. O. PYRENAÏCUM (L. Sp. 440). Tige de 4 à 6 décimètres, presque nue; feuilles radicales canaliculées, linéaires, se séchant avant la fleuraison; fleurs d'un blanc jaunâtre en épi terminal, portées par des pédoncules munis d'une bractée membraneuse dilatée à la base, acuminée au sommet, plus courte qu'eux; segments du périanthe linéaires, obtus. ♃ Juin, juillet. Dans les prairies. Wareille, Han-sur-Lesse (Namur), Grupont (Luxembourg).

10. ALLIUM. L. Gen. 409.

Périanthe persistant à 6 divisions étalées; style persistant; stigmate simple; capsule triangulaire, à 3 loges, à axe filiforme, persistant; spathe à 2 valves, multiflore; fleurs en ombelle simple, globuleuse.

SECTION I. — *Feuilles planes; étamines alternes, tricuspides.*

1495. A. PORRUM (L. Sp. 423). Le poireau. Tige de 6 décimètres. dressée, arrondie; feuilles un peu épaisses, planes, linéaires-lancéolées, aiguës, assez larges ; fleurs rougeâtres en ombelle capsulifère, globuleuse. ② Juin, juillet, août. Cultivé.

1496. A. SATIVUM (L. Sp. 425). L'ail. Bulbe arrondie, recouverte de plusieurs tuniques sous lesquelles on trouve plusieurs petites bulbes nommées vulgairement *gousses d'ail;* feuilles linéaires, très-entières ; fleurs d'un blanc sale, entremêlées de bulbilles; étamines à filets munis d'une dent courte à la base de chaque côté; spathe ovale-arrondie; segments du périgone ovales-obtus. ♃ Juin, juillet. Cultivé.

1497. A. ROTUNDUM (L. Sp. 425). Bulbe ovoïde; tige de 30 à 40 centimètres, dressée, cylindrique, munie à sa base de 2 à 3 feuilles planes, étroites-linéaires, aiguës; fleurs purpurines disposées en ombelle capsulifère, globuleuse ; périgone à segments lancéolés, subaigus, presque égaux aux étamines et au pistil;

Allium.

spathe membraneuse, très-courte. ♃ Juillet, août. Sur les collines arides près Schengen (Luxembourg).

1498. A. SCORODOPRASUM (L. Sp. 425). Tige de 5 à 6 décimètres, arrondie, grosse, se contournant avant la fleuraison, et garnie de feuilles planes, linéaires, assez larges, ondulées-crénélées, très-longues; fleurs purpurines, en ombelle globuleuse, entremêlées de bulbilles, pédonculées, penchées; spathe ovale, arrondie, très-courte; segments du périanthe ovales, obtus. ♃ Juin, juillet. Dans les prés montueux. Cette plante devrait être rejetée de notre Flore, si elle n'était quelquefois cultivée sous le nom de rocambole.

SECTION II. — *Feuilles arrondies; étamines alternes, tricuspides.*

1499. A. ASCALONICUM (L. Sp. 429). L'échalote. Tige de 20 à 30 centimètres, arrondie; feuilles subulées; fleurs purpurines en ombelle globuleuse; étamines plus courtes que le périanthe, à filet muni d'une dent courte; spathe bivalve; segments du périanthe linéaires, aigus. ♃ Juin, juillet. Cultivé.

1500. A. SPHÆROCEPHALUM (L. Sp. 426). Tige de 6 décimètres, dressée, arrondie, garnie de 2 à 3 feuilles demi-cylindriques, fistuleuses, striées; fleurs d'un rouge violet, blanches à la base, serrées, portées sur des pédoncules bruns, disposées en ombelle globuleuse; spathe à 2 valves aiguës; segments du périanthe elliptiques-lancéolés, obtus. ♃ Juin, juillet, août. Sur les rochers calcaires.

1501. A. VINEALE (L. Sp. 428). Tige de 50 à 60 centimètres, dressée, arrondie, portant 2 à 3 feuilles presque cylindriques, fistuleuses; fleurs rougeâtres, en tête, peu nombreuses, remplacées souvent par des bulbilles qui poussent des folioles longues; spathe acuminée; segments du périgone lancéolés, linéaires. Juin, juillet. Dans les campagnes.

  VAR. β. COMPACTUM (Thuil.). Tige à feuilles arrondies; spathe très-courte, terminée brusquement en pointe aiguë; plusieurs têtes sphériques, très-compactes, portées sur la même tige.

Allium.

1502. **A. cepa** (L. Sp. 428). Tige de 6 à 9 décimètres, dressée, fistuleuse, renflée-ventrue au dessous de sa partie moyenne; feuilles arrondies, fistuleuses; fleurs purpurines en ombelle globuleuse; spathe acuminée; divisions du périanthe linéaires-elliptiques, obtuses; étamines intérieures à filets, munies d'une dent de chaque côté. 4 Juin, juillet, août. Cultivé sous le nom d'oignon.

SECTION III. — *Feuilles arrondies, toutes les étamines simples.*

1503. **A. schænoprasum** (L. Sp. 432). La ciboulette. Tige simple, dressée, de 20 à 30 centimètres; feuilles arrondies, subulées, de la longueur de la tige; fleurs rougeâtres en ombelle serrée; spathe à 2 valves ovales, arrondies, aiguës, presque aussi grandes que l'ombelle; segments du périanthe lancéolés, aigus, plus grands que les étamines et le pistil. 4 Juin, juillet. Cultivé.

1504. **A. oleraceum** (L. Sp. 429). Tige feuillée, arrondie; feuilles subarrondies, sillonnées; fleurs rougeâtres en ombelle bulbifère, lâche; spathe bivalve, à valves ovales, fistuleuses, acuminées, plus longues que l'ombelle; segments du périanthe lancéolés, obtus, plus longs que les étamines, plus courts que le style. 4 Juin, juillet. Sur les coteaux des provinces de Namur et de Liége.

1505. **A. flavum** (L. Sp. 428). Tige de 30 centimètres environ, glauque, glabre, garnie de 2 à 3 feuilles demi-cylindriques, striées, fistuleuses; fleurs jaunes en ombelle, portées sur des pédoncules jaunâtres; spathe bivalve, longue, terminée par deux pointes très-longues et inégales, dépassant l'ombelle; segments du périanthe lancéolés, obtus, plus courts que les étamines. 4 Juillet, août. Dans les bois sablonneux. Plusieurs botanistes annoncent cette plante comme existante en Belgique, mais malgré toutes mes recherches, je n'ai pu la découvrir nulle part.

SECTION IV. — *Feuilles planes, étamines simples.*

1506. **A. carinatum** (L. Sp. 426). Tige de 30 à 60 centimètres, dressée, glabre, arrondie, garnie de 2 à 3 feuilles planes, étroites, carénées; fleurs couleur de paille avec une teinte pourprée, au nombre de 12 à 15, en ombelle arrondie, entremêlées de bulbilles et portées sur des pédoncules purpurins, lâches, flexueux, assez longs et dévariqués; spathe à 2 valves terminées chacune par une longue pointe inégale; segments du périanthe linéaires, lancéolés, obtus, presque égaux aux étamines et plus courts que le pistil. ♃ Juin, juillet, août. Dans les lieux sablonneux et sur les rochers.

1507. A. moly (L. Sp. 452). Hampe de 3 décimètres environ, cylindrique; 2 à 3 feuilles radicales oblongues, lancéolées, aiguës, vaginantes à la base; fleurs jaunes, grandes, en ombelle plane; spathe à deux valves ovales, aiguës, plus courtes que l'ombelle; segments du périanthe ovales, aigus, dépassant les étamines et le pistil. ♃ Juin, juillet. Cette plante se trouve près de Valenciennes et d'Abbeville, mais je ne sache pas qu'elle ait été rencontrée sur le territoire belge.

1508. A. ursinum (L. Sp. 451). Hampe de 20 à 40 centimètres, presque triangulaire; 2 feuilles, rarement 3, radicales, oblongues-lancéolées, vaginantes à la base, atténuées en un long pétiole; fleurs blanches, au nombre de 10 à 15, en ombelle plane; spathe à une valve ovale-lancéolée aiguë, dépassant le corymbe; segments du périanthe aigus, linéaires, plus longs que les étamines et le pistil. ♃ Avril, mai. Dans les bois couverts des provinces de Liége, du Luxembourg, de Namur, du Hainaut et du Brabant.

F^lle LXXXVII.—COLCHICACÉES. DC. Fl. fr. 3. p. 192.

Périanthe coloré, pétaloïde, à 6 divisions; 6 étamines attachées aux divisions du périanthe; 3 ovaires à 3 loges, à ovules insérés à l'angle interne des carpelles; 3 styles libres; fruit capsulaire, à carpelles s'ouvrant par l'angle interne et contenant un grand nombre de graines. Plantes herbacées, bulbeuses ou à racines fibreuses.

1. COLCHICUM. Tourn. Inst. 181.

Périanthe à 6 divisions, tubuleux, à limbe campanulé, partant du bulbe; étamines insérées au sommet du tube; 1 ovaire; 3 styles très-longs; 3 stigmates crochus; capsule à 3 loges polyspermes; racine bulbeuse.

\ 1509. C. AUTUMNALE (L. Sp. 475). Le colchique. Feuilles paraissant au printemps, planes, largement lancéolées, au nombre de 3 ou 4, formant une gaîne contenant la capsule qui est ventrue, à 3 lobes terminés par une pointe aiguë; fleurs d'un lilas pâle, à long tube blanc, se montrant en automne, solitaires ou réunies par 2 ou 3; divisions du périanthe lancéolées, oblongues, les intérieures plus courtes. ♃ Août, septembre, octobre. Dans les prairies.

La plante que M. Lejeune décrit sous le nom de Colchicum montanum, Fl. Spa. 2. p. 504, ne peut être qu'une variété accidentelle.

F^{lle} LXXXVIII. — JONCÉES. DC. Fl. fr. 3. p. 155.

Fleurs hermaphrodites; périanthe libre, scarieux, à 6 divisions; 3-6 étamines opposées aux divisions du périanthe, à filaments subulés et à anthères biloculaires; 1 ovaire; 3 stigmates filiformes ou 1 stigmate trifide; fruit capsulaire à 3 valves. triloculaire, à loges polyspermes, ou uniloculaire trisperme; embryon subcylindrique; albumen charnu. Plantes herbacées à feuilles vaginantes, à fleurs en panicule ou en corymbe, plus rarement en épi, munies de bractées scarieuses, glumacées.

1. Abama. Adans. Fam. 2. p. 47.

Périanthe à 6 divisions; 6 étamines à filaments persistants, lanugineux; ovaire pyramidal; style court; capsules à 3 valves, à 3 loges polyspermes.

1510. A. ossifraga (Adans. l. c.). Narthecium ossifragum Lam. Tige de 10 à 25 centimètres; feuilles ensiformes, droites, pointues, étroites, glabres; fleurs jaunâtres, subsessiles, disposées en épi peu serré, court, terminal. ♃ Juillet, août. Dans les marécages tourbeux de la Campine et des Ardennes.

2. Juncus. Mich. Gen. p. 37. t. 31.

Périanthe à 6 divisions, glumacé; 3 ou 6 étamines; capsule à 3 valves, à 3 loges polyspermes; semences nombreuses, fixées à la cloison.

Section I. — *Feuilles nulles.*

1511. J. filiformis (L. Sp. 465). Chaumes de 20 à 30 centimètres, nus, filiformes, dilatés, munis à la base d'écailles verdâtres, cylindriques; fleurs blanches en panicule latérale, peu fournie, à bractée simple; segments du périanthe lancéolés-aigus, presque égaux à la capsule qui est un peu arrondie, obtuse. ♃ Juin, juillet. Dans les marais tourbeux, principalement dans ceux de la province de Luxembourg.

1512. J. communis (E. Meyer. Junc. mon. Sp. p. 20). Le jonc commun. Tiges de 6 décimètres environ, arrondies, munies à la base d'écailles engainantes brunâtres; fleurs brunâtres en panicule latérale; 3 étamines; segments du périanthe sublinéaires, aigus, presque égaux à la capsule qui est obovale, obtuse. ♃ Tout l'été. Dans les endroits humides et marécageux.

VAR. *α*. CONGLOMERATUS (Meyer. l. c.). Panicule ramassée en tête. J. conglomeratus L. Sp. 464.

Juncus.

Var. *β. effusus* (Meyer l. c.). Panicule étalée, décomposée. J. effusus L. Sp. 464.

1513. **J. glaucus** (Sm. Brit. 575). J. longicornis Bast. J. tenax Poir. Tiges de 5 à 6 décimètres, grêles, roides, glauques, cylindriques, à maille interrompue, munies à la base d'écailles engaînantes d'un brun luisant; fleurs brunâtres à 6 étamines, en panicule latérale, dressée, étalée, munies de bractées scarieuses, courtes, à la base des périanthes; segments du périanthe lancéolés-étroits, acuminés, un peu plus courts que la capsule qui est subtrigone et surmontée d'une pointe grosse, courte. ♃ Tout l'été. Dans les pâturages humides et les fossés.

Section II. — *Feuilles radicales.*

1514. **J. maritimus** (Lam. Dict. 3. p. 264). Tiges de 30 à 40 centimètres, nues, arrondies; feuilles arrondies, roides, aiguës; fleurs en panicule pauciflore, serrée, terminale, prolifère, munies à la base de bractées scarieuses, épineuses, dressées; segments du périanthe lancéolés, aigus, égalant les capsules qui sont ovoïdes-arrondies, subtrigones, mucronées. ♃ Juillet, août. Dans les dunes et près d'Anvers.

1515. **J. squarrosus** (L. Sp. 465). Souche cespiteuse; tiges de 20 à 30 centimètres, dressées, fermes, arrondies; toutes les feuilles sont radicales, trois fois plus courtes que les tiges, subulées, roides, glaucescentes; fleurs brunâtres, terminales, formant 2 ou 3 grappes dressées, munies d'une spathe membraneuse; segments du périanthe lancéolés, subulés, rudes sur les bords, égaux à la capsule qui est ovoïde, obtuse. ♃ Juin, juillet. Dans les terrains tourbeux de la Campine et du Luxembourg.

1516. **J. capitatus** (Weig. Obs. t. 5. f. 5). J. ericetorum Poll. J. triandrus Gou. J. gracilis Roth. Tiges nues, filiformes, striées, de 10 à 15 centimètres; feuilles filiformes, canaliculées; fleurs à 3 étamines, formant 3 capitules subglobuleux, sessiles, terminales, avec trois bractées inégales, dont une

dépasse les capitules ; segments du périanthe lancéolés, acuminés, plus longs que la capsule ; celle-ci subtrigone, mucronée. ① Juin, juillet. Dans les endroits sablonneux, humides
et tourbeux. Stambruges (Hainaut), Étalle (Luxembourg).

SECTION III. — *Tiges feuillées.*

1517. J. SUPINUS (Roth. Germ. 1. p. 156). J. subverticillatus
β. Willd. Tiges nombreuses en gazon, hautes de 10 à 15 centimètres, dressées, cylindriques, filiformes ; feuilles linéaires,
canaliculées, aiguës ; fleurs brunâtres, disposées en têtes terminales, irrégulières, resserrées ; divisions du périanthe aiguës, presque égales, plus courtes que la capsule, qui est
triangulaire, obtuse. ♃ Dans les endroits tourbeux de la Campine et du Luxembourg.

1518. J. FLUITANS (Lam. Dict. 3. p. 270). J. uliginosus Roth.
J. subverticillatus Hoffm. Tiges de 20 à 40 centimètres, grêles,
filiformes, rampantes ou flottantes, radicantes aux articulations ; feuilles sétacées, longues, un peu noueuses ; fleurs
brunâtres en capitules de 3 à 4 fleurs serrées, nues ou entourées de folioles sétacées ; divisions du périanthe aiguës, plus
longues que la capsule. ♃ En été. Dans les mares, les tourbières et les fossés pleins d'eau.

1519. J. FUSCO-ATER (Meyer). J. acutiflorus Gaud. Tiges de 40 à
50 centimètres, dressées, cylindriques ; feuilles arrondies-
comprimées, noueuses ; fleurs brunâtres en panicules droites,
terminales ; divisions du périgone subobtuses, presque égales ou
plus courtes que la capsule, qui est elliptique, obtuse, mucronée. ♃ Juin, juillet. Dans les marais et les fossés.

1520. J. ULIGINOSUS (Meyer). Tiges de 25 à 35 centimètres, filiformes, dressées ou couchées ; feuilles sétacées, resserrées,
un peu noueuses ; fleurs brunâtres, disposées en panicules
irrégulières, décomposées, à rameaux allongés ; divisions du
périanthe aiguës, presque égales, plus courtes que la capsule,
qui est oblongue, obtuse, souvent uniloculaire ; 3 étamines

Juncus.

plus courtes que le périanthe. ♃ Juin, juillet. Dans les lieux humides et marécageux.

Je n'ai jamais pu vérifier les deux dernières espèces que je rapporte d'après M. Tinant. Je les considère, au reste, plutôt comme des variétés que comme des espèces.

1521. **J. PYGMÆUS** (Thuil. Fl. par. p. 178). Tiges de 5 à 10 centimètres, grêles, un peu rameuses; feuilles déliées, comprimées, canaliculées, les radicales aussi longues que la tige ; fleurs triandres, les unes en têtes terminales, les autres latérales, sessiles ou pédonculées, peu nombreuses; segments du périanthe linéaires, atténués en pointe, plus longs que la capsule, qui est oblongue-allongée, trigone, aiguë. ① Juin, juillet, août. Dans les marais tourbeux.

1522. **J. BUFONIUS** (L. Sp. 466). Tiges de 15 à 25 centimètres, anguleuses, striées, très-rameuses, filiformes; feuilles capillaires, sétacées, anguleuses; fleurs verdâtres, sessiles, solitaires ou géminées, nombreuses, munies de bractées à la base, disposées en panicule très-lâche, dichotome; segments du périanthe acuminés-subulés, dépassant la capsule, qui est oblongue. ① Tout l'été. Dans les endroits humides.

> VAR. *β*. REPENS. (Scheuch.) Tiges petites; fleurs toutes solitaires; périanthe à divisions terminées par une longue pointe.

1523. **J. TENAGEYA** (L. f. Supp. 208). Tiges de 10 à 15 centimètres, filiformes, articulées, arrondies, rameuses, dressées; feuilles assez courtes, sétacées, fines, subcanaliculées ; fleurs brunâtres, éparses, petites, avec une bractée opposée, disposées en panicule dichotome-divariquée; divisions du périanthe acuminées, à peu près aussi longues que la capsule, qui est subglobuleuse. ① Juin, juillet, août. Dans les lieux humides des bois et des bruyères.

1524. **J. BULBOSUS** (L. Sp. 466). Cette plante n'est pas bulbeuse comme son nom semble l'indiquer. Tiges de 30 centimètres, dressées, grêles, comprimées à la base; feuilles linéaires, canaliculées; fleurs verdâtres, formant 2 à 5 panicules terminales.

Juncus.

serrées, entourées de bractées foliacées plus ou moins longues, très-fines ; segments du périanthe lancéolés, obtus, plus
courts que la capsule, qui est trigone, subglobuleuse, mucronée.
♃ Juin, juillet, août. Dans les lieux humides.

1525. J. LAMPOCARPUS (Ehr. Gram. p. 126). Tiges de 30 à 45
centimètres, noueuses, arrondies, lisses ; feuilles comprimées,
noueuses-articulées ; fleurs verdâtres en capitules subsessiles,
formant une panicule terminale, rameuse, droite ; segments
du périanthe lancéolés, les trois intérieurs un peu obtus, les
extérieurs acuminés, moins longs que la capsule, qui est noirâtre, luisante, ovoïde-triangulaire, aiguë. ♃ Juin, juillet, août.
Dans les lieux humides.

1526. J. ACUTIFLORUS (Ehr. Gram. 66). Tiges de 6 à 9 décimètres, fortes, dressées, arrondies ; feuilles un peu comprimées, noueuses-articulées ; fleurs brunâtres en capitules formant
une panicule terminale, dressée, rameuse ; divisions du périanthe acuminées, les intérieures plus longues que les extérieures, toutes dépassant la capsule, qui est ovoïde-oblongue,
acuminée. ♃ Juin, juillet, août. Dans les lieux herbeux de la
Campine et du Luxembourg.

1527. J. OBTUSIFLORUS (Ehr. Gram. 76). J. articulatus Fl.
fr. 3. p. 169. Tiges de 30 à 50 centimètres, arrondies ; feuilles
arrondies, noueuses articulées ; fleurs d'un jaune pâle en
capitules formant une panicule terminale dressée, rameuse ;
divisions du périanthe elliptiques, obtuses, à peu près de
la longueur de la capsule, qui est ovoïde-trigone, acuminée·
♃ Juin, juillet, août. Dans les lieux humides. Dans les marécages voisins des dunes.

3. LUZULA. DC. Fl. fr. 3. p. 158.

Périanthe glumacé, à 6 divisions ; 6 étamines ; capsule
uniloculaire, à 3 graines, à 3 valves ; style trifide ; feuilles
planes

Luzula.

1528. L. ALBIDA (DC. Fl. fr. 3. p. 159). Juncus niveus Leers. Juncus albidus Hoffm. Racines fibreuses; tiges de 30 à 45 centimètres, dressées, striées; feuilles planes, poilues, linéaires; fleurs blanchâtres, portées sur des pédoncules souvent quadriflores, formant un corymbe décomposé un peu penché; divisions du périanthe lancéolées, aiguës, les intérieures un peu plus longues; capsule ovoïde, trigone, acuminée, un peu plus courte que le périanthe. ♃ Juin, juillet. Dans les bois montueux.

1529. L. VERNALIS (DC. l. c.). Tiges de 30 centimètres environ, dressées, glabres; feuilles planes, dressées, aiguës, velues sur les bords; fleurs brunâtres, à pédoncules uniflores, formant un corymbe presque simple, très-étalé; segments du périanthe ovales-aigus, plus courts que la capsule, qui est globuleuse, obtuse. ♃ Avril, mai. Dans les bois.

1530. L. MAXIMA (DC. Fl. fr. 3. p. 160). Tiges de 40 à 60 centimètres, dressées; feuilles lancéolées-linéaires, aiguës, poilues; fleurs brunâtres, portées sur des pédoncules souvent triflores, allongés, divergents, formant un corymbe décomposé; segments du périanthe lancéolés-acuminés, un peu plus courts que la capsule, qui est trigone, ovoïde, acuminée. ♃ Mai, juin. Dans les bois montueux.

1531. L. MULTIFLORA (Lej. Fl. Spa. 1. p. 169). Racines fibreuses; tiges de 4 à 6 décimètres, dressées; feuilles étroites, poilues; fleurs d'un brun jaunâtre formant 6-20 épis disposés en corymbe, portés sur des pédoncules inégaux, dressés; segments du périanthe lancéolés, acuminés, un peu plus courts que la capsule, qui est ovoïde, trigone, acuminée; graines munies d'un appendice conique à la base. ♃ Mai, juin. Sur les pelouses dans les bois.

1532. L. CAMPESTRIS (DC. Fl. fr. 3. p. 161). Racines rampantes; tiges de 15 à 20 centimètres, dressées, presque dépourvues de feuilles; celles-ci, presque toutes radicales, sont étroites, planes, poilues sur les bords et à l'ouverture des gaines; fleurs brunâtres en épis terminaux presque globuleux, au nombre de 3-4, pédonculés, penchés, celui du milieu sessile ; segments du périanthe lancéolés-acuminés, plus longs que la capsule, qui est ovoïde, trigone, aiguë. ⚄ Mai, juin. Dans les bois.

1533. L. CONGESTA (Lej. Fl. Spa. 1. p. 168). Cette espèce a les plus grands rapports avec la précédente, dont sans doute elle est une variété. Les tiges sont plus élevées (4 à 6 décimètres), les fleurs sont en épis terminaux, absolument sessiles et ramassés en tête, de sorte qu'il ne paraît y avoir qu'un gros épi. ⚄ Mai, juin. Dans les bois marécageux.

F^lle LXXXIX. — AROÏDÉES. Juss. Gen p. 23.

Fleurs monoïques, sessiles autour d'un axe charnu, simple, entouré d'une spathe monophylle ; périanthe nul ; *fleurs mâles* à étamines en nombre défini ou indéfini ; anthères à 1-2 loges ; *fleurs femelles* à ovaires mêlés tantôt avec les étamines, tantôt séparés, uniloculaires, rarement triloculaires, polyspermes ; fruit en baie arrondie, plus rarement capsulaire, quelquefois monosperme par avortement. Toutes nos espèces sont herbacées, à feuilles alternes ou radicales, un peu vaginantes à la base.

Tribu I. — AROÏDÉES. Brown. Prod. p. 234. *Fleurs dépourvues d'écailles ; fruit en baie.*

1. ARUM. L. Gen. 1028.

Spathe monophylle en cornet ; spadice nu au sommet ; anthères insérées au milieu des spadices ; ovaires insérés à la base ; baie uniloculaire, monosperme ; anthères tétragones, sessiles, disposées en séries, situées en dessous de plusieurs rangées de glandes aristées ; 1 stigmate barbu.

Arum.

\ 1554. A. MACULATUM (L. Sp. 1570). A. vulgare Lam. Fl. fr. Le
pied de veau. Feuilles radicales hastées-sagittées, entières ,
glabres , souvent maculées de taches noirâtres, comme tronquées obliquement des deux côtés à la base; hampe de
15 à 20 centimètres, portant la spathe, dans laquelle est le
spadice, qui est moitié moins long qu'elle. ♃ Avril, mai.
Dans les bois et les buissons.

2. CALLA. L. Gen. 1030.

Spathe plane; spadice couvert de fleurs jusqu'au sommet, les mâles et femelles entremêlées; baies multivalves,
polyspermes.

1535. C. PALUSTRIS (L. Sp. 1573). Feuilles cordiformes; hampe
de 20 à 30 centimètres, uniflore ; spathe ouverte, plane, d'un
blanc verdâtre; spadice de moitié plus court qu'elle. ♃ Mai,
juin. Dans les marécages, surtout dans la Campine.

Tribu II. — ORONTIACÉES. Brown. Prod. p. 357. *Fleurs à
écailles en forme de périanthe; fruit capsulaire.*

3. ACORUS. L. Gen. 434.

Spathe nulle; spadice cylindrique couvert de petites
fleurs; périanthe à 6 divisions, persistant; 6 étamines; style
nul; stigmate sessile; capsule à 3 loges polyspermes.

1536. A. CALAMUS (L. Sp. 462). Rhizome rampant, aromatique;
Hampe à une pointe très-longue, feuillée, à spadice latéral
portant des fleurs jaunes; la hampe est triangulaire à la base
et haute d'un mètre. Dans les fossés et les ruisseaux.

F^lle XC. — TYPHACÉES. Juss. Gen. p. 25.

Fleurs monoïques, agrégées sur un cône unisexuel; *fleurs mâles* à périanthe nul; 3 étamines insérées autour du cône, entremêlées de soies ou d'écailles membraneuses; *fleurs femelles* à périanthe remplacé par des soies ou par 3 écailles hypogynes; 1 style; 1-2 stigmates; ovaire libre; fruit monosperme; périsperme charnu. Plantes sans nœuds, aquatiques, à feuilles alternes, ensiformes, sub-vaginantes.

1. TYPHA. Tourn. Inst. 301.

Cône en épi cylindrique; *fleurs mâles* à 3 étamines unies inférieurement en un filament unique; *fleurs femelles* à 1 stigmate surmontant l'ovaire, entouré de soies nombreuses; fruit porté sur un pédicelle capillaire, muni de longues soies.

1537. T. LATIFOLIA (L. Sp. 1377). Tige de 10 à 15 décimètres, forte, droite; feuilles aussi longues que la tige, glauques, larges de 12 à 18 millimètres, planes; chatons gros, cylindriques; les mâles sont contigus ou à peine séparés des femelles; ces derniers sont noirs. ♃ Juin, juillet. Dans les étangs, les marais.

1538. T. MEDIA (Schl. Cat. 59). Cette espèce n'est probablement qu'une hybride intermédiaire entre la précédente et la suivante; les chatons sont gros et cylindriques, mais écartés, tandis que les feuilles sont étroites comme dans l'angustifolia. ♃ Juin, juillet. Dans les étangs et les marais.

1539. T. ANGUSTIFOLIA (L. Sp. 1377). Tige de 10 à 15 décimètres; feuilles larges seulement de 4 à 6 millimètres; chatons cylindriques, grêles, écartés. ♃ Juin, juillet. Dans les étangs et les marais.

2. Sparganium. Tourn. Inst. 502.

Périanthe triphylle; stigmate simple; fruit sessile, turbiné; chatons sessiles, globuleux, les femelles en dessous moins nombreux que les mâles.

1540. S. natans (L. Sp. 1578). Tiges de 20 à 60 centimètres, grêles, simples; feuilles planes, tombantes ou flottantes, étroites, obtuses; fleurs verdâtres, sessiles, axillaires, à pédoncule commun; chaton mâle solitaire, terminal; chatons femelles au nombre de 5; stigmate très-court. ♃ Juin, juillet, août. Dans les mares et les étangs de la Campine, du Luxembourg et des Flandres.

1541. S. simplex (Roth. Germ. 5. p. 469). S. erectum β L. Sp. 1578. Tige de 5 à 4 décimètres, simple; feuilles trigones à la base, plus étroites que dans l'espèce suivante, canaliculées seulement à la base; fleurs verdâtres, à têtes disposées en épi simple, sessile, les inférieures souvent pédonculées; chatons mâles et femelles à peu près en nombre égal; stigmate linéaire; allongé. ♃ Juin, juillet, août. Dans les étangs, les fossés et les marais.

1542. S. ramosum (C. Bauh. Pin. 155). Tiges de 5 à 6 décimètres, dressées, un peu flexueuses, rameuses; feuilles radicales très-allongées, flottantes, les caulinaires alternes, allongées, linéaires-larges, canaliculées, obtuses; pédoncule commun rameux, têtes de fleurs mâles placées en dessus, nombreuses, rapprochées, celles de fleurs femelles au nombre de 2 à 3 en dessous, toutes sont axillaires ou sessiles; stigmate linéaire. ♃ Juin, juillet, août. Dans les étangs et les marais.

Fᵐᵉ XCI. — Cypéracées. Juss. Gen. p. 26.

Fleurs unisexuelles ou diclines, solitaires chacune dans l'aisselle d'une bractée scarieuse ou écailleuse, disposées

en épi ; périanthe propre nul ou remplacé par des soies
ou par deux bractées soudées qui enveloppent l'ovaire ;
3 étamines à filament capillaire ; anthère acuminée au sommet, cordée à la base ; ovaire libre, simple ; style unique ;
2-3 stigmates ; fruit (akène) triangulaire ou comprimé, sec,
monosperme, indéhiscent, quelquefois enfermé dans un
utricule qui se détache avec lui ; périsperme farinacé. Plantes
herbacées semblables aux graminées, mais dénuées de
nœuds, à feuilles vaginantes.

Tribu I. — CARICÉES. *Fleurs unisexuelles , monoïques, plus
rarement dioïques ; épis à écailles imbriquées sur plusieurs
rangs ; akène renfermé dans une enveloppe particulière ,
ouverte au sommet pour donner passage aux stigmates.*

1. CAREX. Gærtn. Carp. 1. p. 12. t. 2.

Fleurs disposées en épi ou en épillets unisexuels ou
androgynes ; utricule s'accroissant avec l'ovaire et se détachant avec lui.

SECTION I. — *Épillet solitaire, simple, terminal ; 2 stigmates.*

1543. C. DIOÏCA (L. Sp. 1379). Plante dioïque à racine rampante ;
tiges de 15 à 25 centimètres, glabres, triangulaires, feuillées
dans le bas ; feuilles triangulaires, sétacées, carénées, rudes
sur les bords, les radicales plus courtes que les tiges ; fleurs
en épi, les mâles en épi linéaire à étamines longues, les
femelles en épi oblong à capsules rougeâtres, dressées, déliées
au sommet, striées et denticulées sur les bords. ♃ Mai,
juin. Dans les marais tourbeux de la Campine et du Luxembourg.

1544. C. DAVALLIANA (Smith. Trans. lin. 5. p. 266). Racines
fibreuses, brunâtres ; tiges de 15 à 25 centimètres, subtriangulaires : feuilles beaucoup plus courtes que les tiges ,

Carex.

sétacées, carénées, triangulaires, un peu rudes ; fleurs en
épis dioïques, l'épi mâle grêle, linéaire, un peu triangulaire,
aigu, à peine plus gros que le chaume, ferrugineux, l'épi femelle
quelquefois mâle au sommet, pauciflore, plus court et plus
gros, à capsules penchées, écartées de l'axe de l'épi. 4 Mai,
juin. Dans les marécages de la Campine et des fagnes.

\ 1545. C. PULICARIS (L. Sp. 1580). Racines fibreuses ; tiges de 15
à 20 centimètres, subarrondies, fines, légèrement striées,
feuillées ; feuilles sétacées, canaliculées, engaînantes ; épi
monoïque, terminal, le plus souvent unique, mâle supérieurement, à capsules subulées. lâches, sillonnées, réfléchies, à
écailles caduques. 4 Mai, juin. Dans les prairies tourbeuses.
spongieuses.

SECTION II. — *Épi unique, simple, 3 stigmates.*

1546. C. PAUCIFLORA (Light. Scot. 2. t. 6. f. 2). C. leucoglo-
chin L. f. Suppl. 413. Racines flexueuses ; tiges subarrondies,
feuillées ; feuilles sétacées, plissées, engainantes ; épi blanchâtre, androgyne, terminal, très-simple, composé de 3-4 fleurs
dont la supérieure est mâle ; capsules subulées, lâches, sillonnées, réfléchies, à écailles caduques. 4 Mai, juin. Dans les
prairies marécageuses des Ardennes.

SECTION III. — *Plusieurs épis androgynes, les mâles placés
supérieurement ; 2 stigmates.*

\ 1547. C. ARENARIA (L. Sp. 1581). Salsepareille d'Allemagne. Racines grosses, noueuses, rampantes ; tiges de 20 à 30 centimètres, triangulaires, recourbées ; feuilles linéaires, un peu
planes, aiguës ; 6 à 8 épillets alternes, ovoïdes, sessiles, rapprochés, dont les supérieurs sont mâles, les inférieurs
femelles accompagnés de bractées foliacées; écailles aiguës,
jaunâtres, égales aux capsules, qui sont pointues, marquées de
nervures, denticulées au sommet. 4 Mai, juin, juillet. Dans les
sables des dunes et de la Campine.

1548. C. DISTICHA (Huds. Angl. 403). C. intermedia Good. C. are-

Carex.

naria Leers. Racines rampantes ; tiges triangulaires à angles aigus, rudes, dressées, de 30 à 40 centimètres ; feuilles linéaires, planes ; épillets nombreux, variables pour la forme et la grosseur, alternes, rapprochés, presque en épi distique ; écailles couleur de rouille, égales aux capsules, qui sont pointues, striées, légèrement marginées, bifides. ♃ Mai, juin. Dans les endroits humides.

1549. C. VULPINA (L. Sp. 1382). Racines touffues, denses ; tiges de 3 à 5 décimètres, dressées, triangulaires, à angles aigus ; feuilles largement linéaires, planes, rudes, acuminées; 8 à 12 épillets rapprochés, ovoïdes, sessiles, ceux du bas décomposés, pourvus à la base, d'une bractée membraneuse, dentelée, qui devient plus tard capillaire ; écailles pointues, plus courtes que les capsules qui sont comprimées-coniques, divariquées, à pointe échancrée. ♃ Mai, juin. Dans les prairies marécageuses,

1550. C. DIVULSA (Good. Trans. lin. 2. p. 160). Racines fibreuses; tiges nues, de 3 à 6 décimètres, triangulaires, sessiles, striées; feuilles linéaires, planes; 5-7 épillets ovoïdes formant un épi interrompu inférieurement ; écailles pâles dépassant les capsules, qui sont glabres, bidentées, un peu denticulées à la pointe. ♃ Mai, juin. Dans les bois humides.

> VAR. β. VIRENS (Lam.). Plante plus robuste et ayant sous les épillets inférieurs une longue et large bractée foliacée. Cette variété se trouve surtout en Campine.

1551. C. MURICATA (L. Sp. 1382). C. nemorosa Host. Tiges de 5 à 6 décimètres, nues, triangulaires ; feuilles planes, linéaires; 8-10 épillets rapprochés, ovoïdes, formant un épi interrompu; écailles aiguës, ferrugineuses, plus courtes que les capsules, qui sont scabres, divergentes, ovales, convexes d'un côté, noirâtres, bidentées-aiguës à la pointe. ♃ Mai, juin. Dans les prairies humides.

> VAR. β. LOLIACEA (Schkurh.). Plus grêle que l'espèce; épillets plus distants. Dans la Campine.

Carex.

1552. C. PARADOXA (Willd. Mem. p. 52). Chaumes de 3 à 5 décimètres, dressés, triangulaires-comprimés, striés; feuilles linéaires, canaliculées, rudes sur les bords; épillets sessiles, assez petits, oblongs, formant une panicule étroite, allongée; écailles aiguës, brunes; capsules ovales-coniques, marquées de nervures, striées régulièrement, terminées par une pointe, scabres, échancrées. ♃ Mai, juin. Dans les marais tourbeux et dans les fagnes.

1553. C. TERETIUSCULA (Good. Trans. lin. 2. t. 19. f. 5). Racines courtes, rampantes; tiges striées, arrondies, triangulaires supérieurement, de 50 à 60 centimètres; feuilles un peu roides, linéaires, canaliculées; 8-10 épillets ovoïdes, simples, rarement composés, agglomérés en panicule serrée, entremêlés de bractées scarieuses; écailles ovales, brunes, plus courtes que les capsules, qui sont ventrues, bidentées, raboteuses à la pointe. ♃ Mai, juin. Dans les tourbières de la Campine et dans le Luxembourg.

1554. C. PANICULATA (L. Sp. 1583). Chaumes de 40 à 60 centimètres, rudes, triangulaires, à angles aigus; feuilles linéaires, fermes, planes ou un peu canaliculées; 20-50 épillets oblongs, ovoïdes, à pédoncules alternes, les inférieurs plus longs, munis d'une bractée rougeâtre à la base; écailles lancéolées, roussâtres, largement membraneuses, blanchâtres au bord; capsules ovales, convexes sur le dos, ciliées-denticulées sur les bords, acuminées, bifides au sommet. ♃ Mai, juin. Dans les marais tourbeux de la Campine et dans les fagnes.

SECTION IV. — *Plusieurs épis androgynes, les femelles au sommet; 2 stigmates.*

1555. C. CYPEROÏDES (L. f. suppl. 415). Racines fibreuses, blanchâtres; chaumes triangulaires, striés, articulés, feuillés; feuilles lisses, planes, linéaires; épillets ovoïdes-oblongs, réunis en un capitule arrondi, serré, verdâtre, muni à la base d'un involucre de 2-3 longues bractées foliacées; écailles lancéolées, scabres, ciliées; capsules pédonculées, subulées,

Carex.

bidentées. ♃ Mai, juin. Hocquart annonce cette plante à Belœil; on l'indique aussi en Flandre : je ne l'ai pas encore rencontrée dans les lieux indiqués.

1556. C. ovalis (Good. Tr. lin. 2. p. 148). C. leporina Huds. Racines rampantes, très-tenaces; chaumes de 30 à 40 centimètres, dressés, subtriangulaires, striés; feuilles planes, linéaires; 4-6 épillets sessiles, ovoïdes, alternes, presque contigus, munis d'une bractée courte, formant un épi ovoïde-oblong; écailles ovales-lancéolées, aiguës, égales aux capsules, qui sont comprimées, marquées de nervures, pointues, un peu échancrées, membraneuses et denticulées sur les bords. ♃ Avril, mai. Dans les prairies des bois.

1557. C. Schreberi (Willd. Mem. p. 22). Racines horizontales, traçantes, articulées; tiges subtrigones, grêles, peu feuillées, de 20 à 30 centimètres; feuilles très-étroites, un peu planes; 3-6 épillets sessiles, atténués par les deux bouts, imbriqués, formant un épi ovale; écailles aiguës, rousses, égales aux capsules, qui sont enflées, ovoïdes, striées, bidentées. ♃ Avril, mai. Dans les bois sablonneux. Assez rare.

1558. C. brizoïdes (L. Sp. 1381). Racines fibreuses; chaumes de 50 centimètres, droits, triangulaires, faibles, striés, scabres sur les angles; feuilles linéaires, subulées, carénées, canaliculées; 4-6 épillets sessiles, alternes, comme distiques, oblongs-lancéolés, assez rapprochés, peu écartés; capsule d'un vert pâle, divergentes, allongées, aiguës, bifides, plus longues que les écailles, qui sont ovales-oblongues, un peu obtuses. ♃ Avril, mai. Dans les forêts. Il est aussi assez rare.

1559. C. curta (Good. Tr. lin. 2. p. 145). C. canescens L. Sp. 1383. C. elongata Leers. Chaumes de 3 à 5 décimètres, triangulaires, striés; feuilles plus courtes que les chaumes, linéaires, planes, un peu rudes sur les bords; 4-7 épillets sessiles, alternes, ovoïdes, obtus, les supérieurs rapprochés, les inférieurs écartés; capsules ovoïdes, aiguës, entières, lisses, dépassant les écailles, qui sont petites, pâles, ovales, aiguës. ♃ Mai, juin. Dans les marais tourbeux.

Carex.

1560. C. STELLULATA (Good. Tr. linn. 2. p. 144). Chaumes de
3 à 5 décimètres, dressés, subtrigones; feuilles linéaires, canaliculées; 3-5 épillets sessiles, ovoïdes-globuleux, un peu écartés;
capsules ovoïdes, acuminées, bidentées, à bords scabres, divergentes en étoile, plus longues que les écailles, qui sont
ovales, aiguës. ♃ Avril, mai. Dans les marais tourbeux.

1561. C. REMOTA (L. Sp. 1383). C. axillaris L. Sp. 1382. Racines fibreuses, touffues; chaumes de 40 à 60 centimètres,
subtrigones, débiles; feuilles linéaires, un peu planes, plus
courtes que les chaumes; 5-8 épillets sessiles, ovoïdes-oblongs,
alternes, solitaires. écartés, surtout les inférieurs qui sont
munis d'une bractée très-longue qui dépasse la tige; capsules
ovoïdes-acuminées, un peu comprimées, entières, bidentées,
dépassant les écailles, qui sont ovales, courtes. ♃ Mai, juin.
Dans les endroits humides et ombragés.

1562. C. ELONGATA (L. Sp. 1383). Chaumes de 5 à 6 décimètres,
triangulaires, très-rudes; feuilles linéaires, planes; 6-12 épillets sessiles, alternes, cylindriques, peu écartés; capsules
oblongues, atténuées aux deux extrémités, striées, étalées à la
maturité, plus longues que les écailles; celles-ci sont ovales,
subaiguës. ♃ Mai, juin. Dans les prairies marécageuses de la
Campine et des Ardennes.

SECTION V. — *Plusieurs épis unisexuels; 2 stigmates.*

1563. C. CÆSPITOSA (L. Sp. 1388). Racines rampantes, touffues;
chaumes de 5 à 6 décimètres, triangulaires, grêles, lisses;
feuilles étalées, sétacées, canaliculées, plus courtes que les
chaumes; épi mâle solitaire, sessile; 2-3 épis femelles rapprochés, subarrondis-elliptiques, subsessiles, munis d'une bractée et de deux écailles noirâtres à la base; capsules ovoïdes,
gonflées, imbriquées, glabres, percées au sommet, dépassant
les écailles qui sont oblongues, obtuses ou un peu mucronées,
noirâtres. ♃ Mai, juin. Dans les lieux marécageux et dans les
bois humides.

Carex.

1564. **C. STRICTA** (Good. Tr. lin. 2. t. 21. f. 9). Racines rampantes; chaumes de 6 à 9 décimètres, triangulaires, dressés, écailleux du bas, un peu scabres en haut; feuilles lacérées à la gaîne, filamenteuses, glauques, étroites; plusieurs épis mâles au sommet, allongés, noirâtres, aigus; 2-3 épis femelles, quelquefois mâles au sommet, éloignés, ceux du haut cylindriques, sessiles, celui du bas courtement pédonculé, muni d'une bractée foliacée; écailles noirâtres, linéaires, obtuses, plus courtes que les capsules, qui sont imbriquées sur huit rangs, caduques, pâles, très-aplaties, entières, surmontées d'une pointe courte, perforées au sommet. ♃ Juin, juillet. Sur les bords des étangs et des fossés de la Campine.

1565. **C. ACUTA** (L. Sp. 1388). Racines rampantes; chaumes de 60 à 90 centimètres, dressés, triangulaires, à angles aigus, âpres, à sommet penché; feuilles linéaires, planes, rudes sur les bords; 2-4 épis mâles ferrugineux, allongés; 2-4 épis femelles allongés, penchés, souvent étaminifères au sommet, munis de 2-3 bractées foliacées, larges, dont la première dépasse la tige; capsules oblongues, glabres, lisses, ouvertes au sommet, presque égales aux écailles, qui sont oblongues-aiguës. ♃ Mai, juin. Aux bords des eaux.

VAR. β. GRACILIS (Curt.). Épis très-allongés, grêles; écailles étroites, noires, dépassant à peine le fruit.

SECTION VI. — Plusieurs épis de sexe différent; 3 stigmates; fruits pubescents ou velus.

† Épi mâle solitaire.

1566. **C. TOMENTOSA** (L. Mant. 123). Racines traçantes; chaumes de 30 à 40 centimètres, triangulaires, nus, lisses, filiformes; feuilles linéaires, étroites, planes; un épi mâle de couleur jaune, situé au sommet; 3-4 épis femelles très-rapprochés, oblongs, pauciflores, munis d'une bractée courte, entièrement foliacée; capsules subarrondies, tomenteuses, terminées par une pointe courte, presque égales aux écailles, qui sont ovales, acuminées. ♃ Mai, juin. Dans les endroits montueux.

1567. C. MONTANA (L. Suec. 845). C. conglobata All. C. globularis Willd. Chaumes subtrigones, presque lisses; feuilles planes, linéaires; épi mâle ovale, d'un brun noirâtre; 2 épis femelles rapprochés, elliptiques, sessiles; capsules ovales-oblongues, pubescentes, munies d'un bec court dépassant les écailles, qui sont ovales-arrondies, obtuses. ♃ Mai, juin. Dans les bois montueux des Ardennes.

1568. C. PILULIFERA (L. Sp. 1385). Racines fibreuses; chaumes de 15 à 50 centimètres, triangulaires, presque nus, faibles; feuilles linéaires, touffues, un peu planes; épi mâle, terminal, court, mince; 2 à 3 épis femelles rapprochés, globuleux, sessiles, munis de bractées non engainantes, égalant les écailles; celles-ci sont oblongues, aiguës, de couleur ferrugineuse. ♃ Avril, mai. Dans les prairies et les bois humides.

1569. C. ERICETORUM (Poll. Pal. n° 886). C. ciliata Schk. Racines stolonifères; chaumes filiformes, lisses, penchés, s'élevant de 20 à 30 centimètres; feuilles linéaires, planes, roides, pointues; un épi mâle; 1 à 2 épis femelles rapprochés, oblongs, sessiles, mélangés de blanc et de brun; capsules subovoïdes, pubescentes, submucronées, dépassant les écailles; celles-ci sont ovales, très-obtuses, membraneuses, blanchâtres et finement ciliées sur les bords. ♃ Avril, mai. Dans les endroits arides et sablonneux. Stambruges (Hainaut).

1570. C. PRÆCOX (Jacq. Aust. t. 446). Racines rampantes, stolonifères; chaumes de 10 à 15 centimètres, dressés, lisses, obscurément triangulaires; feuilles roides, recourbées, linéaires, planes, gazonnantes; un épi mâle terminal, ovoïde; 2 à 3 épis femelles oblongs, ovoïdes, subsessiles, rapprochés, munis d'une bractée foliacée; capsules subglobuleuses, trigones, pubescentes, submucronées, égalant les écailles, qui sont ovales, aiguës. ♃ Avril, mai. Sur les pelouses sèches.

1571. C. UMBROSA (Host. Gram. t. 69). C. præcox var. β. Gaud. C. polyrrhiza Wallr. C. longifolia Host. Gram. IV. t. 85. Racines rampantes; chaumes de 15 à 25 centimètres, trigones-

Carex.

comprimés, lisses, penchés; feuilles linéaires, planes, dressées, dépassant les chaumes; un épi mâle terminal, obovale; 2 à 5 épis femelles légèrement pédonculés, oblongs, un peu écartés; capsules ovoïdes, trigones, pubescentes, bidentées au sommet, égalant les écailles; celles-ci sont ovales, scabres sur le dos. ♃ Mai, juin. Sur les coteaux ombragés, surtout autour de Verviers (Liége).

1572. C. CLANDESTINA (Good. Tr. lin). C. humilis Leyss. C. scariosa Lam. Racines fibreuses, tortueuses; chaumes de 3 à 6 centimètres, dressés, subarrondis; feuilles touffues, trois ou quatre fois plus longues que les chaumes, sétacées, canaliculées, denticulées sur les bords; un épi mâle cylindrique; 2 à 5 épis femelles pauciflores (3 à 4 fleurs), grêles, le supérieur rapproché de l'épi mâle, les inférieurs écartés, munis les uns et les autres de bractées engainantes, membraneuses; capsules blanchâtres, gonflées, oblongues, subpubescentes, tronquées au sommet, égalant les écailles; celles-ci sont scarieuses, obovales, mucronées. ♃ Mai, juin. Sur les rochers. Clausen, Pulvermuhl (Luxembourg), Han-sur-Lesse (Namur).

1573. C. DIGITATA [(L. Sp. 1584). Souche cespiteuse; chaumes subarrondis, dressés, de 15 à 30 centimètres; feuilles planes, linéaires, assez larges, aiguës, à gaîne rougeâtre; un épi mâle terminal, court, à écailles d'un brun rougeâtre; 2 à 3 épis femelles grêles, linéaires, pédonculés, le supérieur dépassant l'épi mâle, munis de bractées vaginantes, plus courtes que les pédoncules; capsules obovales, trigones, pubescentes, à éperon court, égalant les écailles; celles-ci sont obovales, courtement mucronées. ♃ Avril, mai. Dans les bois montueux.

†† Plusieurs épis mâles.

1574. C. FILIFORMIS (L. Sp. 1585). C. lasiocarpa Ehr. Racines rampantes; chaumes de 3 à 5 décimètres, dressés, arrondis, grêles, presque nus; feuilles longues, dressées, linéaires, enroulées, de la longueur de la tige; 2-3 épis mâles, distants, les inférieurs petits, maigres, sessiles, munis d'une bractée folia-

Carex.

cée; 1-2 épis femelles, ovales-oblongs, sessiles, distants, à
pédoncules entièrement cachés dans la gaîne de la feuille
florale, qui est longue, sétacée et dépassant le chaume; capsules
serrées, elliptiques, bifurquées, laineuses; écailles oblongues,
lancéolées, mucronées, d'un brun foncé, à peu près égales
aux capsules. ♃ Juin, juillet. Dans les marais tourbeux et
profonds de la Campine.

1575. **C. glauca** (Scop. Carn. n° 1157). C. flacca Schk. C. recurva
Huds. Racines grêles, rampantes, stolonifères; chaumes de
3-4 décimètres, dressés, subtriangulaires; feuilles glauques,
étroites, planes, un peu roulées, rudes sur les bords; 2 épis
mâles terminaux, l'inférieur plus grêle, pédonculé; 2-3 épis
femelles pédonculés, cylindriques, pendants à la maturité;
écailles lancéolées, rougeâtres, avec une ligne verte sur le dos;
capsules serrées, turbinées, légèrement pubescentes, presque
entières au sommet. ♃ Avril, mai. Dans les bois et sur les
pelouses.

1576. **C. hirta** (L. Sp. 1389). Racines épaisses, profondémen
rampantes; chaumes presque triangulaires, lisses, de 25 à 55
centimètres; feuilles aussi longues que les chaumes, linéaires,
très-aiguës, pubescentes sur les gaînes, carénées-plissées;
2-3 épis mâles, inégaux, rapprochés, à écailles velues; 2-3 épis
femelles écartés, cylindriques, brièvement pédicellés, munis
d'une feuille florale; capsules obovales, acuminées, velues,
bicuspides, plus grandes que les écailles, qui sont oblongues,
aristées. ♃ Mai, juin. Dans les lieux sablonneux, humides.
Juslenville (Liége), Tournai (Hainaut).

   Var. *β*. **hirtæformis** (Pers. Syn. 547). Feuilles glabres.

Section VII. — *Plusieurs épis à sexe distinct; 3 stigmates;
capsules glabres ou ciliées, scabres sur les angles.*

    † *Épi mâle solitaire.*

1577. **C. flava** (L. Sp. 1384). Chaumes de 15 à 25 centimètres,
dressés, lisses, feuillés du bas, subtriangulaires; feuilles

planes, linéaires, un peu larges, un peu rudes sur les bords ;
l'épi mâle terminal distant de 2-3 centimètres des épis femelles ; ceux-ci, au nombre de 2-3, sont sessiles, ovales-elliptiques, à pédoncule enfermé dans la gaîne, munis d'une bractée
foliacée très-étalée à la maturité ; écailles rousses, courtes ; capsules ventrues, à côtes d'un jaune verdâtre, caduques, terminées
par un long bec courbé et bidenté. ♃ Mai, juin. Dans les prairies marécageuses.

> Var. *α.* ÆDERI (Gaud). Chaumes très-petits ; épis plus
> rapprochés.

> Var. *β.* SEROTINA (Mer.). Épillets rapprochés ; capsu-
> les plus jaunes, à bec divariqué, court, non denté ;
> feuilles plus étroites.

1578. C. DEPAUPERATA (Good. Trans. lin. 2. p. 181). C. triflora
Schk. Chaumes feuillés, articulés, obscurément triangulaires,
hauts de 40 à 60 centimètres ; feuilles longuement vaginées,
linéaires, dressées, aiguës, rudes sur les bords ; un épi mâle
terminal, blanchâtre, filiforme ; 3-4 épis femelles pauciflores
(3-4 fleurs), portés sur de longs pédoncules presque entière-
rement renfermés dans les gaînes des bractées qui dépassent les épis ; écailles scarieuses, pointues ; capsules étalées,
obovales, enflées, munies d'un long bec et plus longues que
les écailles. ♃ Mai, juin. Dans les bois couverts. Très-
rare.

1579. C. BILIGULARIS (DC. Cat. monsp. 88). Racines fibreuses ;
chaumes de 30 à 40 centimètres, triangulaires, lisses ; feuilles
linéaires, assez larges, planes, lisses, ayant 2 ligules profondes, dont l'une est libre et opposée à la tige, et l'autre appliquée sur le limbe ; un épi mâle terminal, roussâtre ; 3 à 4 épis
femelles oblongs, verdâtres, distants, le supérieur paraissant
sessile, les inférieurs pédicellés ; capsules ovoïdes, acuminées,
glabres, à rostre court et bidenté ; écailles ovales-lancéolées,
d'un brun noir, longuement cuspidées, plus courtes que les
capsules. ♃ Mai, juin. Dans les prairies des bois des provinces
de Liège, du Limbourg et du Luxembourg.

Carex.

1580. C. Mairii (Coss. et Germ.). Chaumes de 30 à 40 centimètres, triangulaires; feuilles linéaires, planes, lisses; un épi mâle terminal; épis femelles oblongs; utricules étalées, d'un vert glauque, ovales, obscurément nerviées, atténuées insensiblement en un bec bordé de cils roides; écailles terminées en pointe. ♃ Mai, juin. Dans les endroits humides et tourbeux.

Cette plante a toujours été introuvable pour moi en Belgique.

1581. C. distans (L. Sp. 1387). Racines fibreuses, épaisses; chaumes dressés, triangulaires, lisses, de 30 à 45 centimètres; feuilles linéaires, assez larges, glabres, rudes sur les bords, courtes, planes; un épi mâle terminal, oblong, obtus, brunâtre; 2 à 5 épis femelles très-distants, ovoïdes-oblongs, ayant leurs pédoncules enfermés dans la gaîne des bractées; écailles brunâtres, obtuses, mucronées; capsules à rostre un peu long, dressé, bifide, munies de côtes, plus longues que les écailles. ♃ Mai, juin. Dans les prairies humides des Flandres, de la Campine et de la province d'Anvers.

1582. C. hornschuchiana (Hoppe). C. fulva Gaud. C. binervis Wahl. Racines rampantes, stolonifères; chaumes de 30 à 45 centimètres, lisses; feuilles très-étroites, moitié plus courtes que les chaumes; un épi mâle oblong, atténué à la base; 2 à 5 épis femelles cylindriques, le supérieur sessile, les inférieurs pédonculés; bractées longues, engainantes, l'inférieure dressée; capsules ovoïdes, acuminées, nerviées, plus grandes que les écailles, qui sont ovales, un peu obtuses. ♂ Mai, juin. Dans les endroits humides. Très-rare.

1583. C. binervis (Sm. Brit. 995). Il se rapproche beaucoup du distans, ainsi que le précédent; il en diffère par ses chaumes qui ne sont jamais dressés, par l'épi mâle qui est quelquefois composé à la base, par ses écailles qui ont une ligne verte sur le dos, et enfin par ses capsules qui sont binerviées. ② Mai, juin. Dans les bruyères près de Spa et d'Ensival (Liége), et dans le Luxembourg.

1584. C. limosa (L. Sp. 1386). Racines rampantes; chaumes

dressés, triangulaires, lisses; feuilles linéaires, étroites; épi
mâle solitaire, terminal; 2 épis femelles ovoïdes, pédonculés,
penchés, avec des bractées amplexicaules; écailles ovales,
subarrondies, pointues; capsules rapprochées, subtrigones,
luisantes, striées, à bec très-court. ♃ Mai, juin. Dans les marais tourbeux de la Campine.

1585. C. PANICEA (L. Sp. 1587). Racines rampantes; chaumes
de 5 à 6 décimètres, obscurément triangulaires, presque nus,
lisses; feuilles fermes, glauques, rudes sur les bords, canaliculées; épi mâle terminal, cylindrique, obtus; 1-5 épis femelles
cylindriques, distants, à fleurs lâches, l'inférieur pédonculé,
le supérieur presque sessile; écailles obtuses, brunes sur les
bords, vertes sur le dos; capsules alternes, gonflées, striées,
à peine mucronées, ouvertes au sommet, plus longues que
les écailles. ♃ Mai, juin. Dans les prairies et les bois humides.

1586. C. PALLESCENS (L. Sp. 1586). Souche cespiteuse; chaumes
de 5 à 5 décimètres, triangulaires, rudes; feuilles un peu
pubescentes, surtout sur la gaîne, planes; épi mâle petit,
jaunâtre; 2-5 épis femelles pédonculés, ovoïdes, obtus, penchés, munis de bractées foliacées, dont l'inférieure dépasse la
tige; écailles pointues d'un vert pâle, ainsi que les capsules qui
sont ovoïdes, gonflées, sans pointe ni pore au sommet. ♃ Mai,
juin. Dans les pâturages et les bois humides.

1587. C. PATULA (Scop. Carn. n° 1160). C. sylvatica Huds.
C. drymeia L. f. suppl. 1414. Chaumes dressés, obscurément
triangulaires, lisses, de 40 à 60 centimètres; feuilles planes,
linéaires, un peu rudes sur les bords; épi mâle terminal,
filiforme, cylindrique; 5-5 épis femelles lâches, pendants,
allongés, grêles, distants, l'inférieur longuement pédonculé;
écailles pointues, jaunâtres; capsules alternes, gonflées,
rayées, terminées par un long bec bidenté, plus longues que
les capsules. ♃ Avril, mai, juin. Dans les bois.

1588. C. PSEUDO-CYPERUS (L. Sp. 1587). Chaumes de 4 à 7 décimètres, triangulaires, scabres; feuilles dressées, assez larges,

Carex.

planes, aiguës, rudes sur les bords; épi mâle terminal, grêle,
cylindrique; 3-4 épis femelles tournés du même côté, oblongs,
d'un jaune doré, pédonculés, pendants à la maturité, munis
de bractées qui dépassent beaucoup les chaumes ; écailles
sétacées, hispides ; capsules étalées, imbriquées, striées, serrées, ovoïdes-lancéolées , comprimées, à long bec bidenté.
♃ Mai, juin. Aux bords des eaux.

+1589. C. MAXIMA (Scop. Carn. 2. p. 1166). C. pendula Huds.
— C. agastachys L. f. Chaumes robustes, d'un mètre à un mètre
et demi, entièrement couverts par les gaînes des feuilles;
feuilles larges (15 à 20 millimètres), lancéolées, planes,
fermes, rudes sur les bords; un épi mâle terminal, allongé,
blanchâtre ; 5 à 6 épis femelles très-longs, cylindriques, quelquefois staminifères au sommet, pendants à la maturité,
arqués; écailles lancéolées, aiguës; capsules petites, imbriquées, elliptiques, lisses, caduques, d'un vert pâle, terminées
par une pointe tronquée. ♃ Mai, juin. Dans les ruisseaux des
bois montueux des provinces de Liége, de Luxembourg et de
Namur.

†† Deux ou plusieurs épis mâles.

1590. C. HORDEISTICHOS (Vill. Dauph. 2. t. 6). C. secalina Willd.
C. hordeiformis Thuil. Racines fibreuses, touffues ; chaumes
de 15 à 25 centimètres, dressés, subtriangulaires ; feuilles
beaucoup plus longues que les chaumes, planes, hispides, scabres sur les bords, les florales à gaîne membraneuse; 2-3 épis
mâles grêles à écailles roussâtres; 2-4 épis femelles très-
éloignés des mâles, courts, gros, distiques, rapprochés entre
eux, quelquefois l'inférieur est radical; écailles ovales, scarieuses, plus courtes que les capsules; celles-ci sont imbriquées, ovoïdes, comprimées, aiguës-bidentées. ♃ Mai, juin. Aux
bords des fossés humides. Dans les Flandres ??

1591. C. VESICARIA (L. Sp. 1388. α). Racines rampantes, articulées; chaumes de 50 à 50 centimètres, rudes, triangulaires ;

Carex.

feuilles très-longues, linéaires, planes, rudes sur les bords ;
2-3 épis mâles linéaires-lancéolés, sessiles, d'un jaune-paille,
l'inférieur avec une bractée foliacée ; 2-3 épis femelles écartés,
alternes, subsessiles, gros, courts, accompagnés de feuilles florales dépassant les chaumes ; écailles lancéolées-aiguës, de couleur blonde, un peu plus courtes que les capsules ; celles-ci sont
imbriquées, munies d'une nervure, oblongues-coniques, enflées,
jaunâtres-pâles, terminées par une pointe assez longue, à deux
dents sétacées, divariquées. ♃ Mai, juin Dans les marécages
et les bois humides.

1592. C. AMPULLACEA (Good. Tr. lin. 2. p. 207). Racines profondément rampantes ; chaumes obtusément triangulaires,
glabres, dressés, lisses, de 3 à 6 décimètres ; feuilles très-longues, linéaires, carénées, étroites, glauques, un peu rudes
sur les bords ; 2-3 épis mâles très-grêles, souvent courbés,
pointus ; 2 épis femelles droits, cylindriques, compactes,
courtement pédicellés ; écailles lancéolées, obtuses ; capsules
très-enflées dans le bas, rousses, terminées par un bec à
2 dents divergentes. ♃ Mai, juin. Dans les prairies tourbeuses.

1593. C. PALUDOSA (Good. Trans. lin. 2. p. 202). Racines rampantes, stolonifères ; chaumes triangulaires, noueux, rudes sur les
angles, de 6 à 12 décimètres ; feuilles très-longues, glaucescentes, planes, linéaires, un peu larges, les supérieures dépassant les chaumes ; 1-4 épis mâles contigus, inégaux, subtrigones ; 3-4 épis femelles axillaires, roides, sessiles ou un peu
pédiculés, quelquefois staminifères au sommet ; écailles des
épis mâles obtuses, celles des épis femelles ovales, aiguës ;
capsules glabres, densément imbriquées, courtement mucronées, un peu échancrées. ♃ Mai, juin. Dans les marécages.

1594. C. RIPARIA (Curt. Lond. 4. t. 60). Racines épaisses, rampantes ; chaumes de 6 à 12 décimètres, forts, à 3 angles aigus,
très-rudes ; feuilles très-longues, glaucescentes, planes, assez
larges, coupantes sur les bords ; 2 à 3 épis mâles, terminaux,
gros, épais, d'un roux noirâtre ; 3 à 4 épis femelles, longs,
gros, écartés, subsessiles, munis de feuilles florales, dont l'in-

Carex.

férieure, très-longue, dépasse les chaumes; écailles lancéolées,
sétacées, dépassant les capsules qui sont glabres, imbriquées,
ovoïdes-oblongues, munies de plusieurs nervures, à bec bifurqué. ♃ Mai, juin. Dans les marécages.

1595. C. KOCHIANA (DC. Cat. monsp. 89). C. spadicea Roth.
Chaumes de 6 à 9 décimètres, à 3 angles aigus, scabres;
feuilles très-longues, glaucescentes, planes, linéaires, assez
larges; 2 épis mâles inégaux; 3-5 épis femelles cylindriques,
dressés, les inférieurs pédonculés; écailles lancéolées, acuminées; capsules glabres, imbriquées, oblongues-acuminées,
à sommet bidenté. ♃ Mai, juin. Dans les lieux aquatiques.
Theux, Spa (Liége). On le trouve aussi dans les Ardennes.

Tribu II. — SCIRPÉES. *Fleurs hermaphrodites; épillets à écailles
ordinairement inégales, imbriquées sur plusieurs rangs, les
inférieures souvent stériles; akène souvent muni à la base de
soies plus ou moins longues, le plus souvent au nombre de 6,
quelquefois plus nombreuses.*

2. RHYNCHOSPORA. Vahl. enum. 2. p. 229.

Fleurs hermaphrodites, à une seule écaille plane, imbriquées et ramassées en tête arrondie, pauciflore (2-3 fleurs);
graines couronnées par le style persistant et renflé, dilatées
à la base et ceintes de soies.

1596. R ALBA (Vahl. l. c.). Schœnus albus L. Sp. 65. Racines
fibreuses; chaumes de 20 à 50 centimètres, triangulaires,
feuillés; feuilles très-étroites, carénées; fleurs blanches en
glomérules arrondis au nombre de 3-4 sur chaque chaume,
les inférieures pédonculées, axillaires, munies de bractées
courtes; graines entourées de 10-15 soies, à denticules dirigés
en bas. ♃ Juin, juillet, août. Dans les marécages tourbeux de
la Campine et des fagnes.

1597. R. FUSCA (Rœm. et Schult.). Schœnus fuscus L. Sp. 64.

Chaumes de 15 à 20 centimètres, arrondis, feuillés; feuilles
sétacées, canaliculées, grèles; deux têtes de fleurs rousses,
ovoïdes, sur chaque chaume, munies de bractées foliacées qui
les dépassent longuement; graines munies de 5 à 6 soies, à denticules dirigés en haut. ♃ Juin, juillet. Dans les marécages
tourbeux de la Campine et du Luxembourg.

3. Cladium. R. Brown. Prod.

Fleurs hermaphrodites, à épillets à 1-2 fleurs, à écailles
inférieures plus grandes que les supérieures; graines couronnées par le style persistant, non renflé, nues à la base.

1598. C. mariscus (R. Brown.). C. germanicum Schrad. Schœnus
mariscus L. Sp. 62. Chaume arrondi, feuillé, de 9 à 12 décimètres; feuilles inférieures presque planes, larges, longues,
les supérieures triangulaires, toutes garnies de dents très-
aiguës sur les bords et sur la nervure dorsale; panicule rameuse à épillets nombreux, de couleur rousse, composés
chacun de 2 à 5 fleurs, dont une seule fructifie; graines lisses,
trigones. ♃ Juin, juillet, août. Aux bords des étangs et des
marais. M. Dumortier donne cette plante comme étant belge,
mais je ne l'ai jamais trouvée, et personne, que je sache, n'a
été plus heureux que moi.

4. Blysmus. Panz.

Fleurs hermaphrodites, toutes fertiles; épi terminal à
épillets distiques, munis de bractées; style filiforme, 2 stigmates; feuille de l'involucre plane, canaliculée.

1599. B. compressus. (Panz.) Schœnus compressus L. Sp. 65.
Schœnus caricis Willd. Sp. 1292. Scirpus compressus Pers.
Chaume de 15 à 25 centimètres, glabre, subarrondi, à base
feuillée; feuilles aussi longues que le chaume, planes, engai-

nantes à la base; fleurs rousses en épi terminal, comprimé,
distique, composé de 12-15 épillets alternes, ayant un involucre d'une seule feuille longue, roulée; graines entourées de
4 à 5 poils bruns. ♃ Dans les prairies humides et tourbeuses.
Swalmen (Limbourg), Blistain (Liége).

1600. B. rufus (Panz.). Scirpus rufus Schrad. Schœnus rufus
Huds. Racines rampantes, horizontales; chaume de 30 à 40
centimètres, dressé, glabre, cylindrique; feuilles sétacées,
canaliculées, membraneuses et engainantes à la base; fleurs
roussâtres en épi, à épillets distiques, pauciflores, munis à la
base d'un involucre monophylle, large, plus court que l'épi.
♃ Mai, juin. Dans les prairies marécageuses. Freylange,
Ansembourg (Luxembourg).

5. Scirpus. L. Gen. 67.

Fleurs hermaphrodites à une seule écaille, imbriquées
et disposées en épi arrondi, toutes fertiles; graines quelquefois couronnées par le style persistant, nues à la base
ou entourées de soies plus courtes que l'écaille.

Section I. — Eleocharis. R. Br. Prod. 1. p. 224. *Graines cou-*
ronnées par le style persistant, bifide, renflé à la base, en-
tourées de soies à leur base.

1601. S. palustris (L. Sp. 70). Eleocharis palustris Rœm. et
Schult. Racines rampantes, longues, écailleuses; chaumes de
30 à 50 centimètres, dressés, arrondis, peu nombreux ou solitaires, pourvus à la base d'une gaine tronquée horizontalement; épi terminal, ovoïde-lancéolé, nu, à écailles imbriquées,
obtuses; graines ovoïdes, entourées de 4 à 5 soies. ♃ Mai,
juin, juillet. Aux bords des eaux.

1602. S. uniglumis (Reich. Fl. germ. 1. 77). S. tenuis Schreb.
Racines traçantes; chaumes de 12 à 15 centimètres, arrondis,
minces, munis d'une gaine à la base; épi oblong, brunâtre, à

écailles obtuses, l'inférieure stérile, scarieuse, très-large, embrassant presque toute la base de l'épi; style trifide; graines trigones. ♃ De mai en juillet. Dans les prairies tourbeuses.

1603. S. MULTICAULIS (Sm. Brit. 1. p. 48). Racines fibreuses, non rampantes; tiges de 25 à 35 centimètres, nombreuses, pourvues dans le bas d'une gaîne tronquée obliquement; épi terminal, ovoïde, long de 4 à 8 millimètres, à écailles très-obtuses; style trifide; graines trigones, munies de 5 soies. ♃ De mai en juillet. Dans les prairies humides.

1604. S. CÆSPITOSUS (L. Sp. 71). Chaumes nombreux, fins, roides, glaucescents, hauts de 7 à 10 centimètres, pourvus de 5 à 6 écailles embrassantes à la base et d'une gaîne terminée en languette foliacée; épi petit, composé de 3 ou 4 fleurs, roussâtre, entouré d'un involucre à 2 feuilles. ♃ Juin, juillet. Dans les marécages tourbeux de la Campine et du Luxembourg.

1605. S. BÆOTHRYON (L. Supp. 103). S. Halleri Vill. S. pauciflorus Engl. bot. Racines fibreuses; chaumes de 7 à 10 centimètres, arrondis, striés, munis d'une gaîne tronquée à la base; épi terminal, court, ovoïde, composé de 4 à 5 fleurs, à écailles obtuses dont les extérieures sont plus courtes que l'épi; style trifide. ♃ Juin, juillet. Dans les pâturages tourbeux de la Campine, des Flandres et du Luxembourg.

> VAR. β. CAMPESTRIS (Roth.). Chaumes de 5 à 8 centimètres; épis de 3 à 4 fleurs presque dépassés par les valves de leur base.

1606. S. OVATUS (Roth. Cat. 1. p. 5). Chaumes nombreux de 12 à 20 centimètres, cylindriques, pourvus à la base d'une gaîne tronquée obliquement; épi presque sphérique, à écailles peu scarieuses, imbriquées, compactes, très-obtuses; fleurs diandres; 2 stigmates; graines ovoïdes, luisantes, munies de soies à la base. ☉ Juin, juillet. Dans les endroits humides et tourbeux de la Campine et des Flandres.

1607. S. ACICULARIS (L. Sp. 71). Eleocharis acicularis Rœm. et Sch. Chaumes nombreux, de 4 à 10 centimètres, grêles, capillaires, tétragones, formant des gazons très-fins, pourvus d'une gaîne vaginante à la base ; épi ovoïde, aigu, terminal, gros comme une tête d'épingle, à écailles aiguës, les extérieures acuminées, plus grandes. ① ou ♃ Juin, juillet. Dans les endroits humides et sablonneux. Commun sur les bords de la Meuse dans la Campine.

Section II. — Isolepis. R. Brown. 1. p. 221.

Style caduc; graines nues.

\ 1608. S. FLUITANS (L. Sp. 71). Chaumes arrondis, rameux, radicants à la base, rampants ou nageants ; feuilles planes, sétacées, élargies et scarieuses à la base ; épis ovoïdes globuleux, terminaux, de 3 à 4 fleurs, portés sur des pédoncules alternes, longs et nus ; écailles ovales, obtuses. ♃ Juin, juillet, août. Dans les mares et les étangs, surtout dans la Campine.

\ 1609. S. SETACEUS (L. Sp. 73). Chaumes nombreux, sétacés, nus, simples, de 7 à 12 centimètres, munis d'une gaîne qui se prolonge en arête; feuilles filiformes ; 2 à 3 épis sessiles, ovoïdes, noirâtres, latéraux au sommet de la tige, munis d'une bractée feuillée qui semble la continuation du chaume ; écailles ovales, obtuses, rarement mucronulées. ① Juin, juillet, août. Aux bords des étangs et des rivières.

Section III. — Scirpus. R. Brown. Prod. 1. p. 221.

Graines entourées de soies à la base et dilatées; style caduc.

1610. S. TRIQUETER (L. Mant. 29). Chaumes de 6 décimètres, triangulaires, dressés; cyme de fleurs latérale, dressée, à épis ovoïdes, globuleux, de 4 à 6 millimètres, les uns sessiles, les autres pédonculés ; 2 stigmates ; écailles ovales, courtement mucronées; graines obovoïdes, submucronées. ♃ Juillet, août. Sur les bords de l'Escaut.

1611. S. PUNGENS (Vahl). S. Rothii Hoppe. S. mucronatus Ehrh. S. triqueter var. triangularis Pers. Chaumes grêles, triangulaires; épis fasciculés, sessiles, latéraux près le sommet du

chaume, qui est allongé, dressé ; anthères ciliées à leur extrémité ; écailles du sommet acuminées, les inférieures mucronées, toutes sont d'un rouge brunâtre. ♃ Juin, juillet. Dans
les marais des dunes.

1612. S. LACUSTRIS (L. Sp. 72). Souche épaisse, traçante ; chaumes de 1 à 2 mètres, nus, arrondis, munis de 2 à 3 longues
gaînes à la base ; cyme terminale, décomposée, à épillets ovoïdes, sessiles ou pédonculés, formant une espèce de panicule
en ombelle ; écailles largement ovoïdes, brièvement pédonculées ; graines lisses, ovoïdes-globuleuses, un peu mucronées. ♃ Mai, juin, juillet. Dans les étangs, les rivières.

> VAR. β. MEDIUS (Schrad). Cette variété est plus petite
> dans toutes ses parties, la panicule est plus resserrée
> et les épillets plus foncés.

> VAR. α. TABERNEMONTANI (Gmel). Chaume plus court,
> triangulaire sous la panicule, qui est compacte ;
> 2 stigmates.

1613. S. MARITIMUS (L. Sp. 74). Chaumes de 6 à 8 décimètres,
triangulaires ; feuilles planes, assez larges-linéaires, engainantes, rudes sur les bords ; 8 à 12 épillets ovoïdes-oblongs,
les uns sessiles, les autres pédicellés, formant une panicule
terminale feuillée, avec une spathe très-longue ; pédoncules
simples, trigones, munis de bractées, dont la première est
très-longue ; écailles rousses, déchirées, comme à 3 pointes,
dont celle du milieu est plus longue. ♃ Tout l'été. Aux bords
des eaux.

> VAR. β. COMPACTUS (Hoffm.). Tous les épillets sessiles.
> VAR. γ. MONOSTACHYS. 1 à 2 épis sessiles.
> VAR. δ. MACROSTACHYS (Pers.). Chaume de 5 décimè-
> tres, épillets épais et doubles de grosseur de ceux
> de l'espèce.

1614. S. SYLVATICUS (L. Sp. 75). Chaumes de 4 à 7 décimètres,
triangulaires, feuillés ; feuilles assez larges-linéaires, pliées en
gouttière, engainantes, rudes sur les bords ; épillets ovoïdes,
à rameaux inégaux, terminés par des corymbes secondaires

très-rameux; écailles obtuses ou aiguës; graines petites, trigones, munies de 6 soies droites. ♃ De mai en août. Dans les endroits humides des bois.

6. Eriophorum. L. Gen. 68.

Fleurs hermaphrodites à une seule écaille plane, imbriquées en têtes terminales; graines triangulaires, entourées à la base de beaucoup de longs filaments soyeux, lisses; style trifide.

Section I. — *Plusieurs épis pédonculés.*

1615. E. latifolium (Hop. Bot. tasch. 509). E. vulgare Pers. E. polystachyum L. Sp. 76. E. pubescens Smith. Chaume de 60 centimètres environ, triangulaire; feuilles planes, linéaires, larges de 4 millimètres, embrassantes, triquètres au sommet; 8-12 épillets portés sur des pédoncules allongés, scabres, penchés du même côté, multiflores, souvent rameux; écailles ovales, obtuses; graines trigones, atténuées à la base, obtuses, entourées de soies longues. ♃ Dans les prairies humides et tourbeuses.

1616. E. angustifolium (Reich. Mœn. n° 34). Chaume de 30 à 50 centimètres, triangulaire; feuilles triangulaires, canaliculées; 5 à 6 épillets portés par des pédoncules courts, lisses, uniflores, pendants à la maturité; écailles oblongues-lancéolées, acuminées; graines un peu aiguës, lancéolées, à trois angles marqués, munies de soies moins longues que dans l'espèce précédente. ♃ Mai, juin. Dans les marécages tourbeux.

1617. E. gracile (Roth. Cat. 2. p. 559). Chaume grêle, triangulaire, de 30 à 40 centimètres; feuilles triangulaires, très-étroites; 3 à 4 épillets portés sur des pédoncules courts, scabres, un peu tomenteux; écailles courtes; graines à filaments soyeux, courts. ♃ Mai, juin. Dans les mêmes lieux.

SECTION II. — *Épi solitaire, terminal.*

1618. E. VAGINATUM (L. Sp. 76). E. cespitosum Host. Racines
fibreuses, en gazon; chaume de 40 à 60 centimètres, dressé,
feuillé, cylindrique; feuilles linéaires, engainantes, longues,
pointues; épi solitaire, ovoïde, scarieux, dépourvu de spathe,
à soies assez longues. ♃ Avril, mai. Dans les marécages tourbeux.

Tribu III. — CYPÉRÉES. *Fleurs hermaphrodites à épillets comprimés, à écailles imbriquées sur deux rangs opposés, les
inférieures plus petites, stériles; graines dépourvues de soies
ou garnies à la base de 1 à 5 soies courtes ou rudimen-
taires.*

7. CYPERUS. Tourn. Inst. 299.

Fleurs à une seule écaille creusée en nacelle, disposées
en épi distique; style caduc; semences nues.

1619. C. LONGUS (L. Sp. 67). Racines horizontales très-longues,
d'une odeur agréable; chaumes de 6 à 7 décimètres, triangulaires, nus; feuilles longues, striées, subcarénées, rudes sur
les bords; fleurs formant une panicule subombellifère, munie
d'un involucre de 3 ou 4 folioles longues, planes; épillets
alternes, linéaires, aigus, munis de bractées, portés sur des
pédicelles communs, inégaux; fleurs rousses à 3 stigmates.
♃ L'été. Aux bords des eaux. J'ai trouvé cette plante dans
les environs d'Aix-la-Chapelle, mais jamais dans la Belgique.
1620. C. FUSCUS (L. Sp. 69). Chaumes de 10 à 15 centimètres,
triangulaires, nombreux; feuilles triangulaires de la longueur
des chaumes; épillets linéaires, noirâtres, formant une panicule subombellée, terminale, régulière, à pédoncules inégaux,
garnie de 2 à 3 folioles planes, inégales; 3 stigmates; écailles
un peu aiguës. ① Dans les lieux marécageux. Laeken (Brabant),

Herve, Cheneux (Liége), Ogies (Hainaut), Wintrange (Luxembourg).

1621. C. FLAVESCENS (L. Sp. 68). Chaumes de 5 à 10 centimètres, triangulaires, nus; feuilles triangulaires, aiguës; 6 à 12 épillets presque sessiles, jaunâtres, ovoïdes-linéaires, en panicule subombelliforme, munie de 3 à 4 folioles inégales, planes, recourbées; 2 stigmates; écailles obtuses. ⚤ Dans les endroits humides. Herve (Liége), Swalmen (Limbourg), Ghlin (Hainaut), Echternach (Luxembourg).

8. SCHÆNUS. L. Gen. 65.

Épillets à 6-9 écailles, les 3-6 supérieures fertiles, les autres stériles, plus petites; style caduc; graines entourées de soies.

1622. S. NIGRICANS (L. Sp. 64). Chaumes de 30 à 45 centimètres, fasciculés, simples, dressés, nus, arrondis; feuilles glaucescentes, roides, fines, noirâtres à la base et rousses au sommet; fleurs en capitule terminal, noirâtre, pourvu de deux folioles dont l'une plus longue, cylindriques, subulées, très-aiguës; graines blanches, luisantes, triangulaires, munies de 3 soies. Dans les prairies spongieuses et les marais tourbeux des Flandres et du Hainaut.

F^lle XCII.— GRAMINÉES. Juss. Gen. 28.

Fleurs hermaphrodites ou unisexuelles, entourées chacune de deux bractées ou paléoles (*glumelles*), solitaires ou alternes, disposées sur un pédoncule commun formant un épi simple ou composé, ordinairement munies à la base de deux bractées stériles ou paillettes (*glumes*), opposées aux glumelles; périanthe nul ou remplacé par 2 ou 3 écailles

membraneuses (*glumellules*); souvent 3 étamines hypogynes; 1 ovaire libre; 2 stigmates; fruit sec, monosperme;
embryon petit, avec un périsperme farinacé à la base.
Plantes herbacées à chaume cylindrique, muni de nœuds
distincts, à feuilles alternes, vaginantes, à gaîne fendue longitudinalement, munie à la base interne d'une membrane
(*ligule*).

M. Demoor, d'Alost, vient de publier un excellent travail
sur cette famille qui contient les végétaux les plus utiles à
l'homme.

Tribu I. — Panicées. *Épillets comprimés sur le dos, à une
seule fleur fertile; styles allongés; stigmates dépassant les
glumelles.*

† Andropogées.— *Glume supérieure plus petite que l'inférieure;
épillets disposés en panicules digitées*

1. Andropogon. L. Gen. 1145.

Épillets uniflores, les uns mâles, pédicellés, mutiques,
les autres hermaphrodites, sessiles, munis d'une arête qui
part du sommet de la glumelle; glume velue extérieurement
à la base.

1623. A. ischæmum (L. Sp. 1485). Chaumes de 40 à 60 centimètres,
rameux, redressés; feuilles radicales parsemées de poils rares,
étroites, planes, celles du chaume plus larges, glabres, à ouverture de la gaine velue; 6 à 8 épis digités, linéaires, purpurins, à fleurs entourées de longues soies blanches à la base;
fleurs hermaphrodites munies d'une arête longue, rousse et
torse. ♃ L'été. Dans les endroits sablonneux.

Cette plante est assez rare et se rencontre dans les provinces d'Anvers, du Brabant et du Limbourg.

†† PANICÉES VRAIES. — *Glume supérieure plus grande que l'inférieure.*

2. DIGITARIA. Hall. Helv. 2. p. 244.

Glumes concaves à 2-3 valves; valvules rapprochées, la plus haute très-petite, à peine visible, contenant deux fleurs dont l'inférieure est neutre, univalve, et la supérieure hermaphrodite, avec les deux valves du périanthe égales, entières, aiguës; fleurs en épis unilatéraux, comprimés, digités.

1624. D. SANGUINALIS (Kœl. Gram. p. 25). Panicum sanguinale L. Sp. Chaumes de 30 à 45 centimètres, couchés à la base, peu redressés; feuilles plus ou moins velues, ainsi que leur gaine, assez larges; 5-10 épis digités, à épillets oblongs, lancéolés; valves de la glume inégales, de couleur purpurine, glabres et quelquefois pubescentes; glume supérieure environ de moitié plus courte que les glumelles. ① Juillet, août. Dans les champs sablonneux.

1625. D. FILIFORMIS (Kœl. Gram. p. 26). D. humifusa Pers. Paspalum ambiguum DC. Fl. fr. Panicum glabrum Gaud. Syntherisma glabrum Schrad. Chaumes de 15 à 25 centimètres, étalés, couchés; feuilles glabres ayant une écaille à l'ouverture de la gaine; 2 à 3 épis étalés, digités; épillets ovales-oblongs, un peu pubescents; glumes à peu près égales aux valvules. ① L'été. Dans les champs sablonneux.

1626. D. CILIARIS (Kœl. Gram. p. 27). Paspalum ciliare Fl. fr. Syntherisma ciliare Schrad. Chaumes rameux, couchés à la base, puis redressés, à articulations velues; feuilles velues, ainsi que les gaines; 5 à 6 épis linéaires, digités; épillets oblongs, pubescents; glume à valvules très-inégales, l'interne à 5-7 nervures, l'externe à 2-5. ① Juillet, août. Dans les champs. Tournay (Hainaut). M. Dumortier.

3. Cynodon. Rich. in Pers. Ench. 2. p. 85.

Glume bivalve, étalée, lancéolée, plus courte que le périanthe qui est bivalve; la valve extérieure plus grande, ovoïde; épis digités à fleurs unilatérales.

1627. C. dactylon (Pers. l. c.). Panicum dactylon L. Sp. 85. Digitaria stolonifera Schrad. Chaumes rampants sous terre, radicants, branchus, très-noueux aux ramifications, étalés; feuilles courtes, glauques, ciliées sur les bords, velues à l'ouverture de la gaîne; 4 à 5 épis violets, digités, partant du même point; fleurs géminées, sessiles; valves inégales, dont l'une très-longue imitant une bractée. ⚥ Juillet, août. Dans les champs sablonneux. Swalmen (Limbourg). On le trouve aussi dans le Brabant septentrional et dans la Hollande.

4. Panicum. L. Gen.

Fleurs polygames; glumes à deux valves inégales; périanthe à deux valves entières, mutique, biflore, à fleur inférieure unisexuelle ou neutre, et la supérieure hermaphrodite; fleurs en panicule très-composée.

1628. P. capillare (L. Syst. veg. 106). Chaumes de 3 à 4 décimètres; feuilles hérissées, surtout sur les gaînes; panicule dressée, très-rameuse, étalée, à rameaux capillaires; valves extérieures acuminées. ☉ Juillet, août. Dans les champs sablonneux. Provinces de Liége, du Hainaut et du Brabant. Rare.

1629. P. miliaceum (L. Sp. 85). Chaumes de 6 à 9 décimètres, droits; feuilles lancéolées-linéaires, poilues, ainsi que les gaînes; panicule très-rameuse, diffuse, penchée, à fleurs solitaires dont les périanthes sont marqués de nervures vertes sans arêtes ni poils à la base; graines sphériques, lisses, luisantes, blanches ou jaunes. Originaire de l'Inde, il est cultivé.

5. ECHINOCHLOA. Pal. Beauv. Agrost. p. 53.

Glume à une valve ; périanthe à 2 valves dont l'une plus grande est terminée par une soie et l'autre bidentée, toutes deux ciliées, hispides sur les bords ; 2 styles à stigmate simple. Panicule spiciforme, composée d'épillets alternes.

1630. E. CRUS-GALLI (Pal. Beauv. Agrost. p. 55). Panicum crus galli L. Sp. 83. Oplismenus crus-galli Dumʳ. Chaume rameux à la base, de 50 à 60 centimètres ; feuilles larges, glabres ainsi que les gaines ; panicules composées d'épillets (*locustes*) alternes, tournés du même côté, plus longs et plus écartés, plus ils sont inférieurs ; valves de la glume ciliées ; l'une de celles de la balle est pourvue d'une soie quelquefois très-longue. ☉ Juillet, août. Dans les lieux cultivés.

> VAR. β. CRUS-CORVI (Dumʳ.). Épillets alternes tournés du même côté, comme divisés ; balles barbues, hérissées ; rachis triangulaire, tandis que dans l'espèce il est à 5 angles.

Cette espèce varie encore par ses épis aristés ou mutiques.

6. SETARIA. Pal. Beauv. Agrost.

Épillets entourés d'un involucre de soies roides ; glume à une seule valve très-petite, presque ronde ; balle à 2 valves obtuses, mutiques, sillonnées ; 2 styles à stigmate simple ; fleurs en épi.

1631. S. VERTICILLATA (Pal. Beauv. Agr. p. 51). Panicum verticillatum L. Sp. 82. Chaume un peu diffus et rameux dès la base, feuillé, de 50 centimètres environ ; feuilles planes, rudes sur les bords. soyeuses à l'ouverture intérieure de la gaine ; fleurs verticillées par quatre, un peu écartées, en épi de 2 à 5 centimètres ; soies des involucres à denticules dirigées de haut en bas. ♂ Juillet, août. Dans les lieux cultivés.

1652. S. VIRIDIS (Pal. Beauv. l. c.). Panicum viride L. Sp. 83. Chaumes rameux du bas, coudés, étalés, de 20 à 30 centimètres; feuilles roulées, étroites, à gaîne glabre; épis cylindriques, formés de petits paquets de fleurs sessiles, serrées; soies des involucres vertes ou rougeâtres, à denticules dirigées de bas en haut; glumelles de la fleur hermaphrodite presque lisses. ① Tout l'été. Dans les lieux cultivés.

Le setaria rubicunda de M. Dumortier n'est qu'une variété de cette espèce dont les soies et les gaînes sont rougeâtres.

1653. S. GLAUCA (Pal. Beauv. Agr. p. 51). Panicum glaucum L. Sp. 83. S. humifusa Dum. Chaumes simples ou rameux de 30 à 40 centimètres; feuilles larges, glaucescentes, ciliées sur les bords, munies de longues soies à l'ouverture de la gaîne; épis allongés, cylindriques; soies des involucres d'un jaune rougeâtre, à denticules dirigés de bas en haut; glumelles de la fleur hermaphrodite rugueuses transversalement; graines chagrinées et rugueuses, surtout à la partie supérieure. ① Tout l'été. Dans les lieux cultivés.

1654. S. ITALICA (Pal. Beauv. Agr. p. 51). Panicum italicum L. Sp. 83. Chaume d'un mètre environ, feuillé, dressé; feuilles velues à l'ouverture et sur les bords de la gaîne; épi gros, allongé, penché, composé de grappes nombreuses, arrondies; soies des involucres à denticules dirigées de bas en haut. ① Été. Cultivé sous le nom de millet.

> VAR. *α*. S. ITALICA MARITIMA (Mich. et Lej.). Soies de l'involucre rougeâtres ou purpurines, longues.
>
> VAR. *β*. S. SETOSA et S. MACROSTACHYA (R. et S.). Soies de l'involucre très-longues.
>
> VAR. *γ*. S. GERMANICA (Pal. Beauv.). Panicum compactum Rœm. et Schult. Panicule jaunâtre; soies des involucres très-courtes.

Le setaria multiseta Dum. n'est qu'une variété dont le rachis et le pédoncule sont velus et les soies beaucoup plus longues que la fleur.

7. Tragus. Hal. Helv. 2. p. 205.

Glumes bivalves, uniflores, à valvule externe oblongue-lancéolée, chargée sur le dos de 7 nervures avec des aspérités crochues, l'interne très-petite, membraneuse; périanthe à 2 valves inégales plus courtes que la glume, dont la plus grande enveloppe la plus petite; fleurs en épi.

1655. T. RACEMOSUS (Desf. Atl. 2. p. 588). Cenchrus racemosus L. Sp. 1487. Lappago racemosa Willd. Chaumes rameux, étalés à la base, de 15 à 20 centimètres; feuilles courtes, planes, bordées de cils roides, à gaînes renflées; épis verdâtres ou violacés, composés d'épillets triflores, dont la fleur du milieu plus élevée a un périanthe bivalve. ① Juillet, août. Cette graminée est indiquée dans les Flandres et dans la Campine.

Tribu II. — PHALARIDÉES. *Épillets comprimés latéralement, contenant une seule fleur fertile; styles longs; stigmates dépassant les glumelles.*

8. Phalaris. Willd. Sp. 1. p. 326.

Glumes uniflores, bivalves, à valves égales, carénées, libres; périanthe à 2 valves plus petites que les glumes, inégales, concaves, aiguës; panicule spiciforme.

SECTION I. — *Glumes carénées, bossues, non ciliées, un rudiment de fleur sessile à la base de la glumelle.* (Phalaris Pal. Beauv.)

1656. P. ARUNDINACEA (L. Sp. 80). Calamagrostis colorata Sibth. — Rhizome traçant; chaumes de 6 à 8 décimètres, dressés, striés; feuilles larges, rudes sur les bords, à ligule large; panicule en épi rameux, allongé, plus ou moins lâche, à pédoncules rameux; glumes à carène non ailée, à valvules aiguës, trinervićes; périanthe velu. ♃ Juin, juillet. Aux bords des eaux.

1637. P. CANARIENSIS (L. Sp. 79). Chaume rameux à la base, de 60 centimètres environ, dressé; feuilles planes, membraneuses sur la tige, celle du sommet à gaîne ventrue; panicule spiciforme, compacte, ovoïde; glumes naviculaires, entières, ovales, aiguës, à carène ailée-membraneuse, n'ayant qu'une seule nervure de chaque côté. ① Juillet, août. Cultivé. C'est la graine de canaris.

1638. P. AQUATICA (L. Amœn. 4. p. 264). Chaume de 5 à 10 décimètres, lisse, dressé; feuilles assez larges, glabres; panicule spiciforme, oblongue-ovoïde, à épillets ovoïdes-lancéolés; glume glabre, carénée, aiguë, denticulée sur le dos; périanthe velu, soyeux. ① Juillet, août. Sur les bords de la Vesdre, où cette plante est sans doute venue accidentellement.

1639. P. PARADOXA (L. Dec. t. 18). P. præmorsa Lam. Chaume droit, feuillé; feuilles à gaîne renflée, assez larges; panicule spiciforme presque renfermée dans la gaîne, à rameaux courbés et renflés supérieurement; glumes fertiles occupant la partie supérieure des épillets, à paillettes aiguës, munies d'une carène présentant une longue dent; glumes stériles placées en dessous, à paillettes tronquées au sommet. ① Juillet, août. Rarement cultivé, quelquefois spontané.

SECTION II. — *Glumes ciliées sur le dos, à valves inégales, aiguës; un rudiment de fleur pédicellé (Chilochloa Pal. Beauv.)*

1640. P. PHLEOÏDES (L. Sp. 80). Chilochloa Bœhmeri Pal. Beauv. Phleum læve Bieb. Phleum phalaroïdes Kœl. Phleum Bœhmeri Wib. Chaumes de 40 à 60 centimètres, simples, dressés; feuilles courtes, les supérieures ayant une longue gaîne un peu ventrue; panicule spiciforme, allongée-cylindrique, grêle; glumes presque glabres, un peu tronquées, à cils courts sur le dos, mucronées au sommet. ♃ Mai, juin. Dans les prairies et aux bords des bois.

Phalaris.

1641. P. ARENARIA (Kœl. Gram. 42). Phleum arenaria L. Cryp-
sis arenaria Lam. Chilochloa arenaria Rœm. et Schult. Souche
cespiteuse; chaumes de 8 à 15 centimètres, lisses, rameux à
la base; feuilles à gaîne ventrue; panicule spiciforme, dense,
ovoïde-oblongue; glumes entières, ciliées, acuminées. ☉ Juin,
juillet. Dans les dunes.

1642. P. ALPINA (Hæncke in Jacq. coll. 2. p. 91). Phleum hirsutum Sut. Phleum Micheli All. Phleum phalaroïdes Vill.
Chaumes très-lisses, striés, couchés et feuillés dans le bas,
nus et redressés dans le haut; feuilles glabres, linéaires,
aiguës; panicule spiciforme, cylindrique; paillettes lancéolées, entières, longuement ciliées sur le dos. ♃ Juin, juillet.
Dans les prés secs du Luxembourg.

9. CRYPSIS. Lam. Ill. t. 42.

Glumes uniflores, bivalves, comprimées; périgone bivalve, à valves inégales, lancéolées, inermes, plus longues
que les glumes; 2 ou 3 étamines.

1643. C. ALOPECUROÏDES (Schrad. Germ. 1. p. 167). Helochloa
alopecuroïdes Host. Chaumes nombreux, articulés, ascendants, de 20 à 50 centimètres; feuilles souvent roulées, rudes
sur les bords, engaînant le chaume jusque près de l'épi; panicule spiciforme, oblongue, compacte, soyeuse, à fleurs
triandres. ☉ Août, septembre. Il a été trouvé une fois à Jo-
doigne (Brabant).

10. ANTHOXANTHUM. L. Gen. n° 42.

Glumes bivalves, triflores, les deux fleurs latérales avortant
et se réduisant chacune en une glumelle plus longue que
les glumelles fertiles, munie d'une arête dorsale; glumelles
carénées, l'inférieure de moitié plus courte que la supérieure;
2 étamines; panicule spiciforme.

Anthoxanthum.

1644. A. ODORATU M (L. Sp. 40). Chaumes de 30 centimètres environ, dressés; feuilles planes, pubescentes; épis ovoïdes-oblongs, d'un vert un peu jaunâtre; arêtes droites, peu apparentes, dépassant la fleur. ♃ Mai, juin. Commun dans les bois et les prairies sèches.

11. ALOPECURUS. Desf. Atl. 1. p. 63.

Glumes uniflores, bivalves, à valves égales, arrondies au sommet, soudées à la base; périanthe à 2 valves dont l'une aristée à la base; style portant deux longs stigmates; panicule spiciforme.

1645. A. PRATENSIS (L. Sp. 88). Chaumes de 60 centimètres environ, droits, presque nus; feuilles glabres, les caulinaires un peu courtes, acuminées; panicule spiciforme de 5 à 8 centimètres, épaisse, cylindrique, velue, soyeuse, à rameaux portant 5 à 6 épillets; glume à valvules velues, aiguës, soudées à la base. ♃ Mai, juin, juillet. Dans les prairies.

> VAR. β. AQUATICUS (Dum.). Feuilles glabres, planes, aiguës, plus longues que les gaînes; épi ovoïde; paillettes velues, soudées à la base, plus courtes que l'arête. Dans les prairies humides.
>
> VAR. γ. PALLIDUS (Dum.). Feuille supérieure munie d'une gaîne renflée, 4 fois plus longue que la lame; épi ovoïde, blanchâtre.

L'Alopecurus tonsus de M. Dumortier n'est aussi qu'une variété de cette espèce.

1646. A. AGRESTIS (L. Sp. 89). Chaumes de 30 à 40 centimètres, rameux à la base, dressés, un peu rudes; feuilles assez larges, surtout sur la tige; panicule spiciforme, serrée, grêle, allongée, cylindrique, à épillets solitaires ou géminés sur les rameaux de l'épi; glumes à valves glabres, aiguës, soudées à la base. ♃ De mai en août. Dans les champs.

1647. A. UTRICULATUS (Pers. Ench. 1. p. 80). Phalaris utriculata

L. Sp. 80. Chaumes couchés à la base, puis redressés, rameux dès la souche, glabres, de 30 centimètres; feuilles glabres, les supérieures à gaine ventrue; panicule spiciforme, dense, ovoïde-oblongue, à épillets solitaires ou géminés sur les rameaux; glumes à valves glabres, aiguës, marginées-dilatées à la base, beaucoup plus courtes que l'arète du périanthe. ① Mai, juin. Dans les prairies. Dinant (Namur). On le trouve aussi dans le Luxembourg. Rare.

1648. A. BULBOSUS (L. Sp. 89). Chaumes dressés, grêles, lisses, bulbeux à la base; panicule spiciforme, serrée, cylindrique, atténuée aux extrémités, d'un vert pâle; glumes à valvules velues, obtuses; arètes longues, géniculées. ♃ Juin, juillet. Dans les prairies du Luxembourg. On le dit aussi sur les bords de l'Escaut à Anvers. Rare.

1649. A. GENICULATUS (L. Sp. 89). Chaumes de 30 centimètres environ, simples, à base renflée, coudés, souvent radicants; feuilles courtes, les supérieures presque nulles; panicule spiciforme, dense, cylindrique, allongée, légèrement velue au sommet; anthères violettes; glumes à valves obtuses, soudées seulement à la base, subpubescentes, à peine plus courtes que l'arète du périanthe. ♃ De mai en août, dans les endroits humides.

1650. A. FULVUS (Smith. Engl. bot. t. 1467). A. paludosus Pal. Beauv. A. geniculatus Host. Chaumes plus élevés que dans l'espèce précédente, couchés, puis ascendants, lisses, glauques; feuilles courtes à gaine subamplexicaule; panicule spiciforme à épillets elliptiques; anthères orangées; glumes à valves soudées seulement à la base, plus longues que l'arète. ♃ Dans les lieux marécageux de la Campine et des Ardennes.

12. PHLEUM. Willd. Sp. 1. p. 354.

Glumes uniflores à 2 valves arrondies avec deux pointes au sommet; périanthe à 2 valves; glumelle inférieure mutique ou mucronée; panicule spiciforme, dense.

Phleum.

1651. **P. pratense** (L. Sp. 87). Chaumes de 6 à 9 décimètres, rameux à la base, coudés ; feuilles planes, celles du haut écartées, plus courtes ; épis linéaires, serrés, cylindriques, allongés, à épillets subsessiles sur l'axe ; glumes tronquées brusquement acuminées, ciliées sur la carène, à arète plus courte que la glume. ♃ Juin, juillet. Dans les prairies.

1652. **P. nodosum** (L. Sp. 88). Racines noueuses ; chaumes de 4 à 6 décimètres, un peu couchés, noueux surtout à la base, branchus inférieurement ; feuilles plus larges que dans l'espèce précédente, un peu rudes ; panicule spiciforme courte, un peu ciliée sur les valves qui ont une pointe longue et droite. ♃ Juin, juillet. Dans les endroits secs.

1653. **P. asperum** (Vill. Dauph. 2. t. 2. f. 4). Chilochloa aspera Pal. Beauv. P. viride All. Phalaris aspera Willd. Chaume de 30 à 45 centimètres, dressé, rameux à la base ; panicule spiciforme cylindrique, très-serrée, allongée, un peu vaginée à la base ; glumes entières, lancéolées, cunéiformes, munies de longs cils sur le dos, à arète très-courte. ① Juin, juillet. Dans les prés secs du Luxembourg et à Forest près Bruxelles.

1654. **P. alpinum** (L. Sp. 80). Chaumes dressés de 15 à 25 centimètres ; feuilles courtes ; panicule spiciforme courte, ovale-oblongue, violacée ; glumes à valvules pubescentes, ciliées sur la carène, à cils rétrorses, munies d'une soie aristiforme. ♃ De juin en août, dans les dunes. Rare.

15. Chamagrostis. Wib. Wett. 126.

Glumes à 2 valves tronquées, un peu calleuses au sommet, égales, uniflores ; périanthe membraneux, pubescent, petit, urcéolé, déchiré sur les bords ; stigmate filiforme ; épi filiforme, subunilatéral.

1655. **C. minima** (Wib. l. c.). Agrostis minima L. Mibora minima Dum. Mibora verna Adans. Sturmia verna Pers. Chaumes de 3 à 6 centimètres, dressés, cespiteux, capillaires ; feuilles peu abondantes, subobtuses, engainantes ; épis d'un rouge violacé à fleurs alternes ; glume supérieure regardant l'axe de l'épi. ① Avril, mai. Dans les endroits sablonneux des Flandres, du Hainaut, de la Campine et plus rarement du Luxembourg.

14. LAGURUS. Lam. Ill. n° 102.

Glume uniflore à 2 valves velues, très-aiguës; périanthe bivalve, coriace, garni de 3 arêtes, dont 2 terminales et une dorsale tordue ; épi cylindrique.

1656. L. OVATUS (L. Sp. 119). Chaume de 20 à 25 centimètres, grêle, glabriuscule; feuilles molles, pubescentes; panicule très-resserrée, ovoïde, blanchâtre, velue. ① Juin, juillet. Cette plante a été trouvée , dit-on, dans la Campine; pour moi je n'ai jamais pu l'y découvrir.

15. POLYPOGON. Desf. Atl. 1. p. 67.

Glume uniflore, à 2 valves aristées; périanthe à 2 valves plus petites que la glume, l'extérieure aristée.

1657. P. MONSPELIENSE (Desf. l. c.). Alopecurus paniceus L: P. paniceus Dum. Chaumes redressés de 20 à 30 centimètres ; feuilles planes, la supérieure à gaîne membraneuse ; panicule spiciforme assez serrée, quelquefois divisée en paquets iné- gaux; glumes à valves pubescentes, ciliées sur les bords, émar- ginées au sommet, trois fois plus courtes que l'arête. ① Juillet, août. Dans les dunes où il est très-rare.

Je ne crois pas à l'existence du P. littorale (Smith.) en Belgique.

16. ASPRELLA. Schreb. Gram. 2. t. 22.

Glume nulle; fleur unique; périanthe à 2 valves mu- tiques, comprimées, naviculaires; style bifurqué.

1658. A. ORYZOÏDES (Lam.). Leersia oryzoïdes Swartz. Phalaris oryzoïdes L. Souche à rhizomes traçants; chaumes de 60 à 90 centimètres, dressés, genouillés, à nœuds poilus; feuilles planes, rudes sur les bords; panicule lâche, étalée, à pédoncules flexueux; fleurs triandres, blanchâtres, ayant le dos des valves hérissé de poils roides. ♃ D'août en octobre. Dans les endroits humides. Grimberge, Wieze (Flandre), Anvers.

Tribu III. — AGROSTIDÉES. *Épillets contenant une seule fleur, fertile; stigmates sessiles ou portés sur des styles courts, placés sur la partie inférieure des glumelles.*

SECTION I. — AGROSTIDÉES VRAIES. *Fruit libre entre les glumelles.*

17. AGROSTIS. L. Gen. n° 80.

Glume uniflore, bivalve, carénée; périanthe bivalve ou univalve par avortement, caduc, glabre ou pubescent, à valves munies d'une arête genouillée ou d'une soie sur le dos ou à la base de l'une d'elles; fleurs en panicule rameuse.

† VILFA (Adans.) DECANDOLIA (Bast.). *Périanthe bivalve, à valves mutiques.*

1659. A. PUNGENS (Schreb. Gram. 2. t. 27. f. 5). Chaumes rameux, rampants; feuilles enroulées, roides, distiques; ligules pubescentes; panicule latérale, rapprochée, à pédoncule rameux; glumes à valves inégales, lisses, un peu plus courtes que le périanthe. ♃ Juillet, août. M. Dumortier dit l'avoir trouvé sur le Mont-Trinité (Hainaut).

1660. A. STOLONIFERA (L. Sp. 93). Chaumes rameux, rampants, stolonifères; feuilles planes, scabres sur les bords; ligule courte, tronquée, lacérée; panicule serrée à épillets ramassés;

glumes égales, un peu obtuses, courtement ciliées, pubescentes, dépassant le périanthe. ♃ Tout l'été. Dans les lieux
herbeux.

1661. A. DECUMBENS (Gaud. Agr. 1. p. 7. 78). A. stolonifera
DC. Fl. fr. non L. A. alba decumbens Gaud. Helv. Chaumes
rampants, rameux, stolonifères; feuilles planes, striées, scabres; ligule oblongue, tronquée; panicule rapprochée; glumes
acuminées, scabres-ciliées. égales, dépassant un peu le périanthe. ♃ Juin, juillet. Dans les endroits herbeux.

1662. A. ALBA (L. Sp. 93). A. Capillaris Poll. A. gigantea, Roth.
Chaumes à base rampante, simples; feuilles planes, à bord
scabre; ligule oblongue, tronquée; panicule lâche à fleurs
blanchâtres; glumes à valvules aiguës, égales, un peu hispides sur la carène, dépassant le périanthe. ♃ Tout l'été. Dans
les lieux humides.

M. Demoor réunit les Agrostis stolonifera et decumbens avec l'alba; il y joint les Agrostis hybrida (Dum.), maritima (V. Hall.), diffusa (Host), et je crois qu'il a raison de
le faire.

1663. A. VULGARIS (Hoffm. Germ. 5. p. 56). Milium vulgare Mer
Fl. par. Chaumes dressés, grêles, striés, de 30 à 40 centimètres; feuilles planes, étroites; ligules courtes, tronquées, bifides;
panicule lâche, subtrichotòme; glumes à valvules acuminées,
un peu hispides sur le dos, égales; valvule intérieure du périanthe le double plus courte, rétuse. ♃ Tout l'été. Dans les
prés, les champs et les bois.

> VAR. *α*. ELONGATA. A. vulgaris Fl. fr. A. capillaris
> Vill. Chaume allongé, ascendant; panicule capil-
> laire, dressée-étalée.

> VAR. *β*. PUMILA (Gaud.). A pumila L. Mant. 31. Chaumes
> fasciculés, dressés, petits.

> VAR. *γ*. DUBIA. A. dubia Leers. A. compressa Willd.
> Périanthe muni d'une arête dorsale courte; chaumes
> très-élevés; panicule pauciflore.

Var. ♂. rubra. A. rubra Lej. Fl. Spa. 290. Épillets aristés; arète dorsale grêle, recourbée, souvent tordue, dépassant le périanthe.

††† Trichodium (Schrad. Germ. 1. p. 198). *Périanthe univalve.*

1664. A. canina (L. Sp. 92). Chaumes de 3 à 6 décimètres, couchés, ensuite redressés; feuilles inférieures fasciculées, sétacées, les supérieures planes, toutes sont rudes sur les bords; ligule déchirée à l'ouverture de la gaine; fleurs d'un rouge violet ou roussâtre, disposées en panicule allongée, resserrée dans ses rameaux; glumes à valvules acuminées, inégales, l'externe scabre, hispide sur le dos; valvules des glumelles brièvement biaristées; arête dorsale dépassant l'épillet. ♃ Juin, juillet, août. Dans les prairies humides.

1665. A. bryoïdes (Dum. Fl. belg. f. 152). Rhizome rampant; chaumes très-petits, rameux dès la base; ligules allongées; feuilles radicales sétacées, roulées, les caulinaires planes, étroites; paillettes presque égales entre elles; paléole externe mutique. ♃ L'été. Dans les sables des dunes.

1666. A. interrupta (L. Sp. 92). Chaumes de 30 à 60 centimètres, dressés, géniculés à la base; feuilles planes, étroites, pointues, à longue gaine sur le chaume; panicule très-longue, filiforme, à rameaux verticillés, serrés contre le chaume, interrompus, à verticilles inférieurs plus écartés que les supérieurs; glumes à valvules inégales, acuminées, scabres-ciliées sur le dos, à peine dépassant le périanthe; glumelles scabres, un peu ciliées, aristées en dessous du sommet; arête droite, très-longue. ① Juin, juillet. Dans les moissons. Laeken, Jette (Brabant), Tongres, Maestricht (Limbourg), Gembloux (Namur).

1667. A. mexicana (L. Sp.). Trichochloa mexicana Trin. Chaumes dressés de 30 à 45 centimètres; feuilles planes; ligules courtes, souvent frangées ou un peu pectinées; panicules formées de glomérules plus ou moins compactes, resserrées avant et après la fleuraison; paléole externe mutique, un peu velue à la base, l'interne subpédicellée. ⨄ L'été.

Cette plante originaire du Mexique semble se naturaliser dans les Flandres, où on la rencontre quelquefois dans les prairies.

††† Anemochloa (DC. Herb.). *Périanthe bivalve, à valve externe aristée.*

1668. A. spica-venti (L. Sp. 91). Apera spica-venti Pal. Beauv. Anamagrostis spica-venti Trin. Chaumes de 40 à 60 centimètres, dressés, géniculés à la base; feuilles assez larges, planes, scabres; panicule allongée, étalée, multiflore, composée de verticilles à rayons inégaux; glumes à valvules égales aiguës, glabres, dépassant le périanthe; valve externe du périanthe acuminée en dessous du sommet; arête dressée, très-longue. ⨄ Juin, juillet. Dans les moissons.

18. Calamagrostis. Roth. Germ. 1. p. 33.

Glume uniflore, à **2** valves; glumelles beaucoup plus courtes que les glumes, munies de poils soyeux à la base ou sur toute la surface extérieure, avec ou sans soies dorsales; fleurs en panicule.

1669. C. epigeios (Roth. Germ. 2. p. 1). Arundo epigeios L. Sp. 120. Chaumes de 8 à 12 décimètres, dressés, simples, feuillés; racines horizontales, grêles; feuilles larges, roulées sur le bord, aiguës, scabres; panicule étroite, d'un vert foncé, un peu étalée; valves des glumes longues, inégales, acérées, hispides sur le dos, le double plus longues que le périanthe; valves du périanthe entourées de soies droites et longues, l'une d'elles munie d'une arête dorsale. ⨄ Juillet, août. Clairières et lisières des bois.

1670. C. lanceolata (Roth. Germ. 1. p. 34). Arundo calamagrostis L. Sp. Chaumes un peu rameux, dressés, hauts d'un

Calamagrostis.

mètre environ ; feuilles étroites, presque lisses; panicule lâche, diffuse, à épillets un peu épais; glumes acuminées, le double plus longues que le périanthe, qui est velu à la base, et muni d'une arête courte, naissant dans l'échancrure de la glumelle inférieure. ♃ Juillet, août. Dans les endroits humides.

1671. C. sylvatica (DC. Fl. fr. 5. p. 253). Arundo sylvatica Schrad. Agrostis arundinacea L. Sp. Agrostis alpina Willd. Chaumes dressés, scabres; feuilles étroites, un peu rudes; panicule dressée, plus ou moins rapprochée; épillets lâchement imbriqués; glumes aiguës, égalant le périanthe; arête dorsale géniculée, dépassant les glumes. ♃ Juillet, août. Dans les bois et sur les rochers des provinces de Liége et de Luxembourg.

1672. C. littorea (DC. Fl. fr. 5. p. 255). Arundo littorea Schrad. Arundo pseudo-phragmites Gaud. Chaumes roides, simples; feuilles linéaires, glaucescentes; panicule étalée, diffuse; glumes acuminées plus longues que le périanthe; arête terminale courte. ♃ Juillet, août. Dans les dunes. Rare.

1673. C. montana (DC. Fl. fr. 5. p. 254). Arundo varia Schrad. Feuilles planes, largement linéaires, rudes sur les bords; panicule dressée, lâche, diffuse; glumes aiguës presque égales au périanthe; arête presque basilaire, géniculée, dépassant la glume; glumelle velue à la base; poils dressés à la base de la valvule intérieure presque égaux aux glumelles. Sur les bords de l'Escaut et aux environs d'Ath suivant Hocquart.

1674. C. subulata (Dum. Fl. belg. f. 155). Chaumes de 8 à 12 décimètres, dressés, scabres; feuilles étroites, scabres sur le dos, ainsi que la gaine; panicule dressée, lâche, étalée; poils plus courts que l'épillet; arête dorsale le double plus longue que la glume. ♃ Juin, juillet. Sur les collines autour de Verviers (Liége).

19. Ammophila. Host. Gram. 4. t. 41.

Fleur fertile accompagnée d'une fleur supérieure réduite à un pédicelle barbu; glumes à peine plus longues que les glumelles; glumellules beaucoup plus longues que l'ovaire.

1675. A. arenaria (Host. l. c.). A. arundinacea Host. Calamagrostis arenaria Roth. Germ. 1. p. 34. Arundo arenaria L. Psamma arenaria Pal. Beauv. Racines rampantes; chaumes dressés, roides, de 60 centimètres et plus; feuilles très-longues, enroulées, jonciformes, roides, lisses, subulées; ligules très-allongées, bipartites; panicule spiciforme allongée, compacte; glumes lisses, aiguës, égalant le périanthe qui est mutique à base velue. ♃ Juillet, août. Sur les coteaux sablonneux, arides de la Campine et dans les dunes.

1676. A. baltica (Host.). Souche à rhizomes longuement traçants; chaumes dressés; feuilles longues, enroulées, glaucescentes, piquantes; panicule spiciforme, compacte; glumes acuminées, égales; paléoles munies à la base de poils le double plus courts qu'elles. ♃ Juillet, août. Dans les dunes. Plante plus que douteuse pour la Belgique.

20. Arrhenantherum. Pal. Beauv. Agrost.

Glume bivalve, biflore; une fleur hermaphrodite accompagnée d'une fleur inférieure mâle; périanthe à 2 valves; valvule externe garnie d'une arête géniculée sur le dos.

1677. A. avenaceum (Pal. Beauv. Agrost. 2. f. 5). Avena elatior L. Holcus avenaceus Smith. Racines rampantes; chaumes dressés, d'un mètre environ; feuilles planes, un peu larges, lisses; panicule assez longue, lâche, penchée à la maturité, composée de pédicelles verticillés, rameux; glumes glabres, lisses, aiguës, l'interne égalant les fleurons, l'externe le double plus petite ; glumelle extérieure bidentée, velue à la base. ♃ Juin, août. Dans les lieux cultivés.

1678. A. BULBOSUM (Willd. Act. Soc. Berl. vol. 2). Avena precatoria Th. Holcus bulbosus Schrad. Cette espèce n'est sans doute qu'une variété de la précédente, elle en diffère par ses racines tuberculeuses, par les nœuds des chaumes qui sont velus et par ses panicules plus grêles et moins fournies de fleurs. ♃ Dans les mêmes temps et dans les mêmes lieux.

21. HOLCUS. L. Gen.

Glume contenant 2 fleurs polygames, dont l'une mâle supérieure, mutique, l'autre hermaphrodite; une des valves des balles de cette dernière est munie d'une arête dorsale; panicule rameuse.

1679. H. LANATUS (L. Sp. 1485). Avena lanata Kœl. Gram. 303. Chaumes de 60 centimètres environ, dressés, velus, surtout sur le haut ; feuilles planes, molles, laineuses sur la gaine et pubescentes de deux côtés ; panicule peu étalée, allongée, à épillets nombreux, ramassés ; valves de la glume pubescentes, munies de 3 stries dont celle du milieu est velue ; arête ne dépassant pas les glumes. ♃ Tout l'été. Dans les prairies.

1680. H. MOLLIS (L. Sp. 1484). Avena mollis Kœl. Gram. 301. Chaumes de 30 à 40 centimètres, velus sur les nœuds, feuillés; feuilles planes, larges, un peu rudes sur les bords et à gaine légèrement velue ; panicule cylindrique, resserrée, assez spiciforme, composée de pédoncules courts et rameux ; épillets blanchâtres ; glumes ciliées sur le dos et sur les bords ; arête dépassant longuement les glumes. ♃ Tout l'été. Dans les lieux cultivés.

22. HIEROCLOE. Gmel.

Glume contenant 3 fleurs, les latérales mâles, triandres, l'intermédiaire hermaphrodite, diandre; valves

Hierocloë.

des glumes égales; valve externe des glumelles munie
d'une arête, l'interne est bifide.

1681. H. borealis (Fries.). Holcus odoratus L. Holcus borealis
Schrad. H. repens Pal. Beauv. Chaumes dressés, grêles, munis à la base de feuilles glabres, longues, étroites, n'ayant
souvent supérieurement qu'une longue gaine ventrue terminée
par un rudiment de feuille avortée; panicule lâche, étalée, à
pédoncules glabres; glumes presque égales, oblongues, bifides,
plus courtes que l'arête extérieure. ♃ Juin, juillet. Dans les
prés secs. Rambrouck (Luxembourg) et dans le nord de la
Belgique.

    Var. *β*. australis (Dum.). Rameaux velus; paléole
    externe des fleurs mâles bifide, munie d'une arête
    dorsale.

23. Melica. Mœnch. Meth. 172.

Glume bivalve, scarieuse, renfermant 2 fleurs et les ru-
diments d'une troisième qui est pédonculée et terminale;
périanthe bivalve, un peu ventru; stigmates subsessiles.

1682. M. uniflora (Retz. Obs. 1. p. 10). M. nutans Lam.
— Chaumes de 30 à 50 centimètres, dressés, glabres; feuilles
planes, à gaine anguleuse, munie d'une languette opposée à
son ouverture; panicule lâche, pauciflore, rameuse, à épillets
portés par des pédicelles uniflores, filiformes; glumes rousses,
rayées. ♃ Mai, juin. Dans les bois.

1683. M. nutans (L. Sp. 98). M. montana Huds. Chaumes de 30
— à 45 centimètres, dressés, lisses; feuilles planes; panicule
simple, penchée, à épillets pendants, tournés du même côté,
contenant 2 fleurs fertiles; glumelle inférieure non ciliée.
♃ Mai, juin. Dans les bois.

1684. M. ciliata (L. Sp. 97). Chaumes rameux de 30 à 40 cen-
— timètres; feuilles glauques, roulées, scabres, subulées, garnies
d'une membrane à l'ouverture de la gaine; panicule spici-

forme, allongée, à fleurs grosses; glumes scarieuses, jaunâtres, biflores; glumelle inférieure bordée d'un grand nombre de poils longs, blancs, soyeux. ♃ Mai, juin. Sur les rochers calcaires, surtout sur les bords de la Meuse.

SECTION II. — STIPÉES. *Glumelles coriaces, l'inférieure terminée par une arête filiforme très-longue, tordue; graines renfermées entre les glumelles indurées.*

24. STIPA. L. Gen. 90.

Glume à 2 valves acérées, très-longues, uniflore; glumelles à 2 valves dont l'extérieure porte au sommet une longue arête caduque, articulée à la base; 2 styles simples; panicule presque simple.

1685. S. PENNATA (L. Sp. 115). Chaumes rameux, dressés, de 60 centimètres; feuilles enroulées, filiformes, velues en dedans, très-longues; panicule serrée, à fleurs peu nombreuses, munies d'une arête très-longue, garnie de soies longues, blanches, nombreuses. ♃ Mai, juin. Sur les collines sèches à Tournai et à Beverloo.

1686. S. CAPILLATA (L. Sp. 116). Chaumes de 60 centimètres; feuilles enroulées, presque filiformes, velues en dedans; panicule lâche, devenant roussâtre; arête glabre, moins longue que dans l'espèce précédente. ♃ Juin, juillet. Sur les collines sèches des Flandres. Très-rare.

1687. S. CALAMAGROSTIS (Wahl. Gaud. Helv. 1. p. 172). Chaumes rameux à la base, s'élevant de 1 à 2 mètres; feuilles longues, enroulées, un peu scabres sur les bords; panicule lâche, diffuse, à épillets épars; glumes acuminées plus longues que le périanthe; celui-ci laineux en dehors; valvule extérieure aristée au sommet; arête géniculée deux et trois fois plus longue que la glume. ♃ Juillet, août. Dans les endroits montueux. Bois de Breuze près Tournai.

SECTION III. — MILIÉES. *Glumelles coriaces, mutiques, indurées, enfermant la graine étroitement.*

25. MILIUM. L. Gen. 79.

Glume à 2 valves, uniflore, ventrue; périanthe à 2 valves plus petites que la glume, persistant, glabre ou pubescent, à valvule externe aristée sous le sommet, plus rarement mutique, renfermant l'interne; fleurs en panicule.

1688. M. EFFUSUM (**L. Sp.** 90). Chaumes d'un mètre environ, dressés; feuilles larges, scabres sur les bords, lisses; ligule oblongue, déchirée à l'ouverture de la gaine; panicule très-lâche, étalée, à pédicelles demi-verticillés, inégaux; épillets dispersés, lisses; glumes ovales, aiguës, un peu plus longues que le périanthe qui est glabre; glumelles aiguës. ♃ Mai, juin, juillet. Dans les bois.

1689. M. SCABRUM (Merl. De la Boul.). M. vernale Marsch. Milium confertum T. V. Chaumes dressés de 50 centimètres environ; feuilles lancéolées-linéaires, à gaine rude; ligule lancéolée, aiguë; panicule assez resserrée, peu fournie. ♃ Mai, juin. Dans les dunes, où jamais je n'ai pu la découvrir.

Tribu IV. — AVÉNÉES. *Épillets pédonculés, contenant 2 ou plus de fleurs fertiles; glumes très-grandes, embrassant presque complétement l'épillet.*

SECTION I. — SESLÉRIÉES. Ard. *Stigmates filiformes dépassant les glumelles.*

26. SESLERIA. Scop. Carn. 1. p. 63.

Glume à 2 valves acérées, à 2 ou 3 fleurs; périanthe bivalve, à valvule extérieure trifide au sommet, l'intérieure bifide; épillets disposés en un épi compacte, ovoïde.

Sesleria.

1690. S. CÆRULEA (Ard. Spec. 2. p. 18). Cynosurus cæruleus L.
Sp. 106. Chaumes rameux à la base, de 15 à 25 centimètres,
dressés ; feuilles planes, un peu obtuses, rudes sur les bords ;
ligule oblongue, obtuse ; épi ovoïde, bleuâtre, composé d'épillets sessiles, comprimés latéralement, contenant 2 fleurs,
munis à la base d'une bractée scarieuse, courte; glumelle inférieure carénée, mucronée-aristée. ♃ Mai , juin. Sur les
coteaux et les rochers calcaires.

SECTION II. — AVÉNÉES VRAIES. *Stigmate plumeux, sortant de la
base des glumelles.*

27. KOELERIA. Pers. Ench. 1. p. 96.

Glume multiflore (3 à 5 fleurs, la supérieure fertile), à 2
valves inégales, carénées, aiguës ; glumelle inférieure mutique ou échancrée, terminée par une arête courte ; fleurs
disposées en panicule spiciforme.

1691. K. CRISTATA (Pers. Ench. 1. p. 97). Aira cristata Fl. fr.
Chaumes de 30 à 45 centimètres, redressés, glabres, presque
nus ; feuilles planes, sétacées, les inférieures pubescentes ;
panicule en épi interrompu à la base, à épillets d'un blanc
verdâtre, luisants, linéaires-lancéolés, à 3-4 fleurs ; glumes
inégales, lancéolées, acuminées, scabres sur le dos ; glumelles
ciliées sur la carène, terminées par une petite soie. ♃ Juin,
juillet. Sur les coteaux secs.

  VAR. β. GRACILIS (Pers.). Épillets à 2 fleurs sans arête,
   à feuilles étroites, roulées.

Il y a encore d'autres variétés, telles que la pyramidalis,
la glauca, la violacea, qui n'ont pas besoin de description.
Cette graminée varie beaucoup.

28. DANTHONIA. DC. Fl. fr. 3. p. 30.

Glume bivalve, multiflore (2 à 6 fleurs, la supérieure

Danthonia.

stérile), à valvules grandes, concaves; périanthe bivalve, à valve extérieure fendue au sommet, donnant naissance entre les deux lobes à une arête courte.

1692. D. DECUMBENS (DC. l. c.). Avena calycina Vill. Triodia decumbens Pal. Beauv. Festuca decumbens L. Sp. 110. Chaumes de 30 à 50 centimètres, redressés, presque nus; feuilles planes, pubescentes, ainsi que la gaîne qui est munie de deux houppes à son ouverture ; épillets peu nombreux, assez gros, de 3 à 4 fleurs, formant une panicule racémiforme; glumes égalant ou dépassant l'épillet; glumelle inférieure bifide, mucronée entre les lobes. ♃ Mai, juin, juillet. Sur les pelouses sablonneuses. Il n'est pas rare en Campine.

29. CORYNEPHORUS. Pal. Beauv.

Glume biflore, bivalve; glumelle inférieure entière, munie sur le dos d'une arête droite. articulée au milieu, en massue à son sommet.

1693. C. CANESCENS (Pal. Beauv. agrost. l. 18. f. 2). Aira canescens L. Sp. 97. Trisetum præcox Dum. Chaumes de 20 à 30 centimètres, roides, filiformes; feuilles capillaires, sétacées, glauques, aiguës; ligule oblongue, subaiguë; panicule étroite, formée d'épillets petits, luisants, argentés, ayant des taches purpurines sur les glumes à leur maturité. ☉ Juin, juillet, août. Dans les lieux sablonneux.

30. AVENA.

Glume bivalve, contenant le plus souvent 2 à 3 fleurs, rarement plus, toutes hermaphrodites, quelquefois mâles par avortement; glumelle inférieure bidentée au sommet, munie sur le dos d'une arête tordue dans sa partie inférieure, et genouillée dans sa partie moyenne.

Avena.

SECTION I. — *Espèces annuelles à épillets pendants ; ovaire plus ou moins poilu.*

† *Glumelle externe couverte de longs poils.*

1694. A. FATUA (L. Sp. 118). L'avoine folle. Chaume d'un mètre environ, dressé, glabre; feuilles planes, les inférieures et leur gaine pubescentes; ligule ovale, tronquée; panicule lâche, étalée, à pédoncules flexueux, hispides, simples ou rameux; glumelle externe couverte de longs poils soyeux dans sa moitié inférieure, munie d'une longue arête dorsale genouillée dans son milieu. ① Juin, juillet. Dans les moissons, surtout dans les provinces de Liége, de Luxembourg et de Namur.

1695. A. HIRSUTA (Roth.). Chaume glabre; feuilles larges, striées, très-velues; panicule égale. étalée; épillets à 2-3 fleurs aristées; glumelle externe couverte de longs poils blancs, bi-aristée au sommet. ① Juillet, août. Dans les avoines cultivées.

1696. A. STERILIS (L. Sp. 118). Chaume glabre; feuilles larges, striées; panicule unilatérale; épillets à 4 ou 5 fleurs verdâtres plus courtes que la glume, les inférieures aristées, munies à la base de poils blancs plus ou moins nombreux. ① Juin, juillet. Il se trouve quelquefois parmi les avoines cultivées.

†† *Glumelle externe glabre ou munie seulement de quelques poils épars.*

1697. A. SATIVA (L. Sp. 118). L'avoine. Chaume dressé, ferme, d'un mètre environ; feuilles planes, glabres; panicule étalée, à épillets biflores, pendants, portés sur des pédoncules simples ou rameux, subverticillés; glumes plus longues que les fleurs; glumelle externe glabre, aristée, bifide. ① Juillet, août. Cultivée.

1698. A. ORIENTALIS (Schreb. Spic. 52). Chaume dressé, épais; feuilles larges, glabres, striées ; panicule rapprochée, fournie, tournée du même côté, à épillets biflores, dont une fleur est mutique et la seconde pourvue d'une arête presque droite. ① Juillet, août. Dans les champs cultivés.

Avena.

1699. **A. strigosa** (Schreb. Spic. 52). Chaumes de 6 à 9 décimètres ; feuilles glabres, planes, scabres ; ligule ovale, obtuse ; panicule menue, étalée, à épillets biflores, égaux aux glumes ; tous sont aristés ; glumelle inférieure munie de deux arêtes terminales, en outre de l'arête dorsale. ① Juillet, août. Dans les moissons, surtout dans les Ardennes.

1700. **A. nuda** (L. Sp. 118). Chaume de 6 décimètres environ ; feuilles planes ; panicule étalée, à épillets triflores, un peu plus longs que les glumes, la fleur supérieure est mutique ; glumelle inférieure glabre, bifide, munie d'une forte nervure du sommet à la base. ① Juillet, août. Dans les moissons.

1701. **A. brevis** (Roth. Gram. 1. p. 5. t. 52). Chaume de 6 à 9 décimètres environ, dressé ; feuilles planes, glabres ; ligule courte, obtuse ; panicule unilatérale, étalée, à épillets courts, biflores, portés sur des pédoncules déliés, simples ou rameux ; glumes égalant les épillets ; glumelle inférieure glabre à la base, un peu velue, bidentée au sommet ; graines obtuses à sommet denticulé. ① Juillet, août. Dans les moissons.

Section II. — *Espèces vivaces à épillets pendants ; ovaire poilu.*

1702. **A. pratensis** (L. Sp. 119). Trisetum pratense Dum. Chaumes de 30 à 60 centimètres, simples, dressés ; feuilles glabres, roulées sur les bords, les supérieures presque en alène ; panicule dressée, presque spiciforme, à pédicelles solitaires dans le haut et géminés dans le bas, munis de poils courts ; épillets ovales, comprimés, contenant 5-6 fleurs, à barbe divariquée, genouillée avec un petit renflement velu à la base ; glumes inégales, aiguës, plus courtes que les fleurs. ⚥ Juin, juillet. Sur les coteaux incultes.

> Var. β. **bromoïdes** (L. Sp. 1665). Chaume de 30 centimètres ; feuilles étroites, roulées ; panicule sans pédicelles géminés.

1703. **A. pubescens** (L. Sp. 1665). Trisetum pubescens Pers. Chaumes de 6 à 9 décimètres, dressés ; feuilles planes, courtes, velues, surtout sur la gaine ; ligule oblongue, obtuse ; panicule dressée, presque simple, à épillets triflores, portés sur des pédicelles simples dans le haut, géminés dans le bas, munis de poils soyeux; glume à valvules acuminées, l'externe le double plus petite; glumelle externe glabre, rongée-dentelée au sommet. ♃ Juin, juillet. Dans les prés et les pâturages, secs et sablonneux.

1704. A. TENUIS (Mœnch. Meth. 195). Chaumes rameux, roides, rudes supérieurement; feuilles glabres, étroites, courtes; panicule lâche, à rameaux subverticillés; épillets de 3-4 fleurs, dépassant la glume; valvules de celle ci acuminées, l'externe de moitié plus petite; valve externe des glumelles des fleurettes inférieures aristée, celle des supérieures biaristée, munie dans son milieu d'une arête dorsale, génouillée vers le milieu. ① Juillet, août. Dans les champs secs. Mheer (Limbourg).

SECTION III. — *Espèces vivaces à ovaire glabre.*

1705. A. FLAVESCENS (L. Sp. 118). Trisetum flavescens Pal. Beauv. Chaumes de 40 à 60 centimètres, dressés, grêles; feuilles planes, molles, pubescentes; panicule rapprochée, à épillets jaunâtres, luisants, petits, contenant 2-4 fleurs, portés sur des pédicelles presque toujours rameux; glumes à valvules acuminées, l'externe plus petite; glumelle externe glabre, bifide au sommet. ♃ Juin, juillet. Dans les prairies.

31. AIROPSIS. Desv. Journ. bot. p. 200.

Glume biflore, bivalve, à valves concaves, obtuses; balles à deux valves mutiques, membraneuses; fleurs incluses avant la maturité, disposées en panicule.

1706. A. AGROSTIDEA (DC. Fl. fr. 5. p. 262). Airopsis Candolii Desv. Poa agrostidea Dev. Chaumes de 7 à 12 centimètres, rameux, géniculés, radicants à la base; feuilles planes; panicule étalée, lâche; fleurs glabres, luisantes, verdâtres. ♃ Juin. Dans les endroits humides et herbeux. Alost (Flandre orientale).

52. Aira. Mœnch. Meth. 182.

Glume bivalve, biflore; périanthe bivalve, à glumelle externe tronquée, portant 3 à 5 dents au sommet, munie sur le dos à sa base d'une arête tordue dans sa partie inférieure.

1707. A. caryophyllea (L. Sp. 97). Avena caryophyllea Wigg. Chaumes de 15 à 25 centimètres, dressés, fins, glaucescents; feuilles courtes, capillaires; ligule acuminée, bifide; panicule divariquée, trichotome, étalée après la fleuraison; épillets biflores rassemblés au sommet des ramifications, portés sur de courts pédoncules; glumelles externes bifides, aiguës, uninerviées, ordinairement glabres. ① Mai, juin. Dans les endroits arides et sablonneux.

> Var. β. multiculmis (Dum.). Feuilles à gaîne fort longue, rougeâtre; fleurette supérieure stipitée.

> Var. γ. minima (Tin.). Chaumes plus courts; épi en panicule plus serrée.

1708. A. præcox (L. Sp. 97). Avena præcox Pal. Beauv. Trisetum præcox Dum. Chaumes formant touffe, filiformes, dressés, de 5 à 10 centimètres; feuilles capillaires, flexueuses; panicule serrée, presque spiciforme, ovoïde; valves des glumes légèrement pubescentes; glumelles nues, à arête droite filiforme, plus longue que la glume. ① Avril, mai. Dans les lieux sablonneux.

1709. A. uliginosa (Weihe in Bonn.). A. discolor Lej. A. paludosa Roth. Chaumes dressés, grêles, presque nus; feuilles linéaires, glabres, fort longues; ligule bifide; panicule étalée, à épillets assez petits, dont les supérieurs sont portés par des pédicules plus courts qu'eux; glumelle externe rétuse, à 5 dents dont les moyennes sont plus courtes, munie d'une arête dépassant la glume. ♃ Août, septembre. Dans les marais tourbeux de la Campine et du Luxembourg.

1710. A. cespitosa (L. Sp. 96). Deschampsia cespitosa Pal. Beauv.

Chaumes s'élevant jusqu'à un mètre, dressés, feuillés; feuilles longues, glabres, les inférieures roulées, les supérieures planes; ligule bifide; panicule allongée, très-rameuse, étalée; glumelle externe quadridentée et munie d'une arête courte qui ne dépasse pas la glume, l'interne seulement bidentée. ♃ Juin, juillet. Dans les bois et les prairies.

1711. A. FLEXUOSA (L. Sp. 96). Chaumes de 40 à 60 centimètres, dressés, presque nus; feuilles capillaires; ligule bifide; panicule étalée, pauciflore, flexueuse, à pédoncules longs; glumes à valves un peu aiguës, presque égales aux épillets dont la base est velue; arête moitié plus longue que la glume. ♃ Juin, juillet, août. Dans les bois.

Tribu V. — FESTUCÉES. Épillets pédonculés, à 2 ou plusieurs fleurs fertiles; glumes beaucoup plus courtes que l'épillet.

53. PHRAGMITES. Trin. Fund. agrost.

Glumes à deux valves inégales, aiguës, contenant 2-5 fleurs, les supérieures hermaphrodites entourées de longs poils, l'inférieure mâle; périanthe à 2 valves, l'externe plus grande, acuminée.

1712. P. COMMUNIS (Trin. l. c.). Arundo phragmites L. Sp. 120. Le roseau à balai. Chaumes d'un à 2 mètres, dressés, feuillés; feuilles larges, glabres, longues, acuminées; ligule poilue; panicule ample, étalée, à fleurs soyeuses, d'un jaune fauve, longuement pédonculées; glumes inégales le plus souvent triflores; une des glumelles terminée par une arête. ♃ L'été. Aux bords des eaux.

> VAR. α. NIGRICANS (Mer.). Arundo pseudo-phragmites Lej. Fl. Spa. Épillets à 1 ou 2 fleurs; panicule dressée, plus grêle que dans l'espèce.

> VAR. β. GRACILIS (Mer.). Cette variété est beaucoup plus petite que l'espèce; panicule petite, fauve; 3 à 5 fleurs.

54. Poa. Kœl. Gram. p. 154.

Glume bivalve, ordinairement à 3-6 fleurs, quelquefois en contenant jusqu'à 25-30; périanthe bivalve, à valves dépourvues d'arête, souvent obtuses, l'externe bidentée; panicule rameuse, à épillets non rapprochés en glomérules.

1713. P. MARITIMA (Huds. Ang. 42). Glyceria maritima M. et K. P. arenaria Retz. Souche traçante émettant des jets stériles plus longs que les fertiles; chaumes couchés dans le bas, puis redressés; feuilles étroites, roulées; ligule courte, obtuse, entière; panicule resserrée ou étalée, subunilatérale, à épillets de 5 à 12 fleurs, un peu arrondis, peu serrés; glumelles à valves égales, l'externe très-obtuse, l'interne ciliée. 4 Juin, juillet. Dans les dunes et à Contz (Luxembourg).

1714. P. DISTANS (L. Mant. 32). P. salina Poll. P. retroflexa Curt. Glyceria distans Wahl. Chaumes presque droits, nus supérieurement; feuilles étroites, un peu enroulées; panicule diffuse, régulière, à pédicelles longs, demi-verticillés, réfléchis après la fleuraison; épillets à 4-7 fleurs; valves des glumes obtuses, l'une trinerviée, l'autre uninerviée; glumelle externe obtuse, tronquée-denticulée au sommet, l'interne émarginée, à peine ciliée. 4 L'été. Dans les mares et les marais salins proche les dunes.

1715. P. AMBIGUA (Nob.). Glyceria ambigua Pauq. Cette espèce me semble une variété de la précédente; elle en diffère par ses épillets à 5-10 fleurs, ses pédicelles non réfléchis après la fleuraison et par ses glumelles un peu aiguës, peu membraneuses sur les bords. 4 L'été. Dans les mêmes lieux.

1716. P. PROCUMBENS (Sm. Brit. 1. p. 98). Glyceria procumbens Dum. Sclerochloa procumbens Pal. Beauv. Chaumes genouillés, couchés, puis redressés; feuilles planes; ligule courte; panicule roide, unilatérale, à rameaux cylindriques, rudes; épillets à 3-5 fleurs; valves des glumes inégales, obtuses, à 5

Poa.

nervures; valves des glumelles inégales, obtuses, l'interne ciliée. ① Août, septembre. Dans les sables maritimes.

1717. P. DIVARICATA (Gouan. Ill. 4. t. 2. f. 1). Glyceria divaricata Demoor. Sclerochloa divaricata Pal. Beauv. Chaumes gazonnants, peu élevés; feuilles filiformes, subulées, enroulées; panicule dressée, à rameaux ouverts, trichotomes, épaissis; épillets lancéolés, petits, à 3-5 fleurs; valves des glumes membraneuses, très-inégales, celles des glumelles égales, obtuses. ④ Mai, juin. Dans les prairies sèches. Tournay (Hainaut).

1718. P. COMPRESSA (L. Sp. 101). Chaumes de 50 centimètres environ, coudés, noueux, comprimés, à deux angles saillants; feuilles courtes, roides, lisses, planes; ligule courte, très-obtuse; panicule rapprochée, comprimée, unilatérale, à épillets ovoïdes de 5-9 fleurs, un peu rougeâtres sur les bords. 2L Juin, juillet, août. Sur les murs et dans les endroits pierreux.

1719. P. BULBOSA (L. Sp. 102). Racines gonflées, comme bulbeuses; chaumes dressés de 30 à 40 centimètres; feuilles étroites, planes, celles de la tige plus courtes, étalées; ligule allongée, aiguë; panicule courte à épillets luisants, contenant 3 à 4 fleurs, dont la dernière est pédicellée; glume un peu carénée, hispide. 2L Mai, juin. Dans les lieux arides. Bossimé, (Namur), Soignies, Charleroi (Hainaut), Canach (Luxembourg).

1720. P. TRIVIALIS (L. Sp. 99). P. scabra Ehr. P. dubia Leers. Chaumes nombreux, dressés, cylindriques, hauts de 4 à 6 décimètres, un peu rudes au toucher; feuilles planes, scabres, ainsi que les gaines; ligule oblongue-lancéolée, aiguë; panicule étalée. à épillets ovoïdes de 3-4 fleurs, portés sur des pédoncules demi-verticillés; glumelles à 3 stries, légèrement pubescentes. 2L Mai, juin, juillet. Dans les prairies.

1721. P. SEROTINA (Ehr. Gram. 82). P. palustris Fl. fr. 3. p. 60. P. fertilis Host. P. exigua Dum. P. angustifolia L. Sp. 99. Chaumes de 30 à 45 centimètres, lisses; feuilles planes étroites, un peu rudes. à gaine lisse; ligule oblongue, obtuse; panicule

Pua.

assez lâche, à épillets ovoïdes, de 3 à 4 fleurs, portés sur des pédoncules à demi verticillés; glumelles égales, un peu obtuses, l'externe pubescente à la base. ♃ Juin, juillet. Bords des rivières et des ruisseaux.

1722. P. PRATENSIS (L. Sp. 99). Racines traçantes; chaumes rameux dès la base, hauts de 3 à 6 décimètres, glabres; ligule courte, tronquée; panicule diffuse, à épillets ovoïdes, contenant 3 à 4 fleurs; glumes presque égales, aiguës; glumelles égales, velues à la base, l'externe aiguë, l'interne un peu obtuse. ♃ De mai en août. Dans les prairies.

> VAR. *α.* VULGARIS. P. pratensis Fl. fr. 3. p. 60. Toutes les feuilles planes.
>
> VAR. *β.* LAXA (Lej. Fl. Spa). P. Lejeunii Dum. Agrost. bel. 112. Chaume plus court; épillets colorés.
>
> VAR. *γ.* CINEREA (Vill.) P. angustifolia Lej. Fl. Spa. Feuilles inférieures très-filiformes; panicule étalée; ligule tronquée.
>
> VAR. *δ.* STRIGOSA (Kœl.). Toutes les feuilles glaucescentes, étroites, enroulées. Dans la Campine.
>
> VAR. *ι.* ANCEPS (Gaud). P. palustris Lej. Fl. Spa 1. p.49. Chaumes comprimés; feuilles larges; épillets plus ou moins colorés, à 5-6 fleurs. Aux bords des eaux.

1723. P. NEMORALIS (L. Sp. 102). Chaumes débiles, un peu penchés, de 30 à 45 centimètres; feuilles planes, étroites, longues, plissées à la base; ligule presque nulle; panicule grêle, allongée, pauciflore, étalée, à épillets biflores, ovoïdes-lancéolés; glumes presque égales, acuminées; glumelles blanchâtres et penchées. ♃ De mai en août. Dans les bois.

> VAR. *α.* VULGARIS (Gaud). P. nemoralis Fl. fr. 3. p. 61. Épillets pâles, linéaires-lancéolés; glumelles un peu aiguës, l'externe à base presque glabre.
>
> VAR. *β.* GLAUCA (Gaud). P. glauca Fl. fr. 3. p. 61. Épis ovoïdes à 3-4 fleurs, colorés; glumelles presque obtuses, l'externe à base velue. Dans les lieux montagneux.

VAR. γ. COARCTATA (Gaud). Panicule resserrée, à épillets colorés, lancéolés, contenant 3-5 fleurs ; glumelles subobtuses, velues à la base.

1724. P. ANNUA (L. Sp. 99). Chaumes faibles, un peu couchés,
comprimés, coudés ; feuilles planes, molles, obtuses ; ligules
oblongues, obtuses ; panicule assez courte, étalée, à épillets
ovoïdes de 3-5 fleurs, portés sur des pédoncules géminés ou
solitaires, divariqués ; glumelles à valves inégales, l'externe
obtuse à base pubescente, l'interne aiguë, ciliée. ④ Tout l'été.
Partout.

1725. P. RIGIDA (L. Sp. 101). Glyceria rigida Smith. Megastachya
rigida Pal. Beauv. Chaumes dressés ou obliques, rameux, de 15
à 25 centimètres ; feuilles planes, étroites, glabres ; panicule
roide, unilatérale, à épillets verdâtres de 4-6 fleurs alternes,
distiques, portés sur des pédoncules alternes, un peu velus ; valves de la glumelle échancrées, l'externe est munie d'une petite
pointe dans l'échancrure. ♃ Mai, juin, juillet. Dans les lieux
secs et sablonneux. Lives (Namur), Tournay (Hainaut), Spri-
mont, Comblain-au-Pont (Liége), Cannes (Limbourg).

1726. P. SUDETICA (Willd. Sp. 1. p. 349). P. sylvatica Vill.
P. trinervata DC. Chaumes de 60 à 90 centimètres, dressés,
comprimés ; feuilles planes, largement linéaires, très-glabres,
aiguës ; panicule très-étalée, à épillets lancéolés, aigus, contenant 4 à 5 fleurs ; glumes lancéolées, inégales, acuminées ;
glumelles presque égales, l'externe à 5 nervures, l'interne un
peu tronquée, scabre, ciliée sur les nervures. ♃ Juin, juillet.
Dans les bois montueux des Ardennes.

1727. P. AQUATICA (L. Sp. 98). Glyceria aquatica Wahl. Glyceria
spectabilis M. et K. Chaumes robustes, dressés, arrondis,
hauts d'un à deux mètres ; feuilles planes, larges, rudes sur
les bords, acuminées ; panicule allongée, ample, étalée, à
épillets de 6 à 8 fleurs, linéaires-lancéolés ; glumelles égales,
obtuses, à 5-7 nervures. ♃ Juillet, août. Aux bords des eaux.

1728. P. MEGASTACHYA (Kœl. Gram. 181). P. eragrostis Cav.
Eragrostis vulgaris Coss. Megastachya eragrostis Pal. Beauv.

Poa.

Briza eragrostis L. Chaumes de 12 à 20 centimètres, rameux,
les latéraux couchés, puis redressés ; feuilles planes, étroites,
velues à l'ouverture des gaines ; panicule allongée, étalée, à
épillets comprimés, lancéolés, contenant 15 à 20 fleurs, portés
sur des pédicelles courts, glanduleux-pubescents à la base ;
glumelle externe ayant deux nervures saillantes. ⊕ L'été.
Dans les endroits sablonneux, surtout dans le Hainaut. Très-
rare.

1729. P. PILOSA (L. Sp. 100). Eragrostis pilosa Pal. Beauv.
Chaumes de 30 à 45 centimètres, dressés ; feuilles planes
d'abord, puis enroulées au sommet, garnies de poils à l'ouverture de la gaîne ; panicule étalée, grêle, rameuse, à épillets
comprimés, linéaires, à 7 ou 8 fleurs ; valves des glumes
très-inégales, subaiguës, celles des glumelles inégales, obtuses. ⊕ Juin, juillet. Dans les lieux sablonneux. Herstal
(Liége). Très-rare.

1730. P. ERAGROSTIS (L. Sp. 100). Eragrostis pœoïdes Pal.
Beauv. Chaumes rameux, obliques ; feuilles larges, d'un vert
foncé, glabres, quelquefois un peu velues ainsi que la gaîne ;
ligule courte, frangée, poilue ; panicule régulière, à rameaux
solitaires, d'un vert roussâtre à la maturité ; valvules des
glumes presque égales, ovales, aiguës, celles des glumelles
égales, subobtuses, l'externe trinerviée. ⊕ Juillet, août. Dans
les terrains sablonneux. Très-rare.

1731. P. LITTORALIS (Gou. Monsp. 470). Aelbrouckia dactyloi-
des Demoor. Dactylis littoralis Willd. Calotheca littoralis
Spreng. Chaume roide, glauque ; feuilles distiques, glauques,
roides, roulées en gouttière ; ligule membraneuse, très-ciliée ;
panicule resserrée, presque spiciforme, interrompue, unilatérale, à épillets contenant 7 à 10 fleurs, distiques, glabres,
d'un vert violacé à la maturité ; valvules des glumes concaves,
égales, tronquées, celles des glumelles égales, l'externe aiguë,
l'interne tronquée. ♃ Juillet, août. Dans les sables maritimes
des dunes.

35. CATABROSA. Pal. Beauv. t. 19. f. 8.

Glume à 2-5 fleurs, obtuse, plus courte que lesfleurons ; valve externe du périanthe rongée, dentée, l'interne sub-trifide ; panicule composée.

1752. C. AQUATICA (Pal. Beauv. l. c.). Poa airoïdes Kœl. Gram. 204. Aira aquatica L. Sp. 95. Chaumes couchés, radicants, glabres ; feuilles planes, lisses, glabres, obtuses ; ligule oblon-gue ; panicule dressée, diffuse, étalée, à épillets linéaires-allongés, arrondis, comprimés, portés sur des pédicelles verticillés dans le bas ; glumelles à nervures saillantes. ♃ Juin, juillet. Dans les lieux marécageux.

36. GLYCERIA. R. Brown. Prod. p. 179.

Glume tronquée à 7-11 fleurs, plus courte que les fleu-rons ; valve externe du périanthe rongée, naviculaire, l'interne bifide, dentée ; panicule simple, allongée.

1753. G. FLUITANS (R. Brown. l. c.). Festuca fluitans L. Sp. 111. Poa fluitans Kœl. Gram. Chaumes mous, radicants, souvent flottants, feuillés, de 6 à 10 décimètres ; feuilles larges, em-brassantes ; panicule effilée, spiciforme, à épillets de 8 à 10 fleurs, pédonculés, alternes, distiques, linéaires, cylindriques ; glumelles striées. ♃ Juin, juillet, août. Dans les mares et les fossés aquatiques.

37. ENODIUM. Gaud. Agr.

Glume bivalve contenant 2 fleurs hermaphrodites accom-pagnées d'une fleur supérieure stérile ; valves de la glu-melle mutiques, l'externe convexe, demi-cylindrique, ovale, aiguë ; gaine de la feuille inférieure recouvrant les nœuds et les gaines des autres feuilles.

Enodium.

1734. E. **coeruleum** (Gaud. l. c.). Poa cœrulea Mer. Fl. par. Festuca cœrulea DC. Fl. fr. Molinia cœrulea Mœnch. Aira cœrulea L. Sp. 95. Chaumes dressés, fermes, de 3 à 4 décimètres jusqu'à un mètre; feuilles longues, planes, rudes sur les bords, glabres, acuminées; panicules longues, assez rapprochées, à épillets cylindriques, contenant 2 à 3 fleurs bleuâtres, ainsi que les glumes. ♃ De juin en septembre. Dans les bruyères et les bois secs.

38. BRIZA. Kœl. Gram. p. 148.

Glume à 2 valves ovales, orbiculaires, entières, doubles de celles du périanthe, contenant 3-7 fleurs; périanthe bivalve, à valves ventrues, cordées, obtuses, l'intérieure petite; 2 stigmates plumeux, à barbes rameuses; fleurs en panicule, à épillets ovoïdes, longuement pédicellés, tremblants.

1735. B. **media** (L. Sp. 103). Chaume simple de 30 à 45 centimètres; feuilles planes, glabres, celles de la tige plus larges; panicule large, diffuse, à épillets ovoïdes, plus larges que longs, très-mobiles, contenant 5 à 7 fleurs, portés sur des pédicelles filiformes, flexueux. ♃ Mai, juin, juillet. Dans les prairies et les bois.

1736. B. **maxima** (L. Sp. 103). Chaume de 30 centimètres environ, droit, simple; feuilles planes, glabres; panicule simple, à épillets cordiformes, contenant 15 à 17 fleurs, le double plus gros que dans l'espèce précédente. ☉ Juin, juillet. Dans les pâturages secs des Flandres. Trouvé une fois près d'Alost.

1737. B. **minor** (L. Sp. 101). B. virens Fl. fr. 3. p. 67. Chaume souvent rameux, un peu étalé à la base, de 15 à 20 centimètres; feuilles larges, rudes sur les bords; ligule très-longue, lancéolée; panicule enveloppée à sa base par la feuille supérieure, étalée, diffuse, à épillets violacés, triangulaires, à 6 fleurs, petits, portés sur des pédicelles scabres, très-rameux. ① Mai, juin. Dans les terrains sablonneux. Environs de Bruxelles (Kickx).

39. Cynosurus. Mœnch. Meth.

Glume bivalve à 2-5 fleurs ; périanthe à 2 valves égales, l'une entière, l'autre bifide; bractée pennée ou pectinée à la base des épillets.

\ 1758. C. cristatus (L. Sp. 105). Chaume glabre, simple, redressé, de 50 à 45 centimètres; feuilles glabres, canaliculées; panicule spiciforme de 5 centimètres environ, étroite, composée d'épillets sessiles, allongés; bractées pinnatifides, mutiques; glumelle externe acuminée. ⚄ Juin, juillet. Dans les prairies.

1759. C. echinatus (L. Sp. 105). Chrysurus echinatus Pal. Beauv. Phalona echinata Dum. Chaume de 20 à 50 centimètres, un peu genouillé à la base; feuilles glabres, canaliculées; panicule ovoïde, presque en tête, unilatérale, compacte; bractées pinnées, scarieuses, longuement aristées. ① Mai, juin. Dans les champs sablonneux des Flandres et du Hainaut. Trèsrare.

40. Dactylis. Mich. DC. Fl. fr. 5. p. 75.

Glume comprimée, à 2 valves inégales, aiguës, en carène, contenant 5-5 fleurs; périanthe à valves carénées, l'une entière terminée par une arête très-courte.

1740. D. glomerata (L. Sp. 105). Chaume simple, rude, un peu coudé à la base, s'élevant jusqu'à un mètre; feuilles planes ou carénées, rudes ainsi que leurs gaines qui sont comprimées et fendues seulement dans la partie supérieure; panicule formée de plusieurs glomérules de fleurs serrées, la plupart tournés du même côté, le glomérule inférieur assez longuement pédicellé. La panicule étalée pendant la fleuraison est serrée avant et après. ♃ Juin, juillet. Dans les prairies.

> VAR. β. HISPANICA (Dum. non Roth.). Panicule spici-forme, grêle, resserrée.

41. FESTUCA. L. Gen. 88.

Glume à 2 valves inégales, contenant 5-15 fleurs; pé-rianthe à 2 valves dont l'une bidentée et l'autre plus longue se terminant par une arête.

SECTION I. — *Glumes à valves inégales, à arête plus longue que la paléole; 1 étamine* (Vulpia Gmel.).

1741. F. CILIATA (DC. Fl. fr. 3. p. 55). E. pseudo-myuros Soy. Willm. Chaumes de 50 centimètres environ, coudés inférieu-rement; feuilles capillaires, enroulées; panicule étroite, très-allongée, penchée, unilatérale, à épillets de 2-3 fleurs; valves des glumes longuement aristées, celles des glumelles inégales, mutiques. ① Juin, juillet. Dans les endroits sablonneux.

1742. F. SCIUROÏDES (Roth. Germ. 1. 46). F. bromoïdes Smith. Chaumes simples, de 30 à 45 centimètres, dressés; panicule dressée, plus courte que dans l'espèce précédente, éloignée de la feuille supérieure, à épillets de 5-6 fleurs; glume inférieure égalant à peu près la moitié de la supérieure qui n'est pas aristée; glumelles aristées. ① Juin, juillet. Dans les lieux sa-blonneux et secs,

1743. F. BROMOÏDES (L. Sp. 110). F. uniglumis auctorum. Chau-mes coudés, redressés, feuillés jusqu'à la panicule; feuilles capillaires; panicule longue, filiforme, dressée, à épillets de 3-5 fleurs, portés sur des pédoncules renflés, le plus souvent simples; valves de la glume très-inégales, l'une presque nulle, l'autre dix fois plus longue, aristée. ① Mai, juin, juillet. Dans les lieux sablonneux.

Festuca.

SECTION II. — *Glumes à valves presque égales ; valvules du périanthe portant une courte arête ; 5 étamines.*

1744. F. GLAUCA (Lam. Dict. 2. p. 459). Chaumes dressés, de 30 à 45 centimètres, glauques, ainsi que toute la plante ; feuilles filiformes, roides, enroulées, lisses en dehors, pubescentes en dedans, ainsi que les gaines inférieures ; panicule assez serrée, pyramidale, à épillets de 2-5 fleurs, portés sur des pédicelles scabres ; valves des glumes inégales, l'externe acuminée, l'interne mucronée à sommet cilié ; valves des glumelles inégales, glabres ou velues au sommet, l'interne bifide, l'externe aristée. ♃ Mai, juin, juillet. Dans les endroits arides et sur les rochers des bords de la Meuse et de l'Ourthe.

> VAR. *β*. ARDUENNA. F. arduenna Dum. Agrost. belg. 105. Feuilles sétacées, enroulées, à bords rudes ; chaume flexible, scabre sous la panicule.

1745. F. DURIUSCULA (L. Sp. 108). Souche cespiteuse ; chaumes presque nus, dressés, cylindriques, s'élevant de 30 à 60 centimètres ; feuilles courtes, sétacées, enroulées, pubescentes en dedans, glabres en dehors ; panicule serrée, unilatérale, à épillets de 4-6 fleurs, portés sur des pédicelles presque lisses ; glumes inégales, acuminées ; glumelles égales, aussi acuminées, à valve externe aristée. ♃ Mai, juin. Dans les pâturages secs.

> VAR. *α*. GLABRA. F. duriuscula DC. F. stricta *α*. Gaud. Épillets glabres.

> VAR. *β*. CINEREA. F. cinerea Vill. F. dumetorum L. F. dura Host. Épillets pubescents.

1746. F. RUBRA (L. Sp. 109). Racines traçantes ; chaumes de 40 à 60 centimètres, cylindriques, dressés, presque nus ; feuilles radicales enroulées, les supérieures planes, très-étroites ; panicule dressée, assez lâche, à épillets rougeâtres de 5-7 fleurs, portés sur des pédicelles scabres ; glumes à valves inégales, acuminées ; valves des glumelles égales, aussi acuminées, l'externe aristée. ♃ De mai en juillet. Dans les endroits arides.

Les festuca ammophyla, diffusa Dum. et nigrescens Lej.
ne sont que des variétés de l'espèce qui vient de nous occuper.

1747. F. VALESIACA (Schleich.). Cette espèce se rapproche beaucoup du glauca; ses feuilles sont lisses, sétacées, glauques,
les caulinaires canaliculées; les chaumes roides et lisses, et ses
épillets ont 5-8 fleurs aristées et sont oblongs. ♃ Mai, juin,
juillet. Dans les lieux secs des environs de Verviers (Liége).

1748. F. OVINA (L. Sp. 108). Chaumes de 15 à 30 centimètres,
nombreux, arrondis dans le bas, carrés dans le haut, filiformes; feuilles capillaires, très-fines; panicule resserrée, à
épillets ovales contenant 3-6 fleurs, portés sur des pédicelles
ciliés-scabres; valves des glumes inégales, acuminées; valve
externe des glumelles très-courtement aristée. ♃ De mai en
juillet. Dans les pâturages secs.

> VAR. *α*. AMETHYSTINA (Lej.). F. tenuifolia Schrad. Épil-
> lets un peu aristés.

> VAR. *β*. CAPILLATA (Lej.). Épillets mutiques; feuilles
> très-courtes et très-fines.

M. Demoor réunit les espèces nᵒˢ 1745, 1746, 1747 et 1748
en une seule qu'il nomme Festuca polymorpha.

1749. F. HETEROPHYLLA (Lam. Fl. fr. 3. p. 600) .Chaumes de 40
à 60 centimètres, dressés; feuilles inférieures longues, glabres, capillaires, celles des chaumes planes, subpubescentes;
panicule assez lâche, penchée, à épillets scabres, à 4 fleurs,
portés sur des pédoncules ciliés-scabres; valve externe des
glumelles aristée-acuminée, l'interne aiguë, bifide. ♃ Juin,
juillet. Dans les bois montueux.

SECTION III. — *Périanthe à valves aiguës sans arête.*

1750. F. SYLVATICA (Vill. Dauph. 2. t. 2. f. 8). F. calamaria
Schrad. Poa trinervata DC. Bromus sylvaticus Demoor. Schœnodorus calamaria R. et S. Chaumes écailleux à la base;
feuilles planes, largement linéaires, rudes sur les bords, ainsi
que les gaînes inférieures; panicule dressée, largement étalée,

Festuca.

très-rameuse, à épillets oblongs de 2-4 fleurs ; valves des glumes à peu près égales ; valve interne des glumelles bifide, l'externe acuminée. 4 Juin, juillet. Dans les bois montueux des Ardennes.

1751. F. **maritima** (DC. Fl. fr. 5. p. 47). Brachypodium maritimum R. et S. Triticum maritimum L. Chaumes dressés, de 60 à 90 centimètres ; feuilles enroulées, dressées, glabres ; panicule un peu rameuse, dressée, serrée, à épillets comprimés, allongés, glaucescents , contenant 6-8 fleurs, portés sur des pédicelles anguleux, d'abord dressés, ensuite divariqués ; glumes aiguës ; glumelles acuminées. 4 Juin, juillet. Dans les dunes.

1752. F. **arundinacea** (Schreb. Spic. 57). F. elatior Smith. Schœnodorus arundinaceus Pal. Beauv. Bromus arundinaceus Roth. Chaumes de 60 à 90 centimètres, dressés ; feuilles larges, longues , planes , striées ; panicule longue, rameuse, un peu diffuse, à rameaux géminés dans le bas, portant chacun 5 à 50 épillets ovales, glabres, comprimés, à 3-5 fleurs ; glumes et glumelles acuminées. 4 Juin, juillet. Dans les prairies humides.

1753. F. **pratensis** (Huds. Eng. bot. t. 1592). F. elatior L. Schœnodorus pratensis Pal. Beauv. Bromus pratensis Demoor. Chaumes de 60 à 90 centimètres, dressés, glabres ; feuilles planes, étroites, glabres ; panicule dressée, plus ou moins ramifiée, subunilatérale, à épillets de 4 à 10 fleurs, un peu arrondis, souvent d'un vert roussâtre, portés sur des pédoncules géminés ; valves des glumes et des glumelles inégales, acuminées. 4 Juin, juillet. Dans les prairies.

1754. F. **loliacea** (Curt. Lond. 6. n° 66). Bromus loliaceus Demoor. Poa loliacea Kœl. Chaumes feuillés, de 50 à 60 centimètres, dressés, glabres ; feuilles linéaires-lancéolées, planes, rudes sur les bords ; panicule penchée, à épillets de 7 à 12 fleurs, écartés, distiques, alternes, subsessiles ; valves des glumes inégales, subaiguës, celles des glumelles égales, aiguës. 4 Juin, juillet. Dans les prairies humides.

42. Bromus. L. Gen 89.

Glume bivalve, contenant 5 à 18 fleurs; périanthe bivalve; valve externe plus grande, concave, munie d'une arête en dessous du sommet, l'interne plus petite, ayant une double série de cils extérieurement.

1755. B. grossus (DC. Fl. fr. 3. p. 68). B. velutinus Schrad. Chaume de 40 à 60 centimètres, dressé, glabre; feuilles larges, planes, munies de poils blancs et soyeux en dessous; gaines glabres; panicule étalée, penchée après la fleuraison; épillets ovales-comprimés, pubescents, inégaux, très-longs, subverticillés. (L) Juillet, août. Dans les champs secs.

1756. B. mollis (L. Sp. 112). Chaumes de 30 à 45 centimètres, dressés, glabres inférieurement; feuilles planes, aiguës, assez larges, couvertes, ainsi que les gaines, de poils mous, blanchâtres; panicule redressée, ramassée, à pédoncules rameux, portant des épillets ovales-oblongs, pubescents, contenant 5 à 11 fleurs imbriquées; valve externe des glumelles fortement nerviée à la maturité. (L) Juin, juillet. Dans les prairies.

1757. B. racemosus (L. Sp. 114). Chaume de 5 à 7 décimètres, dressé; feuilles larges, molles, pubescentes, ainsi que les gaines; panicule un peu dressée, diffuse, à épillets ovales, comprimés, glabres, de 6-8 fleurs densément imbriquées; glumes à valves ovales, l'externe aiguë, l'interne obtuse ou mucronée; glumelles à valve externe ovale, obtuse, à arête droite, à peu près égale à la glumelle. (L) De mai en juillet. Dans les moissons et les prairies.

1758. B. secalinus (L. Sp. 115). Chaume dressé, s'élevant à plus d'un mètre; feuilles molles, assez larges, subpubescentes sur leur face supérieure, les inférieures plus longues; panicule très-lâche, penchée, à épillets ovales, glabres, comprimés, contenant 7-10 fleurs; valve externe de la glumelle entière, un peu scarieuse, portant une arête droite, un peu flexueuse. (L) Juin, juillet. Dans les moissons.

Bromus.

1759. B. SQUARROSUS (L. Sp. 112). B. wolgensis Spring. Chaume
dressé, de 6 décimètres environ ; feuilles molles, pubescentes,
ainsi que les gaînes ; panicule lâche, très-simple, penchée, à
épillets ovales, comprimés, contenant 7 à 8 fleurs ; glumes
ovales, obtuses ; valve externe de la glumelle obtuse, entière, à
arête divariquée, flexueuse, un peu plus courte que la glumelle. ① Juin, juillet. Dans les moissons maigres.

1760. B. NITIDUS (Dum. Agrost. belg. 119). B. multiflorus Engl.
Bot. Feuilles étroites, planes, pointues, munies de quelques
poils longs et soyeux ; panicule lâche, penchée, à rameaux
longs, inégaux, verticillés, portant des épillets ovales-lancéolés,
glabres, à fleurons imbriqués ; glumelle extérieure à arête
droite. ① Juin, juillet. Dans les moissons des Ardennes.

1761. B. PATULUS (M. et K. Fl. Germ.). Chaume de 6 à 9 décimètres ; feuilles étroites, planes, pointues, pubescentes, à
gaînes striées et velues ; panicule étalée, diffuse, à pédoncules
grêles, étalés, verticillés, pendants à la maturité ; épillets ovales-lancéolés, contenant 5-7 fleurs ; arête souvent divariquée,
dépassant les glumes. ① Juin, juillet. Dans les moissons des
Ardennes.

1762. B. DIFFUSUS (Dum. Agrost. belg. 118). Ligules supérieures
obtuses, les inférieures presque nulles ; panicule rameuse à
rameaux diffus ; épillets lancéolés ; glume couverte de soie.
① Juin, juillet. Dans les dunes. N'ayant jamais vu cette plante
ni morte, ni vivante, je ne puis que répéter la phrase de
M. Dumortier, qui, comme on le voit, laisse beaucoup à désirer.

1763. B. ELONGATUS (Gaud. Agr. helv.). B. racemosus var. γ
Lej. Chaume dressé de 5 à 7 décimètres ; feuilles planes,
glabres, étroites ; panicule dressée, étalée, rameuse, à rameaux
simples, grêles, verticillés ; épillets oblongs, comprimés, glabres, à fleurs étroitement imbriquées ; glume à valve externe
ovale, obtuse, à arête droite, presque égale à la glumelle.
① Juin, juillet. Dans les prairies artificielles et les moissons.

1764. B. ERECTUS (Huds. Ang. 49). B. pratensis Lam. β. perennis

Bromus.

Vill. Chaumes simples, presque nus, de 5 à 6 décimètres;
feuilles radicales ciliées-velues ainsi que les gaines, les caulinaires plus larges, glabres; panicule dressée, un peu roide,
colorée, à pédoncules dressés; épillets lancéolés-oblongs, contenant 6 à 10 fleurs; glumes acuminées; arête de la glumelle
droite et courte. ♃ Mai, juin. Dans les champs. Assez rare.

1765. B. ARVENSIS (L. Sp. 115). B. pratensis Desm. Chaumes
— dressés, glabres, de 6 à 9 décimètres; feuilles velues sur la
face supérieure et un peu sur les gaines, les supérieures
courtes et linéaires; panicule dressée, lâche, à pédoncules
allongés, rameux; épillets lancéolés, colorés, glabres ou très-
peu pubescents, à 7-9 fleurs; glumes ovales, obtuses, mucronées; arête de la glumelle droite, assez longue. ⊙ Juin, juillet.
Dans les moissons et les prés des Ardennes.

1766. B. GIGANTEUS (L. Sp. 114). Festuca gigantea Vill. Dauph.
— B. triflorus Fl. dan. Festuca triflora Engl. bot. Chaume de
plus d'un mètre, fort, gros, avec les nœuds noirâtres; feuilles
largement linéaires, glabres, à gaines tantôt velues, tantôt hispides; épi en panicule très-grande (25 à 55 centimètres),
dressée, décomposée, à pédoncules longs, fermes, géminés,
rudes, portant des épillets linéaires-lancéolés, aristés en
dessous du sommet; arête deux fois aussi longue que la glumelle. ♃ Juin, juillet, août. Dans les bois montueux.

1767. B. ASPER (L. Supp. 111). Festuca aspera Mer. Fl. par.
— Chaume dépassant un mètre, dressé; feuilles largement
linéaires, pubescentes sur la face inférieure, à gaine très-
velue; panicule penchée, lâche, à pédoncules très-longs, pendants, portant des épillets oblongs-linéaires, plans, un peu
pubescents, contenant 8-10 fleurs; valves des glumes inégales,
l'externe acuminée, l'interne mucronée; valve externe de la
glumelle acuminée, bidentée, à arête plus courte que la glumelle. ♃ Juin, juillet. Dans les bois et les buissons.

1768. B. STERILIS (L. Sp. 115). Chaume de 6 décimètres environ,
— noueux, penché au sommet; feuilles planes, glabres, striées,
à gaines inférieures pubescentes; panicule lâche, étalée, in-

Bromus.

clinée, à pédicelles très-longs, subverticillés, très-scabres ,
portant des épillets oblongs, pendants, distiques, contenant
10-15 fleurs, glabres; glumes à valves inégales, acuminées;
valve externe de la glumelle acuminée, à arête plus longue que
la glumelle. ① Tout l'été. Dans les lieux incultes.

1769. B. TECTORUM (L. Sp. 114). Chaumes de 30 centimètres environ, penchés au sommet; feuilles planes, molles, pubescentes, à gaînes velues; panicule lâche, penchée, à pédicelles
demi-verticillés, flexueux, portant 4-5 épillets linéaires, cylindriques, à 5-6 fleurs, pubescents; glumes acuminées; valve
externe de la glumelle acuminée, bifide, à arête droite, longue,
un peu hispide. ① Tout l'été. Dans les endroits stériles, sur
les murs et les toits.

1770. B. RIGIDUS (Roth.). Chaume de 40 à 60 centimètres,
dressé, roide, glabre; feuilles planes, étroites, velues, un peu
rudes; fleurs en panicule simple, droite, un peu resserrée, à
rameaux simples, droits et rudes; épillets ovales à 5 ou
6 fleurs, à soies droites plus longues que les glumes. ④ Juin,
juillet. Dans les prés secs. Rambrouck (Luxembourg).

1771. B. INERMIS (L. Sp.) Schœnodorus inermis Rœm. et Sch.
Festuca inermis DC. Chaumes de 6 décimètres, dressés; feuilles
planes, largement linéaires, glabres, ainsi que les gaînes;
panicule dressée, longue, resserrée, à pédoncules inégaux,
verticillés, portant des épillets linéaires, comprimés, de
10-15 fleurs; glumes aiguës; valve externe de la glumelle
acuminée, à arête très-courte ou avortée. ♃ Juin, juillet. Il se
trouve dans les prairies et les bois. Rare.

43. MICHELARIA. Dum. Agrost. belg. 116.

Glume bivalve, à 4-8 fleurs; périanthe bivalve, à valve
externe munie de 3 soies au sommet, dont la moyenne est
aristée, et garnie, de plus, de deux dents de chaque côté.

1772. M. BROMOÏDEA (Dum. l. c.) Bromus multiflorus Smith.

Libertia arduennensis Lej. Rev. fl. Spa. 22. Calotheca bromoïdea Lej. Bromus triaristatus Lois. Chaume dressé, lisse, strié,
de 6 décimètres environ ; feuilles planes, assez larges, glabres
en dessus ; panicule penchée au sommet, à pédoncules scabres, simples, enflés au sommet, portant des épillets obovales,
comprimés, à 8-10 fleurs ; valves des glumes inégales, l'externe trinerviée, l'interne plus longue, à 9 nervures, scarieuse,
tridentée. ⊕ Juin, juillet. Dans les moissons. Aywaille (Liége),
Dinant, Rochefort (Namur).

Tribu VI. — Triticées. 1 *à 2 stigmates pubescents, attachés à
la base ou au sommet des glumelles.*

† Triticées vraies. — 2 *stigmates plumeux, sortant vers la base
de la glumelle.*

44. Lolium. L. Gen. 95.

Axe de l'épi denté ; épillets solitaires, placés sur les dents
de l'axe ; glume multiflore (3-20 fleurs), bivalve, à valve externe grande, l'interne très-petite, souvent avortée ; périanthe à 2 valves, l'externe ciliée-scabre.

1773. L. perenne (L. Sp. 122). Chaumes de 40 à 60 centimètres, grêles, quelquefois rameux ; feuilles plissées d'abord,
puis planes, étroites, glabres ; épis filiformes, à épillets alternes,
étroits, glabres, à 6-12 fleurs, un peu comprimés, mutiques,
plus longs que les glumes. ♃ Tout l'été. Aux bords des chemins,
dans les prairies et les pâturages.

1774. L. tenue (L. Sp. 122). Cette espèce n'est qu'une variété
de la précédente ; la tige est plus menue, les feuilles plus
courtes, l'épi plus grêle, filiforme ; les épillets ne contiennent
que 3-4 fleurs dans le haut et 1-2 dans le bas.

Les épis de ces deux espèces sont quelquefois rameux, c'est

Lolium.

le lolium compositum Thuil.; lorsqu'ils sont comprimés-élargis, c'est le L. cristatum Sch.

1775. L. TEMULENTUM (L. Sp. 122). Chaume de 6 à 10 décimètres, gros, dressé, scabre; feuilles largement linéaires, planes, rudes; épi allongé (20 centimètres environ), composé d'épillets comprimés, contenant 5-8 fleurs; valve externe de la glume égalant ou dépassant l'épillet; valve externe de la glumelle ovale-oblongue. ① Juin juillet. Dans les moissons.

1776. L. ARVENSE (Smith. Fl. angl. 1. 151). Cette espèce diffère de la précédente par sa tige plus lisse, par ses fleurs sans arête et par sa glumelle qui n'a que la valve extérieure. ① Juin, juillet. Dans les moissons.

1777. L. MULTIFLORUM (Lam. Fl. fr. 3. p. 621). L. italicum Baun. Chaume d'un mètre et plus, dressé, roide; feuilles roulées d'abord, puis planes, un peu étroites; épi allongé (25 à 30 centimètres), composé d'épillets alternes, comprimés, un peu espacés, portant 20 à 25 fleurs aristées, le double plus longues que les glumes. ① L'été. Dans les moissons et dans les lieux herbeux.

1778. L. COMPLANATUM (Schrad.). L. arvense var. β. Hostii Dum. L. asperum Lej. Rev. fl. Spa. L. rigidum Gaud. Chaume genouillé, rarement dressé, de 25 à 30 centimètres; feuilles courtes, scabres; épillets rhomboïdes, aigus, contenant 11 à 12 fleurs aristées, allongées. plus longues que la glume. ① Juillet, août. Dans les moissons.

1779. L. DECIPIENS (Dum. Agrost. belg. f. 98). L. speciosum Bieb. L. lucidum Dum. Chaume droit, lisse, parfois scabre en dessous de l'épi; épillets obtus, plus courts ou égalant les glumes; arêtes flexueuses ou courbées, très-minces, quelquefois caduques. ① Juin, juillet. Dans les moissons.

1780. L. RIEFFELII (Demoor. Gram. belg. f. 57). Chaume lisse ou presque lisse; épi allongé; épillets de 15 à 30 fleurs aristées; glumes plus courtes que les épillets. ① Juillet, août. Dans les champs.

Je crois que plusieurs de ces espèces ne sont simplement que des variétés.

45. LEPIURUS. Dum. Agrost. belg. f. 90.

Épillets à une fleur fertile accompagnée d'un rudiment paléiforme, solitaires à chaque articulation du rachis scrobiculé; glume à 1 ou 2 valves coriaces-herbacées; périanthe à 2 valves inégales, plus petites que les glumes.

1781. L. INCURVATUS (Dum. l. c. f. 140). Rottboelia incurvata L. F. Ophiurus incurvatus Pal. Beauv. Ægilops incurvata L. Chaumes de 30 centimètres environ, couchés à la base, grêles, rameux; feuilles planes, à gaine sillonnée, les radicales plus longues; épis arrondis, subulés, arqués; glumes des épillets latéraux à une seule valve bipartite, subpaléacée, celles des terminaux bivalves ou à 2 divisions opposées. ① L'été. Dans les dunes.

1782. L. STRIGOSUS (Dum.). Rottboelia erecta Savi. Ophiurus filiformis Roth. Cette espèce diffère de la précédente par son chaume droit, son épi comprimé, grêle, subulé, droit, et par les valves des glumes qui sont écartées après la fleuraison. ①. L'été. Dans les dunes.

46. ÆGILOPS. L. Gen. 1150.

Glume triflore, coriace, bivalve, à valvule externe munie de 3 à 5 arêtes au sommet, à fleur intermédiaire mâle; périanthe bivalve, à valvule externe portant 3 ou 4 arêtes; fleurs à demi enfoncées dans le rachis excavé.

1783. Æ. OVATA (L. Sp. 1489). Chaumes de 20 à 30 centimètres, rameux, souvent coudés vers le tiers inférieur; feuilles légèrement velues, ciliées sur les bords, subglaucescentes; épi gros, ovoïde, aristé, plus court que les arêtes; valves des glumes striées, un peu velues et chargées de 3 à 5 arêtes hispides. ① Juin, juillet. Dans les terrains sablonneux de la Flandre orientale.

1784. Æ. **triuncialis** (L. Sp. 1489). Chaumes de 25 à 55 centimètres, rameux, parfois coudés; feuilles un peu velues, les
caulinaires courtes, les inférieures molles, plus larges, réunies en gazon; épi long, cylindrique, sortant de la feuille
supérieure; valves des glumes hispides-velues sur le dos,
munies de 5 arêtes, celles des épillets supérieurs très-longues.
④ Juin, juillet. Dans les lieux secs et arides des Flandres.

47. Triticum. DC. Fl. fr. 3. p. 80.

Rachis denté; épillets solitaires sur chaque dent du rachis; glume bivalve, contenant 5-15 fleurs; périanthe à
2 valves, l'externe aristée au sommet, ou simplement mucronée, ou bien encore mutique.

Section I. — Siligo Duby. Triticum Pal. Beauv. *Épis à 5-4 fleurs,
2 inférieures fertiles, les autres abortives; valves des glumes
larges, naviculaires, dentées; ovaire barbu au sommet; épi
simple densément imbriqué.*

1785. T. **sativum** (Lam. Dict. 2. p. 554). Chaume d'un mètre
environ, dressé, glabre; feuilles longues, planes, glabres;
épi arrondi, simple, imbriqué, composé d'épillets ventrus à
4 fleurs toutes hermaphrodites. ① Juillet. On en cultive plusieurs variétés.

> Var. *α.* **æstivum** (L. Sp. 126). Le froment d'été.
> Chaume moins élevé; épillets, glabres, aristés.
>
> Var. *β.* **hybernum** (L. Sp. 126). Le froment pro-
> prement dit. Chaume plus élevé; épillets glabres,
> mutiques.

1786. T. **turgidum** (L. Sp. 126). Chaume plein; épi tétragone, imbriqué, blanc ou roux, quelquefois fuligineux, glabre ou velouté; épillet imbriqué sur plusieurs rangs; glumes présentant

Triticum.

dans toute leur longueur une carène tranchante. ① **Juin, juillet. Cultivé.**

>VAR. β. COMPOSITUM (L. Suppl. 115). Épi rameux, composé de plusieurs épis réunis en un gros capitule élargi.

1787. **T.** SPELTA (L. Sp. 127). L'épeautre. Épi presque tétragone ou comprimé, lâchement imbriqué; glumes presque toujours à 3 ou 4 fleurs, dont 2 à 3 hermaphrodites; valves ventrues, ovales, tronquées obliquement, cartilagineuses, terminées par une dent, à carène presque droite; grains triquètres, allongés, pointus, opaques. ① **Juin, juillet. Cultivé.**

1788. **T.** DURUM (Desv.). Chaume plein; épi carré, incliné; glumes allongées, mucronées, à carène proéminente; valve externe des glumelles se terminant par une longue arête; grains ellipsoïdes, renflés, durs, demi-transparents. ① **Juin, juillet. Cette espèce est peu cultivée.**

1789. **T.** POLONICUM (L. Sp.). Chaume plein, présentant une teinte bleuâtre ainsi que les feuilles; épi très-allongé, comprimé, subtétragone; épillets distiques, alternes, à 4 ou 5 fleurs, dont les deux inférieures sont les seules fertiles et aristées; valves des glumes un peu ventrues, oblongues, carénées, bimucronulées; grains allongés, durs, presque transparents. ① **Juin, juillet. Cultivé.**

1790. **T.** DICOCCUM (Schranck). T. amyleum Ser. Chaume plein, glauque, ainsi que les feuilles; épi comprimé, serré, imbriqué; épillets à 2 à 4 fleurs, aristés; valves des glumes unidentées, mucronées, carénées; grains triquètres, allongés, renflés et pointus. ① **Juin, juillet. Cultivé.**

1791. **T.** MONOCOCCUM (L. Sp.). Chaume fistuleux; épi comprimé, serré, imbriqué, à axe fragile; épillets à 3 fleurs dont 1 ou 2 fertiles; ces dernières sont longues et aristées, les autres sont très-courtes; grains triquètres, demi-transparents. ① **Juin, juillet. Cultivé principalement dans les Ardennes.**

Triticum.

SECTION II. — AGROPYRUM Gærtn. *Épi plan, multiflore, toutes les fleurs fertiles; glumes ovales; stigmate plumeux.*

1792. T. LITTORALE (Host.). Agropyrum pungens, acutum, setigerum, acutum, barbatum Dum. Chaumes fermes de 60 centimètres environ; feuilles roides, scabres en dessus, enroulées au sommet, acuminées; épis simples, allongés, à épillets presque distiques, contenant 5 à 10 fleurs; glumes des valves acuminées, multinerviées; racines rampantes. ♃ Juin, juillet. Dans les dunes.

1793. T. ACUTUM (DC. Cat. 155). Agropyrum littorale Dum. Racines rampantes; chaumes dressés, roides; feuilles très-longues, enroulées; épis allongés, distiques; épillets comprimés, sessiles, à 7-9 fleurs; valves des glumes presque égales, subaiguës, à 5 nervures; valves des glumes égales, l'interne très-finement ciliée. ♃ Juillet, août. Dans les dunes.

1794. T. JUNCEUM (L. Sp. 129). Chaumes dressés de 60 centimètres environ; feuilles très-longues, enroulées, celles des rejets stériles très-pubescentes sur la face supérieure; épis distiques, allongés; épillets espacés à 5-8 fleurs; valves des glumes obtuses, à 9-11 nervures, plus courtes que l'épillet, celles des glumelles mutiques, obtuses. ♃ Juillet, août. Dans les dunes.

1795. T. RIGIDUM (Schrad. Fl. germ. p. 20). T. glaucum M. et K. T. intermedium Lej. Fl. Spa. Chaumes dressés, roides, feuillés; feuilles enroulées, glaucescentes, scabres sur une des faces; épis distiques, grèles; épillets à 4 ou 5 fleurs, les supérieurs rapprochés, les inférieurs espacés; valves des glumes oblongues, obtuses, à 5-7 nervures, de moitié plus courtes que l'épillet; celles des glumelles obtuses, mutiques ou aristées; rachis rude. ♃ Juin, juillet. Dans les lieux arides et stériles des environs de Verviers.

1796. T. CANINUM (L. Sp. ed. 1. p. 86). Elymus caninus L. Sp. ed. 2. T. sepium DC. Fl. fr. Chaumes dressés, de 60 à 90 centimètres, penchés du haut; feuilles planes, longues, rudes sur les bords, glabres; épis simples, penchés, à épillets alternes, glabres, sessiles, rapprochés, contenant 3-5 fleurs; valves des glumes presque égales, aristées-acuminées, à 5 nervures; valves des glumelles égales, l'interne obtuse, courtement ciliée, l'externe munie d'une soie très-longue, subhispide. 4 L'été. Dans les haies et les buissons.

\ 1797. **T. repens** (L. Sp. 128). Rhizome rampant, long, articulé; chaumes dressés, coudés, s'élevant jusqu'à un mètre; feuilles planes, à bords scabres, divariquées; épis allongés, simples, à épillets glabres, sessiles, comprimés, mutiques, contenant 4-8 fleurs; glumes égales; valves des glumelles égales, l'interne obtuse, ciliée. 4 Tout l'été. Dans les lieux incultes et les lieux cultivés. Très-commun.

> Var. *α*. **aristatum** (DC.). T. sepium Thuil. T. dumetorum Lej. Épis un peu cylindriques, à valvules externes des glumes et des glumelles aristées.

> Var. *β*. **muticum** (DC.). Épis un peu cylindriques; valvules des glumes subaiguës, valvule externe des glumelles obtuse, un peu mucronée.

Section III. — Brachypodium (Pal. Beauv.). *Épillets multiflores, courtement pédicellés; valve externe des glumelles un peu aristée au-dessous du sommet.*

\ 1798. **T. pinnatum** (Mœnch. Hass. n° 102). Bromus pinnatus L. Brachypodium pinnatum Pal. Beauv. T. bromoïdes Web. Chaume de 6 à 8 décimètres, à nœuds pubescents; feuilles planes, glabres, étroites, roides; épi simple, droit, distique, à épillets presque sessiles, grêles, alternes, éloignés, arrondis, glabres, contenant 9 à 18 fleurs; glumes aiguës; valves des glumelles égales, l'interne ciliée, obtuse, l'externe aiguë, aristée. 4 L'été. Dans les buissons et aux bords des bois.

> Var. *β*. **abbreviatum** (Dum.). Chaumes plus courts; épi court, à épillets glabres, à soie plus courte que la paléole.

> Var. *γ*. **corniculatum** (Dum.). Épillets cylindriques, glabres, recourbés.

1799. T. sylvaticum (Mœnch. Hass. n° 103). Festuca sylvatica
Huds. Bromus sylvaticus Poll. Chaumes de 60 à 80 centimètres, dressés, grêles; feuilles planes, molles, velues, ainsi que
leur gaine; épi à épillets au nombre de 8 à 10, minces, linéaires, droits, contenant 8 à 10 fleurs; valve externe des glumes
à 5 nervures; arètes étroites, celles des fleurs supérieures plus
longues que la paléole; valves des glumelles lancéolées,
aiguës, striées. ♃ Juillet, août. Dans les bois et les buissons.
>   Var. *β*. gracile (DC.). Bromus sylvaticus Poll. Festuca
>   gracilis Mœnch. Épi penché, peu garni, à épillets
>   cylindriques, à soie plus longue que les glumelles.

1800. T. ciliatum (DC. Fl. fr. 3. p. 85). Brachypodium dista-
chyos Dum. Trachinia distachya Link. Chaumes de 30 à 45
centimètres, rameux à la base, à nœuds coudés; feuilles planes, étroites, ciliées; épi dressé, composé de 1 à 7 épillets
comprimés, alternes, à 6-16 fleurs; arète plus longue que les
valves des glumes. ① Mai, juin. Dans les endroits secs et
pierreux, notamment dans les provinces de Liége et des Flandres. Rare.

1801. T. nardus (DC. Fl. fr. 3. p. 87). Brachypodium tenellum
et tenuiflorum Pal. Beauv. Festuca tenuiflora Schrad. T. hispanicum Willd. Chaumes de 15 à 25 centimètres, droits, filiformes, glabres; feuilles sétacées, glabres, enroulées; épis
linéaires, à épillets sessiles, unilatéraux, serrés, à 4-5 fleurs
alternes; glumes à valves linéaires-acuminées, inégales; valves
des glumelles égales, acuminées, l'externe aiguë à arète le
double plus longue que la glume. ♃ Mai, juin. Dans les endroits pierreux, incultes. Dinant (Namur), Comblain-au-Pont
(Liége).

48. Secale L. Gen. 97.

Axe denté, à dent portant chacune un épillet; glume
bivalve contenant 2 et rarement 3 fleurs; fleur supérieure
sessile; périanthe à 2 valves, l'interne bidentée, l'externe
munie d'une arète.

Secale.

1802. **S. cereale** (L. Sp. 124). Le seigle. Chaume d'un mètre à un mètre et demi ; feuilles planes, larges, molles ; épi aplati, composé d'épillets serrés, imbriqués ; glumes sétacées ; glumelles scabres. ① Cultivé.

49. Elymus. L. Gen. 96.

Axe de l'épi denté, à dents portant chacune 2 à 3 épillets ; glumes bivalves à 2-4 fleurs, à valvules souvent étalées, imitant un involucre ; fleurons supérieurs quelquefois mâles ; périanthe bivalve.

1803. **E. arenarius** (L. Sp. 122). Hordeum arenarium Demoor. Souche longuement traçante ; chaume de 6 à 8 décimètres, épais, roide, feuillé, articulé ; feuilles radicales très-longues, aiguës ; épi droit, blanchâtre, allongé, à épillets géminés, pubescents, mutiques. ♃ Juillet, août. Dans les dunes.

1804. **E. europæus** (L. Mant. 35). Hordeum europæum All. Cuviera europæa Kœl. Hordeum sylvaticum Th. Chaume de 60 à 80 centimètres, simple, dressé, nu ; feuilles planes, glabres ou subpubescentes, les supérieures plus courtes que les gaines ; celles-ci hérissées de poils dirigés en bas ; épi long, cylindrique, dressé, ayant 3 épillets aristés sur chaque dent ; glumes hispides ; arête le double plus longue que la paléole externe. ♃ Juin, juillet. Aux bords des bois, dans les lieux ombragés des provinces de Hainaut, Liége, Luxembourg et Namur.

1805. **E. geniculatus** (Curtis). Hordeum geniculatum Demoor. Souche longuement traçante ; chaume dressé ; feuilles roides, plus ou moins enroulées ; épi lâche, droit ; épillets géminés bi ou triflores. Il n'est sans doute qu'une variété de la première espèce et vient dans les mêmes lieux.

50. Hordeum. L. Gen. 98.

Axe de l'épi denté, chaque dent portant 3 épillets paral-

Hordeum.

lèles, les deux latéraux souvent mâles et pédonculés, celui du milieu sessile, hermaphrodite; glume bivalve, uniflore; périanthe à 2 valves, l'interne obtuse, l'externe aristée, la réunion des valves imitant assez bien un involucre; fleurs en épi.

1806. H. VULGARE (L. Sp. 125). L'orge. Chaume dressé, d'environ un mètre; feuilles larges, striées, rudes, glabres; épi gros, à épillets disposés sur 6 rangs, dont 2 opposés moins saillants, à fleurs tout hermaphrodites, pourvues d'arêtes robustes, plus longues que l'épi; grains adhérents à la valve. ☉ Juillet. Cultivé.

Il y a une variété nommée céleste dont le grain est libre entre les paléoles, jaune et aplati; une autre dite de Guimalaye ou Namto dont le grain est également libre, mais court, arrondi et verdâtre; et enfin une troisième dont le grain, libre aussi, est d'un gris noirâtre.

1807. H. HEXASTICHUM (L. Sp. 125). Cette espèce diffère de la précédente par son épi ovale, plus court et plus gros, dont les six rangs d'épillets sont égaux, mieux marqués. ④ Juillet, août Elle est souvent cultivée avec la précédente.

1808. H. DISTICHUM (L. Sp. 125). Cette espèce diffère de la première par son épi distique, allongé; les fleurs latérales sont mâles, mutiques, les fleurs hermaphrodites sont imbriquées, munies d'une arête montante, avec les glumes un peu velues à la base; grains adhérents. ☉ Cultivé.

VAR. β. NUDUM (L. Sp. 125). Le sucrion. Grain libre, non adhérent.

On en cultive une autre variété dont les épillets sont dépourvus d'arête.

1809. H. ZEOCRITUM (L. Sp. 125). Espèce à épi plus épais à la base, comme pyramidal; fleurons latéraux mâles et mutiques; grains étalés. ☉ Il est rarement cultivé.

1810. H. MURINUM (L. Sp. 126). Chaumes genouillés, étalés à la base, de 30 à 40 centimètres; feuilles planes, molles, velues;

Hordeum.

gaînes un peu comprimées, la supérieure un peu renflée; épi d'un jaune verdâtre, oblong, serré; épillets latéraux aristés ; glumes des fleurs fertiles linéaires-lancéolées, ciliées. ① Tout l'été. Le long des murs et aux bords des chemins.

1811. H. PRATENSE (Roth.). H. nodosum. L. H. secalinum Willd. Chaume droit, grêle; feuilles étroites, planes, pointues, les inférieures velues; épi subcylindrique, presque à 6 angles, grêle, d'un vert foncé ou purpurin; glumes sétacées, scabres, non ciliées. ♃ Juin, juillet. Dans les prairies sèches.

1812. H. SECALINUM (Schreb. Spic. 148). H. pratense Huds. H. nodosum L. Chaume simple, grêle, de 50 à 60 centimètres; feuilles inférieures velues, les supérieures glabres; épi comprimé, distique, verdâtre; fleurs latérales mâles, celle du milieu hermaphrodite à soies courtes, hispides; glumes sétacées, scabres. ♃ Juin, juillet. Dans les prairies sèches.

1813. H. MARITIMUM (Vahl. Symb. 2. p. 2). Chaumes à demi couchés, noueux, redressés, de 50 centimètres environ; feuilles planes, velues; épis à fleurs latérales mâles, aristées, celles du milieu hermaphrodites; toutes les glumes sont scabres, les internes des fleurs mâles sont ovales-glabres, les autres sont sétacées. ① Juin, juillet. Dans les dunes.

51. GAUDINIA. Pal. Beauv.

Épillets à 4-10 fleurs, solitaires sur les dents du rachis ; glumes inégales, obtuses, mutiques ; valve externe des glumelles bifide ou aiguë, munie d'une arête dorsale, tordue, genouillée, l'interne bicarénée, mutique, bi ou quadridentée; 2 glumellules bilobées; ovaire poilu au sommet; 2 styles; 2 stigmates ; graines oblongues, sillonnées; épi simple.

1814. G. FRAGILIS (Pal. Beauv.). Avena fragilis L. Chaume simple ou rameux, coudé à la base, de 30 à 45 centimètres; feuilles planes, velues, ciliées; épillets de 4-6 fleurs. ① Juillet, août. Environs d'Anvers.

†† NARDÉES. — 1 *stigmate très-long, filiforme, pubescent, attaché au sommet des glumes.*

52. NARDUS. L. Gen. 69.

Glume uniflore, à 2 valves très-aiguës ; périanthe nul.

1815. N. STRICTA (L. Sp. 77). Chaumes fasciculés, dressés, nus, de 8 à 15 centimètres ; feuilles capillaires, un peu grisâtres, enroulées, subulées ; épi droit, sétacé, unilatéral, d'une couleur un peu violacée ; valves très-aiguës, dont une surtout semble une arête. ♃ Mai, juin. Dans les lieux secs, montagneux, et aussi dans les prairies marécageuses. Cette graminée est assez rare partout.

Tribu VII. — MAYDÉES. OLYRÉES. *Inflorescence en panicule et en épi sur le même pied ; épillets mâles en panicule terminale, les femelles disposés en épi s'insérant dans des excavations d'un axe épais renfermé dans des bractées engainantes.*

53. MAYS. Tourn. Inst. 353.

Épillets mâles biflores en panicule terminale ; épillets femelles uniflores en épis latéraux ; stigmate très-long ; graines subarrondies, lisses, disposées en séries, diversement colorées.

1816. M. SATIVA (Tourn. l. c.). Mays zea Gærtn. Zea maïs L. Sp. 1135. Chaumes forts, élevés, droits ; feuilles grandes, larges, glaucescentes, coriaces ; panicule des fleurs mâles largement étalée ; épis des fleurs femelles surmontés de stigmates dépassant les bractées. ① Août. Cultivé.

F^lle XCIII. — LEMNACÉES. Duby. Bot. gal. p. 532.

Fleurs monoïques incluses dans une spathe membraneuse, sessile, monophylle ; *fleurs mâles* à 1 ou 2 étamines et à anthères globuleuses; *fleurs femelles* à 1 pistil ; ovaire ovoïde, comprimé, libre, uniloculaire, monosperme, indéhiscent; embryon droit. Plantes petites, annuelles, nageantes, à feuilles ou frondes comprimées, lenticulaires.

1. LEMNA. L. Gen. 1058.

Les caractères sont ceux de la famille.

\ 1817. L. TRISULCA (L. Sp. 1576). Frondes oblongues, lancéolées, atténuées en base linéaire sous forme de pétiole et réunies en forme de croix; fleurs situées en dessous, très-visibles, herbacées. ① L'été. Dans les marais et les étangs.

\ 1818. L. MINOR (L. Sp. 1576). Frondes suborbiculaires ou ovales, planes, atténuées en pétiole, cohérentes à la base, ayant chacune une racine solitaire, terminée par un renflement tuberculeux, caduc; fleurs verdâtres, à peine visibles. ① L'été. Sur les eaux dormantes

1819. L. GIBBA (L. Sp. 1577). Frondes spongieuses, elliptiques, enflées et très-convexes en dessous, cohérentes par la base, munies chacune d'une racine solitaire; fleurs comme dans les autres espèces. ① L'été. Dans les marais et les étangs.

\ 1820. L. POLYRHIZA (L. Sp. 1577). Frondes d'un rouge brunâtre en dessous, elliptiques, planes, cohérentes à la base par 2-3, ayant chacune vers le milieu un faisceau de racines courtes; fleurs verdâtres, peu apparentes. ① L'été. Dans les eaux dormantes.

1821. L. ARHIZA (L. Mant. 294). Frondes elliptiques, un peu arrondies, géminées, convexes en dessous, privées de racines; fleurs comme dans les autres espèces. ① L'été. Sur les eaux dormantes.

1822. **Ranunculus circinatus** (Sibth.). R. cespitosus Thuil. Fl.
par. R. aquatilis var. cespitosus DC. Cette espèce est considérée comme une simple variété par beaucoup de botanistes,
et je suis assez de cet avis; elle est plus petite que l'aquatilis,
toutes ses feuilles sont submergées, à divisions capillaires,
courtes, divergentes et formant une circonscription orbiculaire; pétales plus grands que le calice. ♃ Juillet, août. Dans
les eaux dormantes.

1823. **Erodium ciconium** (Willd. Spec. 3. p. 629). Tiges de 25 à
55 centimètres, ascendantes, velues; feuilles pinnatiséquées,
à segments obtus, pinnatifides, dentés; fleurs rougeâtres portées sur des pédoncules multiflores; pétales subémarginés, de
la longueur du calice. ⊕ Juillet, août. Cette plante n'est nécessairement qu'accidentelle en Belgique; elle a été trouvée dans
le Brabant par M. Kickx, et M. Bellynck l'a retrouvée près de
Namur.

1824. **Filago** (Gnaphalium) Jussiæi (Coss et Germ.). Cette espèce
pourrait bien n'être qu'une variété du Gnaphalium germanicum Lam.; elle en diffère par son involucre de 3-4 feuilles
dépassant les capitules; ceux-ci sont à 5 angles saillants, séparés par des sinus profonds. ⊙ En été. Dans les mêmes
lieux que le Gnaphalium germanicum et souvent mêlé avec
lui.

1825. **Orobanche arenaria** (Barkh.). O. purpurea Jacq. O. comosa Wallr. Stigmate bilobé; style glanduleux; filaments glabre; calice quinquifide, trois fois plus court que le tube de la
corolle; segments supérieurs courts; lobes de la corolle arrondis, un peu cuspides. ⊙ L'été. Sur l'Artemisia campestris.
Abbaye d'Orval (Luxembourg), M. Crepin.

SAGITTARIA. L. Gen. 1067.

Monoïque; périanthe à 6 divisions, les trois extérieures
persistantes, calicoïdes, les trois intérieures colorées, pétaloïdes; *les fleurs mâles* à 24 étamines environ, *les femelles* à ovaires

nombreux, posés sur un réceptacle globuleux; capsules comprimées, marginales, monospermes.

Ce genre trouve sa place naturelle dans la familles des alismacées après le genre Damasonium.

1826. S. SAGITTÆFOLIA (L. Sp. 1410). Hampes de 50 à 60 centimètres, spongieuse, anguleusess; feuilles radicales longuement pétiolées, sagittées, très-entières, aiguës; fleurs blanches avec un point rougeâtre à la base, en panicule, verticillées parfois, les supérieures mâles, les inférieures femelles, toutes munies d'une bractée à la base du pédoncule. ♃ Juin, juillet. Aux bords des eaux.

Localités indiquées par MM. Crepin de Rochefort, Barbier et Deschamps, jeunes botanistes de Namur, ou découvertes par moi-même.

ANEMONE PULSATILLA (L.). Han-sur-Lesse (Namur).

MYOSURUS MINIMUS (L.). Vilvorde (Brabant).

ACTÆA SPICATA (L.), Aconitum Lycoctonum (L.). Rochefort, Han-sur-Lesse (Namur).

FUMARIA VAILLANTII (Lois). Dinant, Rochefort (Namur).

ALYSSUM CALICINUM (L.), Thlaspi montanum (L.). Han-sur-Lesse (Namur).

GERANIUM PRATENSE (L.). Loyers près Namur.

ASTRAGALUS GLYCYPHYLLOS (L.). Lives, Rochefort (Namur).

SPIRÆA FILIPENDULA (L.). Cette plante ne se trouve plus sur les rochers des Grands-Malades depuis la construction du chemin de fer, elle se retrouve à Ciergnon (Namur).

GEUM RIVALE (L.). Rochefort (Namur).

CARUM BULBOCASTANUM (Koch). Moissons du district de Dinant (Namur).

Sambucus **racemosa** (L.). Il se trouve dans quelques localités de la province de Namur.

Doronicum **pardalianches** (L.). Loyers (Namur).

Chrysocoma **linosyris** (L.). Auffe, Han-sur-Lesse (Namur).

Serratula **tinctoria** (L.). Han-sur-Lesse.

Campanula **glomerata** (L.). Il se rencontre dans le district de Dinant et dans la province de Luxembourg.

Pyrola **rotundifolia** (L.). Forêt d'Orval, Saint-Hubert (Luxembourg), Rochefort (Namur).

Linaria **arvensis** (DC.). On le trouve dans les Ardennes de la province de Namur.

Limosella **aquatica** (L.). Buissonville (Namur).

Centunculus **minimus** (L.). Ruysbroek (Brabant).

Anacamptis **pyramidalis** (Rich.). Marche-les-Dames (Namur).

Avena **tenuis** (Mœnch). Flémalle (Liége), M. Demoor. Han-sur-Lesse (Namur), M. Crepin.

PHANEROGAMIE ADDENDA.

1827. THALICTRUM MAJUS (Murr. Syst. 513). Tige de 6 à 9 déci-mètres, droite, glabre, lisse, cylindrique; feuilles deux à trois fois ailées, à folioles glabres, glaucescentes en dessous, trifides, à lobes ovales, mucronulés; fleurs jaunâtres, nom-breuses, penchées, disposées en panicule lâche; earpelles arrondis obliquement à la base. ♃ M. Tinant, dont on déplore la perte récente, dit avoir trouvé cette plante à Schengen (Luxembourg).

1828. THALICTRUM ANGUSTIFOLIUM (Jacq. Vind. 4. t. 45). Tige de 50 à 50 centimètres, droite, glabre, cylindrique, subsillon-née; feuilles alternes, sessiles, deux fois ailées, à folioles glabres, linéaires-lancéolées, très-entières; fleurs jaunâtres, petites, nombreuses, dressées, disposées en panicule serrée; capsules ovales, striées. ♃ M. Tinant dit l'avoir trouvé près d'Arlon et de Stockem, mais toutes mes recherches pour l'y retrouver, ont toujours été infructueuses.

1829. THALICTRUM SAXATILE (DC. Fl. fr. p. 633). Cette espèce se rapproche beaucoup du Thalictrum minus, mais sa tige n'est pas glaucescente; ses fleurs sont droites, subpédonculées, et ses capsules sont amincies aux deux bouts. ♃ Cette plante existe dans les prairies près de Remich, selon M. Tinant, mais je n'ai jamais trouvé que le Thalictrum minus dans cette localité, ainsi qu'à Sierk près les bords de la Moselle, et je doute fort que le saxatile s'y trouve véritablement. Je soup-çonne qu'il y a eu erreur.

TABLE ALPHABÉTIQUE

DES FAMILLES ET DES GENRES.

FIN DE LA TABLE.

ERRATA.

Page 1. Cl. Exoeénes; lisez *exogènes.*

»   26. N° 25. Var. trouvée, lisez *trouvé.*

»   42. T. 11. Cotyledons planes , lisez *plans.*

·»   60. N° 145. Var. β. non all., lisez *non All.*

»   60. Genre 30. Journ., lisez *Tourn.*

»   70. Genre 1. Journ., lisez *Tourn.*

»   73. n° 180, 181. Après la floraison, lisez *fleuraison.*

»   74. n° 184. D. longifolia (L. Sp. 505). lisez *(Smith).*

»   74. n° 185. ajoutez D. longifolia (L.) à la synonymie.

»   85 et 86. n° 219, 220. Melanthium, lisez *Melandrium.*

»   86. n° 220. L. dioïca Var. B., lisez *Var. β.*

»   93. Arenaria S. I. Lepionium, lisez *Lepigonum.*

»   97. n° 261 (I, Sp. 607), lisez *(L. Sp. 607).*

»   201. Genre Bulliardia, lisez *Bulliarda.*

»   219. n° 590. Supprimez ces mots : Selinum carvifolium
    L. Sp. 350.

»   236. n° 653. OE. pimpenelloïdes, lisez *pimpinelloïdes.*

»   269. n° 723. Var β. trouvée, lisez *trouvé.*

»   286. n° 776. Maruta fætida Cass., lisez *Maruta fetida.*

»   289. Artmisia, lisez *Artemisia.*

»   299. n° 790. Bilson (Limbourg), lisez *Bilsen.*

»   333. Après le n° 920. 2ᵉ paragraphe, il faut lire : Le genre
    Pyrola réuni à quelques autres genres, forme une
    famille, etc., etc.

»   439. Fˡˡᵉ LXXVII.— AMARANTACÉES, lisez *Amaranthacées.*